滨里海盆地油气地质特征与勘探实践

杨怀义　张建球　李永林　编著

石油工业出版社

内 容 提 要

本书旨在阐明哈萨克斯坦滨里海盆地油气成藏特征及其勘探实践。在区域构造背景基础上划分盐岩活动和盐岩构造，根据不同构造带、不同时期及不同层序油气成藏组合特点，分别阐述盐上油气藏和盐下油气藏的不同成藏机制及其相关的勘探手段方法，从油气生储盖组合等各种有利要素的综合配置，分析哈萨克斯坦滨里海盆地油气成藏特征及分布规律。该书对了解哈萨克斯坦油气地质、指导滨里海盆地进一步深入开展油气勘探有着重要意义。

该书可供石油天然气地质勘探研究人员及高等院校相关专业师生参考。

图书在版编目（CIP）数据

滨里海盆地油气地质特征与勘探实践／杨怀义，张建球，李永林编著.
—北京：石油工业出版社，2020.7
ISBN 978-7-5183-4087-3

Ⅰ.①滨… Ⅱ.①杨… ②张… ③李… Ⅲ.①里海-含油气盆地-石油天然气地质-地质特征-研究 ②里海-含油气盆地-油气勘探-研究
Ⅳ.①P618.13

中国版本图书馆 CIP 数据核字（2020）第 101592 号

出版发行：石油工业出版社
（北京安定门外安华里 2 区 1 号楼　100011）
网　址：www.petropub.com
图书营销中心：（010）64523633
经　　销：全国新华书店
印　　刷：北京中石油彩色印刷有限责任公司

2020 年 7 月第 1 版　2020 年 7 月第 1 次印刷
787×1092 毫米　开本：1/16　印张：24.5
字数：610 千字

定价：89.00 元
（如发现印装质量问题，我社图书营销中心负责调换）

前　言

当前我国石油天然气的资源储备和生产规模远远不能满足国民经济和社会快速发展的需要，石油和天然气的供需状况直接影响着国家的经济发展和国防安全。自 1993 年中国开始成为石油和天然气净进口国以来，对原油的庞大需求不减，年进口量急剧上升，2017 年成为全球最大原油进口国，2018 年，超越日本成为全球最大天然气进口国（全年原油净进口量达 4.6×10^8t，天然气进口量为 $1254\times10^8m^3$），石油和天然气对外依存度分别攀升至 70.9%和 45.3%，石油天然气已成为制约我国社会经济可持续发展的一大“瓶颈”。为此，中国石油企业按照党中央、国务院关于“充分利用国内外两种资金、两种资源、两个市场”重大战略部署，实施“走出去”进行海外合作、积极参与国际石油勘探与开发市场竞争战略，2013 年以来，石油企业积极响应“一带一路”倡议，与沿线国家全方位进行油气合作，不断建立海外勘探开发基地，实现互利互惠的友好合作关系，成为一带一路建设的主力军。

哈萨克斯坦地处中亚腹地并与我国接壤，国土面积为 $272.49\times10^4km^2$，是世界上最大的内陆国家，同时也是中亚地区油气资源最丰富的国家之一，油气储量和产量在独联体国家中居俄罗斯之后，在里海油气区，为仅次于俄罗斯、伊朗的第三大油气资源国。与油气生产规模相比，哈萨克斯坦国内的能源消费量要小得多，约 80%以上的石油天然气出口国际市场。石油和天然气开采、加工在其国民生产总值中占有举足轻重的地位。哈萨克斯坦油气田主要分布在西部的西哈萨克斯坦州、阿特劳州、阿克纠宾斯克州。其中，滨里海盆地是油气最富集的大型沉积盆地，这一点已被该盆地内所发现的一系列特大型—巨型油气田所证实，石油和凝析气产量占全国产量的 43.8%，天然气占 48.9%。近 20 年来，中哈两国能源战略合作持续深化，尤其是在滨里海盆地取得了可喜的勘探开发成果，为两国经济建设作出了重大贡献。

滨里海盆地属于古东欧地台的一部分，为古生代裂谷—大陆边缘盆地，盆地面积达 $55\times10^4km^2$，其中哈萨克斯坦境内盆地面积为 $40\times10^4km^2$，大部分位于伏尔加河、乌拉尔河和恩巴河下游的平原和低地，少部分延伸到北里海陆架浅水区。盆地北部和西部为东欧地台南部的一系列隆起构造单元，东侧为乌拉尔海西褶皱带，东南部为南恩巴隆起，南侧为里海。该盆地以前寒武系为基底，在坳陷中部基底埋深可达 22km，充填了巨厚的海相—陆相沉积建造，沉积盖层厚度最大的地区达 20km 以上，是古东欧地台上分布范围最大、沉降最深的地区，也是世界上沉降最深的盆地之一。其中，上古生界以海相沉积为主，广泛发育海相碳酸盐岩和碎屑岩，包括生物礁灰岩；早二叠世后期盆地周缘造山，海盆处于封闭环境，在干旱蒸发状态下沉积了3~5km的孔谷阶—喀山阶岩盐、石膏层，这些厚层盐岩在后期的差异负载作用下形成了1500多个隆起幅度为8~10km的盐丘；晚二叠世—三叠纪盆地再次沉降，经历了一次大规模的海侵事件，大部分地区为浅海陆棚，局部为海陆过渡三角洲相；早三叠世末期大规模的海相沉积基本结束，盆地开始向陆相沉积转化；侏罗纪—白垩纪广泛发育河流—湖泊环境。

孔谷阶—喀山阶厚层盐岩层将滨里海盆地在纵向上分隔成盐上与盐下两套油气成藏组合，即盐下组合与盐上组合。盐下油气成藏组合中，油气富集与盆地边缘古隆起带上发育的生物礁密切相关，以发育碳酸盐岩或生物礁型油气藏为主，各时期（泥盆纪、石炭纪、早二叠世）大面积分布的碳酸盐岩说明盆地具备碳酸盐沉积的三大基本条件，即浅、清、暖的水体沉积环境，盆地外陆源碎屑供给相对较少；因礁相既是优质的生油层，也是极佳的储层，加之上覆孔谷阶盐岩层的大面积封盖，生储盖组合条件极佳，是油气聚集的重要场所。盐上油气成藏组合中，油气产层（上二叠统、三叠系、侏罗系、白垩系）绝大部分为碎屑岩，以陆相或海相碎屑岩油气藏为主，或为陆相冲积相、河流相，或为海相三角洲、浅海陆棚滨岸滩砂，具有极好的油气储集条件，以次生油气成藏为主，盐构造活动强烈并形成了大量与之相关的油气圈闭。就其油气规模而言，盐下具备形成大型—特大型油气田的条件，而盐上油气成藏组合以中小型油气田发育为特征。

滨里海盆地天然气资源更为丰富，受烃源岩有机质转化条件的影响，盆地内天然气和凝析气资源所占比例较大，而原油所占比例则相对较小，其中，天然气、凝析气和石油分别占总储量的62.6%、17.4%和20.0%。特别是西南、西北缘及北部为高成熟凝析油分布区，多以气藏、凝析油气藏为主，成熟油区主要分布在盆地东部和东南部。

本书重点介绍了滨里海盆地基本地质特征、油气田（藏）分布特征、油气勘探开发历史、勘探开发潜力和多年勘探开发实践。由于区域资料和勘探程度的限制，书中难免存在缺点或错误，敬请批评指正。

本书共分七章，第二章、第三章、第四章由杨怀义编写，第五章、第六章由张建球编写，第一章、第七章由李永林编写，全书由张建球修改统编。

中国石化国际勘探开发公司石油勘探专家郭念发为本书顺利完稿付出了辛勤的劳动，特表谢意！在本书编写过程中，得到了钱桂华、刘广春、杜廷俊、苗润航、杨胜君、赵记臣、周亚彤、赵凤英、马中良、王杨、饶轶群、郭春雷、王蕴、保统才、古俊林、赵爽、蔡文、李颖洁的帮助与指导，他们在滨里海盆地油气勘探开发中积累了宝贵的资料与经验，给本书提出了富有建设性的意见，使笔者受益匪浅，在此，特向专家们表示感谢。

目　　录

第一章　滨里海盆地基本地质特征……（1）
　第一节　区域地层及沉积特征……（2）
　第二节　区域构造与盆地演化……（21）
　第三节　油气地质条件……（32）
第二章　滨里海盆地盐构造特征及圈闭类型……（50）
　第一节　盐岩基本特征及成岩模式……（50）
　第二节　盐丘类型及形成机制……（57）
　第三节　盐岩运动与盆地演化……（79）
　第四节　盐构造运动相关的圈闭类型……（88）
第三章　盆地东南部盐上油气成藏特征及勘探实践……（99）
　第一节　勘探开发简况……（99）
　第二节　沉积建造及沉积相……（102）
　第三节　油气成藏条件及油藏类型……（137）
　第四节　盐檐型油藏发现及其特征……（161）
第四章　盆地东南部科尔占地区盐下油气成藏特征及勘探实践……（185）
　第一节　勘探简况……（185）
　第二节　区块构造背景及构造特征……（186）
　第三节　沉积建造及沉积相……（194）
　第四节　油气地质特征……（211）
　第五节　油气田（藏）特征及区块勘探潜力……（226）
第五章　盆地北部费多罗夫斯克地区盐下油气成藏特征及勘探实践……（250）
　第一节　勘探简况……（250）
　第二节　区块构造背景及构造特征……（253）
　第三节　沉积建造及沉积相……（263）
　第四节　油气地质特征……（286）
　第五节　油气田（藏）特征及区块勘探潜力……（295）
第六章　盐下碳酸盐岩油气藏地球物理勘探技术……（315）
　第一节　盐下层系地震成像技术……（315）
　第二节　速度场建立与时深转换技术……（344）
　第三节　碳酸盐岩储层地球物理响应特征及储层预测……（352）
第七章　滨里海盆地油气分布规律与勘探潜力……（365）
　第一节　盆地油气分布特征……（365）
　第二节　油气勘探潜力分析……（370）
参考文献……（379）

第一章　滨里海盆地基本地质特征

滨里海盆地又称北里海盆地（North Caspian Basin），位于哈萨克斯坦共和国西北部。盆地轮廓为近东西方向延伸的椭圆形，东西向长约1000km，南北最宽处达650km，面积约为$58.48\times10^4km^2$。行政区划上，滨里海盆地主体位于哈萨克斯坦境内（占盆地总面积的85%），部分延伸至俄罗斯（占15%）。盆地西部边界大致以伏尔加格勒—伏尔加河一线为界，北至乌拉尔斯克，东至乌拉尔山脉以西，向南部延伸到北里海的哈萨克斯坦和俄罗斯陆架浅水区。从地形上看，滨里海盆地辽阔平坦，整体向现代里海倾斜，一直延伸到里海内陆海的北海岸。伏尔加河流经西部，蜿蜒向南注入里海，乌拉尔河由北向南穿越盆地也注入里海。地史上这里曾是古里海海底的低洼平原，局部地表面海拔为-28m。平原内全部为草原半荒漠型—荒漠型平原地貌，其间发育由粉砂、泥质组成的风成低丘，局部分布有干旱或湿润的盐碱地。在单调平坦地表面上，局部发育大型丘陵或丘陵群，其中以阿斯特拉罕州的大博格多最具有代表性，丘陵地形高度为海拔150m左右。

构造上，滨里海盆地位于俄罗斯地台东南隅，是该地台上发育的分布范围最广、沉降深度最大的负向构造单元，也是世界上沉降最深、沉积建造最厚的含油气盆地之一（图1-1）。

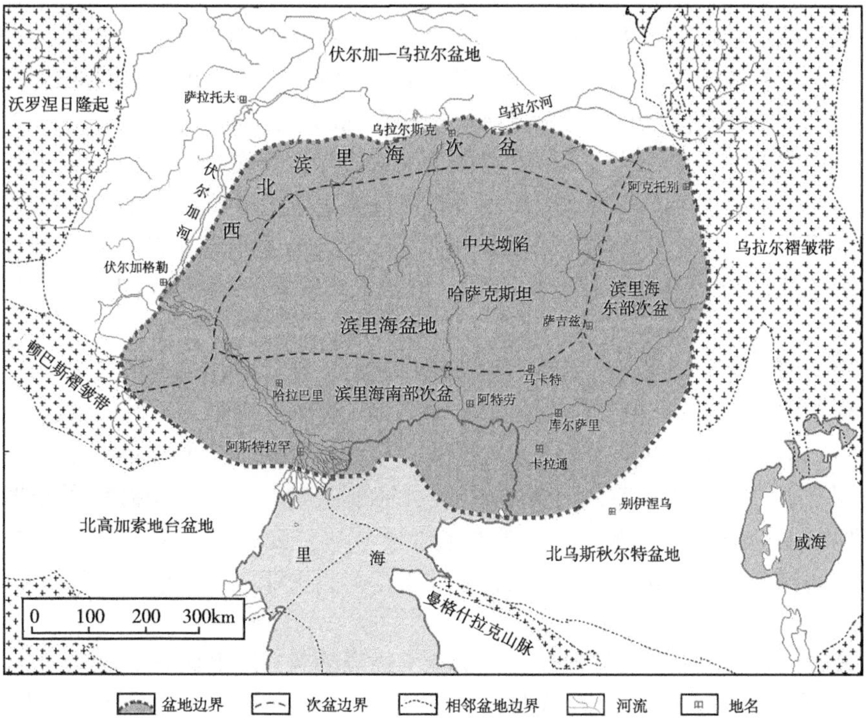

图1-1　滨里海盆地地理位置图

第一节　区域地层及沉积特征

滨里海盆地经过漫长的地质历史演变，在太古宙结晶基底上发生了巨大的沉积沉降作用，充填了巨厚且复杂的古生代和中—新生代沉积盖层，沉积层序发育完整。沉积物以海相碳酸盐岩、碎屑岩和陆相碎屑岩及浅海潟湖膏岩、岩盐为主，最大沉积建造厚度超过20km，沉积物体积超过$600\times10^4km^3$。其中下二叠统孔谷阶（P_1kg）盐岩层特别发育，是盆内地层剖面中最为典型的特征。因此，在整个盆地的沉积层序上可明显地划分出3套层系，即盐下层系［包括新元古界与古生界，以泥盆系、石炭系和下二叠统（前孔谷阶）为主］、含盐层系（下二叠统上部孔谷阶）和盐上层系（上二叠统—第四系）。

盐上层系沉积建造以海相或海陆过渡相或陆相碎屑岩沉积为主，局部含碳酸盐岩夹层，地层厚达5~9km。大致可分为两套岩系，即上二叠统—三叠系岩系和侏罗系—第四系岩系。上二叠统—三叠系岩系碎屑岩沉积物分布广泛，颜色混杂，海相碳酸盐岩只在盆地南部、西南部地区的三叠系中有分布。侏罗系—下白垩统主要由滨岸相沉积和杂色陆源碎屑沉积组成，其中盆地南部、西南部地区下白垩统钻遇薄层碳酸盐岩，上白垩统主要由碎屑岩夹薄层碳酸盐岩组成，新近系主要为砂泥混杂岩类。两套沉积组合中砂岩储层发育，多为石英砂岩，含少量长石砂岩，具有较高的成分成熟度和结构成熟度，砂岩储集性能很好。

盆地巨厚的沉积建造集中在盐下层系（前孔谷期沉积层），其中含有不同类型的海相碳酸盐岩和碎屑岩沉积建造。盆地边缘盐下层系埋藏深度较浅，勘探程度和认识程度较高。钻井揭示，边缘带盐下地层厚度一般为3~4km，以海相碳酸盐岩和碎屑岩沉积为主，其中巨厚层碳酸盐岩（包括生物礁）是滨里海盆地重要的储油气层。在盆地西北和北缘发育上泥盆统—下石炭统、下—中石炭统及中—上石炭统—下二叠统3套碳酸盐岩含油气组合；在盆地东部边缘发育下石炭统韦宪阶—中石炭统巴什基尔阶（KT-Ⅱ）和中石炭统莫斯科阶—上石炭统卡西莫夫阶（KT-Ⅰ）两套碳酸盐岩含油气组合；在盆地南部及东南部发育上泥盆统法门阶—下石炭统杜内阶和下石炭统韦宪阶—中石炭统巴什基尔阶两套碳酸盐岩含油气组合。盆地中央坳陷带由于埋藏很深，目前还没有足够的钻井资料能够完整、全面地揭示该层系的沉积厚度与地层特征，根据地球物理资料推测，厚度可达10~13km（表1-1）。

区域地质资料研究表明，滨里海盆地沉积作用始于新元古代到志留纪俄罗斯地台东南缘的裂谷作用（图1-2）。在卡拉博加兹隆起和中乌斯秋尔特的艾布格尔隆起上见到厚度不大（1~30m）的大理岩化石灰岩和白云岩层，地层时代可能为寒武纪，分布于砂岩—页岩—砾岩层之上。在西北阿库尔科夫地区和索尔布拉克地区，钻井揭示了厚度为160~210m的喷发岩—片岩层系。岩性为碳质片岩、千枚岩、玄武岩和玄武玢岩互层，地层年龄大致为志留纪。关于更老的地层如元古宇的文德群、里菲群，所获资料甚少，地层特征不详。

据区域地质资料推测，志留纪滨里海盆地中央坳陷区为陆棚碳酸盐沉积相区，早泥盆世发展成俄罗斯地台东南部的一个大型沉降带。这一时期，盆地南部的阿斯特拉罕—阿克纠宾斯克隆起带形成，并将盆地中央坳陷区与东南部坳陷区分隔为南北两个构造和岩性单元。中泥盆世—早二叠世是滨里海盆地中央坳陷带形成和发展的主要时期。

表 1-1　滨里海盆地地层层序简表

地层划分				生储盖组合			地层厚度（m）	岩性特征简述	岩相类型
界	系	统	阶	生	储	盖			
新生界	N	N_2					790	碎屑岩沉积为主，与下伏地层呈不整合接触	陆相
		N_1							
	E	E_{1-3}					340	石灰岩、碎屑岩，与下伏地层呈不整合接触	浅海相
中生界	K	K_2					166	石灰岩、碎屑岩，与下伏地层呈不整合接触	浅海相
		K_1	阿尔比阶				110	砂岩、粉砂岩、泥岩反韵律	海陆过渡相
			阿普特阶				46	砂岩、泥岩或砂泥交互	
			巴列姆阶				60		
			欧特里夫阶				50		
			凡兰吟阶				100	泥岩	
	J	J_3					500	石灰岩、泥岩	滨浅海
		J_2		?				泥岩、砂岩	湖相
		J_1							
	T	T_3					160	黑色页岩、石灰岩和泥岩、粉砂岩	浅海陆棚相
		T_2	拉丁阶				340		
			安尼阶						
		T_1	斯基特阶				637		
古生界	P	P_2	鞑靼阶	?			980	泥岩夹砂岩或粉砂岩，下部发育蒸发岩	湖泊相
			喀山阶						
			乌菲姆阶						
		P_1	孔谷阶				2000	岩盐、硬石膏、白云岩	闭塞海盆
			亚丁斯克阶				80	白云岩、石灰岩、页岩、硬石膏夹层、生物碎屑灰岩	浅海相
			萨克马尔阶				150		
			阿瑟尔阶				60		
	C	C_3	格泽里阶				缺失？		
			卡西莫夫阶						
		C_2	莫斯科阶				370	石灰岩、白云岩夹页岩和砂岩	
			巴什基尔阶				75	石灰岩、白云质灰岩夹黑色页岩和砂泥岩、石膏	
			谢尔普霍夫阶						
		C_1	韦宪阶				605		
			杜内阶				200		
	D	D_3	法门阶				205		
			弗拉斯阶				312		
		D_2	吉维特阶				94		
			艾菲尔阶				60		
		D_1					400+	上部砂岩，中下部泥岩，中部与下部不整合接触	海陆过渡相
	∈—S						20000?	砂岩、石灰岩、白云质灰岩、黏土岩	
Pre—∈							?		

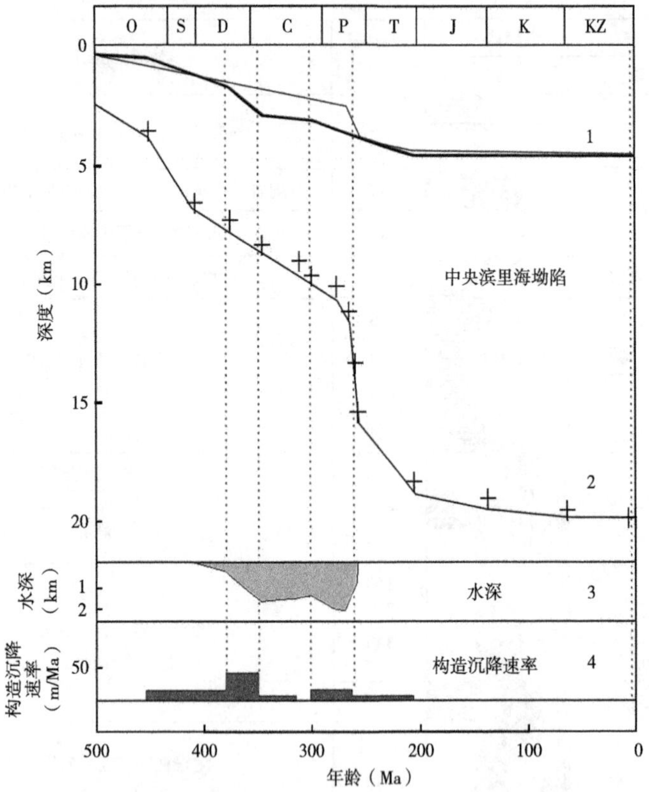

图 1-2　滨里海盆地中部构造沉降史曲线

1—构造沉降曲线，细线未经过校正，粗线进行了古水深和海平面变化校正；2—累计沉降曲线，“+”数据点未进行去压实校正，曲线进行了去压实校正；3—古水深变化推测；4—构造沉降速率（进行了水深和海平面校正）

一、泥盆系

志留纪末期，滨里海岩石圈层处于稳定的东欧大陆和向北运动的北乌斯纠尔特微大陆的挤压之中，现代滨里海中央坳陷区可能为陆棚碳酸盐岩沉积。挤压作用导致大洋岩石圈层形成负弯曲，同时伴随着滨里海边缘的过度沉降。当岩石圈底部沉降到 40~45km 深度时，玄武岩地层发生榴辉石化，并导致盆地沉降作用进一步加剧。早泥盆世，形成了俄罗斯地台东南部广阔的相对沉降带，沉积作用遍及布祖卢克、利涅夫凹陷及现代滨里海北部、西部边缘一系列区域性构造单元。泥盆纪，区域进入了盆地沉积沉降期，形成近 22km 的巨厚沉积建造。在盆地南部和东南部，受南恩巴褶皱带的限制，发育泥盆纪的冒地槽。阿斯特拉罕—阿克纠宾斯克隆起带形成，将盆地分隔为中央坳陷和东南部坳陷两个构造单元和岩性岩相带。因此，泥盆系及之上地层是滨里海盆地真正意义上的沉积盖层（图 1-3），此前的地层多发生变质作用，岩石多为变质岩系。

泥盆纪，滨里海盆地发生裂陷作用，拉张裂陷槽控制着泥盆系沉积。除了大型正向构造的顶部，其余地区泥盆系都有分布，在盆地坳陷区泥盆系最大沉积厚度可达 1500m，主要为一套浅海相或深海斜坡相沉积。与上覆石炭系为整合—假整合接触。中泥盆世，由于原滨里海边缘海与大洋盆地分开，盆地主体部位为深水陆架沉积，南部为深水洋盆、大陆

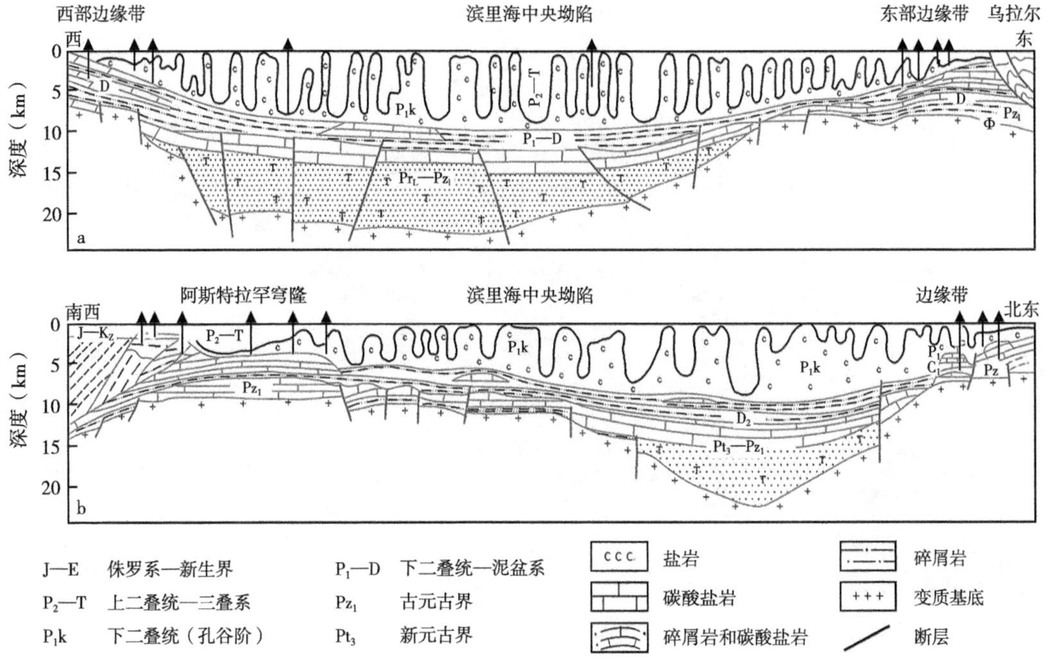

图 1-3　滨里海盆地区域构造剖面图

a. 东西向横剖面图；b. 南西—北东向横剖面图

斜坡相沉积（图 1-4）。因此，从中泥盆世开始，沉积非补偿区持续扩大，到二叠纪晚期，滨里海盆地处于欠补偿沉积的过沉降海盆。泥盆纪晚期—石炭纪早期，沿滨里海盆地东部边缘发生了一系列重要变革，主要表现为哈萨克斯坦大陆与东欧大陆碰撞，同时伴随着乌拉尔褶皱带的形成。盆地内上泥盆统陆棚碳酸盐岩分布范围很广，几乎遍布整个阿斯特拉罕—阿克纠宾斯克隆起带，沉降中心向南迁移。

（一）下泥盆统

在伏尔加地区南部，下泥盆统由卡扎林斯克杂色砂岩组成，厚度超过 600m。在盆地南部和西部，钻井揭示为碎屑岩或碳酸盐岩—陆源碎屑岩，厚 500m。在盆地北部断阶奇纳列夫隆起钻遇下泥盆统埃姆斯阶为杂色砾岩、砂砾岩，钻遇地层最大厚度为 450m。

（二）中泥盆统

艾菲尔阶：该套地层岩性主要为杂色砂岩、粉砂岩、石灰岩和白云岩互层，其次为钙质页岩。属于浅海相或深海斜坡相沉积，厚度范围为 0~240m，平均为 100m，与上覆吉维特阶呈整合或不整合接触。

吉维特阶：该套地层由下而上分为沃罗比约夫层（Vorobyevskiy Horizon）和斯塔瑞奥斯科尔层（Stary Oskol Horizon）两个岩性段。沃罗比约夫层岩性为灰—深灰色泥岩、粉砂岩、砂岩、石灰岩和白云岩互层，斯塔瑞奥斯科尔层岩性为灰色泥质岩夹石灰岩，属浅海相沉积。

在盆地西部和南部，艾菲尔阶和吉维特阶岩性为泥岩、粉砂岩和石灰岩互层。岩层错断强烈，地层倾角一般为 40°~70°。在北部及西北断阶带，艾菲尔阶和吉维特阶发育台地—礁滩—深水相碳酸盐岩，厚度为 113~468m。中泥盆统是奇纳列夫凝析气藏的主要产层。

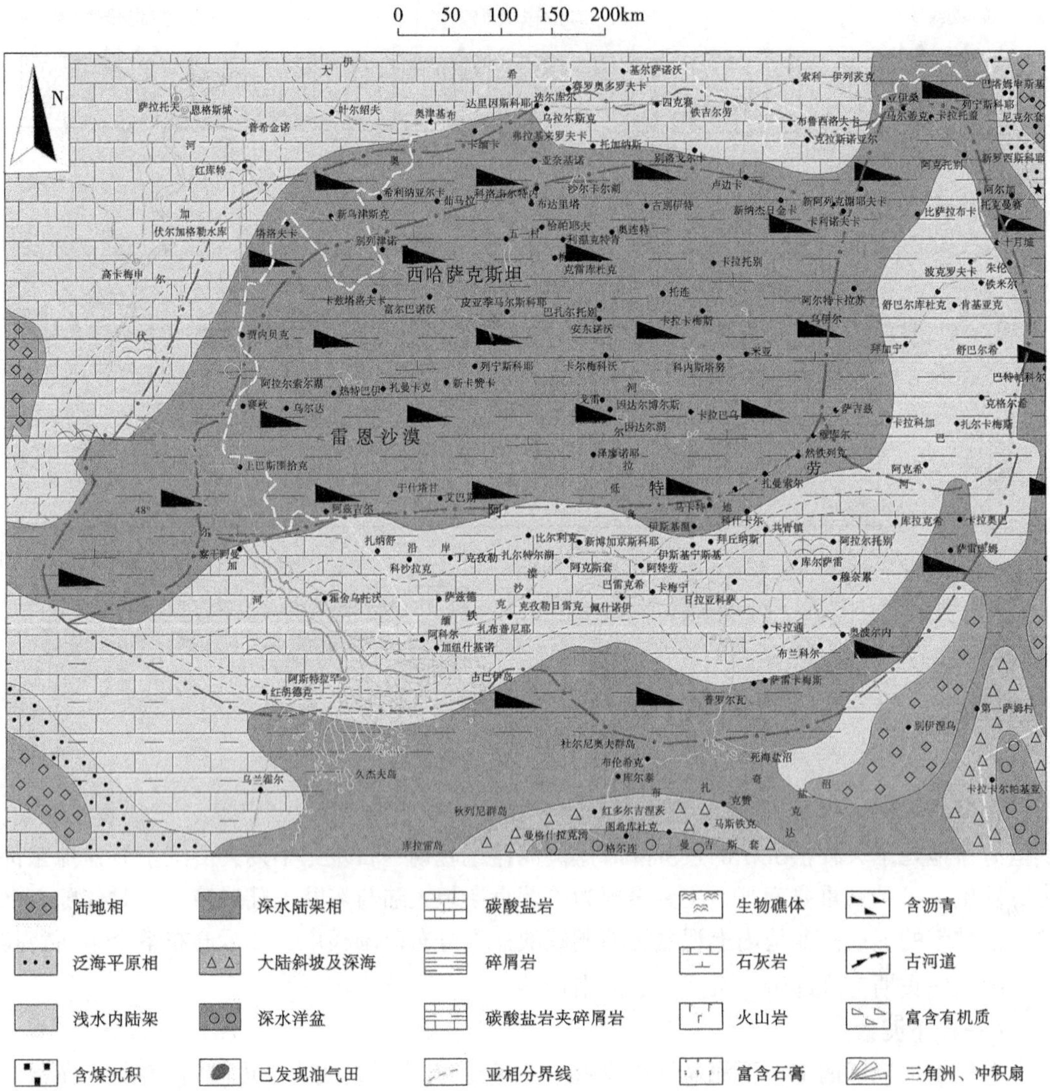

图 1-4　滨里海盆地中泥盆世岩相古地理图

（三）上泥盆统

弗拉斯阶：该套地层由上、下两个岩性段组成，下段为泥岩、砾岩，泥岩底部夹有褐色石灰岩；上段为泥岩和石灰岩互层。属浅海陆棚相沉积，地层厚度为 410~1630m，平均厚度为 870m，与上覆法门阶及下伏吉维特阶呈整合接触。

法门阶：该套地层自下而上由 3 个岩性段组成，下部以石灰岩、生物碎屑灰岩为主，其次为泥岩和白云岩；中部以泥岩为主，为富含炭化植物碎屑泥岩，夹泥质灰岩、粉砂岩和砂岩；上部为泥岩夹砾岩或砂岩，泥岩中不含碳酸盐。属浅海陆棚相沉积，地层厚度为410~1200m，平均厚度为 640m，与上覆下石炭统杜内阶及下伏上泥盆统弗拉斯阶呈整合接触。

在盆地北部断阶带，上泥盆统弗拉斯阶—法门阶台地碳酸盐岩厚度变化较大，在 300~800m 之间。法门阶生物成因灰岩和生物礁石灰岩是卡拉恰干纳克油气田有效产层，而石灰岩和白云岩储层的孔渗性一般较差，原生孔隙受到早期成岩作用、方解石胶结和晚期成岩、硬石膏沉淀等过程的负面影响较大。在北部断阶带罗包蒂诺—捷普洛夫卡构造带，弗拉斯阶和法门阶砂岩是有效的产油气层。

在盆地东部和东南部边缘，发育了上泥盆统—下石炭统（法门阶—韦宪阶）兹莱尔组（或伊泽姆贝特组）杂砂岩。该组下部主要是细粒碎屑岩，其中还含有一些碎屑碳酸盐岩；这些岩石可能沉积于深水盆地。该套地层为一个向上变粗的层序，上部出现了砾岩和煤层。砂岩分选性差，碳酸盐胶结物含量变化较大，局部可达很高，侧向上通常不连续。在扎纳苏和图列赛地区，上泥盆统厚度达到500m，岩性为粉砂岩和砂岩。在南恩巴隆起带南部为一套粗碎屑岩，厚度达1700m，而该构造带的中部地区发育了陆源碎屑岩和碳酸盐岩的类复理石建造，厚度达3000m。在卡拉通—田吉兹隆起带上，法门阶岩性为石灰岩含白云岩夹层，厚度约为400m。

二、石炭系

早石炭世，韦宪期滨里海地区基本继承了晚泥盆世法门期的沉积构造面貌。海平面持续上升，海侵规模进一步扩大，非补偿沉积的范围不断由北向盆地南部推进，北部隆起带上原先发育的上泥盆统陆棚碳酸盐岩相区逐渐被深水沉积所代替，古陆棚区日益萎缩，在一些大型平缓隆起上形成了生物灰岩，局部地区发育生物礁灰岩，生物群落为珊瑚、苔藓、海绵、蠕虫动物、有孔虫类、腕足类、海百合、藻类和其他生物，生物组合特征反映生物礁沉积出现在距海岸较远、水体较稳定的开阔浅海陆棚相环境中（图1-5）。在早石炭世的海侵事件中，盆地东部边缘带哈萨克斯坦大陆与东欧大陆的碰撞仍在持续，乌拉尔褶皱带上的岩相出现一些特殊变化，例如，在扎纳诺尔和肯吉亚克—泰米尔发育了两个早石炭世呈近南北向展布的生物礁相带，而古隆起的围斜地带这一时期则相变为远洋黏土质灰岩。南部、东南部在水体较稳定的开阔海陆棚地区发育大量浅海造礁生物，台地上发育生物礁相，其他地区则以泥岩和碎屑岩沉积为主。其中已发现的大中型油气田大多为生物礁相。

中石炭世开始，来自东欧大陆的碎屑沉积物开始向滨里海盆地充填（图1-6），以河流搬运作用为主。在盆地北部和西北部冲积形成了巨大的楔形构造，根据地震资料推测，其厚度达2.5km，为滨岸冲积平原和带有前三角洲支流体系的浅水大陆架。盆地南缘、东南缘，随着海西褶皱带的形成，滨里海边缘海逐渐失去了和开放大洋的连通。盆地的区域构造发生了重大变化，盆地中央部分的过渡沉降过程同时也在继续，沿着盆地边缘，在古大陆架范围内早—中石炭世碳酸盐岩大量沉积，一些大型的平缓隆起上发育生物灰岩。形成了滨里海盆地盐下层系碳酸盐岩沉积构造和构造—沉积，产生碳酸盐岩台地，属于较稳定的开阔浅水内陆架相沉积。在没有得到沉积补偿的沉降区，被厚度较小的硅质—泥质—碳酸盐岩沉积物所充填，形成了厚度达2m的沉积阶地。这一时期阿斯特拉罕—阿克纠宾斯克隆起带为浅海陆棚碳酸盐岩和碎屑岩沉积，并发育有生物礁。岩石类型以沥青质灰岩、珊瑚灰岩、藻灰岩和云质灰岩、黑色页岩、泥岩、泥质粉砂岩组合为主，沥青质灰岩、黑色页岩是盐下层系的主力烃源岩系。

晚石炭世，山地褶皱建造把滨里海与开放的大洋完全隔开，海水盐度增加。全盆地被不同程度地抬升并遭受剥蚀，石炭系石灰岩顶面普遍出现风化壳，大多数地区缺失上石炭统，部分地区缺失部分中石炭统和下二叠统下部地层。石炭系顶面的风化壳被下二叠统孔谷阶含盐层系或亚丁斯克泥岩直接覆盖，两者呈角度不整合接触。

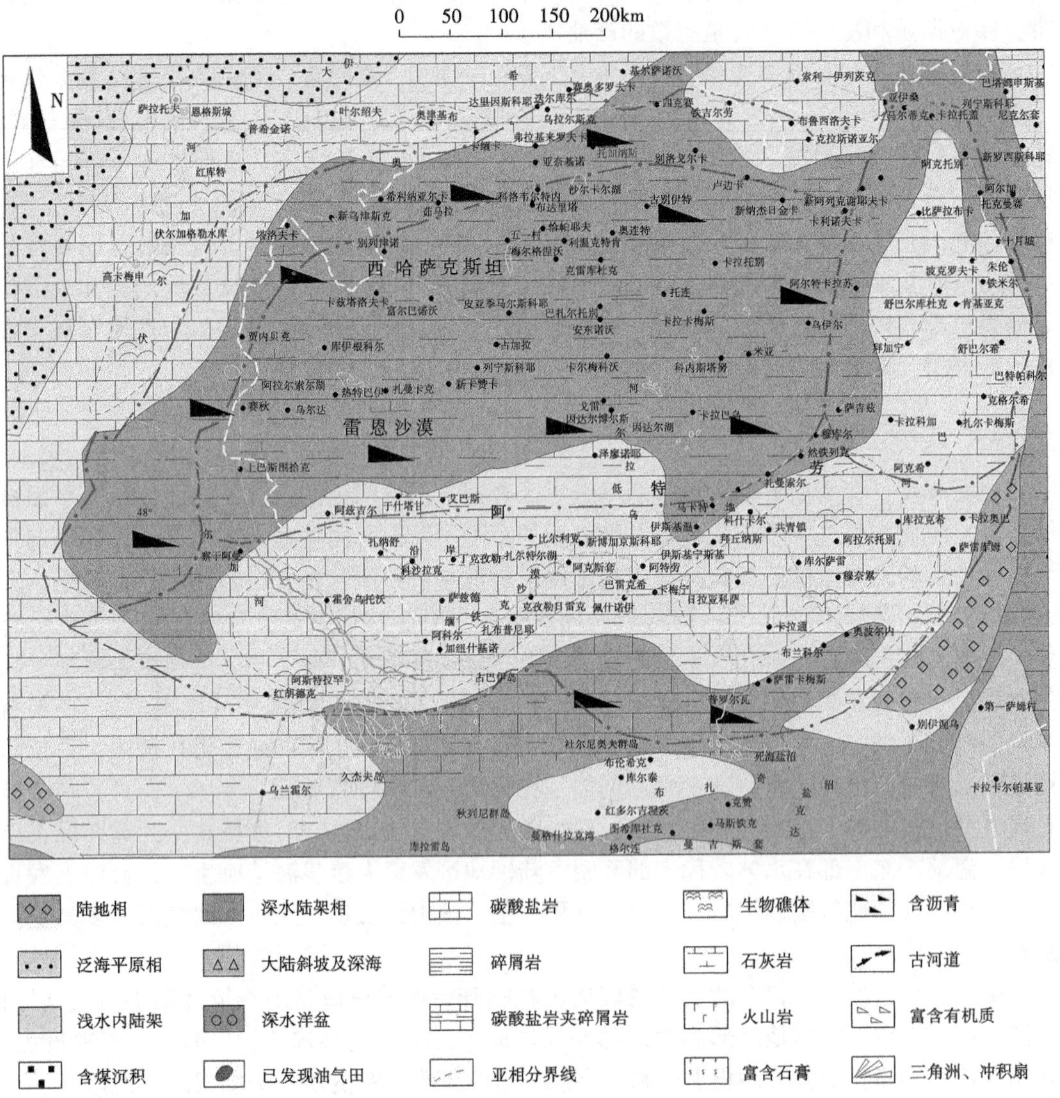

图 1-5　滨里海盆地晚泥盆世—早石炭世早期岩相古地理图

盆地内大部分地区石炭系整合覆盖在上泥盆统法门阶之上，仅在南部边缘和东部边缘的一些地区不整合覆盖在更老的地层之上。总体上，石炭系仍以碳酸盐岩沉积为主，在边缘带广泛发育石炭系台缘隆起—浅海碳酸盐岩沉积。形成了两套巨厚的岩性组合，一套是中—下石炭统碳酸盐岩—碎屑岩组合（KT-Ⅱ碳酸盐岩层），另一套是中—上石炭统至下二叠统碳酸盐岩—碎屑岩组合（KT-Ⅰ碳酸盐岩层）。研究表明，KT-Ⅱ碳酸盐岩层总体上为在海平面相对上升过程中沉积而成，表现为开阔台地向广海陆棚的过渡，并最终成为陆棚沉积；KT-Ⅰ碳酸盐岩层则为海退背景形成。两次主要的海退及进积过程，表现为海平面呈下降态势，开阔台地相和局限台地相交互出现，呈现出多个向上变浅的沉积旋回。其中碎屑岩地层主要分布在韦宪阶和莫斯科阶下部（MKT 碎屑岩层，盆地东部平均厚度为 500~600m）。在伏尔加—乌拉尔台背斜东南部，石炭系发育最完整，厚度也最大，属浅海相沉积。

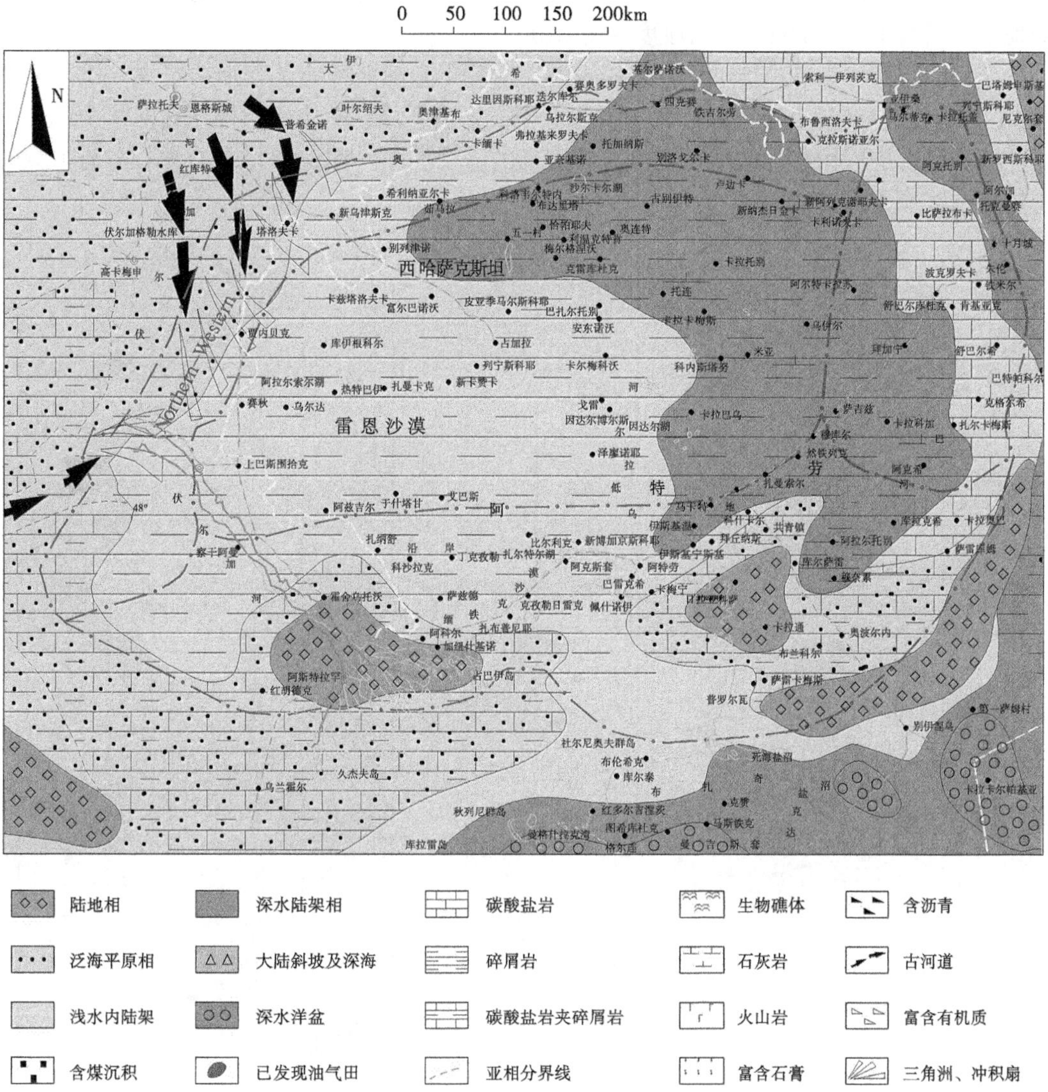

图 1-6　滨里海盆地中石炭世中期岩相古地理图

（一）下石炭统

杜内阶：在盆地北部和西北部断阶，杜内阶岩性为灰色中—粗晶石灰岩、深灰色生物碎屑颗粒灰岩夹泥岩和白云岩薄层。在盆地南部和东南部，杜内阶为灰色砂岩、粉砂岩和深灰色泥岩互层，边缘台地区发育碳酸盐岩沉积，为浅海陆棚相沉积，与上覆韦宪阶和下伏法门阶均呈整合接触。钻井揭示该套地层厚度为 22～150m，平均厚度为 80m。

杜内阶石灰岩是卡拉恰干纳克、田吉兹、卡什干和阿斯特拉罕等油气田的重要储层。在盆地东部和东南部的上泥盆统—下石炭统兹莱尔组（法门阶—韦宪阶）杂砂岩也有一部分属于杜内阶，可能构成了该地区的有效储层。

韦宪阶：该套地层由下而上可分为 3 个岩性段：（1）钙质泥岩夹生物碎屑石灰岩、白云岩，偶夹硬石膏和黏土层，重结晶石灰岩，偶夹泥岩；（2）生物礁块、生物碎屑灰岩和白云岩夹页岩、砂岩、粉砂岩和硬石膏；（3）生物碎屑灰岩和钙质灰岩、黑色页岩、沥青质碳酸盐岩互层。该段属浅海沉积，与上覆谢尔普霍夫阶和下伏杜内阶均呈整合接触。该套地层厚度为 165~580m，平均厚度约为 270m。

韦宪阶石灰岩是卡拉恰干纳克、田吉兹、卡什干和阿斯特拉罕等特大型油气田的重要储层。在韦宪阶（奥克斯克阶）内识别出 3 个复合型层序，每个复合层序包括 3 个颗粒灰岩—泥粒灰岩旋回构成的层序。在韦宪阶上部的一个层序（图拉）中含有泥粒灰岩—颗粒灰岩旋回（图 1-7）。

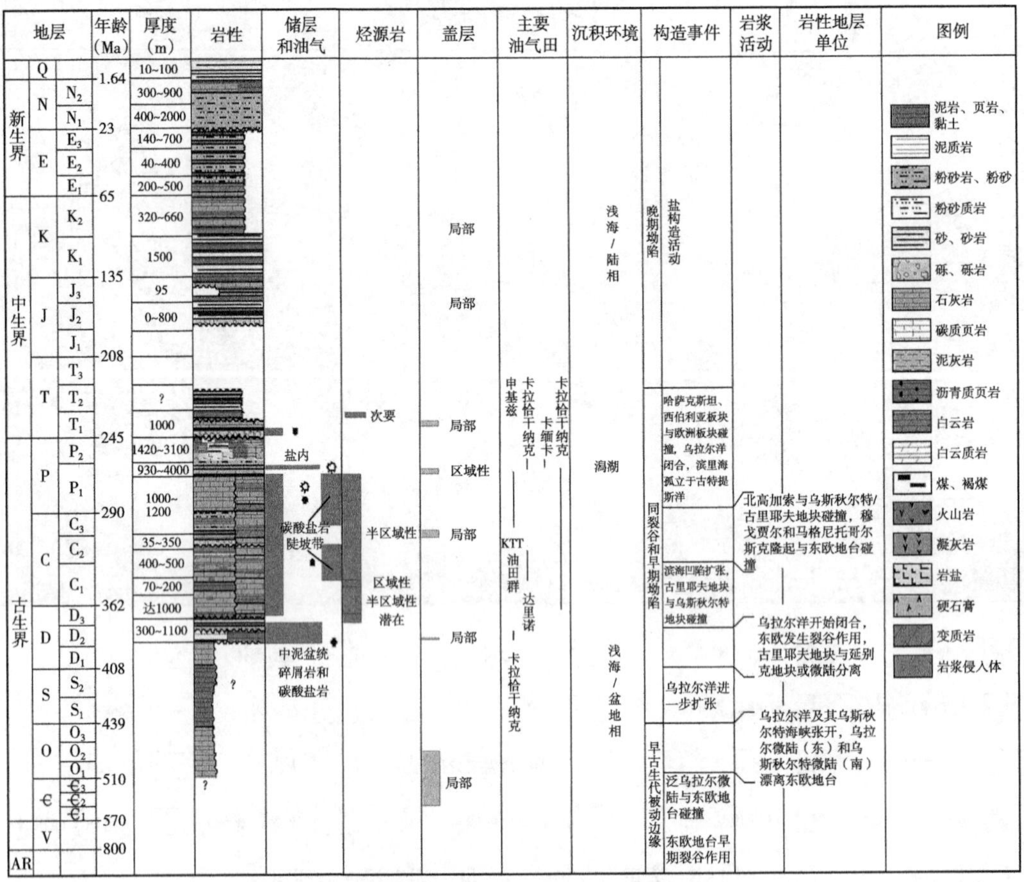

图 1-7　滨里海盆地西部和西北部断阶带综合地层柱状图

（二）中石炭统

谢尔普霍夫阶：该组段由下而上岩性为深灰—黑色泥质碳酸盐岩，白云岩、硬石膏和石灰岩，灰色白云岩夹硬石膏和深灰色泥岩，属浅海陆棚沉积。谢尔普霍夫阶与上覆巴什基尔阶—莫斯科阶呈不整合接触，与下伏韦宪阶呈整合接触。

谢尔普霍夫阶碳酸盐岩是卡拉恰干纳克、田吉兹、卡什干和阿斯特拉罕等油气田的重要储层。该套地层中的硬石膏层和页岩构成了局部盖层或层内隔层。

巴什基尔阶—莫斯科阶：该组段岩性以碳酸盐岩为主，包括深灰色石灰岩、白云岩及砂岩、粉砂岩和页岩，为浅海相或深海斜坡相沉积。地层厚度为 250~540m，平均厚度为 460m，与上覆卡西莫夫阶—格泽里阶呈整合接触，与下伏谢尔普霍夫阶呈不整合接触。

盆地内中石炭统石灰岩储层广泛分布，是卡拉恰干纳克、田吉兹、卡什干和阿斯特拉罕等众多大型油气田的主力产层。卡拉恰干纳克礁块内中石炭统石灰岩岩心孔隙度和渗透率分布范围分别为7.3%~15.4%和1.3~81.1mD，最大孔隙度为34.2%，最大渗透率达2198mD。在田吉兹油田，中石炭统巴什基尔阶碳酸盐台地沉积环境包括深水台地、浅水台地、浅滩、台地边缘（生物礁）和台地斜坡。台地顶部在低水位期暴露地表并发生了溶蚀和角砾化。巴什基尔阶大部分由3个以颗粒灰岩为主的层序组成，每个层序的顶界面代表浅水台地的消亡期，显示一个相当长的间断，发育了各种类型的有效孔隙。盆地西南部的阿斯特拉罕碳酸盐台地内中石炭统碎屑灰岩和鲕粒灰岩的孔隙度为3%~18%，其中原生孔隙和次生孔隙大约各占一半。岩石的基质渗透率较低，一般只有1~2mD，但裂缝发育。在盆地东部扎纳诺尔等油气田，莫斯科阶碳酸盐岩构成了莫斯科阶—亚丁斯克阶（KT-I段）障壁礁储层的一部分。

在盆地西部识别出一套厚层的中石炭统碎屑扇体，钻井揭示厚度达1400m，地震资料显示最大厚度可达2500m。在卡尔平气田，中石炭统碎屑岩中钻遇天然气显示（10000m^3/d）和非工业性气流。该层序可能是在晚古生代盆地陆坡上方一条大型河流的沉积产物。陆架边缘由碳酸盐岩陡坎构成，浊积岩可能在海流的作用下进行了重新分配。

（三）上石炭统

卡西莫夫阶—格泽里阶：该组段为浅海相沉积。格泽里阶顶部为钙质页岩、砂质页岩与砂岩、生物碎屑石灰岩互层，生物成因石灰岩分布于底部。在卡拉通—田吉兹构造带，卡西莫夫阶为生物成因石灰岩。在盆地东北部，卡西莫夫阶为石灰岩、白云岩夹页岩。地层厚度为260~590m，平均为340m，与上覆下二叠统阿瑟尔阶为整合或不整合接触，与下伏中石炭统巴什基尔阶—莫斯科阶呈整合接触。卡西莫夫阶—格泽里阶碳酸盐岩构成了盆地东部莫斯科阶—亚丁斯克阶（KT-I段）障壁礁储层的一部分。

三、二叠系

（一）下二叠统

二叠系在滨里海盆地广泛分布，在阿斯特拉罕、毕克扎尔和卡拉通—田吉兹等隆起带上都钻遇了下二叠统。下二叠统自下而上可分为阿瑟尔阶（P_1as）、萨克马尔阶（P_1s）、亚丁斯克阶（P_1ar）和孔谷阶（P_1kg）建造，不整合覆盖于石炭系之上。早二叠世早期继承了晚石炭世的沉积环境，为浅海陆棚、潟湖沉积（图1-8），主要沉积建造为浅海陆棚、潟湖相沉积碳酸盐岩、白云岩，局部为硬石膏岩。

阿瑟尔阶：该套地层岩性复杂，主要由石灰岩、白云岩、砂岩、砾岩、粉砂岩、页岩和硬石膏组成，为浅海相沉积。地层最大厚度为370m，平均厚度为240m。与上覆萨克马尔阶整合接触，与下伏石炭系卡西莫夫阶—格泽里阶假整合或不整合接触。

在盆地东部和东南部，阿瑟尔阶超覆在石炭系不整合 面之上，以陆源碎屑岩沉积为主，主要为泥岩、砂岩与薄层石灰岩及砂砾岩互层。在砂岩段夹有粉砂岩和粗砂岩，砂岩致密，含钙质及生物化石，泥岩深灰色，致密坚硬，偶尔夹有白云岩，底部约30m厚的泥岩层在电性上表现为高伽马特征，自然伽马为150~225API，由薄层石灰岩—泥岩、凝灰岩、硅质岩组成，高伽马段是该区地层对比的一个重要标志层。该套地层厚度为100~300m。盆地西南部阿斯特拉罕隆起上阿瑟尔阶缺失。

在盆地北部和西北部，该套地层为生物礁石灰岩和角砾石灰岩，夹硬石膏和白云岩薄层，地层厚约为250m，属于浅海相沉积。含炭化植物碎屑的深灰色页岩夹层是成熟的烃

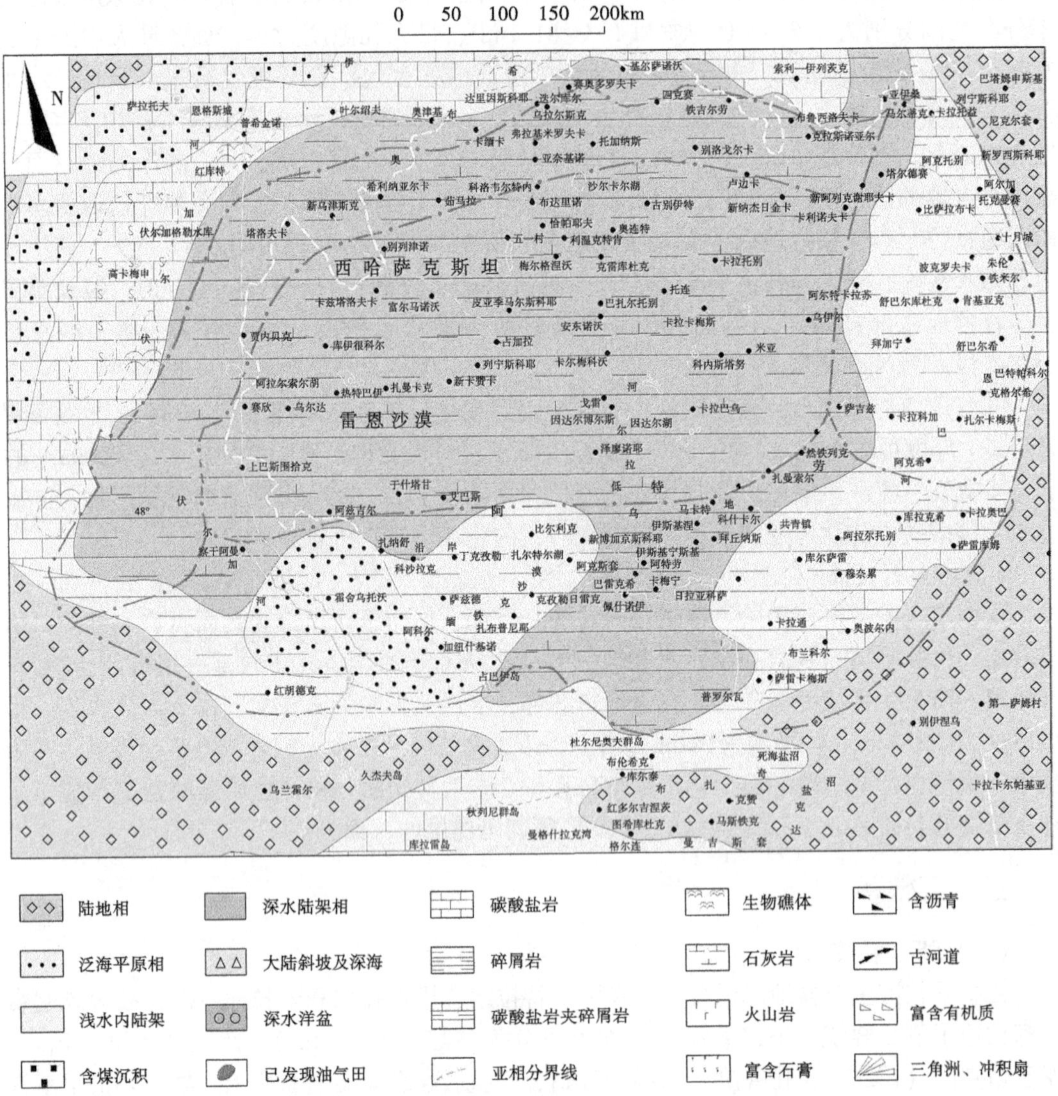

图 1-8　滨里海盆地早二叠世早期岩相古地理图

源岩。该套地层中的石灰岩层是卡拉恰干纳克巨型油气田的重要储层。

萨克马尔阶：在盆地北部、西北部边缘，该套地层岩性主要为深灰色生物碎屑灰岩夹灰色白云岩、硬石膏和石膏层，地层厚约 360m，属于浅海陆棚沉积。在盆地东部和东北部，该套地层主要为一套砂泥岩互层，夹薄层砂岩、砂砾岩、粉砂岩。砂岩多为中细粒结构，钙质、泥质胶结，致密坚硬，地层厚度一般为 100~160m。

在盆地南部、东南部，萨克马尔阶为一套以陆源碎屑沉积为主的砂泥岩地层，主要包括泥岩、钙质砂岩、白云岩和生物碎屑灰岩互层，富含有机物质，地层厚度变化较大，分布范围为50~250m。钻井和地震勘探资料显示，沿南恩巴隆起带北缘发育大型阿瑟尔阶—萨克马尔阶冲积扇体，由陆源粗碎屑岩组成，该沉积体覆盖在不同时代的石炭纪地层之上。在卡拉通—田吉兹隆起带，中石炭统被 100~150m 厚的亚丁斯克阶黑色泥灰岩和钙质泥岩所覆盖。萨克马尔阶与上覆亚丁斯克阶和下伏阿瑟尔阶均呈整合接触。

亚丁斯克阶：该套地层岩性由石灰岩、白云岩、页岩和砂岩组成，属于浅海相沉积。地层最大厚度为565m，平均为350m，与上覆孔谷阶盐岩层呈不整合接触，与下伏萨克马尔阶为整合接触。

在盆地北部、西北部，下二叠统亚丁斯克阶岩性为浅海陆棚—潟湖相—生物礁相石灰岩、白云岩及珊瑚灰岩、藻灰岩，是该地区重要储层；在卡拉恰干纳克地区，亚丁斯克阶以生物礁藻灰岩、厚层块状石灰岩占主导。早二叠世厚层塔礁和礁斜坡相覆盖在石炭系顶面的不整合面上，构成了卡拉恰干纳克凝析油气田主力产层之一。

在盆地东部，亚丁斯克阶岩性主要为厚层状砂岩、粉砂岩，局部夹砂砾岩和砾岩，砂岩多为钙质或泥质胶结，致密坚硬。在盆地南部和东南部，该组段地层岩性十分复杂，上部主要为砂岩和黏土岩，下部为白云岩、黏土岩与石灰岩互层。泥质岩有机质含量较高，是有效的烃源岩层。

孔谷阶：从孔谷期开始，滨里海盆地的沉积环境发生巨大改变。该时期盆地发生了强烈的抬升作用，盆地水体处于闭塞干旱的潮上蒸发环境，几乎全部为蒸发岩（图1-9）。沉积

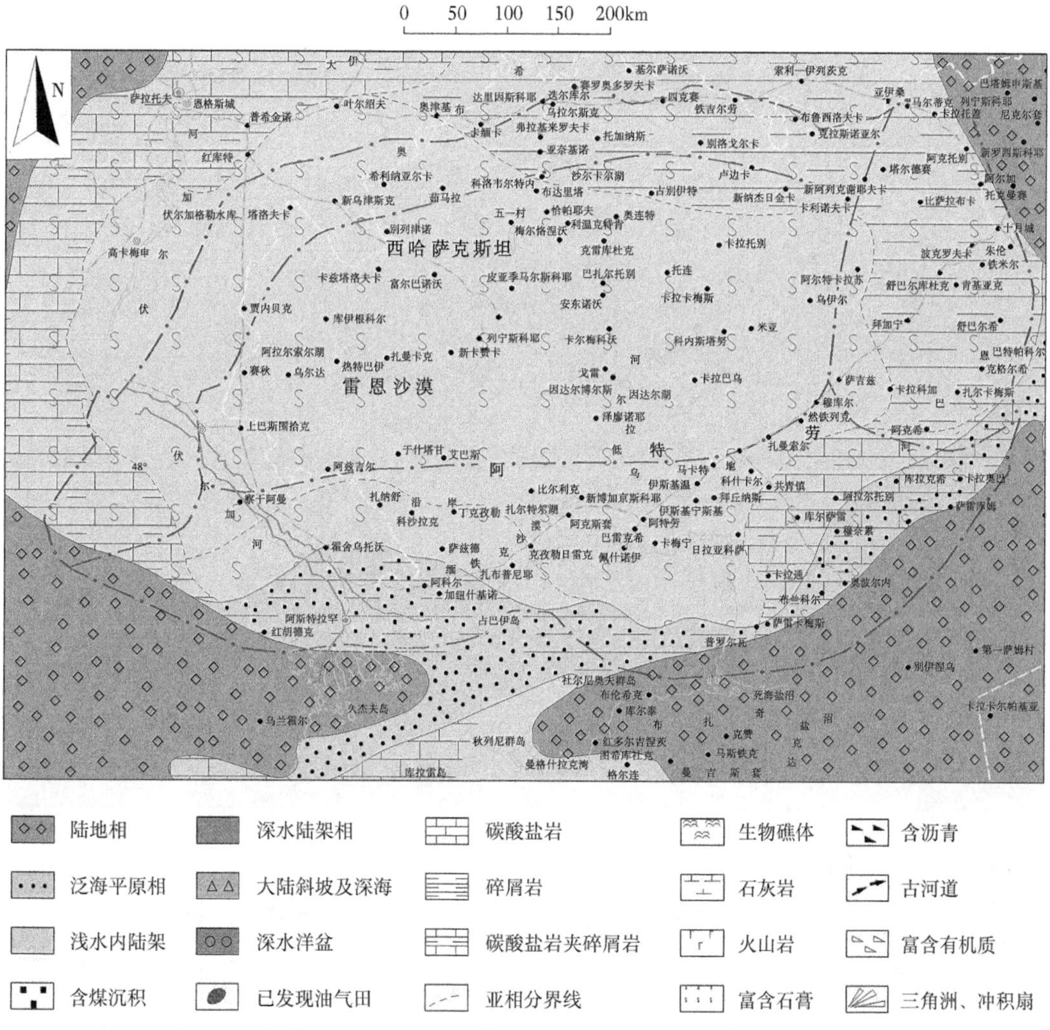

图1-9 滨里海盆地早二叠世晚期岩相古地理图

建造上沉积一套稳定的层状盐岩（氯化钠和氯化钾）、结晶石膏和白云岩等，夹有层状或条带状陆源碎屑物质。钻井中通常先钻遇厚度较薄的石膏和硬石膏，然后是盐岩。盐岩为半透明—透明，晶体状，易溶于水，中等硬度，其中常夹有泥岩。膏盐岩层厚度一般为1～6km。该层段与上覆上二叠统为整合接触，与下伏亚丁斯克阶不整合接触。

孔谷期末，盆地完全变浅，变成了一个相对浅水的内大陆水体，在盐度很高的环境下，沉积了碎屑岩地层。巨厚的孔谷阶（局部为亚丁斯克阶—喀山阶）盐岩是滨里海盆地盐下油气成藏组合重要的区域性盖层。这套盐层构成了盆地中绝大部分油气储量的有效盖层。

（二）上二叠统

晚二叠世时期，在沉积物重力作用下，孔谷期盐岩层开始重新分布，通过水平蠕动，聚集成盐丘、盐脉，而盐丘之间区域充填了上二叠统和三叠系杂色碎屑岩，是在聚集冲积平原或者浅水内大陆盆地环境下沉积。盐构造作用造成了相对于盐下地层和上覆侏罗系的不同盐岩形状的活动构造。

上二叠统属陆相、海陆过渡相或局限海沉积（图1-10）。岩性主要是硬石膏夹泥岩、蒸发岩夹泥岩透镜体，或碎屑岩（砾岩、砂岩、粉砂岩和泥岩）夹硬石膏透镜体。硬石膏

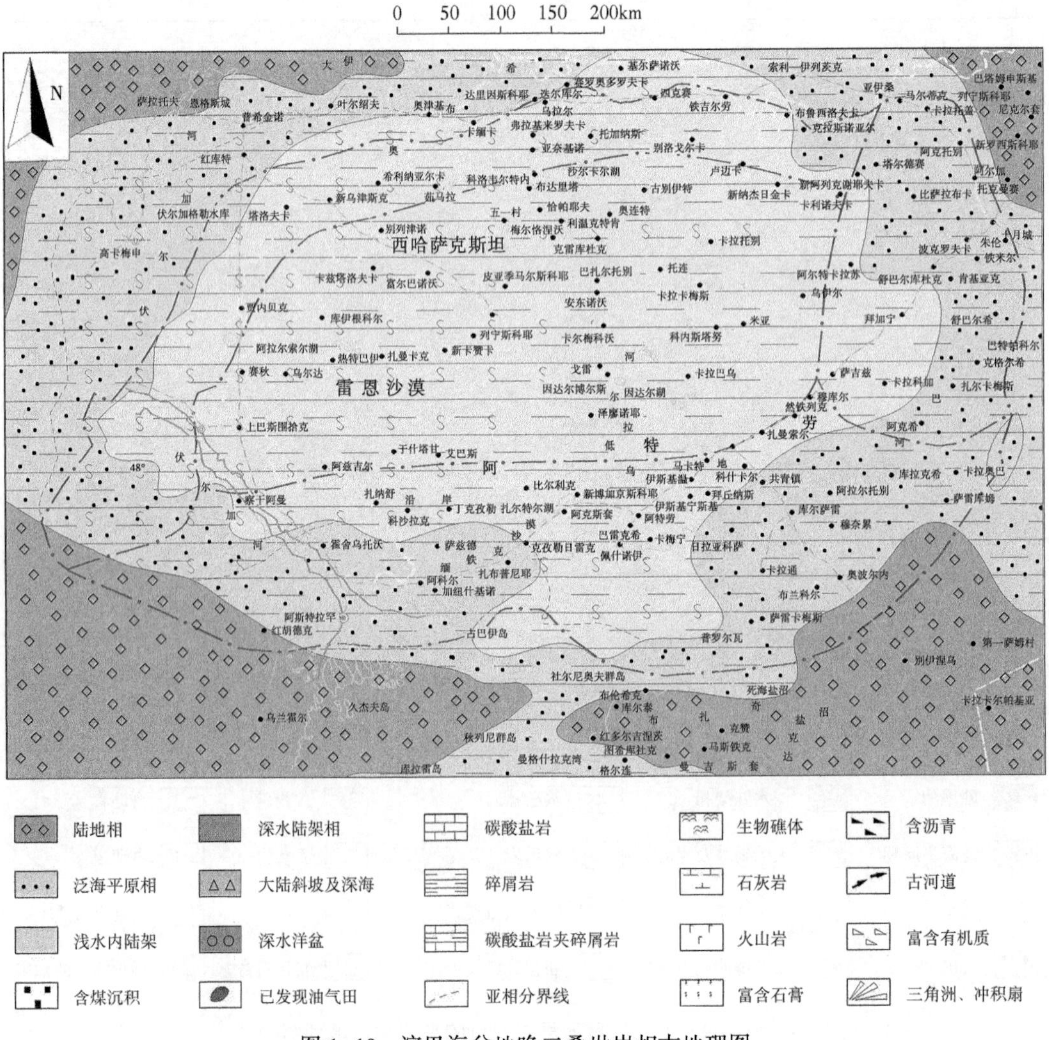

图1-10 滨里海盆地晚二叠世岩相古地理图

为白色，少量灰色，透明晶体。盆地东部扎纳诺尔地区，钻井钻遇平均厚度为250~300m的硬石膏和石膏地层与软泥岩、砂岩及灰质粉砂岩互层。在滨里海盆地北部边缘带和阿斯特拉罕隆起地区的盐丘间洼地，上二叠统厚度达到2000~2500m，平均厚度约为1000m。该套地层与上覆下三叠统和下伏孔谷阶为整合或不整合接触。

喀山阶砂岩一般是在蒸发性、季节性湖泊环境中的沉积，常与硬石膏、粉砂质页岩甚至岩盐互层。砂岩为岩屑长石砂岩，粒度一般较细，成岩作用强烈，胶结物有方解石、白云石和部分硬石膏。砂岩储集性能较差。

鞑靼阶砂岩发育于冲积扇和三角洲平原环境，常见泛滥平原泥岩、分流河道和决口扇等沉积，砂岩成熟度较低，储集性能较差。

四、三叠系

（一）下三叠统

盆地内下三叠统以陆相沉积为主，其中包括下部的维特鲁加群和上部的巴斯孔恰克群。维特鲁加群岩性为灰色—浅灰色砂砾岩、砂岩、粉砂岩和深灰色等杂色泥质岩、页岩互层；巴斯孔恰克群为碳酸盐岩—陆源碎屑岩或石灰岩—泥质岩沉积，岩性主要为灰色、紫色、褐色等杂色页岩，部分地区相变为钙质泥岩、粉砂岩、砂岩、砾岩和角砾岩，上覆厚层灰色泥质碳酸盐岩段（石灰岩、白云岩）。该套地层厚度变化较大，为450~2242m，与上覆中三叠统呈整合接触，与下伏上二叠统为假整合或不整合接触。

在肯基亚克、申基兹、扎克斯麦、考克日杰、布格林斯科耶、沙加等油气田，下三叠统碎屑岩被证实为有效的含油气储层。

（二）中三叠统

中三叠世，盆地内大部分地区发育冲积—河流相沉积，地层岩性上部主要由棕色、红棕色软泥岩组成，中等硬度，间夹灰色薄层砂岩，无灰质；下部为细粒—中粒砂岩、灰质—砂质砾岩，块状，夹杂色泥岩，剖面上以砂泥岩不等厚互层为特征，地层厚度为250~400m。局部地区受到三叠纪海侵作用的影响，发育一套石灰岩—泥质岩建造，地层厚度分布范围为30~75m到600m。在隆起区该套地层相变为含有少量泥灰岩夹层的粉砂岩—泥岩。地层厚度增大，可达1000m。

在萨吉斯、特米尔等地区，大量钻井已经揭示了中三叠统冲积—河流相砂岩为良好的含油气储层。

（三）上三叠统

晚三叠世，海相盆地进一步萎缩，滨里海盆地的主体脱离海相沉积环境，开始大面积的陆相沉积，陆相沉积范围随之扩大，是海相与陆相盆地交替发育的阶段。

上三叠统可分为卡尼阶、诺里阶和瑞替阶3个地层单元：（1）卡尼阶，由上部灰色粉砂岩段和下部灰色—灰黄色砂岩和棕色、红棕色软泥岩组成，间夹有灰色泥岩，中等硬度；（2）诺里阶，以灰色、灰绿色、褐色等杂色页岩为主，局部夹灰色砂岩和泥岩；（3）瑞替阶，由下部砂岩—页岩段和上部泥岩段组成。以陆相沉积为主，上三叠统厚度为0~886m，平均为430m。与上覆侏罗系和下伏中、下三叠统均呈假整合或角度不整合接触。

在考楚别耶夫地区，钻井揭示该套地层岩性为火山沉积岩，厚度为450~510m。在盆地北部滨岸带，该套地层岩性为杂色含砂岩夹层泥岩、粉砂岩和黏土岩互层，不整合覆盖于中、下三叠统的剥蚀面上。

在南恩巴和卡拉通—田吉兹隆起带上，钻井已揭示了该地区上三叠统砂岩为良好的含油气储层。盆地东部肯基亚克等地区的三叠系砂岩主要分布在该层系底部（充填在不整合面之上），以岩屑砂岩为主，砂岩成熟较低，磨圆较差，呈棱角状—尖锐棱角状。其总厚度为200~500m。这些储层中砂岩为多层状，常夹页岩和粉砂岩，属于辫状河道或泛滥平原相沉积（图1-11）。

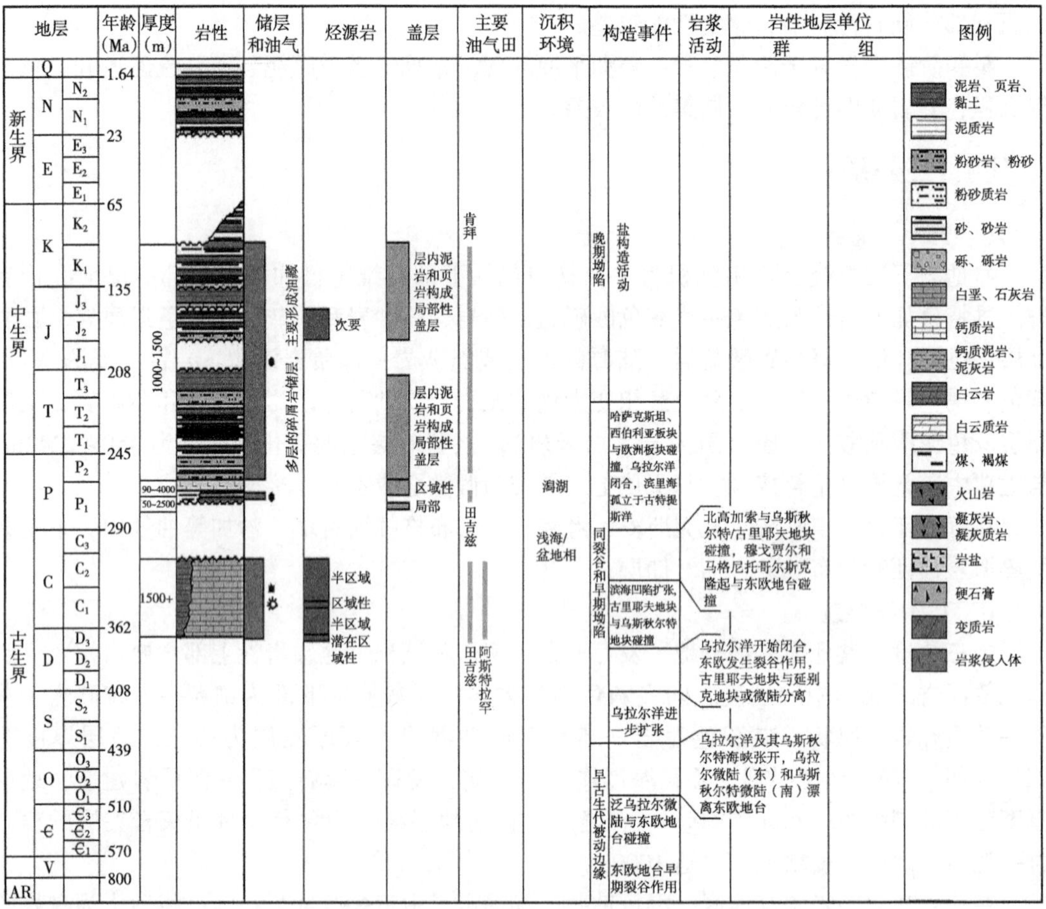

图1-11　滨里海盆地东南部油气区综合地层柱状图

五、侏罗系

侏罗纪开始，滨里海盆地全面结束了海相沉积环境，以陆相环境占主导，该沉积作用一直持续至新生代。晚三叠世出现的陆相环境及其沉积建造经过侏罗纪、白垩纪、新生代等不同时代的演化，最终形成了一个完整的陆相沉积体系，即盐上沉积建造。该沉积建造形成了具有一定潜力的油气储盖组合，被称为盐上油气成藏组合。

侏罗系是在盆地经历了长期而又复杂的构造运动背景下形成的沉积建造，因此侏罗纪地层常常覆盖于不同时代的地层之上。早侏罗世通常以充填超覆沉积为主，中侏罗世在稳定的构造环境下发育一套冲积—河流—泛滥平原相沉积，晚侏罗世沉积海陆过渡相。侏罗系也是滨里海盆地分布范围最为广泛的地层单元。

（一）下侏罗统

下侏罗统的包括赫塘阶至托阿尔阶。地层岩性主要是灰色、浅黄色、绿灰色块状砂砾岩、砂岩、粉砂岩和黏土岩，夹有层状泥岩和碳酸盐岩，底部发育砾石层。在盆地东部，该套地层主要是浅灰色粉砂质细—中砂岩，偶夹细砾岩，钙质胶结，含黏土胶结物；向西北方向泥岩的比例增高，富含炭化植物碎片，属于海陆过渡相沉积。地层厚度为24～300m，平均为90m。与上覆中侏罗统为整合接触，与下伏上三叠统为不整合接触。

在滨里海盆地北部，下侏罗统为厚度50～150m的含泥岩夹层的砂砾岩段。在阿斯特拉罕隆起最高构造部位缺失下侏罗统。

钻井证实，下侏罗统砂岩为盆地东部和东南部良好的油气储层（如在莫尔图克、肯基亚克、舒巴尔库杜克、卡拉秋别等油气田），岩相为河流相砂和砂岩，孔隙度为22.3%～39.5%，渗透率达1900mD。

（二）中侏罗统

中侏罗统沉积建造为灰色泥岩、钙质泥岩与灰色、黄灰色、褐灰色砂岩—粉砂岩的频繁互层，间夹多层褐黑色薄煤层或煤线，部分地区含有薄石灰岩和泥灰岩夹层。该套地层分布较稳定，区域上主要的地层单元包括：（1）阿连阶，为灰色、浅灰色层状泥岩夹粉砂岩，泥岩中含有大量炭化有机质，属于泛滥平原相沉积；（2）巴柔阶，为灰色、黄灰色、褐灰色细粒至中粒砂岩与泥岩，以及纯泥岩互层；（3）巴通阶，为深灰色泥岩和粉砂岩，含有大量炭化有机质；（4）卡洛阶，为灰色、深灰色碳质页岩，夹有薄泥岩、粉砂岩和钙质页岩层。该套地层厚度为94～900m，平均厚度为200m。与上覆上侏罗统和下伏下侏罗统均呈整合或不整合接触。

在里海东北部沿岸一带靠近布扎奇隆起的地区，该套地层为滨岸相—陆相砂岩、粉砂岩、泥岩、钙质泥岩和砂质泥岩，夹有煤层，厚度可达500～700m。

中侏罗统砂岩层是滨里海盆地盐上层系重要的储油气层，盆地内盐上层系中绝大部分油气储量分布在该组段。盆地中—西部地区是中侏罗统最好的砂岩储层分布区，中侏罗统发育海相砂岩和泥岩，砂岩孔隙度达到16%～35%，渗透率最高达到1270mD。在盆地东部和东南部，中侏罗统以陆相沉积为主，发育冲积扇—河流相砂岩、泥岩和黑色、块状、易碎的煤层，地层总厚度为280～320m。在盆地东部近物源区的方向，中侏罗统层序中粗碎屑颗粒比例增大，砂岩含量增多，好的储层为巴柔阶和巴通阶潟湖相和陆相砂岩，如卡拉托别、肯基亚克和阿克扎尔等油气田发育河道砂岩，南恩巴地区发育河流—三角洲砂岩。

（三）上侏罗统

上侏罗统属海陆过渡相沉积，主要地层单元包括：（1）牛津阶，为褐灰色—暗灰色泥灰岩和页岩；（2）基莫里阶，为灰色石灰岩、灰—灰绿色页岩和泥灰岩；（3）波特兰阶，主要为石灰岩，其次为浅灰色砂岩和泥灰岩，夹薄层暗色页岩、泥灰岩和浅灰色中—细砂岩；（4）提塘阶，为灰色、褐灰色砂岩，是该套地层中的主要储层。该套地层与上覆下白垩统呈不整合接触，与下伏中侏罗统呈整合或不整合接触。

盆地内上侏罗统厚度变化很大，地层厚度为0～300m，平均厚度为130m，分布也比较局限，盆地东缘及东南部隆起等大部分地区缺失上侏罗统。在阿斯特拉罕—阿克纠宾斯克隆起带上，上侏罗统为泥岩、粉砂岩、泥灰岩互层，含有白云岩、白云质泥灰岩和石灰岩夹层。

六、白垩系

（一）下白垩统

早白垩世早期，盆地遭受了一次规模较大的海侵，南部、西南部地区发育浅海相沉积，其他大部分地区下白垩统为陆相—海陆过渡相沉积，自下而上分为5个地层单元。

（1）凡兰吟阶：为滨岸砂岩和页岩、钙质泥岩和石灰岩（包括生物碎屑灰岩、介壳灰岩和白云质灰岩，局部发育溶洞），砂岩中含海绿石和磷灰石。在南恩巴，下白垩统沿着北里海海域东部地区分布，上部为大套泥岩及砂泥岩互层，底部为石灰岩；在阿斯特拉罕—阿克纠宾斯克隆起带，为泥灰岩和石灰岩夹层。在隆起的斜坡带上厚度为800~900m，在隆起顶部厚度减薄为400~500m。（2）欧特里夫阶：下部为泥岩，上部为砂岩、页岩。（3）巴列姆阶：下部主要是砂岩，上部主要是泥岩。（4）阿普特阶：下部为泥岩，上部为砂岩、页岩。（5）阿尔比阶：由下而上为粉砂岩和砂岩、页岩、互层状泥岩和粉砂岩、泥岩。

该套地层厚度为240~1020m，平均为600m。与上覆上白垩统和下伏上侏罗统均为不整合接触。在盆地北部，下白垩统为深灰色钙质泥岩和砂质泥岩，地层厚度为120~400m。

尼欧克姆统—阿普特阶砂岩和粉砂岩具有很好的储集物性，是很好的储层。尼欧克姆统和巴列姆阶产层的岩性为砂岩、疏松砂岩和粉砂岩，位于阿普特阶底部储层段的岩性为砂岩。油气田中的储层为叠复砂（岩）层，该套地层中的裂缝性泥岩也可以作为有效储层。

（二）上白垩统

上白垩统岩性主要为含燧石和黄铁矿结核的白色、绿色、粉红色、红褐色石灰岩，其次为砂岩、泥岩和泥灰岩。厚度范围为200~900m，在滨里海盆地北部上白垩统厚度最大，可达600~900m，主要分布于阿尔比阶和赛诺曼阶。该套地层与上覆古新统呈整合或不整合接触，与下伏下白垩统呈不整合接触。

在盆地东南部，钻井已经证实上白垩统砂岩和粉砂岩为良好的含油气储层（如在科姆索莫尔斯克、南考什卡尔、卡尔萨克、拜丘纳斯、杰列努祖克等油气田）。储层孔隙度为27.7%~32.8%，渗透率为22~2130mD。各油田都含有2~4套上白垩统含油气砂岩储层。

七、新生界

新生代沉积建造分布广泛，古新统—始新统在滨里海盆地滨岸地区发育，古新统为含有泥灰岩夹层的黏土岩，始新统为泥灰岩和泥岩，有时含有粉砂岩夹层。在其他地区，古新统—始新统为泥岩、泥灰岩和泥质灰岩，含有砂岩夹层（图1-12）。在阿斯特拉罕隆起的斜坡上，古新统—始新统为砂岩和黏土岩，厚度为100~200m。沿滨里海盆地北部滨岸带，该套地层基本被剥蚀，仅在盐丘间洼地中局部保存。

在滨里海盆地东部滨岸带，古新统—始新统为一套黏土岩、泥灰岩和泥质灰岩互层，含有少量砂岩和粉砂岩。在隆起区该套地层被剥蚀。

渐新统与上覆中新统下部通常合称为麦考普群，在盆地中广泛分布。在滨里海盆地北部滨岸带，麦考普群在中新世侵蚀期基本上被剥蚀，或仅存在于没有受到剥蚀盐丘之间的凹地中。在阿斯特拉罕隆起及其以南地区，麦考普群是厚度为100~200m的泥质岩。在东北部滨岸带，该套地层为厚度不大的泥岩、黏土岩和砂岩互层。

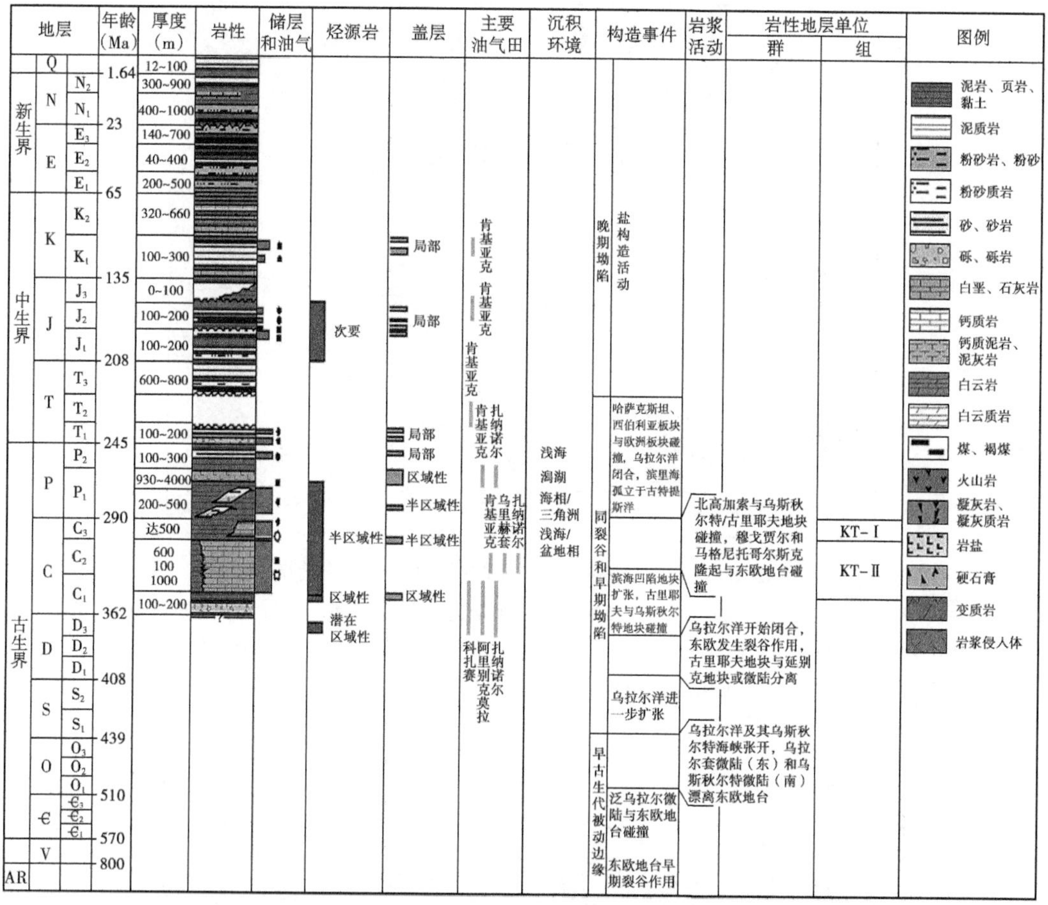

图 1-12　滨里海盆地南部次盆综合地层柱状图

（一）古新统

古新统为浅海相沉积。其中，丹麦阶为灰色泥灰岩和页岩，坦尼特阶为页岩和含少量钙质粉砂岩。该套地层厚度为 200~500m，平均厚度为 300m，与上覆始新统或上新统阿普歇伦组及下伏上白垩统均呈不整合接触。

（二）始新统

始新统为浅海相沉积。下始新统岩性以泥岩为主，其次为粉砂岩和泥灰岩，上始新统主要是钙质页岩夹粉砂岩。该套地层厚度为 40~400m，平均厚度为 200m，与上覆阿普歇伦组呈不整合接触，与下伏古新统呈整合或不整合接触。

（三）阿普歇伦组

阿普歇伦组的地质时代为晚上新世—第四纪，为海陆过渡相沉积，岩性主要是砂岩、粉砂岩和泥灰岩。该套地层厚度为 250~700m，平均厚度为 400m，与下伏古新统或始新统呈不整合接触。该套地层从滨里海到南里海广泛分布。

随着深层地震资料数量和质量的不断提高以及深井钻探数量的增加，对滨里海盆地巨厚沉积建造的认识程度逐渐加深，含盐层系及其以下 3 个地震反射层（P_1、P_2、P_3）构造图对比表明（图 1-13、图 1-14），盆地中—古生界分布状态具有如下特点：

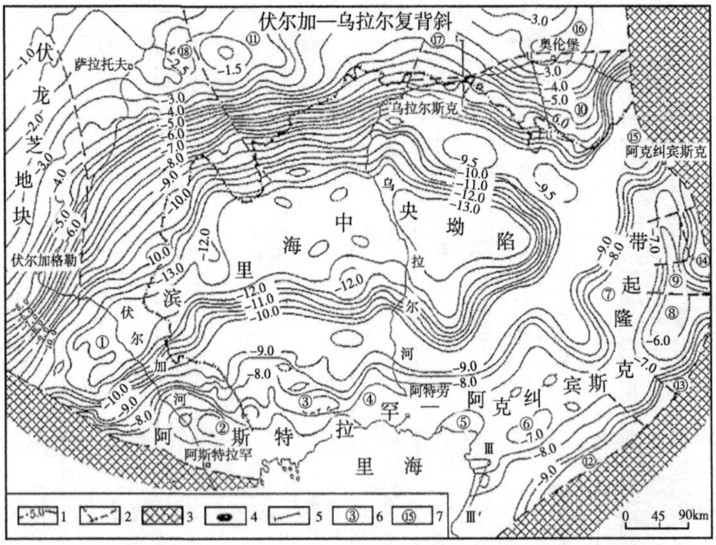

图 1-13 滨里海盆地 P_3 反射层（D_3 底）构造图

1—P_3 反射层构造等值线（km）；2—主要断层；3—盆地边缘造山带；4—油田；5—横剖面；6—凸起（①东塔里特森；②阿斯特拉罕；③北里海；④新波加廷斯克；⑤库萨科夫；⑥毕克扎尔；⑦科斯克尔；⑧扎纳诺尔；⑨特梅尔；⑩索尔—伊列茨克；⑪兹格列夫—朴加捷夫）；7—坳陷（⑫托加里克察；⑬科克伯克杜；⑭奥斯塔内特；⑮亚乌萨；⑯帕夫诺夫；⑰诺伯金斯克；⑱玛尔科夫）

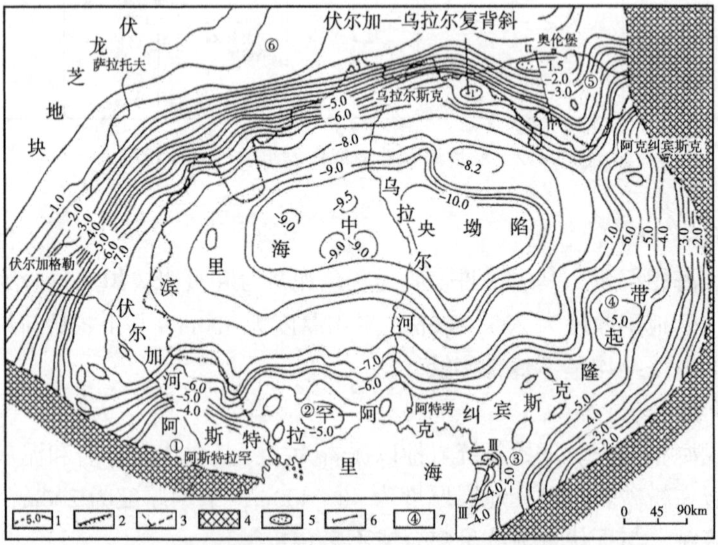

图 1-14 滨里海盆地 P_1 反射层（孔谷阶底）构造图

1—P_1 反射层构造等值线（km）；2—P_1 沉积物边界；3—主要断层；4—盆地边缘造山带；5—天然气和凝析油聚集；6—横剖面；7—凸起（①阿斯特拉罕；②北里海；③卡拉通—田吉兹；④科斯科乌尔；⑤索尔—伊列茨克；⑥兹格乌列夫—朴加捷夫）

（1）盆地最老的沉积层为中—上泥盆统，在中央坳陷区埋深在 12km 以下，盆地南部该沉积建造分布平缓，在盆地南部的阿斯特拉罕—阿克纠宾斯克隆起带上，地层分布状态也相对平缓。如在上泥盆统底部构造图（P_3 反射层）上反映出整个隆起带地层分布均匀，隆起带上泥盆统没有缺失。在泥盆系底界构造图上分别见有两条近 SN 向和 NW—SE 向主要断层，这些深大断裂一直控制着盆地北部沉积建造发育。

（2）孔谷阶盐岩层系底面在中央坳陷区埋深达 9km 以上，从中央坳陷区向其他地区延伸变浅，地层分布具有北陡南缓的特点。在盆地北部和西北部构造等高线密集，明显存在下二叠统碳酸盐岩沉积突起；在盆地东南东部地区存在大型冲积扇体；在乌拉尔河—伏尔加河的河间地区主要存在深部切割现象。

第二节　区域构造与盆地演化

一、盆地基底构造特征

滨里海盆地基底构造复杂，基底岩性主要由太古宇和中元古界片麻岩、角闪石岩、片岩、石英岩和花岗岩组成。其中，盆地北部、西北边缘的结晶基底由太古宇花岗岩—片麻岩组成，为前寒武纪东欧地台型基底，厚度可达 32~36km；盆地中央地区结晶基底之下出现变质岩和火山岩，反映了大陆边缘具有板块碰撞的构造特征；盆地南部、东南部基底及构造发育特征与盆地西北部地区不同，主要为晚古生代—早古生代的褶皱基底，属于阿尔卑斯期褶皱构造带及其山间坳陷（图 1-15）。基底结构直接影响着沉积盖层构造特征。

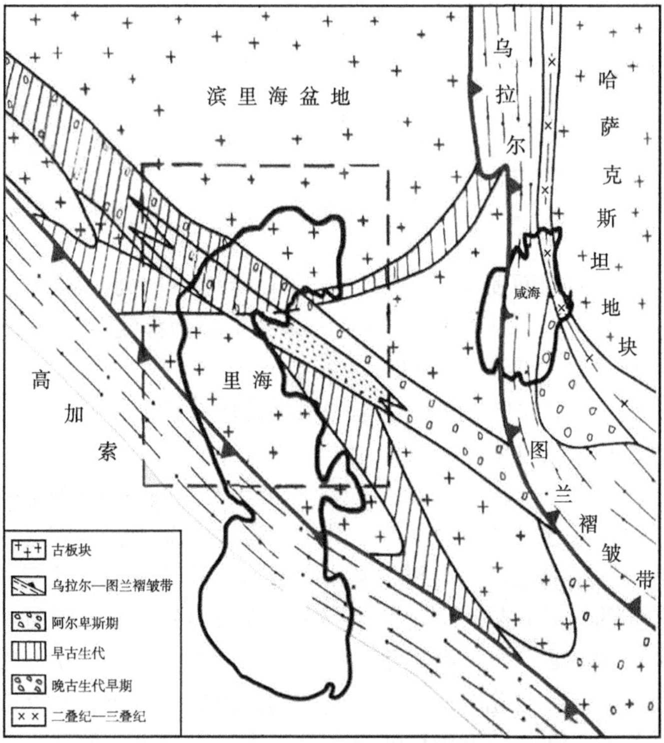

图 1-15　滨里海盆地结晶基底分布图

根据重力、磁力和地震共深度点法、地震折射波对比勘探等资料的综合分析，滨里海盆地基底发育不同走向断裂系统，具有明显的断块结构特征。基底面深度变化范围很大，具有一定的起伏性，最大幅度达25km。由盆地边缘带向盆地中部呈阶梯式下降，早期具有裂谷盆地的特征，剖面上呈现出北陡南缓、北深南浅的不对称结构（图1-16）。北部—西北部结晶基底埋藏较浅（3~6km），向南快速过渡为中央深坳陷，基底埋深迅速加大，达20~22km。东北缘基底面较缓，但基底结构复杂。东缘和东南缘基底平缓，发育一系列大型构造隆起带（如阿斯特拉罕隆起带），构造隆起带的基底埋深为6~7.5km，隆起带之间的鞍部基底埋深为9~10km。在具有块断结构的基底之上，沉积盖层中出现了一系列规模不等的断块构造，断层断距达2~3km，在这些断块附近发育100~1000m的局部隆起与坳陷。

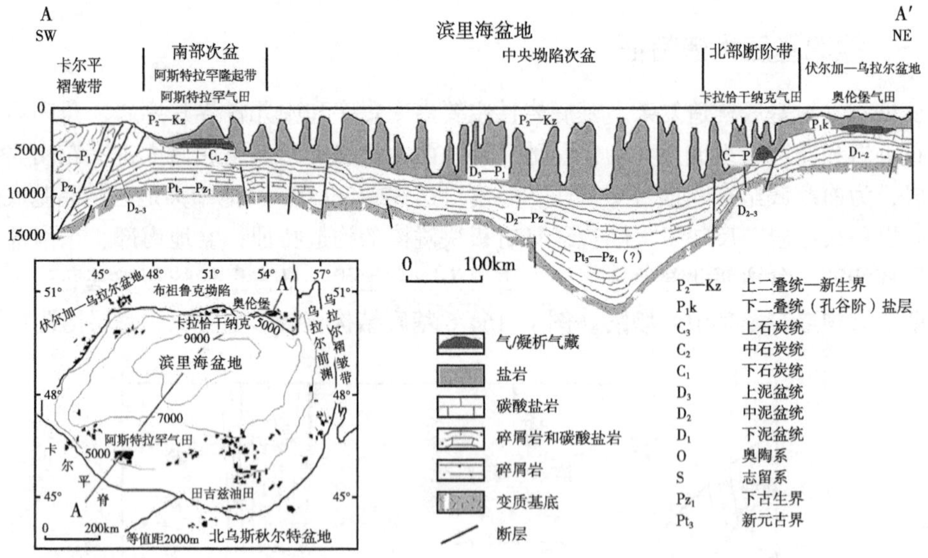

图1-16　滨里海盆地横剖面图

深部地震和广角反射剖面所测得的数据表明，盆地中央坳陷区基底顶面深度达20~22km。中心伸展区的结晶质地壳减薄至14~16km，莫霍面深度为32~36km，其他地区为42km，而在盆地边缘地区莫霍面深度更大。

滨里海盆地边缘的基底具陆壳性质，但中央坳陷的高正重力异常等地球物理响应显示为广泛分布铁镁质岩石，具有洋壳性质。

新元古代，东欧地台上已形成一系列线状构造单元，许多学者将其列入裂谷构造范畴。在滨里海盆地内分布有5条古裂谷系，其中，盆地中部的帕切尔马、霍布达、阿拉尔索尔3条古裂谷接合，组成盆地的内裂谷系，裂谷作用及地幔物质的侵入，导致基底大规模基性岩化和次洋壳的形成。分布在盆地东—东南部边界的南恩巴裂谷和西南边缘的卡尔平脊裂谷，这两条古裂谷属于边缘裂谷系，裂谷系地壳为洋壳（图1-17）。

南恩巴古裂谷受北东—北北东向深大断裂控制。裂谷内前寒武系基底顶面埋藏深度为12~13km，推测裂谷的下部充填物为里菲纪—早古生代沉积层。地球物理场上表现为重力和磁力最大值，其宽为20~60km，长为250~300km。区域性磁异常与重力异常的位置基本重合，重力最大值是由一系列局部异常组成的线性异常带，重力场的强度向西南部，即向古裂谷中部增大，但是磁力最大值的轴部向北偏移。根据统计资料，岩浆岩具有基性岩和超基性岩所特有的高磁化强度，以近南北向的岩体占优势。

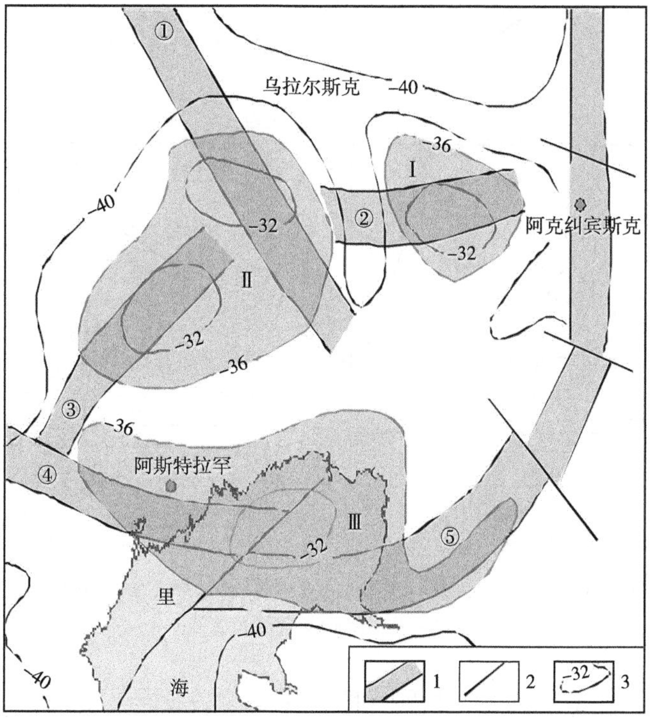

图 1-17　滨里海盆地古裂谷分布示意图

1—古裂谷（①帕切尔马；②霍布达；③阿拉尔索尔；④卡尔平脊；⑤南恩巴）；2—断裂；
3—莫霍面等值线（km）；地幔隆起：Ⅰ—霍布达；Ⅱ—阿拉尔索尔—顺加伊；Ⅲ—北里海

早海西期构造运动使裂谷张开，在裂谷内堆积了厚度为 7～10km 的泥盆系—石炭系。晚海西期，北乌斯秋尔特和古里耶夫微板块发生碰撞，造成裂谷带反转并产生隆起。在北里海水域，根据大地电磁场测深资料，划分出一个高导电率带，该带与地温梯度异常高值相一致。这些地球物理特征是由于裂谷之下的地壳塑性拉张的结果。在 34～36km 深的莫霍面划分出北里海隆起，其中包括沿弱构造带侵入的地幔刺穿褶皱的侵入体。

卡尔平脊古裂谷位于盆地西南部，呈近东西向延伸。在磁场中表现为宽 80km、长 500km 以上的线性地磁异常带。据推算，该异常带源位于深约 18km 处的基岩体中，在里海北部水域显示出向北偏移的强正异常，推测为卡尔平脊裂谷相对于南恩巴裂谷，沿转换断层向北产生了水平错动。泥盆系中出现的碱性超镁铁岩岩脉的侵入体，显示出沿着作为岩浆流动通道的断裂带产生了其底部拉张及裂谷的再生作用。从基底构造特征分析，裂谷作用形成了一些大小规模不等的阶梯状块断构造，埋藏深度约为 13～15km，裂谷内堆积了里菲纪—早古生代的沉积物。海西期晚期，裂谷带南部的微型陆块与卡尔平脊构造上的逆掩超覆层相碰撞，裂谷带反转并产生隆起（图 1-18）。

帕切尔马古裂谷是俄罗斯地台上的莫斯科—帕切尔马裂谷系向东南的延伸。在滨里海盆地之外，古裂谷具有线性负磁异常，但强度向滨里海盆地逐渐降低，至萨拉托夫一带负磁场转变为正磁场。主要断裂呈北西走向，断层断距在盆地外围为 3～4km，盆地内达 5km。地堑中央被大型基底突起和狭窄凹陷所切割而复杂化，推测凹陷中充填了早里菲期沉积物。基底上，帕切尔马古裂谷的东南支由多条断裂形成了一系列长条形的地堑构造，

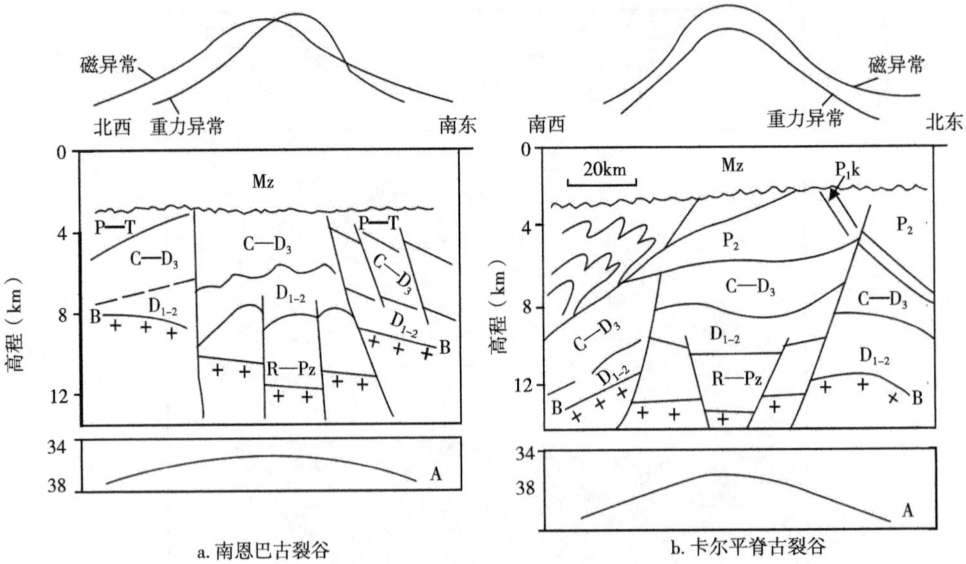

图 1-18 南恩巴古裂谷、卡尔平脊古裂谷地质—地球物理模型

A—莫霍面；B—基底顶面

构造走向与帕切尔马古裂谷的走向相同（图 1-19a）。在磁场中，帕切尔马古裂谷与线性延伸的负异常相一致，其强度向中央部分减弱。在重力场，东南分支表现为狭长的局部异常高值带，该异常在东南方超 250km 的距离范围内都显示得非常清楚。

阿拉尔索尔古裂谷位于滨里海台向斜西部，呈北东—南西向延伸。在重力场中该古裂谷表现为长 375km、宽 75km 的正异常。在阿拉尔索尔古裂谷和帕切尔马古裂谷东南分支的接合部，沿莫霍面表现为大范围的地幔隆起—阿拉尔索尔—顺加伊隆起。在结晶基底上形成了与裂谷相对应的巨型隆起（220km×130km）。

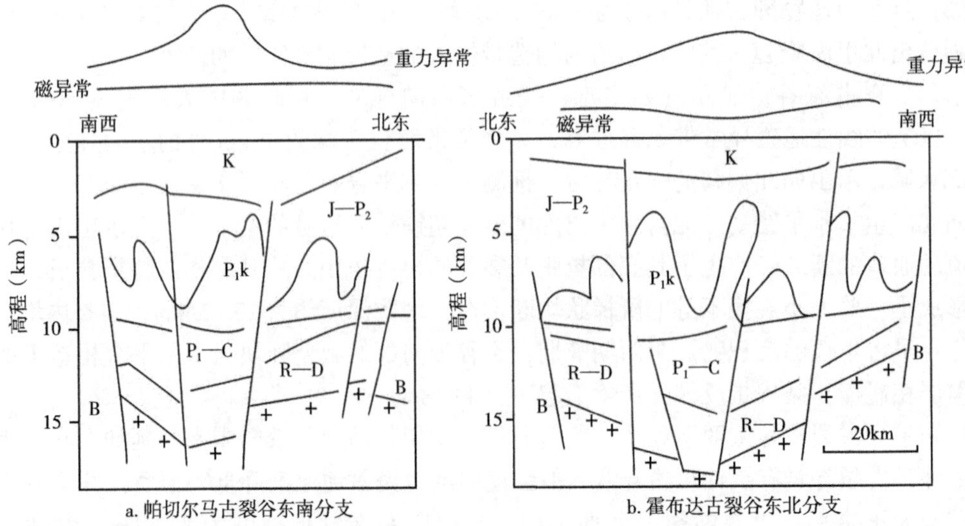

图 1-19 帕切尔马—霍布达古裂谷地质—地球物理模型

B—基底顶面

霍布达古裂谷位于滨里海台向斜东北部，在重力场中表现为近东西走向的区域性重力最高值，面积为 325km×100km。在结晶基底上为一同名的穹隆，面积为 280km×120km，其顶部埋深 19km。在莫霍面上显示为一个巨型等轴状的地幔隆起——霍布达隆起。霍布达古裂谷的东北分支呈狭窄的裂沟形状，宽为 40km，长约 250km，向乌拉尔山前坳陷延伸。受近南北向断裂的影响，裂谷被切割为若干独立的地堑（图 1-19b)。在霍布达古裂谷中央，里菲系—下古生界厚度达 3~4km，而在其边缘地区减薄至 1.5~2.0km。

在裂谷形成过程中，盆地地壳深部改造作用较为强烈，同时其地球物理特征变得更加复杂。表现在裂谷演化的每一个阶段，其热流、重力异常及热力异常等都存在变化，这是滨里海盆地古裂谷最显著的地质—地球物理特征（表 1-2）。

表 1-2　滨里海盆地地质—地球物理特征

特征	古裂谷			
	南恩巴—卡尔平脊	帕切尔马	阿拉尔索尔	霍布达
莫霍面构造	拱形地幔隆起	相对抬起地层	拱形地幔隆起	
基底顶部构造	带状坳陷—台沟	席状地垒、地堑	拱形隆起	
地壳厚度	由于拉张作用地壳厚度减薄			
重力场	线性最高值	显著可变	椭圆形最高值	
沉积盖层构造	倒转逆掩构造	裂谷上叠盆地		
磁场	线性最高值	线性最低值	负等值	
热流	未研究		高热流	
大地磁异常	呈现地磁异常偏移		显现地磁异常相一致	
古火山活动	偶尔发生在各种类型沉积建造中			
界面相互关系	反向相关		顺向正相关	
地壳类型	次大陆型		次大洋型	
古岩浆活动	显示较弱		未研究	

根据古裂谷的构造特征和地质—地球物理理论模型，可以将滨里海盆地古裂谷划分为两大类：

一类是古裂谷的基底构造呈线状坳陷—拗拉槽，而沉积盖层中古裂谷则表现为明显的构造反转，形成逆掩变形带。这类古裂谷主要是指南恩巴、卡尔平等边缘裂谷系。在重力场和磁力场方面，它们常表现出极高的异常值。这类古裂谷具有与莫霍面及基底相反的镜像关系，可能是它们形成于弱磁化的基底岩层之上，所以在近标准磁场的背景情况下，显示出了较高的磁异常强度。

另一类是古裂谷的莫霍面和基底上表现为较大面积的穹隆，在沉积盖层中形成了典型的裂谷型上叠盆地。这类古裂谷主要是指阿拉尔索尔、帕切尔马、霍布达等内裂谷系。古裂谷在重力场上表现为高重力异常值，在磁场上表现为弱的负磁异常值。当古裂谷壳的磁性较低时，物理场的这些特征相对于磁性基底上的一些裂谷来说很明显。裂谷作用及地幔物质的侵入，导致“花岗岩”层下部大规模基岩化，并促使次洋壳形成。

二、盆地构造及其演化特征

滨里海盆地位于东欧地台东南隅，与周围的构造单元以深断裂为界。北部和西北部边界由深大断裂带或者挠曲带与古老的俄罗斯地台一系列隆起构造单元相分隔（二者之间与一条从伏尔加格勒到奥伦堡的明显陡坎相邻）；向东部延伸至海西期乌拉尔山前褶皱带，乌拉尔山前褶皱带以东为哈萨克斯坦板块（图兰地块）；东南部则以南恩巴断裂带和穆哥扎雷等海西褶皱带为界线，与北乌斯丘尔特盆地分开；其西南部和南部与北高加索盆地和里海相邻，以大型逆掩断裂的形式与其为界，是顿巴斯大型逆掩断层的延伸部分。

（一）构造单元划分

根据基底顶面的构造形态及盆地的结构特征，滨里海台向斜带内可划分为北部及西北部断阶带、中央坳陷带、阿斯特拉罕—阿克纠宾斯克隆起带、东南部坳陷带 4 个大型构造单元，每个单元又分布着若干隆起和坳陷（图 1-20）。

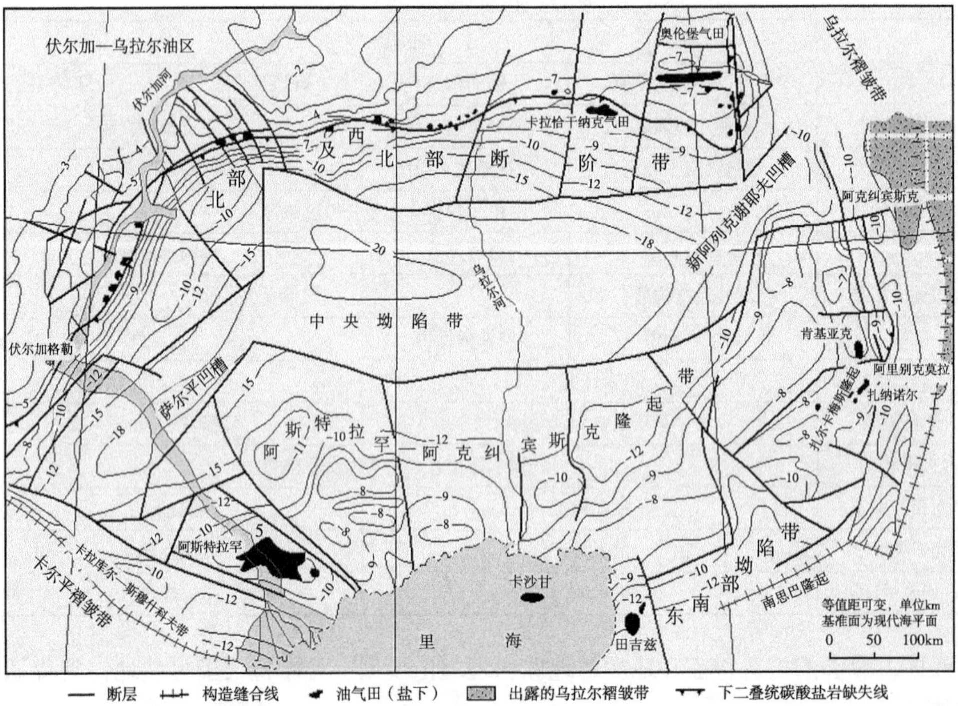

图 1-20　滨里海盆地构造分区图

1. 北部及西北部断阶带

该构造单元位于现今滨里海盆地北部和西北部边缘，构造走向为北东—近东西向，呈半弧形展布，该断阶带从盆地西南端的伏尔加格勒地区延伸到盆地最东北端的奥伦堡地区（或称之为伏尔加格勒—奥伦堡单斜带）。构造带基底面较陡，埋深为 5～7km，在盆地边缘陡坎带下方，基底顶面突降到埋深为 8～9km。结晶基底为太古宙片麻岩、花岗岩。总体上表现为一个向盆地中心方向陡倾的大型单斜，剖面上呈断阶结构。断阶内分布有阿赫图巴—帕拉索夫卡隆起带、库兹涅茨隆起带、费多罗夫斯克隆起、乌拉尔斯克隆起、卡拉恰干纳克—特罗伊茨克隆起带等大型正向构造单元。沉积盖层厚度变化很大，碳酸盐岩台地发育，碳酸盐岩台地上发育生物礁灰岩。在该构造单元内发现了大量与生物礁建造相关的油气田，是盆地内重要的油气聚集带之一。

2. 中央坳陷带

中央坳陷带是位于西北及北部断阶带和阿斯特拉罕—阿克纠宾斯克隆起带之间相对宽阔的深洼地，是盆地内埋藏最深、沉积盖层厚度最大的构造单元，沉积物主要由上泥盆统—下二叠统碳酸盐岩（包括生物礁）和深水盆地相沉积层组成。在基底顶面构造图上，坳陷带呈北东走向，基底沉陷面积达 $16.94\times10^4km^2$（770km×220km），为深度达 20~24km 以上的巨型坳陷单元。盐下层顶面碟状沉陷面积达 $10.35\times10^4km^2$（460km×225km），海拔高度为-9km。基底断裂延伸到盐下层，形成断块结构。由于中央坳陷带沉积厚度巨大，目前尚无钻井系统揭示其地层层序，通常是利用地震资料解释和推测地层分布。

3. 阿斯特拉罕—阿克纠宾斯克隆起带

阿斯特拉罕—阿克纠宾斯克隆起带走向为近北东—东西向，呈半环状横贯盆地东西，将整个盆地分为滨里海中央坳陷和东南部坳陷两大部分，其南侧、东南侧是平行延伸的图加拉克昌坳陷。隆起带基底顶面埋深为 8~10km，按基底面计算，隆起带长为 200km，宽为 110km。阿斯特拉罕—阿克纠宾斯克隆起带和图加拉克昌坳陷受海西褶皱带影响很大。按照滨里海盆地基底顶面划分出来这一隆起带，在泥盆系层序中仍为一个完整的大型隆起构造，并在原来的北里海隆起位置上分化出了占巴伊隆起、诺沃博加金隆起和古里耶夫隆起，在古里耶夫隆起南侧新出现了田吉兹隆起，该隆起是泥盆纪碳酸盐台地和生物礁垂向上快速生长的产物。这些隆起上泥盆系厚度明显减小，一般为数百米到 1500m 左右，而阿斯特拉罕隆起上该套地层厚度要大得多，一般为 1500~2000m。这说明阿斯特拉罕—阿克纠宾斯克隆起带上不同基底断块具有明显不同的沉降速率。这一大型隆起沿石炭系剖面向上逐步消失，形成了盆地边缘的大型单斜，为一个潜伏的基底隆起构造带。隆起带内部发育一系列次一级隆起和凹陷，由西向东依次为阿斯特拉罕隆起、北里海（门托别）隆起、诺沃博加金斯克隆起、卡拉通—田吉兹隆起、古里耶夫隆起、毕克扎尔隆起、扎尔卡梅斯隆起、卡劳尔科尔迪隆起、延别克隆起、奥斯坦苏克凹陷（乌拉尔前渊）等次级构造单元。盐下沉积组合中，大油气田的分布大多与这一大型隆起构造单元的陆棚相碳酸盐岩及生物建隆有关。

4. 东南部坳陷带

东南部坳陷带北部与阿斯特拉罕—阿克纠宾斯克隆起带的南侧相接，南部以南恩巴隆起带为界，沉积盖层厚度为 12~15km。坳陷带基底面向盆地周缘褶皱系下倾，盐下古生界沉积盖层同向厚度增大。在南恩巴褶皱带形成之前，该坳陷带是一个向南水体加深的克拉通边缘沉积盆地。晚泥盆世—早二叠世（孔谷期之前）期间，滨里海巨型台向斜的南缘和东缘经历了差异构造运动的改造，形成了局部、区域性的隆起和坳陷，有利于油气生成和聚集。

（二）盆地构造演化

滨里海盆地经历了漫长的沉降和沉积历史，构造演化复杂。针对盆地构造及其演化特征，前人已有许多研究成果，但也存在着多种观点。早期裂谷作用对盆地的形成起主导作用，这一点被大多数学者所认同。在前人研究的基础上，将盆地的构造演化分为 4 个不同的演化阶段：早期裂谷作用阶段、晚古生代裂谷阶段、碰撞阶段和陆内坳陷盆地演化阶段（图 1-21）。

1. 早期裂谷作用阶段：前里菲纪—早古生代

据盆地基底结构、地球物理资料等研究成果表明，北里海地区裂谷构造十分发育，早

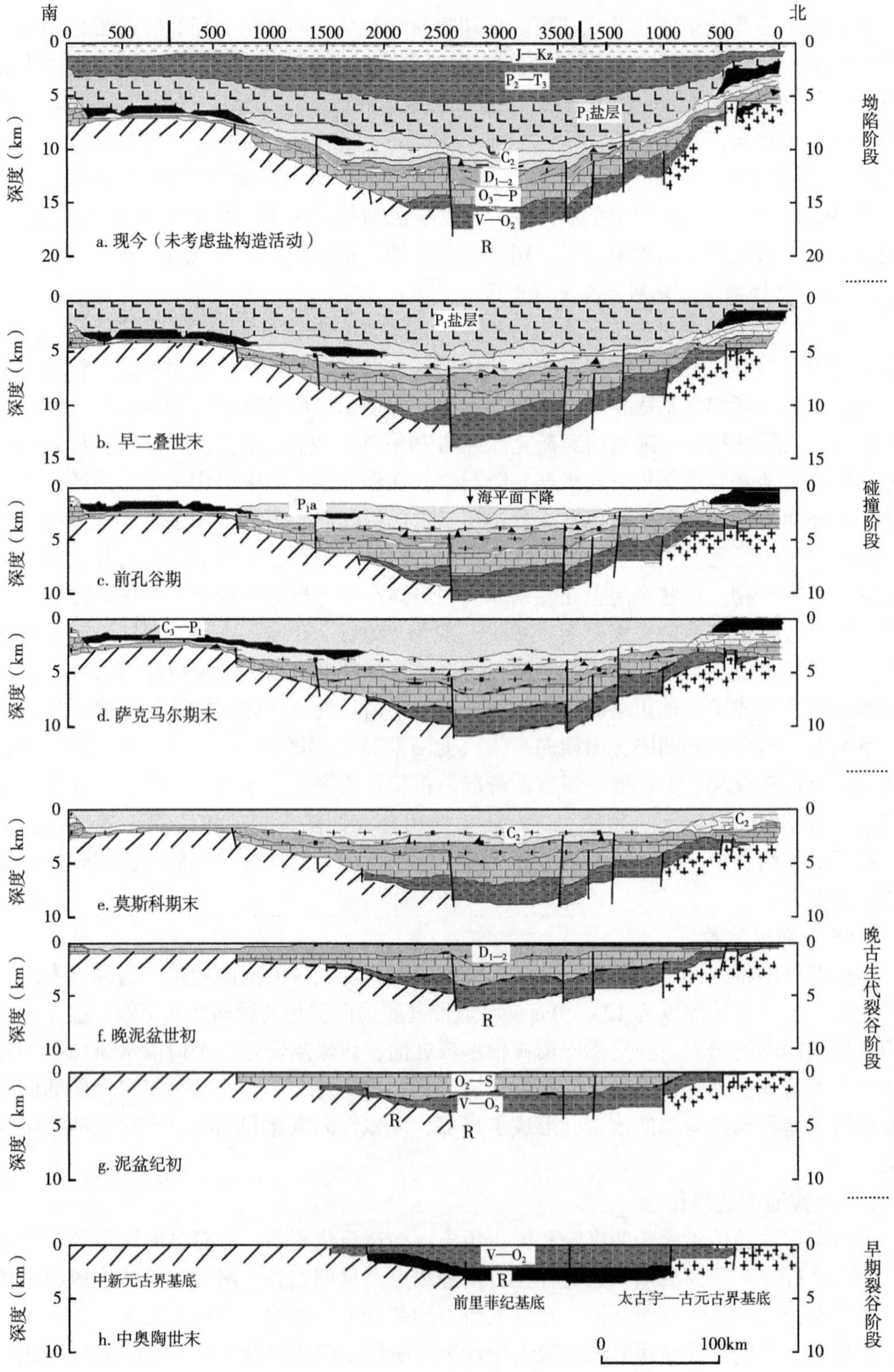

图 1-21 滨里海盆地构造演化剖面示意图

伏尔加构造作用形成一系列以深大断裂为界的拗拉槽，构造活动期大量的陆源碎屑物进入槽中。在滨里海盆地内发现5条古裂谷系，包括不同时代形成的不同方向的裂谷系和边缘裂谷系，推测这些裂谷形成于里菲纪—早古生代。裂谷作用导致东欧古大陆破裂成若干微型板块，形成裂谷型沉积盆地。Zonenshayn 等（1990）俄罗斯学者认为，里菲纪—寒武纪，东欧古大陆东南部形成了三叉裂谷系统，包括古乌拉尔洋的一支（东支）、南恩巴裂谷（南支）、帕切尔马—萨拉托夫裂谷（西北支）。裂谷内充填了巨厚的中—上里菲统裂谷期沉积物和文德系—寒武系后裂谷坳陷期沉积物。这是滨里海盆地演化的最早阶段，属于最初形成的裂谷型沉积盆地演化阶段。

2. 晚古生代裂谷—被动大陆边缘发育阶段

中泥盆世晚期，俄罗斯地台东南缘在三叉裂谷系统的基础上又迎来了一次新的裂谷作用，东欧古大陆再次破裂成许多微陆块。其中包括霍布达等复活的裂谷，古里耶夫微陆块沿着霍布达裂谷与俄罗斯地台分离。东部的延别克—扎尔卡梅斯微陆块与俄罗斯地台和古里耶夫微陆块相继发生分离。晚泥盆世—早石炭世中期，霍布达裂谷成为夹持在俄罗斯地台、古里耶夫微陆块和延别克—扎尔卡梅斯微陆块之间的一个海湾。同样，古里耶夫微陆块与北高加索微陆块、乌斯秋尔特微陆块、卡拉库姆微陆块和图兰微陆块之间也以一系列海槽相隔。这个时期（晚泥盆世和早石炭世杜内期），在盆地的北部和西部边缘（东欧大陆被动边缘）沉积了生物碳酸盐岩厚层；盆地南缘（乌斯秋尔特微陆块被动边缘）也开始发育被动大陆边缘型沉积物，在盆地中央相变为厚度不大的深水盆地相泥质岩沉积。由于上述裂谷发育的时间不一致，造成被动大陆边缘形成时间也不相同。

3. 碰撞阶段

海西期（早石炭世—早二叠世），盆地周缘板块发生碰撞，构造体制发生重大逆转，大陆边缘由离散型转变为聚敛型，一直持续到孔谷期（图1-22）。盆地周缘褶皱山系形成，被动大陆边缘演化成系列隆起，并构成了现今作为盆地东缘和南缘的冲断带，山前坳陷型沉积物开始发育，盆地内沉积了巨厚盐层。

碰撞作用始于哈萨克斯坦板块向盆地东部边缘发生的逆冲，引起了盆地东缘的磨拉石建造推覆到东欧大陆东缘，在盆地东缘形成了乌拉尔褶皱带及狭窄的前陆坳陷（图1-22a、图1-23），它将滨里海盆地与古乌拉尔洋隔开。中韦宪期，乌斯秋尔特微陆块与古里耶夫微陆块发生碰撞，南恩巴裂谷反转，在盆地东南部边缘形成了南恩巴逆掩推覆褶皱带。中韦宪期之后，北高加索微陆块向乌斯秋尔特—古里耶夫微陆块方向运动，并沿着卡拉库姆被动边缘与古里耶夫微陆块发生碰撞，在盆地西南部边缘形成了卡尔平褶皱冲断带（图1-22b）。这一时期，在环绕盆地中央深水相区周围的隆起（或大陆坡）上形成碳酸盐岩台地，开始陆架碳酸盐岩沉积，发育链状障壁礁带，其中具有重要意义的是大型塔礁（例如卡拉恰干纳克塔礁、肯基亚克塔礁），它们分属于中弗拉斯期—中韦宪期、晚韦宪期—早巴什基尔期和莫斯科期—孔谷期。向盆地中央，障壁礁相过渡为深水碳酸盐岩和页岩。

早二叠世，乌拉尔地区风化剥蚀严重，大量碎屑物质输入，盆地内碳酸盐岩沉积作用被陆源碎屑沉积所取代，并形成了向深水相区以陆源碎屑堆积为主的沉积层序。在盆地东部（向深水盆地方向）形成了次生的宽缓堆积斜坡。因此，与盆地西部和北部相比，东部显得更加宽阔和平缓。在此期间，盆地的升降作用异常频繁，在地层剖面上出现多个沉积间断，卡拉通—田吉兹与阿斯特拉罕等大型隆起带上均发生了强烈的侵蚀作用，上石炭统普遍缺失，下二叠统直接覆盖在较老的碳酸盐岩侵蚀面上。

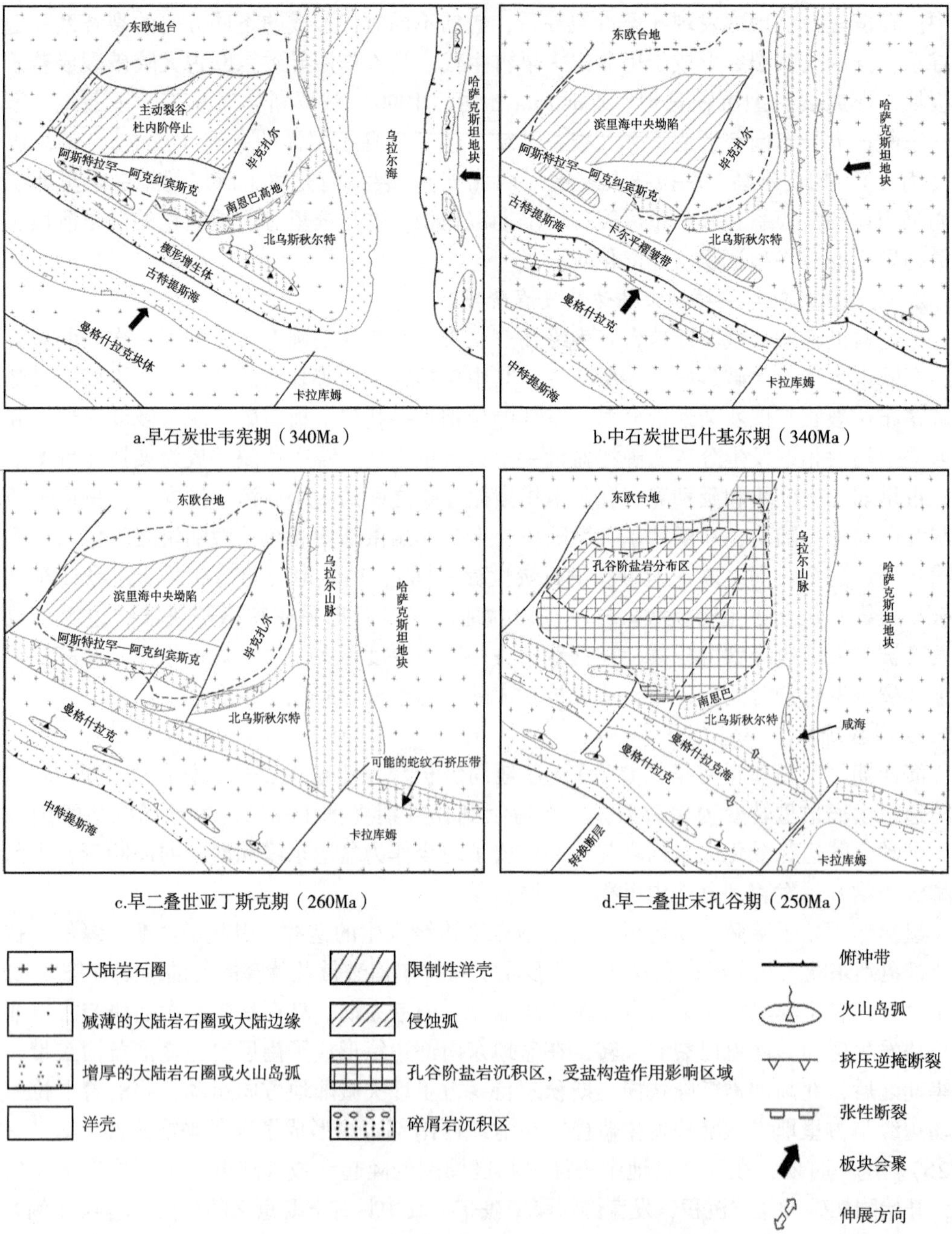

图 1-22　滨里海盆地海西期板块构造背景（340—250Ma）

孔谷期初，随着盆地周边褶皱带相继形成，滨里海盆地逐渐从南方的古特提斯洋、东面的乌拉尔洋孤立出来（图 1-22d）。

4. 陆内坳陷盆地演化阶段

滨里海海盆与广海逐渐分离并演化形成一个超咸化的深水海盆。早孔谷期，盆地周围山系形成，盆内发生了快速沉降，这些都严重影响着盆地的古地理、古气候条件，使得原先润湿气候下的被动大陆边缘盆地转变成为干旱的且持续时间较长的内陆盆地，在盆地中

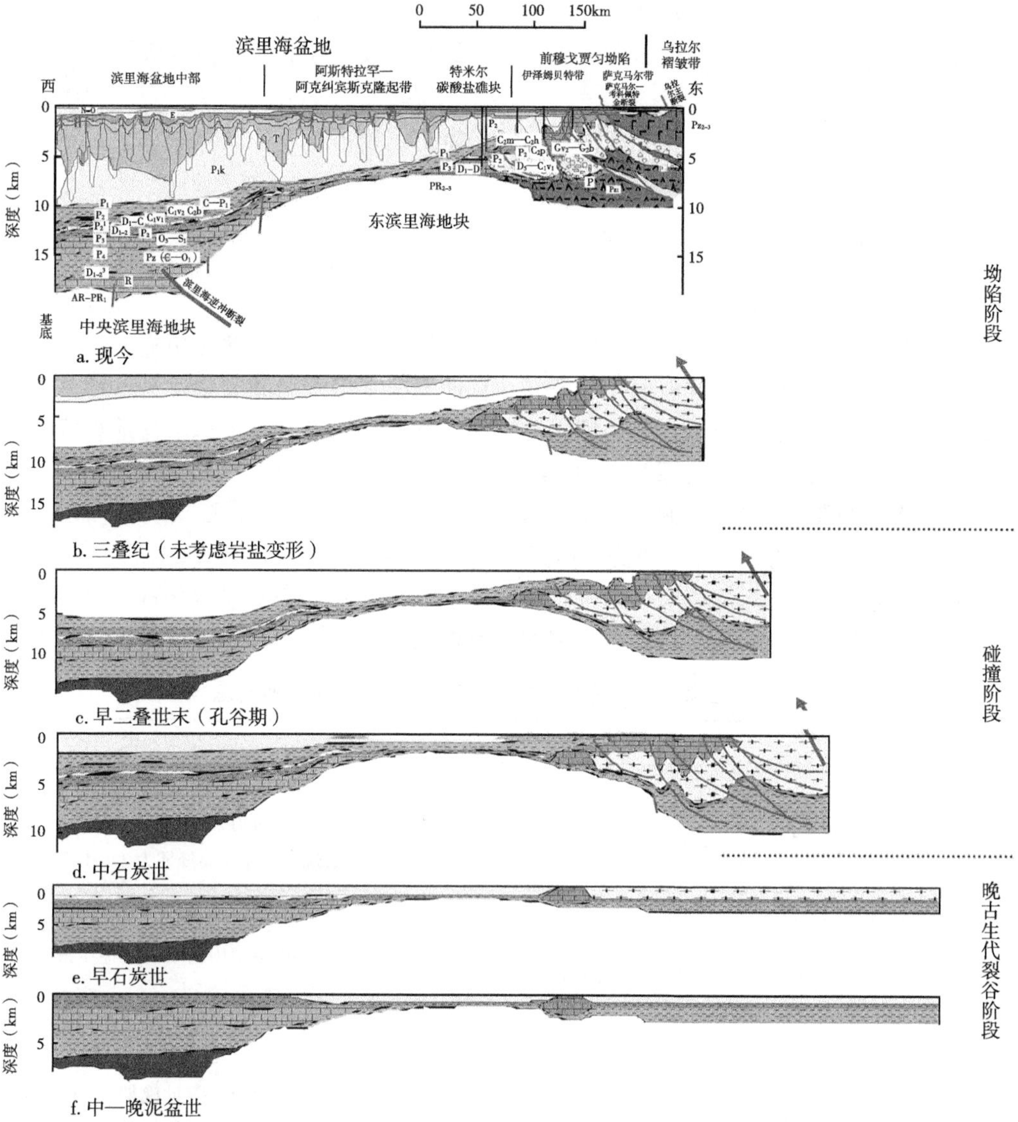

图 1-23　滨里海盆地东缘构造演化剖面示意图

聚集了巨厚的蒸发岩，最大厚度可达 5km。巨厚而又连续分布的盐层，为盐下储层提供了一套优质的区域性盖层。

晚二叠世—三叠纪，盆地东部乌拉尔造山运动持续进行。同时由于盆地基底的洋壳冷却引起密度增加，以及上覆沉积物不断加载，盆地沉降作用加剧。来自乌拉尔地区的陆源碎屑物源充沛，在盆地内形成了以厚层陆源碎屑堆积为主的沉积层序。这一时期，盆地西部一些地区仍为海相环境，上二叠统（喀山阶）为碳酸盐岩和蒸发岩，下—中三叠统为海相页岩和泥灰岩。

中三叠世之后，盆地内以陆源碎屑沉积物占绝对优势。早—中侏罗世，欧亚大陆南缘发生了基梅里斯造山后的伸展和（弧后）裂谷作用，北里海地区开始了陆相碎屑岩沉积，直至白垩纪晚期，特提斯洋关闭。这一沉积沉降作用一直持续至新生代。期间，在区域构造挤压以及盐岩受上覆沉积物差异负载作用下，盐构造作用活跃。特别是在三叠纪和新近纪两个时期，盐构造活动异常强烈，盐底辟幅度最高达到5000m，影响了盐上中—新生代的沉积作用，或使得原沉积建造遭受强烈改造，最终形成现今盆地的构造格局。

第三节 油气地质条件

一、烃源岩

（一）盐下烃源岩分布

滨里海盆地在时间上和空间上经历了特定的大地构造和古气候演化历史，具备了有利于有机质堆积、保存和转化的地球化学条件，从而形成了多套烃源岩系，为盆地油气藏的形成奠定了雄厚的物质基础。主力烃源岩发育在盐下上古生界，属于深水盆地相区沉积的黑色页岩及泥质碳酸盐岩烃源岩，共有4套（表1-3），分别为中泥盆统艾菲尔阶（D_2af）—吉维特阶（D_2j）烃源岩、上泥盆统法门阶（D_3fm）—下石炭统杜内阶（C_1t）钙质页岩和泥质碳酸盐岩、下石炭统韦宪阶（C_1v）—中石炭统巴什基尔阶（C_2b）页岩和泥质碳酸盐岩、中石炭统莫斯科阶（C_2m）—下二叠统亚丁斯克阶（P_1ar）页岩、泥质碳酸盐岩。这些高质量烃源岩的分布与沉积环境密切相关。

表1-3 盐下层系中泥盆统艾菲尔阶—下二叠统亚丁斯克阶烃源岩特征

艾菲尔阶（386Ma）—吉维特阶（379Ma）	岩性	生油层分布		生油气史
	泥质碳酸盐岩、硅质页岩	分布较局限，潟湖薄层泥质碳酸盐岩，较深水区硅质页岩		生油始于石炭纪早期（约360Ma），生油高峰期为350Ma，止于渐新世（约25Ma）；生气高峰期为275Ma至25Ma
	干酪根类型	TOC（%）	沉积环境	成熟特征
	Ⅱ型兼有Ⅰ型	0.4~3.9，均值为1.1	潟湖相	Mangshlor造山活动使早期生成油气遭降解或散失
法门阶（377Ma）—杜内阶（350Ma）	岩性	生油层分布		生油气史
	泥质碳酸盐岩、钙质泥页岩、硅质页岩	北部边缘较阿斯特拉罕—阿克纠宾斯克隆起带东南部发育好。围绕生物礁建隆周边的半深水—深水相区分布，与礁体分布具一致性		生油始于中三叠世晚期（约230Ma），生油高峰为早中侏罗世（约200Ma）；生气始于晚侏罗世（约150Ma），渐新世（约25Ma）为生气后期
	干酪根类型	TOC（%）	沉积环境	生油层厚度
	Ⅰ型、Ⅱ—Ⅲ型	0.4~13.8，均值为4.4	半深海、深海、潟湖	平均厚度约为500m
韦宪阶（350Ma）—巴什基尔阶（312Ma）	岩性	生油层分布		生油气史
	泥质碳酸盐岩、泥页岩	盆内分布较广，中央坳陷区及边缘沿碳酸盐台地周缘		生油始于三叠纪晚期（约220Ma），生油高峰为早中侏罗世（约190Ma），止于25Ma；生气高峰期为早白垩世（130Ma）至渐新世（25Ma）
	干酪根类型	TOC（%）	沉积环境	生油层厚度
	Ⅰ型、Ⅱ—Ⅲ型	1~8.4，均值为4	浅海至深海相	平均厚度约为400m

续表

莫斯科阶（312Ma）—亚丁斯克阶（260Ma）	岩性	生油层分布		
	泥质碳酸盐岩、泥页岩	盆地内分布最广，在北部边缘、东南隆起区均有分布，碳酸盐台地边缘与礁体附近浅海与深海区的烃源岩腐泥化程度高，质量好		
	干酪根类型	TOC（%）	沉积环境	生油层厚度
	I—II型、III型	0.7~10，均值为2.6	浅海至深海	平均厚度约为200m

1. 艾菲尔阶—吉维特阶烃源岩

该套烃源岩为滨里海盆地第一套烃源岩，形成于386Ma的中泥盆世艾菲尔期至379Ma的吉维特期，分布较为局限，属于潟湖环境—较深水相区沉积的暗色泥质碳酸盐岩、泥岩和硅质页岩烃源岩，暗色泥质灰岩与页岩中有机碳含量为0.4%~3.9%，平均为1.1%，烃源岩富含海相腐殖—腐泥型有机质，为Ⅱ型干酪根。厚度为百米至数百米。

2. 法门阶—杜内阶烃源岩

该套烃源岩形成于377Ma的晚泥盆世法门期至350Ma的早石炭世杜内期。这个时期发育被动大陆边缘沉积物，在半深海—深海相与潟湖相区广泛沉积了厚层钙质页岩和泥质碳酸盐岩等优质烃源岩（图1-24）。烃源岩的平均厚度约为500m。

由于缺氧环境的差异，造成烃源岩在区域上分布的不均衡性。一般在浅水碳酸盐岩台地或生物礁建隆周缘深水相区（或潟湖相区）烃源岩发育较好。如盆地北部边缘带大型生物礁隆起周围的半深海—深海环境中，低等生物繁盛，有机物质富集。法门阶黑色钙质页岩和杜内阶黑色页岩烃源岩厚度大，可达650m，烃源岩和生物礁体的分布具有一致性。阿斯特拉罕—阿克纠宾斯克隆起带东南部和南部的碳酸盐岩建隆附近也发育较好。勘探实践表明，这种组合对碳酸盐岩台地相区或生物礁建隆的油气富集成藏极为有利。

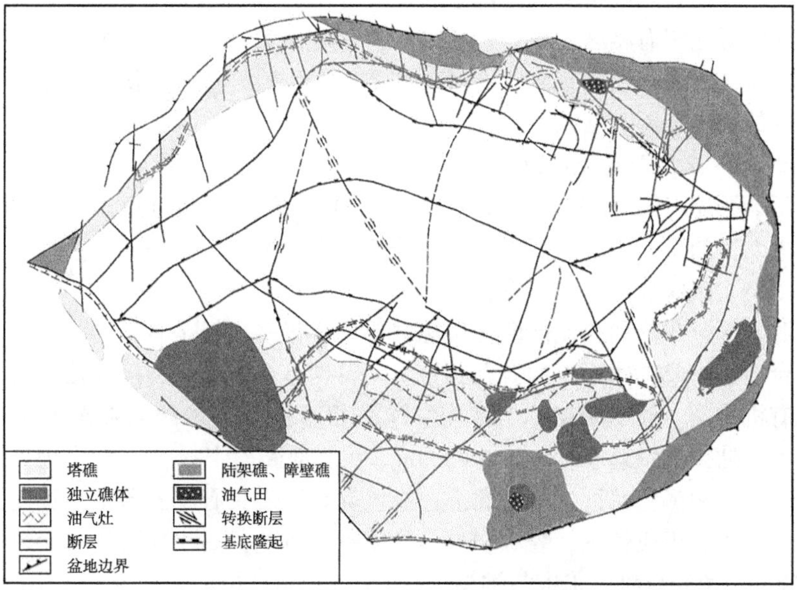

图1-24　滨里海盆地法门阶—杜内阶烃源岩分布

3. 韦宪阶—巴什基尔阶烃源岩

该套烃源岩形成于早石炭世韦宪期（350Ma）至中石炭世巴什基尔期（312Ma），属于浅海至深海相区沉积的暗色页岩和泥质碳酸盐岩烃源岩（图 1-25）。烃源岩的平均厚度约为 400m。

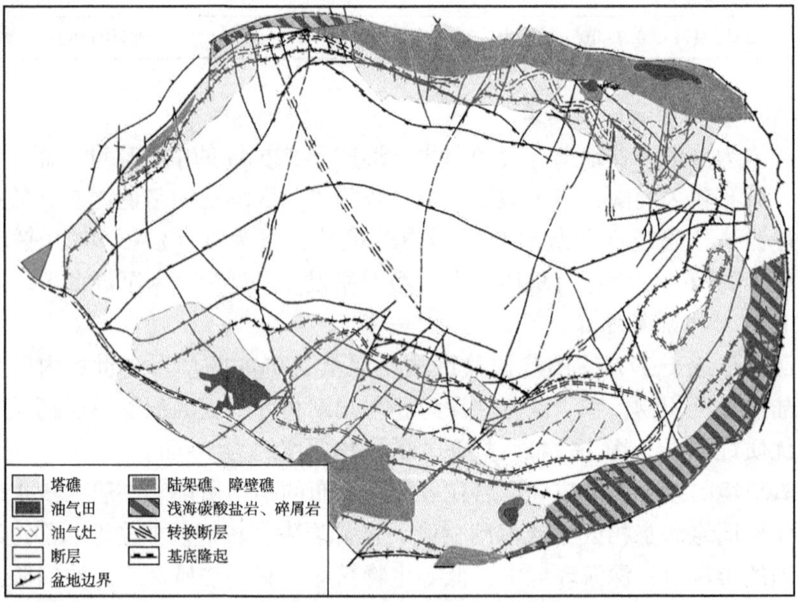

图 1-25 滨里海盆地韦宪阶—巴什基尔阶烃源岩分布

韦宪阶—巴什基尔阶烃源岩在盆地内分布较广泛，尤其是在盆地东部、东南部及阿斯特拉罕—阿克纠宾斯克隆起带的西南部地区均有分布。在盆地中央或沿着盆地边缘碳酸盐台地外围，浅深海—深海相区烃源岩发育最好，厚度最大，有机质类型为缺氧环境下形成的腐殖—腐泥型。其中，巴什基尔阶沥青—硅质—泥质碳酸盐岩烃源岩质量最好，是盆地东部、东南部的主力烃源岩层系。

4. 莫斯科阶—亚丁斯克阶烃源岩

该套烃源岩形成于中石炭世莫斯科期（312Ma）至早二叠世亚丁斯克期（260Ma），为盐下层系中发育的最后一套烃源岩，属于浅海—半深海环境沉积的暗色泥质碳酸盐岩和页岩（图 1-26）。烃源岩的平均厚度为 200m。

该套烃源岩的分布范围相比前两套烃源岩要广泛很多。但是有效的高质量烃源岩仅分布在碳酸盐台地边缘或礁体附近的有利相带上，特别是在缺氧环境下形成烃源岩腐泥化程度高，富含有机物质。亚丁斯克阶半深海—深海相暗色页岩烃源岩在东南隆起区广泛分布，厚度较大，钻井揭示总厚度为 200~300m。在北部断阶卡拉恰干纳克地区也有钻井揭示亚丁斯克阶深水相黑色泥页岩，在北部边缘该套烃源岩具有特殊价值。而与砂岩或混水沉积相伴的页岩含有机质较少，烃源岩有机母质类型较差，属于次要的或无效烃源岩。

（二）盐下烃源岩有机质丰度与类型

受沉积环境影响，盆地内各个区带烃源岩的有机质丰度、类型及其在盆地内的分布存在一定差异（表 1-3）。

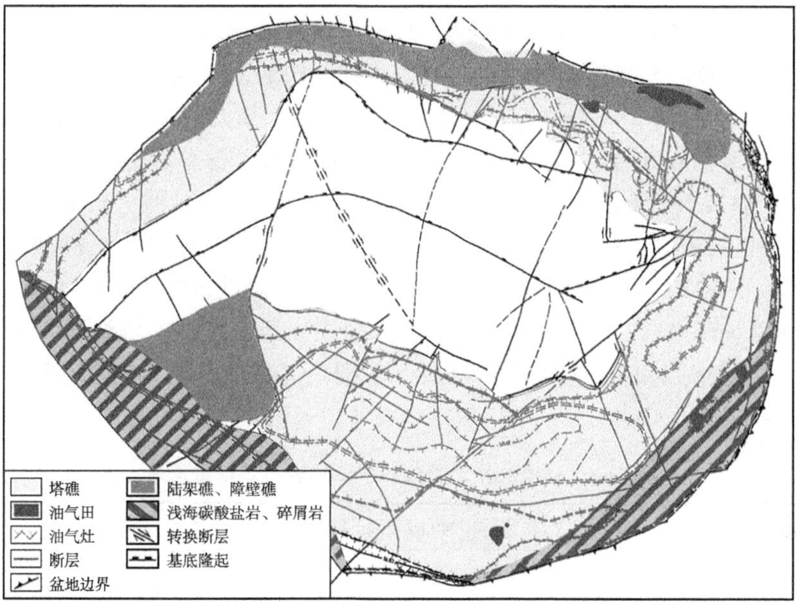

图 1-26　滨里海盆地莫斯科阶—亚丁斯克阶烃源岩分布

1. 北部和西北部边缘

盆地北部和西北部是盆地内生油岩层系发育最多的区带。其中，以中—上泥盆统、下石炭统及下二叠统深海相沉积的暗色页岩和泥质碳酸盐岩为主力烃源岩。据卡拉恰干纳克油气田及费多罗夫斯克区块样品分析资料，中泥盆统烃源岩有机质丰度高，生烃潜力较大，有机碳含量达 12%，镜质组反射率 R_o 为 1.2%～1.5%，达到了凝析油气生成阶段（Б. А. ЕСКОЖА，2006），中泥盆统烃源岩成为该地区主要油气生成潜力层系，形成特定类型原油和凝析油。上泥盆统法门阶黑色钙质页岩有机碳含量为 0.5%～1.5%，干酪根类型为Ⅰ型或 II_1 型。下石炭统杜内阶泥质碳酸盐岩有机碳含量为 2%～3.5%，局部高达 6%～8%，干酪根类型以 II_1 型为主。下二叠统亚丁斯克阶深水相黑色泥页岩有机碳含量为 1.3%～3.2%，最高可达 10%（Maksimov 等，1989）；氢指数（I_H）为 300～400mg/g（Punanova等，1996），干酪根类型为Ⅱ型，属于缺氧环境下腐泥化程度较高的烃源岩。镜质组反射率为 0.65%～1.16%，古地温为 125～200℃，烃源岩处于成熟—高成熟生烃阶段。

2. 盆地东缘

盆地东缘的烃源岩主要为中—下石炭统生物碎屑灰岩和黑色页岩。中石炭统深水盆地相黑色页岩总有机碳含量为 7.8%（Dalyan 等，1996），石炭系生物碎屑灰岩和泥质灰岩有机质丰度也较高，有机碳含量为 0.57%～3.86%，氯仿沥青“A”含量为 420～8440mg/L，总烃含量为 150～5038mg/L，干酪根类型为Ⅱ型。本区古地温梯度较低，古地温为 100～125℃，同时又受到早二叠世构造反转运动以及地层遭受强烈剥蚀的影响，烃源岩热演化程度不高，镜质组反射率为 0.65%～0.94%，处于中等成熟生油阶段。石炭系生物碎屑灰岩和泥质灰岩是肯吉亚克、扎纳诺尔等油田的主力烃源岩。

3. 东南部地区

盆地东南部地区主力烃源岩为上泥盆统—中石炭统巴什基尔阶黑色沥青质页岩和生物礁灰岩、下二叠统亚丁斯克阶深水页岩。

上泥盆统烃源岩有机碳含量为0.5%~3.0%，平均为2%左右，干酪根类型为$Ⅱ_1$型。下石炭统烃源岩受陆源碎屑注入程度影响，烃源岩有机质类型及其丰度变化较大，干酪根类型为Ⅱ—Ⅲ型。中石炭统沥青质泥页岩是田吉兹油田的主力烃源岩，有机碳含量最高为2%~3%，氢指数（I_H）为129mg/g，热解温度（T_{max}）为453℃，干酪根类型以$Ⅱ_1$型为主。镜质组反射率为0.81%~1.16%；处于成熟生油阶段，部分烃源岩已达到生油的高峰阶段。在南恩巴地区发现该套烃源岩厚度较薄，为10~20m，但有机碳含量高达6%~8.4%。在毕克扎尔构造，井深5500m处钻遇中石炭统黑色页岩，有机碳含量为6.1%（Arabadzhi等，1993）。下二叠统亚丁斯克阶黑色页岩有机碳含量为1%~4.5%，碳酸盐岩有机碳含量为0.4%~5.8%。田吉兹油田、科罗廖夫油田、尤别列依油田的下二叠统亚丁斯克阶烃源岩的氢指数和T_{max}值处于腐泥型（Ⅰ型）有机质范围内，存在腐泥型（Ⅰ型）干酪根（表1-4）。

表1-4 滨里海盆地部分油气田的岩石热解数据表

油田	层位	I_H（mg/g）	T_{max}（℃）	岩性	干酪根类型
田吉兹	P_1ar	26	466	泥岩	Ⅰ
田吉兹	C_1	112	457	沥青质灰岩	$Ⅱ_1$
田吉兹	C_2	129	453	沥青质泥页岩	$Ⅱ_1$
田吉兹	C_2	135	449	石灰岩	$Ⅱ_1$
乌普利亚莫夫	P_1ar	44	446	泥岩	Ⅰ
乌普利亚莫夫	C_2	53	450	泥岩	$Ⅱ_1$
科罗列夫	P_1ar	15	452	泥岩	Ⅰ
尤别列依	P_1ar	66	452	泥岩	Ⅰ
卡拉恰干纳克	C_2	239	440	生物礁灰岩	$Ⅱ_1$

4. 南部地区

盆地南部地区发育上泥盆统法门阶—下石炭统杜内阶黑色钙质页岩、硅质页岩和泥质碳酸盐岩两套优质烃源岩。有机碳含量为0.4%~13.8%，平均为4.4%，其中石炭系烃源岩最为重要。阿斯特拉罕油气田的烃源岩为杜内阶碳酸盐岩，干酪根类型以Ⅰ型或Ⅱ—Ⅲ型为主，主要为海相腐殖泥或海藻，受厌氧环境影响，烃源岩分布不均衡。

综上所述，中泥盆世—早二叠世，滨里海盆地广泛发育深水盆地相—浅海陆棚相黑色泥页岩和泥质碳酸盐岩烃源岩。如图1-27所示，深水盆地相区（欠补偿地区）分布着Ⅰ—Ⅱ型干酪根，沿盆地边缘海相—陆相浅水相区分布着Ⅱ—Ⅲ型干酪根，下二叠统时期在东部及东南部范围相比中石炭统更加广泛。多套烃源岩上下叠置，厚度巨大，分布范围广，为盆地油气富集成藏奠定了雄厚的物质基础。盆地边缘地区已发现大型—特大型油气聚集均与上述烃源岩密切相关。

（三）盐下烃源岩热演化程度及生烃期

由于盐岩具有高导热的特性，导致孔谷阶厚层盐岩层附近的沉积层地温梯度偏低。因此，滨里海盆地盐下层系现今的热流仍低于世界平均水平，这也导致了盆地烃源岩热演化程度整体偏低。根据叶高罗娃对盐层以下温度场分布规律的大量研究，得出的结论是，整

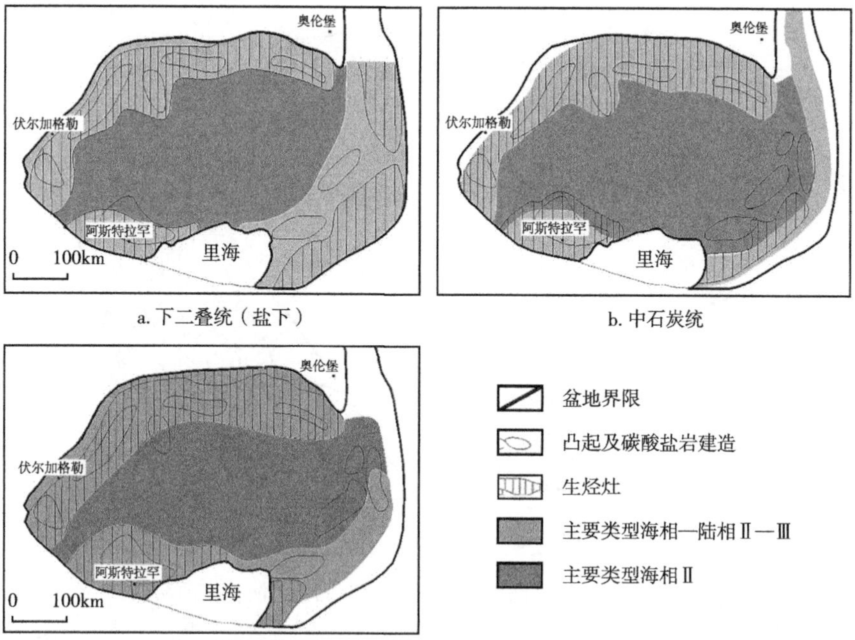

a. 下二叠统（盐下） b. 中石炭统 c. 中—上泥盆统

图 1-27 滨里海盆地中—上泥盆统—下二叠统烃源岩类型分布（据 V. V. Pairazian，1999）

个盆地范围内相同深度处地层温度从北向南提高，又从东向西上升。如盆地南部边缘盐下地层顶界深度为 4000~4200m，地层温度为 100~120℃，而盆地北部边缘同样深度地层温度仅为 80℃，这一地温分布模式与盆地不同区域烃源岩的热演化程度相一致。受区域低地温场的影响，盆地内上泥盆统—下二叠统生油岩有机质热演化程度偏低，盆地边缘的镜质组反射率及地球化学资料显示，盐下地层顶部处在生油门限温度（Volkova，1992）。其中，卡拉通—田吉兹隆起带周缘及其以东地区烃源岩演化程度适中，处于生油气阶段，且以生油为主。下二叠统烃源岩镜质组反射率为 0.52%~0.87%，古地温为 125~175℃；石炭系烃源岩镜质组反射率为 0.81%~1.16%，古地温为 125~200℃。阿斯特拉罕隆起带局部地温梯度较高，烃源岩成熟度偏高，石炭系烃源岩镜质组反射率为 1.2%~1.7%，以生气为主。

结合地层埋藏深度，在整个盆地范围内，5000m 深度埋藏的有机质演化处于不低于 MK_2 阶段（图 1-28），为主要油气生成带，所经受的作用温度不小于 90~135℃（MK_2 阶段），同一深度的烃源岩，演化程度具有东部最低、西南部最高的特征。

埋藏史研究表明，盐下层系主力烃源岩生烃时间相差很大（表 1-3）。其中，中泥盆统艾菲尔阶、吉维特阶烃源岩生油最早，始于石炭纪（约 360Ma），开始生气时间为 275Ma，终止生烃时间为渐新世（约 25—20Ma）。上泥盆统法门阶—下石炭统杜内阶烃源岩开始生油时期为中三叠世晚期（约 230—220Ma），生油高峰期为早、中侏罗世（约 200Ma），过成熟生气期为 150—25Ma。下石炭统韦宪阶—中石炭统巴什基尔阶海相页岩和碳酸盐岩烃源岩，开始生油期为三叠纪末（约 220Ma），生油高峰期为早、中侏罗世（约 190Ma），生气高峰为 130—25Ma。

上泥盆统—下石炭统和下石炭统—中石炭统发育的海相页岩和碳酸盐岩是盆地最重要

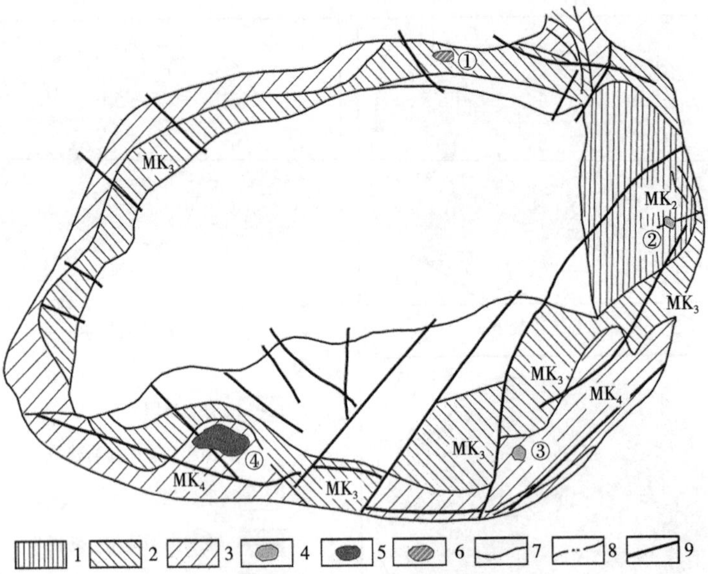

图 1-28　滨里海盆地 5000m 深处盐下沉积热演化变质阶段

热演化变质阶段：1—MK$_2$（气煤阶段）；2—MK$_3$（肥煤阶段）；3—MK$_4$（焦煤阶段）；4—油田；5—气田；6—凝析气田；7—盆地边界；8—含油气区边界；9—断裂；油气田：①卡拉恰干纳克；②肯吉亚克；③田吉兹；④阿斯特拉罕

的油气源岩，这两套主力烃源岩开始生油期为 230—220Ma，最高峰期分别为 200Ma 与 190Ma，为早—中侏罗世，对区域油气成藏极为有利。

（四）盐上烃源岩及油气源

目前，大多数地质学者认为滨里海盆地盐上中—新生界不发育有效的烃源岩，即使存在也是局部的，生烃潜力较小，难以产生大规模的油气聚集。因而形成了盐上层系的油气绝大多数都是来自深层盐下古生代源岩的观点。其主要依据可归纳为以下几点。

（1）滨里海盆地盐上可能的烃源岩层系有上二叠统、侏罗系、三叠系暗色泥质岩，在盆地的局部地区具有一定的生烃能力（表 1-5）。在盆地东缘和南部地区，上二叠统泥岩以低有机碳含量（0.01%~0.47%）和低沥青含量为特征，南部地区有机碳含量小于 0.2%（达里扬、布列克巴耶夫等）。同样三叠系烃源岩分布也比较局限，在盆地南部和东南部上三叠统泥岩中富含炭化植物，烃源岩干酪根类型为Ⅲ型，兼有Ⅱ型，有机碳含量为0.5%~2%。下侏罗统烃源岩分布在潟湖相/陆相富含炭化植物的暗色泥岩段，以Ⅲ型（腐殖型）干酪根为主，有机碳含量为 0.07%~0.63%，局部达 1.15%~3.4%，个别含煤页岩可达 8%。中侏罗统潟湖相/陆相沉积物以高腐殖有机质为特征，有机碳含量为 0.6%~3%，最高可达 5.9%。因此，在盐上层序中以中—下侏罗统潟湖相/陆相泥质岩的生烃潜力最高。但由于孔谷阶盐构造作用的影响，古地温场遭受破坏，地温梯度亦存在着很大的差异（最小为 1.7~2/100m，最大为 2.2~2.7/100m）。加之烃源岩大多埋深较浅，烃源岩成熟度低，不具备生烃条件，仅在盐丘之间埋藏深度较大的地区烃源岩可能进入了生油窗，具备生烃条件。下白垩统阿普特阶海相沉积物的总有机碳含量为 1.07%~1.87%，但大部分未成熟。B. C. Соболев 研究认为，盐上烃源岩是否达到生成液态烃的热演化条件是关键因素。

表 1-5 盐上潜在烃源岩有机碳含量及分布

烃源岩	有机碳含量（%）	分布
上二叠统	0.01~0.47	盆地东缘
上三叠统	0.50~2.00	盆地南部和东南部
下侏罗统	0.07~0.63	深边缘沉陷
中侏罗统	0.60~3.00	深边缘沉陷

（2）中生代以来，盆地内经历了多次强烈的盐构造作用，形成了若干盐丘构造，同时也形成了一系列可供盐下油气向盐上地层中运移的“窗口”（盐窗或盐焊接）。盐丘或盐窗附近通常也是盐下地层中断裂或裂隙比较发育的地带，这些断裂或裂隙发育带又成为盐下烃类向盐上运移的优势通道，为盐下层系生成的油气向盐上运移创造了良好条件。

（3）盐上层系原油的地球化学特征及组成与盐下层系中原油特征非常相似，如含异常硫成分，原油具有含蜡量低（<3%）、含硫量较高（>0.5%）等特征，富硫化物和原生金属（Pb 和 Zn）的原油大多是海相原油中的产物。因此，盐上原油中这些特征都是盐下烃类向上运移的可靠标志。

（4）Kadir Gürgey 等（2002）对盆地东南部地区盐上和盐下原油样品中芳香烃和饱和烃的组分碳同位素进行研究，对比结果表明，盐下古生界与盐上中生界原油的组分碳同位素值极具相似性，以具有海相原油组分碳同位素的特征为主，两者存在良好的亲缘关系（图 1-29），从而进一步证明了盐上的原油主要是从盐下古生界通过盐窗和断裂运移上来的观点。

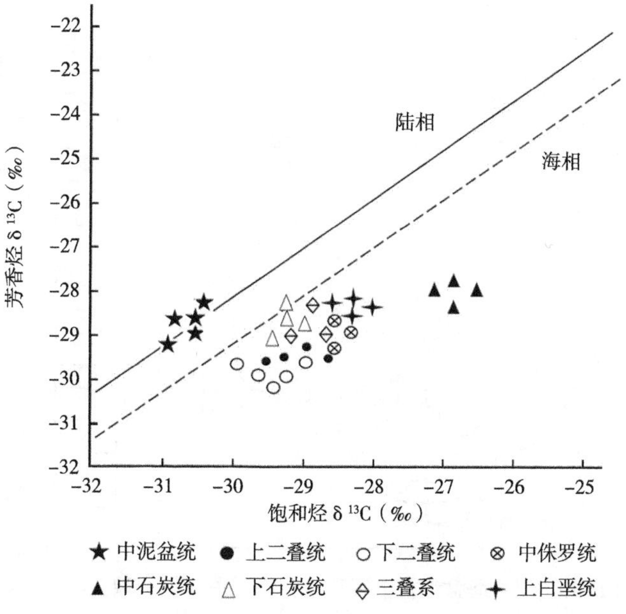

图 1-29 滨里海盆地东南部地区油—油组分碳同位素关系图

综上所述，盆地盐上层系油气主要来自深部盐下烃源岩。但在部分油气田中，油气也存在来自盐上自身的烃源岩，主要是指侏罗系和三叠系中具有一定生烃潜力的（TOC 大于 1.0%）湖相暗色泥岩，为混合型（Ⅱ型）干酪根。这些烃源岩当埋深达到生油窗开始成熟生烃时，便对盐上层系油气聚集起到积极作用，从烃源岩品质、分布规模和生烃潜力来看，属于次要烃源岩。

二、储层

滨里海盆地储层发育，盐上和盐下两大层系均存在多套、多类型的储层。盐下层系为下古生界—下二叠统巨厚的海相碳酸盐岩和碎屑岩储层，在盆地边缘的古隆起上发育有生物礁体。盐上层系为上二叠统—第四系碎屑岩沉积为主，以陆相砂岩储层占主导，局部有海相碳酸盐岩或砂岩储层。

（一）盐下储层

1. 盐下储层岩性及其分布特征

滨里海盆地盐下层系储层以下二叠统—石炭系和上泥盆统浅海碳酸盐岩台地及生物礁、滩相灰岩为主，碳酸盐岩储层厚度大、分布广，为一套区域性优质储层。已探明盐下地层中约 99%油气储量分布在碳酸盐岩储层中。

盆地优质储层的分布与盆地的古地貌变迁密切相关（图 1-30），在漫长的沉降沉积过程中，盐下层系经历了中泥盆世深水陆架、晚泥盆世—早石炭世陆棚碳酸盐岩、中晚石炭世—早二叠世早期陆源碎屑沉积以及早二叠世晚期干旱条件下的成盐环境等巨大变迁，造就盐下储层多层位多序列发育的特点。总体上可分为 3 套储层：上泥盆统法门阶（D_3fm）—下石炭统杜内阶（C_1t）碳酸盐岩储层（KT-Ⅲ）、下石炭统韦宪阶（C_1v）—中石炭统巴什基尔阶（C_2b）碳酸盐岩储层（KT-Ⅱ）、中石炭统莫斯科阶（C_2m）至下二叠统亚丁斯克阶（P_1ar）碳酸盐岩储层（KT-Ⅰ）。在上述 3 套储层中，目前盐下已发现

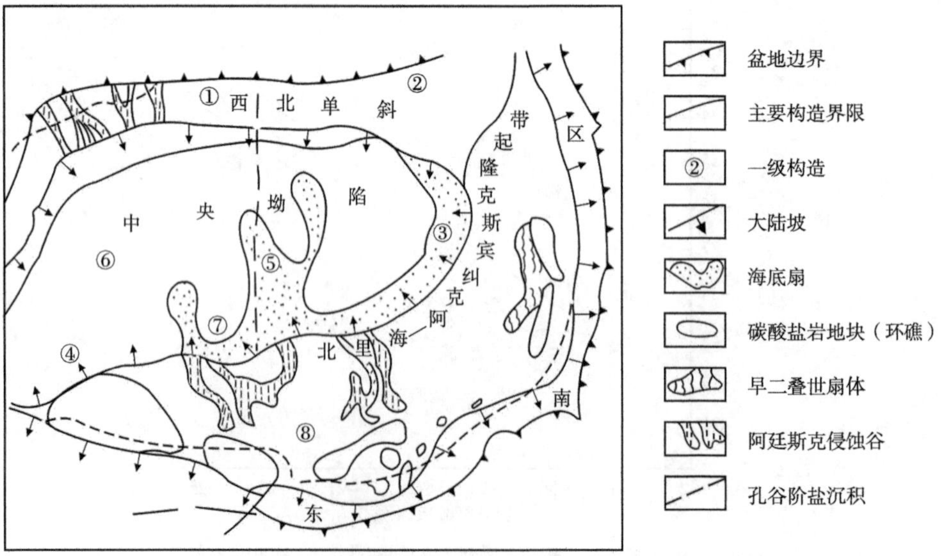

图 1-30　滨里海盆地盐下沉积地质单元图（据刘淑萱等，1992）

①朴加科夫穹隆；②索尔伊列克隆起；③乌伊尔隆起；④萨尔皮恩凹槽；⑤科霍布尔凹槽；⑥阿拉尔索尔穹隆；⑦梅兹杜里金斯克阶地；⑧南滨里海穹隆；⑨东滨里海穹隆

油气储量中，KT-Ⅰ层、KT-Ⅱ层、KT-Ⅲ层分别占 7.88%、87.5%和 4.6%，以 KT-Ⅱ层油气富集程度最高。

钻井揭示，泥盆系—石炭系—下二叠统的碳酸盐岩储层广泛发育于盆地周缘地区。其中，上泥盆统法门阶—下石炭统杜内阶陆棚相碳酸盐岩储层分布最为广泛，在阿斯特拉罕—阿克纠宾斯克隆起带及北部断阶带的内侧均有发育；下石炭统韦宪阶—中石炭统巴什基尔阶碳酸盐岩储层则主要分布在盆地边缘，特别是在盆地东缘及东南缘广泛分布，并发育生物礁，是盐下最重要的一套储层；至早二叠世，碳酸盐岩及生物礁的分布范围较前两个时期明显缩小。盆地周缘古隆起上发育的生物礁体既是优质的生油层，又是极佳的储层，可成为油气聚集的良好场所。因此，盐下油气资源的富集与古隆起带上生物礁的发育程度密切相关。

从已发现的盐下大型油气藏储层分布的层位来看，盆地内不同区带存在明显差异（图1-31）。

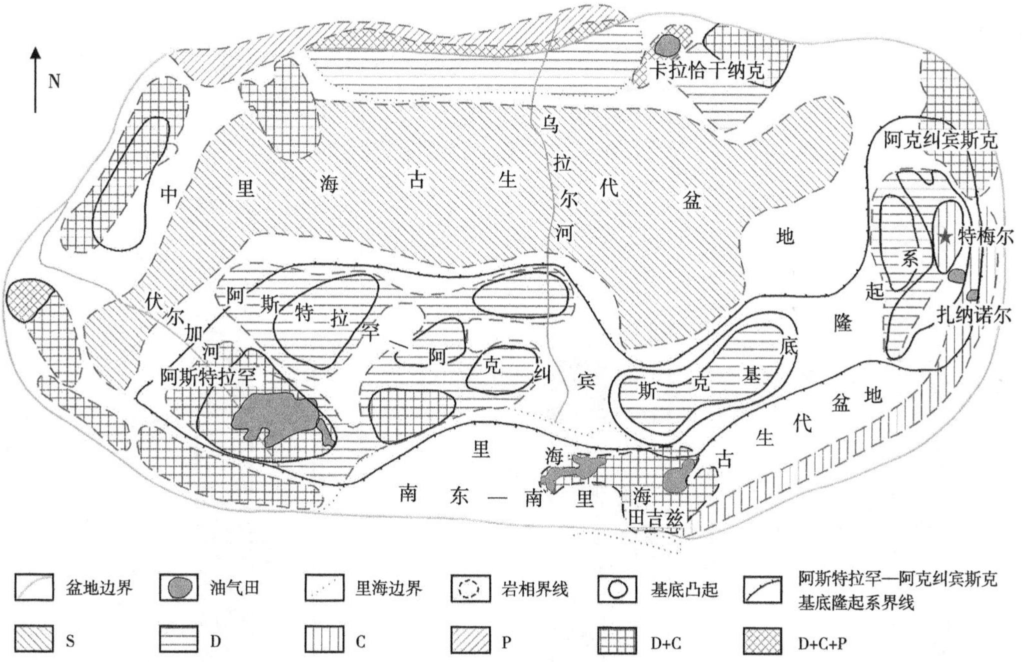

图 1-31　滨里海盆地盐下层系油气田及碳酸盐岩储层分布图

北部及西北部断阶带含油气储层层位最多，以上泥盆统法门阶—下石炭统、下二叠统储层为主，岩性主要为珊瑚灰岩、藻灰岩和白云质灰岩，发育生物礁；为浅海陆棚相沉积、潟湖相白云岩、潟湖相灰岩及生物礁相沉积，局部发育中泥盆统浅海潮坪相砂岩储层。其中下二叠统亚丁斯克阶—阿瑟尔阶礁相藻灰岩是卡拉恰干纳克特大型凝析气田的主力产层之一；亚丁斯克阶珊瑚灰岩、藻灰岩和白云质灰岩也是西北部南基斯洛夫和共青团村及北部边缘带捷普洛夫含油气带的主要含油气层。

盆地东部油气区储层主要为中—下石炭统（KT-Ⅱ为主），岩性以浅海陆棚生物礁相藻灰岩、珊瑚灰岩、鲕粒灰岩和白云岩为主，局部（如肯基亚克、鲍佐巴）发育下二叠统亚丁斯克阶浅海陆棚、潮坪相砂岩、粉砂岩储层。如肯基亚克油田储层主要是中—下石炭统生物碎屑岩、鲕状灰岩；下二叠统砂岩也是该油田盐下主力产层之一，扎纳诺尔、阿利别克莫拉、乌里赫陶等油气田主要为中—下石炭统珊瑚礁灰岩和藻白云岩。

在盆地东南部及南部油气区以发育上泥盆统、中—下石炭统为主的海相碳酸盐岩储层为主，碎屑岩储层极少，特别是在阿斯特拉罕—阿克纠宾斯克隆起带上，台地型碳酸盐岩分布极为广泛，有效储层都分布在这些台地碳酸盐岩中（图1-32）。碳酸盐岩储层包括各种亮晶颗粒灰岩、泥晶灰岩和白云岩，并有生物礁分布，沉积环境为开阔海浅水陆棚相、生物礁相。如田吉兹—卡拉通地区，晚泥盆世至中石炭世一直处于浅水陆棚环境，适合于生物礁生长，上泥盆统至中—下石炭统的生物礁灰岩和藻灰岩构成了田吉兹、卡什干等特大型油气田主要储油气层，该储层的特点是以生物碎屑灰岩为主的巨大碳酸盐岩块体经历了成岩后生作用的强烈改造（广泛发育裂缝、淋滤孔与溶蚀孔），最终形成了一个具有良好储集性能的碳酸盐岩生物礁块状储集体。另外，在阿斯特拉罕隆起上发育起来的规模巨大的中—下石炭统“半岛”式碳酸盐岩沉积体，同时又构成了阿斯特拉罕大型凝析气田的重要储层，储层岩性主要为生物碎屑灰岩（有孔虫灰岩和藻灰岩），属于浅海陆棚相、生物礁相沉积。

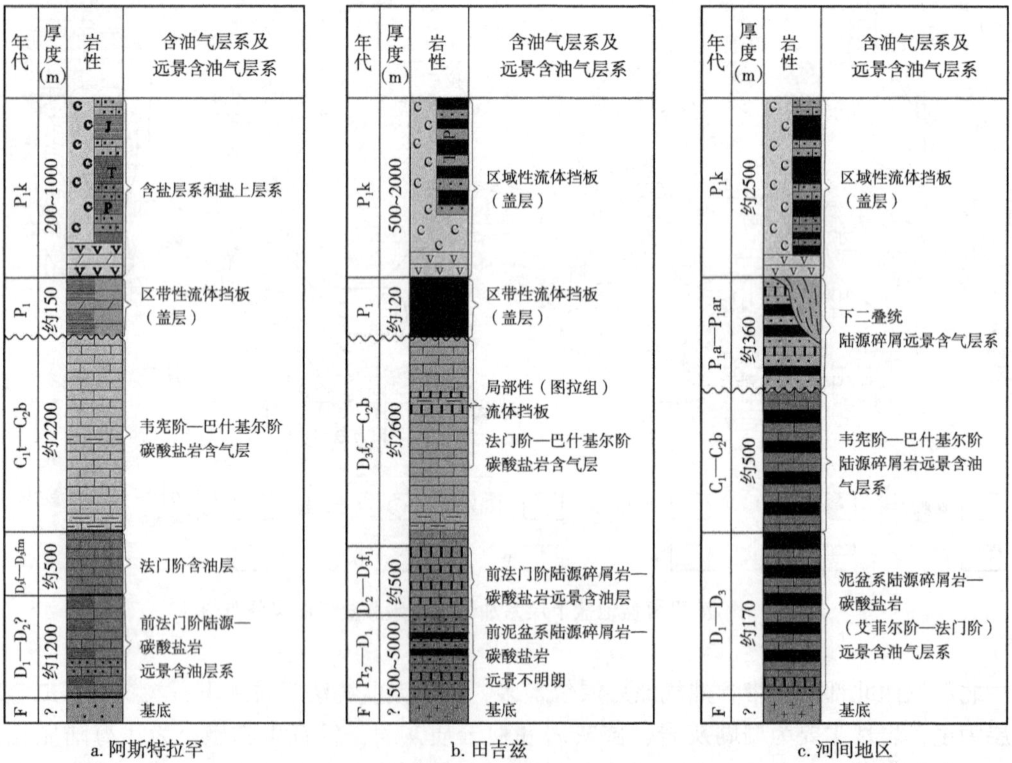

图1-32 滨里海盆地东南部盐下碳酸盐岩储层分布图

2. 盐下储层储集性能

盐下储层储集性能的好坏受控于所处的沉积相带和多期的溶蚀作用。如滩相高能环境沉积发育有较好的原生粒间孔，即使后期常常被一些方解石胶结物所充填，但仍为后期的溶解产生次生孔隙奠定了基础；在成岩后生作用（如溶解、溶蚀作用）或表生作用过程中，形成了多种类型和结构复杂的次生孔隙，及其高孔—高渗透储集性能的特点。

1）法门阶—杜内阶碳酸盐岩储层

该套储层为滨浅海环境下沉积的碳酸盐岩储层，以石灰岩和白云岩为主，厚度为150~1500m。在盆地北部边缘，法门阶—杜内阶石灰岩和白云岩储层多以礁体形式产出，可见台地边缘礁、堤礁、塔礁等。储层原生孔隙度极低，后期的次生改造作用大幅提高储集性能，局部生物礁的存在也导致了孔隙度和渗透率的剧烈变化。总体上，储层孔隙度、渗透率值波动范围较大，非均质性强，孔隙度为2%~33%，渗透率为7~73mD。中—高能的环境下形成的亮晶生物碎屑灰岩孔隙度一般较高，在具有明显压裂破碎裂缝较发育的条件下，其储集性能更具优势。

2）韦宪阶—巴什基尔阶碳酸盐岩储层

该套碳酸盐岩层是盆地内盐下层系最主要的储层，以浅海—滨海相石灰岩和白云岩为主。在盆地南部及东南部，多以礁体群及堡礁形式存在，发育少量砂岩储层；在盆地北部边缘和南部（部分地区），以岸礁（裙礁）和堡礁形式存在。储层厚度最薄为50m，最厚可达1600m。储层非均质性强，孔隙度为1%~24%，平均为10%；渗透率为1~173mD。储集空间以粒间孔和溶蚀孔洞最为发育且分布普遍。

在盆地东部，形成于高能浅水环境下的颗粒粗大的鲕粒、粒屑灰岩储层原生粒间孔隙发育，同时在上覆地层压力及后期孔隙水的溶蚀作用下，储层后期次生改造强烈，并易于形成孔—洞—缝复合型储层，这类储层具有较高孔隙度和渗透率，其孔隙度一般大于10.0%，渗透率为5.0~500mD。如扎纳诺尔油田该套储层孔隙度为16%；渗透率可达140mD。与孔—洞—缝型储层相比，微裂缝—孔隙型储层物性稍差，孔隙度一般为6%~15.0%，渗透率为0.1~100mD。这种差别主要源自沉积时的水动力条件。能量上的差别，导致前者石灰岩的纯度高，储集性能更好。同样在盆地东南部田吉兹油田，中、高能的滨岸海滩和潮汐环境下形成的亮晶生物碎屑灰岩储层，孔隙度为1.5%~20%，渗透率可达900mD。在盆地南部的阿斯特拉罕凝析气田，韦宪阶—巴什基尔阶有孔虫灰岩和藻灰岩为主要产层，属于浅海陆棚相生物礁沉积，储层孔隙度为6%~10%，平均渗透率为2.3mD。盆地北部边缘，该套碳酸盐岩储层受后期次生改造（包括溶蚀、白云岩化、重结晶、方解石化等），也不同程度地改善了储集性能，孔隙度一般为1.5%~20%，平均为8.5%~9%；渗透率一般为1.5~9.02mD。

3）莫斯科阶—亚丁斯克阶储层

莫斯科阶—亚丁斯克阶储层以石灰岩、白云岩为主，在东南部发育砂岩储层，储层厚度为50~1000m。

在盆地北部边缘发育浅海环境下沉积的碳酸盐岩和岸礁分布；孔隙度为1%~38%，平均为10%，渗透率为1~1800mD，平均渗透率为20mD，储层非均质性强，为裂缝型或裂缝—孔洞型储层。盆地东部与西南部边缘为碳酸盐岩台地相，如盆地东部扎纳诺尔油田发育中—上石炭统（卡西莫夫阶—格泽里阶、莫斯科阶）石灰岩、白云岩及其过渡性岩类构成的储层，厚度为430~560m。属于孔隙—孔洞型和裂缝型，有效孔隙度为11%~14%，渗透率为2~4mD。在肯基亚克油田见下二叠统石灰岩储层，在塔日加里和乌里赫陶油田见上石炭统石灰岩储层。

下二叠统碎屑岩储层也是盐下层系较为重要的一套储油气层，在盆地东部与东南部砂岩常常超覆于碳酸盐岩之上。其岩性主要为扇三角洲砂岩、粗砂岩及粉砂岩，储集物性较差。在毕克扎尔隆起上钻遇下二叠统滨岸相灰质砂岩、岩屑砂岩储层，孔隙度为4.7%~

16.0%，平均为8.5%；渗透率为0.037~2.82mD；平均为0.297mD。下二叠统陆源碎屑岩储层也是肯基亚克油田盐下产油层之一，砂岩孔隙度为4.4%~14.5%，渗透率为12mD。

（二）盐上储层

盐上层系含油气储层主要为上二叠统—三叠系和侏罗系—下白垩统储层，以中侏罗统、下白垩统的油田居多，三叠系的次之，局部发育上白垩统—古近系储层。储层类型以砂岩为主，一般都具有较高的成分成熟度和结构成熟度，具有极好的油气储集条件，局部发育碳酸盐岩储层。总体上具有油气储层多、分布范围广、储集性能好等特点。受盆地构造和沉积特征的控制，不同构造带及同一构造带内各次级隆起与凹陷区内的油气储层，其分布与性质具有明显的差异性。

盐上主力油气层中侏罗统和下白垩统的孔隙度一般为17%~39%，渗透率则变化较大，为1~3000mD，总体上表现为高孔、中高渗型，局部为中孔、低渗型。

1. 上二叠统—三叠系储层

该套储层以浅海陆棚相海滩砂岩、粉砂岩及三角洲和冲积—河流相砂岩、粉砂岩为主，部分地区为局限海和潟湖相石灰岩和白云岩沉积。在盆地内产油气层主要分布在阿斯特拉罕—阿克纠宾斯克隆起带的毕克扎尔隆起和古里耶夫含油气区。上二叠统—三叠系浅海陆棚和海滩砂岩及冲积—河流相砂岩是该油气区的重要产层，如卡拉通、穆奈雷、库尔萨雷、科斯恰格尔和萨吉兹、西南多索尔等油田的主要产油气储层。在南部北里海隆起区发现下三叠统发育海侵期形成的海相砂岩和石灰岩储层，如明泰克北油田发育下三叠统石灰岩储油层的厚度为18.0~25.9m，随后演变为过渡型三角洲，发育三角洲前缘水下分流河道砂岩储层。北里海隆起西南卡梅希托威油田在上二叠统—三叠系也发育含油层。这套砂岩储层为高成熟的石英砂岩和粉砂岩，储层厚度为5~3500m，孔隙度为8%~40%，平均为20%，渗透率为1~2024mD。

2. 侏罗系储层

该套储层以砂岩与粉砂岩为主，形成于浅海陆棚、河流—三角洲相与沿岸沙漠（岸后沙丘）、湖泊滨岸等高能环境。中、下侏罗统在盆地内广泛分布（除北部断阶带外），是盆地内盐上层系最重要的一套含油气储层。储层砂岩以石英砂岩为主，见有钙质长石砂岩和粉砂质石英砂岩等，砂岩成分成熟度与结构成熟度均较高，具有较高的储集性能，孔隙度为12%~44%，渗透率为2~9805mD，大部分属于中—高孔、中—高渗型储层。储层砂岩厚度变化较大，为15~100m。上侏罗统由于盆地抬升剥蚀而导致大部分地区缺失或厚度很薄。

3. 白垩系砂岩储层

白垩纪，在浅海潮坪、海陆过渡与陆相沉积环境下形成了粉砂岩、砂岩、砂砾岩和砾岩等油气储层。与中侏罗统相比，下白垩统砂岩储层在盆地内分布范围变小，上白垩统有效的储层砂岩分布范围更小。在盆地北部—西北部断阶以及东部泰米尔隆起、南部阿斯特拉罕隆起，下白垩统砂岩分布较少或缺失。

在盆地东南部和南部，下白垩统碎屑砂岩是盐上重要的产油层之一。通常埋深较浅，一般为50~1300m，储层砂岩厚度为20~25m；物性较好，孔隙度为11%~45%，渗透率为4~9718mD。大部为中—高孔、中—高渗型储层。

三、盖层及储盖组合

下二叠统孔谷阶厚层盐岩层将盆地在纵向上分隔成盐上与盐下两大构造层，形成了截然不同的两套油气成藏体系，各油气成藏系统中具有各自的封盖层。

（一）盐下封盖层及储盖组合

众所周知，盐岩不仅具有较强的可塑性，还有极强的致密性。据统计，全球60%以上的特大油气田（其中92个油田、23个气田）都是由蒸发岩作为封盖层。滨里海盆地广泛发育的下二叠统孔谷阶（局部为亚丁斯克阶—喀山阶）盐岩构成了盐下层系一套最为重要的区域性盖层。该套盐层厚度变化范围为1~6km，除了在盆地东缘和南缘的隆起带上局部缺失之外，其余地区均有分布。

盐下大型油气藏的形成与分布与孔谷阶盐层的分布密切相关，特别是在盆地南部、东部和北部边缘等油气区带上，孔谷阶盐岩和硬石膏层对盐下油气成藏起到直接或间接的整体封盖作用，构成了盆地内盐下区域性流体封盖层。在盐层有效的封盖之下，盐下油气组合普遍存在超高压力系统和高地层水矿化度。中生代以来，孔谷阶盐岩强烈变形刺穿，形成了若干盐底劈构造及其与盐构造相间的盐缘坳陷。在盐缘坳陷，由于盐岩的塑性流动撤离，盐层厚度减薄或消失，盐层消失则形成盐下油气向盐上运移的通道，对盐下封盖体系产生了一定的破坏作用。

在盐下成藏系统中，下二叠统亚丁斯克阶深水相页岩、中石炭统莫斯科阶泥页岩或石灰岩、下石炭统杜内阶和下韦宪阶页岩、弗拉斯阶页岩和泥岩构成了一些油气区的区域性或半区域性盖层（表1-6）。另外，下石炭统谢尔普霍夫阶泥岩和泥质碳酸盐岩、法门阶白云岩和泥岩构成了一些油气藏的局部性盖层。这些盖层一般厚度较大，有较好的封盖能力，但分布不一，封闭性有异。如盆地东部扎纳诺尔油气区下二叠统亚丁斯克阶深水相页岩和莫斯科阶泥岩（MKT层），分别构成了中—上石炭统（KT-Ⅰ）和中—下石炭统（KT-Ⅱ层）珊瑚礁灰岩和藻白云岩油气储层的直接盖层。田吉兹油田下二叠统泥质岩与泥质碳酸盐岩盖层厚约100m，该套泥质岩层直接覆盖在巴什基尔期生物礁灰岩油气储层之上，构成了油气藏的有效盖层。阿斯特拉罕凝析气田上泥盆统—石炭系碳酸盐岩主要气藏分布于下二叠统封闭性泥岩之下，下二叠统泥岩、放射虫岩和白云岩盖层总厚度为70~150m。盆地北部断阶卡拉恰干纳克凝析油气田下石炭统韦宪阶、中石炭统莫斯科阶发育深水相泥页岩，厚度为10~20m，分别成为法门阶—巴什基尔阶生物礁储油气层的局部盖层。

表1-6　滨里海盆地盐下层系典型油气藏生储盖组合特征表

油气区	油气田	生油岩	储层	盖层	
				半区域或局部	区域
东南—南部	田吉兹	D_3—C_1 页岩	D_3—C_2b 生物礁灰岩、藻灰岩	P_1ar 页岩—P_1kg 盐岩	
	科罗列夫	D_3—C_1 页岩	D_3—C_2b 礁灰岩、珊瑚灰岩	P_1ar 页岩—P_1kg 盐岩	
	卡什干	D_3—C_2 页岩、石灰岩	D_3—C_2b 生物礁型	P_1ar 页岩—P_1kg 盐岩	
	拉夫宁纳	C_{2+1}页岩	C_2 石灰岩	C_2m 页岩	P_1kg 盐岩
	托尔塔伊	C_{2+1}页岩	C_1 砂岩	C_{2+1}页岩	P_1kg 盐岩
	萨兹久别	C_2 页岩	P_1 珊瑚礁灰岩	P_1as 页岩	P_1kg 盐岩
	鲍佐巴	C_2 页岩	P_1ar 砂岩	P_1kg 盐岩	
	阿斯特拉罕	C_{2+1}石灰岩	C_1—C_2b 有孔虫灰岩、藻灰岩	P_1ar 页岩	P_1kg 盐岩

续表

油气区	油气田	生油岩	储层	盖层	
				半区域或局部	区域
东部	扎纳诺尔	D_3—C_1 页岩	C_1—C_2（KT-Ⅱ+KT-Ⅰ）鲕粒灰岩、藻白云岩	C_2m 页岩（MKT）、P_1as 页岩、P_1kg 盐岩	
	肯基亚克	D_3—C_1 页岩	P_1ar 砂岩、C_2b 生物礁灰岩（KT-Ⅱ）	C_2m 页岩（MKT）、P_1as 页岩、P_1kg 盐岩	
	阿利别克莫拉	D_3—C_1 页岩	C_1—C_2 鲕粒灰岩、藻白云岩	C_2m 页岩（MKT）、P_1as 页岩、P_1kg 盐岩	
	科扎赛	C_1—C_2 石灰岩、页岩	C_1v—C_2b 生物礁灰岩（KT-Ⅱ）	C_2m 页岩（MKT）	P_1kg 盐岩
	乌里赫陶	D_3—C_1 页岩	C_2—C_3 鲕粒灰岩、白云岩	P_1as 页岩	P_1kg 盐岩
北—西北部	卡拉恰干纳克	D_2—P_1 页岩	D_3—C_{2+1}—P_1 生物礁灰岩、藻白云岩	C_2m 页岩（MKT）、P_1as 页岩、P_1kg 盐岩	
	齐纳列夫	D_2—D_3 页岩	D_2 石灰岩	D_3 页岩	P_1kg 盐岩
	捷普洛夫	D_3 页岩	P_1 生物礁灰岩	P_1ar 硬石膏	

（二）盐上封盖层及储盖组合

从上二叠统—上新统各时期都发育的厚层泥页岩，是盐上层系油气富集成藏的有效盖层。勘探表明，盆地东南部南恩巴油气区与西部北里海古里耶夫油气区的储盖条件存在一定的差异，南恩巴油气区盐上层系盖层多以冲积—河流—三角洲相泥岩为主，发育层位较多，在三叠系、中侏罗统、下白垩统及上白垩统均有分布，但横向稳定性较差。西部古里耶夫油气区以发育海相页岩为主，区域分布较稳定，其分布层位也较东部集中，以中侏罗统和下白垩统页岩最发育，厚度大，盖层条件最好，然而以滨岸砂为主的储层砂岩的发育程度要低于东部油气区。

盐上油气系统中大多为生与储分离式，即盐上储层中的油气大多来自盐下烃源岩，盐下烃源岩生成的油气呈跨越式运移至盐上砂岩储层中成藏，而盖层在中、新生界中则是连续分布。盆地西部古里耶夫油气区明泰克构造上发现新近系（N_1）浅层气藏，为滨里海盆地所发现的最年轻地层中形成的储盖组合。

四、油气成藏特点及分布特征

（一）油气成藏特点

（1）滨里海盆地油气资源丰富，具有优越的油气成藏条件。海西期发育巨厚层海相泥质岩、碳酸盐岩是盆地主要的烃源岩，特别是中—上泥盆统、中—下石炭统以及下二叠统深海相暗色泥质岩有机质丰度高，热演化程度适中，在盆地广泛分布，为盐下以及盐上层系的油气成藏奠定了丰厚的物质基础。从已发现油气田的油气源对比结果来看，上述3套烃源岩生成的油气储量占盆地总储量近99%（Б. А. ЕСКОЖА，К. С. ШУДАБАЕВ，2006）。

（2）储层类型多，盐下以碳酸盐岩（包括生物礁）储层为主，盐上则以碎屑砂岩储层为主。盐下晚泥盆世至下二叠统亚丁斯克期发育礁滩相颗粒灰（云）岩储层、生物礁相灰（云）岩储层，以及草坪相白云岩储层、裂缝型灰岩储层等，储层结构特征复杂，储集类型多样。这些储层广泛分布于陆架边缘或盆内碳酸盐岩台地；其中生物礁是盆地最优质的储油气层，特别是大型块状生物礁内各种原生孔隙发育，孔隙度较高，礁体内油气储量大，单井产量高。总体上，盐下碳酸盐岩储层的储集性能受多种因素的影响：①沉积作用是控制优质储层的决定因素，有利的沉积相带控制了孔隙型储层的展布；白云岩化、溶蚀和破裂作用是储层的主要建设性成岩作用。②受盆地多期构造作用的影响，滨里海盆地碳酸盐岩储层大多都经历了表生成岩作用，形成各类溶蚀孔（洞），对储集性能的改善具有极为重大的意义，勘探实践表明，距区域不整合面愈近的碳酸盐岩体，后期有利的成岩作用和构造作用对储层的改造就更为彻底。③ 由于构造改造作用，构造裂缝发育，造成储层非均质性较强。平面上存在明显的成岩作用差异，与沉积微相密切相关。因此，沉积作用仍是控制盐下碳酸盐岩储层的决定因素，成岩作用和构造作用产生共同影响并控制着储层的类型、质量和分布。

盐上层系发育冲积—河流、三角洲及滨岸砂储层，由于埋深较浅，砂岩较疏松，成岩作用弱，仍然保留多数原生孔隙。以原生孔隙型为主，具有中—高孔、中—高渗的特点。

（3）盐下油气藏生储盖组合主要有两类：一类为“自生自储”型，如田吉兹油田，主要烃源岩为环礁体分布的中—上泥盆统、下石炭统深水暗色泥岩，储层为上泥盆统—中、下石炭统陆棚相灰岩、生物碎屑灰岩和礁灰岩。在巴什基尔阶碳酸盐岩顶部侵蚀面之上覆盖了厚度超过100m的亚丁斯克阶泥岩和孔谷阶盐岩，形成了油气藏的最佳封盖层。另一类为“下生上储”型，如肯基亚克油田、扎纳诺尔油田、阿利别克莫拉油田和阿斯特拉罕凝析气田等，主要烃源岩为下石炭统和泥盆系泥页岩，主要储层为下石炭统和中石炭统生物礁灰岩（KT-Ⅱ）。中石炭统莫斯科阶页岩（MKT）、下二叠统亚丁斯克阶页岩和孔谷阶膏盐岩为封盖层。

盐上层系油气藏以次生成藏为主，中三叠统、中侏罗统和下白垩统发育多套砂泥岩储盖组合。滨岸砂和冲积—河流—三角洲砂体是最有利的储油气层。砂岩孔隙发育，以原生粒间孔为主。

（4）稳定发育的古隆起及古斜坡具有形成浅水台地相及生物礁相优质碳酸盐岩储层及其圈闭的优越条件，是盐下大型油气田（藏）分布的最有利地区。盐下油气主要赋存于两类油气圈闭中（表1-7），一类是礁块型（如田吉兹油田、卡什干油气田、卡拉恰干纳克凝析油气田），另一类是背斜型+生物礁建造（大多是由地层隆起形成的背斜或断背斜型，如阿斯特拉罕凝析油气田、扎纳诺尔油田、肯基亚克油田）。

表1-7　盐下层系典型油气田的圈闭特征

油田	储层年代	圈闭类型	圈闭成因	形成时间
田吉兹	D_3—C_2	礁块	隆起	D_3—C_2、P_2
卡什干	D_3—C_2	礁块	隆起	C_2、P_2
卡拉恰干纳克	D_3—C_2b	礁块	隆起	P_1
阿斯特拉罕	C_1—C_2	礁体+背斜	隆起	C_1—C_2、P_2—T
扎纳诺尔	C_2	礁体+背斜	隆起	P_1
科扎赛	C_2	礁体+背斜	隆起	P_1
拉夫宁纳	C_2	背斜	隆起	P_1、P_2

盐上层系圈闭类型极为丰富。由于盐层向上流动改变上覆岩层的产状而形成各种类型多样的盐构造圈闭。这些圈闭大多形成于油气运移之前，为油气运移、聚集、成藏提供有利条件。

(5) 盐下碳酸盐岩圈闭大多形成于孔谷期，结束于孔谷期末期。如卡拉恰干纳克和乌里赫陶等构造圈闭形成时间是孔谷期早期和晚期，因此油气藏形成时期要晚于孔谷阶沉积时期。在田吉兹油田储层中存在沥青和其他成分生物标记物，可以说明该油田经历有二次油气（田）藏形成的过程，第一次油气藏形成时间在早二叠世以前，由于缺失盖层，部分油气藏破坏，第二次油藏形成时期在孔谷阶沉积后期。

(二) 油气藏分布特征

1. 盐下层系油气藏分布

勘探证实，纵向上发育中—上泥盆统、石炭系（上统、中统、下统）、下二叠统（前孔谷阶）等多套含油气层。区域上边缘斜坡带油气储量丰度很高，盆地内已探明约 99%油气储量分布在陆架或者沿盆地边缘的碳酸盐岩台地。其中：

(1) 盆地北部边缘主要分布凝析气藏，部分为带油环凝析气藏。在油气藏规模上，有特大型—巨型凝析油气田（如卡拉恰干纳克带油环凝析气田）；也有中小型凝析油气田或气田（如西捷普洛夫、格列米亚钦等亚丁斯克阶凝析气田，奇纳列夫等中—上泥盆统油气田）。卡拉恰干纳克特大型凝析气田为法门阶—下石炭统生物礁、下二叠统环状生物礁型油气藏；西捷普洛夫、格列米亚钦等为亚丁斯克阶碳酸盐边缘突起带上与生物礁圈闭有关的凝析气藏；奇纳列夫、普里格拉尼奇等为中—上泥盆统台地碳酸盐岩油气藏。

(2) 盆地东部以油藏为主。如肯基亚克油田、阿利别克莫拉油田、科扎赛等油田，个别的为带气顶油藏，如扎纳诺尔油气田，仅发现一个乌里赫陶为带小油环凝析气藏。大多数属于上泥盆统—中、下石炭统构造型碳酸盐岩油气藏，油气藏规模以中—大型为主。扎纳诺尔、乌里赫陶、科扎赛和阿利别克莫拉油田主要产层为石炭系 KT-Ⅰ油层和 KT-Ⅱ两个稳定分布的碳酸盐岩层，MKT 泥岩层为两套碳酸盐岩的隔层。肯基亚克油田石炭系仅发育 KT-Ⅱ油层；KT-Ⅱ层圈闭形成起始时间为韦宪期—谢尔普霍夫期之后。

(3) 盆地东南部地区以油藏为主。在规模上，有探明储量规模大的巨型油田，如田吉兹油田、卡什干油田；有大中型油田，如科罗列夫油田、凯兰、阿克托毕、西南卡萨甘等；也有中小型油气田，如拉夫宁纳油田、托尔塔伊油田。田吉兹、卡什干等巨型、大中型油田属于上泥盆统—中、下石炭统大型生物礁体组成油藏；拉夫宁纳油田、托尔塔伊油田分布属于中石炭统构造型碳酸盐岩油藏和下石炭统构造+岩性砂岩型油藏。

(4) 盆地西南边缘带目前发现阿斯特拉罕巨型凝析油气田，以产凝析气为主。发育下石炭统韦宪阶—中石炭统巴什基尔阶碳酸盐岩、上泥盆统—下石炭统杜内阶碳酸盐岩等含油气层系。

2. 盐下层系大型油气藏的成藏条件

盆地边缘斜坡带大型油气藏的形成取决于以下几个因素：

(1) 在盐下海相地层组合中存在巨厚的高质量生油气烃源岩。广泛分布于盆地边缘，特别是中泥盆统—下二叠统亚丁斯克阶深水相区发育的泥页岩有机质丰度高，母质类型好（Ⅰ型和Ⅱ型干酪根为主），并已进入生烃高峰期，是盆地大型油气藏形成的物质基础。

(2) 具备形成了大型—特大型碳酸盐岩或生物礁储油气圈闭的沉积—构造条件。盆地边缘斜坡带发育台地碳酸盐岩及碳酸盐岩生物礁沉积，在深部这些碳酸盐岩体仍然具有较高的储层物性，碳酸盐岩储层有效体积巨大，部分台地碳酸盐岩及碳酸盐岩生物礁油气圈闭幅度常常高达百米以上到数千米，圈闭规模巨大（可达数十平方千米到1800km^2）。因此，在滨里海盆地发现的特大型、大型油气田，不但和台地碳酸盐岩发育密切相关（如阿斯特拉罕凝析气田、扎纳诺尔等），还和盆地内单个的有机物建造有关（如田吉兹油田、卡什干油田、卡拉恰干纳克凝析气田等）。这两种类型的碳酸盐岩的圈闭之间差别很大，前者具有圈闭幅度小（一般小于200m）、面积大的特点；而后一种圈闭（单个的盆地内有机物建造储层）则幅度很大，可达1700m。

（3）盆地具有下二叠统孔谷阶巨厚膏盐岩层区域性盖层这个得天独厚的条件，同时还在盐下地层中发育局部性盖层。

（4）大部分盐下碳酸盐岩圈闭形成时期，始于孔谷阶沉积时期，结束于孔谷阶沉积末期，有利于油气成藏。油气成藏的时空匹配较好。

3. 盐上层系油气藏分布及成藏条件

盐上层系储层十分发育，特别是三叠系、侏罗系和白垩系陆源碎屑物在盆地内广泛分布，发育浅海陆棚、海滩砂，以及冲积扇、河流—三角洲等，形成了大量的石英砂岩等优质储油气层，储层物性好。与此同时，三叠系、侏罗系、白垩系及古近系普遍发育厚层泥页岩，具备良好的盖层及储盖组合条件。

盐上构造圈闭类型丰富，大多数是与盐构造活动相关的油气圈闭，圈闭条件好，且数量多。背斜型、断鼻—断块型、盐边遮挡型、盐悬挂型及地层超覆型、砂岩透镜体型等圈闭均有发育。

因此，对盐上油气成藏来说，烃源条件是主控因素。如自身烃源岩分布局限，成熟度不高，更多的油气还依赖盐下优质烃源岩生成的油气运移至盐上聚集成藏，盐窗或盐窗附近的断裂是盐下油气向盐上运移的有效通道。因此，有效盐窗的发育程度及其区域分布直接影响着盐上层系的油气聚集成藏条件和资源潜力，同时也控制着盆地内盐上油气田（藏）的分布。

第二章　滨里海盆地盐构造特征及圈闭类型

含盐盆地大多经历了长期稳定下沉，形成封闭或半封闭的古水盆。在特殊的古构造、古地理和古气候条件下，含盐盆地既有利于盐类堆积，同时又具备有机物质的堆积、保存和转化的地球化学条件，为烃类的生成和富集提供良好的物质基础，因而“油盐”共生的观点由来已久。世界上许多含盐盆地同时也是重要的含油气富集区。据统计，全球含油气盆地和具远景的含油气盆地有近200个，有一半以上的盆地发现了商业性油气田，与盐系地层有关的油气田数量占58%（马新华等，2000）。这些含盐油气盆地控制的探明石油储量占89%，探明天然气储量占80%（唐祥华，1990）。众所周知，滨里海盆地是一个盐岩发育的大型含油气盆地，由于盐丘发育，盐上层系形成了形态多样的盐构造，在地震剖面上可见到丰富多彩的与盐构造相关的储油气圈闭类型。迄今，全盆地已发现的油气藏几乎都与盐构造有关，是世界上盐构造最为发育的含油气盆地。

第一节　盐岩基本特征及成岩模式

一、盐岩基本特征

（一）盐岩分布

盐岩属于化学沉积岩类，形成于干旱蒸发成岩环境下，也称蒸发岩类。滨里海盆地巨厚的蒸发岩形成于早二叠世孔谷期（268—265Ma），主要由盐岩、硬石膏夹层（夹在碎屑岩之中）组成，偶见陆源碳酸盐岩，并含有钾盐、镁盐等矿物。常见的岩石类型有卤盐类（如钠盐和钾盐）、硫酸盐类（如石膏和硬石膏）、碳酸盐类（如石灰岩和白云岩）等。在盆地东部边缘主要为碎屑岩—硫酸盐岩，向西部和西北部边缘相变为硫酸盐岩—碳酸盐岩，南部边缘则为硫酸盐岩—泥页岩。巨厚的盐岩层经历了大约10Ma的地质沉积历史。盐层厚度变化范围为1~6km（图2-1，Volozh，1991）。

除了孔谷期蒸发岩之外，盆地中西部等大部分地区还发育喀山期蒸发岩，在萨尔平凹陷发育了亚丁斯克期蒸发岩。

从盐岩沉积次序看，盆地内最早的盐岩沉积始于早二叠世晚亚丁斯克期（268Ma，图2-2），主要分布于盆地西南部（Sarpinsky Basin）。到早孔谷期，盐岩分布最为广泛，遍布整个滨里海盆地。在盆地东南部，盐岩沉积持续时间最长，并与中西部、西北部的喀山阶同期结束了盐岩的沉积历史（Volozh 等，1996）。

（二）盐岩性质及盐构造作用

滨里海盆地孔谷阶盐岩多呈半透明—透明，晶体状，易溶于水，中等硬度。与砂泥岩、砾岩和石灰岩等沉积岩相比，盐岩具有特殊的力学和流变学性质，诸如抗压强度较弱、弹性模量较小、易溶、易变、易流、密度低等特点，而碎屑岩则表现为黏弹性或弹塑

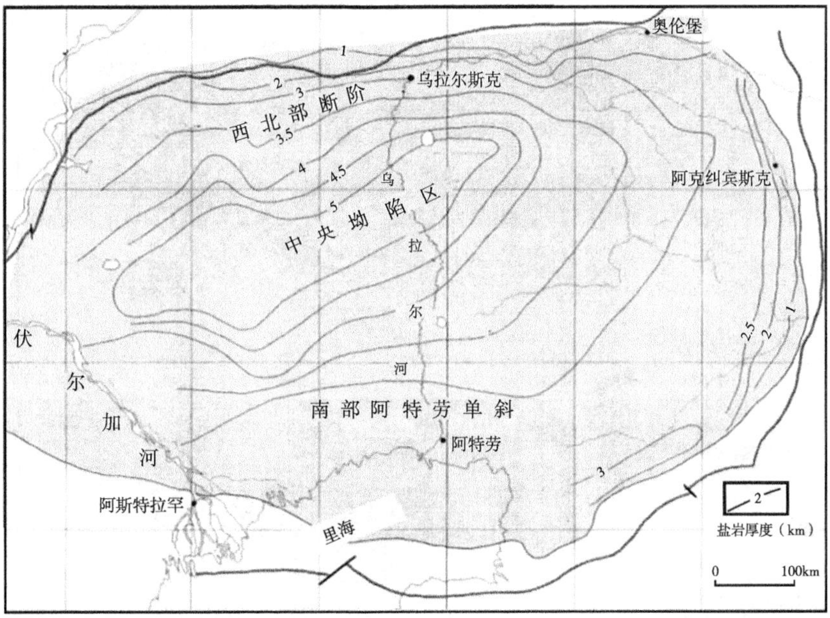

图 2-1　滨里海盆地下二叠统盐岩厚度图（据 Volozh，1991）

性。从晚二叠世一直到侏罗纪后期，孔谷阶盐岩密度变化范围为 2150~2200kg/m^3，围岩密度为 2600kg/m^3（据 Yuri Volozh，Christopher Talbot 等研究）。这些性质都说明盐岩属于软弱层，在应力作用下极易发生变形，从而影响并控制其上下地层的构造形变。通常绝大多数盐构造都发育在地壳浅部（<8km），而位于此范围内的沉积岩一般都表现为脆性变形（G. E. Hongxing 等，1996）。在较小的差应力作用下，岩石会发生可恢复的弹性形变，其剪应力和剪应变之间成线形关系。

盐岩只有在离地表极浅（几米到几十米）、差应力较大和应变速率较高的情况下，才有可能表现为脆塑性体。在其他情况下，盐岩都表现为强烈的塑流体。岩石力学研究表明（R. Weijermars 等，1993），干盐通常呈幂率流体，并遵循位错蠕变准则：

$$e = A\exp(-Q/RT)(\sigma_{XX} - \sigma_{ZZ})^n \tag{2-1}$$

式中　e——应变率；

A——材料常数；

Q——活化能；

R——万能气体常数；

T——热力学温度；

$(\sigma_{XX}-\sigma_{ZZ})^n$——差应力；

n——应力指数。

自然界的盐岩在一般情况下都含有 0.1%~1.0%的晶间卤水，加上地质形变的低应变率状况，湿盐通常呈牛顿流体性质（即应力指数为 1），并遵循扩散蠕变准则（R. Weijermars 等，1993）：

$$e = (A/Td^3)\exp(-Q/RT)(\sigma_{XX} - \sigma_{ZZ}) \tag{2-2}$$

式中　d——盐晶体颗粒的平均大小。

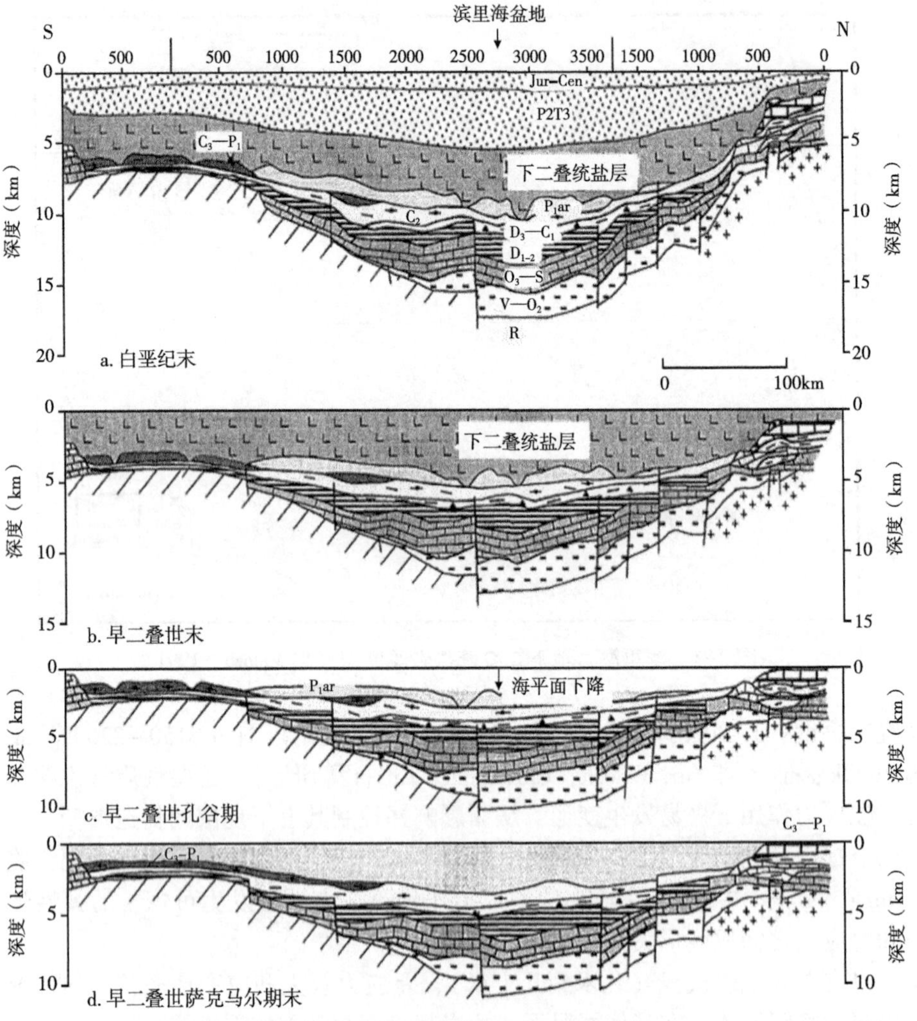

图 2-2 滨里海盆地盐岩沉积演化剖面

其他参数与方程（2-1）相同。与干盐的位错蠕变相比，湿盐的扩散蠕变受应变率控制较大，而受温度变化影响较小。

倘若单独将盐岩建造作为一个独立的沉积实体，那么就可以将盆地整个沉积层系划分成盐下层系、盐岩层系和盐上层系 3 套沉积层系。下二叠统上部孔谷阶盐岩的沉积速度快，全盆地广泛分布，盆地内盐的储量相当巨大，平均厚度为 1800m。与上覆上二叠统为整合接触，与下伏亚丁斯克阶呈不整合接触。由于盐岩的厚度、岩石结构及受力条件的不同，在差异负载的条件下盐岩易发生流动，形成盐刺穿。现今盐岩都以各种盐构造的形式产出，在剖面上形成了盐丘构造与盐缘坳陷（又称盐撤坳陷）相间分布的格局。

滨里海盆地孔谷阶盐岩层是形成盐丘构造的主体，是盐丘构造发育生长的盐源层或母盐层。盆地内盐丘构造具有以下特点：（1）分布广泛。全盆均有分布，类型丰富、数量众多，超过 1800 个，具有分区、分带和分期性（图 2-3）。在一个盆地内发育如此多的盐丘构造，在世界沉积盆地中也是绝无仅有的。（2）活动时间长。在构造应力和差异负载作用下，盐丘断续生长，跨越整个中—新生代。一般在盆地边缘盐丘活动时间较早（晚二叠世—

三叠纪）；中央坳陷区活动时间较晚（侏罗纪—白垩纪），盐刺穿的地层时代也较盆地边缘地区新（上拱至新近系，局部至地面）。（3）盐刺穿幅度差异大，从数百米到 7000m 以上不等。一般盆地中央坳陷区盐源层体积大，孔谷阶与喀山阶盐岩一起产生刺穿，盐体聚集更加明显，盐丘刺穿幅度高，规模较大；盆地边缘构造带，盐丘刺穿与造山作用同期进行，幅度相对低，规模较小。

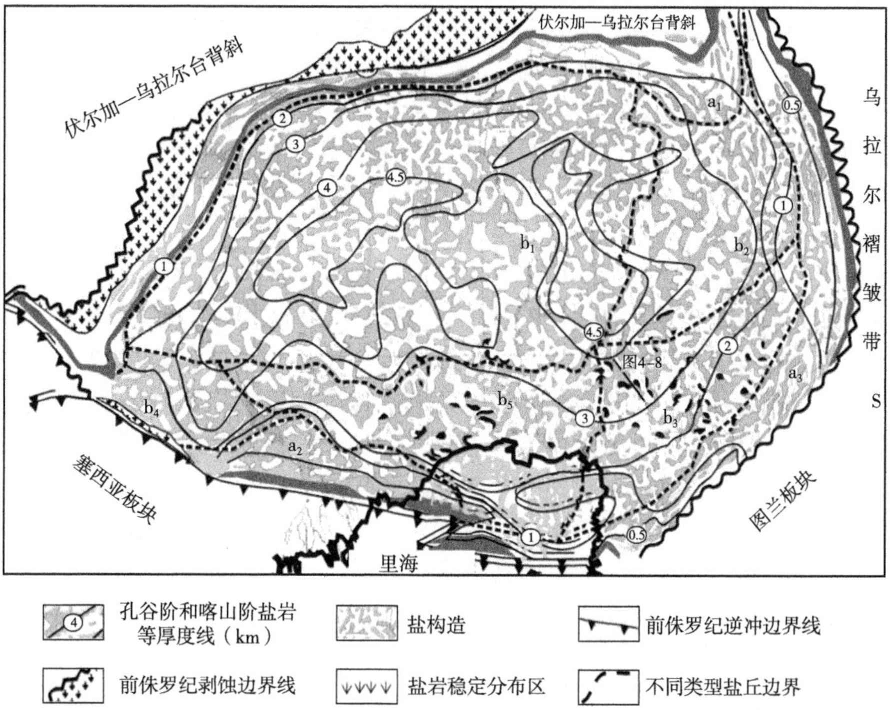

图 2-3　现今滨里海盆地盐构造及分区图

a_1、a_2—孔谷阶非刺穿型盐枕、盐背斜构造；a_3—孔谷阶盐滚及龟背构造；b_1—孔谷阶—喀山阶刺穿型盐墙；b_2—二叠纪末孔谷阶刺穿型盐底劈构造；b_3—三叠纪末孔谷阶刺穿型盐底劈构造；b_4—侏罗纪末孔谷阶刺穿型盐底劈构造；b_5—白垩纪孔谷阶刺穿型盐底劈构造

在两个或多个盐丘之间常常发育由上二叠统—中生界组成的坳陷，可称之为“盐缘坳陷”。盐缘坳陷在平面上大多呈圆形或椭圆形分布，四周被盐丘包围，其规模大小不等，面积一般为数十至近千平方千米，坳陷底部埋深一般为 3000～8000m。盐缘坳陷无论是在规模、形态上，还是在地层沉积层序或内部结构构造上，都受控于盐构造运动。

盐上层系为不整合覆盖在孔谷阶盐层之上的厚层陆源碎屑沉积层。其中：（1）上二叠统喀山阶—三叠系组合多由杂色陆源碎屑岩组成，该套岩系走向不稳定，厚度多为数百米，局部可达 4000～7000m。海相碳酸盐岩仅在盆地西部三叠系中局限分布。受盐构造运动的影响，该套地层在盐丘构造顶部缺失，主要分布在盐缘坳陷内。（2）侏罗系—下白垩统主要为灰色滨岸沉积和杂色陆源沉积，厚度从数百米到 2000 余米。在盆地边缘隆起带中侏罗统—下白垩统连片分布，而在中央坳陷区盐丘常常刺穿该套地层，导致盐丘顶部缺失侏罗系，下白垩统保存不全。（3）古近系—第四系主要为砂质泥岩和杂砂岩，厚度薄，厚几十米至数百米。

由于盐体向上运动产生垂向上的最大主应力，因而盐丘顶部形成断层密集分布的地带，断裂构造复杂，主要发育向盐丘核部坍塌而产生的正断层。地震剖面上呈小型“堑式”构造样式，平面上延伸较短，环绕盐丘核部向四周呈放射状展布。盐缘坳陷内部地质结构则相对稳定，剖面上表现为轻度褶皱变形构造或向盐丘一侧整体掀斜。部分地区发育正断层，断层规模大小不一。这类断层主要形成于大规模的盐运动中所产生的局部张扭性构造作用，常与部分龟背构造伴生，剖面上表现为“Y”字形断裂，平面上呈环形分布。

盐上层系种种地质现象均与盐构造运动密切相关，记录了盐岩沉积后所经历的各种复杂的地质事件。通过对这一系列地质现象的研究，对识别盐构造运动的时间和方式具有重要意义。盐岩活动过程中围岩所产生的构造形变、沉积作用、地层结构以及盐岩隆起后期溶蚀、剥蚀作用等，对盆地演化、油气聚集成藏都产生了极其重要的影响。在地震勘探中，由于盐岩为地震波高速度层，纵向和横向上变化快，给盐上层系地质结构的识别增加了难度。

盐下层系为盐岩沉积之前的古生代沉积层，在盆地边缘带以发育巨厚的海相碳酸盐岩层序为特征。三叠系沉积前，在乌拉尔褶皱带、南恩巴隆起带等构造应力作用下，盆地东部、东南部开始隆升，地层反转，形成向盆地内部倾斜的斜坡。地震资料揭示，在盆地东缘、东南及西南部边缘，主要发育碰撞期形成的逆断层，断层形成时间较早，终止于早二叠世孔谷期盐层或其附近。在盆地中央坳陷区或盐层厚度较大的地区，盐下地震资料品质差，同时由于盐岩高速层的屏蔽作用，导致对盐下真实的构造形态和地层层序特征认识不足，这也是现今在盐构造发育区勘探的主要难点，需要具有很高的地球物理成像技术水平。目前已发现的大型油气藏主要分布在盆缘盐下层系。

二、沉积环境及成岩模式

（一）盐岩沉积模式

晚石炭世早期，滨里海盆地东缘和南缘开始隆起。在构造挤压、抬升的状态下，盆地主体部分与开阔大洋逐步分离，海水逐渐变浅。至早二叠世中后期，盆地大部分地区已发展成为洼地，早二叠世孔谷期演变为稳定而又闭塞的局限海盆。在气候干燥的条件下，蒸发作用强烈，海水盐度增高，浓度增大。孔谷期深水洼地被巨厚的膏盐岩—碎屑岩所充填，沉积了大量蒸发岩（图 1-9）。

国内外许多学者对盐岩形成环境进行了大量研究，观点各有不同。有萨布哈假说、沙漠盆地学说、返流假说、分离盆地假说、深水深盆理论、干缩深盆学说等。归结这些理论的共同点，盐和油形成的古气候条件不同，油气形成于温暖湿润气候及厌氧水下还原环境，而盐则是干旱炎热气候条件下海水高度浓缩的产物。含盐盆地形成的必备条件为：（1）长期处于稳定沉降和相对封闭的构造环境；（2）干旱或半干旱气候条件；（3）盐类物质供给条件，即海水的阶段性供给。关于盆地盐岩的沉积模式，目前公认的蒸发岩沉积模式主要有萨布哈成盐模式、深盆深水成盐模式、浅盆浅水成盐模式和深盆浅水（深盆干化）成盐模式等不同的成盐模式（图 2-4）（徐传会等，2009）。

1. 萨布哈成盐模式

萨布哈是新提出的一种成盐模式，其成盐环境是以发育一系列干盐湖或盐滩，以及季节性浅水湖（时令湖）为其特征，期间或有常年盐湖。

萨布哈可分为滨海萨布哈（盐湖位于潮上带）、大陆萨布哈（盐湖位于滨海平原）和

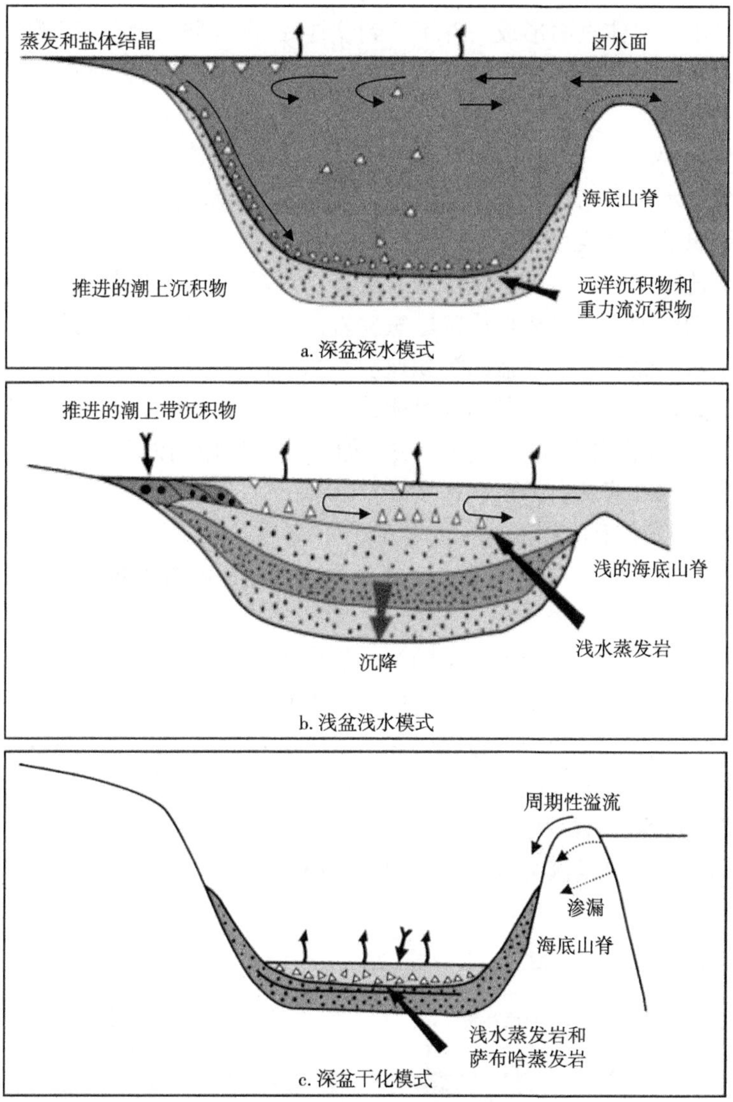

图 2-4　3 种不同盆地的成盐模式示意图

内陆萨布哈（盐湖位于内陆沙漠）3 类，前两者合称海岸萨布哈。

萨布哈成盐环境下，卤水的来源（补给方式）有海水（以涨潮或通过沉积物的渗透方式补给）、大陆水（包含地表水和地下水）和深部卤水，水的循环方式除了地表水（尤其在涨潮期或暴雨期）外，更多的是以地下水的方式循环。萨布哈成盐环境卤水的浓缩方式除通过蒸发作用外，还借助于先形成的盐再溶解，在干湿交替的气候条件下更是溶解和沉淀多次交替出现。在空间上，地表水流经盐盆边部干盐滩时，溶解先沉淀的盐，使卤水浓度增高，再流向盆地中心；在时间上，旱季沉淀的盐层，到雨季可能部分被溶解，使卤水浓度增高，在下一旱季再度沉淀，如此周而复始不断提高卤水浓度。

2. 深盆深水成盐模式

深盆深水成盐模式由施马尔茨（R. F. Schmalz，1969）提出。提出这一模式的主要依据是蒸发岩的沉积速度超过了地壳的下降速度，因此原始盐盆应是一个深盆，才能形成如此巨厚的蒸发岩。他的假设是深盆有一个浅堤（或者海底山脊）与大海隔开，随着强烈的蒸发作用，浓卤水在水体表面形成，并下沉到盆地底部，同时持续或间歇的海水注入补充了被蒸发失去的水量，盆地底部的浓卤水不断析出沉淀盐类矿物，直至盆地完全被蒸发岩充填。

3. 浅盆浅水成盐模式

许多蒸发岩显示一系列浅水标志，甚至露出水面的标志，与深盆深水的设想相矛盾。由此一些学者提出了浅盆浅水成盐模式。

浅盆浅水成盐模式的主要依据是蒸发岩中存在一系列浅水和暴露标志。而反对这种成盐模式设想的人则认为：如果要形成巨厚蒸发岩，必须是地层的下沉速度和蒸发岩的沉积速度相等。由于水的蒸发速度和盐的沉积速度都相当快，因此盐盆底的下沉也必须迅速而稳定，但在大多数构造环境中这是不大可能的。然而支持这种模式的人认为，很多盐盆属于断陷盆地，“准同期沉降”的速度足够快，加上均衡作用的调节，使得盐盆的沉降速度迅速又稳定，足够弥补蒸发岩的沉积速度。

4. 深盆浅水（深盆干化）成盐模式

深盆浅水（深盆干化）成盐模式是许靖华先生根据地中海中新世晚期墨西那阶蒸发岩沉积特点建立的。

地中海中新世早期、中期及上新世的沉积物均为含超微化石、浮游有孔虫的深海沉积物。但在墨西那阶与蒸发岩共生的白云岩中，发现有叠层石构造、结核状硬石膏，并有叠层石被硬石膏交代现象，有的硬石膏中还保留有叠层石构造，具有“鸡笼铁丝网”构造的硬石膏也很常见。这些特征足以说明蒸发岩形成于潮上环境，类似于萨布哈成盐条件。

（二）滨里海盆地盐岩沉积模式

综合各方面特征，可以认为滨里海盆地下二叠统孔谷阶盐岩的形成模式应属于深盆浅水成盐模式（图 2-5）。

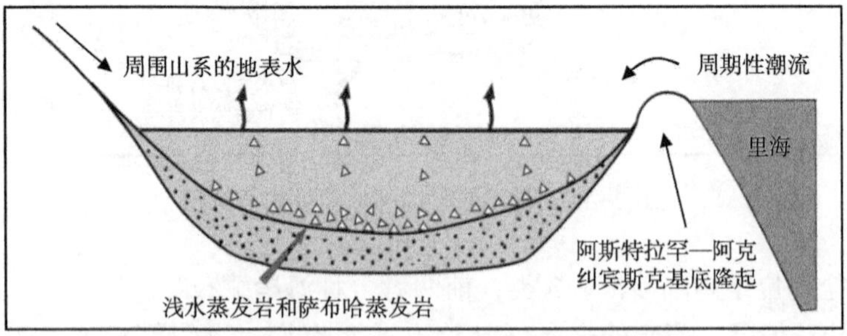

图 2-5　滨里海盆地下二叠统孔谷阶盐岩层成盐模式示意图

滨里海盆地是世界上沉降最深、沉积厚度最大的含盐油气盆地之一。海西期末，东欧大陆东南缘与哈萨克斯坦、西伯利亚板块碰撞，盆地周缘海西皱褶带形成，乌拉尔洋闭合，致使滨里海海盆逐渐孤立于古特提洋。由于区域构造持续抬升，至早二叠世后期的孔谷期，盆地相变为潮上带，大部分地区已发展成为洼地。最终与世界大洋分离并演化形成了一个局限、超咸化、仍在持续沉降的深盆，构成了东欧克拉通边缘的大型沉降带。而盆地南部阿斯特拉罕—阿克纠宾斯克基底隆起（或者海底低凸起）和东南部恩巴隆起则表现为一个独特而又平缓的相对隆起区（东南隆起区）。该隆起区使滨里海盆地主体（中央坳陷区）与南部的特提斯大洋形成一个障壁。当海平面达到最大涨潮面时，潮流波及盆地，盆地以潮流的方式接受来自里海的周期性、高盐度物质供给。在早二叠世时期持续干旱的气候条件下，随着蒸发作用的加强，海水浓度不断提高，浓卤水在水体表面形成，盐岩不断从海水中析出，并下沉到盆地底部。在下一个潮流到来之后，海水的注入，又补充了被蒸发失去的水量，导致盆地经历了无数次“干涸—泛滥—干涸—泛滥”的循环过程，盆地底部的浓卤水不断析出，沉淀盐类矿物。直至盆地完全与大洋失去联系，盆地最终被蒸发岩充填，形成巨厚的以盐岩、硬石膏等岩石为主的巨厚层蒸发岩。

蒸发岩在地表易于风化淋滤或溶解，长期暴露地表不利于盐岩保存。晚二叠世—三叠纪，盆地内又经历了一次较大规模的海侵，包括整个阿斯特拉罕—阿克纠宾斯克基底隆起带在内的大部分地区处于浅海—陆棚碎屑沉积环境。盆地接受了来自南部、东南部山系及北部台地区的陆源碎屑持续供给，不整合覆盖在孔谷阶盐岩层之上，使得厚层盐岩得以保存。

第二节 盐丘类型及形成机制

一、盐丘类型及其变形特征

丰富的盐构造是滨里海盆地最显著的构造形变特征。盐岩层作为盐构造活动、形变主体，和碎屑岩相比具有不同的流变学性质，盐岩具有较高塑性，在变形过程中表现为黏性流动。而碎屑岩则表现为黏弹性或弹塑性，变形特征符合库仑—摩尔准则。因此，在各种地质作用下，地下处于不稳定状态的盐岩层就会发生变形、迁移等运动，最终形成了形态复杂多样的盐丘构造（图 2-6）。通过对盆地东南部地区地震剖面分析解释，盐底辟构造隆起幅度最高可达 6000m，最低为 200~400m，平面展布面积最大约为 120km^2，最小约为 10km^2。

前人对盐构造已有大量研究成果，Simon A. Stowart（1996）等认为盐构造是指那些外观形态对后期沉积有明显改变的盐体。盐构造学研究认为，盐的运动是由盐岩自身起动或

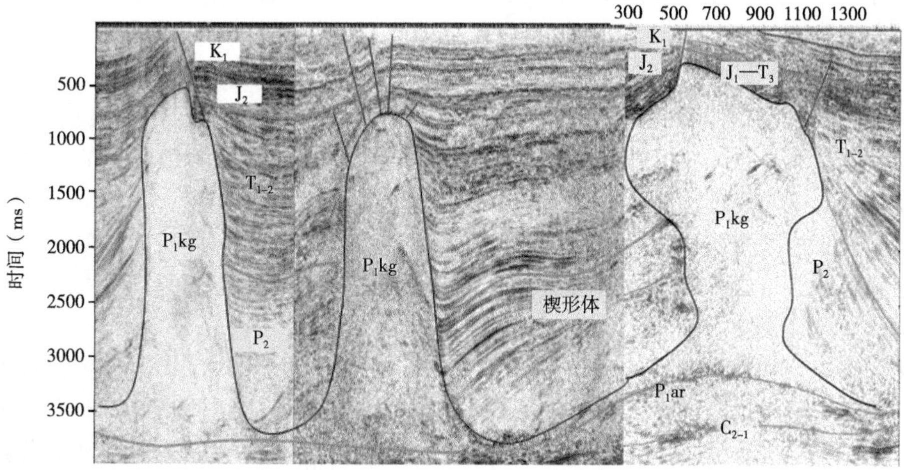

图 2-6 多期盐构造活动对同沉积盆地的控制作用

推动的（但这并不意味着盐是驱动力）；戈红星（1996）、M. P. A. Jackson（1995）则认为，盐构造是指由于岩盐或其他蒸发岩的流动形变所形成的地质变形体，它们包括变形体本身及周围其他变形岩层；贾承造等（2003）认为，盐构造泛指在重力、浮力和区域应力等综合作用下，盐岩、泥岩及其他密度低于上覆地层中物质形成的底辟构造。

综合盆地盐构造特征研究认为，滨里海盆地盐构造只是底辟构造的一种特殊类型，其侵入岩体为岩盐或其他蒸发岩。它既是盐岩或其他蒸发岩流动形变所形成的地质变形体（戈红星、M. P. A. Jackson），同时也直接反映了盐丘构造生长过程中盐岩与其周围地层发生了复杂的相互作用过程（Reis 等，2005；Loncke 等，2006）。因此，盐上层系沉积、构造等现象是记录盐岩沉积后的各种地质事件的重要载体。盐运动期次、活动方式、强弱等都印迹在盐上层系的沉积构造、沉积结构、沉积相变迁、构造形变之中。

在盐丘形成过程中，盐岩与围岩之间的构造形变、沉积作用是一个相互调谐的演化过程，表现为盐丘构造净隆起的速率与盐缘坳陷内地层变形特征和沉积速率密切相关。由于上覆沉积物产生的差异负载作用，一方面加剧盐构造运动，另一方面可能转变盐构造活动的机制，改变盐构造活动方式。在对盆地内若干盐丘及其围岩沉积和变形特征分析研究的基础上，我们可初步将盐缘坳陷内地层变形特征归纳为两类：一类是对称平稳形。是指盐缘坳陷内地层比较平整，构造变形较弱。表明两侧的盐丘运动时间比较晚，盐丘活动期次比较单一，一般只经历过一次盐刺穿（通常沿断层）。这种类型的盐构造运动对盐丘两侧大部分围岩的沉积、构造作用影响较小。另一类为不对称的楔形。盐缘坳陷内构造变形较强烈，剖面上围岩层表现为向一侧盐丘呈楔形。表明两侧或一侧的盐丘运动比较频繁，这种类型的盐构造运动对盐丘两侧大部分围岩的沉积、构造作用都产生了较大影响（图 2-6）。

根据盐丘两侧的地层厚度变化可以推断，在不同的演化阶段，盐丘顶部一般都存在有较厚的上覆层。在差异负载作用下，盐体刺穿上覆层向上运动。这一现象表明，在大多数情况下，盆地内盐丘上隆的净速率要小于地层的沉积速率。根据格鲁莫夫的研究，滨里海盆地的盐岩构造活动和盐丘生长的高峰分别发生在晚二叠世、中生代和新生代。据 B. C. Журавлев（1978）估计，盐构造活动最强烈的时期为晚二叠世（0. 15mm/a），活动最弱的时期为侏罗纪（0. 008mm/a）；在新生代盐丘构造生长的速率为 0. 02mm/a。说明了盆地区域性抬升时期，盐构造活动特别活跃；在盆地区域性沉降期间，盐底辟构造生长减缓直至完全停止。

（一）盐丘类型及特征

通过大量的地震剖面对比研究表明，滨里海盆地盐丘构造具有独特的生长和发育演变历史，盐丘之间既单一生长又相互联系，总体上都是从其幅度及成熟度较低的整合接触型向着幅度及成熟度较高的穿刺侵入型演化。依据盐体形变程度及其与上覆地层之间的接触关系，以及盐丘构造生长过程与围岩的相互作用关系，可将盆地内盐丘分为整合接触非刺穿型盐丘、隐刺穿型盐丘和不整合接触的刺穿型盐丘三大基本类型。

1. 非刺穿型盐丘

非刺穿型盐丘的特点是盐体位于深层，呈低幅拱起的长条状，顶面具有长轴背斜形态。在其形成过程中，孔谷阶源盐层在不稳定构造作用下向特定方向聚集，但没有刺穿上覆地层，上拱幅度较小，从数十米到 300~500m。上覆上二叠统—三叠系仅发生微弱褶皱变形，并与盐丘顶面产状一致，为整合接触型。同时盐丘上覆地层厚度、地层序列也基本保持不变。这类盐丘一般是受后期区域构造作用影响而形成的。盐丘运动对上覆地层的沉积作用和构造形变影响较小，整体属于协调变形。

最具代表性的非刺穿型盐丘为盐枕（salt pillow）型或盐背斜型。剖面上呈枕状（图 2-7），平面上呈圆形或椭圆形的盐隆，活动强烈的盐枕上方也可见正断层，继续活动即产生形成盐底辟。

2. 隐刺穿型盐丘

隐刺穿型盐丘的特点是孔谷阶源盐层向一端发生聚集并不同程度地插入到上覆中生代地层之中，造成盐丘顶部的上二叠统明显减薄或缺失。由于这类盐丘构造的生长幅度仍然较小（从数十米到 800 余米），盐层厚度从中部向两侧缓慢减薄，盐丘的生长仍处于较低成熟的演化阶段，故称之为隐刺穿型盐丘。

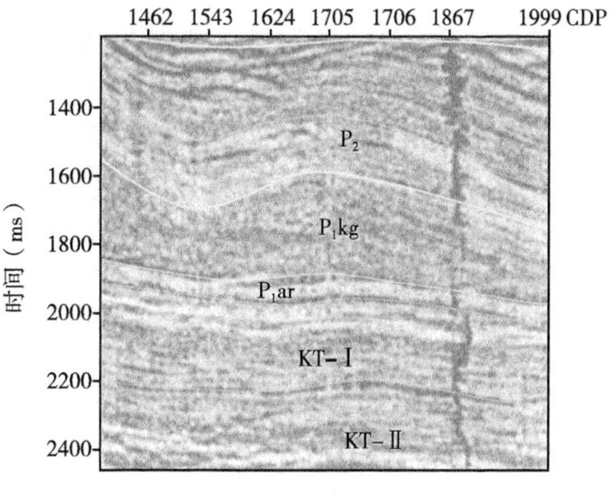

图 2-7 非刺穿型盐丘（盐枕型盐丘）

滨里海盆地最具代表性的隐刺穿型盐丘为盐滚（salt roller）构造，它介于非刺穿型与刺穿型之间。地震剖面上可以看到，盐丘顶部及一侧（图 2-8 中盐丘右翼）上覆地层较平缓，地层产状与盐丘的产状基本一致，盐体与上覆层呈整合接触。而另一侧（图 2-8 中盐丘左侧）由于盐岩（沿断层）挤入，上覆地层与盐岩顶界形成大角度相交，盐体与上覆层为不整合（或正断层）接触。整体上看，这类盐丘表现为左、右两翼不对称，具有右翼缓、左翼陡、低幅度的特征。

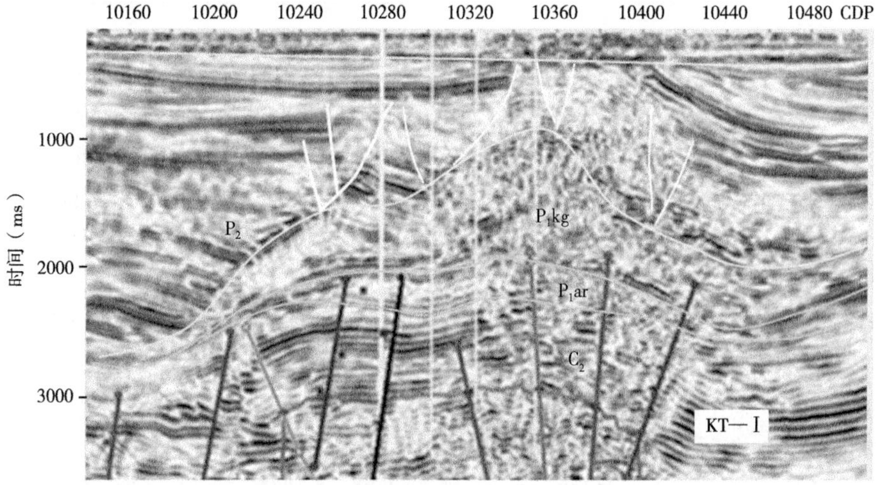

图 2-8 隐刺穿型盐丘（盐滚构造）

地震剖面上，常常可见一系列正断层，断层大部分都终止或消失在盐层内。盐滚构造的形成与其所受的区域应力作用密切相关，属于区域拉伸构造作用下的产物，拉伸方向垂直于盐滚走向，多发育于盆地边缘斜坡或隆起构造带上。

3. 刺穿型盐丘

刺穿型盐丘是指孔谷阶盐岩沿特定方向流动、会聚并对上覆地层形成刺穿。在剖面上，盐丘刺穿特征明显，刺穿幅度大，其盐丘顶部可达到中生界或新近系—第四系盖层之下，局部可出露于地表。盐体厚度从中部向两侧急剧减薄，与围岩多呈大角度不协调接触关系（图 2-9）。这类盐丘构造的纵向生长幅度和成熟度均达到了较高的演化阶段。滨里海盆地除盆地周缘斜坡存在成熟度较低非穿刺型或隐穿刺型盐丘构造外，大部分区域盐丘的幅度和成熟度都较高，达到了刺穿型盐构造演化阶段。因此，刺穿型盐丘是盆地内分布最广泛、最具代表性的一种盐构造类型。

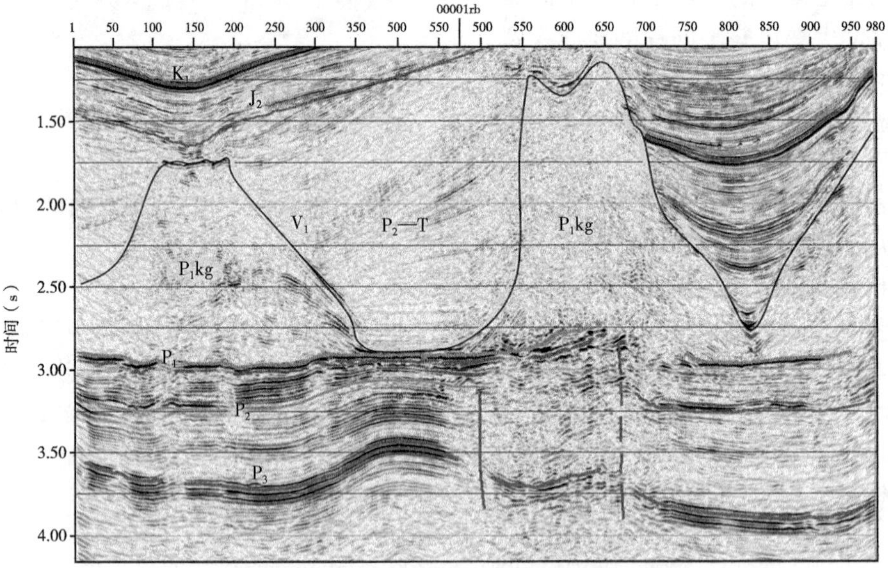

图 2-9 滨里海盆地东南部毕克扎尔地区刺穿型盐丘

刺穿型盐丘形成过程可能是一次性的，也可能是多期次性的。其形态特征、规模、空间展布及其与围岩地层的接触关系复杂多变。受源盐层供应速率、溶解速率、沉积速率、剥蚀速率、伸展速率和挤压速率的影响，在空间上刺穿型盐丘规模不一，面积从几平方千米到百余平方千米，隆起幅度从盆地边缘的 500～5000m 向盆地内部逐渐增大，可达 7000～8000m。同时刺穿型盐丘之间并非完全独立存在，在盐构造活动强烈的地区，盐丘之间常连接成盐山或规模宏大的盐隆。在盆地不同部位刺穿的层位涉及上覆上二叠统—新近系。

在刺穿型盐丘的顶部，受盐体冷凝塌陷的影响，上覆地层常常发育一系列小级别不规则走向的正断层。盐丘四周由于盐体流动撤离形成盐丘边缘坳陷，我们称之为盐缘坳陷（或盐撤坳陷）。

区域地震资料揭示，盆地内刺穿型盐丘类型丰富，按照形态特征或样式可进一步划分为 8 种类型，即盐墙（salt wall）、盐株（salt stock）、盐脊、盐蘑菇（salt mushroom）、盐篷（salt canopy）、盐焊接（salt weld）、盐悬挂（salt overhang）、龟背构造（salt turtle）等。

（1）盐墙（salt wall）。空间形态上盐丘表现为狭长条带状展布，具深层盐核及延伸很长的长轴盐背斜构造形态，常常沿一条或多条基底断层发育。以盆地东南部萨吉斯地区盐墙构造为例（图 2-10），盐丘刺穿至中侏罗统—白垩系之下，平面上形成了北东东向展布的上隆幅度达 7500m 的盐墙构造。在上覆地层中，沿着盐构造的长轴方向常常产生强制褶皱，并在盐丘核部发育小规模正断层。在盐丘两侧由于边缘向斜的作用，保存上二叠统及中—下三叠统。上二叠统—三叠系地层产状随着盐丘隆升而发生一系列变化：上部，中三叠统与盐墙顶界面呈近似平行的整合接触；中部，下三叠统向盐墙一侧抬升掀斜，与盐边呈高角度不整合接触，同时向着盐墙一侧地层厚度明显减薄，远离盐墙厚度增大，表现为向盐墙一侧收敛的扇形变形特征；下部，上二叠统朝着盐墙方向同向掀斜，同时地层厚度也明显增大，远离盐墙一侧地层厚度减薄。表现为早期地层向另一盐体收敛的产生扇形变形，至晚二叠世末，盐墙构造进一步活动、刺穿，又对该套地层产生拖曳的结果。这种盐运动行迹在盆地内较为常见，被称之为翼部旋转模式（limb rotation），属于典型的生长型地层，地层的沉积作用与盐构造发育具有同期性和不均衡性。

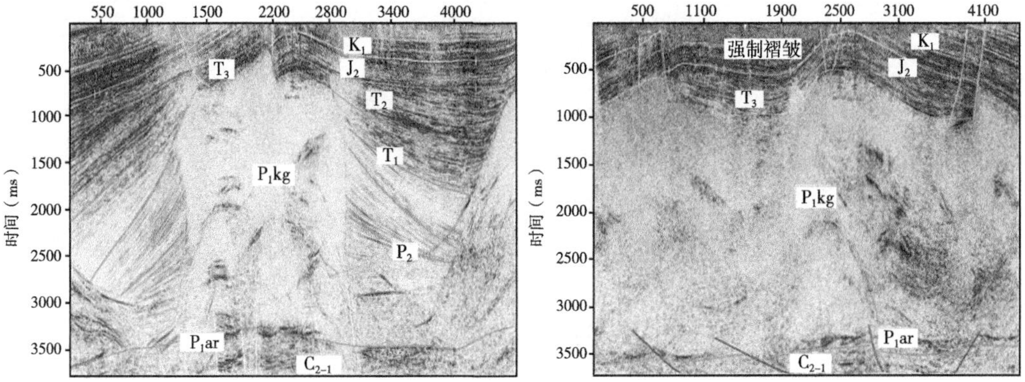

a. 构造短轴　　　　b. 构造长轴方向

图 2-10　滨里海盆地东南部盐墙构造剖面

在盐边缘坳陷内，三叠系与上二叠统之间存在着明显的角度不整合。二者的接触关系具有两分性（图 2-10b），这也反映出盐丘刺穿生长过程中的多期次性和阶段性发育的特点。

（2）盐株（salt stock）。平面上呈圆形或椭圆形的颈状盐刺穿（图 2-11）。在形态特征上与盐墙构造有显著差别，后者以狭长形的盐刺穿为特征。同样，盐株构造的形成过程可能是一次性，也可能是多期次性。在盆地东南缘，一次性刺穿产生的盐株多形成于三叠纪末期，常常由深层盐岩上拱，顶部刺穿至中侏罗统之下，盐岩上拱幅度可达 6800m，顶面呈现近似圆柱形的盐丘构造。受构造应力作用的影响，在上覆地层中通常会形成向四周延伸的放射状小型正断层。剖面上，一次性刺穿产生的盐株构造两侧边缘坳陷内地层产状较稳定，对比性较好，地层厚度变化不大（图 2-11a）。多次性刺穿形成的盐株构造盐丘及围岩形态特征复杂多变。在盐丘的一侧或两侧的上二叠统—三叠系构造形变强烈，常常向着盐体方向呈大角度倾斜，并存在明显的地层减薄或早期增厚、后期减薄的现象，同时在层间会出现多个角度不整合接触面。在盐刺穿顶部，盐岩常出现向四周扩张而形成的肿胀部分，被称为盐球体（图 2-11b），盐球体之下细长的盐刺穿部分称为盐茎（salt stem），其下则为母盐层。

（3）盐脊。原先属于低成熟盐丘，在断层作用下盐岩沿着断面进一步向上运动，最终对上覆上二叠统甚至侏罗系产生刺穿，盐丘顶部达到中侏罗统或下白垩统盖层之下。因剖面上呈“屋脊”状（图 2-12），故称之为盐脊构造。这类盐丘构造上拱的幅度和成熟度较高，是隐刺穿型盐丘构造进一步发展的结果。

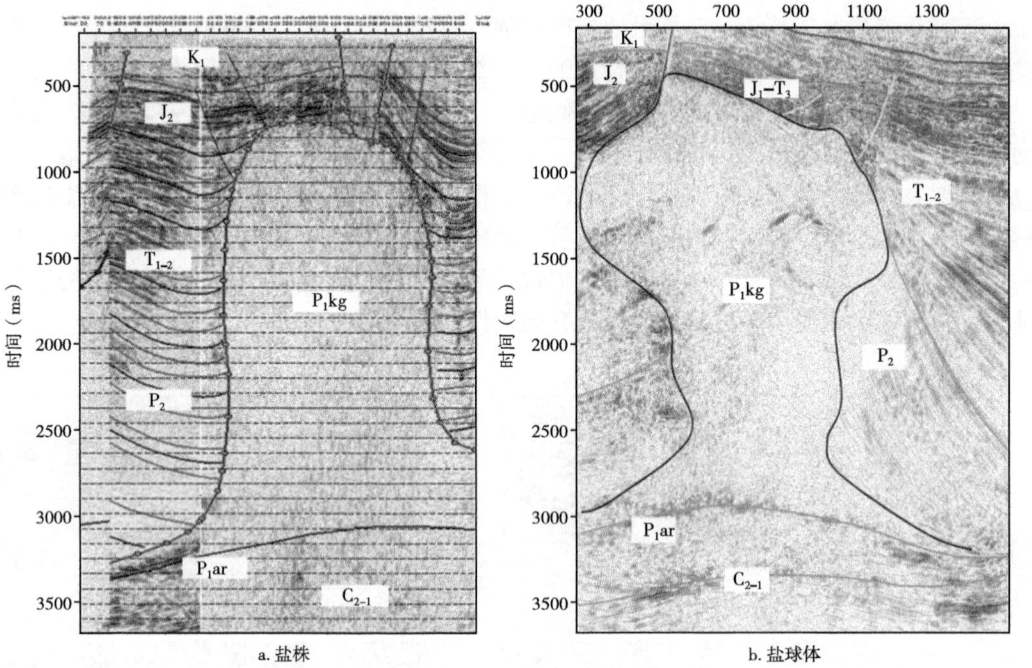

图 2-11　滨里海盆地东南缘盐刺穿构造剖面

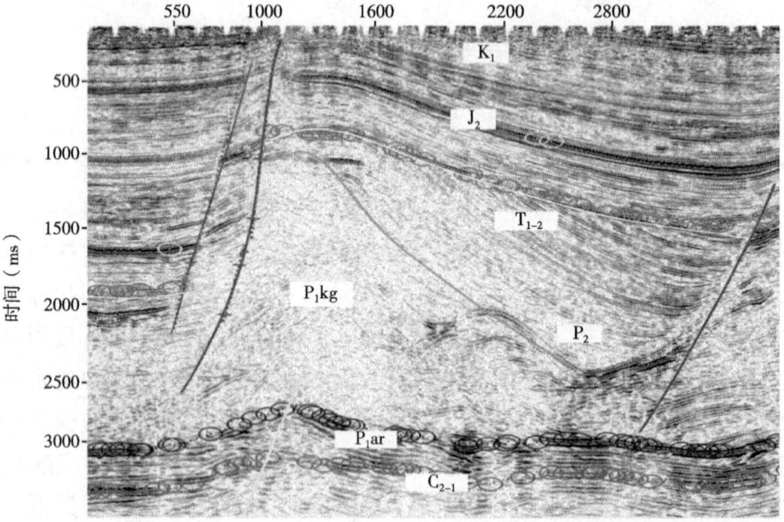

图 2-12　盆地东南部萨吉斯地区盐脊构造

如图 2-12 所示，受盆地区域构造作用的影响，盐脊构造顶界面与其上覆地层的接触关系比较复杂。三叠纪末—早侏罗世，随着盆地边缘褶皱造山运动的进一步加剧，沿着盐丘边缘发育了一系列具有重力滑脱性质的正断层，在断层的下降盘形成边缘向斜，残存了一定厚度的上二叠统，与盐丘以断层相接；而在盐丘的另一侧随着盐体上拱，上二叠统—三叠系整体掀斜（图 2-12 中盐体右侧），并与盐体呈平行接触关系，中侏罗统不整合覆盖在上二叠统—三叠系之上。由于边缘向斜的作用，在边缘坳陷内残存一定厚度的三叠系，随着与盐丘距离的缩小，三叠系逐渐变薄直至消失，说明盐构造活动对三叠系的沉积作用产生了一定影响。

（4）盐悬挂。盐体刺穿生长过程中，盐岩朝着侧向低压区或高渗透地带进一步横向延伸侵入，边缘坳陷内的上二叠统—下三叠统受到盐体上拱、侧翼流动的拖曳产生上翘变形，剖面上，这种侧向侵入的盐体形成盐悬挂（salt overhang）（图2-13）。研究表明，盆地内盐悬挂构造的成因有两种：一种是盐体发生刺穿后，当盐岩的上隆速率超过其周围上覆层的沉积速率时，盐体喷出外流，喷出地表的盐岩还没有或没有完全被淋滤溶解，又被较新的、沉积速率较快的上覆层覆盖而形成的盐构造（图2-14）；另一种是盐岩的上升速率小于其上覆层的沉积速率，当上覆负载增大时，盐体朝着侧向高渗透围岩地带侵入而形成盐悬挂，这可能是盐球体形成后进一步演化发展的结果。在滨里海盆地东南部，盐悬挂构造形成的时间大多发生在三叠纪之后，盐体侧向侵入层位为中—下三叠统。

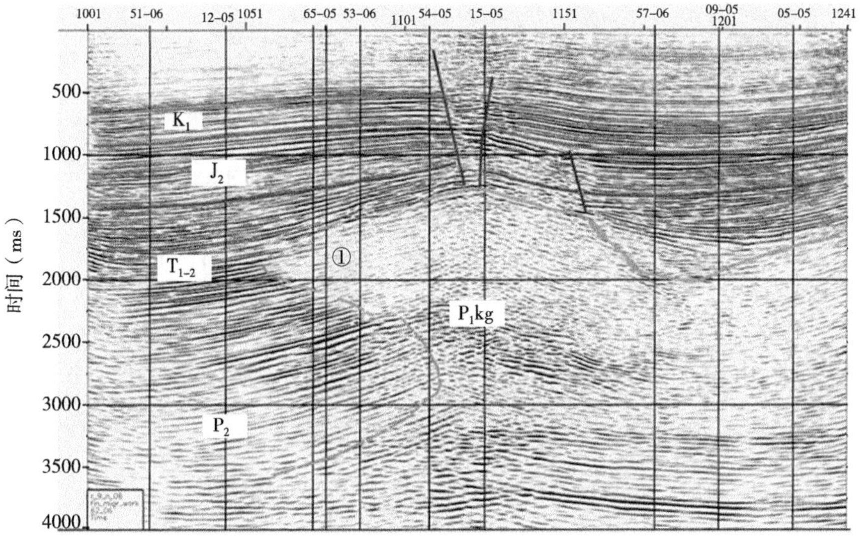

图2-13　盆地东南部萨吉斯地区盐悬挂构造

盐悬挂常常构成上二叠统—下三叠统地层上倾方向的侧向封堵层，可形成有效的盐体封堵型油气圈闭。这类圈闭已成为滨里海盆地东南部地区重要的油气圈闭类型，也是该地区重要的勘探目标。

（5）盐篷（salt canopy）。盐篷构造是指由两个或多个盐悬挂或盐球体的侧向扩展形成的部分（或全部）连接起来，组成的一种复合型盐构造体。剖面上表现为两个或多个“蘑菇”状（salt mushroom）盐构造的顶部盐凸连接在一起，称之为盐篷（图2-15）。它是盐球体、盐悬挂等盐构造进一步演化而形成的特殊类型。根据相应的组成要素，盐篷又可进一步细分为盐墙盐篷、盐株盐篷等，通常将盐篷构造之间的接合称为盐缝合。

（6）盐焊接（salt weld）与断层焊接（fault weld）。盐焊接是指早二叠世孔谷期盐层塑性流动、撤离后，原先被盐岩层分割的盐上地层与盐下地层相互直接叠置的那部分地带。盐焊接发育于两个或多个盐丘构造之间的盐缘坳陷底部（图2-16），在形成焊接的地方常常有薄盐层或角砾状不溶残余物存在。部分盐焊接面存在明显的剪切作用，则称之为断层焊接（M. P. A. Jackson，1995，图2-17）。

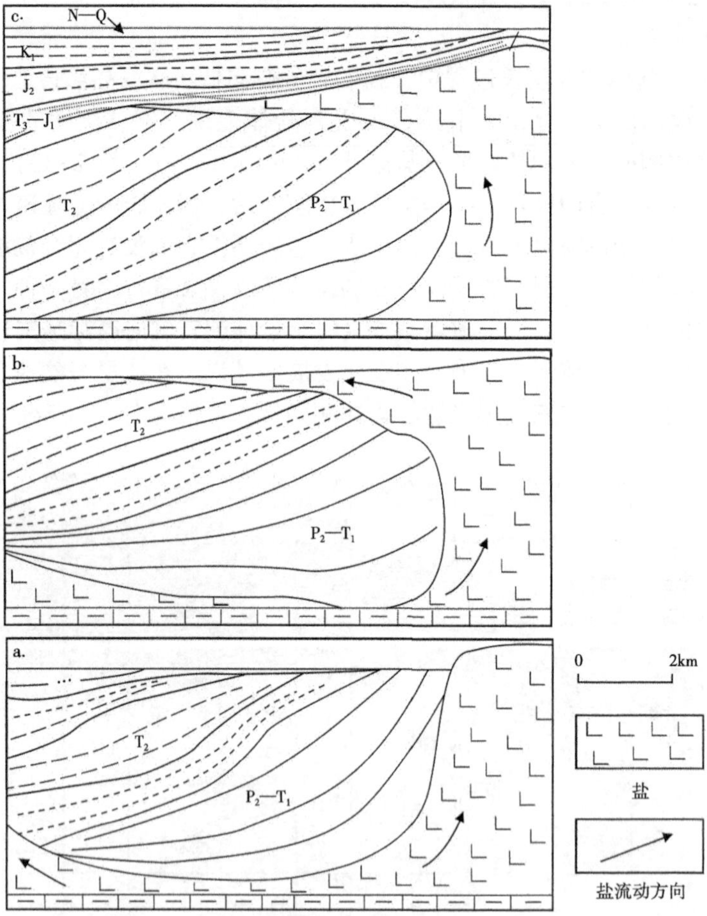

图 2-14　滨里海盆地盐悬挂构造演化模式图

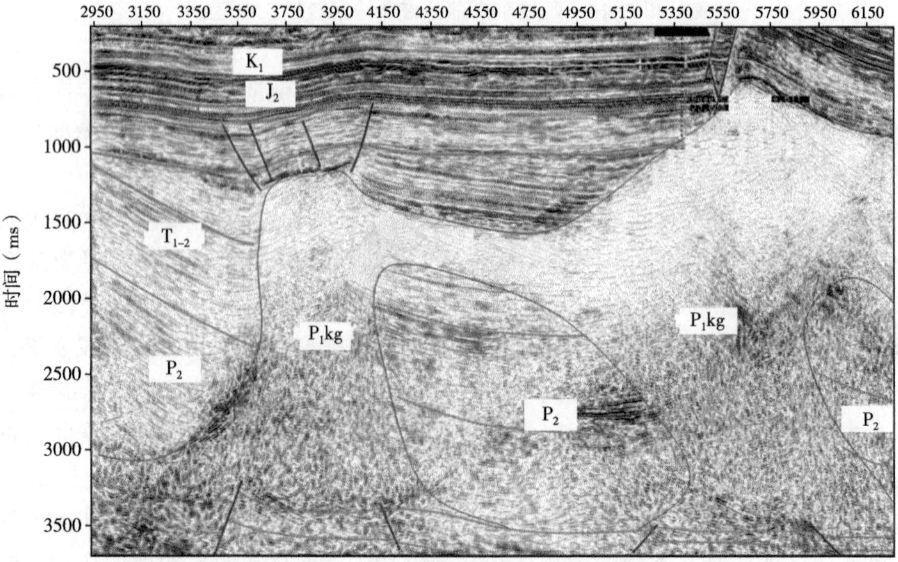

图 2-15　滨里海盆地东南部 Sokol 盐篷构造

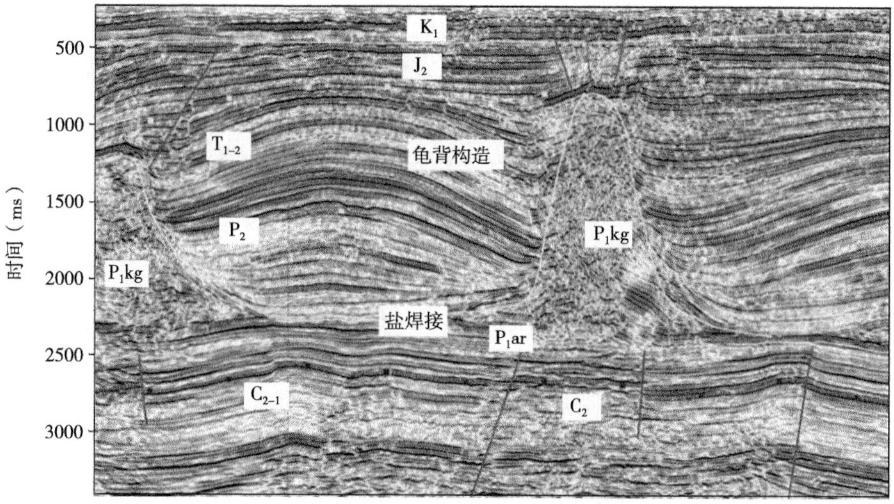

图 2-16　滨里海盆地东部边缘坳陷区龟背构造

由于盐焊接或断层焊接地带盐岩层完全撤离，盐上地层与盐下地层直接接触，从而形成了盐下层系烃源岩生成的油气向盐上层系运移聚集的重要通道。对盆地盐上层系的油气勘探具有重要意义。

（7）龟背构造。这是指发育于盐缘坳陷内，与盐构造运动密切相关的上二叠统—三叠系背斜构造。研究表明，龟背构造存在两种类型的成因机制：一是由早期的盐枕构造进一步演化而来。在差异负载的作用下，深部盐体进一步由成熟度较低的区域向两侧成熟度较高的盐丘方向流动撤离，两侧盐丘发生横向位移，使得坳陷区扩展增宽，从而增强了边缘坳陷内地层的水平挤压作用力，导致上覆地层弯曲变形，并突破其表面，翼部沉降，剖面上表现为背斜型构造形态（图 2-17）。二是与区域构造作用有关。由于盐丘在生长过程中仍处于不稳定状态，在具有张扭性构造应力场的作用下，盐丘产生了侧向挤压旋转运动。

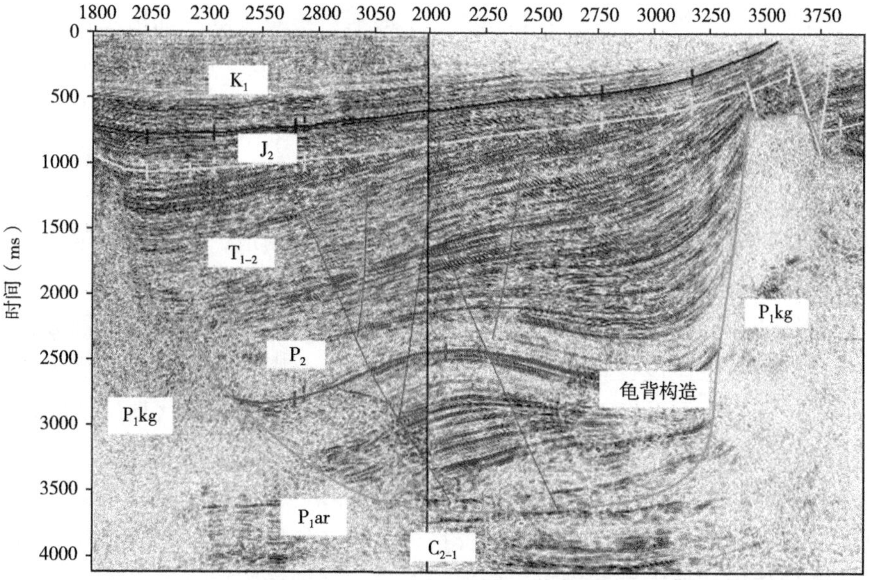

图 2-17　盆地东南部阿舍库里边缘坳陷区龟背构造

受水平构造应力的影响，盐缘坳陷内发育一系列张扭性断层，地层发生弯曲变形。最终形成了与张扭性断层相伴生、形态宽缓的龟背构造（图 2–18）。

滨里海盆地盐丘构造类型复杂多变，分类方式也具有多样性。若按照盐岩的物质来源进行分类，盆地内盐丘还可分为线状源盐和点状源盐。点状源一般易于形成盐株、盐茎等盐构造；线状源主要形成长轴盐背斜、盐墙、盐滚和盐脊等盐构造。通常，线状源盐构造更易于进一步演化为可变多边形盐丘，如盐悬挂、盐篷，导致盐丘构造相互连接，呈多个方向的展布。

从盐岩变形和围岩沉积在时间上的先后关系来看，盐岩上覆层可以细分为 3 个构造层，即构造前沉积层、同构造沉积层、构造后沉积层（M. P. A. Jackson 等，1995）。①构造前沉积层，是指在盐丘运动发生之前所沉积的岩层，一般岩层厚度均匀发育，没有明显的加厚与减薄现象。②同沉积构造层，通常位于盐构造前沉积层之上，与构造运动同期沉积的岩层，反映了盐构造过程中的沉积作用。③构造后沉积层，为构造运动停止后沉积的岩层，记录了盐构造结束后的截顶和超覆沉积现象及其岩层厚度的变化（图 2–18）。

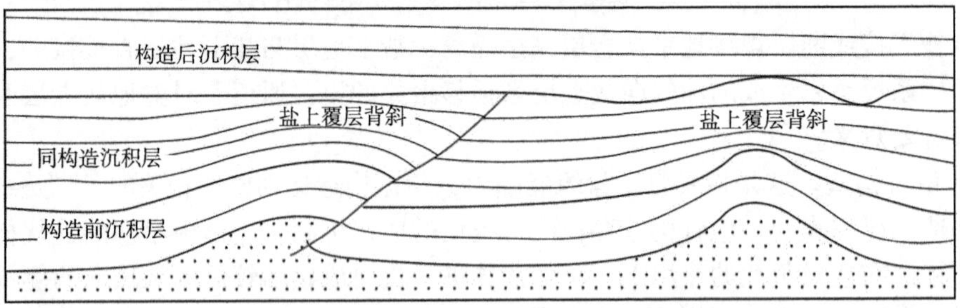

图 2–18　盐构造上覆层 3 个构造层分布示意图

（二）边缘坳陷类型及特征

在大量盐丘构造形成的同时，相邻地带的盐岩撤离原地向盐核部位会聚，形成盐缘坳陷。在滨里海盆地，有学者通过研究并划分出 4 种类型边缘坳陷，即被动边缘坳陷、主动补偿坳槽、被动盐丘间隆起、主动盐丘间隆起（Ю. А. Волож，1997）。研究以滨里海盆地大量地震剖面资料为基础，在结合边缘坳陷的成因及构造变形特征的基础上，将盆地内边缘坳陷归纳为以下几种类型。

1. 被动堑式坳陷

这是指边缘坳陷内部地层结构简单平缓、对称的负向构造，剖面上呈地堑式。在断裂构造或沉积差异负载作用下，坳陷内盐岩向盐核中心聚集并迅速产生刺穿，常常形成侧面陡立的盐丘构造。在盐岩撤离后的盐缘坳陷内保存有盐构造前沉积层或少部分再沉积盐上地层，具有稳定的地层厚度，横向对比性较好，与盐丘侧面近似垂直接触（图 2–19a），坳陷底部常常以假整合或平行不整合的形式与下伏盐岩或盐下古生代地层系接触。

2. 被动铲式坳陷

这是指坳陷内部上二叠统—三叠系层序整合平行或近似平行、等厚（或近于等厚）的负向构造。坳陷内一侧地层受盐丘强烈刺穿拖曳或挤压掀斜而形成单斜结构，另一侧地层却因为盐边断层作用或盐体快速撤离、后退而下沉，导致坳陷内地层发生整体等厚（或近于等厚）倾斜。坳陷内地层仍以盐构造前沉积层为主，下沉幅度大的一侧后期地层剥蚀量最小，反之随着地层抬升幅度增加剥蚀量增大。坳陷底部常常以角度不整合的形式与下伏盐岩或盐下古生代地层接触（图 2-19b）。

3. 主动递进式坳陷

这是指坳陷内部地层以单斜楔状结构为主，底部地层以角度不整合形式与下伏的盐岩或盐下古生代地层系接触的负向构造。一般是在盐岩逐渐上隆过程中，其中的陆源碎屑物沉积补偿了盐层向相邻的盐丘流动后所形成的空间，形成具有相当大厚度的同沉积（楔形）层，剖面上呈向活动盐丘一侧地层厚度逐渐减薄的楔形（或扇形）体。常常由于坳陷两侧盐丘的不均衡活动，在剖面上还表现出多个形态相反的楔形体的垂向叠加（图 2-19c），属于同沉积构造层。坳陷内这种同沉积作用对沉积微相起控制作用，在近盐隆的高部位地带常常出现粗碎屑的边缘相沉积，具有良好的储集条件。

4. 主动超覆式坳陷

区别于主动递进式坳陷，盐隆在沉积盆地中形成水下低凸起，同期沉积物超覆披盖之上，形成同沉积背斜（图 2-19d）。这种状态通常发生在区域构造背景相对稳定、盐构造活动同样也相对平稳时期，随着盐活动的变化，而被递进式替代或转换为被动型。

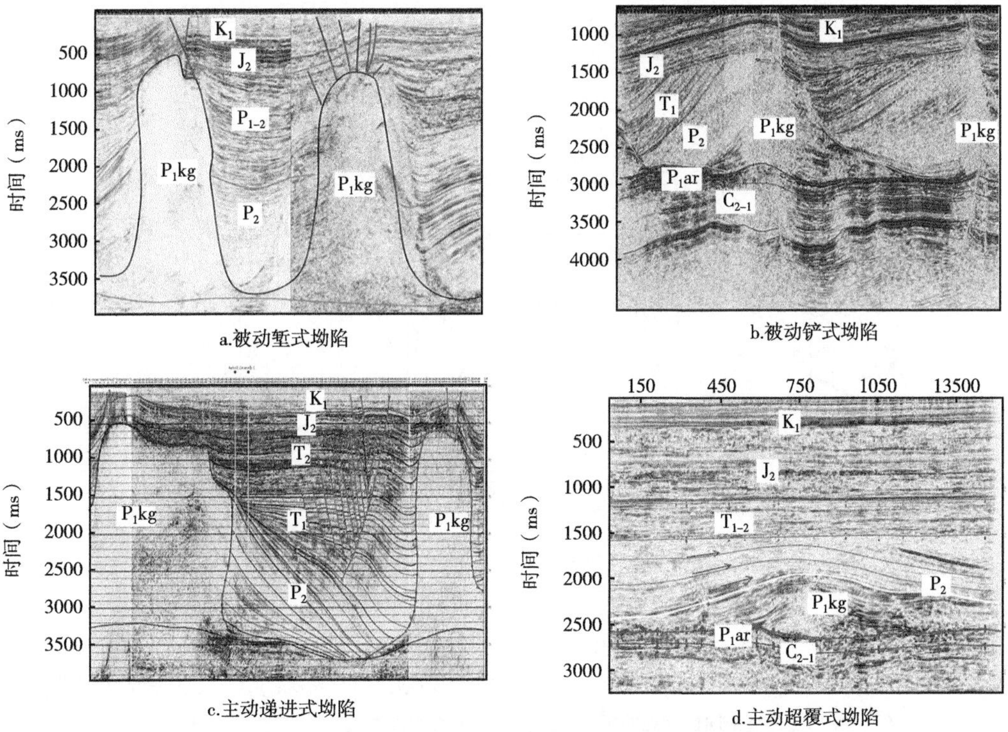

a.被动堑式坳陷　b.被动铲式坳陷　c.主动递进式坳陷　d.主动超覆式坳陷

图 2-19　滨里海盆地不同类型盐缘坳陷地震解释剖面图

二、盐丘形成机制

盐丘的形成机制国内外学者有过许多研究和论述。M. P. A. Jackson 等（1994）研究总结出了盐构造形成机制主要有 6 方面因素，分别是浮力作用、差异负载作用、重力扩张作用、热对流作用、挤压作用、伸展作用（图 2-20），并指出所有这些触发机制都能相互组合和相互影响。这6种经典的盐构造形成机制，较完整地阐述了盐岩构造的活动机制和过程。盐体的塑性流动和非常规变形是盐构造的主要特点，盐岩有时在几百米深处就可以流动，这主要与盐的纯度、地温梯度和盐的干湿度等因素有关，一般来说，湿盐比干盐容易流动。在多数盆地中，当深度达2500~3000m、温度约为100℃时，盐才可以发生大规模的塑性流动。

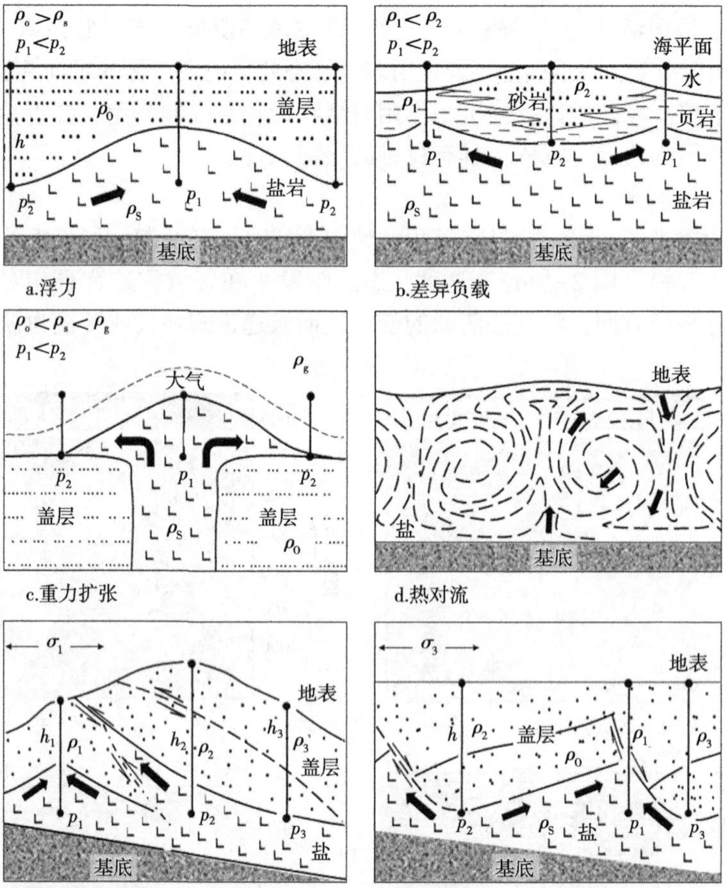

稳定状态：$\rho_s > \rho_o$：$\rho_1 > \rho_2 > \rho_3$和$p_3 < p_1 < p_2$　　稳定状态：$\rho_s > \rho_o$：$\rho_1 > \rho_2 > \rho_3$和$p_1 < p_2 < p_3$

非稳定状态：$\rho_s < \rho_o$：$\rho_1 < \rho_2 < \rho_3$和$p_1 < p_3 < p_2$　　非稳定状态：$\rho_s < \rho_o$：$\rho_1 < \rho_2 < \rho_3$和$p_1 < p_2 < p_3$

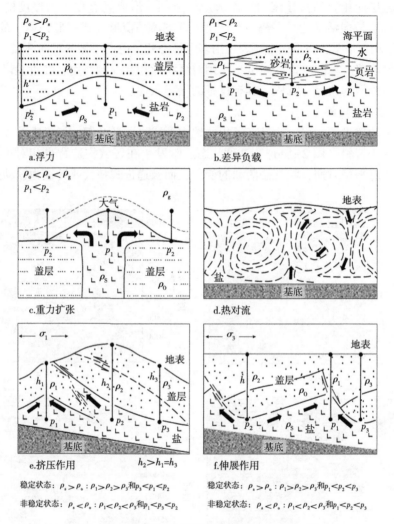

图2-20　盐构造形成机制示意图（据Jackson等）

ρ_o—上覆层密度；ρ_s—盐密度；ρ_1—页岩密度；ρ_2—砂岩密度；ρ_g—大气密度；p_1、p_2、p_3—分别为盐体中同一深度不同位置处的压力；σ_1、σ_3—分别为最大主应力和最小主应力；h_1、h_2、h_3—分别为地表面至盐体中同一深度的地层厚度

国内外学者很早就提出了浮力作用形成盐底辟的假设，当密度发生倒转时（盐体与围岩之间的密度差），在重力作用下，随着密度更大的上覆地层下沉，造成盐体上隆。但这种作用可能发生在盐体活动早期，因为大多覆盖在其上的岩层都能长期阻止盐体上升，所以它对盐构造的触发作用并不是很明显。重力滑动和重力扩展作用造成的盐体流动，主要与陆坡环境或造山带前缘山系抬升形成的构造斜坡有关。热对流作用形成的盐底辟，是由

于底部较热的盐体发生膨胀上升，并使密度减小，盐层在热对流的作用下发生反转形成盐构造。

系统分析滨里海盆地盐丘的类型、演化和分布特征，其形成机制与理论上研究结论有其共性，但也有自身的特点。一方面，盐岩自身物理、化学性质的影响，决定了其易于流动的基本特性，盐体被沉积岩层覆盖后，浮力可为其提供上升的动力，然而大多沉积盖层都能长期阻止盐体的上拱，除非其岩层被破坏或者被断裂断开。因此差异载荷可以操纵盐岩的上升（Vendeville 和 Jackson，1992，1994；Schultz-Ela 等，1993），在差异负载作用下塑性盐岩产生形变，对盐丘形成有较大的促进作用，这也是全球含盐沉积盆地中具有普遍性的盐丘构造形成机制。另一方面，滨里海盆地孔谷阶盐岩沉积后，经历了沉降—抬升—再沉降—再抬升的多期区域性构造作用，在区域拉伸、挤压、造山等频繁构造活动作用下，构造运动对盆地盐丘的形成起到了举足轻重的作用，是产生诱发孔谷阶厚层盐岩流动并进一步向盐刺穿构造演化的重要因素之一，最终使得盐构造运动主导着盐上层系构造格局，形成了丰富多彩的盐构造样式和盆地复杂的地质构造形变。因此，滨里海盆地盐构造活动的诱发机制主要包括 3 种，即差异负载作用、断层作用、区域性构造应力作用，它们之间相互联系、相互影响、相互作用。

（一）差异负载作用

差异负载作用是指盐岩层上覆地层的厚度、密度和强度在横向上发生变化，区域作用力（负载作用力）的不均衡性形成了差异负载，导致盐岩由高压力区向低压力区塑性流动。差异负载作用与盐源的供应速率、溶解速率及上覆地层的岩石类型、沉积速率、剥蚀速率、伸展和挤压速率共同作用密切相关。形成差异负载作用的地质因素主要包括：上覆地层剥蚀作用引起的差异负载、同沉积作用导致的差异负载和构造作用引起的差异负载。

1. 上覆地层遭受剥蚀而引起的差异负载

这是指盐体上覆地层在盆地区域性挤压或抬升过程中遭受剥蚀，而导致的地层厚度不同程度的减薄，在剥蚀程度较高和较低的地区产生的差异负载。在不均衡的负载作用下，塑性盐岩开始从上覆负载大的地区向负载小的地区侧向流动会聚，形成盐丘构造。一般初始阶段常以非刺穿型盐构造的形式出现，并逐渐向隐刺穿型盐丘过渡。同时一旦初始的盐丘构造形成，通常盐丘顶部（核部）是上覆层构造应力集中的地带，地层易于弯曲变形，甚至产生裂隙或断层，上覆岩层中的裂隙（或断层）又为盐类物质进一步向上流动提供通道。总之，上覆层剥蚀量大、负载小的盐体，后期盐丘增长幅度大，盐构造的演化程度高，随着盐丘顶部与盐缘坳陷之间的剥蚀、沉积作用差异性的增强，差异负载作用也越来越大，从而进一步加剧了盐丘的生长与边缘坳陷的形成；而剥蚀量较小的盐体，与周缘盐缘坳陷的差异负载强度差异小，盐丘增长幅度小，盐丘构造仍处于非刺穿型或隐刺穿型的低级演化阶段，这种由两侧盐丘生长时间和生长速度不对称所形成的盐缘坳陷，在剖面上表现为一侧盐边陡峭，另一侧为斜坡的“箕状”坳陷形态（图 2-21）。

在地震解释成果的基础上，依据分层合并复原法，进行剖面演化分析。在海西褶皱造山期，盆地内大部分地区三叠系—上二叠统遭受不同程度的剥蚀，这个时期是差异负载作用引起盐丘构造活动和边缘坳陷形成的最活跃期。根据推算，至海西期末，盆地东南部萨基斯地区盐体上部上二叠统—三叠系累计最大剥蚀量达到 2700m，盐构造隆起幅度大于 3500m，从而形成刺穿型、隐刺穿型等不同类型的盐丘构造（图 2-22）。

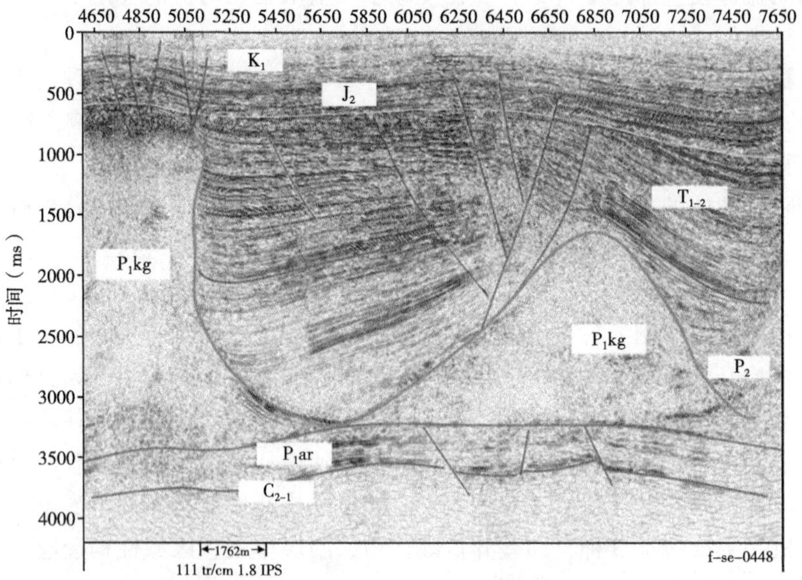

图 2-21　萨基斯地区差异负载盐丘构造解释剖面（f_se_0448 测线）

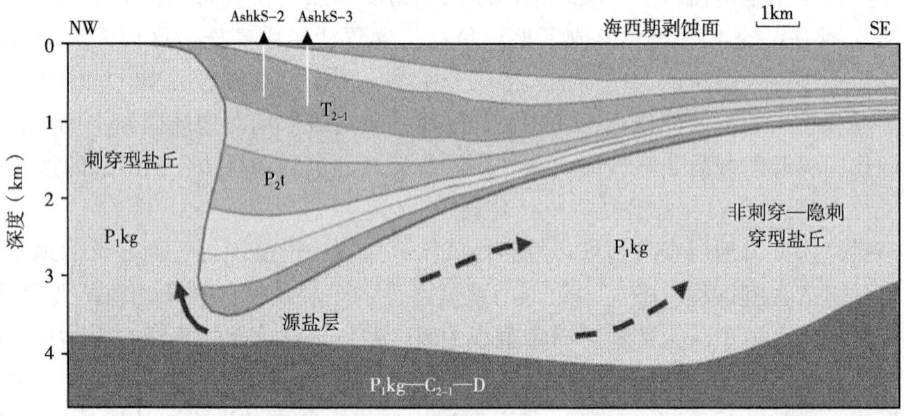

图 2-22　萨基斯地区三叠纪末盐丘构造演化示意图（f_se_0450 测线）

2. 同沉积作用下的差异负载

这是指在盐刺穿过程中，盐构造对区域沉积作用产生影响，造成盐体上覆层（同沉积层）原始沉积厚度变化，而形成的差异负载作用。在盐丘构造形成初期，盐构造作用控制了盆地内晚二叠世的地形地貌和沉积作用，区域上形成了若干个局部沉积沉降中心。发育以边缘坳陷区为沉积沉降中心的深水相区，以及向盐构造逐渐过渡为浅水边缘相区的沉积格局。剖面上，地层层序由边缘坳陷向盐隆区地层厚度逐渐减薄，形成了地层（或岩性）尖灭等沉积构造（图 2-23）。

在同沉积作用下，随着盐丘边缘坳陷内地层加积作用不断增强，厚度持续增大，促进了边缘坳陷区盐岩层向盐丘构造的侧向会聚。当盐源的侧向供应速率大于边缘坳陷区地层对盐隆的挤压力时，盐丘构造开始由低成熟非刺穿型—隐刺穿型向高成熟刺穿型的演化（图 2-24），在边缘坳陷区形成由不同年代地层组成的向盐丘一侧超覆的若干个地层尖灭带，与此同时，层间地层出现多个角度接触关系。在剧烈盐刺穿作用下，易形成大规模盐墙、盐脊等盐构造。

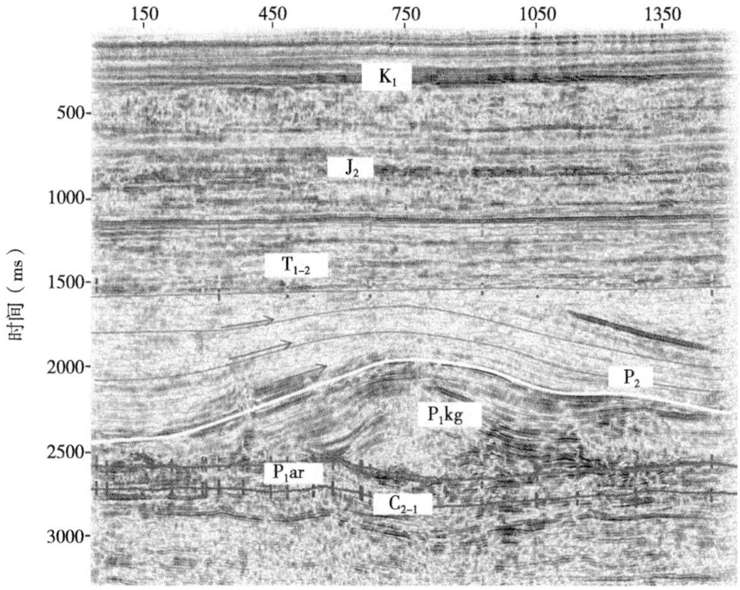

图 2-23　萨基斯地区同沉积作用下差异负载盐丘构造解释剖面（f_ ad_0528 测线）

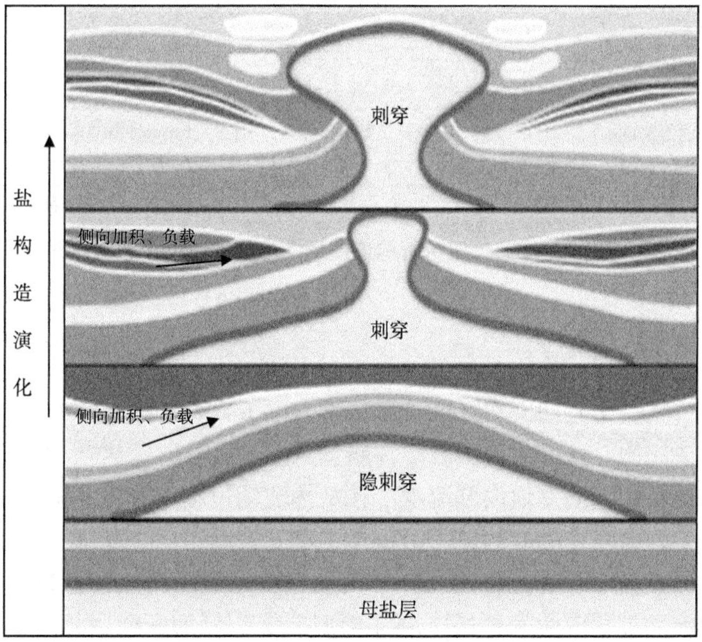

图 2-24　盐丘演化模式图

3. 构造作用引起的差异负载

该差异负载在盆地边缘造山带表现更为突出。晚二叠世—三叠纪，在盆地东南部和东部，来自恩巴隆起区、乌拉尔褶皱带的陆源碎屑物质持续向盆地方向不均匀供给，盐丘构造由重力流动变形进入差异负载变形阶段，差异负载是这一时期盐构造运动的主要动力，促使盐丘从低成熟非刺穿型盐丘继续向成熟刺穿型演化（图 2-25）。

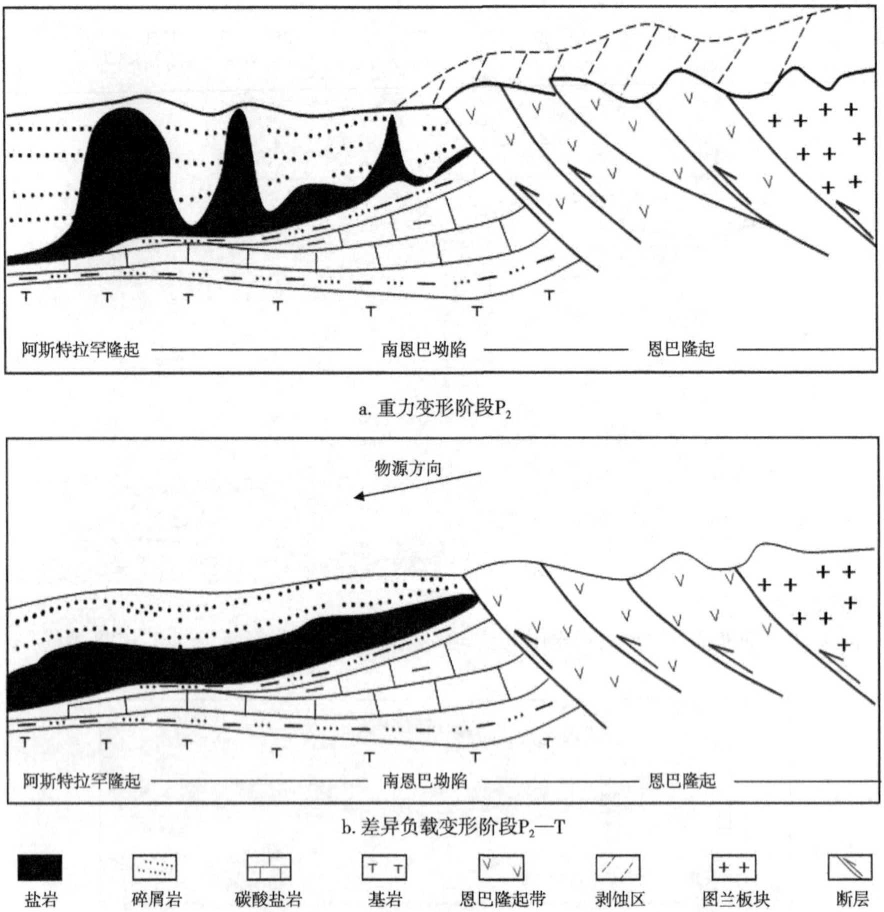

图 2-25　滨里海盆地东南部造山运动与盐构造的关系示意图

（二）断层阻挡顺层流动作用

在滨里海盆地中，断层作用是引发盐运动的重要途径之一。其形成机制主要有两种：一种是晚二叠世—三叠纪时期，在区域挤压构造背景下，盆地东部、东南部边缘抬升，地层倾向反转，形成倾向北西的大型斜坡。在斜坡带上，孔谷阶盐岩层产生重力变形，表现为顺地层倾向方向由边缘向盆地内部流动。在盐体流动过程中，由于盐体冷凝滑塌，导致上覆地层产生一系列向盆地中心倾斜、沿盐体一侧发育的正向正断层。这些正断层往往切入盐岩层内部，并在断层下降盘形成上二叠统—三叠系边缘坳陷或盐撤坳陷（图 2-26），塑性盐层在重力流动过程中受到断层下降盘碎屑岩沉积层的侧向阻挡，改变了流动方向，由侧向水平流动转变为向薄弱地带（沿断层正断层或次生裂隙、差异负荷较大的低压区等）的流动，形成向上侵入，为后来的底辟刺穿储存物质。最终在断层和上覆差异负载的作用下，断层下盘盐体沿断面流动形成盐隆，其中以盐脊构造最为典型。

另一种类型是在区域伸展构造期，大陆斜坡区由于重力滑动和重力扩展作用造成的盐体流动。同期形成了向盆地中心倾斜的伸展断层，一方面对盐体构成的阻挡顺层流动；另一方面，在断裂带产生低压区，盐岩在伸展断层带附近会聚，并沿断裂或裂隙带垂向流

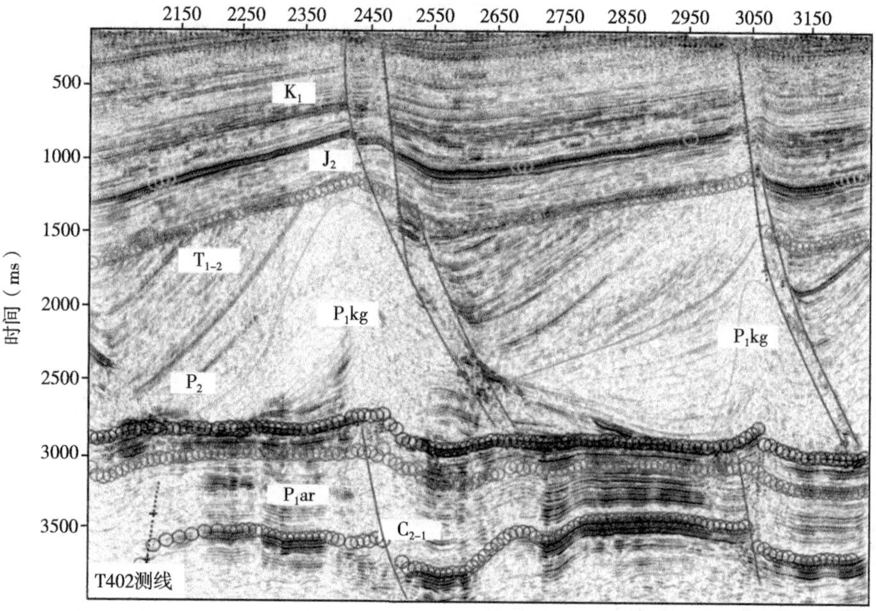

图 2-26　滨里海盆地东南缘阿达克斯地区地震解释剖面（T402 测线）

动。盆地北部断阶的费多罗夫斯克地区地震资料解释成果表明（图 2-27），这些断层一般为早期断层（盐前裂谷期断层）后期活化，剖面上呈树枝状，切割孔谷阶盐岩层，并延伸至侏罗系—白垩系，破坏了盐岩层及其上覆地层原有的稳定状态。由于断层错动，断层上盘上二叠统—三叠系对下盘盐岩侧向流动同样起到阻挡作用，导致断层下盘盐岩由侧向水平流动转变为沿断层或裂隙向上流动隆升，形成盐隆。随着盐体上覆层在局部地区剥蚀，厚度减薄，在断层阻挡和上覆差异负载的共同作用下，盐丘构造进一步由早期的非刺穿型向刺穿型演化。

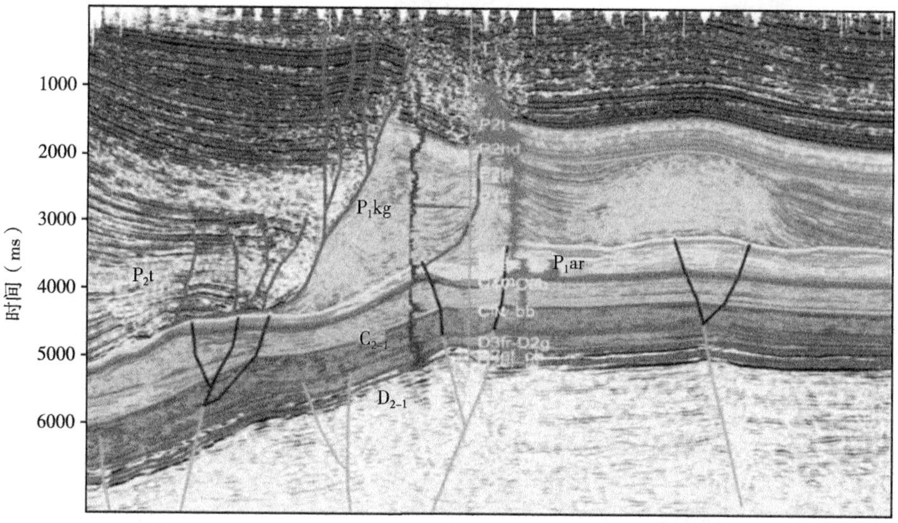

图 2-27　滨里海盆地北部费多罗夫斯克地区地震解释剖面（L_3980 测线）

上述两类诱发盐丘形成的断层主要与陆坡环境或造山带前缘山系抬升形成的构造斜坡有关。大陆坡环境或造山作用控制了盐构造重力变形特征，盐构造重力变形的特征是向盆地方向水平流动，正断层阻挡了盐岩的水平流动，并以断层低压区盐体的会聚，为后来的底辟刺穿储存物质，也为盐丘由低演化阶段向刺穿型盐丘演化奠定了基础（图 2-28）。

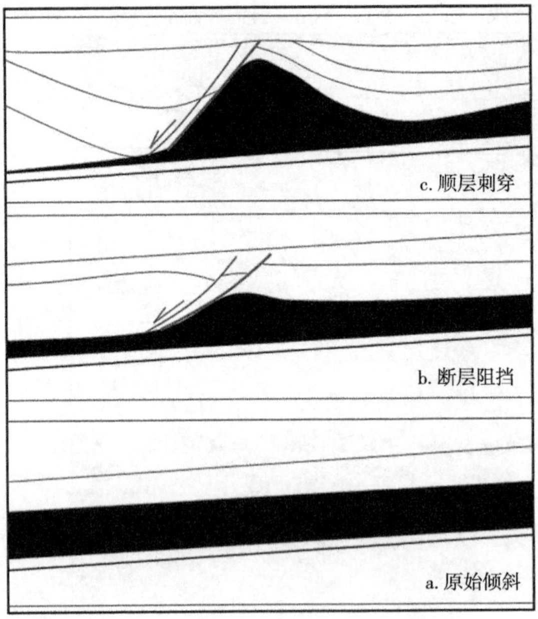

图 2-28　断层阻挡的顺层流动模式图

（三）区域构造应力作用

孔谷期盐岩沉积之后，区域性构造伸展沉降、挤压抬升作用是导致盐岩产生水平流动、会聚和刺穿等一系列构造活动的重要因素。

1. 挤压抬升作用下的盐构造运动

晚二叠世末期和三叠纪末—早侏罗世，盆地边缘板块会聚、碰撞，导致滨里海盆地剧烈抬升挤压褶皱，来自边缘山系大量的碎屑物质供给，陆续向盆地方向不均匀堆积，构成了这一时期盐构造运动的主要动力，诱发了盆地东缘、东南缘区域最早的盐构造活动，并影响着上覆层的构造变形和沉积作用。盐岩层以主动型上隆为特征，发育包括盐墙、盐脊、盐株、盐滚等多种类型的盐构造。从盐丘的平面分布来看，盐丘的主体走向与区域北东—北北东构造线方向一致（以盆地东缘为例，图 2-29），反映了盆地东部乌拉尔褶皱带、东南部南恩巴剪切带以及其他海西造山带的形成和盐构造活动存在着相当密切的关系。

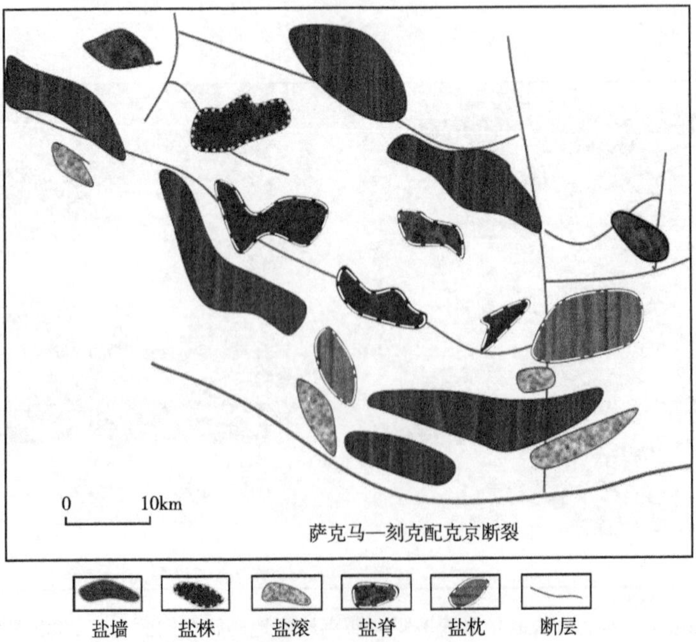

图 2-29　滨里海盆地东缘盐丘分布示意图

地震资料显示，三叠纪末—早侏罗世盆地东缘、东南缘孔谷阶盐构造基本定型（图2-30）。盐岩活动强度随着与盆地边缘距离增大而增强，且向盆地方向由于盐源层更加发育，从而形成了向盆地方向盐丘幅度（规模）逐渐增大的分布规律。因此，盐构造在平面展布上具有明显的分带性，可分为盆地边缘的平缓薄盐层带、盆地内侧的低成熟盐丘发育带和盆内的成熟盐丘刺穿发育带。

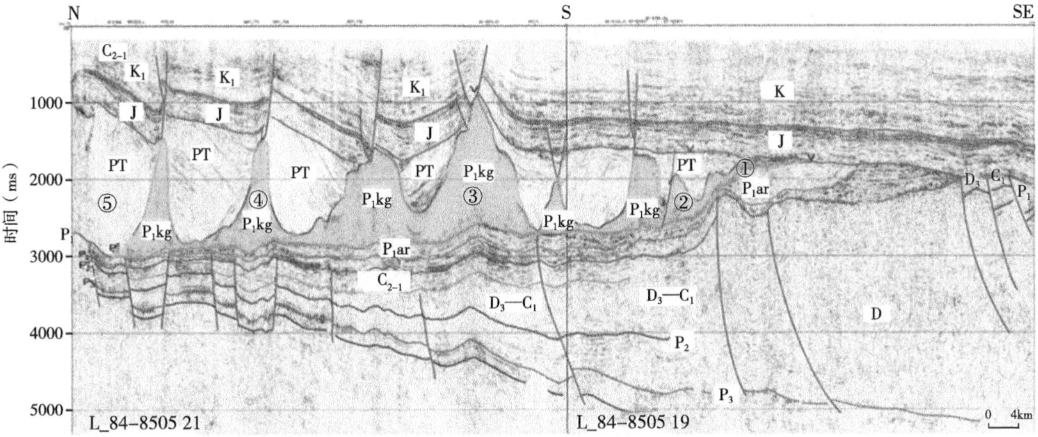

图 2-30　滨里海盆地东南部地震解释剖面图

①盐枕；②盐滚；③盐墙；④盐株；⑤边缘坳陷

2. 区域性伸展构造背景下的盐构造运动

区域伸展构造背景下形成的盐丘构造，主要表现为盐岩被动上拱，并影响着上覆层的构造变形和沉积作用。如盆地北部断阶，在水平伸展构造体制下，以基底块断构造为基础，形成了一系列高角度断层，剖面上呈花状构造样式（图2-31、图2-32），发育北西

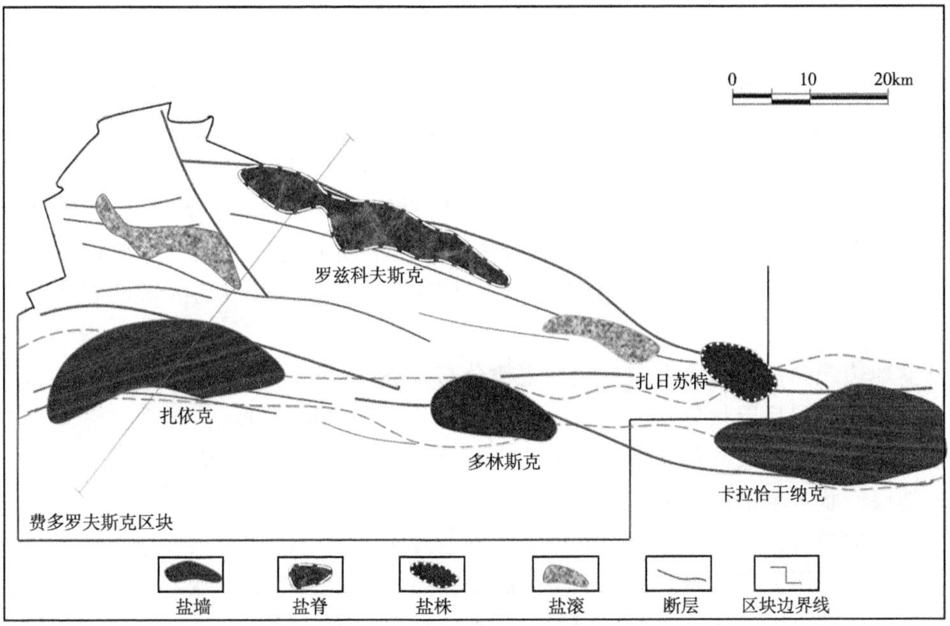

图 2-31　滨里海盆地北部费多罗夫斯克地区盐丘分布图

西—近东西走向的断隆构造，表现出了典型的伸展型被动边缘盆地特征。

断阶内隆起速率受伸展速率的控制，伸展断层作用导致孔谷阶—喀山阶盐岩上覆层在局部地区减薄，同时，来自地台区碎屑物质的不均衡覆盖等，形成差异负荷，促使盐构造的形成。从盆地北部断阶地震解释剖面上可以看出（图2-32），断阶内盐丘与断隆的分布在垂向上具有明显的一致性，这是由早期的断隆构造引起盐体上覆盖层（或原始沉积层）的厚度变化而产生的差异负载，在断层和差异负载的作用下，盐岩向着古隆起流动会聚，随着断隆活动的增强，盆地持续快速沉降，进一步加剧了盐体的上拱隆起。扎依克、卡拉恰干纳克等盐丘刺穿层位至古近系之下。

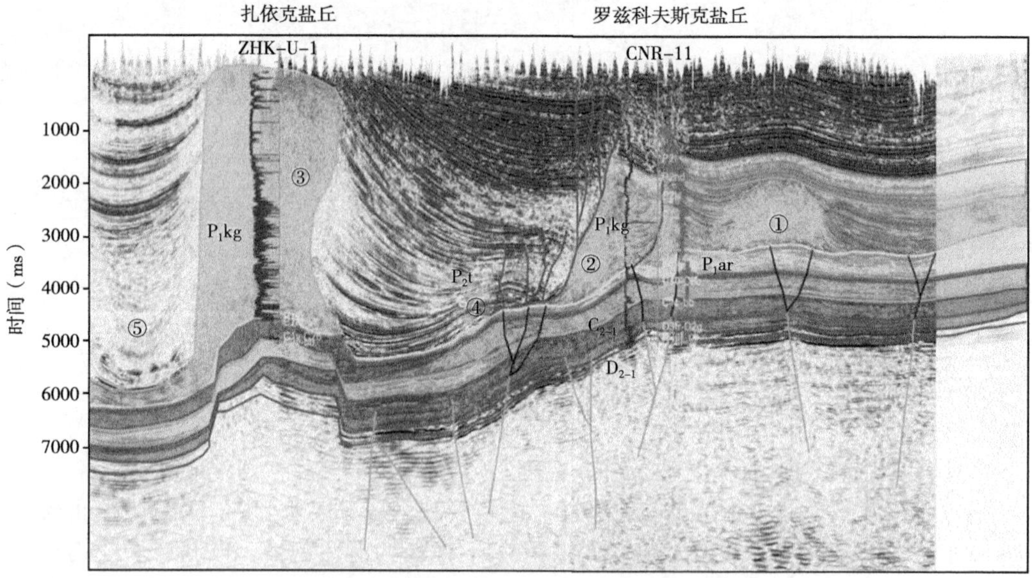

图2-32　滨里海盆地北部费多罗夫斯克地区地震解释剖面图

①盐枕；②盐滚；③盐墙；④盐焊接；⑤边缘坳陷

在对盆地北部断阶三维地震精细解释并结合钻井地质资料综合研究的基础上，识别出了罗兹科夫斯克、扎依克、扎日苏特、多林斯克、卡拉恰干纳克及奇纳列夫等一系列盐丘构造。盐丘类型包括盐墙、盐脊、盐株、盐滚等。这些盐丘上升幅度达3000~6000m，从盆地边缘向中央坳陷盐丘的上升幅度增大，由低成熟盐滚等盐丘向高成熟盐墙、盐脊、盐株等刺穿型盐丘发展。从这些盐丘在平面上的分布来看，盐丘的走向与区域北西西走向构造线方向一致（图2-31），表明盐丘构造的形成与区域伸展构造作用密切相关。

从盆地边缘向盆地中央方向，盐丘规律分布（图2-33）。在北部地台区，构造环境稳定，孔谷阶盐岩层呈层状分布，盐岩厚度变化不大，为200~300m，盐丘构造不发育。地层岩性具非均质性，通常富含硬石膏夹层。与上覆地层平行接触，含盐层系、盐上和盐下层系的地层产状基本协调一致。

在台地边缘区，伸展构造期形成的断隆构造控制着盐岩活动及其分布，在差异负载作用下，盐构造作用强烈，表现为被动型刺穿，在后沉积地层作用下盐岩继续上拱，上升幅度可达5km，甚至可到达或接近沉积面。这种被动型盐刺穿的强度受上覆层沉积速率和盐体上升速率的控制，盐体上升速率大于沉积速率，盐刺穿向上变宽，最终可形成盐席；盐

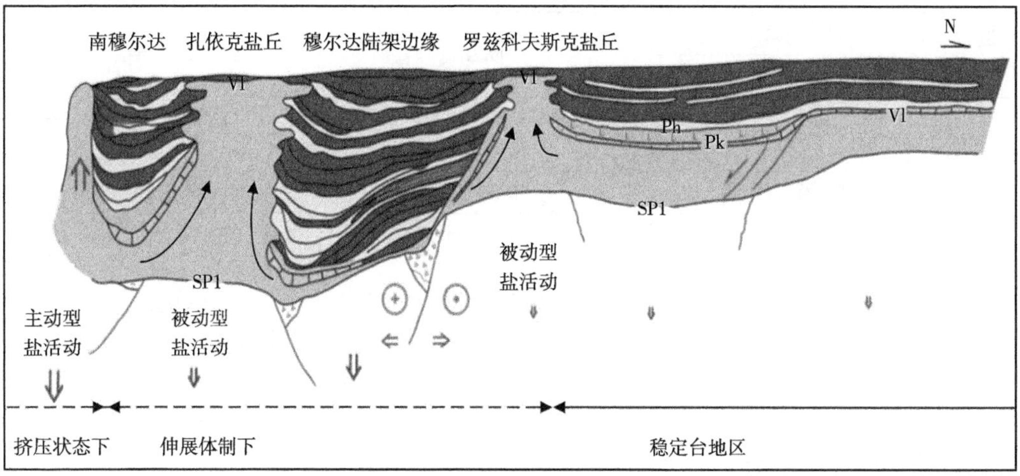

图 2-33　盆地北部费多罗夫斯克地区不同构造体制下盐活动示意图

体上升速率约等于沉积速率，形成近似直立的盐墙；盐体上升速率小于沉积速率，盐刺穿向上变窄。在区域伸展构造作用下，盐构造活动具有其独特形成机制和变形方式，构造形变的规律性较强。总体上，盐岩活动强度随着与盆地边界的距离增大而增强。

进入盆地坳陷区，伸展构造体制向挤压状态过渡，盐岩活动由被动型向主动型转变。在挤压状态下，盐岩朝着弱势区流动聚集，上覆地层首先因盐岩状态下上拱而抬升和旋转。

不同构造体制下，相同类型和结构特点的盐丘分布有一定规律性，也说明其具有相似的构造背景和力学成因机制（表 2-1）。

表 2-1　滨里海盆地盐构造类型及其成因表

构造单元	盐丘类型			成因	结构特征
	非刺穿型	隐刺穿型	刺穿型		
盐丘	盐枕			挤压构造或不均衡负载，线状刺穿	枕状，圆形或椭圆形，与上覆层产状平行，幅度小
		盐滚		伸展构造，正断层	盐丘两翼不对称，幅度小
	盐背斜			区域挤压或伸展构造	长条形，与上覆层产状平行
			盐墙	挤压或伸展构造，线状刺穿	沿狭长盐核延伸，背斜形态
			盐株	挤压或伸展构造下的不均衡负载，点状刺穿	圆形或椭圆形的颈状
			盐球体	挤压构造，盐株顶部扩张	蘑菇状
			盐茎	点状刺穿	盐球体之下细长的锥状盐刺穿部分
			盐脊	断裂活动，线状刺穿	屋脊状
			盐悬挂	挤压构造，盐刺穿侧向挤入或盐丘喷出外溢	侧部或顶部向外延伸，呈舌状
			盐篷	挤压构造，盐丘喷出外溢	多个蘑菇状顶部盐凸连接缝合

续表

构造单元	盐丘类型			成因	结构特征
	非刺穿型	隐刺穿型	刺穿型		
盐缘坳陷	盐焊接或断层焊接			差异负载或平移旋转，盐岩撤离殆尽	上覆层与基底层接触
	盐龟背构造			水平挤压	椭圆形或长条形背斜
	堑状坳陷			两侧盐丘一次性刺穿	两侧对称，地层平行，平底锅状
	箕状坳陷			坳陷两侧盐丘不均衡上拱，拖曳	坳陷内地层超覆掀斜，不对称，半地堑状
				坳陷两侧盐丘交替上拱，拖曳	坳陷内地层不对称，扇形变形

三、盐丘演化特征

滨里海盆地二叠系孔谷阶—喀山阶高塑性物质组成的巨厚源盐层（或母源层）是构成盐丘构造活动的物质基础。从不同类型盐丘的成因及其空间分布特征来看，在多种地质作用下，盆地内盐丘的发育生长包括了以下3个阶段（图2-34、图2-35）。

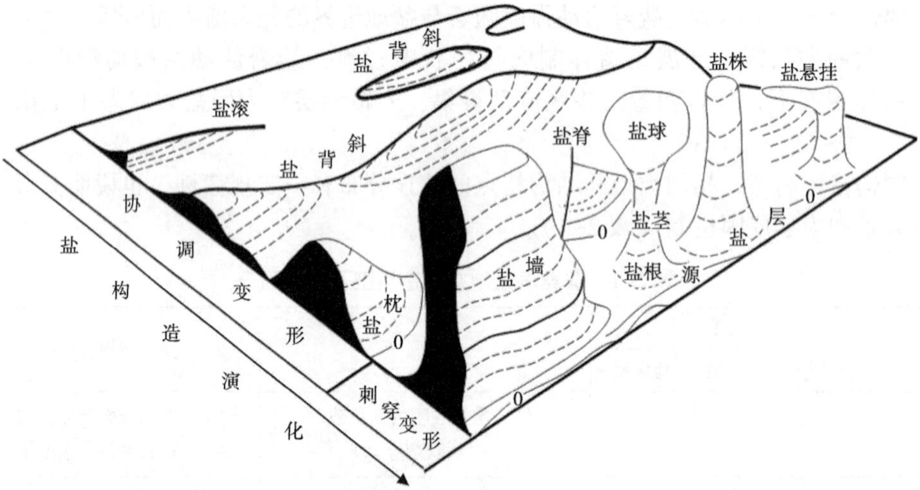

图2-34　滨里海盆地主要盐丘构造类型示意图（据M. P. A. Jackson等修改，1995）

（1）盐丘形成的雏形阶段（盐枕发育阶段）：在这个阶段，源盐层向着一定的方向流动聚集，形成初步的隆起，对上覆地层尚未形成刺穿，呈协调变形关系，属于非刺穿阶段。盐丘形成的主要动力是上覆层的重力或密度差异引起的变形。

（2）盐丘的上拱阶段（隐刺穿阶段）：这个阶段一个显著特点是，盐体上拱活动与向盆地中心方向一侧发育的一系列伸展断层相关。由于断层对盐岩横向流动产生阻挡，聚集在断层下盘的盐体就会沿着断面向上刺穿，导致断层下盘上覆地层与盐丘顶面协调变形，二者仍然呈近似于平行的接触关系。断层上盘的地层则沿断面下滑，与盐丘顶面以断层呈大角度相交，形成掀斜翘倾，盐丘边缘坳陷初步形成，盐丘生长的动力主要是断层及差异负载作用。该阶段盐构造介于非刺穿型与刺穿型之间，称之为隐刺穿型盐丘。如在盆地北部罗兹科夫斯克等盐丘仍然保留有此类盐构造的形态。

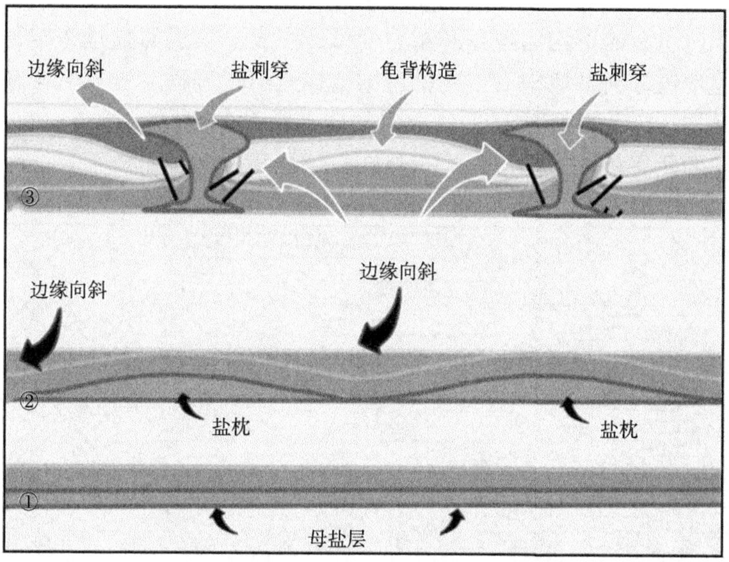

图 2-35　滨里海盆地盐丘演化示意图

①母盐层形成期；②盐枕发育阶段；③盐刺穿阶段

（3）盐丘刺穿阶段：在挤压、伸展构造作用下，沿着盐丘边缘又发育了一系列正断层，使得盐沉积物继续沿着断面向上运动并挤入上覆地层，并最终对上覆地层形成刺穿。该阶段盐丘活动强度大、生长幅度高，对上覆地层产生了比较强烈改造，属于刺穿变形。发育盐墙、盐株、盐悬挂、盐篷等构造，为盐构造演化较高级阶段（图 2-35）。此时，盐缘坳陷由于侧向物源补给丰富而形成了一种特殊的递进补偿凹槽（Ю. А. Волож，1997），其形态趋于成熟定型，地层结构上表现为平稳、掀斜、拖曳、褶皱等不协调变形的特点，伸展构造期断裂活动或挤压环境下的重力滑脱控制着这个阶段的盐运动。

第三节　盐岩运动与盆地演化

滨里海盆地孔谷阶盐岩变形强烈，波及整个盆地。厚层盐岩的变形控制着盆地晚二叠世以来的构造演化史，在盆地历史中占有重要地位，奠定了现今盆地的基本构造轮廓。因此，盐岩的活动对盆地构造演化的影响备受关注。

一、盐岩运动期次

受盆地边界性质的影响，盆地内盐构造运动在时间、空间及其形态特征上存在显著差异。结合盆地东缘、东南缘构造演化史的分析研究，区域盐构造运动大致可分为二叠纪—早三叠世、三叠纪—早侏罗世早期和晚侏罗世—新近纪 3 个阶段。

（1）第一阶段，二叠纪—早三叠世时期（晚海西造山运动期）。这个阶段的盐岩运动主要发生在盆地东缘及东南缘。晚二叠世—早三叠世，由于盆地基底的洋壳冷却引起密度增加，以及盆地周缘隆起区或台地区沉积物持续不断向盆地内推进（图 2-36），导致盆地的快速沉积沉降。受乌拉尔造山带和南恩巴剪切带持续活动的影响，盆地东缘、东南缘在挤压抬升作用下，形成了倾向朝向西、西北的大型斜坡（图 2-37c、d，图 2-38c、d），伴有断裂构造活动和盐运动。这个时期盆地东缘、东南缘的挤压抬升以及周边碎屑沉积物向盆内交替进积所引起的不均匀覆盖和重力变形，引发了滨里海盆地最早的盐岩活动，总体上表现为由盆地边缘向盆地中心方向推进的盐构造演化过程。这期盐活动主要产生有盐枕等非刺穿型盐构造，并由此拉开了盆地内盐构造活动的序幕（图 2-37c）。而此时盆地西部和中央部位的孔谷阶—喀山阶盐岩仍然在持续堆积。

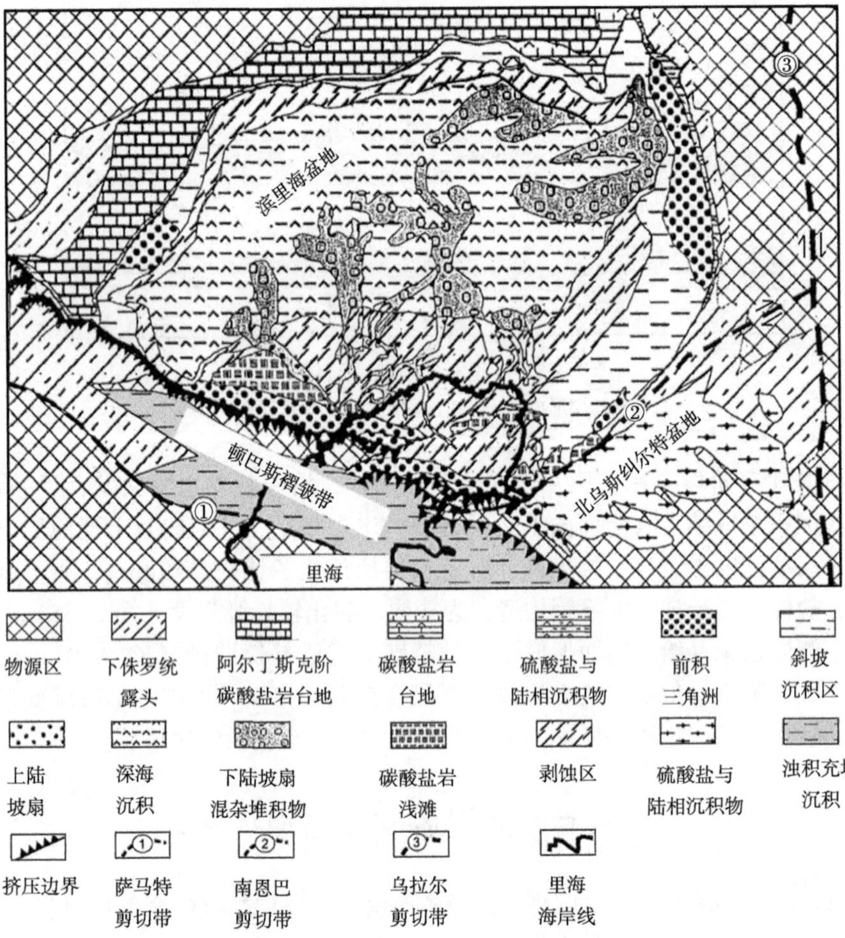

图 2-36　滨里海盆地晚二叠世岩相图

（2）第二阶段，三叠纪—早侏罗世早期（印支期）。这个阶段是盆地东南缘盐丘活动、生长的重要时期，古盐隆形成，并波及中央坳陷区。

三叠纪末期至早侏罗世，盆地周边经历了再一次构造挤压抬升作用，挤压导致盆地负向弯曲及沉降作用加剧而普遍，同时产生了强烈的分异坳陷。在盆地不同部位，区域应力场、上覆地层压力不同，产生的盐构造强度不一，但区域性的盐构造活动一直都在进行，为盆地盐丘构造的主要形成期（图 2-37b、图 2-38b），并开始由低成熟型盐丘向高成熟盐构造演化，在盆地边缘和中央坳陷区产生了规模不等的盐刺穿型构造。

这一阶段的盐运动是在挤压、断裂构造（断层顺层阻挡）以及差异负载作用下进行的，它标志着盐构造运动已经由盆地边缘向盆地中央推进，遍及整个盆地；盐构造类型已由低成熟型向高成熟型盐构造演变。其后的盐构造活动只是对古盐隆的进一步加强或改造。古盐隆的形成致使下侏罗统遭受大面积的剥蚀或沉积缺失。

从晚三叠世到中侏罗世，盆地经历了大约 35 百万年的沉积平稳期，以剥蚀、夷平、稳定沉降作用为主。

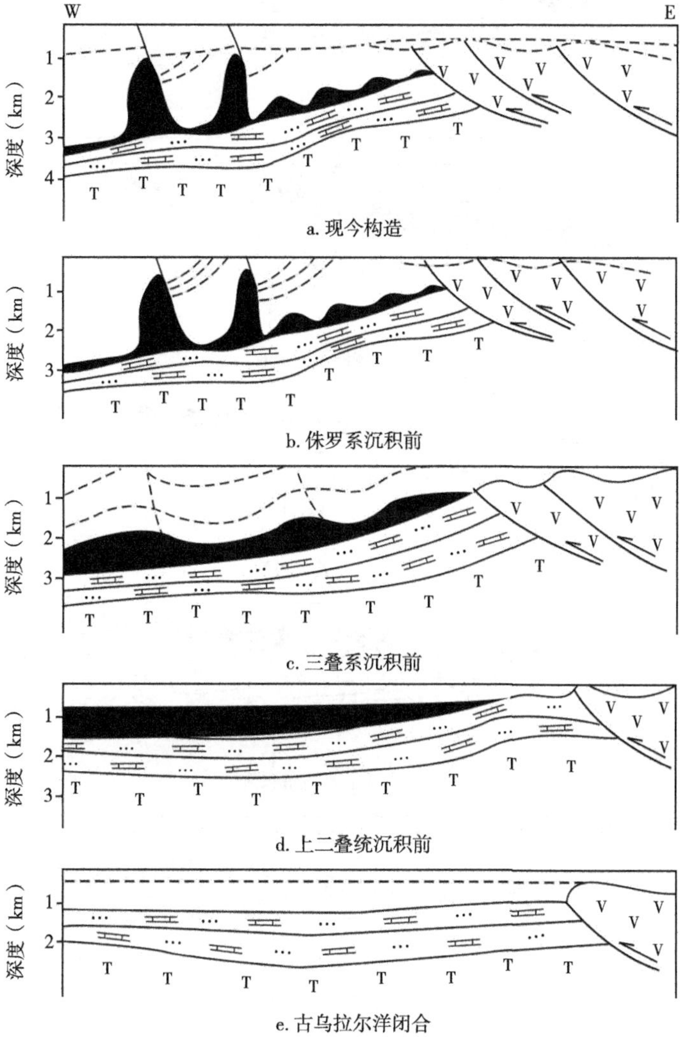

图 2-37　滨里海盆地东部盐构造发育剖面

（3）第三阶段，晚侏罗世—新近纪时期，古盐隆又一次上拱，并遭受强烈改造。这个时期，盆地构造处于相对平静的阶段，由于盆地周边沉积物缓慢而又连续的向盆地内部推进，形成了巨厚的沉积盖层（图 2-37a、图 2-38a）。整个中、新生代期间盐构造运动仍然十分活跃，被动发育了很多大型盐隆，许多隆起是在之前的古盐隆基础上发育起来的，并不断改变着盆地的沉积作用和构造格局（图 2-39）。

早白垩世之前，盆地内发生了一次较大规模的快速沉降（图 2-39a），沉降作用的差异性，导致古盐丘经历了一次规模较大的隆升。这次古盐丘的隆升，造成上侏罗统更大面积的剥蚀或沉积缺失。

白垩纪晚期—古近纪，特别是古近纪以来，在盆地边缘的挤压应力作用下，盆地岩石

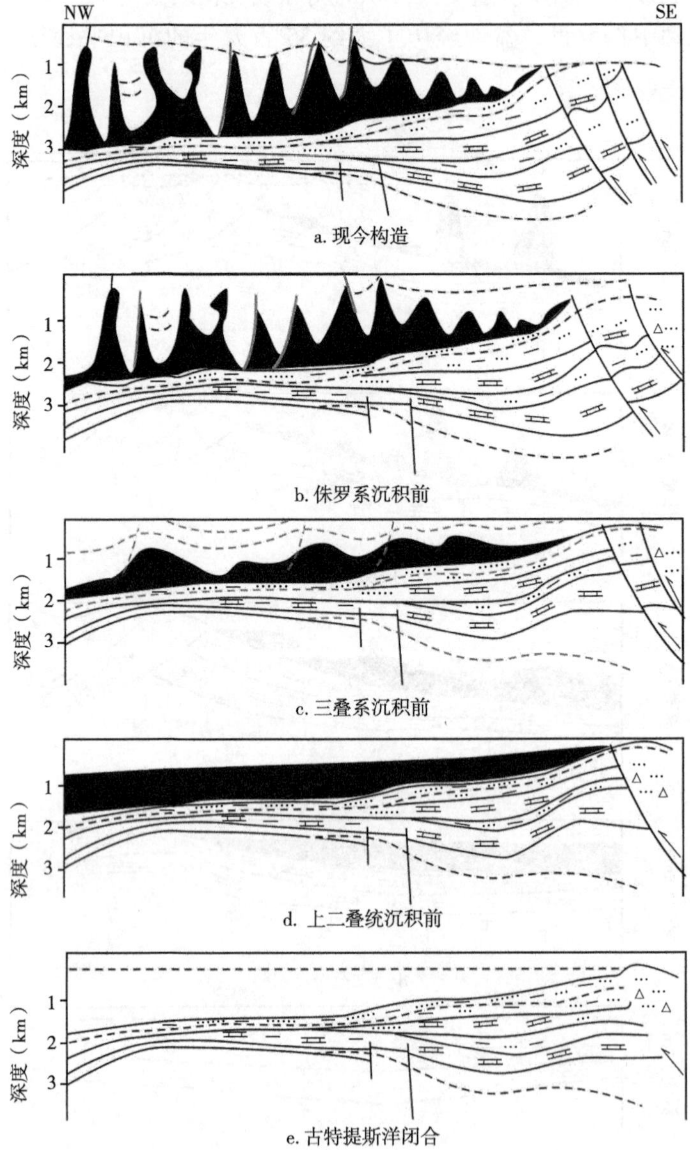

图 2-38 滨里海盆地东南部盐构造发育剖面

圈负向弯曲加强，导致盆地内部中央坳陷区沉降再次加快（图 2-39b、c），伴随着沉积沉降作用，差异负载使得古盐丘继续上隆或遭受改造。这一次古盐丘的上隆（或改造），造成盐丘构造主体部位的白垩系和古近系的大量剥蚀或沉积缺失。

从侏罗纪—古近纪，在盐构造的作用下，盐丘主体部位（核部）产生垂向主应力，在盐丘上部普遍发育网状多边形正断层，或称之“龟裂”状正断层。形成了大量与断裂或盐隆相关的油气圈闭，是盐上勘探的重要目标。

新近纪以来，盐体基本处于停滞状态，古盐丘保存原有样式，为盐丘构造的定型期。部分地区发生微弱的盐构造活动，围绕盐丘顶部规模不大的断层异常发育，对盐上油气保存产生了较大影响。

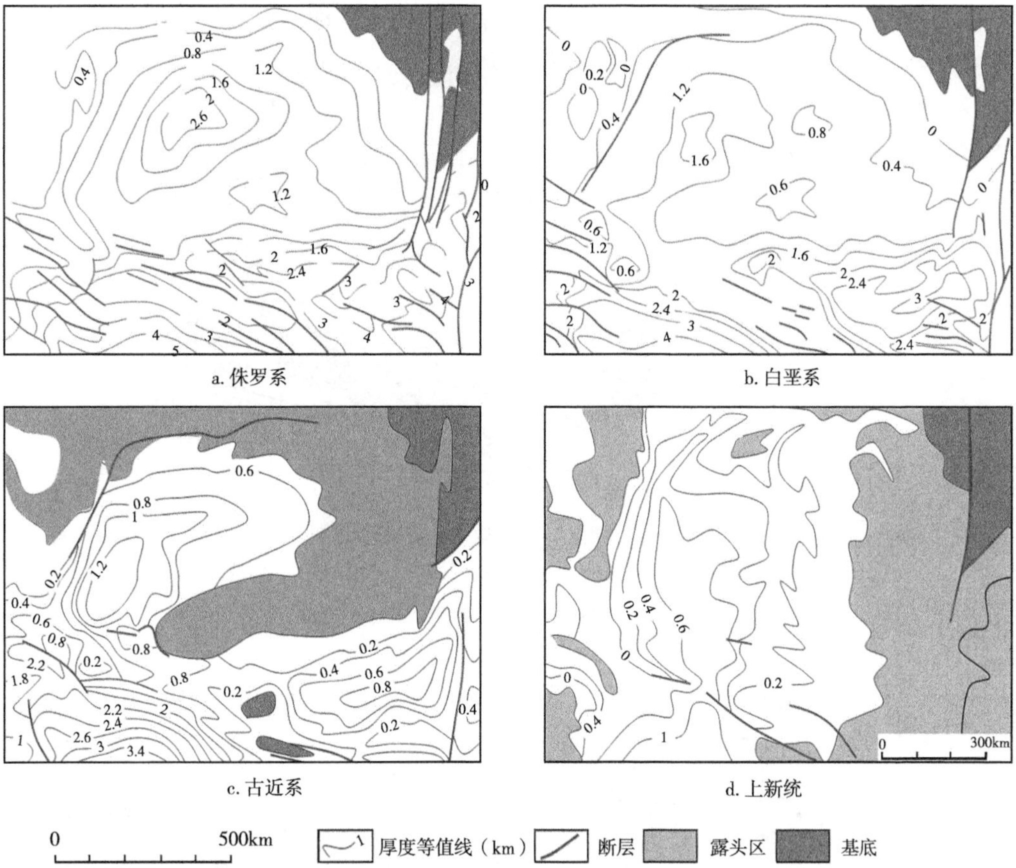

图 2-39　滨里海盆地侏罗系—新近系地层等厚度图

二、盐构造区划分

按照盆地内盐丘演化特征，盐体的活动性质、盐构造变形特征及其展布规律，盆地内发育 5 个盐构造带（图 2-40 至图 2-42）。

（1）二叠纪不对称盐墙发育带。位于盆地的东缘，伏尔加—乌拉尔造山带前缘（图 2-40 中 A 带）。二叠纪末期，盆地东缘乌拉尔造山运动引起地层发生倾向反转（杨孝群等，2011），进而控制了盐岩层的沉积及随后的重力变形和差异负载变形过程，引发盆地东缘盐构造运动，并形成排状倾斜且不对称的孔谷期盐墙构造，发育同生沉积正断层。盐构造呈近南北向展布，与伏尔加—乌拉尔造山带构造走向一致。

（2）三叠纪盐株发育带。平面上，呈带状环绕伏尔加—乌拉尔造山带和南恩巴剪切带（图 2-40 中 B 带），由近南北向转北东—近东西向分布。受伏尔加—乌拉尔剪切带、南恩巴剪切带的共同作用，三叠纪盐岩运动由盆地东缘、东南边缘再向盆地内部推进，进而形成了带状岩株构造。

（3）早侏罗世盐悬挂构造带（图 2-40 中 C 带）。盐悬挂构造分布于盆地中心向盆地东南部边缘过渡带。早侏罗世（208—198Ma），盐岩底辟构造强烈，并进一步由盆地南部、东南部边缘向盆地内部推进，在环绕近盆地中心部位形成盐体悬挂构造发育带。推测

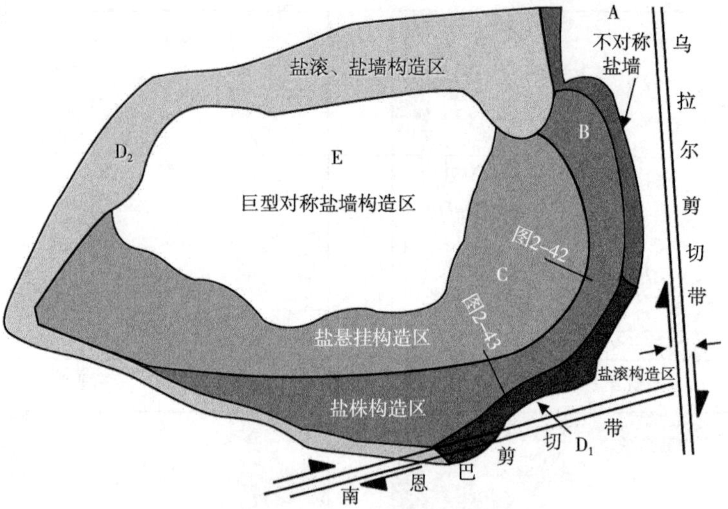

图 2-40　滨里海盆地盐构造分区示意图

A—不对称盐墙分布区；B—盐株分布区；C—盐悬挂分布区；D_1—盐滚分布区；D_2—不对称盐墙分布区；E—巨型对称盐墙分布区

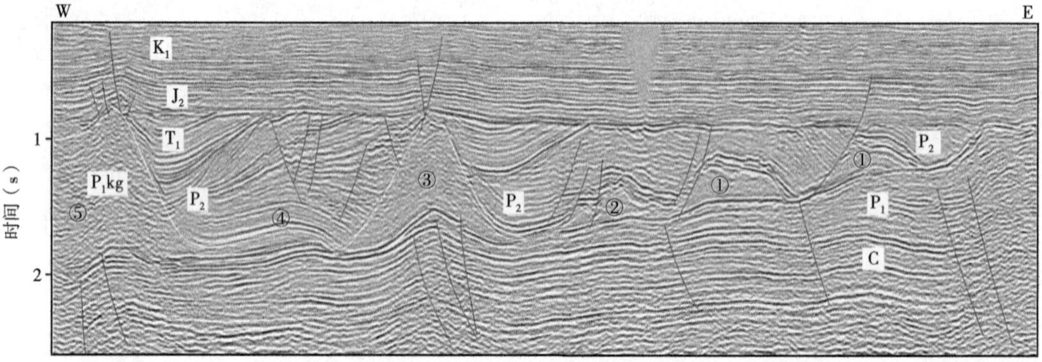

图 2-41　滨里海盆地东部盐构造分区剖面图

①盐滚；②盐枕；③盐株；④龟背构造；⑤盐墙

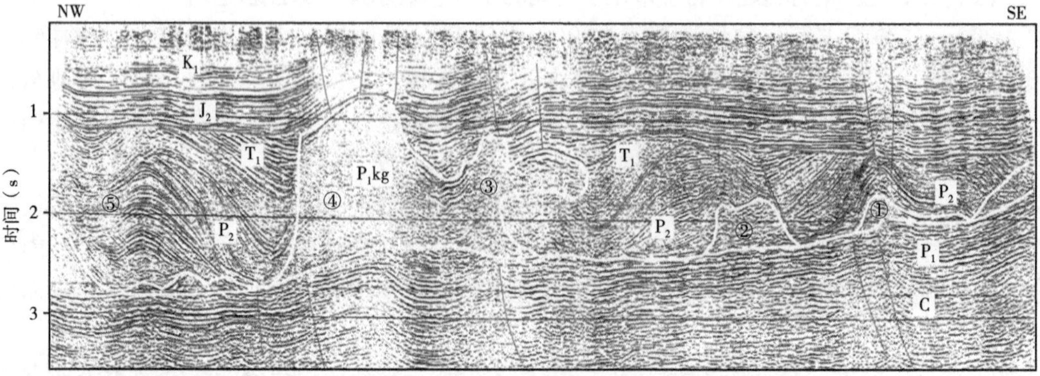

图 2-42　滨里海盆地东南部恩巴地区盐构造分区剖面图

①盐滚；②盐株；③盐悬挂；④盐墙；⑤龟背构造

是晚三叠世盐体受区域性挤压流动至地表形成盐席，后期被上覆沉积层快速覆盖形成的一种特殊的盐构造类型。

（4）三叠纪和白垩纪巨型对称盐墙发育区（图2-40中E带）。主要分布于盆地中心地区，早三叠世和白垩纪，盆地中心区域保持着缓慢而又连续的沉积过程，盐岩的长期、持续运动形成了规模宏大的对称型盐墙构造。

（5）二叠纪盐滚和盐墙发育区（图2-40中 D_1 带和 D_2 带）。盆地北部、西北部断阶的内缘带，在古断隆背景下盐构造作用持续活动，形成了隆升幅度较大的盐墙构造，在边缘带和外缘带则发育盐滚构造。

三、盐岩运动与盆地演化

（一）二叠纪沉积及盐岩运动

下二叠统阿舍利组沉积前，滨里海盆地东部及东南部为一开放的海洋，地层东南厚西北薄，处于阿斯特拉罕—阿克纠宾斯克中央古隆起带东侧的东倾斜坡上（图2-37e、图2-38e）。早二叠世晚亚丁斯克期—早孔谷期（268—265Ma），盆地内沉积了较厚的深水相碎屑岩地层，沉积物源来自盆地东部、东南部的大陆抬升区。在265—258Ma，陆源碎屑物供应停止，在气候干燥的环境下，沉积了一套均一（厚度为2～2.5km）的盐岩及黑色页岩夹层（图2-37d、图2-38d），覆盖在前期的扇状冲积体之上。遍布整个盆地，盆地南面和东面以碎屑海滨相为界，北面和西面以0.5～1km厚的碳酸盐床及硫酸盐沉积层。早二叠世晚喀山期（258—253Ma），发育多套薄层盐岩层与页岩夹层，导致盆地中部的整个蒸发岩系列厚度达到了4.5km。

乌拉尔山的抬升剥蚀作用控制着盆地二叠系—三叠系的沉积和东部的盐构造发育。盆地东部，在晚海西期形成西倾的大型斜坡为构造背景下，开始了源于乌拉尔山的陆源碎屑物质向盆地内部的进积作用，孔谷阶盐岩发生重力变形，其变形特征表现为盐体沿着东缘斜坡向盆地内部流动，并为后来的刺穿储存物质。这个时期也是盐前逆冲断裂的主要活动期（图2-37c、图2-38c），在断层发育处形成了低压区，对盐体的流动、会聚起到了促进作用。二叠纪末期，由于陆相碎屑物质进积作用的不断增强，在盆地东缘形成了几排向盆地方向倾斜的不对称盐墙（图2-40中A带），向盆地方向，陡倾的盐滚构造底部发育一系列同沉积正断层，这些断层限定了盆地东南部边缘的半地堑（图2-40、图2-43中 D_1 带）。在盆地北部和西北部，断阶带分布着上百千米长的盐墙（图2-40、图2-43中 D_2 带），盐墙的幅度由盆地边缘向盆地方向从3km逐渐上升至5km，反映出盆地方向盐体加厚和在斜坡底部的侧向挤压特征。

（二）三叠纪沉积及盐岩运动

二叠纪末期，乌拉尔—科佩特（Kopet Dagh）走滑剪切带（图2-40），在乌拉尔和滨里海盆地交界处形成了大约700km的右旋水平位移（Khramov，1991）。三叠纪，东部隆起持续抬升，南恩巴剪切带沿现今滨里海盆地的东南边界呈西南西—北东方向展布，剪切带产生了大约60km的左旋位移。

从晚二叠世末—三叠纪陆源碎屑物自东部呈弯曲状向东南方向进积进入盆地内部（Volozh等，1996）。前期已存在的盐构造得到了进一步加强，陆源碎屑物沿着斜坡向盆地方向的快速进积作用，又在盆地内部不断形成新的盐构造，首先从A带到C带，然后穿过 D_1 带到C带（图2-44）。在A带中，许多晚二叠世盐构造（图2-40至图2-42）在盆地内孔谷期盐沉积停止前就已形成较大幅度的盐隆，在早三叠世之后形成盐焊接。深层的龟背构造在盐丘周边原始盐焊不发育的地方保留下来。伴随着乌拉尔剪切作用，盐墙底部的逆断层活化，或沿着 A 带西部仍在发育非对称的盐墙向上发育。

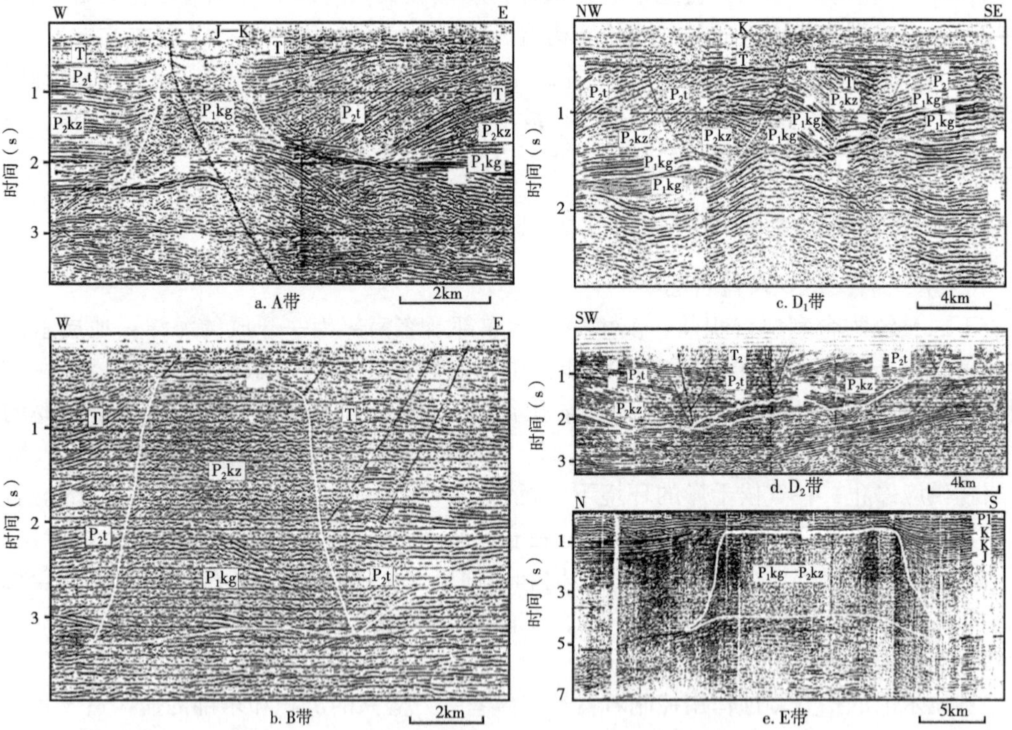

图 2-43　滨里海盆地各盐构造区地震解释剖面

在区域 B 带（图 2-40），一些盐株和短轴盐墙的顶部发育了多个三叠纪下陷沉积洼地，呈南北向展布。在 B 带，随着区域 C 带整体向盆地中心方向持续迁移，发育了一系列非对称型盐株。相比盆地东部和东南部边缘等近物源区，北部和西部碎屑物质供给相对不充分，其边界一直到孔谷期，以碳酸盐岩/硫酸盐岩为界，区域盐体和上覆沉积地层较为平坦，为基底断层后期保持相对稳定的区域，一直持续到喀山期（图 2-40 中 D_2 带）。

这个阶段，滨里海盆地沉积中心（图 2-40 中 E 带）与沉降速率基本相一致，保持着缓慢而连续地沉积。早三叠世—白垩纪，在差异负载等作用下形成了规模巨大盐丘，这些盐丘隆起幅度一般为 3~8km，水平方向延伸达 100km，不发育明显的盐悬挂构造。

三叠纪沉积时期的盐岩运动，主要表现为古盐隆对二叠纪晚期—三叠世中晚期地层沉积的控制，在古盐隆差异上隆的同时，盆地出现局部沉降，形成了地层层序中的一系列上超减薄或尖灭等沉积构造。

（三）侏罗纪沉积及盐岩运动

早侏罗世（Hettangian 和 Sinemurian，208—198Ma），又一次的盐底辟作用从盆地南部边缘向盆地内部推进（图 2-40 中 D_2—C 带）。这次盐体运动始于滨里海盆地南部的顿巴斯（Donbass-Turakyr）褶皱带，该褶皱带提供了大量的碎屑岩沉积物（图 2-36），但在侏罗纪中期持续向北延伸推进，反映出盆地的横向挤压收缩。

挤压褶皱作用和早侏罗世（基梅里阶期）隆起源于古特提斯洋闭合，从而导致基梅里

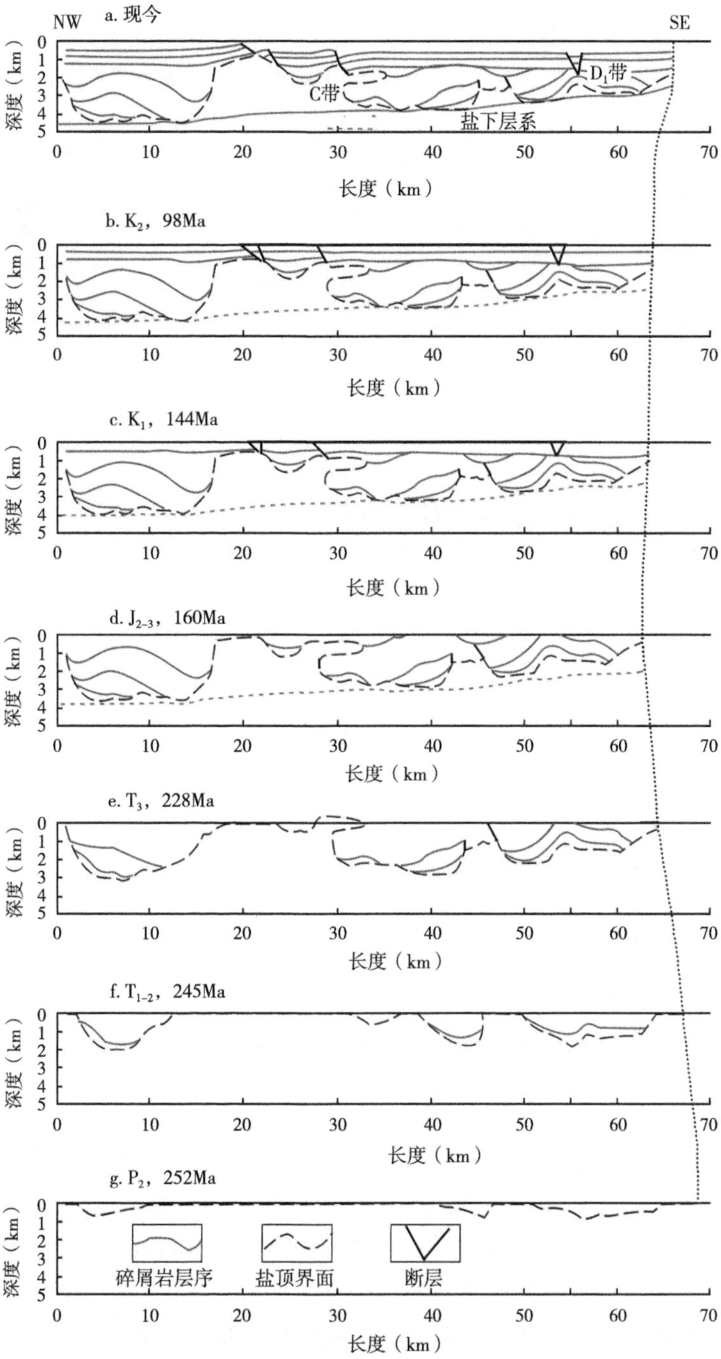

图 2-44　滨里海盆地东南部构造发展史剖面图（据图 2-42 剖面）

阶（Cimmerian）会聚（Alexander 等，2000），形成了大约 35Ma 的沉积间断。这一期的沉积间断通常代表上三叠统—中侏罗统的平行不整合界面，但与邻区仍在活动的盐岩层为角度不整合接触。晚二叠世—早三叠世期间，一些盐枕缩小促使盐刺穿达到地表，并伴有侏罗纪生长断层。

区域 C 带中，许多盐刺穿表现出明显的盐悬挂构造特征（图 2-45），它可能为盐体受挤压，流动至地表形成盐席，并伴随着盐岩溶解和重结晶循环。在盐构造剖面上，许多盐体在晚二叠世期间及其之后不仅出露于地表，而且形成盐席，尤其是在晚三叠世—中侏罗世遭受区域性挤压出现沉积间断期间，挤压—抬升作用则在晚侏罗世仍在继续。

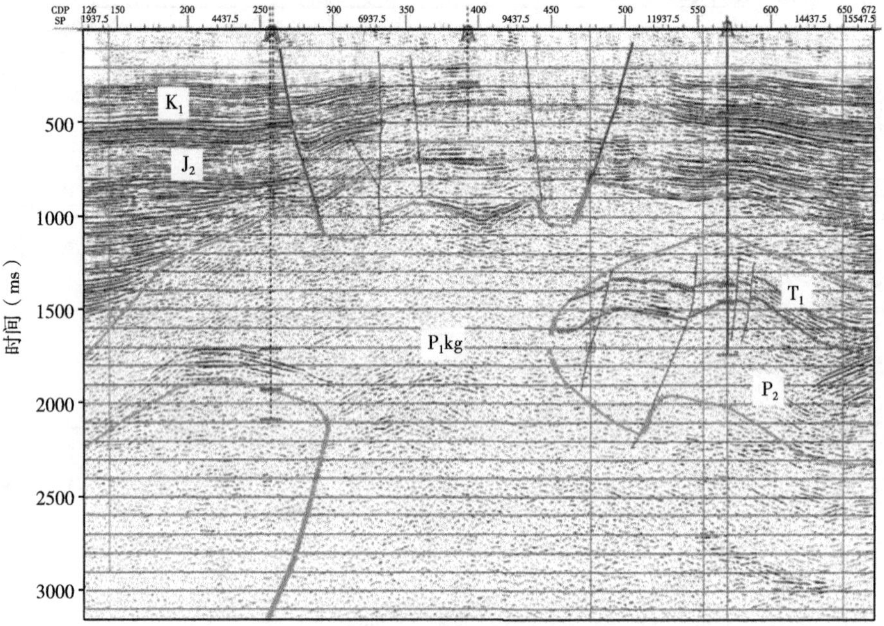

图 2-45　Karashkazgane 盐悬挂构造地震解释剖面

（四）侏罗纪—古近纪沉积和盐岩运动

多边地堑和半地堑构造样式与遍布盆地前期发育的盐构造有着密切关系，可解释为形成于晚三叠世—早侏罗世的盐隆在随后出现的沉积间断中大型盐体受到了挤压作用的结果。中侏罗世，盆地沉降重新开始时，遍布全盆地的沉积主要为浅水侏罗系—古近系黏土岩、砂岩和薄层碳酸盐岩。侏罗系和白垩系之间存在平行不整合接触关系，可能与欧亚板块南部边缘的碰撞事件及其产生的局部隆升有关。

覆盖在盐丘之上的侏罗系—古近系盐构造后沉积层处于较稳定的构造环境，厚度大（2.1~2.5km）且稳定分布。在盐丘核部，后期中央地堑系统中发育的若干张性断层向下会聚并穿透侏罗系底部，更多的断层会聚于孔谷阶盐体的核部。大多数断层从晚侏罗世到早古近世晚期进一步活动，同时伴生发育一些次一级断层，形成多边断层系统。

在多边断层系统中，大部分断层表现为沿多边背斜轴线枢纽部位发育，多数的多边断裂模式应归因于盐丘核部构造应力以及重力驱动作用的结果。重力作用的证据是大多数断层形成于低密度盐体重新活动的盐构造核部，这是重力驱动的一种标志。尽管如此，构造应力作用不可忽视。滨里海盆地中唯一缺失多边断层的地区是东部边缘地区，而该区域盐构造活动在三叠纪末期就已停止。

第四节　盐构造运动相关的圈闭类型

在盐上组合中圈闭十分发育，尤其是在厚盐层沉积区，盐层流动强度大，盐刺穿幅度和成熟度高，除盆地周缘存在非穿刺型向穿刺型过渡的盐构造外（图 2-41 中的 A 带和 D_1 带），其余大部分区域都为幅度和成熟度较高的刺穿型盐构造，盐体及上覆地层的构造变形复杂多样，更加丰富了盐上油气圈闭的类型。近 15~20 年以来，随着地震勘探技术及地质研究认识不断提高，大大丰富了与盐构造相关的油气圈闭类型，进而扩大了盐上油气勘探远景范围。

一、与盐构造相关的圈闭研究成果综述

许多学者从不同角度对含盐油气盆地中与盐构造相关的油气圈闭进行了大量研究，早期根据盐体形变及基本构造特征，在滨里海盆地盐上层系划分出了两种类型的构造圈闭（M. P. A. Jackson，1988；Jenyon，1986），即盐上圈闭（位于盐丘顶面之上的圈闭）和丘间圈闭（位于边缘坳陷内）。对圈闭比较系统阐述的有戈红星等提出整合型、过渡型等近 10 多种圈闭（戈红星等，1996）和 Seni 等描述的盐刺穿周围可能形成的 22 种圈闭（Seni 等，1984）。Jenyon（1986）通过对滨里海盆地盐上圈闭的研究，提出了以下几种圈闭类型，并对圈闭进行了比较系统地分析和阐述。

（一）与刺穿型盐构造相关圈闭类型

（1）简单的丘状背斜：由盐栓或冠岩上微微拱起的砂层组成背斜。但这种聚集有油气的简单丘状背斜并不常见。盐栓顶部的油气运移和聚集往往由于断层、分隔的透镜状砂体或局部不整合而变得复杂化（图 2-46 中①）。

（2）中央地堑系：盐丘构造顶部中央地堑的断层控制着许多盐丘上部的油气层分布，断层下降盘和上升盘或两者都可能形成有效圈闭（图 2-46 中②）。早期发现的浅层油藏许多都分布在盐丘顶部断层侧向遮挡的砂岩储层中，后来在靠近盐丘不同距离的储层中发

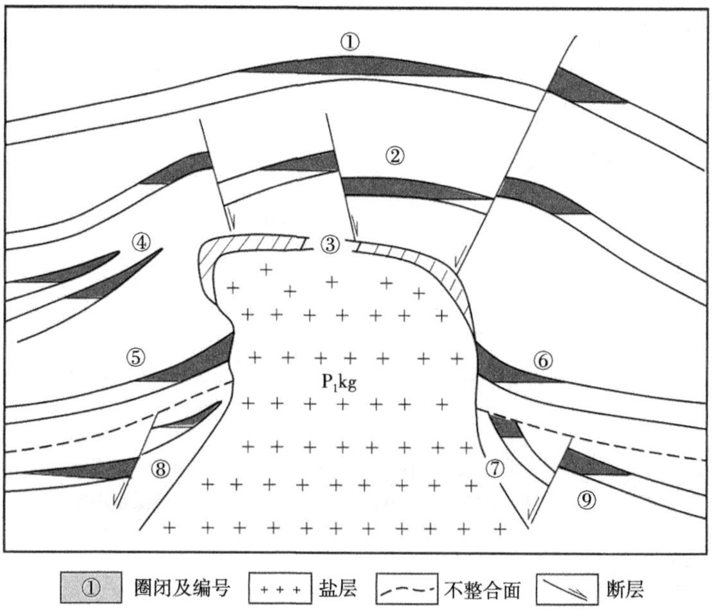

图 2-46　与盐刺穿有关的油气圈闭示意图（据 M. P. A. Jackson，1988）
①覆盖于盐丘上方的丘状背斜；②盐丘之上的地堑型断层圈闭；③多孔盐冠；
④翼部砂体尖灭；⑤盐岩之下的圈闭；⑥紧靠盐栓隆起且由盐栓遮挡的圈闭；
⑦不整合圈闭；⑧逆盐丘生长方向塌陷的断层圈闭；⑨朝盐丘生长方向陷落的断层圈闭

现了油气藏。

(3) 翼部圈闭：翼部圈闭有两大类，一类是在盐体隆起以前形成的圈闭，另一类是与盐体隆起同期形成的圈闭。翼部圈闭实际上大多数是由盐岩向上运动之后形成的。在刺穿盐丘翼部最常见的圈闭类型之一是砂岩透镜体圈闭。由盐岩向上侵入并刺穿大段沉积岩而形成的翼部圈闭包括以下 3 类：①由盐檐或冠岩檐突遮挡的砂层；②盐株遮挡、断层泥带遮挡或页岩鞘遮挡的砂层；③单一的和复杂的断层圈闭（图 2-46 中③、④和⑤）。

(4) 断层及不整合圈闭：复合砂层由于断层而陷落或上升使砂层紧贴不渗透页岩层时形成良好的圈闭（图 2-46 中⑥、⑦和⑧）。

(二) 与过渡型盐滚相关圈闭类型

与过渡型盐滚有关的油气圈闭是指，由于盐滚的一翼为正断层，并且通常为犁式生长断层，断层上盘常常发育滚动背斜，并伴随着碎屑岩层的局部加厚与变薄现象，还可形成一些地层、岩性等非构造类型的圈闭（图 2-47）。盐滚一般包含以下一些油气圈闭：①犁式断层与滚动背斜之间的岩性尖灭型（图 2-47 中①）；②滚动背斜型（图 2-47 中②）；③地层不整合面遮挡型（图 2-47 中③、④）；④断层侧向封堵型或拖曳褶皱型（图 2-47 中⑥）；⑤盐拱、断层、不整合及岩性等控制的综合型（图 2-47 中⑤）。此外，生长断层上盘中经常发育次级的同向正断层和反向正断层，可形成良好的断层阻挡型及复合型圈闭。

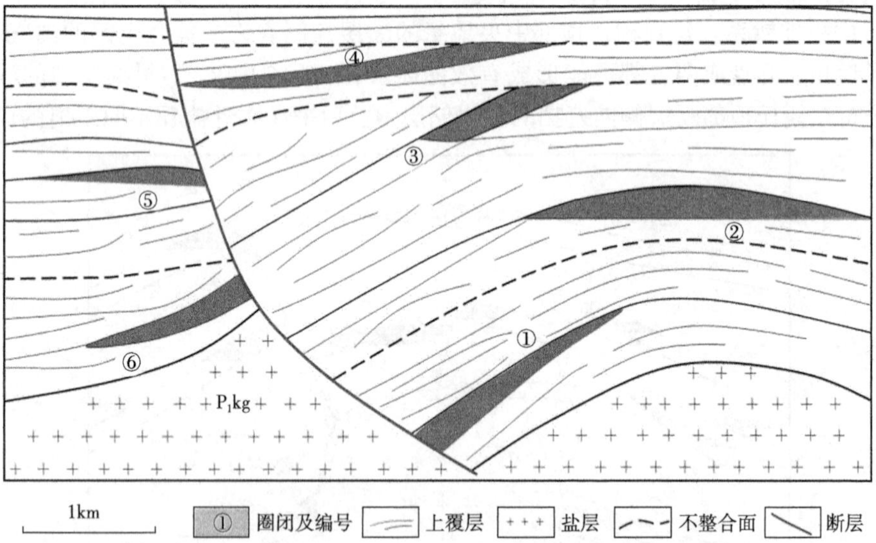

图 2-47　与盐滚有关的油气圈闭示意图（据 Jenyon，1986）

①犁式断层与滚动背斜之间的岩性尖灭型圈闭；②滚动背斜；③、④地层不整合面遮挡型圈闭；⑤盐拱、断层遮挡型圈闭；⑥断层侧向封堵型或拖曳褶皱型圈闭

二、圈闭类型划分

(一) 构造层划分

受盐构造运动的影响，盐上地质结构特征及其与盐体的空间位置关系复杂，但其在空间上的分布仍具有一定规律性。根据盐构造的演化、变形特征以及沉积盖层的构造变形特征，在盆地边缘及盆地内部的地震剖面上，都可划分出上部（丘上构造层）、中部（盐檐

层）和下部（盐缘坳陷层）三大构造层（图 2-48），各构造层之间存在明显的地质构造界面；不同构造层相应的地质层位、空间位置、构造变形强度、变形方式及形成的圈闭类型不同，圈闭的形成机理也存在差异，另外，同一构造层在盆地不同位置表现形式各异（图 2-48 至图 2-50）。

在盆地东缘，受海西晚期、印支期两期强烈的挤压造山运动的影响，孔谷阶盐岩活动时间早。盐岩上拱控制着上二叠统沉积，并造成上二叠统构造变形强烈，与上覆三叠系呈角度不整合接触；印支期，盐丘再一次上拱，致使盐丘侧翼三叠系构造变形，上二叠统呈更大角度的掀斜；盐丘主体部位中—上三叠统普遍遭受剥蚀，缺失早侏罗世地层，中侏罗统不整合覆盖在下三叠统之上。这两次构造运动及盐构造作用形成了两个重要的构造界面和 3 个构造层（图 2-48）。其中，（1）下构造层：为上二叠统沉积层，该沉积层处于盐缘坳陷内，埋藏深度为 1000~4000m，为一套直接覆盖在孔谷阶盐岩之上碎屑岩层。在地震剖面上表现为地层变形强烈，向盐丘一侧翘起。早期的盐活动对该套地层的沉积作用产生显著影响，在地震剖面上出现明显的加厚与减薄现象，表现为同沉积构造层的特征。（2）中构造层：为三叠系沉积层，埋藏深度为 500~850m。三叠纪是盆地东部刺穿型盐丘和边缘坳陷形成的主要时期，强烈的挤压和盐刺穿，导致上二叠统沿着盐体侧翼进一步上翘变形，三叠系在盐丘核部剥蚀严重，中、上三叠统常常被剥蚀殆尽，下侏罗统沉积缺失，在盐丘侧翼（或称盐檐部位）下三叠统产生褶皱变形，与上二叠统呈角度不整合接触。（3）上构造层：由下白垩统—中侏罗统沉积层组成。中侏罗世之后，盆地东部地区盐构造运动趋于停滞，地层埋深较浅，一般小于 600m。盐体基本未对上覆盖层产生明显的刺穿，为构造运动停止后沉积的岩层。所以该构造层相对较稳定，地层产状较平整，沉积厚度较为稳定，中侏罗统不整合覆盖在三叠系或孔谷阶盐岩之上，为盐构造结束后的截顶和超覆沉积。

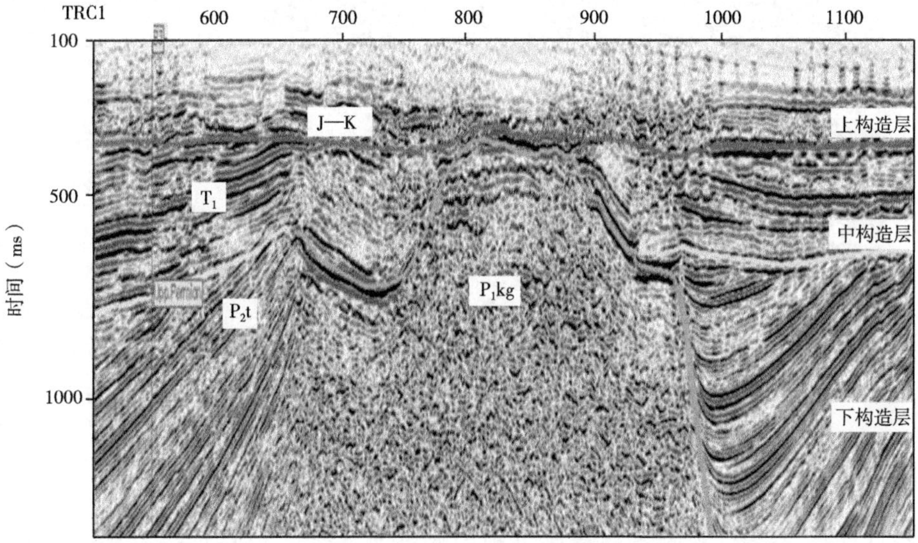

图 2-48　滨里海盆地东部地震地质解释剖面

在盆地东南部地区，随着盐构造运动由东缘逐步向盆地内部的推进，盐构造运动波及范围更广泛。由于不同的地区盐构造活动在时间上和规模上存在一定差异，导致各构造层地层属性及构造形变特征发生有规律的变化（图2-49）。(1) 下构造层：该区下构造层由上二叠统—下三叠统组成，地层主体处于盐缘坳陷内，埋藏深度为1500~5800m。在持续的盐构造作用下，上二叠统—下三叠统产生变形，向盐丘一侧掀斜，构造变形程度取决于围岩沉积与盐刺穿在时间上的先后关系，盐刺穿前沉积层通常厚度均匀发育，没有明显的加厚与减薄现象，地层构造变形程度也较小。同沉积构造层，即与构造运动同期沉积的岩层，盐活动对地层沉积作用影响较大，地层加厚与减薄的现象比较普遍；地层构造变形较强烈，在地震剖面上表现为向盐丘一侧较大角度掀斜。(2) 中构造层：主要为中三叠统沉积层，埋藏深度为800~1500m。受盐刺穿作用的影响，中三叠统常常只发育于盐丘两侧，在地震剖面上，该套地层向盐丘一侧沉积厚度有明显减薄的趋势，至盐丘核部遭受剥蚀，并过渡为上三叠统—下侏罗统杂色层。在挤压构造应力作用下，盐丘侧翼（盐檐部位）的中三叠统常常产生褶皱构造，这是由于在挤压过程中刚性岩层与塑性盐体碰撞，在盐丘边缘易产生塑性变形、褶皱及造山作用，在地震剖面上仍然表现有残留的背斜形态特征。该构造层不整合覆盖在下三叠统之上。(3) 上构造层：由下白垩统—中侏罗统组成，埋藏深度一般小于800m。该套沉积层区域分布稳定，反映了盐构造结束后的截顶和超覆沉积现象及其岩层厚度的变化，属于盐构造后沉积层。受盐岩重力及盐丘构造应力作用的影响，盐丘主体部位常常发育同向下掉的“Y”字形正断层，形成中央地堑，使得构造复杂化，常常发育断鼻、断块构造圈闭。

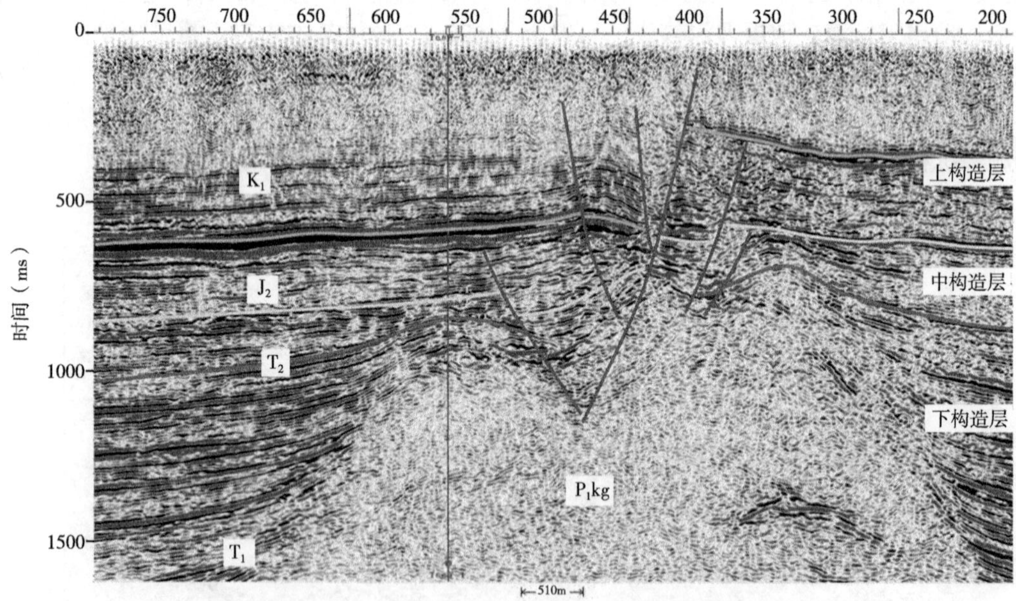

图2-49　滨里海盆地东南部地震地质解释剖面

在盆地南部，盐上构造又是另一番景象。地震剖面上，仍然具有两大构造界面和3层结构的特点（图2-50），但各构造层沉积层属性及构造变形特征等发生了明显改变。(1) 下构造层：大型盐丘两翼下构造层均由上二叠统—侏罗系组成，埋藏深度为800~6500m。侏罗系—三叠系沉积较稳定，厚度变化较小，但受盐构造运动的影响，大多呈高角度掀斜，与盐边呈近似于平行接触；盐丘顶部侏罗系遭受大量剥蚀或为零星残留，反映了向盆地内部盐刺穿时间晚，但活动强度大、定型时间晚的特点。也就是说，在东部、东南部中侏罗世沉积前，盐构造活动基本趋于停滞，而该区盐刺穿作用仍在进行，部分地区一直持续到白垩纪或更晚。(2) 中构造层，为下白垩统沉积层，埋藏深度为350~800m。受区域挤压构造作用的影响，白垩纪盆地内部盐活动仍在继续，大型盐丘构造顶部的白垩纪地层剥蚀作用仍然比较强烈，在盐丘的侧翼（盐檐部位）常常形成褶皱构造。下白垩统不整合覆盖在侏罗系—三叠系之上。(3) 上构造层：为一套稳定分布的古近系—新近系碎屑沉积层，厚约300~400m，不整合覆盖在下白垩统之上。该构造层常常在盐丘顶部形成低幅度背斜圈闭或岩性圈闭。

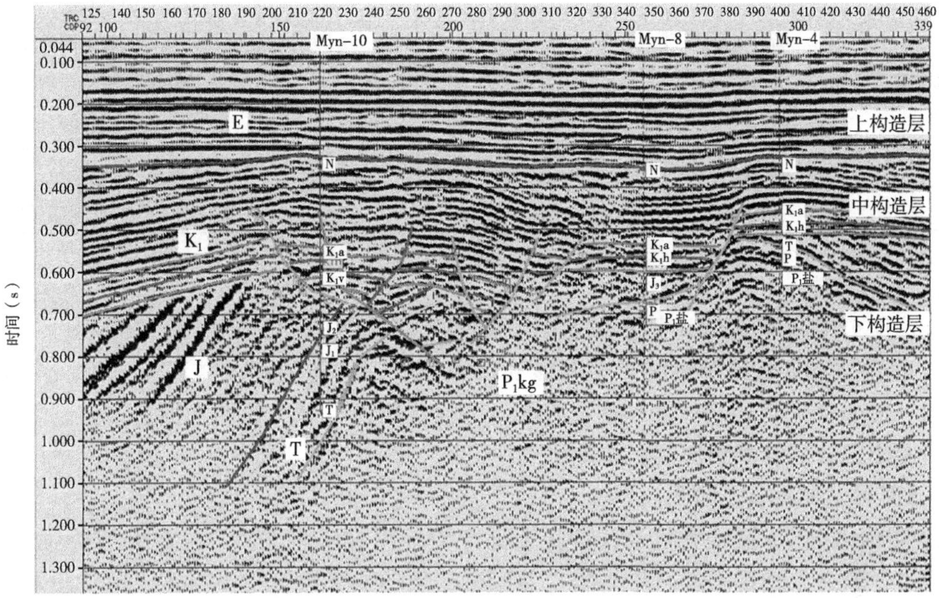

图 2-50 滨里海盆地南部地震地质解释剖面

总体上，孔谷阶盐岩在三叠纪期间活动性增强，并在盆地周边的历次碰撞事件中反复发生活动。盐丘构造在整个中—新生代期间持续生长，反映了由盆地边缘向盆地中心地质历史演变过程。盆地边缘盐岩运动的主要变形期为二叠纪—三叠纪，向盆地中心，盐岩运动的主要变形期为三叠纪—古近纪。

（二）圈闭类型

鉴于含盐油气盆地圈闭的复杂性，在结合前人研究的基础上，按照三大构造层系为单元的圈闭分类思路，结合盆地不同油气区的盐构造活动的差异性，进行了油气圈闭系统分类（表 2-2）。

表 2-2 滨里海盆地圈闭类型及成因

构造层	圈闭类型		储层年代			圈闭成因
			东部	东南部	南部	
上构造层	构造型	背斜、断背斜	J_2	J_2—K_1	E	与盐隆相关
		断鼻、断块	—	J_2—K_1	—	与盐丘顶部断裂活动相关
	非构造型	岩性	—	T_3—J_1	E	与盐隆控制下沉积作用相关
		盐边遮挡	—	T_3	K_1	盐体封堵

续表

构造层	圈闭类型		储层年代			圈闭成因
			东部	东南部	南部	
中构造层	构造型	盐檐背斜	T_1—P_2	T_2	K_1	与印支期水平挤压相关
		断鼻	T_1—P_2	T_2	K_1	
	非构造型	岩性尖灭	—	T_2	K_1	与盐隆控制下沉积作用相关
		不整合面遮挡	T_1	T_2	—	与不整合面遮挡相关
下构造层	构造型	龟背构造	P_2	T_1—P_2	T_1—P_2	低成熟盐隆
		断鼻—断块	P_2	T_1—P_2	—	与盐体周缘的塌陷断裂相关
	非构造型	岩性尖灭	—	T_1	—	与盐隆控制下沉积作用相关
		不整合面遮挡	—	T_1	J—T_1	与不整合面封堵相关
		盐边遮挡	P_2	T_1—P_2	J—T_1	盐边侧向遮挡
		盐悬挂	—	T_1	—	盐岩外溢覆盖并形成封堵

1. 上部构造层

在盆地东南部地区该构造层主要包括中侏罗统—下白垩统，地层埋深较浅，一般小于500m。盐丘基本未对该套地层产生明显的刺穿，所以构造层相对较稳定，地层产状较平稳，与下覆地层呈明显的角度不整合接触。该构造层内主要发育丘上构造，包括断鼻、断块构造圈闭和背斜或断背斜两类构造圈闭。

1）断鼻、断块构造圈闭

此类圈闭是以古盐隆为背景，盐丘顶部产生垂直方向主应力，核部主应力强度最大，后期应力释放导致顶部地层发生塌陷，并围绕盐顶形成若干规模不等的放射状正断层，沿多边盐丘轴线枢纽部位形成堑式构造，发育犁式正断层，在地层上倾方向受断层遮挡形成断鼻、断块构造圈闭（图 2-51、图 2-52 中①）。

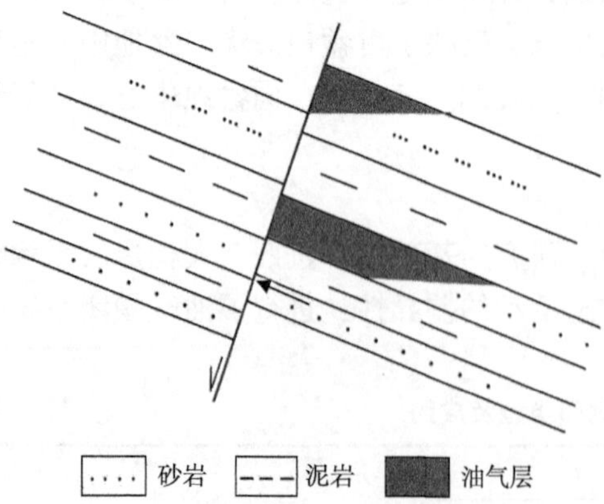

图 2-51　断层对油气的封闭作用示意图

断鼻、断块构造的圈闭条件取决于断层的封闭性（断层两盘的岩性组合条件及其相互的对峙关系）及其稳定性（平面上断层断距的变化程度）。一般来说，如果断层使储层上倾方向完全与非渗透性岩层相接触（图 2-51），则可形成完全封闭。在这种情况下，圈闭的闭合面积为储层顶面构造等高线与断层线所构成的闭合区，闭合度则为圈闭顶点到闭合等高线的高差。如果断层使储层上倾方向的上方一部分与非渗透性岩层相接触时，则形成部分封闭，在部分封闭时，断层圈闭的闭合面积和闭合度都较完全封闭时要小。如果断层使储层上倾方向与渗透层相接触时，则断层不起封闭作用，不能形成断层圈闭。

2）背斜或断背斜圈闭

盐丘上拱并产生水平运动时，在盐丘顶部的中侏罗统—下白垩统中常常形成强制性褶皱构造，剖面上表现为盐丘顶面与上覆地层协调变形，具有披覆构造形态（图 2-52 中

②)，平面上表现为与盐丘顶部相一致的四面下倾的背斜构造样式。背斜构造的轴向一般与盐丘走向一致，现今的盐上背斜构造大多被一条或多条断层切割而形成复杂化，主控断层走向与背斜的长轴方向近乎一致，次级小断层与主控断层相交，平面上呈网状分布，主控断层的断距一般为50~100m，次级断层的断距一般为20~40m，这些断层规模较小，但活动时间晚，部分可以延伸到新近纪（甚至地面），因此对油气富集和后期保存产生重要影响，一方面断裂沟通地表，改变了原油性质，另一方面造成油气沿断层进一步运移散失，从而大大降低油气圈闭的充满度。

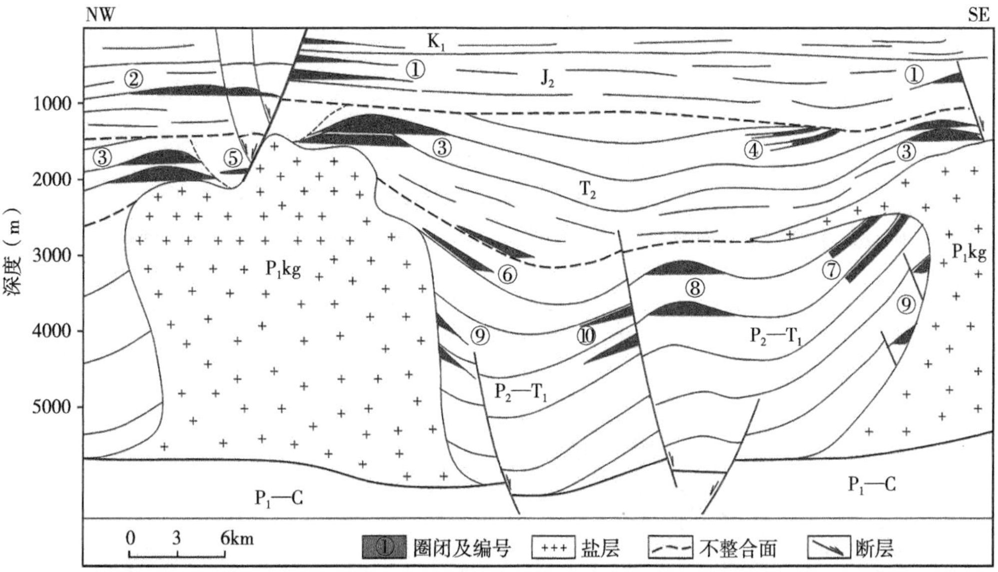

图 2-52　滨里海盆地东南部盐上层系油气圈闭类型分布示意图

①断鼻、断块圈闭；②背斜、断背斜型圈闭；③“盐檐型”圈闭；④不整合面阻挡型圈闭；⑤盐边侧向遮挡型圈闭（T_3）；⑥地层超覆尖灭型圈闭；⑦盐悬挂型圈闭；⑧盐龟背圈闭；⑨盐丘侧向遮挡型圈闭（T_1—P_2）；⑩断层遮挡型圈闭（T_1—P_2）

在盆地东缘，上构造层断裂发育较少，圈闭类型主要以侏罗系—白垩系低幅度背斜圈闭为主（图2-53中①），而在盆地南部油气区，上构造层主要发育白垩系—第三系低幅度背斜圈闭和岩性圈闭（图2-54中①）。

2. 中部构造层（盐檐部位）

这是盐缘坳陷与盐丘核部过渡的构造层。在盆地东南部，印支期强烈的挤压构造作用控制着三叠系的沉积及其变形，在盐丘的侧翼（或盐檐部位）发育三叠系褶皱背斜构造（图2-52中③、图2-55）。三叠纪末，盐丘侧翼背斜核部的地层遭受程度不同的剥蚀，而在盐丘顶部堆积了厚度不大、分布局限的上三叠统—下侏罗统。至中侏罗世盐构造活动趋于稳定，中侏罗统不整合覆盖在中三叠统之上。

在盆地南部，白垩纪末期，在侧向挤压构造作用下，中构造层发育下白垩统盐檐背斜圈闭（图2-56）。中构造层地层时代已由盆地东南部的中三叠世向盆地内的早白垩世转变。

在区域挤压作用及盐构造作用下，本区中构造层主要发育以下两类圈闭。

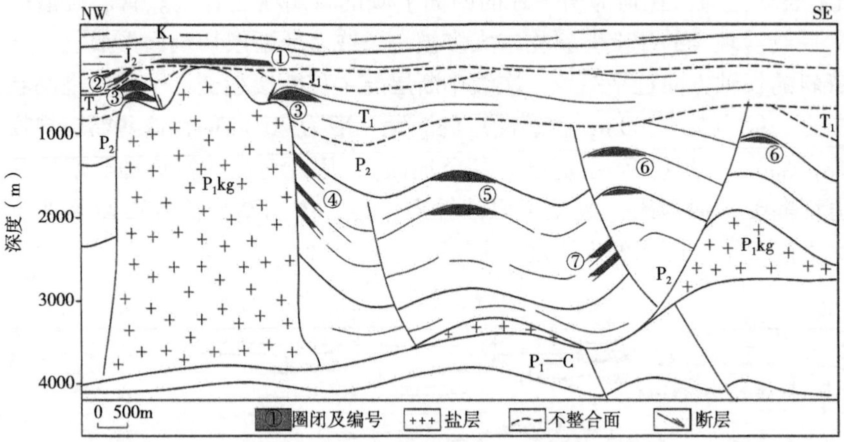

图 2-53　滨里海盆地东部盐上层系油气圈闭类型分布示意图

①低幅度背斜；②不整合面遮挡型圈闭；③"盐檐型"背斜、断背斜圈闭；
④盐边侧向遮挡型圈闭（P_2）；⑤龟背构造圈闭；⑥滚动背斜圈闭；⑦断层遮挡圈闭

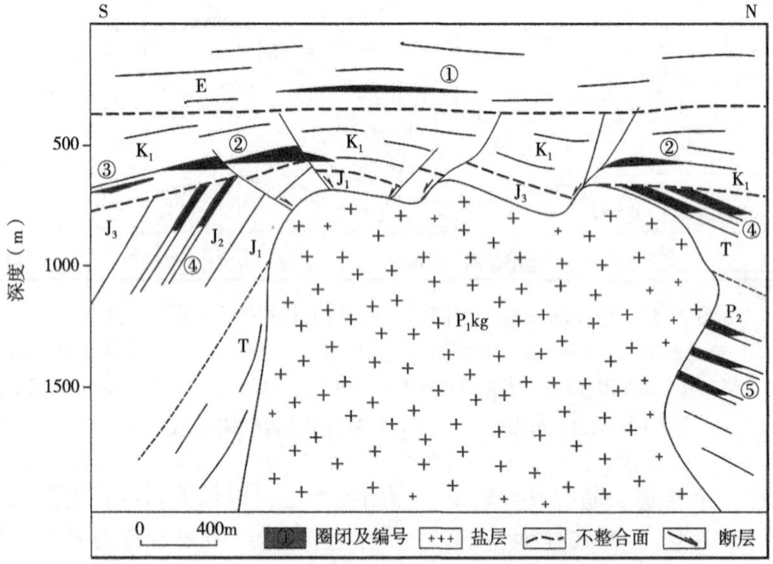

图 2-54　滨里海盆地南部盐上层系油气圈闭类型分布示意图

①低幅度背斜；②"盐檐型"背斜、断背斜圈闭；③地层超覆尖灭型圈闭；
④不整合面遮挡型圈闭；⑤盐边侧向遮挡型圈闭（P_2）

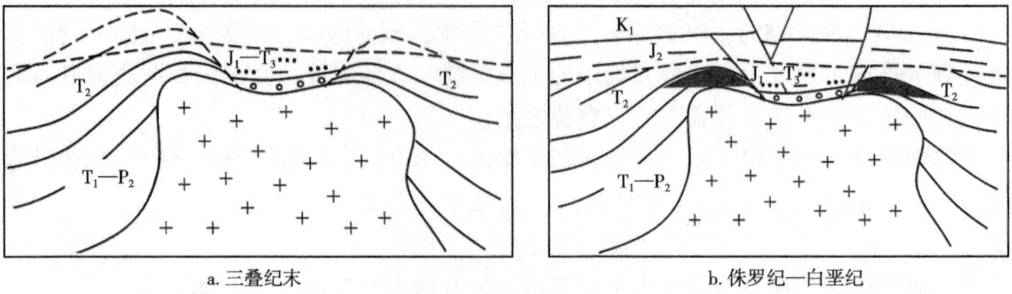

图 2-55　盆地东南部中构造层圈闭演化示意图

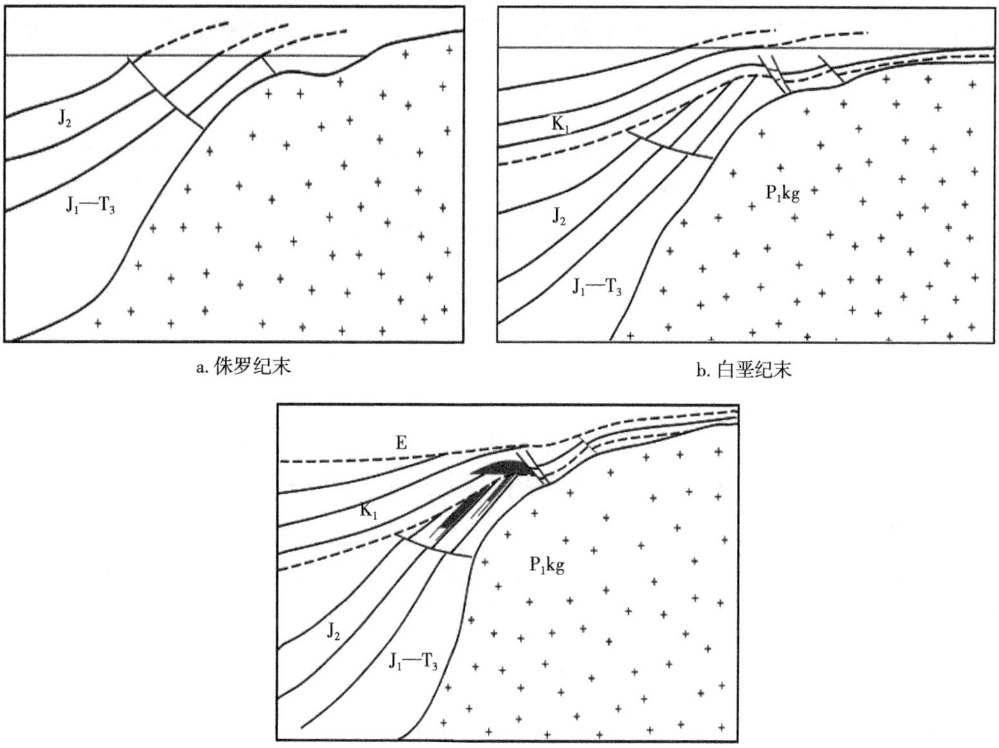

a. 侏罗纪末　b. 白垩纪末　c. 现今

图 2-56　盆地南部阿特劳地区中构造层圈闭演化示意图

1）“盐檐型”构造圈闭

位于盐丘侧翼，具有稳定的上覆沉积盖层之下的背斜构造或断背斜构造圈闭，称之为“盐檐型”构造圈闭（图 2-52、图 2-53 中③、图 2-54 中②）。圈闭形成于三叠纪末期，受盆地边缘碰撞的影响，区域性侧向挤压抬升作用波及盆地内部，受水平挤压力的影响，围绕盐丘周边的三叠系发生构造变形，形成若干两翼不对称褶皱构造圈闭。这类圈闭形态及空间位置好，平面上环绕盐丘侧翼呈带状展布，空间上处于下部油气源向上运移聚集的前排构造位置，是有利的油气运移指向区及有利油气聚集带；中侏罗世之后，盆地再次沉降，沉积了一套海陆交互的砂泥岩地层，不整合披覆于中三叠统之上，埋深适中，后期构造稳定，断裂构造不发育，具有良好的油气保存条件。因油气成藏条件得天独厚，成为盐上层系油气勘探的重要目标。

2）不整合遮挡型圈闭

地震剖面显示，受海西晚期—印支期构造运动及盐构造作用的影响，盆地东南部发育三叠系、侏罗系、白垩系等多个不整合面，其中，以三叠系与侏罗系高角度不整合面最为普遍。当中三叠统剥蚀面之上覆盖层为侏罗系泥质岩时，即可形成不整合遮挡型圈闭（图 2-52 中④）。

3. 下部构造层

该构造层为四周被盐丘和盐颈陡坡限制的相对独立的单元。坳陷内地质结构既具有一般陆台型构造形态，也表现出与盐丘构造形态相结合的特征，故所形成的圈闭形态复杂多样。从圈闭形成过程来看，坳陷内地层的构造变形没有经历盐丘的直接作用，而是在盐丘运动过程中间接导致形成。结合大量地震剖面资料综合分析，可将该单元的圈闭划分出以下 5 种类型。

1）地层超覆尖灭型圈闭

盆地内以发育三叠系超覆尖灭型圈闭为主（图 2-52 中⑥）。在周围盐体的持续活动过程中，盐缘坳陷内地层受盐体拖曳，造成盐体一侧倾斜上翘而发生构造形变，部分地层遭受剥蚀，形成剥蚀面；地层下倾部位接受沉积并逐渐超覆在剥蚀面之上，形成超覆尖灭型圈闭。

2）盐悬挂型构造圈闭

该类圈闭主要分布在图 2-40 中 C 带。当盐体在垂向刺穿盐岩外溢，或上拱至某一构造面或高渗透层时，则发生水平流动，形成盐篷。在空间上，盐缘坳陷内地层（P_1—T_1）的上倾方向接受了盐体的有效遮挡，形成悬挂型圈闭。盐缘坳陷内地层（P_1—T_1）下倾方向与盐下烃源岩层直接接触，又为悬挂型圈闭等提供了有效的烃源（图 2-52 中⑦）。

3）盐龟背构造圈闭

当盐间盆地内周边的盐构造活动发生横向张性位移时，盐体水平拆离，靠近盐丘的盐间地层发生相对下沉，而在盐间地层的中央部位产生低幅度隆起，形成盐龟背构造圈闭（图 2-52 中⑧）。

4）盐体侧向遮挡型圈闭

在刺穿型盐丘的一侧，盐体对侧翼同向掀斜地层的上倾方向完全封闭形成的圈闭，称为盐体侧向遮挡型圈闭（图 2-52 中⑨）。盐边能否起到侧向封堵而形成有效圈闭，还需要考虑盐体与所对峙地层的接触关系。当两者为松散接触时，盐体对油气起不到侧向封堵作用，圈闭的有效性就差，或为无效圈闭。通常认为，在盐构造运动趋于停滞或长时间处于相对静止状态时，盐边与侧向对峙的地层形成紧密接触，盐边才具备较好的侧向封堵能力。此类圈闭也见于上构造层，但更多的形成于下构造层系，如 Kemerkol 下三叠统油气圈闭最具代表性。与刺穿型盐岩遮挡相关的圈闭类型在盆地内广泛发育。

5）断层遮挡型圈闭

在盆地东部、东南部油气区（图 2-40 中 D_1 带）存在一种与过渡型盐滚构造有关的圈闭类型（图 2-52 中⑩），由于盐滚的一翼通常为犁式生长断层，断层上盘常常发育滚动背斜圈闭（图 2-53 中⑥）以及次级同向正断层或反向正断层遮挡型和拖曳褶皱型圈闭（图 2-53 中⑦）。

在盆地南部下构造层还发育侏罗系不整合面遮挡型圈闭（图 2-54 中④）。

第三章 盆地东南部盐上油气成藏特征及勘探实践

滨里海盆地东南部包括恩巴及其西部伏尔加—乌拉尔河间地区，横跨哈萨克斯坦西部阿特劳和阿克纠宾斯克两州。构造上，北起阿斯特拉罕—阿克纠宾隆起，南至南恩巴隆起，呈近东西向展布。受晚海西期构造运动的影响，盆地东南部地区表现为独特而又明显的隆起区，发育一系列古生界隆起和凹陷，如北里海（门托别）隆起、古利耶夫隆起、卡拉通—田吉兹隆起、毕克扎尔隆起、扎尔卡梅斯隆起、卡劳尔科尔迪隆起等次级构造单元。勘探实践证明，滨里海盆地东南部下二叠统孔谷阶盐岩层沉积厚度巨大，盐构造十分发育，形成了类型多样的油气圈闭。在漫长的石油勘探开发历程中，地质学家们对盐构造有了深刻认识，针对盐构造的勘探取得了非凡成就。盆地东南部地区是盐上层系最具潜力的油气富集区带，同时也是最早开展石油普查勘探工作的地区。通过勘探，发现大量油气田和经济可采储量，形成了古里耶夫、田吉兹和恩巴 3 个盐上有利油气勘探开发区（图 3-1），目前已成为哈萨克斯坦油气勘探开发热点地区之一。

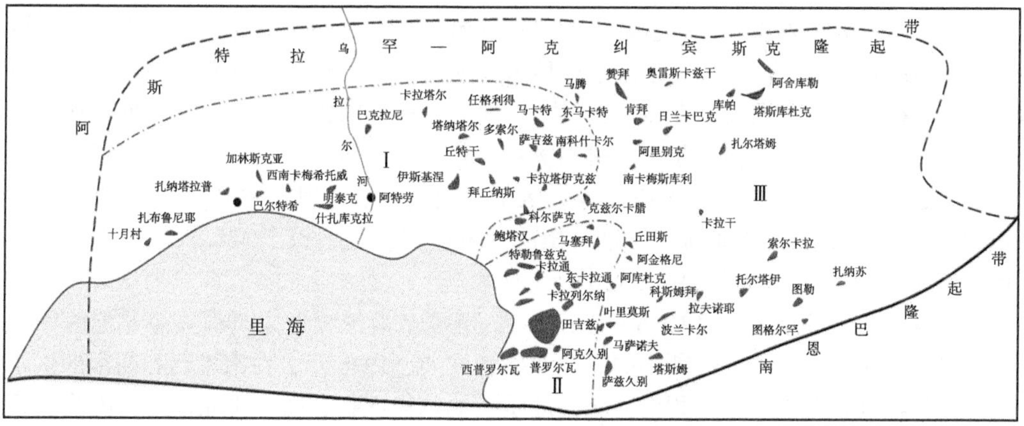

图 3-1 滨里海盆地东南部油气单元及油气田分布图

Ⅰ—古里耶夫油气带；Ⅱ—田吉兹油气带；Ⅲ—恩巴油气带

第一节 勘探开发简况

滨里海盆地东南部地区是哈萨克斯坦境内油气勘探开发历史最为悠久的地区，勘探开发活动可以追溯到 19 世纪晚期。1892 年沙俄组织专门的石油考察队在南恩巴地区进行了系统的石油勘查工作，并开展了试验性石油钻探（野猫井）。1898 年在南恩巴卡拉琼古尔地区首次发现油苗，1899 年 11 月恩巴—里海合作社成功钻探第一口自喷油井，在钻井井深 40m 处获得 22~25t/d 的油气产量，这是哈萨克斯坦大草原上出现的第一口油井，可以看作是哈萨克斯坦石油工业史上的一个重要起点，具有深远的历史意义。至今，哈萨克斯坦石油工业已经走过了大约 120 年的历程，经过一个多世纪的发展，石油工业已经成为该国最重要的支柱产业。总体上，滨里海盆地东南部盐上层系石油勘探开发可分为以下 4 个阶段。

一、第一阶段（1910—1917 年，勘探发现阶段）

十月革命前的油气勘查活动围绕南恩巴地区持续展开，1911 年，通过重力测量和钻探构造井，在里海东北部阿特劳市北东 90km 的马卡特地区发现了第一个具有商业价值的浅层油气田——多索尔（Dossor）油田。该油田是以盐丘为背景的盐上侏罗系断鼻构造油藏，油藏埋藏深度为 60~350m，由 6 个中侏罗统砂岩含油层组成，原油密度为 0.847~0.887g/cm^3，属于低含硫（0.2%~0.22%）、低蜡（0.2%~0.207%）、浅层普通稠油油藏。1913 年通过重力资料解释，又在多索尔油田北东约 10km 的北马卡特地区发现盐上侏罗系、白垩系穹隆背斜构造，钻探获得商业性油流，从而发现了马卡特（Makat）油田。该油田由下白垩统、中侏罗统（油藏深度为 51.5~376m）和二叠系、三叠系（油藏深度为 516~526m）等多套含油层系组成，下白垩统—中侏罗统油藏原油密度为 0.895g/cm^3，属于浅层普通稠油，上二叠统—三叠系油藏原油密度为 0.803g/cm^3，属于常规稀油，储油层岩性为河流相砂岩、粉砂岩。至 1914 年这两处油田的原油产量达到了 20×10^{4}t。多索尔、马卡特油田的发现充分展示了该地区及整个滨里海盆地油气勘探开发的前景，坚定了地质家们对该地区油气勘探的信心。

二、第二阶段（1923—1969 年，盐上勘探鼎盛阶段）

自多索尔油气田发现后，在盆地东南部地区掀起了石油勘探热潮。十月革命和内战结束以后，苏维埃政府进一步加强了南恩巴地区的油气勘查工作。1923 年重新开始大规模勘探活动，勘探工作量主要集中在该地区的盐上地层。通过勘探相继发现了一批新油田，如拜丘纳斯、南科什卡尔、伊斯基涅、科尔萨克、萨吉斯等油田；所有这些油气田均是在盐丘穹隆构造的基础上发现的。至 1941 年，区带内油气产量达到了 86.4×10^{4}t，占苏联油气产量的 2.5%。卫国战争时期加快了油气田的开发生产，共钻探了 430 多口油井，至 1943 年该地区原油产量最高达到了 97.9×10^{4}t。

第二次世界大战结束后（1946—1969 年），苏联政府继续加大对滨里海盆地南恩巴地区油气勘探开发力度，哈萨克斯坦的石油业蓬勃发展。1948 年，在南恩巴和西部的伏尔加—乌拉尔河间地区开展了大面积的区域性地质—地球物理联合勘探研究计划，围绕盐丘构造目标，实施了大批井深不超过 1000m 的浅层构造井（野猫井）钻探工作。1970 年以前，90%的勘探集中在盐上沉积含油远景带，仅有 10%的勘探目标瞄准盐下的油，区域盐上钻井密度达到 260~290km^2/井。通过在阿斯特拉罕、埃尔顿和南恩巴等地区深井的钻探工作，获得了盐上层系的新资料，以及盐下地层首批地质资料，石油地质基础性研究得到进一步加强。此阶段，发现大量与盐丘构造有关的油气田，共计 47 个（如肯拜、卡拉通、穆奈雷、杰列努祖克、科帕、卡拉托毕等油田）。这些油气田大部分位于盆地东南的恩巴和西部的伏尔加—乌拉尔河间地区，以浅层盐丘顶部白垩系、侏罗系断块、断鼻或背斜构造为主，同时发现了部分下三叠统、上二叠统盐悬挂型等油气藏新类型。至 1959 年，该地区原油产量超过 150×10^{4}t。

20 世纪 60 年代早期，勘探工作进一步向盆地东部转移扩张，盐上领域的油气勘探再获重要成果。1962 年在位于阿克纠宾市西南 250km 的特米尔地区实施重力勘探，在此基础上钻探K-34井，发现了极为少见的油藏类型特殊的肯基亚克盐上油气藏。该油田的最大特点是油藏围绕盐丘四周分布，产油层包括了下白垩统、中—下侏罗统、下三叠统和上二叠统等盐上几乎所有的沉积层系。储油层岩性为砂岩、泥质粉砂岩和砾岩，油层分布在2000m井段之内，油藏深度变化极大，从50~2000m，油层数量多，但单层油层厚度变化较大，原油性质也有差异；其中，下白垩统、中—下侏罗统油藏为浅层普通稠油（原油密度为0.876~0.909g/cm^3），下三叠统和上二叠统油藏为轻质原油（原油密度为0.821~0.850g/cm^3）。

这个时期围绕盐上层系投入了大量的勘探开发工作，为哈萨克斯坦现代油气产业打下了基础。

三、第三阶段（1970—1990年，盐上勘探徘徊—萎缩阶段）

20世纪60年代末期，盐上勘探成功率明显降低，勘探策略不得不再次改变。这一次地质家们把目标指向了一个全新领域，即之前从未开展过勘探工作的目标——盐下层系。这时，大多数地质家已经认识到盆地盐下层发育巨厚的海相碳酸盐岩沉积建造，认识深化带来了找油气指导思想上的大转变。地质家们把找油的主攻方向选在阿克纠宾斯克—阿斯特拉罕古生代潜伏隆起带及其毗邻地区。1970年以后，盐下深部目标的钻探工作在盆地东南部隆起区展开，钻井深度一般为3500m以上，部分井超过5000m，钻探目标层位主要分布在盆地边缘的石炭系和下二叠统。该地区短期内取得了一系列震惊世界的重大油气发现，诸如发现了扎纳诺尔大油田（1978年）、阿斯特拉罕特大型凝析气田（1976年）、卡拉恰干纳克特大型凝析气田（1978年）及名列世界十大油气田之一的田吉兹油田（1979年），充分展示了盐下古生界良好的勘探前景。至此，滨里海盆地油气勘探以1969年发现肯基亚克油田为界，进入了新的阶段。随着对区带深层目标持续不断的大胆探索，20世纪70年代中期在整个滨里海盆地盐下领域获得了一系列油气勘探大突破，盆地油气储量大增，一跃成为举世瞩目的油气产区。

20世纪70年代至80年代，哈萨克斯坦最重要的勘探成果在滨里海盆地东南部南恩巴地区确定了盐下层系的含油气性及其巨大的勘探开发潜力，而盐上组合的普查勘探工作量逐步减少。20世纪80—90年代早期，随着经济状况恶化及苏联最终解体，哈萨克斯坦的勘探活动进一步减少，盐上勘探进入了徘徊、萎缩阶段。这个时期仅获得了一些较小的发现，如扎特巴北油田（1982年）、马腾油田（1986年）。

四、第四阶段（1991年至今，盐上勘探走向复苏）

随着全球经济走向复苏，经济发展对能源需求日益增长，国际油价持续走高，里海地区再度成为世界关注的勘探开发热点地区之一。与此同时，构造相对简单、埋深较浅、钻探成功率较高的盐上层系（侏罗系—新近系）也受到国际各石油公司的青睐。俄罗斯卢克、英国BP、美国FIOC等、中国振华石油控股有限公司、中信石油技术开发公司、洲际油气股份有限公司、中国华信能源有限公司等公司纷纷踏足哈萨克能源市场，盐上老油田加快了开发生产的节奏，新的勘探工作量持续增加，盐上勘探走向复苏，这个时期，连续获得新发现，如肯米喀油田（1991年）、阿勒套油田（1993年）、萨赞库拉克油田（1993年）、叶吉卡拉油田（2006年）、阿舍库勒南油田（2006年）、占吉列克北油田（2011年）、乌耶塔斯油田（2011年）等。

第二节　沉积建造及沉积相

一、地层特征

盐上层系是指覆盖在下二叠统孔谷阶盐岩之上的上二叠统—第四系沉积盖层。晚二叠世和三叠纪，滨里海盆地经历了由海相沉积为主向陆源碎屑沉积占绝对优势的转变，大量的陆源碎屑楔状体从东部和南部的海西褶皱带向盆地内部推进，在盆地东南部地区广泛发育冲积平原沉积物。由此，拉开了滨里海盆地陆源碎屑岩沉积的序幕，同时也引发了早期的孔谷阶盐构造运动，盐上沉积组合也正是在这种古地理环境下不断发展和演变的。

从钻井地层剖面上看，区内盐上层系大致可划分为上二叠统—三叠系和侏罗系—新近系两套地层层序，总厚度为5~9km（表3-1）。

上二叠统和三叠系多由颜色混杂的陆源碎屑岩组成，而海相碳酸盐岩仅在古里耶夫油气区及其西部三叠系中分布。该套地层特点是受盐构造改造的影响较大，区域地层走向不稳定，岩石色杂，厚度变化大。

侏罗系—下白垩统层序主要为灰色的杂色陆源沉积和滨岸相沉积。大部分地区受盐构造活动的影响较小，特别是中侏罗世—早白垩世，盆地东南部持续保持着稳定沉降过程，地层厚度变化相对较小，总体上为由南向北厚度增大。而古近系—第四系沉积层主要为砂质泥岩和杂岩。

（一）二叠系

下二叠统孔谷阶：主要由盐岩、硬石膏夹层构成，含有钾盐、镁盐等矿物，偶见碳酸盐岩夹层。盐岩为白色结晶粗粒状，属于蒸发相沉积。硬石膏层常出现在孔谷阶顶部，厚度为10~60m，多与石灰岩和碎屑岩互层；中、下部皆以白色盐岩，间夹少量灰色泥岩、石灰岩、白云岩、泥灰岩、石膏质泥岩及灰质泥岩；底部约30m地层为石膏层夹灰质泥岩。盐岩层的沉积旋回与海平面升降密切相关，地层厚度由盆地边缘向盆地方向逐渐增厚。

上二叠统：为盐上第一套沉积盖层。盆地东南部地区以陆相沉积为主，地层岩性为暗紫色、杂色泥岩夹砂岩或粉砂岩、砂砾岩、砂质黏土岩与灰色灰质砂岩不等厚互层，岩性致密坚硬。

除盆地边缘部分地区外，盆内大部分地区上二叠统属于盐构造活动前沉积层。后期在盐构造作用的强烈改造下发生变形，或遭受不同程度的剥蚀，特别是在盐丘构造的顶面该套地层剥蚀殆尽，主要分布在盐缘坳陷内，与盐岩或盐下下二叠统不整合接触。

（二）三叠系

下三叠统：受盆地东、东南缘褶皱山系的影响，沿乌拉尔、恩巴褶皱山系发育陆源冲积相—河流相—滨湖相碎屑沉积，局部发育海相碳酸盐岩地层（图3-2、图3-3）。在恩巴油气区下三叠统岩性主要为红色、杂色泥岩、细砂岩、粉砂岩夹薄层石灰岩。剖面上大致可分成两个岩性段：上段为黑色—棕红色泥岩、杂色泥岩和含灰质的细粒长石岩屑砂岩、褐色和灰、绿色泥岩；下段为红色和杂色的泥岩和潟湖相砂岩，局部为海相；砂岩为浅灰色，质硬，部分钙质胶结，粒间方解石胶结物较多（据A-2井岩心分析）。古里耶夫油气区西北部接受较大规模的海侵，岩相变化较大，发育海相灰色泥岩—碳酸盐岩（图3-4）。

与上二叠统相似，下三叠统的地层厚度变化依赖于构造位置，从盐丘顶面至盐缘坳陷，厚度变化范围为0~2500m。该套地层不整合覆盖于上二叠统之上。

表3-1　滨里海盆地东南部盐上层系地层简表

地层划分				生储盖组合			地层厚度(m)	岩相曲线		岩性特征简述
界	系	统	阶	生	储	盖		陆	海	
新生界	N	N_2					790			碎屑岩沉积为主，与下伏呈不整合接触
		N_2								
	E	E_2					340			石灰岩、碎屑岩，上、下不整合接触
中生界		K_2					166			石灰岩、碎屑岩，上、下不整合接触
		K_1	阿尔比阶				110			砂岩、粉砂岩、泥岩，反韵律
			阿普第阶				46			砂岩、泥岩或砂泥岩互层
			巴列姆阶				60			
			欧特里夫阶				50			
			凡兰吟阶				100			泥岩、砂岩，与上侏罗统不整合
	J	J_3					500			顶部为石灰岩，底部为泥岩
		J_2								泥岩、砂岩，氧化环境下沉积物
		J_1								
	T	T_3					160			黑色页岩、石灰岩和泥岩、粉砂岩
		T_2	拉丁阶				340			
			安尼阶							
		T_1	赛特阶				637			
古生界	P	P_2	鞑靼阶				980			泥岩夹砂岩或粉砂岩
			喀赞阶							
	含盐层序	P_1	孔谷阶				2000			盐岩、硬石膏、白云岩

系	统	符号	厚度（m）	岩性	岩性简述	油气层
白垩系	上统	K_2	50~100		陆相泥岩、砂岩	
	下统	K_1	350~700		三角洲砂岩、泥岩或砂泥交互	
侏罗系	上统	J_3	80~100		泥岩夹砂岩	
	中统	J_2	250~400		泥岩、砂岩夹煤线	
	下统	J_1	50~60			
三叠系	上统	T_3	60~120		砂岩、砾岩和泥岩	
	中统	T_2	180~280		陆相砂岩和泥岩	
	下统	T_1	200~450		三角洲砂岩、泥岩	
二叠系	上统	P_2	500~650		砂岩、泥岩，局部碳酸盐岩	
	下统	P_1kg			盐岩、硬石膏	

图 3-2　恩巴油气区盐上层系地层柱状图

中三叠统：在恩巴油气区，中—上部以泥岩为主，表现为砂泥岩不等厚互层，泥岩为灰色、棕色、棕红色、质软，砂岩分选性、磨圆度较好；粒间孔隙中等—好，下部砂岩成分增多，以杂色砂泥岩互层为主，底部偶见碳酸盐岩，砂岩为灰色、深灰色、灰棕色，粉砂—细粒为主，部分层含粗砂和砾石，石英颗粒以中粒为主，极少细粒，棱角—次棱角状，属于冲积扇—河流相沉积，胶结物为钙质、黏土质，胶结性较弱，砂岩、粒间孔隙分选性、磨圆度中等—差，厚度为 200~1100m。在古里耶夫油气区西北部，三叠系沉积时期接受来自东南部的海侵，沉积了一套浅海碳酸盐岩，随后演变为过渡型的小型河流三角洲，钻井岩性剖面上可分为下部石灰岩段和上部砂、泥岩互层段两个岩性段，厚度为 59~258m。石灰岩为灰—浅灰色、坚硬，隐晶质、裂缝发育；砂岩为浅灰色、深棕色，粉—细粒，磨圆度为次圆状，中等分选；泥岩为灰色—深灰色、坚硬、含钙，属于浅海—陆棚相沉积（图 3-4）。

三叠纪是盆地盐构造活动最活跃的时期。中、下三叠统总体上属于同构造沉积层，盐构造活动对该套地层的发育和保存起到显著的控制作用。因此，中、下三叠统区域厚度变化较大，总体上表现为，从盆地边缘向盆地内部地层沉积厚度加大；随着盐丘隆升幅度加大，盐丘顶面地层保存较差，而盐缘坳陷区地层相对完整。

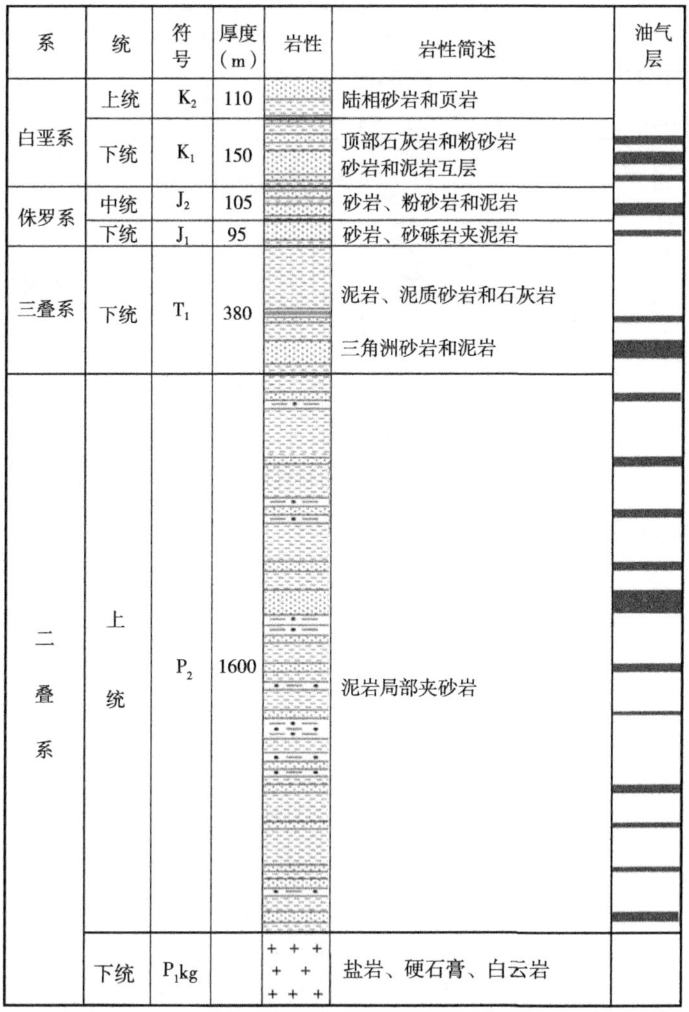

图 3-3 泰米尔肯基亚克地区盐上层系地层柱状图

上三叠统：该套地层是在三叠纪末期区域性挤压抬升构造背景下形成的沉积层。在盆地东南部主要分布在古地貌的低洼部位，充填覆盖在中、下三叠统的剥蚀面上，因此该套地层区域分布较局限，残留厚度较小。岩性主要为灰色及部分杂色黏土岩、泥岩、砂岩、砂砾岩不等厚互层，厚度变化范围为0~246m。

（三）侏罗系

下侏罗统：沉积物岩性主要为厚层状细砂岩，泥岩含量较少，底部为砾石层。砂岩呈灰色、浅黄色、绿灰色，细至中粒，次棱角—次磨圆状，胶结物为钙质、黏土质，胶结差，分选一般，含云母，局部含炭化植物碎屑残骸；泥岩为灰色、暗灰色、褐灰色，致密，粉砂质，含砂量不等，偶含炭化植物残骸。

该套地层属于在三叠纪末期盐构造活动背景下的充填式沉积，厚度为50~150m，以粗碎屑沉积为主，区域分布局限，在隆起的顶部及东南斜坡常常缺失下侏罗统，地层厚度变化大。

中侏罗统：在恩巴油气区该套地层分布较稳定，厚度为400~500m，为冲积—河流—

系	统	代号	厚度（m）	岩性	岩性简述	油气层
上新世		Q	50			
新近系		N	300		陆相砂岩和页岩	
白垩系	上统	K_2	450		海相泥岩、页岩和石灰岩	
	下统	K_1	500		砂岩、粉砂岩、泥岩反韵律 砂岩、泥岩或砂泥交互	
侏罗系	上统	J_3	350		泥岩、砂岩和石灰岩	
	中—下统	J_{1+2}	480		三角洲砂岩和泥岩	
三叠系	上统	T_3	350		浅海—陆棚相砂岩和泥岩	
	中统	T_2	390			
	下统	T_1	1760		砂岩、泥岩，局部碳酸盐岩	
二叠系	上统	P_2	1800		湖泊相泥岩夹砂岩或粉砂岩，下部发育蒸发盐	
	下统	P_1kg			盐岩、硬石膏、白云岩	

图 3-4　古里耶夫油气区盐上层系地层柱状图

三角洲相、沼泽相沉积。钻井岩性剖面上表现为砂岩、粉砂岩、泥岩、钙质泥岩和砂质泥岩互层，夹多层褐黑色薄煤层或煤线。泥岩呈灰色、浅灰色，层状，有细砂岩夹层，质软到中等硬度，富含植物碎屑。砂岩为灰色、黄灰色、褐灰色，细至中粒，泥质含量不等，含有植物残骸，钙质砂岩含炭化植物残骸。不整合覆盖在三叠系或下侏罗统之上。

上侏罗统：剖面上表现为泥岩和砂岩互层。泥岩呈褐灰色、暗灰色、褐色，层状，有细砂岩夹层。砂岩为灰色、褐灰色，细至中粒，泥质含量不等。

三叠纪末期，又一次构造抬升作用导致从侏罗纪开始，盆内发生了强烈的沉降作用，盆地东南部恩巴油气区以杂色陆相沉积为主，河流—三角洲自东南向北西方向推进；侏罗系（包括下白垩统）地层厚度由南向北逐渐增大。此时，阿斯特拉罕—阿克纠宾斯克隆起带对盆地东南部和中部的沉积分隔作用已基本消失，取而代之为一北西向单斜。

在古里耶夫油气区西北部（图 3-4），阿斯特拉罕—阿克纠宾斯克隆起带对中央坳陷和南部里海的沉积分隔作用依然存在。侏罗纪沉积时期，承袭三叠纪时期的沉积中心，再一次接受海侵，沉积了一套砂岩、泥岩互层的海陆交互相碎屑岩夹薄层碳酸盐岩地层，北里海隆起带附近滨岸相滩砂尤为发育。明泰克油田 M-2 井、M-3 井等钻井揭示，下侏罗统岩性为厚层状中—细粒石英砂岩夹薄层深灰色泥岩，厚约 85m；中侏罗统岩性为灰色泥岩、灰色中细砂岩、含黏土质粉砂岩不等厚互层，夹薄层煤层，厚度为 146~179m；上侏罗统岩性为灰色含泥质碳酸盐岩，质硬、隐晶质、含少量泥，厚度为53m。受后期的盐构造作用影响，在大型盐丘顶部侏罗系常常遭受剥蚀，或有少量残存，与下伏三叠系呈不整合接触。

（四）白垩系

下白垩统：在恩巴油气区该套地层分布稳定，钻井揭示有3个岩性段组成：上部主要为大套泥岩及砂泥岩互层段，泥岩质地松软，黏性好，无定形，偶见泥质团块；中部为灰色、灰白色泥岩夹砂岩，偶见紫色，砂岩颜色较浅，疏松，细粒，地层厚度为150~700m；底部受短暂海侵的影响，发育一套分布稳定的碳酸盐岩层，可以作为区域标志层。

上白垩统：岩性为砂岩、泥岩互层。泥岩灰色，团块状，不含钙质；砂岩为微黄色，细粒，中等磨圆，分选差，富含碳质黏土条带。

在古里耶夫油气区西北部，早白垩世时期发生了来自南部的海侵，其沉积范围明显大于侏罗纪，期间沉积了一套泥岩和粉砂—细砂岩不等厚互层的碎屑岩及碳酸盐岩。钻井揭示，下白垩统下部（K_1v）为泥岩与含灰质粉砂岩互层，底部为灰色黏土质粉砂岩，疏松、易碎，颗粒磨圆较好，分选中等；中部（K_1h）为泥岩与薄层粉砂岩、砂岩互层；上部（K_1al+K_1ap）以页岩为主，灰色泥岩与薄层浅灰色含灰质粉砂岩、泥灰岩互层，夹少量薄层灰色碳酸盐岩。白垩系与下伏侏罗系为角度不整合接触。

（五）古近系—新近系

在古里耶夫油气区西北部，古近系—新近系发育保存较好，厚度为313~351m，为陆相碎屑岩沉积。地层岩性主要为碎屑岩夹少量石灰岩，以及未成岩的黏土和砂质黏土，其中，下部以浅灰色粉砂岩为主，向上为灰绿色泥岩与浅灰色粉砂岩不等厚互层。下部粉砂岩段西部厚度大，向东逐渐变薄，岩性逐渐变细。在明泰克油田，该套地层底部发育含气层，岩性为浅灰色黏土质粉砂岩，疏松，含钙，与下伏白垩系为角度不整合接触。

二、沉积相类型与特征

从二叠纪到白垩纪，盆地以海平面持续下降为特征，表现为水体逐渐变浅的演化过程。在干旱—半干旱环境下，冲积相、河流相陆源碎屑物自东南向盆地方向推进，整个中生代地层为一个进积层序。区域沉积层序发育主要受构造沉降、沉积物供给速率、盐构造运动和气候变化4个因素综合控制。其中构造沉降、沉积物供给速率和盐构造运动3个因素控制了沉积盆地的几何形态；构造沉降和盐构造运动控制了可容纳空间的变化。

根据区域勘探开发程度及重点含油气层，重点讨论恩巴油气区中三叠统、中侏罗统和古里耶夫油气区西北部下白垩统的沉积相类型及其分布特征。

（一）恩巴油气区中三叠统沉积相类型与特征

1. 岩石类型

钻井揭示，全区中三叠统岩性以中粒和细粒砂岩、灰质砂质砾岩、杂色泥岩为主，剖面上以砂泥岩互层为特征，局部夹碳酸盐岩。泥岩颜色多为深灰—灰褐色、灰色、棕色、棕红色，质软，常见植物碎片，反映水体较浅，干旱—半干旱沉积环境。钻井岩心及薄片资料观察，中三叠统岩石类型多样，主要有岩屑长石砂岩和长石岩屑砂岩。以A-4为例（图3-5），岩石类型为不等粒、中粒和细粒岩屑长石砂岩及长石岩屑砂岩，个别岩屑砂岩，石英和燧石含量为35.3%，长石含量为33%，岩屑含量为31.7%；长石中正长石占绝大多数，岩屑中变质岩为主，喷出岩次之；填隙物含量平均值为9.8%。

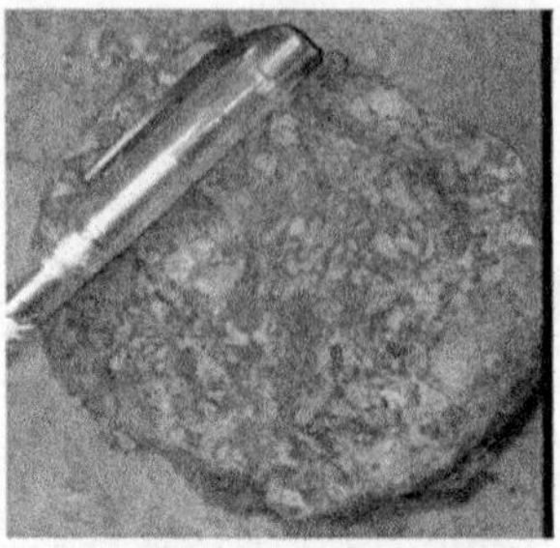

a. 含泥砾细砂岩，褐色，1121.2~1122.2m（T-6-1井）

b. 粗砂岩，棕色，777.95~780.47m（A-5-6井）

c. 细砂岩，灰色，1148.40~1148.62m（T-6-5井）

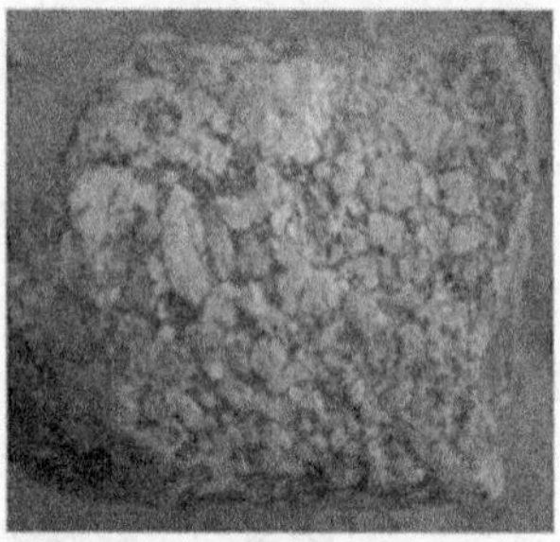

d. 钙质细砂岩，灰白色，1148.62~1149.32m（T-6-5井）

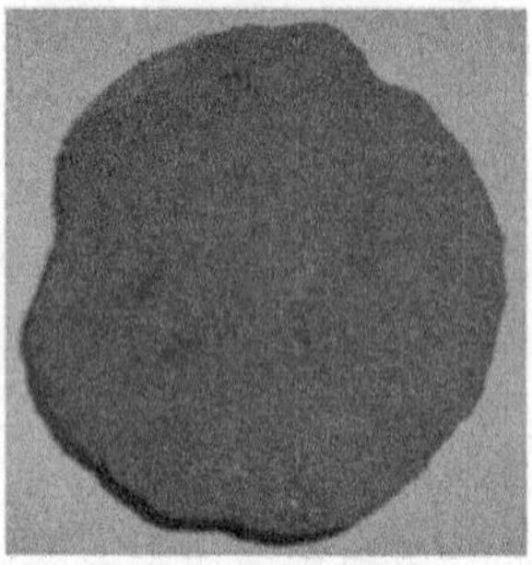

e. 粉砂岩，灰绿色，749.06m（T-4-1井）

f. 泥岩，灰褐色，811.65~812.65m（A-5-6井）

图 3-5　A-4 井岩心观察识别的岩石类型

岩石胶结物成分主要为方解石、黄铁矿、白云石和少量沥青等（图 3-6a、b）。薄片中自生矿物较少，有黄铁矿、石英、长条状黑云母、针状白云母、条纹双晶的斜长石和正长石等（图 3-6c），杂基主要是黏土（图 3-6d）。岩样胶结程度低，砂岩疏松，成分成熟度较低。砂岩的粒度偏细，多为粉砂岩和细砂岩，中砂岩和粗砂岩相对较少，分选较差，磨圆度多为棱角—次棱角状，结构成熟度不高。

从多口井的岩石粒度概率曲线分析来看（图 3-7、图 3-8），不同沉积环境下形成的砂岩沉积物概率曲线以两段式为主，由跳跃与悬浮两个总体组成，跳跃总体占 51%，悬浮总体占 49%，其中跳跃总体所占含量较高，悬浮总体含量相对偏低，反映牵引流沉积特征，水动力中等；三段式概率曲线次之，由滚动总体、跳跃总体及悬浮总体组成，滚动组分总体占 20%，跳跃组分总体占 32%，悬浮组分总体占 48%，跳跃总体所占含量较高，分选较好，曲线反映了水动力条件较强且水体动荡的沉积环境。

2. 相带特征

根据三叠系沉积特点，利用测井、录井及化验分析资料（如薄片、粒度等）为基础，

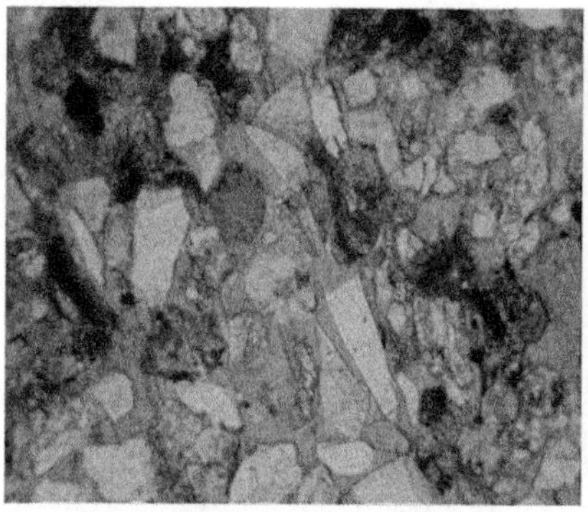

a. T-1-1井 方解石胶结，少量沥青浸染

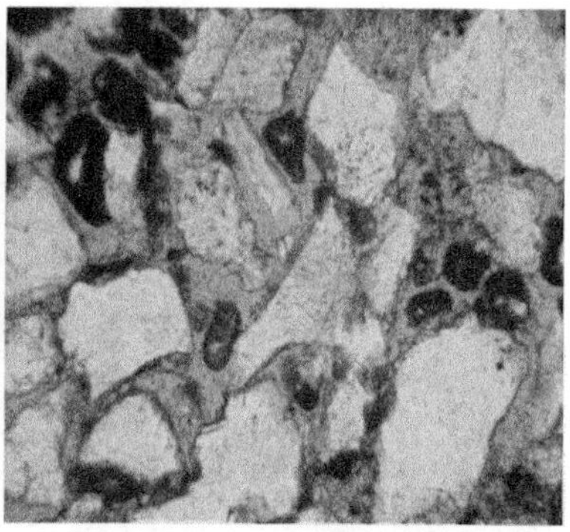

b. T-1-1井，粒间黄铁矿充填

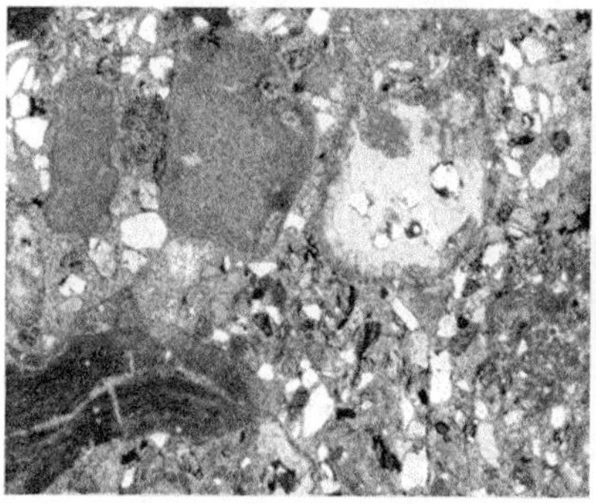

c. A-4井，石英、长条状黑云母、针状白云母、条纹双晶斜长石、正长石

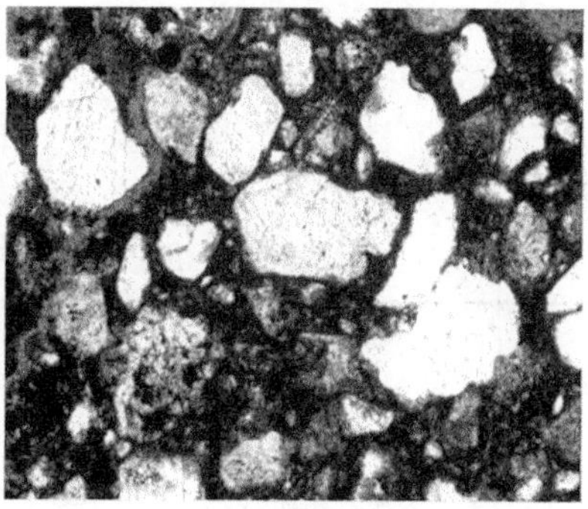

d. A-4井，颗粒疏松堆积，粒间黏土杂基多

图 3-6　中三叠统岩石薄片镜下特征图

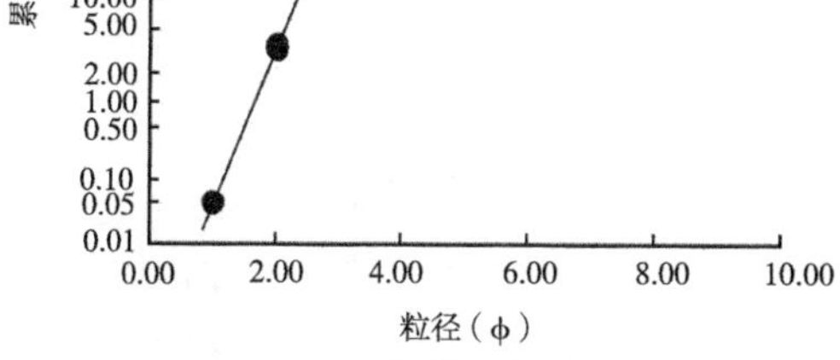

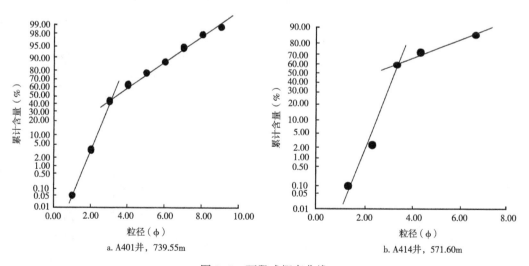

a. A401井，739.55m

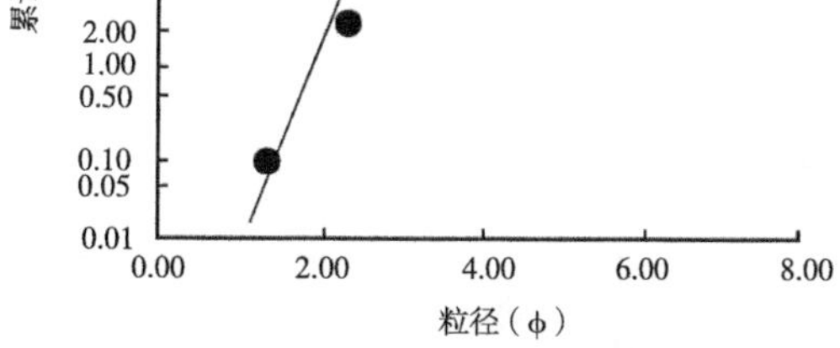

b. A414井，571.60m

图 3-7　两段式概率曲线

建立中三叠统岩相、测井相识别标志，进行单井沉积环境、沉积相识别与划分。经单井相分析，结合前人建立的沉积模式，恩巴油气区盐上中三叠统的沉积相可划分为四大相、8 个亚相（表 3-2），总体表现为冲积相—冲积平原—间歇性河流—泛滥平原的沉积演化过程。

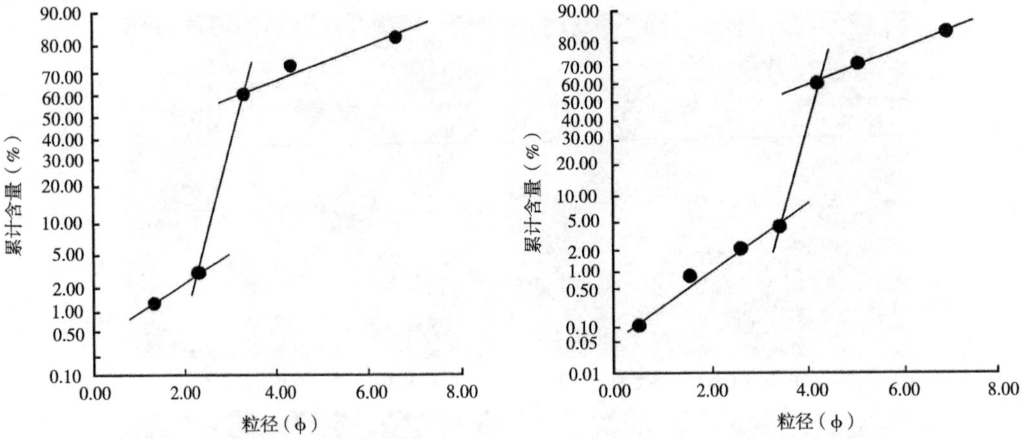

a. A414井，573.55m　　b. A414井，574.45m

图 3-8　三段式概率曲线

表 3-2　恩巴油气区中三叠统沉积相带特征

沉积相	亚相	岩性组合	沉积层序	曲线形态	GR（API）0——150 SP（mV）50——170
冲积扇	扇端	主要为泥岩和粉砂岩，泥岩中夹杂少许煤和泥灰岩，粉砂岩常与泥岩成不等厚互层	无韵律	低幅齿形、微齿形或无变化	
	扇中	以细砂岩、中砂岩和泥岩为主，常见灰色细砂岩和紫红色泥岩不等厚互层	无韵律	中—高幅钟形、箱形	
	扇根	岩石类型可见细砂岩、粗砂岩、细砾岩和含砾泥岩	正或反韵律	中—高幅箱形或者漏斗形，含砾泥岩低幅	
曲流河	河道	中粗砂岩、细砂岩、含砾石	正韵律	中—高幅箱形、齿化箱形或钟形	
	废弃河道	粒度较粗，砂岩为主，有泥质夹层	正韵律	中—低幅箱形或钟形	
	决口扇	细砂岩、粉砂岩为主，底部可见薄层中、粗砂岩	反韵律	中—高幅漏斗形	
冲积平原		粒度较细，泥质含量高	无	低幅、齿化	
间歇性河流		中细砂岩，有泥岩夹层	正韵律	齿化钟形	

冲积扇相主要发育于干旱—半干旱地区，靠近物源区呈扇形展布的沉积体，多为河流流出谷口时形成的较粗碎屑物质堆积，是盆地东南部三叠纪主要沉积相类型之一。区带内冲积扇的形成主要受几个因素的影响：一是盐隆作用，在区域性物源控制下，盐丘形成的特殊地形地貌又构成一个重要的物源区，洪水期盐隆区会聚的水流冲刷携带碎屑沉积物在盐丘附近沉积，形成冲积扇体及冲积平原，区域内极少部分冲积扇由断层控制形成。通常扇体波及的范围局限于盐缘坳陷或沿盐丘边缘，其分布规模与盐丘的规模密切相关，小型盐丘冲积扇沉积规模一般较小，岩石粒度较正常情况略细；大型盐丘冲积扇体规模则较大，岩石粒度偏粗，常常为分选极差的砾、砂、泥混杂堆积。二是受干旱—半干旱气候的影响，冲积扇体在沉积时由于尚未很好的胶结，底部岩石以粗粒为主，局部含砾砂岩，岩石磨圆度、分选性较差；上部岩石颗粒变细，为细—粉细砂岩，较多保持了风成沉积物分选性、磨圆度较好的特征，粗粒沉积物相对较少，局部地区发育棱角—次棱角状、较粗的碎屑沉积。

3. 亚相与微相特征

1）冲积扇

区带内小型冲积扇主要是由洪水期盐隆区会聚的水流冲刷携带的碎屑沉积物在盐丘附近沉积形成。根据冲积扇的岩性组合、沉积韵律特征及测井曲线形态特征，可划分出为扇根、扇中、扇端 3 个亚相。剖面上，从扇根到扇端，随着沉积物搬运距离增大，岩石粒径变细，砾岩、粗砂岩减少，粉砂岩、泥岩增多，分选性、磨圆度变好（图 3-9）。

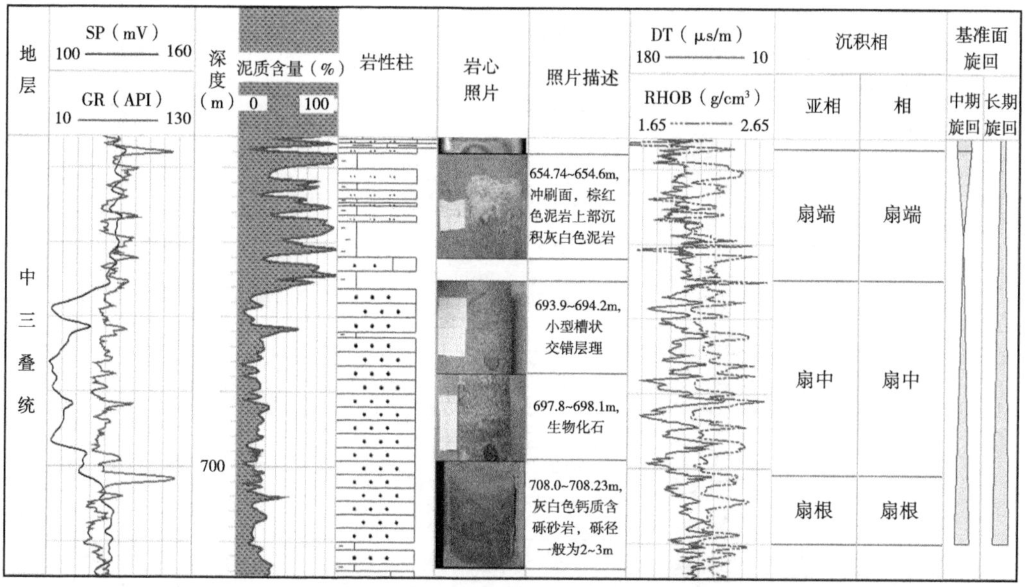

图 3-9 阿舍库勒地区三叠系冲积扇岩电特征图（A-4-7 井）

（1）扇根亚相。

扇根亚相分布于盐丘边缘处，冲积扇体顶部地带，其特征是沉积坡度角最大，常发育有单一的或 2~3 个直而深的主河道，河流流速较快，具有较强的侵蚀、下切和搬运能力。因此，扇根亚相沉积物整体粒度较粗，岩性变化较大，砾、砂、泥混杂，显杂基支撑结构和碎屑支撑结构，呈杂乱块状堆积，层理一般不发育。由灰白色砾岩、粗砂岩、钙质含砾砂岩、细砂岩夹杂色泥岩组成，砾岩、砂砾岩单层厚度大，分选极差，砾径一般为 2~3mm（如 A-4-7 井，708.0~708.23m 井段，图 3-9）。无组构的混杂或叠瓦状、角砾状砂岩所组成的河道充填沉积，常夹杂色泥岩、泥灰岩。受盐岩活动的影响，可形成反韵律和正韵律两种结构，以正韵律为主。自然伽马值较低，为 24~40API，测井曲线为箱形或漏斗形，在靠近扇中部位，自然伽马值明显增加，含砾泥岩及泥岩层段为低电阻率值（表 3-1）。该相带由于岩石成分杂，分选性、磨圆度差，致密，常常表现为低孔、低渗透特征（A-1 井测得岩心孔隙度仅为 14%，渗透率为 0.033mD）。

（2）扇中亚相。

扇中亚相位于冲积扇中部，是构成冲积扇的主体，古地表坡度角明显变小。因扇面地形变缓，流体流速减慢，从而成为冲积扇体沉积物搬运、迁移、沉积最活跃的地带。按照形成过程中的水流机制及沉积作用，还可划分为以河道充填和漫流（或洪流）为主的沉积类型。与扇根相比，岩石粒度变细，砂/砾比值变大。岩性以灰白色粉—细砂岩、砾状砂岩及紫红色—棕色泥岩为主，砂岩单层厚度变薄，成层性变好，富含植物化石，可见平行层理及小型槽状等多种交错层理，河道冲刷—充填等沉积构造发育，反映水体较浅，水动力条件中等—较强。沉积体虽然因冲刷、切割而呈透镜状，但横向上显得比扇根更稳定。测井自然伽马值一般在 40~70API 之间，曲线形态多为箱形和钟形，正韵律，向上曲线幅度逐渐减小（表 3-1、图 3-10）。

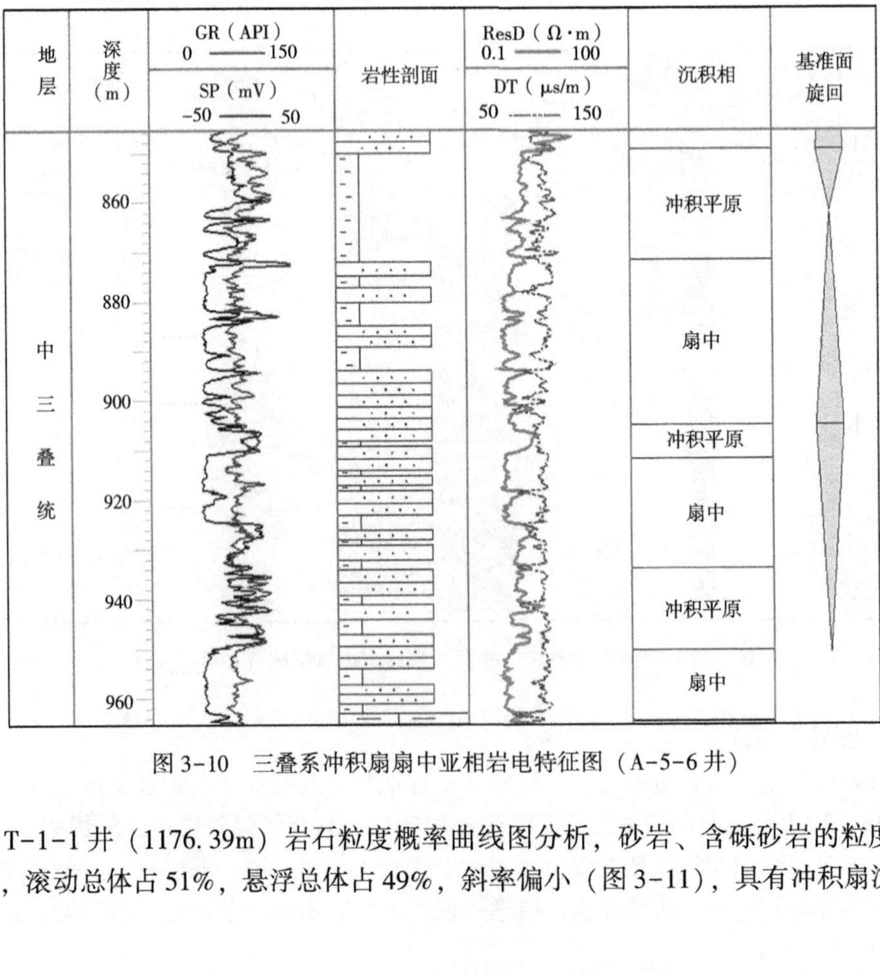

图 3-10 三叠系冲积扇扇中亚相岩电特征图（A-5-6 井）

据 T-1-1 井（1176.39m）岩石粒度概率曲线图分析，砂岩、含砾砂岩的粒度变化范围较大，滚动总体占 51%，悬浮总体占 49%，斜率偏小（图 3-11），具有冲积扇沉积的特点，岩石粒度概率曲线同时也反映了岩心段河道碎屑砂岩的分选性较差。

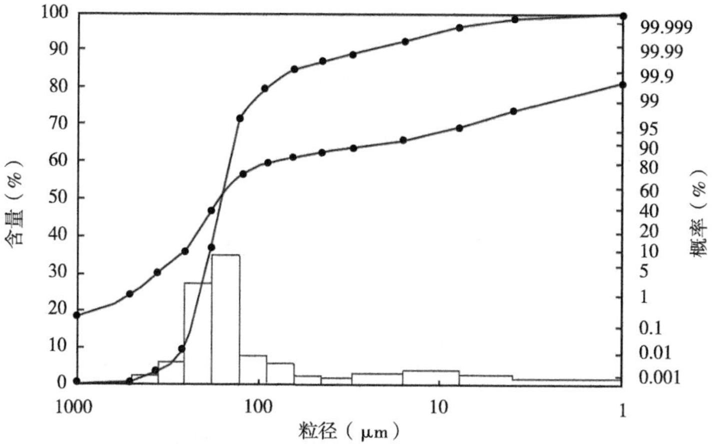

图 3-11　中三叠统砂岩粒度概率曲线图（T-1-1 井，1176. 39m）

（3）扇端亚相。

扇端位于冲积扇外缘，是冲积扇下部向冲积平原过渡的低平部分，地形平缓，坡度角低。沉积类型以漫流沉积为主，在漫流沉积作用下形成了大型板状、席状砂体，沉积物较细，由砂岩夹洪泛期的灰色粉细砂岩和棕红色、紫红色中等硬度的泥质岩组成，局部见膏质层。砂岩粒级变细，分选性、磨圆度变好，可见水平纹层、均质层理、小型交错层理、冲刷充填构造、平行层理及干裂、雨痕等暴露成因构造。在测井曲线上，自然伽马曲线值为 70~110API，曲线形态呈微齿状（表 3-1、图 3-12）。

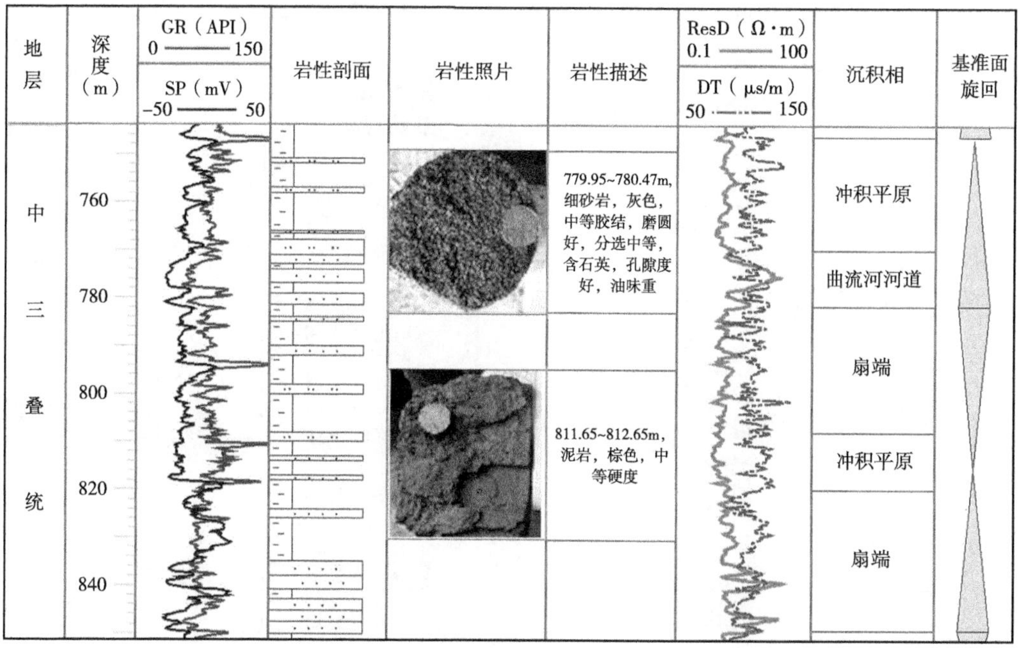

图 3-12　冲积扇扇端亚相岩电特征图（A-5-6 井）

扇端亚相沉积层厚度较薄，但成层性较好，侧向延伸较稳定。由于河道摆动，这些沉积物可能被改造成河流沉积。在干燥环境中，扇缘外围可能出现间歇性河流沉积、干盐湖沉积，以及形成风成沙丘。

单井相分析表明（图 3-13、图 3-14），受盐构造运动改造的影响，本区冲积扇扇根常常缺失，主要发育扇中和扇端亚相，并可进一步识别出河道充填沉积和漫流沉积微相。岩性一般为中砂岩、细砂岩、粉砂岩及泥岩，砂泥互层；岩石颜色有浅灰色、棕色和杂色等，较厚的单砂体厚约 15m，较薄的一般厚 1～2m；测井自然电位呈现为钟形、箱形、指状及平直状等。河道充填沉积物主要由含砾中砂岩、细砂沉积物组成，岩石粒度较粗，分

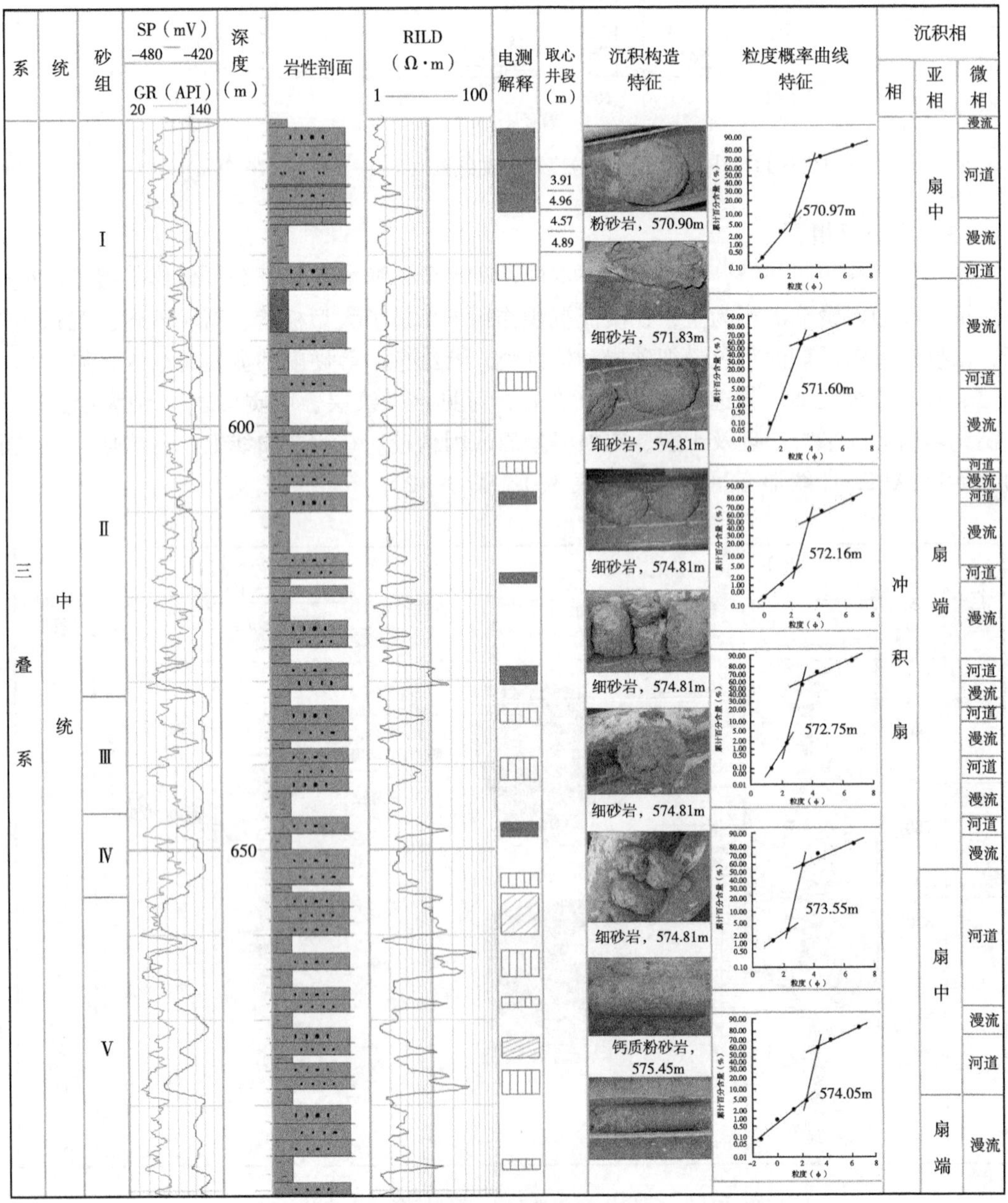

图 3-13　盆地东南部阿舍库勒地区 A-4-4 井单井相图

选较差，成层性不太好，可见流水型交错层理。漫流沉积物主要分布在河道前方或河道之间，由黏土和粉砂组成，常呈块状，亦可出现小型交错层理、斜波状层理，是冲积扇中—下部沉积主体。

随着扇体向盆地（或盐缘坳陷）方向不断推进，在单井相剖面上表现为向上变厚变粗的反粒序，即进积层序；反之，由于扇体向物源区退缩，在单井相剖面上出现向上变薄变细正粒序，即退积层序。在盐隆构造作用主导下，剖面上常常出现冲积扇体的退积层序和进积层序形成的两类层序的叠加，这也充分体现出盐隆区（物源区）多期性的生长过程，及其对三叠系沉积作用所产生的显著影响。

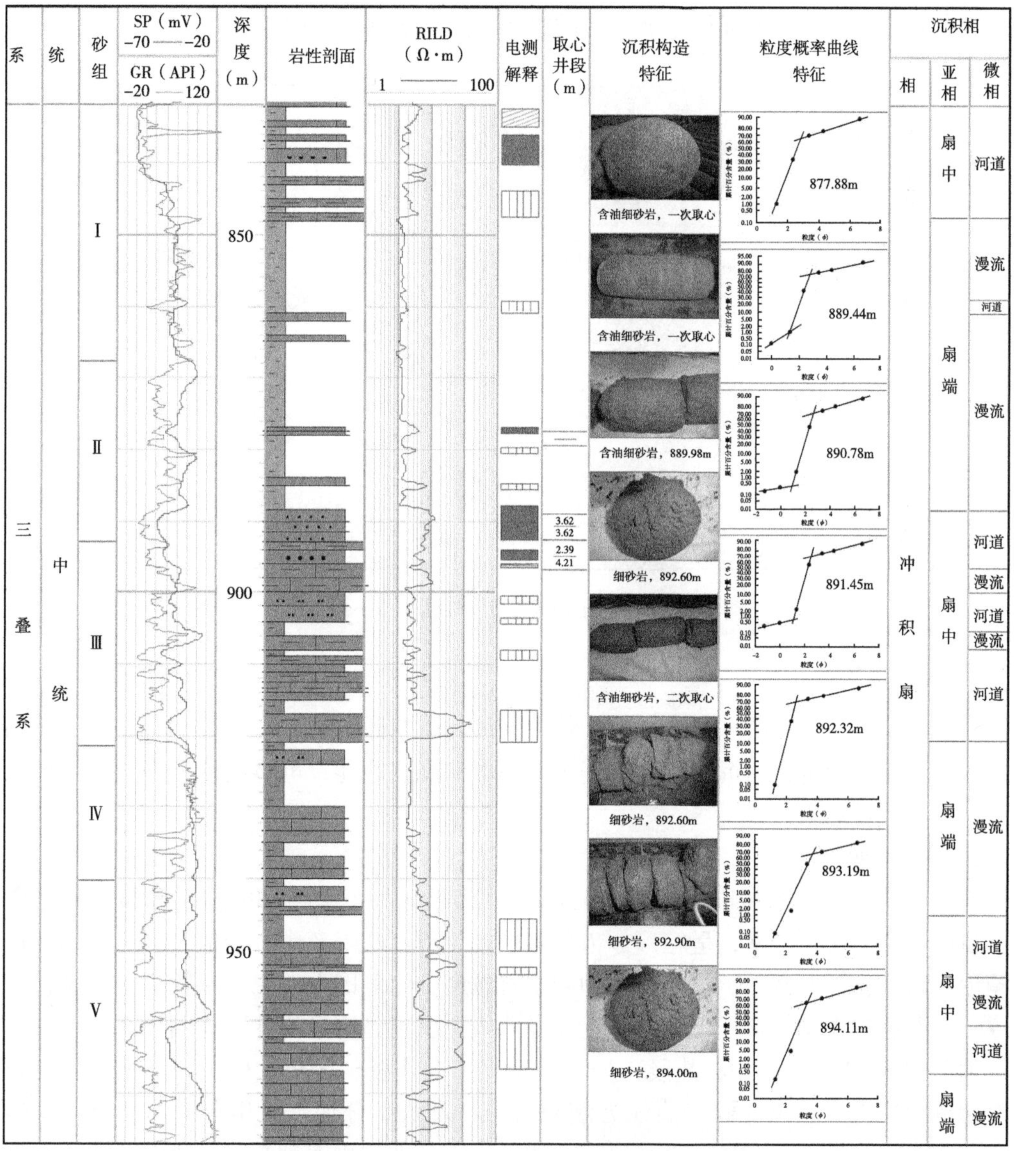

图 3-14　盆地东南部阿舍库勒地区 A-5-9 井单井相图

2）冲积平原

冲积平原形成于三叠纪相对稳定的沉降阶段，主要特征为地势平坦、分布面积宽广，河流搬运的碎屑物，因水流流速减缓而逐渐沉积下来。河流上游保持有持续而丰富的碎屑物供给，以及沉积区地壳的不断沉降（或相对沉降）是其形成的必要条件。研究区冲积平原主要由河床和河漫滩组成，沉积物以细碎屑颗粒为主，钻井岩性剖面为灰色、深灰色—棕黑色泥岩，中等硬度，含少量石英粉—细砂岩和泥灰岩，砂岩分选中等，磨圆好，孔隙度较高，含油性好。湖沼区面积较大，局部地区（西部阿特劳地区）因有周期性的海潮侵入，出现海积层与冲积层交错的现象。冲积平原相自然电位曲线为低幅齿形曲线组合，齿中线水平，且互相平行。此类沉积与曲流河的漫滩沉积一致，低幅齿形反映沉积物的沼泽化，齿中线水平平行反映沉积物加积式的沉积特点（表3-1、图3-15）。

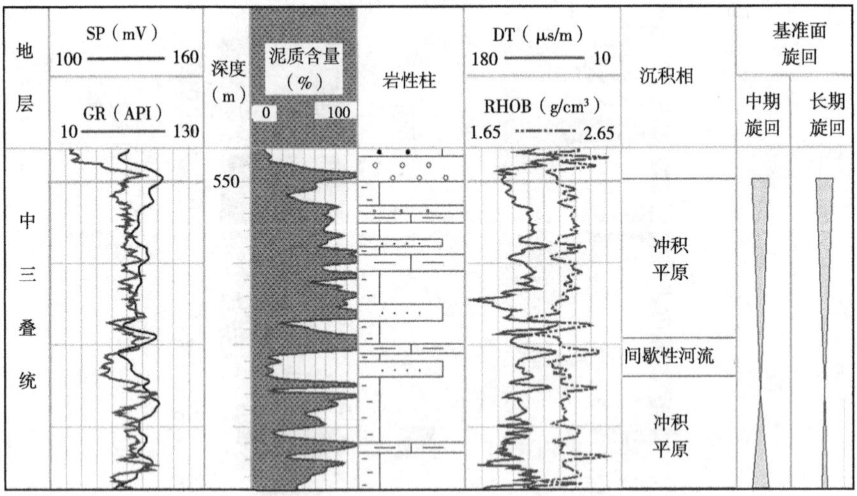

图3-15　冲积平原相岩电特征图（A-4-7井）

3）曲流河

曲流河发育在平缓的平原地区，区带内曲流河呈东西走向，主物源来自东部，次物源为盐隆区水流冲刷携带的沉积物。根据沉积环境和沉积特征，可将曲流河划分为河道、决口扇和废弃河道亚相。

（1）河道亚相。

包括河床滞留沉积和边滩沉积。河床滞留沉积为灰色中粗—中细粒砂岩，底部含砾石。自然电位曲线负异常，呈箱形、齿化箱形或钟形；电阻率中—低值，为齿化的钟形或者箱形，以齿化钟形常见。边滩沉积物的岩石粒度变化范围大，主要由含砾、砂及粉砂等组成。为典型的正韵律特征，测井自然伽马曲线上表现为明显的钟形（图3-16）。

据A-4-1井（734.99m井段）岩石粒度概率曲线资料分析，曲流河河道砂岩岩石粒径变化范围非常大。粒度概率曲线为滚动组分、跳跃组分加悬浮组分，滚动组分总体占20%，跳跃组分总体占32%，悬浮组分总体占48%。曲线由滚动总体、跳跃总体和悬浮总体组成，表明中等强度牵引流沉积的典型特征，反映河流沉积环境（图3-17）。

（2）决口扇亚相。

研究区决口扇发育较少。沉积物以细砂岩、粉砂岩为主，在决口水道底部可见薄层

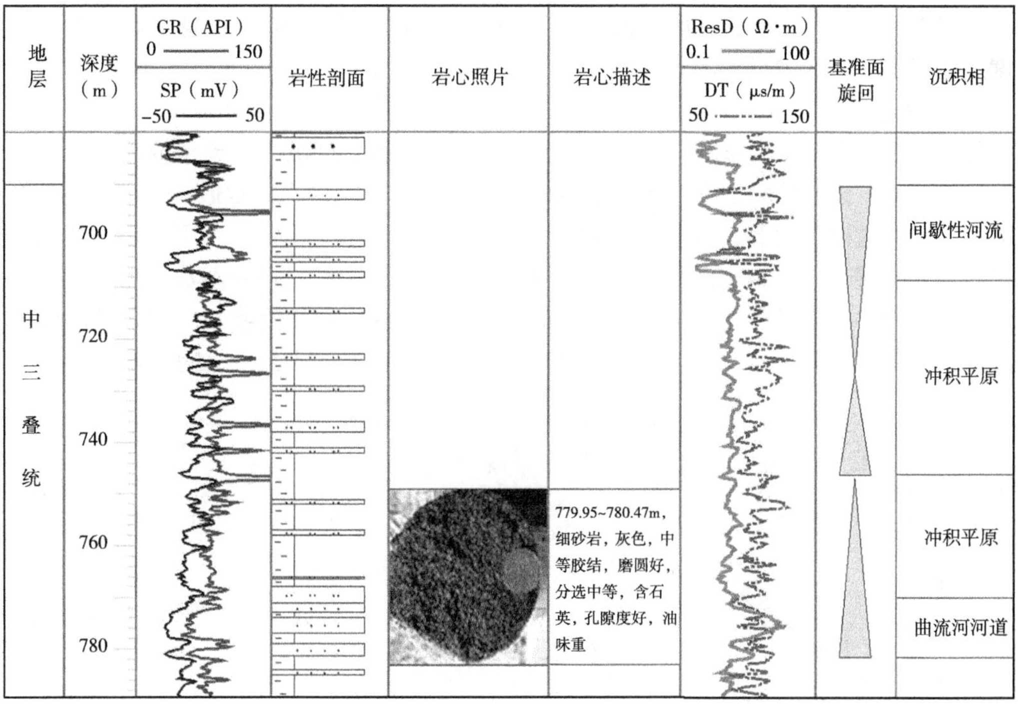

图 3-16　曲流河河道亚相岩电特征图（A-5-6 井）

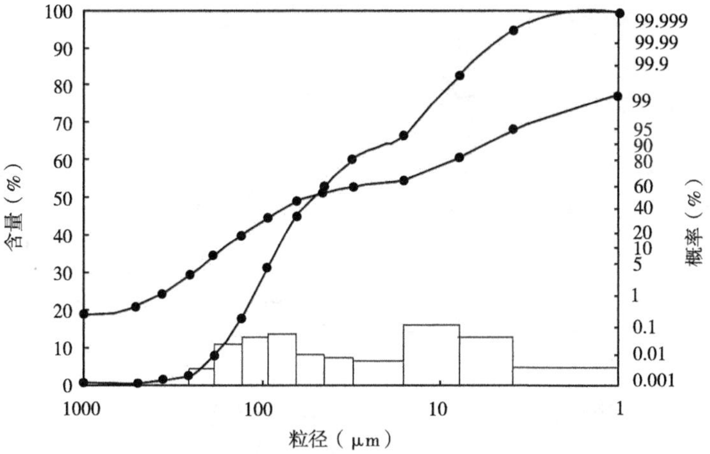

图 3-17　粒度概率曲线图（A-4-1 井，734.99m）

中、粗砂岩。从决口处向扇缘沉积物粒度逐渐变细，反映了决口水流向远离决口的方向逐渐减弱，以及随时间的推移而衰减的特点。剖面上表现为明显的反韵律特征（表 3-2），测井曲线形态多为漏斗形，向下测井曲线幅度逐渐减小，底部渐变接触，顶部突变接触。

（3）废弃河道亚相。

废弃河道充填沉积是曲流河沉积体系中特有的一种沉积相类型。废弃河道充填沉积速率低，沉积物主要是粉砂和黏土，泥岩内部构造以水平层理为主，粉砂岩中以小型交错层理为主，亦发育细的水平纹层。废弃河道充填沉积的厚度与废弃河道水深相当，其形态和规模保持着原曲流河道的轮廓。在垂向上表现为正韵律沉积旋回，底部发育决口扇，顶部发育冲积平原沉积。自然伽马曲线值为40~100API，曲线形态为中—高幅钟形，向上曲线幅度逐渐变小（表3-2）。

4）间歇性河流

受干旱—半干旱气候影响，在冲积平原上，由暂时性、间歇性的雨水或冰雪融水所形成的片状水流沿山谷冲刷下来，形成小型冲（洪）积扇，扇体中常常形成多个沟槽，在扇端前缘，这些沟槽延续形成多个小河道，小河道具有个数多、切割浅、不固定的特点。受气候影响，这些小河道缺乏稳定的水流，并不是长年存在，而是在有雨水或冰雪融水冲刷的情况下，发育一段时间就干涸了，因此形成间歇性河流。由于这些小的间歇性河流末期物源供给不是很充分，使其沉积厚度不是很大，一般在几米到十几米之间（图3-18）。

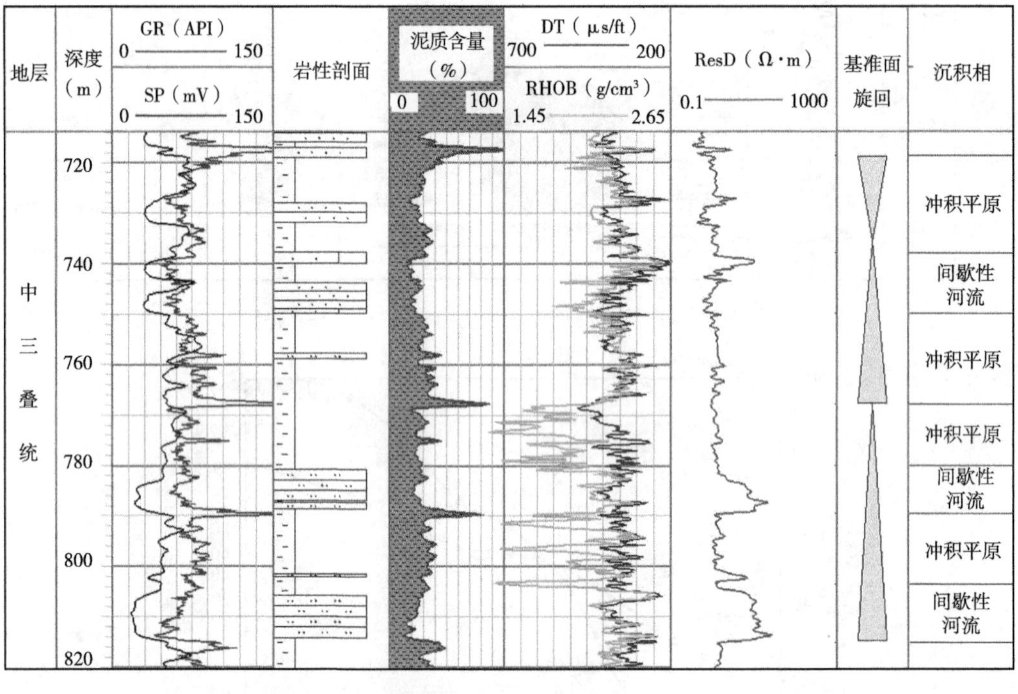

图3-18　间歇性河流亚相岩电特征（T-4-8井）

受气候与风成沉积影响，一些被盐隆抬升的区域变成剥蚀区，同时，一些尚未很好固结的碎屑沉积物又被雨水或冰雪融水带下来。因此，该沉积相带中河道的碎屑沉积物具有分选性、磨圆相对较好的特征。

4. 地震相特征

在地震剖面上，中三叠统沉积层地震相种类增多，主要以前积相和杂乱相为主，表现为中—强振幅、高频、中—低连续性或断续性反射结构，代表高能环境下较强水流作用形成的冲积扇沉积、间歇性河流沉积以及冲积平原沉积等特征。这些也充分反映了三叠纪时期盐构造活动相对频繁且强烈，大多数地区处于高能环境，沉积物岩性变化较快。通过井—震标定，结合区域构造、沉积演化分析，采用地震波的振幅、连续性、频率及几何形态和内部反射结构作为划分标志，在研究区划分出15种地震相类型，其中典型的地震相有以下几种（表3-3）。

表 3-3 滨里海盆地东南部恩巴油气区三叠系地震相特征

地震相名称	振幅	连续性	视频率	内部结构与外部形态	剖面特征		沉积相
前积反射相	中—强	差—中	中—高	下超型前积	LINE480	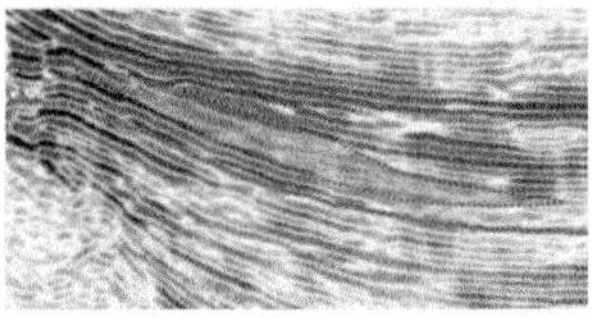	冲积扇
乱岗状反射相	弱—中	差	中—高	乱岗状、亚平行	LINE495	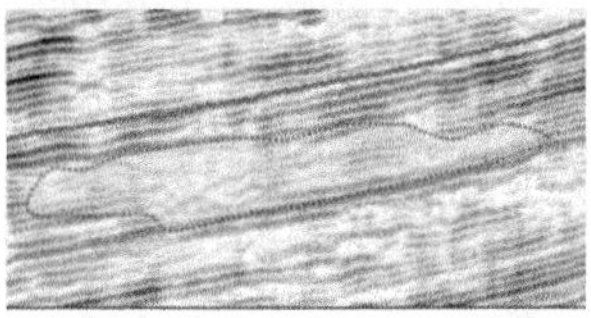	冲积扇、冲积平原
杂乱状反射相	中—强	断续—不连续	低—中	杂乱状	LINE886	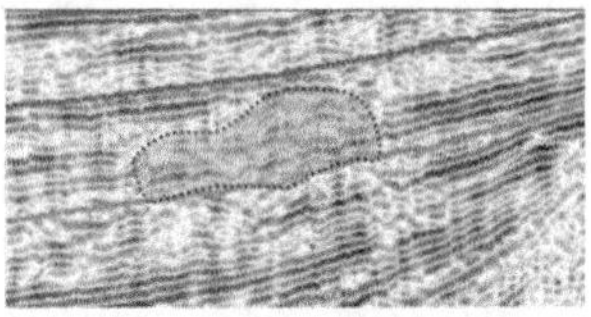	冲积扇
充填相	中—弱	不连续	中	亚平行	LINE441	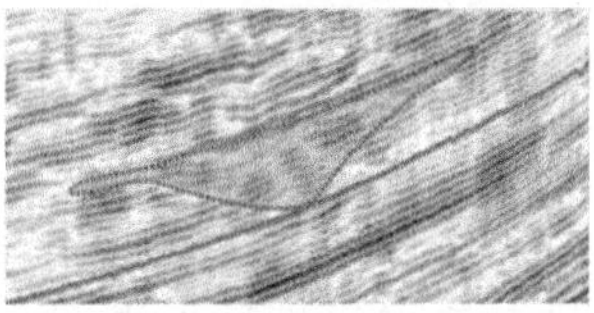	河流相
透镜状反射相	中—强	较好	低—中	透镜状	LINE276	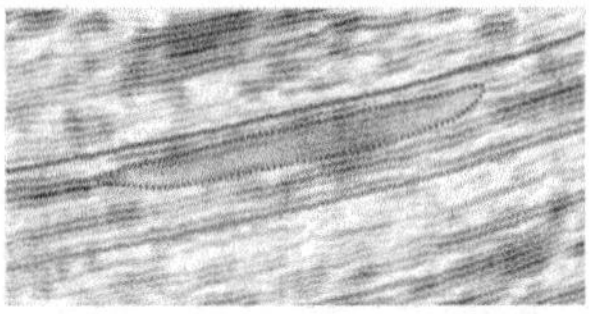	间歇性河流、河流相
平行、亚平行反射相	中—弱	较连续	低	平行、亚平行	LINE537	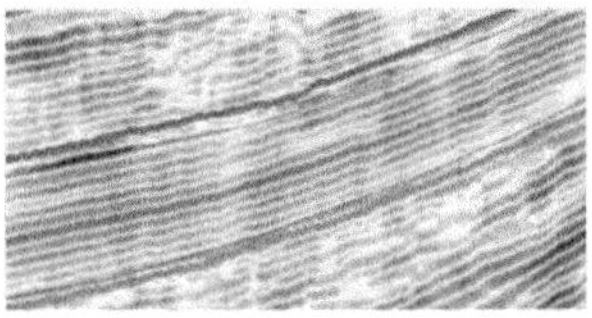	冲积平原

1）中—强振幅中—低连续性前积反射相

区内主要发育下超型前积反射相，其地震相特征是中—强振幅、中—低连续性、中—高频，缺少底积层，前积层向下方以下超方式终止于地层单元之上。这种在水体相对上升期形成了顶积层，而缺失底积层的地震相特征，岩性上以粗碎屑沉积为主，缺乏细粒沉积物。表现为山前沉积作用下产生的地震反射结构特点，是指示主水流方向和物源方向的重要标志。结合区域地质资料分析，该地震相代表了相邻盐隆区水流作用携带下来的沉积物形成的冲积扇体。

2）中—强振幅断续杂乱状反射相

断续杂乱状反射结构是由不规则、连续较差的反射波组成。地质体内振幅变化较快，视频率为中—高，连续性差，反映了沉积物沉积时所处的高能环境，水体动荡。地层岩性变化大，横向稳定性差，可将该种地震相解释为冲积扇。

3）中—弱振幅乱岗状反射相

乱岗状反射结构由不规则、不连续的亚平行反射波组成。地质体内振幅变化较大，视频率为中—高，连续性较差，反映了沉积物沉积时所处的高能环境，水体剧烈动荡，岩性变化大，横向稳定性差。

4）中—弱振幅不连续充填相

该反射结构表现为不规则、不连续的双向上超。地质体内振幅变化较快，视频率低，连续性很差，反映了沉积物沉积时所处的相对高能环境，水体动荡性较强，岩性变化大，横向稳定性差。在垂直物源方向的地震剖面中得到更好体现，该种地震相可解释为河道沉积，属于区域曲流河沉积的特征。

5）中—强振幅透镜状反射相

这类反射相在地震剖面上表现为中间厚度大、两端减薄的透镜状。地质体内振幅中—强，波组连续性较好，为间歇性河流相（或河流相）特征，中间砂岩发育，两端向泥岩过渡，常常在成岩过程中由于差异压实作用形成。

6）中—弱振幅中连续平行、亚平行反射相

该地震反射结构以同相轴彼此平行或微有起伏为特征，属于沉积速率在横向上大体相等的均匀垂向加积作用的产物，地质体内振幅中—弱，视频率低，波组较连续，为冲积平原的特征。

5. 沉积相时空展布特征

根据钻井岩心、薄片观察资料和单井相分析，建立各井间的相序关系，明确了盆地东南部恩巴油气区三叠系沉积环境纵向上演化序列。该区由下而上总体表现为冲积扇—冲积平原—间歇性河流—曲流河的沉积演化过程，反映了水体由浅—深—浅—深的沉积旋回，具有下部层序（TⅠ）和上部层序（TⅡ）两套沉积层序叠加的特征。通过对比，每个层序内又可进一步分出6个亚层序（即SSQ1至SSQ6等亚层序）（图3-19、图3-20）。

1）剖面相特征

以阿舍库勒油气区为例，在与盐隆走向相一致（即垂直于物源方向）的联井相剖面上，中三叠统层序内发育干旱—半干旱平原环境下形成的冲积扇、间歇性河流沉积，局部发育曲流河相。

下部层序：沉积初期（亚层序SSQ1、SSQ2），盐构造活动相对较强，物源供给充足，来自盐隆区水流携带为主的碎屑物，堆积速率较快。受盐构造差异性活动影响，在盐岩活动相对较弱的井区（如图3-19，阿舍库勒西部井区）普遍接受沉积，亚层序SSQ1、SSQ2地层发育较完整，冲积扇体沿盐隆区边缘相互叠置；扇体发育较好，规模较大，向坳陷中心延伸较远，横向上连通性较好；冲积扇以扇中和扇端亚相沉积为主，并发育保存有扇根亚相，扇根亚相沉积物较粗，以粗砂岩和砂砾岩为主，夹杂色泥岩，砂岩厚度较大，可达45.09m。而在盐岩活动较强的井区（如图3-20，阿舍库勒东部井区AshkS-410、AshkS-412、AshkS-415及西部井区的AshkS-501等），地层厚度变化较大，常常缺失底部1~2个次级层序（即亚层序SSQ1或SSQ2+SSQ3），在亚层序SSQ1、SSQ2内冲积扇体发育较差，扇体规模较小，并逐渐由以扇中沉积为主向扇端沉积转变，冲积扇扇端都相应发育多条大小不一、规模不等的间歇性河流，河流方向各异，总体表现为由东南向西北会聚的特征；这些间歇性河流由雨水冲刷形成，砂岩沉积物粒度较细，分选磨圆较好，厚度较小。在亚层序SSQ3：随着盐构造活动减弱，沉积作用趋于缓慢，而沉积范围最为广泛，全区

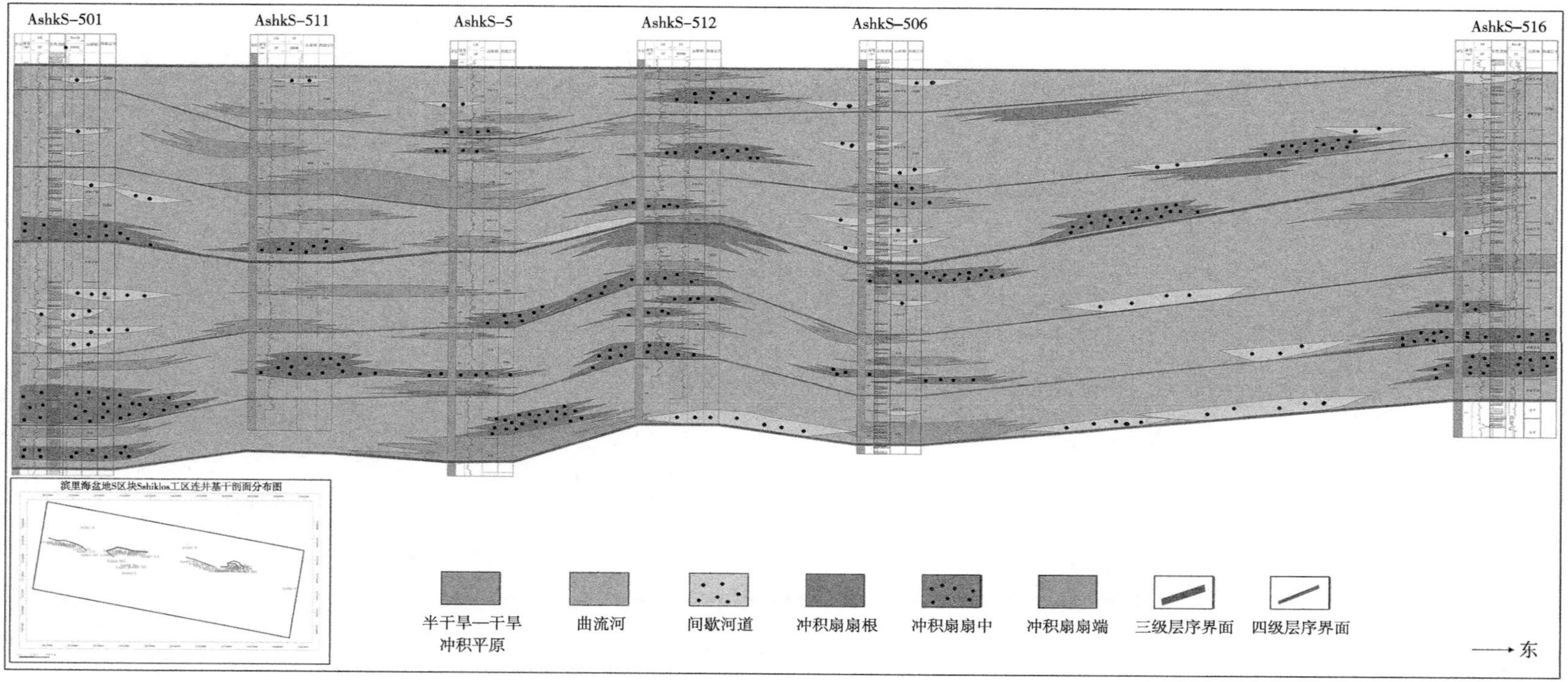

图 3-19 阿舍库勒西部油区三叠系沉积相剖面

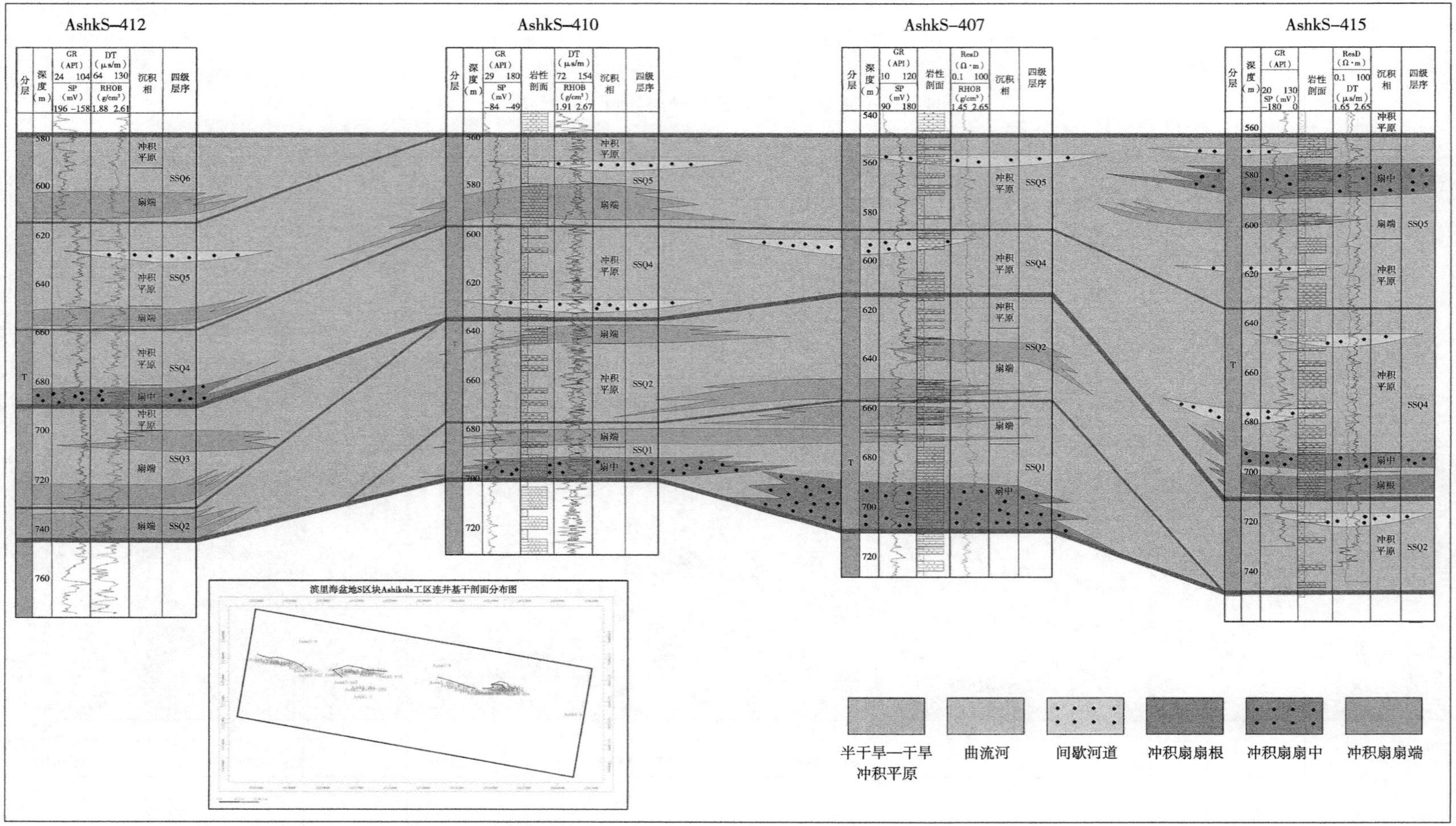

图 3-20　阿舍库勒东部油区区三叠系沉积相剖面

SSQ3 层序地层厚度基本一致，底部发育间歇性河流和小型冲积扇。在 AshkS-501 等井区表现为多期河道相互叠加的现象，河道砂岩粒度相对较细，岩石分选性、磨圆较好，沉积物中很少出现砾岩。总体上，冲积扇体孤立性较强，向盐缘坳陷内发育多条小型间歇性河流。亚层序 SSQ3 内间歇性河流最为发育，延伸也相对较远，基本没有发生迁移现象。

上部层序：沉积早期（亚层序 SSQ4），盐体活动又一次增强，造成亚层序 SSQ4 厚度变化较大，不整合叠置在下部层序之上。在盐岩活动较弱的井区（如 AshkS-501 至 AshkS-516 等井区），层序 SSQ4 内冲积扇体发育保存较好，剖面展布特征与下部层序沉积层类似，发育扇根亚相，如 AshkS-412 井地区位于山口处，靠近邻近的盐隆物源区，冲积扇体中辫状水道发育，沉积物以粒度较粗的砂岩为主，砂岩单层厚度可达 34.93m。随着冲积扇体不断向前推进，在扇端处可出现新一期冲积扇，并向沉积区内延伸形成若干条间歇性河流，最终大部分河流由于水流补给不足，延伸不远便已干涸。间歇性河道深度可达 10m，沉积物以细砂岩为主；河流方向主要有北西—南东向和东—西向两个方向，局部地区随着盐岩活动方向改变，河流方向也随之发生变化，沉积中心不断迁移。地震资料显示，在冲积扇发育过程中，同期形成的顺向正断层对冲积扇体的分布也起到一定的控制作用，冲积扇体常常在断层下降盘垂直断层走向展布，沿断层面依次叠置。上部层序沉积后期（亚层序 SSQ5、SSQ6），随着盐构造活动减弱或趋于停滞，盐隆区物源条件变差，或转变为次要物源区，主物源为来自盆地周缘东南部褶皱山系，盐隆区为沉积物进入盆地后发生再次分配所形成的次要物源区，并由此产生了沿盐丘边缘分布的小型冲积扇体，主要发育扇中和扇端亚相，与亚层序 SSQ4 相比，该时期沉积作用变得缓慢，冲积扇发育较少，规模较小；间歇性河流呈透镜状零星分布，剖面上表现为小而多的特征；局部发育曲流河沉积，由东向西流经阿舍库勒地区，在曲流河河道发生截弯取直，常常形成废弃河道沉积，沉积物以细粒粉砂岩和泥岩为主，平面上呈弧形和新月形；东部曲流河靠近次物源区，沉积物补给充分，水流较强，发育决口扇沉积。总体上，SSQ5、SSQ6 亚层序地层相对平缓，沉积厚度基本一致，沉积物总体偏细，砂岩在纵向上相互叠置，以薄层为主，砂岩厚度变化较小，分选性、磨圆度变好。

综上所述，大部分三叠纪地层沉积与盐丘属于同构造沉积层，区域沉积层序发育除了受构造沉降、沉积物供给速率等控制外，还与盐构造运动和气候变化等因素密切相关。在这种特殊地质条件下，盐隆构造和沉积作用相互影响、相互制约，成为该地区地层沉积的显著特征。盐构造的发育控制着三叠系沉积相类型、分布模式及其规模；与此同时，沉积规律的变化也揭示了盐底劈活动期次和活动强度，表现为：（1）沉积相带分布范围的扩大及缩小与盐构造活动剧烈程度有关，并在一定程度反映物源方向；（2）单个沉积单元内厚度变化梯度的大小反映了控制沉积的盐体活动期次；（3）沉积相带范围扩大方向及沉积中心的转移方向受盐体上拱中心控制。

2）沉积相平面展布特征

通过沿层提取中三叠统（TⅡ层序）振幅、能量、频率和相位等多种地震属性，根据砂体钻遇情况和地震属性的相关性分析判断，均方根地震属性（RMS）可以较好地反映出沉积物平面分布特征，揭示不同层序内的地层沉积现象，是沉积相分析重要的参考和辅助信息；利用大量钻井岩心、测井等实际地质资料，进行井震标定，对地震属性加以地质解释，在该地区得到广泛应用，取得了良好效果。以阿舍库勒油气区为例，中三叠统（层序 TⅡ）均方根振幅属性（RMS）特征显示（图 3-21），在盐丘边缘地区地震相中识别出以强振幅、中—低连续性的前积相、乱岗状反射相为主，代表着冲积扇沉积，说明层序内冲积扇体较发育；向中部渐变为中振幅中—低连续相，为弱振幅低连续相及弱振幅中连续相，代表冲积平原沉积；前积相前缘可见充填相和透镜状反射相，为间歇性河流的地震反射特征，特别是在阿舍库勒地区，充填相相对增强，表明间歇性河流沉积增多。

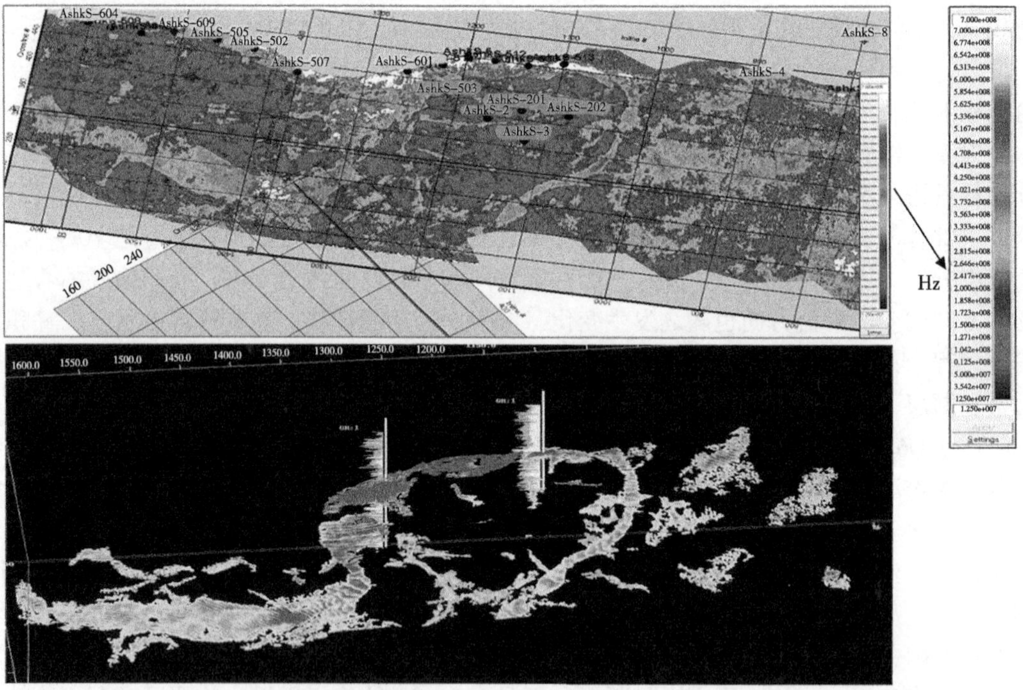

图 3-21　阿舍库勒油区中三叠统油层中部反射层向上 10ms 时窗 20ms 地震均方根振幅属性（上图）与河道三维检测（下图）

区带内三叠系沉积作用较复杂，既有区域构造作用影响，又受盐岩活动控制，造成沉积环境的特殊性。来自盐隆区高部位的物源具有多方向性，随盐岩活动强度差异性和运动方向的改变而逐渐发生变化迁移。因此，冲积扇近岸水下扇扇中水道沉积（多为扇中辫状水道沉积）为多期旋回、相互切割叠置的沉积特征，在垂向和横向上水道沉积变化较快，侧向连续性差（图 3-22、图 3-23），分布于扇中水道间及水道侧缘区域的一般为细—粉砂岩与泥岩，砂体较薄，但分布面积较广，为泥石流扇叶及水道侧翼溢岸沉积形成。据统计，阿舍库勒油气区冲积扇单砂体厚度一般为 3~10m，平面延伸宽度为 600~1100m。

冲积扇体近似于圆锥状的山麓（盐丘）粗碎屑堆积物，由山谷口向盆地方向呈放射状散开，平面形态呈锥形、朵状或扇形。由于古地形地貌等条件不一，不同沉积旋回所处的水体深度、水动力条件等存在差异，沉积相特征存在一定变化，但总体上保持了沿着盐丘构造走向展布的特点。

（二）恩巴油气区侏罗系沉积相类型与特征

晚三叠世—早侏罗世发生了与早西莫里构造运动相对应的区域性沉积间断。此次强烈抬升导致早侏罗世沉积以剥蚀—充填—夷平作用为主，下侏罗统分布局限。中侏罗世，随着盆地周缘山系隆升速率大幅降低，区域碎屑沉积物的沉积速率超过了隆升速率，沉积沉降作用普遍而强烈；差异沉降导致地表水的迁移和深切河谷的形成，盆地东南部地区表现

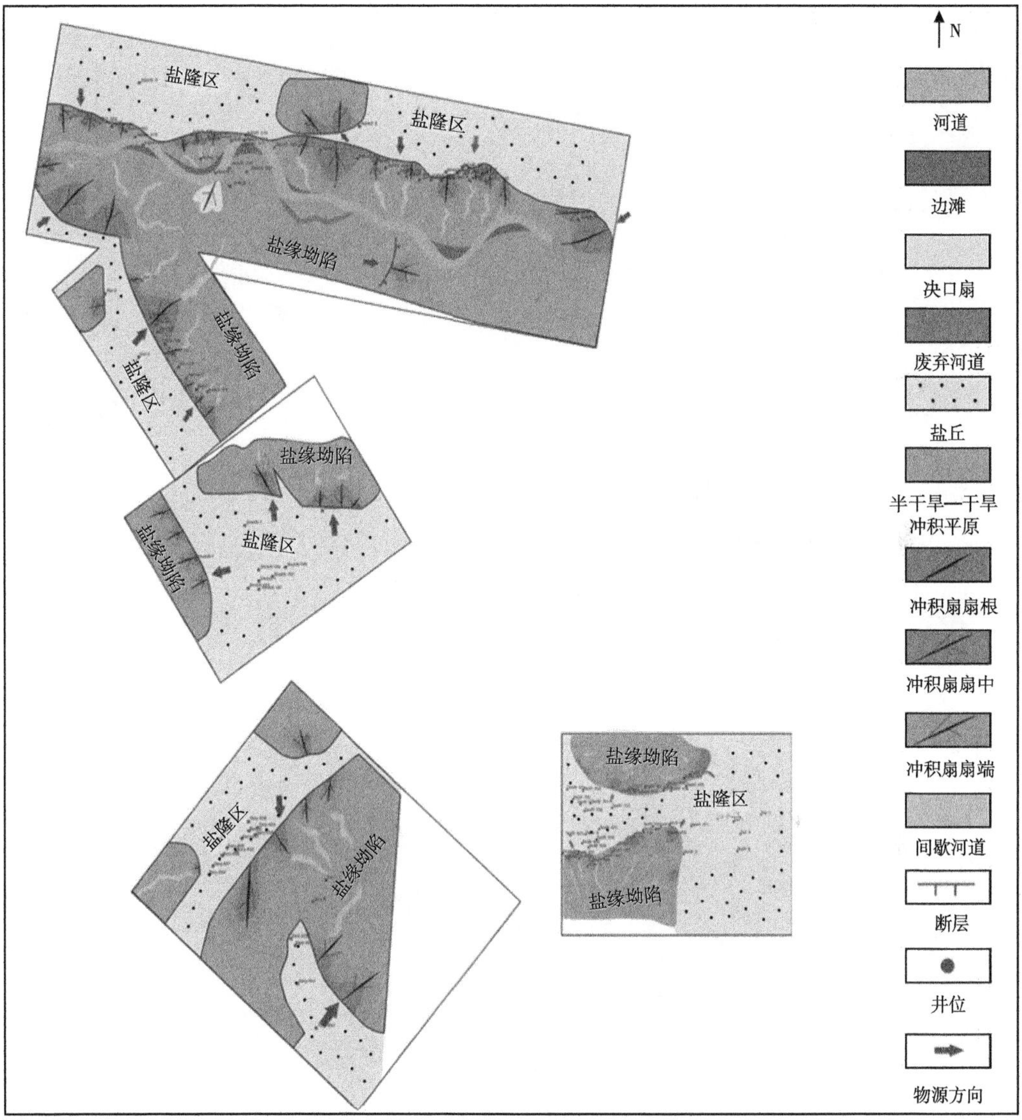

图 3-22　盆地东南部阿舍库勒地区三叠系（T Ⅰ层序）沉积相平面图

为沼泽化平原环境，发育冲积相和河流—三角洲相沉积体系。晚侏罗世，气候变得更加干燥，同时伴随着古地理环境的重建，此时，盆地再度抬升，隆起区规模扩展，剥蚀范围进一步扩大，最终盆地东南部地区上侏罗统剥蚀殆尽。因此，区带内仅中侏罗统发育保存较好，地层剖面相对完整，厚度较稳定，分布范围很广，不整合覆盖在不同时代的地层之上，中侏罗统也是该区域盐上层系重要的含油气层之一。

1. *岩石类型*

通过钻井岩心资料观察，区带内侏罗系岩石类型多样，由低粒级的泥质岩至较大粒级的中—粗砂岩及含砾砂岩组成。同时，岩石颜色是其最醒目的标志，成为对该时期沉积环境判断以及沉积相研究的重要依据之一。

下侏罗统：岩性主要为大套砂岩夹泥岩薄层，底部为大段砾石层。泥岩较少，为灰

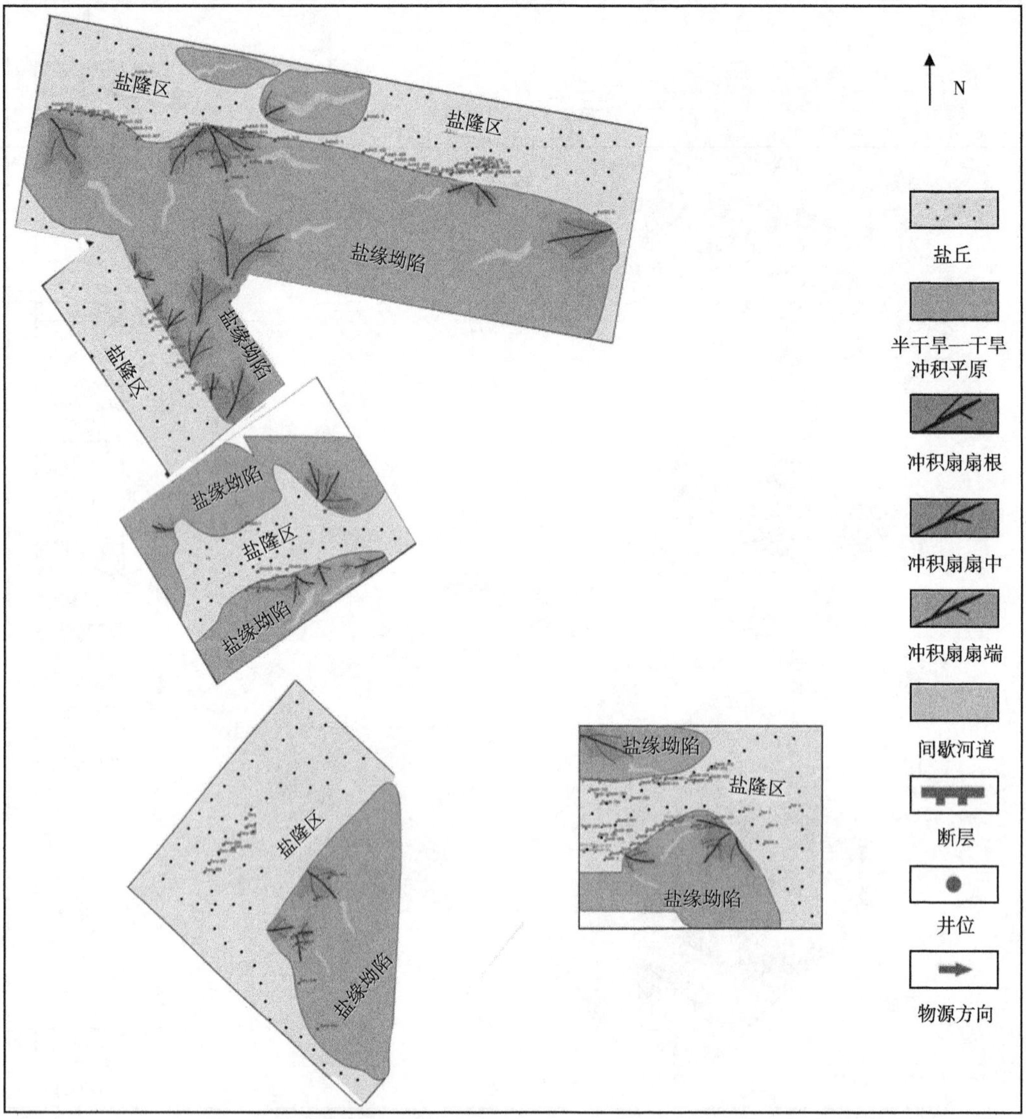

图 3-23　盆地东南部阿舍库勒地区三叠系（TⅡ层序）沉积相平面图

色、暗灰色、褐灰色，致密，粉砂质，含砂量不等，偶含炭化植物残骸；砂岩为浅灰黄色—浅灰色、灰色，细至中粒为主，含云母，次棱角—次圆状，分选性中等—较差，胶结物为钙质、黏土质，胶结差，砂岩上部粒间孔隙发育，下部粒间孔隙欠发育。

中侏罗统：为冲积平原沼泽相沉积，剖面上表现为泥岩、粉砂岩和砂岩的频繁交替。泥岩为灰色、褐灰色、暗灰色—杂色，层状，性软，黏手，无定型，有细砂岩夹层，富含植物碎屑；砂岩为浅灰色、褐灰色、少量灰色，细至中粒，泥质含量不等，松散—中等胶结，次圆状—次棱角状，分选较好，主要成分为石英，长石次之，偶尔见少量暗色矿物，泥质胶结，孔隙性好；粉砂岩为浅灰色，中等胶结，次圆状，分选好，成分为石英，泥质胶结，孔隙性较差，含有植物残骸，为钙质砂岩含炭化植物残骸。泥岩与砂中有褐黑色煤夹层。

2. 相带特征

根据区带内侏罗系的沉积特点，利用测井资料、录井岩性资料及化验分析资料（如薄片、粒度等），结合前人建立的沉积模式，建立区带侏罗系中—下统岩相、测井相识别标志。以萨里库马克油区为例，其相带特征如下：

中侏罗统，属于半干旱冲积平原沉积环境，发育冲（洪）积扇、河流相两个沉积相带。冲积扇由扇根、扇中和扇端亚相组成，沉积物为中—细砂岩与粉砂岩、黏土岩不等厚互层；河流相发育河道、河漫及堤岸等亚相，沉积物为细砂岩夹粉砂岩与泥岩互层，泥岩暗紫红、褐色—杂色，砂岩厚度一般为几米到十几米（表3-4）。

下侏罗统，砂层发育，主要为灰色、浅灰色细砂岩、中砂岩，呈块状，单层厚度较大，一般大于20m，泥岩为薄层，灰色、褐色—紫红色，以冲积扇扇中辫状水道沉积为主。

表3-4　恩巴油气区萨里库马克油区中—下侏罗统沉积相带特征

相	亚相	岩性组合	沉积层序	曲线形态	GR（API）0——150 / SP（mV）50——170
冲积扇	扇端	主要为泥岩和粉砂岩，泥岩中粉砂岩常与泥岩成不等厚互层	无韵律	低幅齿形、微齿形或无变化	
	扇中	以细砂岩、中砂岩和泥岩为主，常见细砂岩和泥岩不等厚互层	正韵律	中—高幅带齿边箱形或钟形	
河流相	河道	中—细砂岩、含砾石	正韵律	中—高幅箱形、齿化箱形或钟形	
	河漫	泥包砂，泥岩为主，有砂岩、煤夹层	正韵律	中—低幅，多为指形或钟形	
	堤岸	粉—细砂、泥岩薄互层	正韵律	齿状、钟形	

3. 亚相与微相特征

根据钻井地层岩性组合、沉积构造、粒度以及测井电性组合特征等资料，将典型沉积相特征分述如下。

1）冲积扇

受盐隆形成的特殊古地形影响，中侏罗世，盐隆周缘及盐缘坳陷普遍发育中—小型冲积扇体。其中，以萨里库马克油田S-604至S-605井区最为典型（图3-24）。区内冲积扇沉积规模较小，主要受几个因素的影响：一是受古盐隆规模的控制，冲积扇体通常局限分布于古盐隆的周缘或盐缘坳陷内（也可能为小型低洼地带）；二是受干旱—半干旱气候的影响，扇体在沉积时尚未胶结好，与大型冲积扇体相比粗粒沉积物相对较少，沉积物源不够充分。

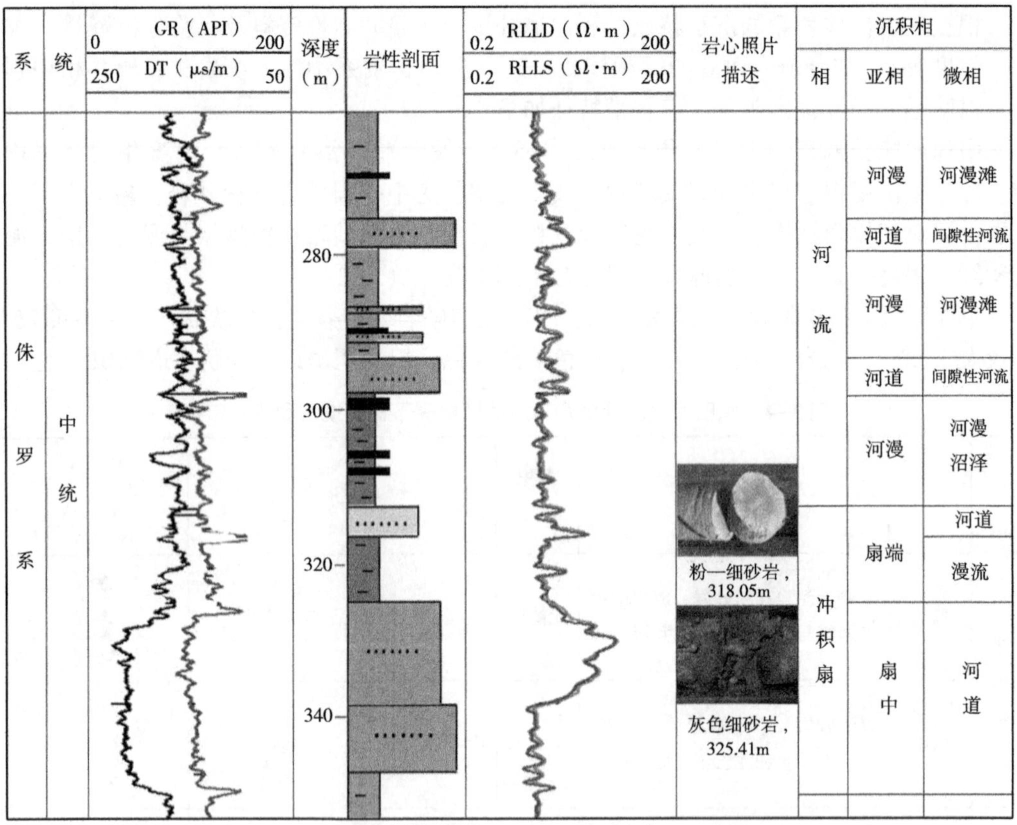

图 3-24 萨里库马克油区 S-604 井中侏罗统冲积扇相沉积剖面

根据冲积扇沉积特征，可划分为扇根、扇中和扇端 3 个亚相带。

(1) 扇根亚相：分布在冲积扇体顶部地带的断崖处，其特点是沉积坡角最大，并发育有单一的 1~2 个直而深的主河道，其沉积物由分选差、成熟度低、大小混杂或具叠瓦状构造的含砾砂岩、砂砾岩所组成，大多为沉积速率较快条件下形成块状层理，局部或由于水流流速减慢，地层中可出现逆变层理。扇根亚相的测井电阻率曲线呈块状形态，自然电位曲线为圆柱形—钟形。在萨里库马克油区，中侏罗统常常缺失扇根亚相。

(2) 扇中：位于冲积扇中部，是冲积扇体主要组成部分，以中到较低的沉积坡度和发育辫状河道为特征，河道迁移速度快。地层岩性以细砂岩、中砂岩为主，夹泥岩，砂岩厚度较大，单层厚度为 20~30m。表现为细砂岩和泥岩不等厚互层，泥岩呈紫色、紫红色，砂岩为灰色，含石英，截面可见钙质胶结，未固结，次圆状。与扇根沉积相比较，砂岩的结构成熟度明显变高，由于下切充填作用形成槽状交错层理，甚至局部可见逆行沙丘交错层理，冲刷构造发育。在测井电阻率和自然电位曲线上均表现为带齿边的齿形对称的箱形或钟形，中等—高幅度，界面曲线形态为顶、底突变型或底突变顶渐变型。

(3) 扇端：出现在冲积扇趾部，其地貌特征为具有最低的沉积坡度，地形较平缓。沉积物通常由黏土岩、粉砂岩组成，夹有细砂岩，砂岩呈灰色—土黄色，局部也可见有膏盐层，在冲积平原环境下，砂岩粒级变细，分选性变好，次圆—圆状，可见变形和暴露构造（如干裂、雨痕）。在测井自然电位和自然伽马曲线上表现为幅度较小、带有小齿峰的低平状特征。

单井相反映了沉积相在纵向上的演化特征，S-604 井位于萨里库马克油区西部，紧邻古盐隆物源区，在单井相剖面上，较完整地反映了中侏罗世冲积扇—河流相的沉积体系（图 3-24）。

2）河流相

河流相沉积主要出现在平原地带，岩石粒度旋回在纵向上为上细下粗的正旋回，每个旋回的底部常见侵蚀面。区内中侏罗统主要发育曲流河沉积，水流强度中等，有侧向侵蚀及垂向、侧向加积的特征。发育河道亚相、河漫亚相和堤岸亚相（图 3-25）。

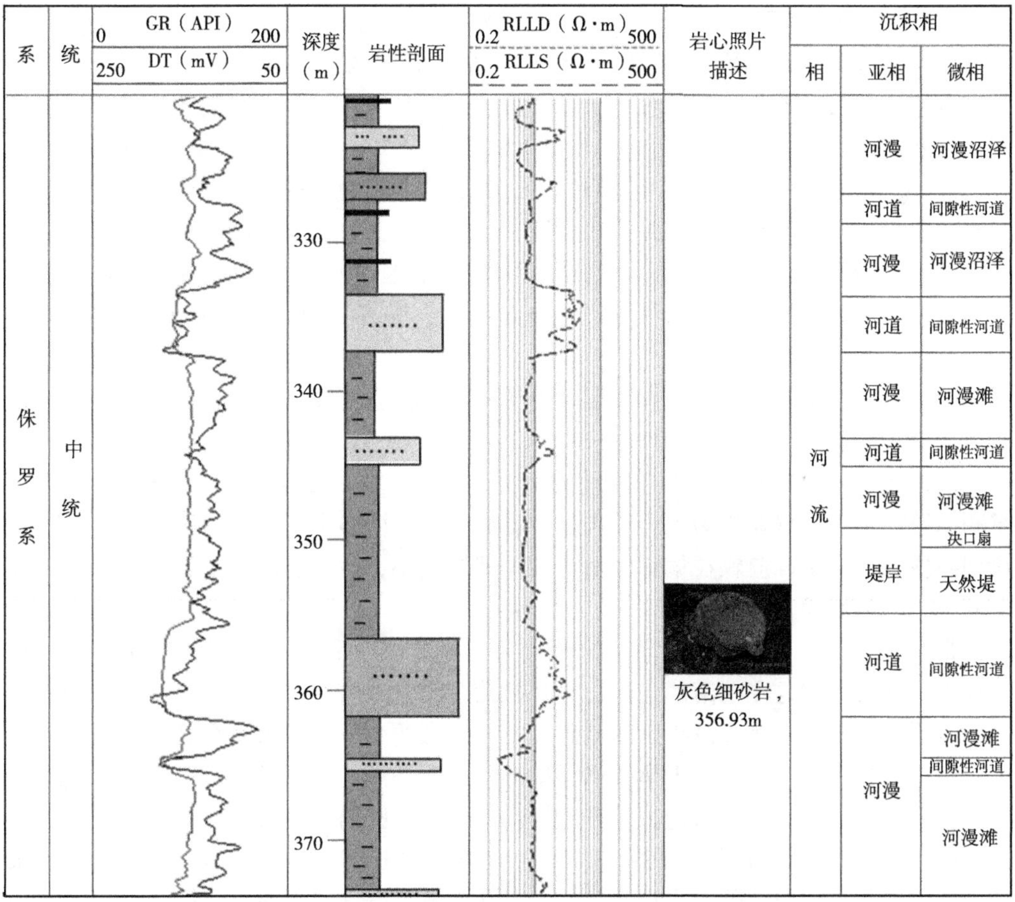

图 3-25　萨里库马克油区 S-6 井中侏罗统河流相沉积剖面

（1）河道亚相：受干旱—半干旱气候的影响，在冲积平原上，由暂时性、间歇性的雨水或冰雪融水所形成的片状水流沿山谷冲刷下来，在冲积扇端前缘，延续形成多个河道，河道具有数量多、切割浅、不固定、频繁自由迁移的特点。受气候影响，这些小型河道并不是长年存在，而是在有雨水或冰雪融水冲刷的情况下，发育一段时间后干涸，以间歇性河流为主。

间歇性河流的河道沉积物为浅灰、浅黄色粗—细砂岩与粉砂岩、黏土岩等，以及细砂岩夹粉砂岩与泥岩互层，砂岩主要成分为石英，长石次之，偶尔见少量暗色矿物。剖面上表现为下粗上细的正旋回，层理发育，底部含有砾石，具明显的冲刷面。由于这些间歇性河流末期物源供给不很充分，因此，沉积厚度不是很大，一般在几米到十几米之间，单个砂岩厚度一般小于10m，为次棱角状—次圆状，分选较好，砂岩截面可见钙质胶结，黏土质胶结，偶见高岭石胶结，未固结，胶结较差。电阻率测井和自然电位曲线表现为箱形—钟形，顶、底界面为突变或为底部突变顶部渐变型。

（2）堤岸亚相：为泥岩、粉—细砂薄互层沉积，单个旋回厚度为5~8m。其中，天然堤为细砂岩、粉砂岩及泥岩沉积，泥岩为灰色、灰褐色，中等硬度，发育小型砂纹层理（波状、槽状层理），电阻率测井曲线为幅度较小的带微齿状的低幅度形态；决口扇为灰色粉—细砂岩沉积，测井曲线多为锯齿状。

（3）河漫亚相：河床外广阔的滩地，在洪水期，水流较急的情况下，水流会越过河道堤岸淹没，形成加积的河漫滩沉积。区带内河漫亚相多为黏土岩、粉—细砂岩夹煤层沉积，富含生物化石，泥质或灰质胶结，发育波状层理和水平层理。河漫亚相可进一步划分为河漫滩和河漫沼泽。

河漫滩：以细砂岩、粉砂岩及泥岩为主，泥岩为浅黄色—褐色—红色，色杂，发育波状层理和水平层理。河漫滩在测井曲线显示泥质含量高，自然电位曲线和电阻率曲线为光滑平直形，多为指状，幅度变化小；自然伽马呈微齿状，视电阻率低相间出现峰状高阻。

河漫沼泽：分布较广泛，沉积物以泥土岩为主，夹粉—细砂岩、泥炭或多个薄煤层，富含植物化石，泥岩为深灰—褐色，性软。自然电位曲线以低幅齿状曲线组合为特征，齿中线水平，且相互平行，低幅度齿形反映沼泽化沉积，齿中线水平平行反映了沉积物加积式的沉积特征。

位于冲积扇体前缘的S-6井单井相剖面研究表明（图3-25），中侏罗统主要发育河流相沉积，以河道、河漫亚相为主，局部发育堤岸亚相，由多个下粗上细的“泥包砂”正韵律旋回组成，总体上碎屑颗粒偏细，河道砂体规模变小，砂体连通性及储油层物性变差。

4. 中侏罗统沉积相时空展布

区带内侏罗系具有多物源特征，物源方向控制着其沉积体系样式及展布特征。总体上，侏罗纪地层沉积是在东南部盆地边缘隆起抬升和盆地内持续沉降的背景下，分布于盆地内的若干古盐隆为主物源供给区的基础上发育起来的。早侏罗世，全区在填平补齐的基础上，中侏罗世进入了稳定的干旱—半干旱冲积平原环境，发育冲积扇—河流—湖泊相沉积体系，此时盆地东南部边缘构造抬升趋缓，沉积沉降区面积增大。

以萨里库马克油田为例（图3-26、图3-27），侏罗纪时期存在两个物源，分别来自盆地南部恩巴隆起和西部萨里库马克孔谷阶古盐隆剥蚀区。晚二叠世至今，盐岩长期而又持续的活动，形成若干个厚达4~5km的古盐隆，形成了中侏罗世地层沉积的主要物源。在洪水期水流携带作用下，围绕古盐隆周缘沉积区（或盐缘坳陷内）呈扇形堆积，发育冲积扇体，扇体内砂岩厚度一般超过20m，但分布范围较小，常常缺失扇根，向盐缘坳陷内逐渐过渡为河流相沉积，发育间隙性河流相及河漫相等沉积，随着岩相变化，河道砂厚度逐渐减薄，一般小于10m，剖面上，表现为河道的不连续性或不稳定性延伸（图3-25），呈上平下凸的透镜状或板状，嵌于四周河漫泥质沉积之中。纵向上，表现由多个层序组成并叠加，每一个层序都划分为基准面的上升和下降的旋回，表现为沉积环境由河道向湖沼相的一次过渡。

在平面上，冲积扇相区扇体呈朵叶状分布，发育扇中和扇端亚相，随着河流携带沉积

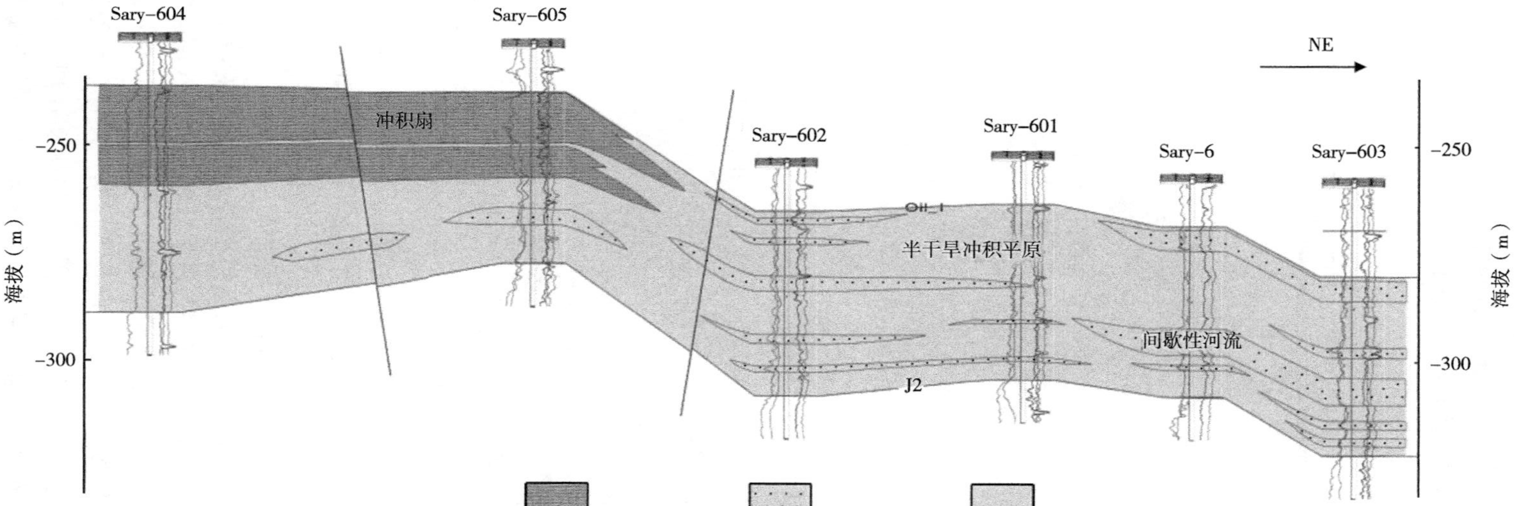

图 3-26　萨里库马克油区中侏罗统沉积相剖面图

物的不断向前推移，扇端前缘发育间歇性河流、河漫滩等沉积，不同时期发育多条河道相互交错或叠加，平面上呈弯曲的长条状、带状、树枝状展布（图 3-27），河道砂体连续性较好，河道宽度为 80～1000m。钻井揭示的河道砂体厚度一般小于 10m。由于河道频繁的决口或侧向迁移，河道间发育河漫沼泽相区，是主要的富煤区，为半干旱冲积平原的河漫滩、河漫沼泽沉积。

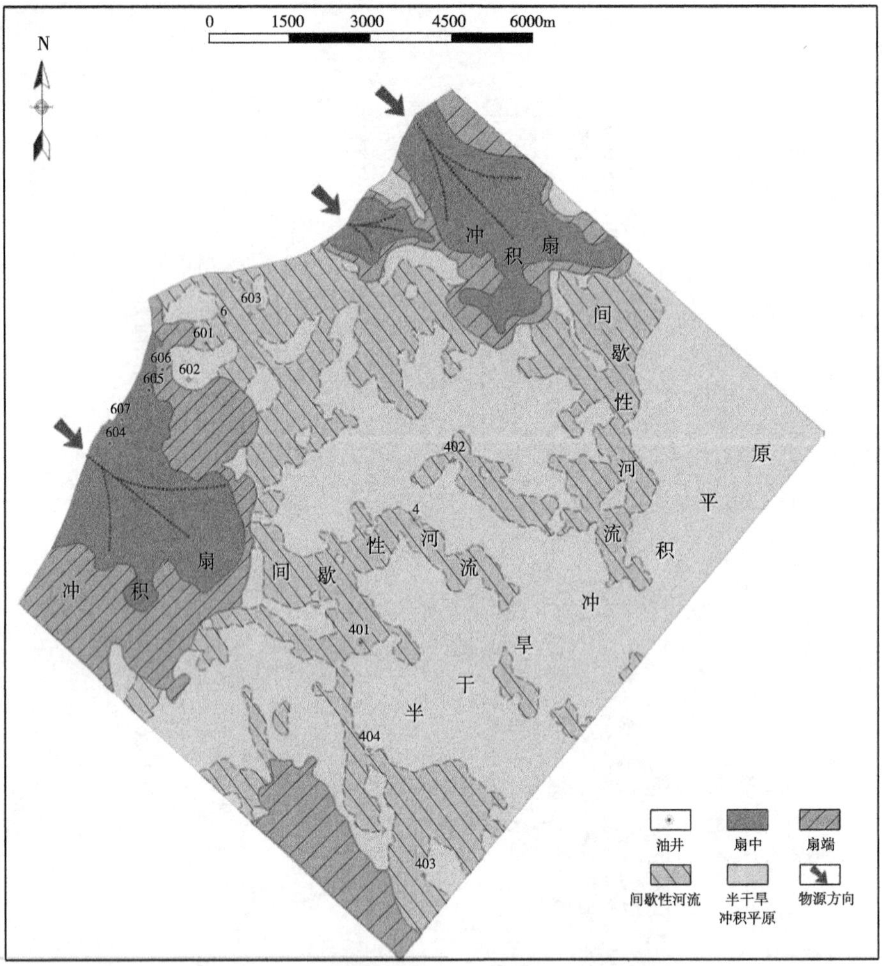

图 3-27　萨里库马克油区中侏罗统沉积相平面图

（三）古里耶夫油气区下白垩统沉积相类型与特征

侏罗纪—早白垩世时期，阿斯特拉罕—阿克纠宾斯克隆起带对盆地南部和中央坳陷区的沉积仍有一定的分隔作用，导致这一时期北里海隆起始终处于浅海陆棚相—滨岸相和过渡三角洲相区。侏罗纪时期，隆起带附近浅海陆棚相海滩砂尤为发育，砂岩的成分成熟度和结构成熟度也较高，储层物性较好；早白垩世凡兰吟期，发育一套泥岩和粉—细砂岩不等厚互层的滨岸相沉积，泥岩段生物化石十分丰富，生物扰动强烈，含海绿石、有孔虫等化石，可见生物潜穴，在其临滨附近发育规模不大的滨岸沙坝，发育海滩砂岩。

总的说来，古里耶夫油气区盐上地层中浅海陆棚相、滨岸相和过渡三角洲相砂岩分布普遍。这些砂岩主要为钙质石英砂岩，少数为长石砂岩，许多砂岩构成了盐上层序中的有效储层。其中，下白垩统凡兰吟阶（K_1v）砂岩是古里耶夫油气区重要含油气层之一，也是萨赞库拉克油田、明泰克等油气田的主力产油层。

1. *岩石类型*

下白垩统凡兰吟阶上部岩性为浅灰色砂岩，下部以浅灰—深色泥岩为主，与测井曲线相对应，GR 特征表现为逐步升高，两者较为吻合。根据钻井岩心观察（图 3-28）：下部泥岩段整体上呈低角度平行层理，生物扰动强烈，可见生物潜穴，表现为浅水—半深水低能环境的沉积特征；上部砂岩段以浅灰色和暗色钙质石英极细—粗粉砂岩、粉—细砂岩为主，长石砂岩次之，不含陆源碎屑；低角度平行层理，局部可见小型交错层理及底部冲刷面，电测曲线表现为钟形与漏斗形的组合，幅度一般多为中幅，体现了上部高能环境、下

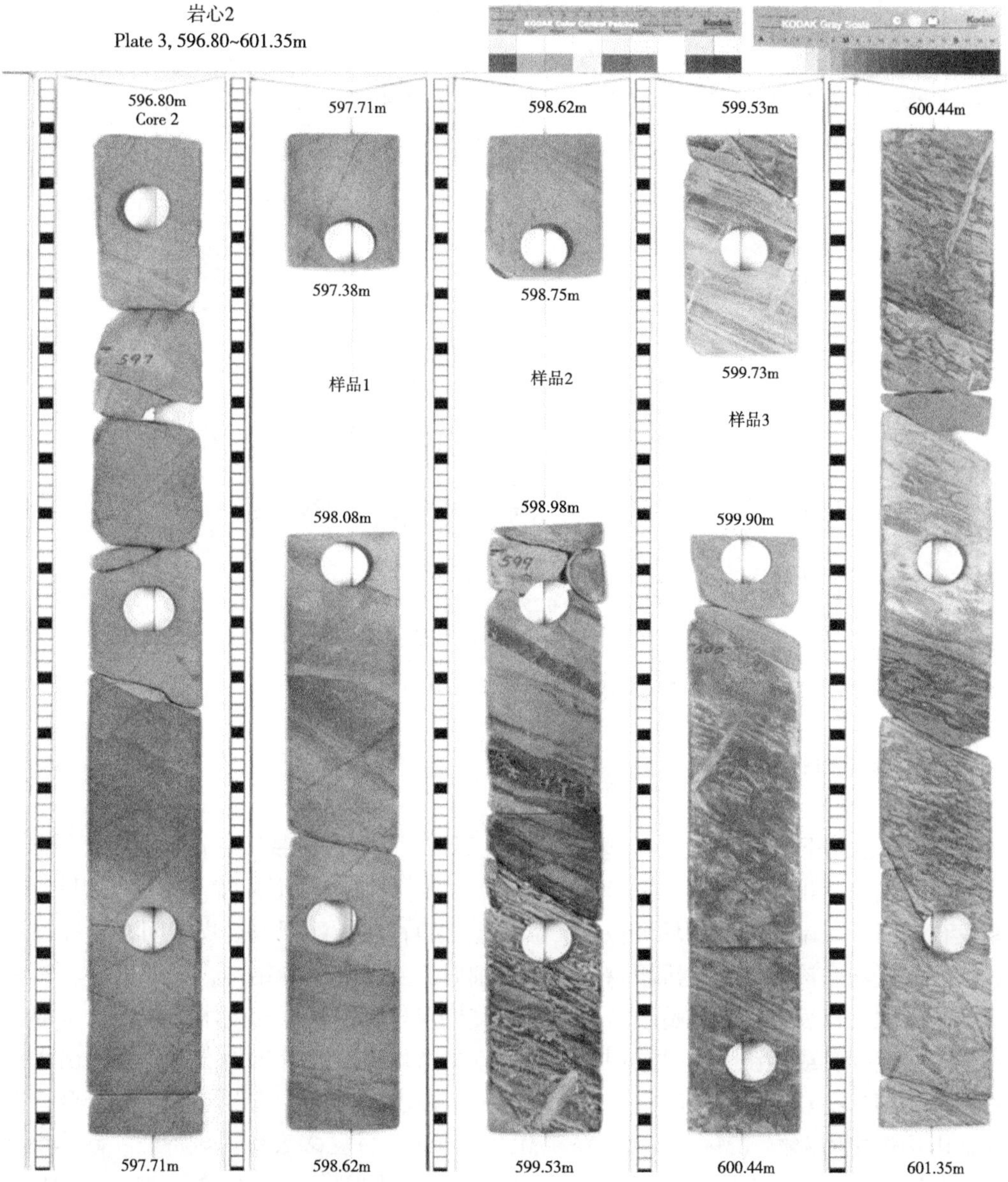

图 3-28　明泰克油田 M-2A 井下白垩统凡兰吟阶钻井取心剖面

部海相滩砂沙坝沉积特征；砂岩岩石磨圆度中—好，分选程度中等，颗粒支撑，点接触方式，接触—孔隙式胶结，胶结物为黏土—灰质，为含黄铁矿的粉细砂岩，泥质呈块状，被油染呈深褐色，光性差，分布极不均。

2. 相带特征

早白垩世凡兰吟期，由于海水不断加深，造成砂泥岩频繁互层，三角洲范围相应缩小，浅海陆棚相砂岩的分布范围也有一定程度的减小，阿斯特拉罕—阿克纠宾斯克隆起带北缘的开阔滨岸沉积也同样随着海平面的上升而后退和变小，因而在其临滨附近形成无障壁滨岸沉积，属于临滨亚相区，发育滨岸水下沙坝。

结合区域下白垩统的沉积特点，利用明泰克、萨赞库拉克等油田测井资料、录井资料及化验分析资料，建立岩相、测井相识别标志，通过单井沉积环境、沉积相识别与划分，认为区带内下白垩统属于浅海陆棚—无障壁滨岸相沉积。

砂岩岩石粒度直方图分析表明（图 3-29），区内下白垩统凡兰吟阶粒度直方图为双峰型，粒度峰值均为细砂和黏土，反映受两种水动力影响，悬浮组分含量高，灰质含量为 11.82%。

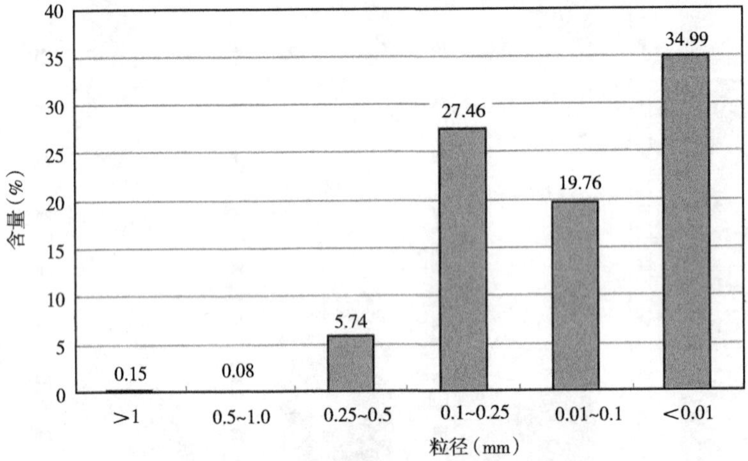

图 3-29　下白垩统凡兰吟阶粒度直方图

3. 亚相与微相特征

1）无障壁滨岸相

从钻井揭示的下白垩统凡兰吟阶岩性、电性等特征来看，区带发育临滨亚相（图 3-28、图 3-30）。临滨亚相分布在平均低潮线到波基面之间，属于水下环境。总的沉积特点为，沿岸发育平行于海岸的水下沙坝沉积物，形成于波浪作用，沙坝与沙坝之间有被冲蚀的凹槽；波浪能量与水深成反比。沉积物以中—粉细砂为主，中细砂结构，成熟度高，具有上粗下细的反粒序特征，沉积构造上从上至下由交错层理过渡到低角度水平层理，下部交错层理变小、变少，或过渡为水平层理；生物扰动构造增多，发育生物潜穴，反映出水动力条件由强变弱的特点。电测 GR 曲线表现为高—中幅齿状钟形、箱形与漏斗形组合，在明泰克油田构造主体部位（M-2A—M-3A—M-1A 一线）井区多表现为该特征，砂体最厚达 16.0m，平均厚度为 7.0m，体现了沉积位置为沙坝主体部位；而构造腰部（M-J1—M-44D 井）砂岩岩性多为泥质粉砂岩或粉砂质泥岩，曲线为齿状中低幅，内部泥质或者灰质夹层较为发育，表现为沙坝边部沉积；构造低部位（K_1v）则转为灰质粉砂岩和石灰岩沉积，体现了半深水缓坡碳酸盐沉积环境（M-23 井、M-24 井等实钻资料均显示该特征）。

2）浅海陆棚相

浅海陆棚相以泥岩为主，夹少量薄层砂岩；生物化石丰富，生物扰动强烈，含海绿石、有孔虫等化石，可见生物潜穴，表现为浅水—半深水环境（图 3-30、图 3-31）。砂岩

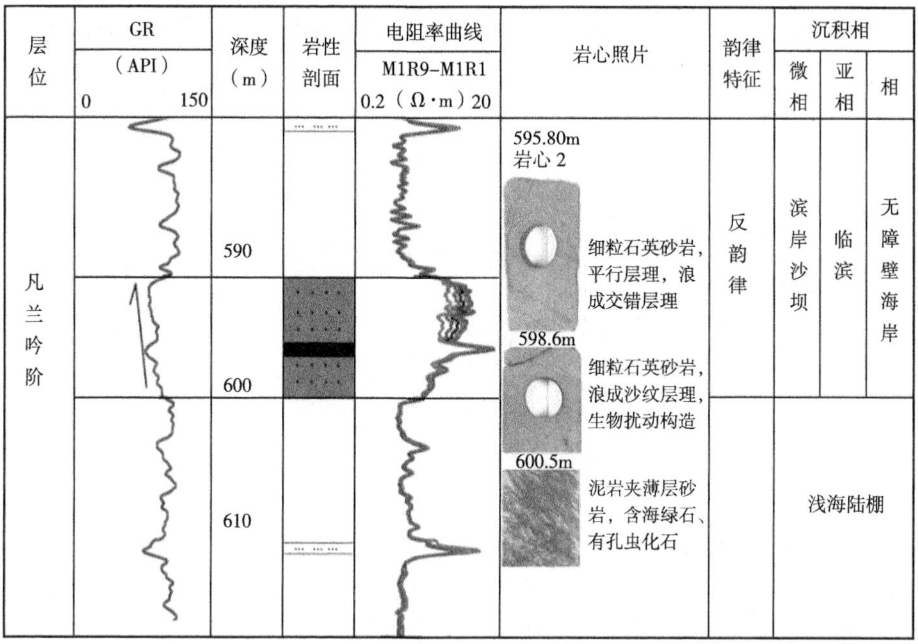

图 3-30　明泰克油田 M-2A 井下白垩统凡兰吟阶沉积相剖面

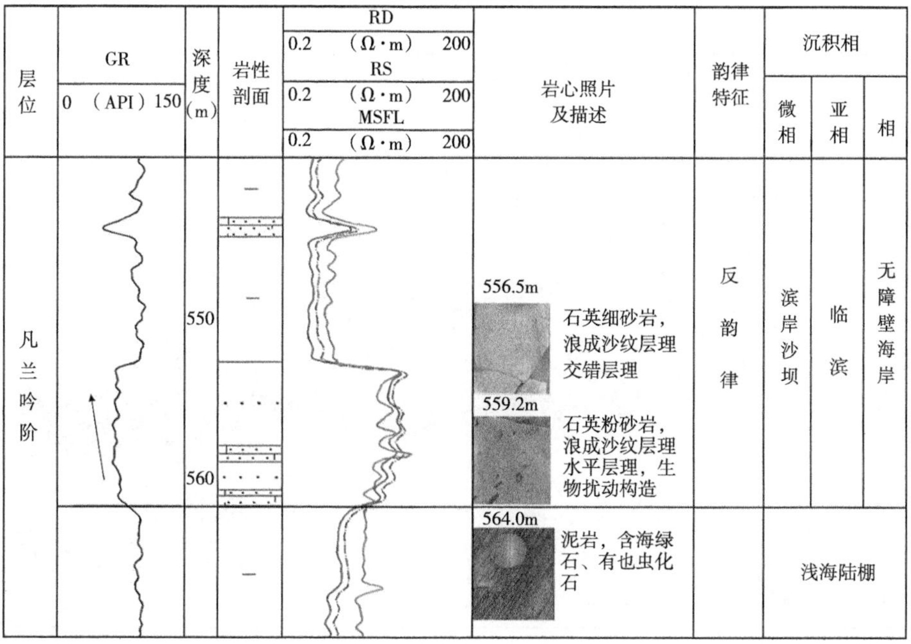

图 3-31　明泰克油田 M-3A 井下白垩统凡兰吟阶沉积相剖面

段以水平层理为主，局部可见小型交错层理及底部冲刷面。电测曲线一般多表现为中幅，体现了由上部滨岸相高能环境砂岩沉积向下部浅海陆棚泥低能环境沉积的转变。

4. 下白垩统沉积相时空展布

从明泰克油田钻井地层对比及连井相剖面分析来看，油田主体部位砂体东西展布稳定，连续性好（图3-32），是明泰克等油田主力含油层。储层砂岩厚度多为5~20m，砂体宽度为800~1000m。钻井资料揭示以上粗下细的反粒序为特征，反旋回居多，从相层序上来说，对于海退层序，沉积物粒度以反旋回为主，对于海进层序，则以正旋回为主。

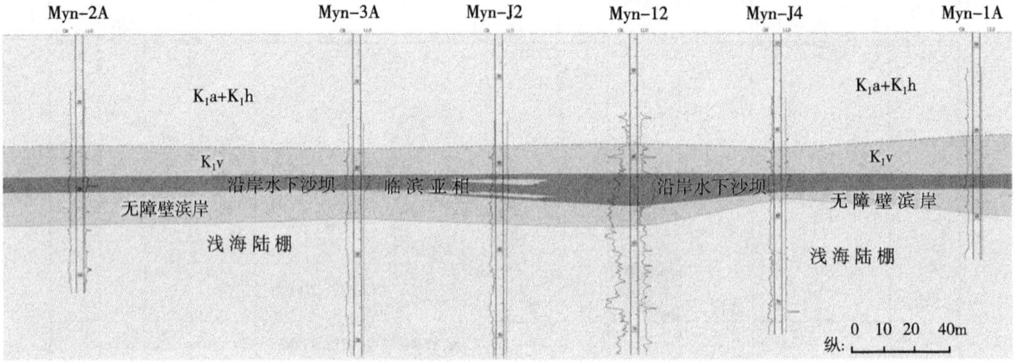

图3-32 明泰克油田下白垩统凡兰吟阶沉积相剖面图

东西向平面展布的相带特征与东欧大陆南缘沉降带的古地理环境一致，波浪作用形成了东西向长条形的临滨水下沙坝沿古海岸线分布（图3-33），反映了早白垩世海侵作用下，浅海陆棚—无障壁型海岸演化的特征。滨岸沙坝相砂岩、粉砂岩成熟度高，粒度适中，以细砂为主，分选好，泥质含量少，较疏松，孔隙度和渗透率较高，属于较好的储层。

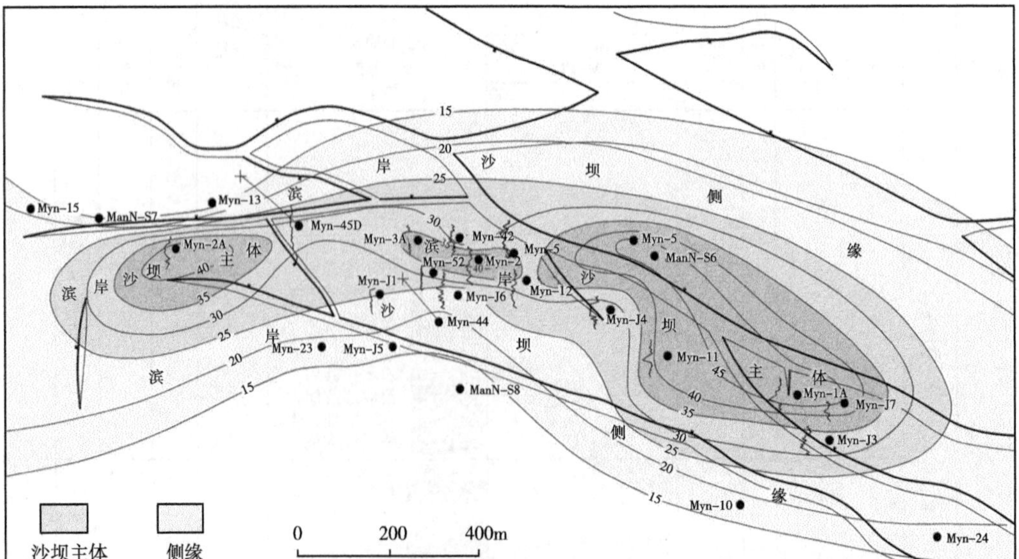

图3-33 明泰克油田下白垩统凡兰吟阶砂体沉积微相图

第三节 油气成藏条件及油藏类型

一、盐上层系烃源岩特征及油气来源

滨里海盆地经历了长期快速的沉降过程，在稳定的沉积环境下发育巨厚的海相和陆相两套富含有机质沉积层，并使得富含有机质的烃源岩得以保存下来。尤其是盆地东南部盐下古生界中、上泥盆统—下二叠统海相生油岩，厚度大，富含藻类等低等浮游动物，有机质含量高，构成了东南部区带主力烃源岩体系，同时也是区带内潜力巨大的优质烃源岩（详细论述见本书第四章第四节），这里着重对盐上烃源岩特征及油气源进行讨论。

（一）盐上烃源岩特征

盐上层系可能的烃源岩主要为海相至陆相环境下形成的下三叠统（约 245—240Ma）湖相泥页岩、局限海与潟湖碳酸盐岩和页岩，以及侏罗系陆相湖泊和岸后沼泽环境下沉积的暗色泥岩、石灰岩和煤层，下白垩统海侵期发育的石灰岩。其中，上二叠统和三叠系湖相泥页岩分布局限，大部分地区为氧化环境沉积的红色—杂色陆相碎屑，不利于有机质的富集保存。下白垩统烃源岩区域广泛分布，但是埋藏深度较浅；侏罗系湖泊和岸后沼泽环境下沉积的暗色泥岩较发育，有机质丰度明显高于上二叠统和三叠系，但该套烃源岩受盐刺穿构造的改造较强烈，区域稳定性较差，盐丘顶部大多被剥蚀，或随着盐丘的上拱埋藏深度较浅，保存较好或埋深较大的母岩主要分布在盐缘坳陷内。

1. 烃源岩有机质丰度及类型

盐上层系烃源岩研究程度很低，根据区域零星的地球化学资料分析（表 3-5），烃源岩基本具备一定的生成油气物质条件。

表 3-5 滨里海盆地东南部盐上层系地球化学特征

地区	深度（m）	年代	岩石类型	有机质丰度（%）		族组分（%）				有机质类型
				有机碳	氯仿沥青“A”	油质	胶质	芳烃	沥青质	
阿特劳	1205~1210	K_1	石灰岩	0.35	0.010	46.8	19.4	9.7	1.4	
	1395~1340	J_3	石灰岩	0.98	0.024	18.6	2.8	7.8	14.0	
	1775~1780	J_2	泥岩	1.30	0.060	26.5	24.2	16.9	15.2	
阿克纠宾	2350~2355	J_2	泥岩	1.40	0.020	28.8	7.6	30.3	18.2	
	3150~3155	P—T	泥岩	0.85	0.080	31.1	10.1	10.9	12.2	
	3400~3405	P—T	泥岩	0.29	0.007	28.6	7.1	42.8	2.4	
田吉兹	3236	J	泥岩	2.69	0.085					II_1 型
	3858	T	泥岩	6.00						Ⅱ型
塔日加利	1785	J_2	泥岩	3.73						II_2 型

（1）上二叠统和三叠系：在盆地东南部毕克扎尔地区，通过钻井资料分析，揭示为一套红色—杂色陆相碎屑岩，属于氧化环境沉积，不利于有机质的形成与富集，有机质丰度低，上二叠统、三叠系有机碳含量分别仅为 0.2%~0.3% 和 0.03%~0.35%（周亚彤，

2013)，属于差生油岩。在盆地东缘阿克纠宾地区钻井揭示下三叠统局部发育湖相泥页岩烃源岩，厚度约 230m，有机碳含量为 0.29%～0.85%，氯仿沥青“A”含量为 0.007%～0.08%，平均为 0.044%。田吉兹地区个别样品的有机碳含量高达 6%，平均为 2.38%，其富含有机质的烃源岩为湖相泥质沉积物，也可能是潟湖沼泽环境下沉积的页岩，有机质干酪根类型为Ⅲ型或Ⅱ型。

(2) 侏罗系：暗色泥岩烃源岩厚约 50～100m，暗色泥岩有机碳含量较高，大多分布范围为 0.98%～3.73%，平均为 1.85%，毕克扎尔地区偏低，含量为 0.63%～0.7%；氯仿沥青“A”含量为 0.02%～0.085%，平均为 0.047%，干酪根类型以 $Ⅱ_1$ 型为主。

(3) 下白垩统：石灰岩有机碳含量为 0.35%，氯仿沥青“A”含量为 0.01%，有机质丰度较低，不具备生油条件。

2. 烃源岩成熟度

从盐上层系烃源岩成熟度资料来看（表 3-6），侏罗系生油岩有机质成熟度偏低，如塔日加利中侏罗统暗色泥岩现今埋深约为 1800m，虽然有机碳含量高达 3.73%，干酪根类型以 $Ⅱ_2$ 型为主，但古地温小于 72℃，镜质组反射率（R_o）仅为 0.44%，母岩有机质不成熟，尚未达到生油门限。三叠系生油岩基本进入成熟生油阶段，田吉兹三叠系泥岩现今埋深 3858m，古地温为 86～107℃，镜质组反射率值为 0.73%，处于生油早期阶段。

表 3-6　滨里海盆地东南部盐上层系有机质成熟度表

地区	深度（m）	年代	岩石类型	R_o（%）	古地温（℃）
田吉兹	3236	J	泥岩		
	3858	T	泥岩	0.73	86～100 或 107
塔日加利	1785	J_2	泥岩	0.44	40～50 或 72

如上所述，侏罗系、三叠系烃源岩基本具备生油的物质条件，但大多埋深较浅，有机质的成熟度是否达到大量生成液态烃的热演化条件是关键因素。由于构造演化史、沉积埋藏史、热演化史等方面的差异，特别是因受孔谷阶厚盐层盐体上拱的影响，盆地内不同地区侏罗纪—三叠纪地层经历的热演化过程存在着较大差异性。不同地区的地温梯度亦存在着很大差异（如肯基亚克—扎纳诺尔地区最小为 1.7～2/100m，最大为 2.2～2.7/100m）。研究表明，盐上层系烃源岩的热演化程度主要受两方面因素影响。

1) 盐体存在对沉积盆地温度场的影响

膏盐和盐岩的热导率比较高，与围岩（碎屑岩）热导率有显著差异。在室温条件下，盐岩的热导率通常比多孔碎屑岩的热导率高 3 倍，碎屑岩的热导率通常为 1.5～2.5W/(m·℃)，盐岩的热导率大约为 6W/(m·℃)。因此，膏盐岩、膏泥岩通过影响地热场的方式来改变烃源岩的热演化进程。

2) 随着埋深加大烃源岩热演化程度增加

在盐丘刺穿与底辟等构造形成过程中，盐缘坳陷内（或丘间坳陷）三叠系、侏罗系埋藏深度也随之加大，有机质在深埋的条件下可进一步促进其向烃类转化。因此，盐缘坳陷内的烃源岩热演化程度较高，基本具备生烃条件，而在盐丘上拱构造区，三叠系、侏罗系烃源岩埋藏浅，同时发育保存条件变差，古地温场易遭破坏，有机质大多处于未成熟阶段。

（二）盐上油气藏的油源

盐上层系从上二叠统至上新统沉积层中均已探明工业性油气流，但大多规模小，储量丰度偏低。围绕这些油气的来源问题，有两种基本观点：一种观点认为，盐上油气藏中的油气是盐上自身烃源岩生成的，只是在局部地区的油田属于盐下向盐上溢流赋存的现象；另一种观点则认为，盐上层系不具备大量生烃的条件，盐上油气藏中的油气是次生的，是盐下烃源岩生成的油气向盐上运移而成。总体来看，盐上层系生油岩的分散有机质成熟度很低，可能的有效生油岩分布也是局部的，因此，这些生油岩对盐上层系的油气成藏有一定贡献，但盐上层系的油气主要来源于盐下层系烃源岩。

（1）勘探证实，在盆地东南部盐下层系发育石炭系、下二叠统等多套巨厚的海相优质烃源岩层系，烃源岩有机质丰度高，热演化程度适中，是区域重要的油气源岩，也为盐上层系油气藏的形成奠定了雄厚的物质基础。强烈的盐构造作用可为盐下烃源岩生成的油气向盐上垂向运移提供必要的“通道”（即有效盐窗），上覆沉积盖层后期形成的断裂和裂隙（包括环岩株断裂）和盐下地层的异常高压等，对油气垂向运移起到了促进作用。

（2）据 Kadir Gürgey 等（2002）对盆地东南部盐上油样与盐下油样的芳烃和饱和烃组分碳同位素分析进行的油—油对比结果显示，盐上与盐下（除中泥盆统外）的原油具有相似的碳同位素值。证明了盐下古生界与盐上中生界原油存在亲缘关系，显示出了两者具有同源特征，都是海相烃源岩的产物，预示着盐上层系油藏的原油主要来自盐下古生界烃源岩。

（3）从盐上油藏的原油性质来看（图 3-34），三叠系、侏罗系和白垩系油藏原油含蜡量大多数比较低（小于 3%），含硫量较高（大于 0.5%），属于海相原油特征，即这类油藏的原油主要来自盐下古生界海相烃源岩，但同时部分油藏原油也存在高含蜡（大于 3%）、低含硫（小于 0.5%）的特征，如阿舍库勒地区中三叠统 A-4 井原油含蜡量为 4.63%，含硫量为 0.15%；A-501 井含蜡量高达 6%，含硫量为 0.14%，喀得什地区中侏罗统原油含蜡量为 5.6%，含硫量小于 0.2%，这些都显示出陆相原油的特征，说明在一些地区盐上陆相烃源岩对油气成藏也做出了一定贡献。

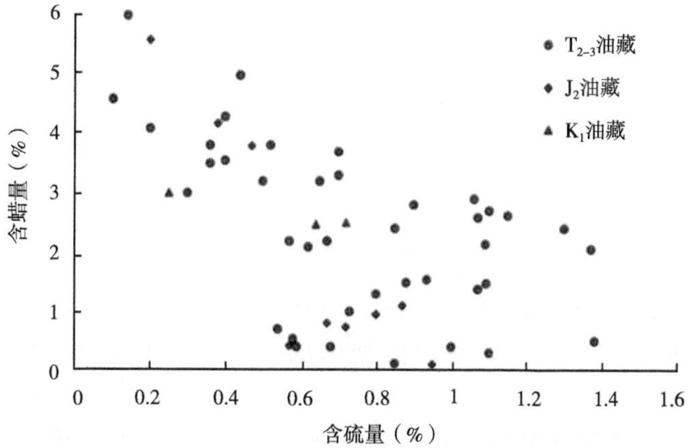

图 3-34　盆地东南部部分盐上油藏原油性质分布图

（4）区块勘探成果显示，已探明的盐上层系中所含的烃类聚集量低，仅占烃类总量的 10%，说明大多油田为次生油气聚集。

二、盐上层系储层特征及储盖组合

（一）储层分布特征

滨里海盆地盐上层系储层具有层系多、区域分布广泛、埋藏深度浅、储集性能好等特点。目前已探明的盐上层系中从上二叠统—白垩系和古近系—新近系各年代地层中均发现油气层。其中，以中三叠统、中侏罗统和下白垩统砂岩含油气层居多，上二叠统—下三叠统次之，局部存在下侏罗统、上白垩统—古近系储层。主要储层的储集类型为形成于冲积、河流、三角洲—湖泊及浅海环境的碎屑砂岩（图 3-35）。受区域构造作用和沉积作用的控制，在不同的构造带及构造带内各次级单元中油气储层的分布特征及其性质存在显著的差异性。

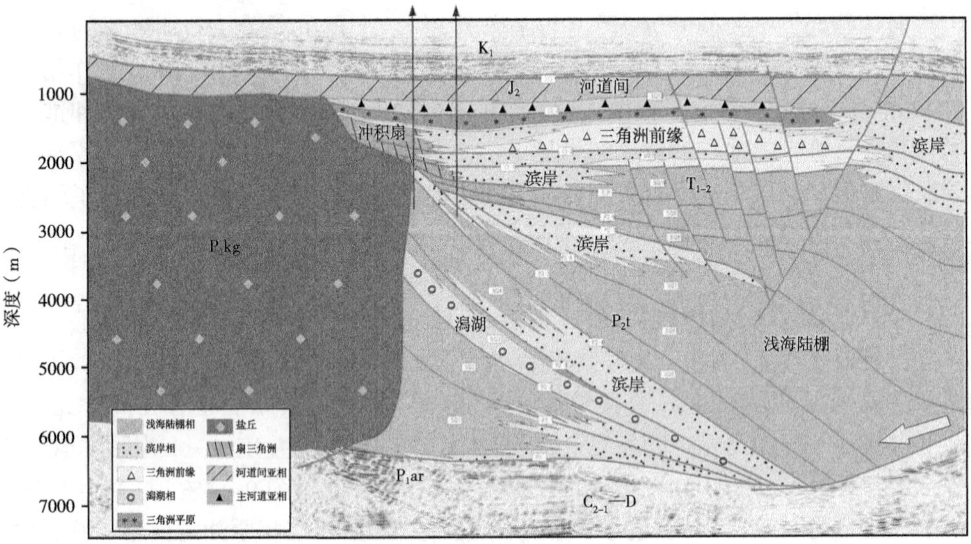

图 3-35　盐上储层层序剖面

1. 恩巴油气区

该油气区带是滨里海盆地盐上层系的主要含油气区，已发现油气田数量多（超过 80 个）、储量规模大。目前已经探明的油气储层集中分布在中三叠统、中侏罗统（表 3-7），以及部分下白垩统，下三叠统—上二叠统油藏少见。以冲积扇、河流相砂岩储层为主，埋深一般为 50~2000m。

中侏罗统和下白垩统储层全区均有分布，含油气储层大多分布在盐丘顶部形成的油气圈闭中，储层埋深较浅，一般在 600m 之内，以稠油油藏为主；中三叠统储层受盐构造作用的影响显著，常常分布于盐缘坳陷内或盐檐部位，储层埋深相对较大，一般在 550~1900m，而在盐丘顶部普遍缺失。

区带内阿舍库勒、塔斯库杜克、肯拜、卡腊干、占吉列克北、库尔萨雷等油田最具代表性，它们在中三叠统、中侏罗统以及下白垩统均含油气，具有多层系多套砂体叠置、多类型复合油气成藏特点。其中，肯拜油田中三叠统盐檐油藏储层埋深为 1050~1386m，单砂体净厚度为 6~26m，属于冲积扇扇中沉积；中侏罗统处于盐丘顶部，储层埋深为 350~610m，砂体净厚度为 1.4~43m，为河流相沉积；下白垩统储层埋深为 190~310m，砂体净厚度为35~37m，发育河道砂沉积，油田总可采储量达2750×10^4t。阿舍库勒油田的主力产层为中三叠统砂岩，属于中三叠统盐檐型油藏，储层埋深为550~740m，钻井揭示，砂体累计厚度为30~50m，单砂体净厚度一般为5~29m，为冲积扇砂体，油田总可采储量达780×10^4t。

表3-7　滨里海盆地东南部不同油气区储层性质表

油气区/构造带		代表性油田	时代	埋藏深度（m）	岩性	物性		储层温压条件	
						孔隙度（%）	渗透率（mD）	压力（psi）	温度（℃）
恩巴油区	毕克扎尔隆起	库帕、阿舍库勒、萨里库马克、毕克扎尔、塔斯库杜克、肯拜、占吉列克北、萨里、西库尔萨雷、马腾	J_2、T_2	50~1900	砂岩	21~37.7	50~1430	276~1414	17~51
田吉兹油区	田吉兹隆起	塔日加里、普罗尔瓦、扎帕纳耶、东科卡尔纳	K_1、J_2	382~2332	砂岩	17~31.8	1.7~845	1610~3861	23~73
古里耶夫油气区	古里耶夫隆起	马卡特、多索尔、萨吉兹	J_2、T	50~750	砂岩	22~32.8	90~1300	147~1168	13~42
	北里海隆起	什扎库拉克、明泰克、格林、扎纳塔拉普	K_1、J_2	430~560	砂岩、石灰岩	20~38	6~1240	687.5	31

注：1psi=6.895kPa，下同。

2. 田吉兹油气区

该油气区带主要含油气储层为中侏罗统和下白垩统，三叠系和上白垩统少见，上二叠统和下侏罗统尚未发现油气，油气储层埋深主要集中在200~1300m和2000~3500m两个深度范围之间。储层总厚度一般为5~45m，每个油气田或同一油气田的不同断块（或层位）储层发育情况也存在一定差异，总体上，三叠系—中侏罗统储油气层主要分布在卡拉通—田吉兹隆起带的南部，发育陆相三角洲分流河道砂岩，受后期盐构造活动影响，储层埋深较大，一般为2000~3500m；白垩系储油气层主要分布在隆起带北部，发育河流—三角洲相砂岩储层，储层埋深较浅，一般为200~1300m。其中，卡拉通油田含油层位最为丰富，在中侏罗统、白垩系和古近系—新近系均有油气层分布。

3. 古里耶夫油气区

区带内主要的油气储层为下白垩统和中侏罗统，上二叠统、三叠系及古近系—新近系少见。由于区带内东、西部地区盐构造作用、沉积作用差异较大，对盐上主要储油气层的分布产生了显著影响。

东部地区（如马卡特地区）盐构造作用与恩巴油气区基本一致，盐刺穿的时间较早，结束于早侏罗世。因此，中侏罗统、下白垩统储层广泛分布，是区域主要储油气层，在盐丘上部该储层埋深较浅，一般在600m之内；而上二叠统、三叠系储层多分布于盐缘坳陷或盐檐部位，在盐丘顶面缺失或见零星分布。中侏罗统、下白垩统储层为河道相碎屑砂岩，向西发育过渡三角洲、浅海相碎屑砂岩，如多索尔油田产油层主要集中在中侏罗统潟湖和分流河道相砂岩储层中，发育 JI—JXI 等 6 套油层，储层埋深为 30~300m，砂体净厚度为 26.7m。而邻近的西南多索尔油田主力产油层则为上二叠统—三叠系浅海陆棚相和海滩砂岩。位于多索尔油田东南约 30km 的萨吉兹油田在三叠系、中侏罗统和下白垩统均发育良好的储油气层，三叠系上统储层为浅海滨岸砂岩，中侏罗统为过渡三角洲砂岩，下白垩统属于浅海潮坪沉积。其中，中侏罗统储层砂岩厚度较大，为 26~63m，净厚度为 7.8~25m，是该油田主力产层之一。

西部阿特劳地区，大型盐体活动时间较晚，盐刺穿的地层时代较新，大多结束于早白垩世或古近纪—新近纪，导致三叠系、侏罗系及下白垩统储层受到盐构造作用的改造比较强烈，主要分布于盐缘坳陷或盐檐部位，大型盐丘的顶面则普遍缺失或见零星分布，古近系—新近系储层则全区广泛分布。下白垩统是该区主力产油层，储层埋深一般为 1000m 之内。如什扎库拉克油田下白垩统滨岸水下沙坝砂岩储层主要分布在盐檐部位，向盐丘隆起区减薄直至缺失，最大单砂层厚度为 26.1m，储油气层埋深约 300m。距离什扎库拉克油田北东 35km 的明泰克油田，同样在盐檐部位发育下白垩统 K_1v 砂岩含油层，钻井揭示砂体最厚达 15.0m，平均约为 7.0m，储油气层埋深约 630m，属于滨岸沙坝沉积，砂体呈长条状沿海岸方向展布，与构造主体部位叠置性好，构成了该油田的主力产层；中侏罗统为一套过渡三角洲相砂泥岩互层沉积，发育多层以细砂岩为主的储层，砂体净厚度为 5.1~11.3m，平均为 7.5m 左右；三叠系为大范围海侵期形成的海相砂岩和石灰岩储层，早期沉积了一套碳酸盐岩储层，厚度为 18.0~25.9m，随后演变为过渡型的小型河流三角洲，发育三角洲前缘水下分流河道砂岩储层，一般有 4 套砂岩组成，单砂岩厚度为 5~23m，储层埋深一般为 600m 之内。由于中侏罗统、三叠系储层受到盐构造作用的强烈改造，形成了含油储层沿盐缘坳陷内近盐丘一侧呈高角度的掀斜，剖面上含油范围窄，为油田次要产层。

总体上，滨里海盆地东南部油气区盐上沉积组合中，下白垩统、中侏罗统和中三叠统砂岩储层最为发育，分布范围较广，埋深适中，砂岩成分成熟度和结构成熟度也较高，储层物性较好。油藏地温梯度一般小于 2.7℃/100m，压力梯度为 1.03425~1.379MPa/100m（150~200psi/100m），属于正常压力系统。

（二）储层岩性和物性特征

1. 恩巴油气区中三叠统储层及物性特征

1）储层岩石学特征

从近年取得的勘探成果来看，中三叠统中部砂岩段是恩巴油气区重要的储油气层之一。根据阿舍库勒油田钻井岩心观察和薄片分析结果，该段砂岩的岩石类型较为丰富，几乎涵盖了所有岩石类型，总体上以不等粒、中粒和细粒岩屑长石砂岩和长石岩屑砂岩为主（图 3-36），A4 井测得石英含量较低，为 10%~47%，长石含量为 17%~46%，个别岩屑砂岩，岩屑含量高达 73%（表 3-8），其中以细砂岩为主，粗砂岩和砂砾岩较少，岩石成分成熟度和结构成熟度都比较低。片状矿物黑云母，泥质胶结或灰质胶结，岩石的胶结类型以孔隙式为主，接触式为辅，疏松，砂岩粒度偏细，细粒为主，少量粉粒，次圆状—圆状，分选中等，结构成熟度不高，成分相近，粒度相近，孔隙发育。

区域上，受沉积环境影响，从阿舍库里往西，如占吉列克、萨里等地区的中三叠统储层石英含量逐渐增加，岩屑含量逐渐降低，以石英砂岩和岩屑石英砂岩占主导，石英含量

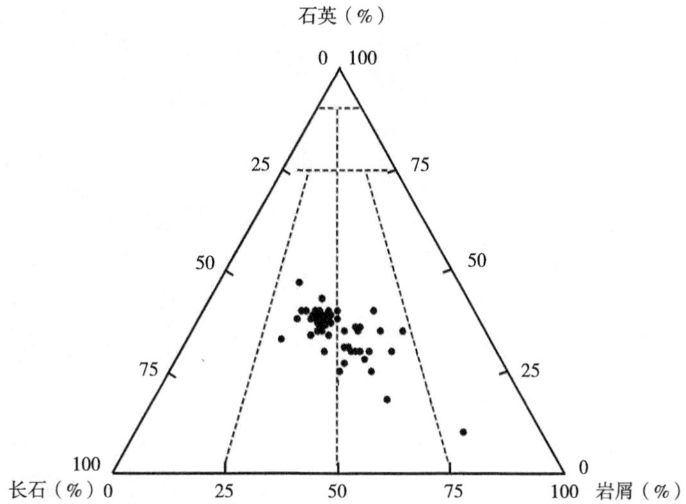

图 3-36　阿舍库勒油田 A4 井中三叠统岩石类型三角图

达 91%~96%，长石含量较少，大多在 10%以内，岩石粒度也有逐渐变细的特征，砂岩分选好，呈圆状。岩石中杂基含量少，成分成熟度和结构成熟度均较高。

2）储层孔隙类型及物性特征

根据阿舍库勒油田 A4 井铸体薄片分析结果，中三叠统储层孔隙类型主要为原生粒间孔隙（图 3-37a、b），孔隙发育，连通性好，面孔率最小为 14%，最大为 39%，平均为 29%（表 3-8）。局部可见少量晶间溶蚀孔隙及微裂缝等（图 3-37c、d），该类孔隙所占比例较小，对储层物性影响不大。

表 3-8　阿舍库勒油田中三叠统岩石特征统计表

井号	层位	样品块数	含量	碎屑组分（%）			填隙物（%）				结构特征		面孔率（%）
				石英	长石	岩屑	泥质	方解石	硅质	黄铁矿	胶结类型	颗粒分选	
A4	中三叠统	65	平均	35.3	33	31.7	5.2	3.6	少量	少量	孔隙式为主，接触式为辅	大部分为中，个别为差	29
			最大	47	46	73	12	32					39
			最小	10	17	18	1	1					14

从 293 块样品孔隙度和 163 块样品渗透率资料统计结果看，中三叠统砂岩为中—高孔隙度、中—高渗透率储层（图 3-38、图 3-39），其中，孔隙度为 12%~32%，主要分布区间为 16%~30%，渗透率为 30~700mD，主要分布区间为 60~360mD。

孔隙度的分布呈现一高一低的双峰格局，且双峰都大于 29%，这表明孔隙类型应当是以原生孔隙为主，但粒间填充物的胶结作用降低了部分原生孔隙的孔隙度。渗透率的分布呈现正态分布的样式，这表明孔喉结构的类型比较单一，胶结作用几乎没有对孔喉结构产生实质影响。

3）影响储层物性主要因素

沉积环境是控制储层岩性和物性的基本地质因素。不同沉积环境和水动力条件下形成的储层类型、岩石成分和结构以及碎屑物分选和粒度的分布都具有明显差异。当储层砂岩成分成熟度高时，岩石的初始粒间孔隙较发育，而且具有较强的抵抗上覆负载层引起的压

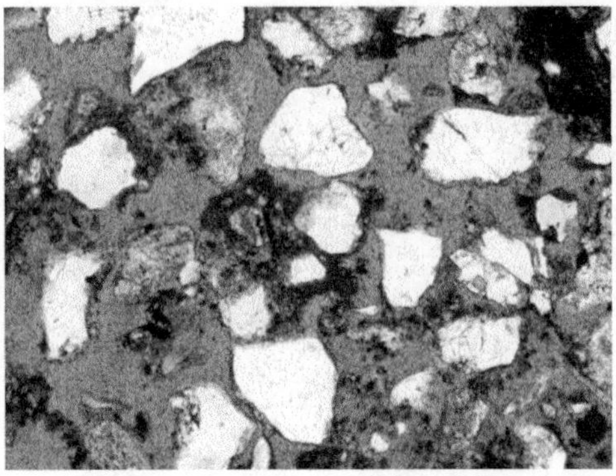

a. A4井，658.43m，原生粒间孔隙发育

b. A4井，659.32m，原生粒间孔隙发育

c. A4井，658.80m，发育晶间溶蚀孔隙

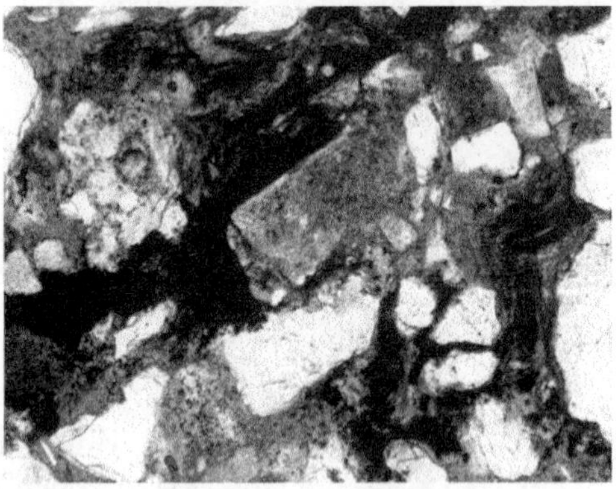

d. A4井，658.95m，发育晶间溶蚀孔隙

图 3-37 阿舍库勒油田中三叠统砂岩粒间孔镜下特征

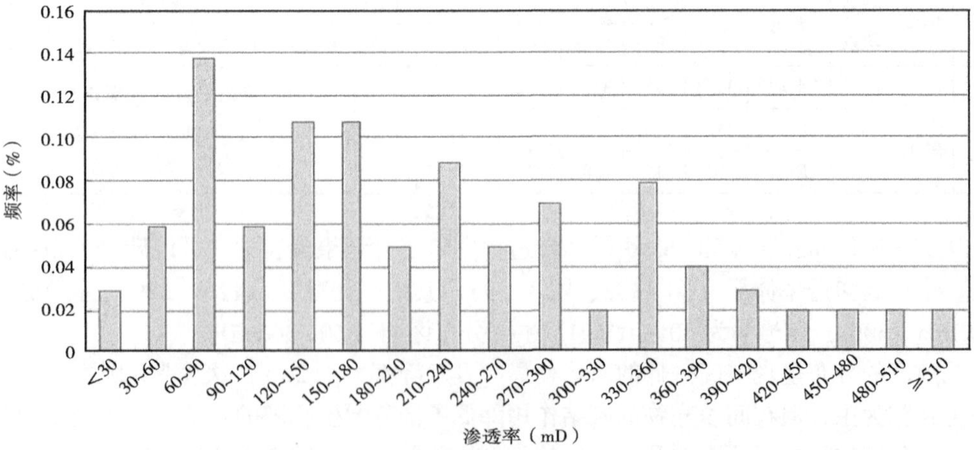

图 3-38 中三叠统储层渗透率分布直方图

力对岩石孔隙的影响，从而保持良好的储集空间；当储层岩石的结构成熟度高，则在岩石中杂基的含量少，粒间孔隙达到最大，同时粒间孔隙的连通性较好。

成岩作用控制了原生孔隙的保存和次生孔隙的发育。研究区内储层砂岩原生粒间孔隙

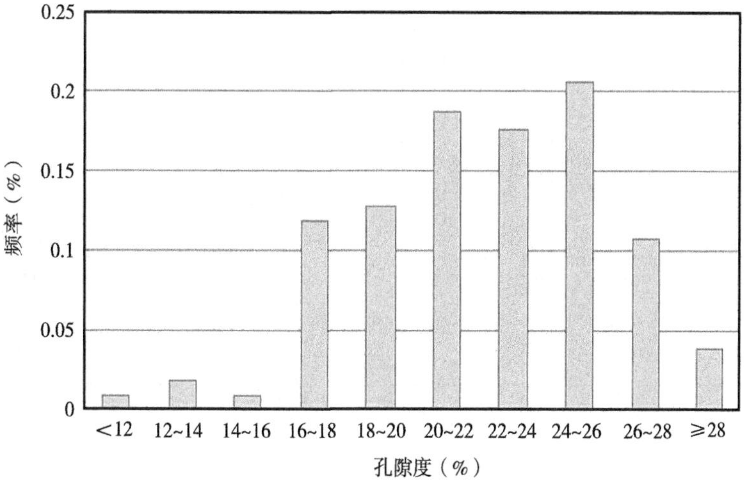

图 3-39　中三叠统储层孔隙度分布直方图

发育，连通性好，成岩作用较弱，主要表现为胶结作用、自身矿物的充填作用、溶蚀作用。其中，胶结作用、自身矿物的充填作用会减少一些粒间孔隙，而溶蚀作用则增加了部分粒间孔隙和粒内孔隙。

2. 恩巴油气区中侏罗统储层岩性及物性特征

1）储层岩性特征

中侏罗统储层主要为细砂岩、粉砂岩，储层颗粒以细粒为主，少量中粒及粉粒，矿物成分以石英为主，长石次之，岩石成分成熟度和结构成熟度均较高。磨圆度较好，为次圆—圆状，分选中等—好，泥质胶结，较疏松。

据毕克扎尔油田钻井岩心资料分析，砂岩中粒径大于 1mm 的巨砂平均含量为 0.9%，粒径为 0.5～1mm 的粗砂平均含量为 5.45%，粒径为 0.25～0.5mm 的中砂平均含量为 40.19%，粒径为 0.1～0.25mm 的细砂平均含量为 20.19%，粒径为 0.01～0.1mm 的粗粉砂和细粉砂平均含量为 9.95%，粒径小于 0.01mm 的黏土平均含量为 18.32%，胶结物中碳酸盐平均含量为 4.6%。

2）储层孔隙类型及物性特征

中侏罗统砂岩具有中—高孔隙度、中—高渗透性储层的特征。根据毕克扎尔油田钻井岩心测定资料，孔隙度范围为 10.77%～37.76%，平均值为 35.26%，主峰值大于 35%，占总孔隙的 50%（图 3-40a）。渗透率为 50.82～1431.41mD，平均值为 913.83mD，主峰值大于 1000mD（图 3-40b），占总渗透率值的 55.5%。

中侏罗统砂岩储层孔隙度和渗透率之间呈良好的正相关性（图 3-40c），而与碳酸盐含量呈反相关性（图 3-40d）。

在滨里海盆地东南部恩巴油气区，中侏罗统砂岩储层已有大量钻井钻遇。在卡拉干油田和 Adaysky 油田也钻到该储层，孔隙度为 24%～31%，渗透率大于 670mD；萨里库马克油田孔隙度为 15%～29.9%，渗透率为 228～1398mD；占吉列克北油田孔隙度为 16%～34.62%，主要分布区间为 26%～32%；表明本区中侏罗统砂岩属中高孔、中高渗透储层。

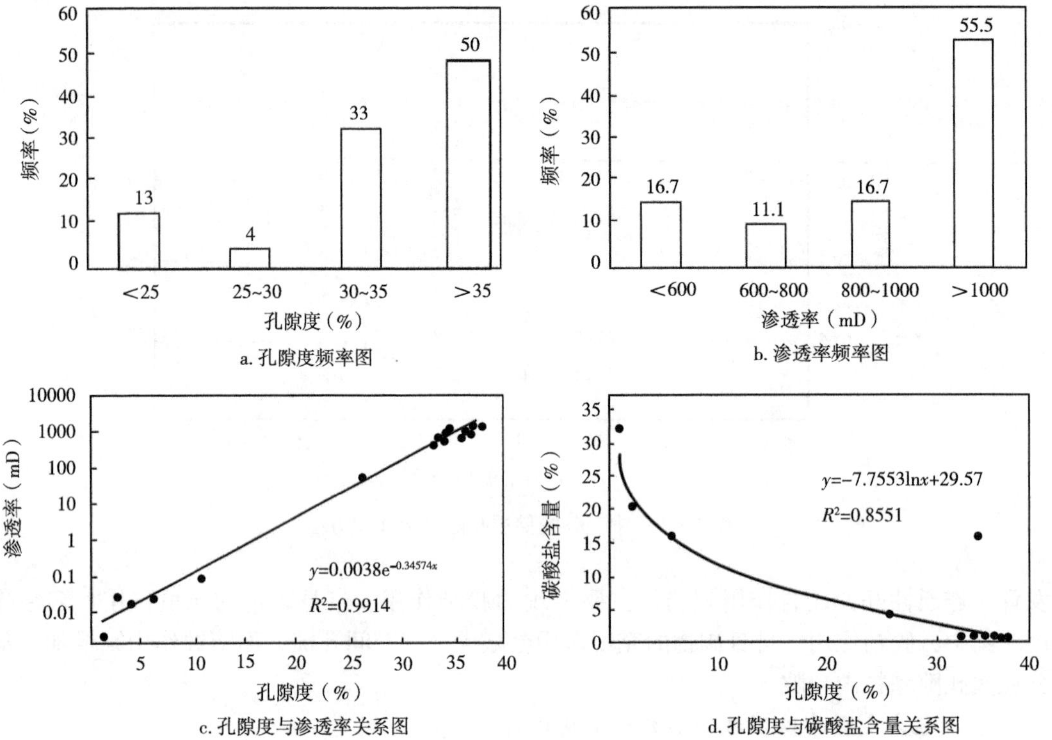

图 3-40　毕克扎尔油田中侏罗统储层物性特征（据周亚彤，2013）

3. 古里耶夫油气区下白垩统凡兰吟阶储层及物性特征

1）储层岩性特征

下白垩统凡兰吟阶是阿斯特拉罕—阿克纠宾斯克隆起带西部古里耶夫油气区盐上层系的重要储层。储层岩性以滨岸沙坝极细—粗粉砂岩、粉—细砂岩为主，砂岩中富含黄铁矿。岩石致密，风化程度中等，分选性较好，磨圆度为次棱角，颗粒支撑，点接触方式，接触—孔隙式胶结，胶结物为黏土—灰质。泥质呈块状，被油染呈深褐色，光性差，分布极不均。

重矿物鉴定显示，重矿物以自生矿物黄铁矿（68.2%）为主，不含海绿石。扫描电镜下，长石具溶蚀性，形成次生粒内孔，粒间孔分布高岭石，高岭石具不同程度的溶蚀，粒表面分布水云母，石英具次生加大现象（图 3-41）。

2）储层物性特征

从明泰克油田 85 个样品岩心物性分析资料看（M-1 井、M-3 井和 M-2 井），下白垩统 K_1v 砂岩测得孔隙度为 24.5%~36.2%，平均值为 29.9%，在孔隙度直方图上，孔隙度没有明显的主峰，但分布区间主要集中于 26%~32%（图 3-42）；渗透率为 1.62~1075.9mD，平均值为 26.5mD，在渗透率直方图上，渗透率有一个明显的主峰，渗透率为 50mD 左右（图 3-43），为高孔、中—中低渗透储层。

从 M-1 井测井曲线形态上看，自然伽马呈箱形，自然电位、视电阻率呈漏斗形，反映出下白垩统凡兰吟阶砂体具有岩性由细至粗、水动力条件逐渐增强、物性由差变好的反韵律沉积特征。但从 8 块钻井岩心分析样品测得的孔隙度、渗透率数据来看，韵律不明显

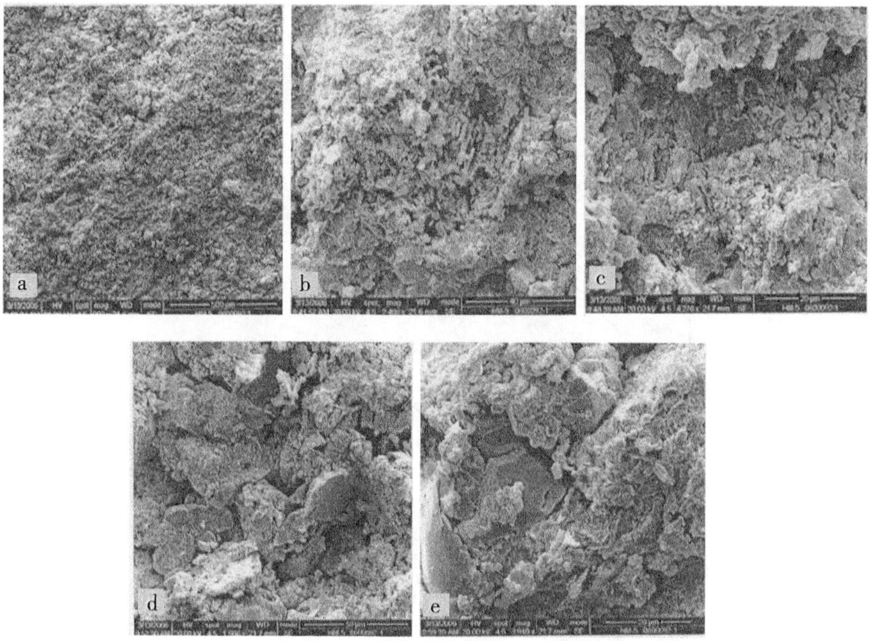

图 3-41　M-5 井凡兰吟阶砂岩扫描电镜图

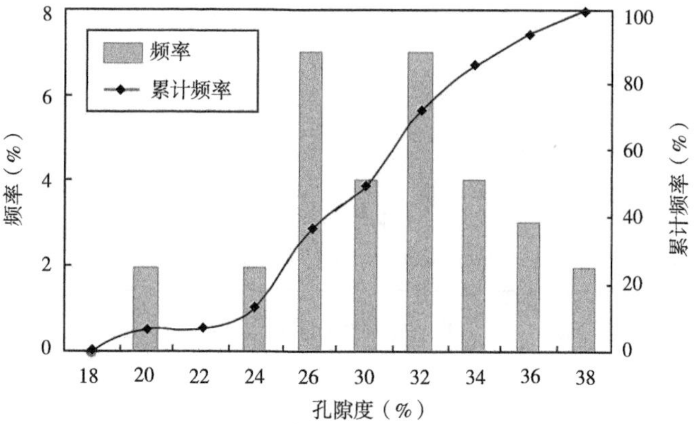

图 3-42　凡兰吟阶砂岩储层孔隙度频率图

（图 3-44），孔隙度分布范围为 32.5%～36.6%，平均值为 34.3%；渗透率分布范围为 37～85mD，平均值为 57mD，统计渗透率级差为 2.29，变异系数为 0.35，突进系数为 1.49，为均质储层。

在 M-2 井测井曲线形态上，自然伽马、电阻率均呈明显的漏斗形，同样也反映出凡兰吟阶砂体具有水动力条件逐渐增强、岩性由细至粗、物性由差变好的反韵律沉积特征，岩心分析孔隙度、渗透率也具有反韵律特征（图 3-45），孔隙度分布范围为 24.5%～32.2%，平均值为 28.6%；渗透率分布范围为 1.6～96.6mD，平均值为 15.1mD，统计渗透率级差为 59.6，变异系数为 1.51，突进系数为 6.39，属于较强非均质储层。

M-3 井 13 块样品测得孔隙度分布为 29.1%～33.7%，平均值为 31.9%；渗透率分布范围为 15.3～1075.9mD，平均值为 506.4mD，属于高孔、中渗透储层。统计渗透率级差

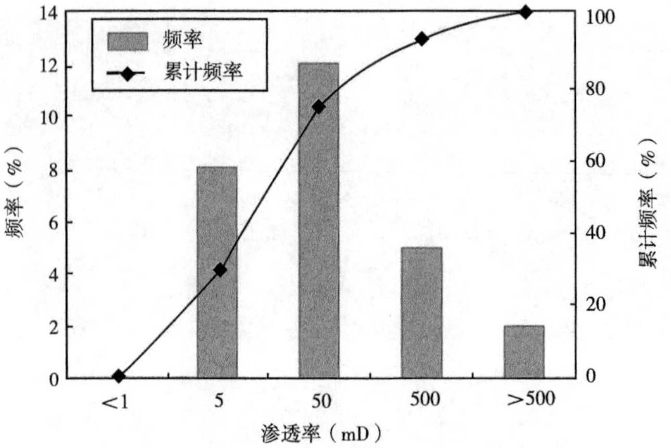

图 3-43　凡兰吟阶砂岩储层渗透率频率图

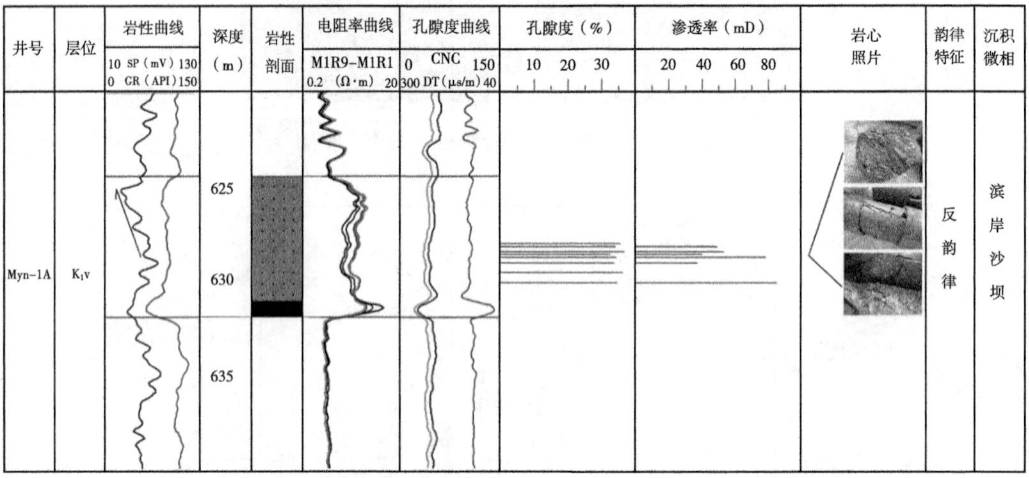

图 3-44　M-1 井凡兰吟阶砂体非均质剖面

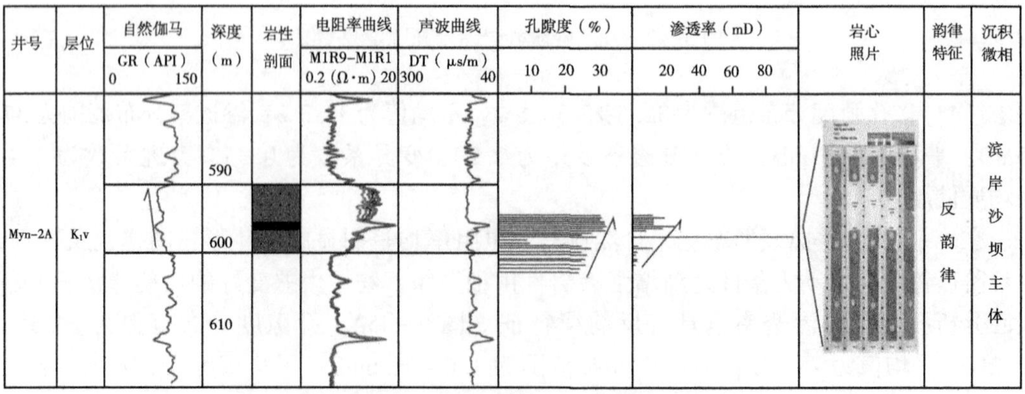

图 3-45　M-2 井凡兰吟阶砂体非均质剖面

为69.9，变异系数为0.63，突进系数为2.12，为较均质储层（表3-9）。

表3-9　明泰克油田凡兰吟阶砂层物性非均质参数统计表

井号	样品数	孔隙度（%）		渗透率（mD）		变异系数	级差	突进系数	储层评价
		分布范围	平均值	分布范围	平均值				
M-2	16	24.5~32.2	28.6	1.6~96.6	15.1	1.51	59.6	6.39	强非均质
M-3	13	29.1~33.7	31.9	15.3~1075.9	506.4	0.63	69.9	2.12	较均质
M-1	6	32.5~36.6	34.3	37~85	57	0.35	2.29	1.49	均质

渗透性好的砂岩储层与非渗透性砂岩的测井响应特征差异明显，主要体现在自然伽马、自然电位、声波时差等曲线上，前者自然伽马明显低值、自然电位负异常明显，呈箱形，声波时差值较高，大于320μs/m，这类储层单井初期产量较高；而后者自然伽马值较高，自然电位负异常很小，呈明显的漏斗型，声波时差值明显较小，一般小于300μs/m，层内夹层较发育，非均质较强，影响了单井产量，后经过储层压裂改造取得较好效果。

3）影响储层物性主要因素

（1）沉积相对储层的分布及其物性条件的控制。

下白垩统凡兰吟阶储层砂岩的分布及其物性条件受到沉积微相变化的影响较大，在滨岸沙坝主体部位水动力条件较强，储层砂岩发育，厚度较大，砂岩中泥质含量低，碎屑颗粒分选磨圆好，储层物性较好，孔隙度一般大于30%，渗透率一般大于300mD；而在沙坝侧缘附近由于水动力条件较弱，泥质含量相对较高，砂岩沉积厚度也较主体部位明显减薄，同时含泥砂岩生物扰动较发育，碎屑物分选较差，粒度较细，故储层物性相对较差，孔隙度一般小于22%，渗透率一般小于150mD；向构造较低部位物性更差。

（2）碳酸盐含量对储层物性的影响。

在本区下白垩统凡兰吟阶储层砂岩中，碳酸盐岩胶结比较普遍，主要为方解石，钙质含量的多少直接影响着储层物性，钙质成分除了来自物源沉积外，大多与原始沉积时的水体介质中钙含量有关。如明泰克油田下白垩统凡兰吟阶砂岩储层往南部发生相变，转为一套碳酸盐岩沉积，碳酸盐岩物质溶解造成海水中钙质含量增加，并在后来的沉积成岩过程中沉淀在颗粒中间，非均质增强，从而降低了砂岩储层的孔隙度和渗透性。

（三）储盖组合特征

盐上层系具有良好的盖层条件，从下三叠统—上新统各时期发育的厚层泥页岩使得下伏储层中的油气得以有效封盖和保存。总体上，泥岩所占比例大于砂岩，其中，三叠系冲积扇扇中—扇端泥岩，单层泥岩厚度可达20~60m；侏罗系冲积扇扇中—扇端泥岩或河漫相泥岩，单层泥岩厚度可达4~30m；白垩系浅海陆棚相泥岩，单层泥岩厚度可达5~45m。地层层序为下粗上细的正旋回组合，单个砂岩储层都被相邻的泥岩层所封闭。

盐上油气藏的生、储、盖类型以“下生中储上盖”型为主，即大多数生、储为分离式，少数地区油气藏为生、储接触式。储层与盖层有良好的配置关系，储层丰富，盖层发育。在很多地区表现出的砂、泥旋回沉积，形成了多个下生中储上盖式的组合。

三、盐上层系油气运聚方式与油气成藏期

前已述及，由于盐上层系潜在的三叠系、侏罗系等烃源岩埋深较浅，大多数尚未进入成熟生油阶段，同时原油性质及原油组分碳同位素等数据对比结果证实，盐上层系与盐下

层系的油气具有同源的特征。也就是说，盐上层系的原油主要来自盐下层系古生界烃源岩，沟通深部盐下油气源的运移通道是盐上层系油气成藏重要条件。油气进入盐上后，在频繁的盐运动背景下，油气运移聚集途径多样，运移聚集过程更加复杂，这也是含盐油气盆地盐上油气成藏体系中的一个显著特点。因此，研究探索含盐盆地油气运移的方式与途径对寻找有利勘探目标具有重要意义。

（一）有效盐窗是沟通盐下油气源的重要通道

晚二叠世以后，在区域构造运动及差异压实作用下盐岩发生塑性流动，形成塑性软流，产生变形，盐体持续隆升，形成了若干穿越多套地层的盐底辟构造。在盐岩向盐底辟汇集的过程中，盐缘坳陷底部盐岩层逐渐被抽空直至缺失，使得上二叠统或下三叠统直接与盐下上古生界烃源岩接触，形成“盐窗”，或称之为“盐焊接”。在缺乏盐岩隔挡的条件下，盐窗成为盐下高压层压力或流体垂向释放流动区，它改变了盐下古生界流体动力系统，同时使原本不具备产生超压条件的浅层出现明显的超压传递，超压成为盐下层系流体向盐上层系流动的动力。同时在盐底辟形成过程中常常伴生有一系列断裂和裂隙构造，这些断裂和裂隙构成了油气伺机向盐上发生再次运移的重要途径之一。在盐下超压作用驱动下，流体在盐窗地带产生幕式释放（图 3-46）。有效盐窗构成了盆地盐下、盐上两大层系之间油气运移的重要途径，它也是含盐油气盆地中盐上油气来源于盐下，盐下烃类向盐上运移的唯一通道这样的特定条件下形成的概念。

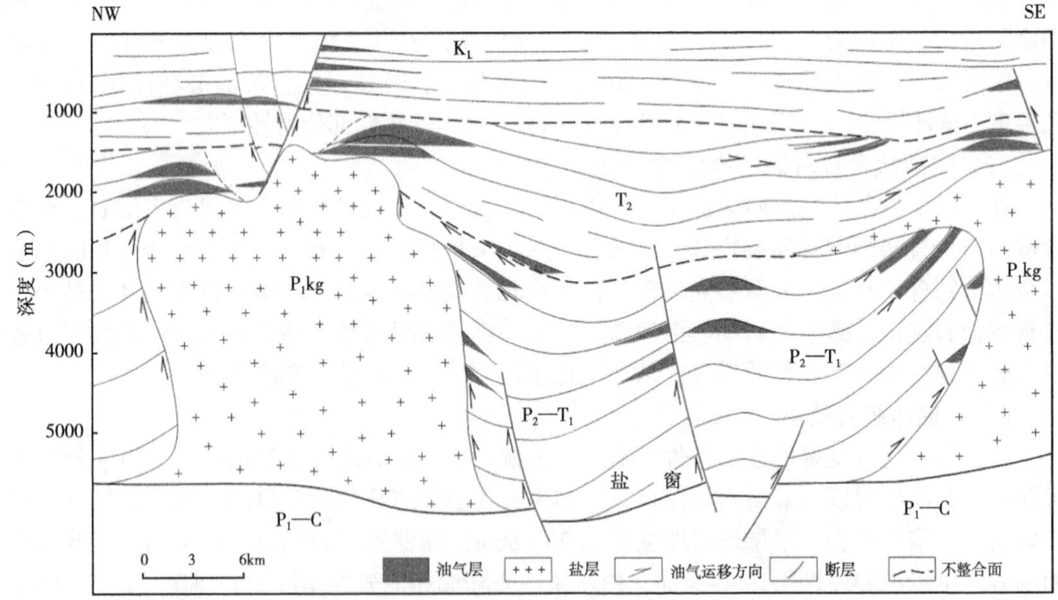

图 3-46 阿舍库勒油气区有效盐窗与油气运移模式图

勘探实践证明，盐上层系油气的分布与有效盐窗的分布密切相关，盐上的油气聚集都在有效盐窗周围，然而盐窗的面积、规模差异较大，仅对油气的聚集程度产生影响。反之，在缺乏盐窗或仅存在无效盐窗的条件下，盐上层系不具备油气成藏的基本条件。

有效盐窗通常发育在盐上岩层发生强烈形变的盐丘构造区，在钻井地层剖面中，这类盐丘中常常夹有大量陆源碎屑—碳酸盐岩层，这是经历了强烈构造变动的标志。在此特殊的构造条件下，有利于含盐岩层裂缝的发育、盐岩的流动聚集以及有效盐窗的形成。在萨吉斯地区及其东部的肯基亚克、扎纳诺尔、塔日加利等地区均具备发育有效盐窗的条件，并在盐上组合中形成了大量的油气聚集。而在盐丘发育不充分的地区（如让扎纳诺尔、田吉兹等），盐上层一般形变强度较小或仅发生轻微变形，盐岩没能完全撤离，加之断裂构造不发育，不利于有效盐窗的形成，这些地区的盐上层系也缺乏油气成藏条件，油气藏仅发育于盐下层系中，在具有很强封闭性能的盐岩层封盖之下，盐下大多以发育凝析油气藏为主，凝析油含量和气油比都很高，可分别达到 500~1000g/m^3 和 700m^3/t。

（二）盐上油气输导系统与运聚方式

输导系统（path-way system）通常是指渗透性输导层、断层、裂缝、不整合面等，相对某一独立的油气运移单元而言，是含油气系统中油气的运移通道。输导体系和油气成藏密切相关，不同的含油气盆地具有不同的输导体系，输导体系不同，油气运移的方式也就不同，油气成藏特征也会相应有所变化。在输导体系中，油气总是沿渗透性最好和阻力最小的路径运移，通常认为这样的路径为油气运移的主干道。因此，在研究输导体系时，更要重视确定和追踪油气运移的主干道，这对于复杂含盐盆地油气输导体系的研究更为重要。

随着勘探工作不断深入，进一步认识到，油气经有效盐窗进入盐上层系之后，运移途径复杂且多样化，与一般沉积盆地相比，具有复杂性和独特性。由于盐运动改变了盆地流体动力系统，同时又为流体运动提供了通道，流体作为油气运移的载体，在油气运移和聚集过程中起到了极为重要的作用。因此，盐构造—流体流动—油气运移和聚集之间有着紧密联系，油气运移通道往往不是单一的断层、高渗透砂层或不整合面，通常是两种或多种通道组合而成的复杂立体网络通道，即输导体系。

1. 盐边输导系统

盐边输导体系是含盐油气盆地一种独特的油气运移通道，是指盐体与围岩相接触的渗透性边界。一方面，由于塑性盐岩体的嵌入，导致围岩受到挤压与变形，从而破坏了地层中原来流体的平衡状态（即盐底劈改变了流体动力系统），为流体活动提供了通道网络，促进了烃类运移。另一方面，是盐溶解作用形成的裂隙或垮塌通道等，这都为油气的垂直运移提供了通道，油气沿盐溶解裂隙或垮塌带向上运移至盐上圈闭聚集。由于区域盐构造活动具有多期次性，在盐丘形成的不同阶段，盐边与围岩的接触关系及产状等性质截然不同，决定了盐边输导能力的强弱。盐边是含盐油气盆地最普遍也是最重要的油气运移通道，在盐上层系的油气运移和聚集过程中起到了十分重要的作用。

2. 断裂输导系统

宏观上，断层对油气的输导能力（或封堵能力）研究，实际上是指断面及其两侧岩石渗透能力的分析。断层的输导作用发生在断裂活动期间，其输导油气的能力取决于断层开启程度，断层开启程度越高，渗流空间越大，越有利于油气运移，断层成为油气垂向运移的主要通道。微观上，断层的输导性是由于构造运动或底辟作用产生的裂隙网络构成油气运移通道，这类通道主要发育在构造活动时应力集中的部位或底辟作用的上部层位。根据断裂不同发育阶段的变化特征，可以将其对油气输导能力划分为油气高效输导、油气缓慢输导和油气停滞输导 3 个阶段（图 3-47）。

油气高效输导：主要发生在断裂主要活动时期，不仅发育开启裂缝，而且断裂两侧连通孔隙发育，断裂带的输导油气能力最强，是油气沿断裂大规模运聚成藏的主要时期。因存在大量孔隙空间，断裂带成为泄压区，断裂活动带周边产生的应力集中和构造挤压造成

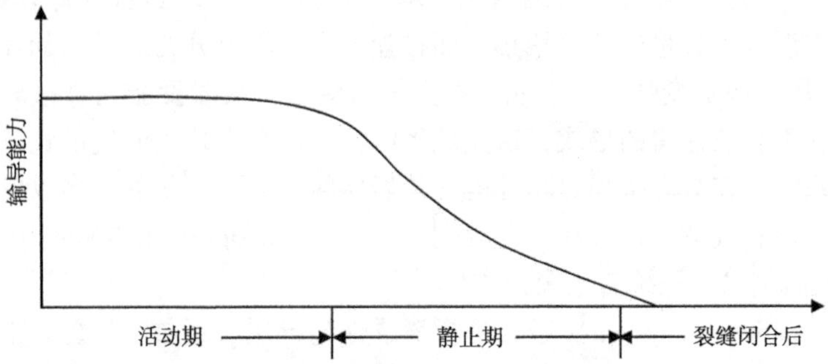

图 3-47　不同时期断裂输导能力变化示意图（据杨淑宏，2005）

的孔隙流体超压区，与断裂带的低压区之间产生压力差，导致高压区内的流体（油、气、水）快速向断裂带或储层中运移，断裂带成为油气运移的主要通道。

油气缓慢输导：断裂静止后至裂缝闭合前，断裂填充带内大量裂隙空间和斜向裂缝在上覆沉积负载压力的作用下已经闭合，基本失去输导油气能力，仅剩下垂直或近于垂直的裂缝和断层岩石内的连通孔隙对油气起到运移输导作用。其输导油气能力虽然降低，但对油气沿断裂运聚成藏也起到了重要作用。由于断裂带内空腔和倾斜裂缝闭合，泄压区已不存在，与周边超压带之间的压力差降低，导致流体沿垂直或近于垂直裂缝和连通孔隙的运移速度明显变慢。

油气停滞输导：此阶段主要发生在裂缝闭合以后时期，垂直或近于垂直的裂缝和断层岩中大部分渗透性较好的连通孔隙因成岩胶结作用而闭合或堵塞，失去了输导油气能力，仅剩下少部分渗透性相对较差的连通孔隙对油气运移输导起作用，此时断裂带已不是油气运移输导的主要通道，对油气运聚成藏仅起次要作用。

与盐构造相伴生的断裂绝大多数为张性正断层。由于盐岩向上运动产生垂向上的最大主应力，故断层大多集中在盐丘上方。剖面上呈“地堑式”（或表现为堑式断裂簇，图 3-48），平面上呈环绕盐丘的辐射状分布。而盐体和（或）围岩接触地带常常也是断裂活动的地带，同时也是盐体边缘溶解的发生地，又是盐构造中、下部流体流动最活跃的通道。成熟的盐底辟周围的地层中常常发育一些正断层，规模较大的断层切割较深，成为流体向上幕式流动至地堑式断裂簇的通道。

萨吉斯地区构造演化史分析表明，本区盐上断裂主要活动可分为 3 期：第一次活动期是三叠纪末期—早侏罗世末期，这个时期区域盐体首次发生了大规模上拱作用，从而导致早侏罗世底界面断裂发育广泛，多形成具拉张性质的正断层，这些断层对油气起到较好的垂向输导作用；第二期活动是晚侏罗世末期（下白垩统沉积之前），这个时期部分早侏罗世断裂在早白垩世时进一步活动，部分断裂已经进入静止期和裂缝闭合后期（多形成中侏罗世的油气聚集），研究区东南部的断裂分布明显减少，该时期的断裂对油气运聚可起到输导和封闭的双重作用；第三期活动期为白垩纪晚期—古近纪，新近纪以来为盐构造活动微弱期，在局部地区还发育通天断层。

从盐上所发现的含油气圈闭类型来看，多与断裂有关，主要为断鼻和断块构造圈闭以及被断层复杂化的背斜圈闭，说明该时期断裂在油气通过并进入圈闭之后均开始进入静止期和断裂（裂缝）闭合后期，由原先对油气的输导作用转变为对油气的封闭作用。

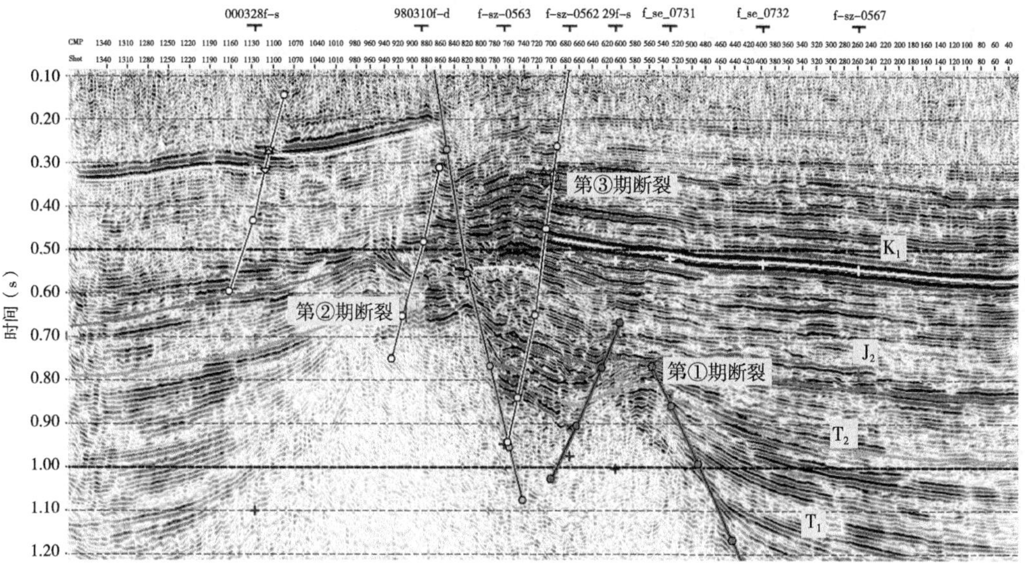

图 3-48　萨吉斯地区塔斯库杜克盐丘断裂系统分布地震解释剖面

3. *渗透性砂岩输导系统*

渗透性砂岩输导体系主要以连通性孔隙作为油气运移通道，是盐下烃源岩生成的油气经有效盐窗至盐缘坳陷后进行二次侧向运移的最常见输导系统。在这种输导体系中，油气运移通道的质量取决于砂岩层的发育程度及其孔渗性能。综合来说，储层（渗透层）构成输导体系必须满足以下条件：储层具有一定厚度，平面上连通性好且分布广，孔、渗性好，围岩封闭性好，古地层产状有利等。因此，沉积条件是决定输导体系发育和连通性好坏的主要因素。

晚二叠世—三叠纪，滨里海盆地内经历了一次大规模海侵，在整个阿斯特拉罕—阿克纠宾斯克隆起带及其两侧，大范围分布浅海陆棚碎屑沉积，盆地东南部地区由东南向北西，发育了陆相三角洲和海陆过渡相三角洲。晚二叠世地层岩性表现为砂泥岩不等厚互层，砂岩一般为灰色，成分复杂，分选差，砂岩成分成熟度低，有少量灰质胶结。单砂体厚度为 5~50m，孔隙度范围值为 11%~23.9%，孔隙度中等—偏差，渗透率为 0.83mD，属中—低孔、低渗透储层。据 A-3 井钻井取心资料，砂岩具有良好的含油气性，在含角砾砂岩间缝、小溶蚀孔洞或储层物性较好的砂岩中含油饱满，渗出在岩心表面，甚至连接成片，这充分证明了盐缘坳陷内砂岩层经历了油气运移聚集的过程。三叠系为砂泥岩互层，砂岩以石英中粒为主，极少细粒，据 A-2 井等钻井资料统计，砂岩厚度为 11.3~33.7m，平均厚 21.3m，单砂体厚度为 1.5~22.2m，一般为 3.2~17.6m，测井解释孔隙度为 26.1%~31.7%，平均为 29.2%，测试渗透率为 113.8mD，属高孔、中低渗透储层，为油气运移的有效通道。

三叠纪末期盆地又一次抬升，导致从侏罗纪开始，盆地内不仅发生了强烈的分异坳陷，而且沉降作用相对较强烈而普遍。侏罗纪最大沉积厚度达 2000m，且以陆相沉积为主，是盐上砂岩最为发育的层系，为高孔、中高渗透砂岩；砂岩成分成熟度和结构成熟度也较高，物性较好，是盐上层系最好的输导层系。

总体来说，盐上层系广泛分布的是浅海陆棚相、滨岸相和过渡相（三角洲）砂岩。岩石类型主要为钙质石英砂岩，少数为长石砂岩，构成了盐上层序中的有效输导层。

通常这类输导层受后期较强烈的盐刺穿及断裂活动的影响，使得油气横向运移的距离和范围大幅减小。在盐刺穿的发生和发展过程中，盐缘坳陷内地层产生的一系列沉积作用及构造变形，造成了坳陷结构及油气运移路径的差异，同样也影响着砂岩对油气的输导性。总体上根据坳陷的结构特点及其油气运移方式可分为两种类型：一种为“平底锅式”（图 3-49 中 A 型），该种结构在剖面上看，坳陷内地层比较平整，两侧盐丘基本对称，类似于对称型地堑。盐缘坳陷下部地层与盐下地层为平行接触，通常早期处于盆地中心，盐体活动时间晚，上二叠统至下二叠统沉积时以细粒泥质沉积为主，渗透性砂岩输导层不发育，难以形成有效的油气运移输导，盐下烃源岩生成的油气穿越盐窗后一般以盐边为通道向上运移为主。另一种为“上倾式”（图 3-49 中 B 型），剖面上表现为单斜结构，类似于不对称型地堑，盐缘坳陷砂岩层可与盐下烃源岩层以盐窗直接接触获得油气，或油气沿盐边进入盐缘坳陷后，再向渗透性砂岩层的上倾方向运移至高部位聚集。因此，在“上倾式”结构的盐缘坳陷内渗透性砂岩对油气输导起到很好作用，有利于油气的向上运移和聚集。

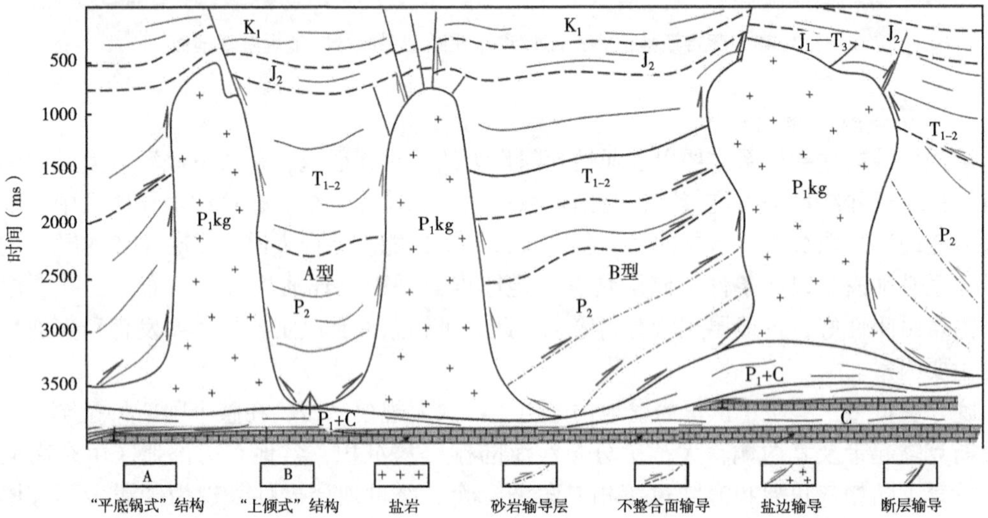

图 3-49 萨吉斯地区地质解释剖面（盐缘坳陷结构与油气输导系统）

4. 不整合面输导体系

不整合面输导体系是含油气盆地油气区域性运移，尤其是侧向运移的重要途径。研究区内发育与区域构造活动或盐构造活动相伴生的不整合面，不整合面数量多，规模不等，主要有下白垩统与中侏罗统、下侏罗统与上三叠统、上三叠统与下二叠统 3 套大的不整合面（图 3-49）。

在盐构造上覆层和翼部常发育有不整合面，油气可沿不整合面向上倾方向（指向盐体）流动聚集。对油气运移和聚集的影响，主要体现在不整合面的分层结构上，构造部位、沉积作用、成岩作用、气候条件、风化作用及后期改造作用等都直接影响着不整合面的结构类型。因此，不整合面的分层结构在空间上存在变化，具有不同的结构类型，或不整合界面的上、下岩层具有多种配置关系。当不整合面之上为砂岩时，不整合面结构类型以“输导体”居多（仅当其与泥岩接触且为削蚀—超覆型、整一—超覆型时，可以形成上超圈闭）；当不整合面之上为泥岩时，不整合面结构类型以形成封堵或削截地层圈闭居多，尤其是泥—泥接触全部构成封堵，仅在泥—砂接触且不整合面之下为整一关系时，不整合面之下的砂岩才构成“输导体”（图 3-50）。

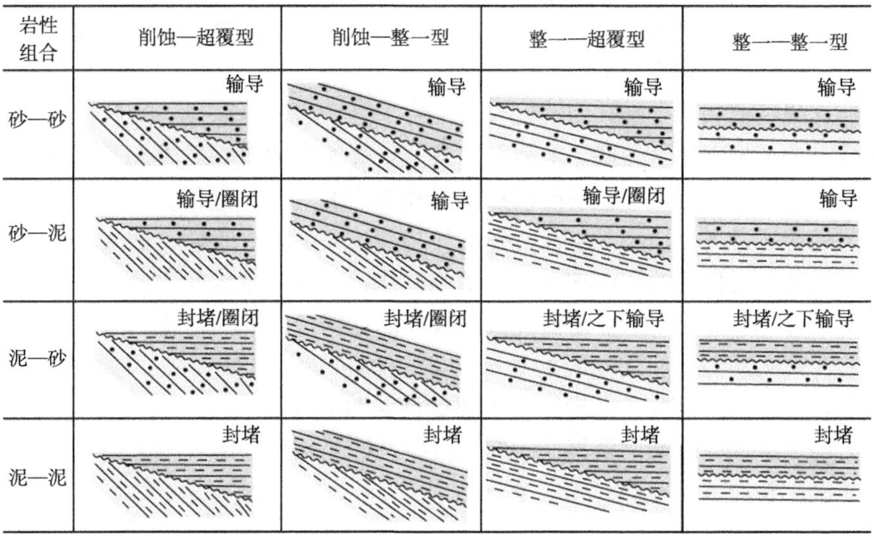
岩性组合
削蚀—超覆型
削蚀—整一型
整一—超覆型
整一—整一型
砂—砂
输导
输导
输导
输导
砂—泥
输导/圈闭
输导
输导/圈闭
输导
泥—砂
封堵/圈闭
封堵/圈闭
封堵/之下输导
封堵/之下输导
泥—泥
封堵
封堵
封堵
封堵

图 3-50　不整合面不同岩性配置关系

在复杂的盐构造作用下，油气常常沿着盐窗—盐边—砂体（不整合面）—断层—砂体（不整合面）共同构建的运聚通道网络中发生运移（图 3-46），并在途经的圈闭中聚集成藏。根据油气成藏特征，可将盐上层系的输导体系划分为以下 3 种主要类型。

（1）盐窗+盐边或盐窗+盐边+输导层（岩性）型输导体系。

此类型输导体系是盐缘坳陷内油气运移的基本方式，盐窗是盐下油气进入盐上层系最直接有效的运移途径，油气进入盐上后，若盐缘坳陷的结构为“上倾式”状，盐缘坳陷内地层与盐下地层呈角度接触关系，且砂岩输导层发育稳定，物性良好，或不整合面输导层发育，则以盐窗+盐边+输导层型输导体系为主，通常坳陷内地层上倾方向是油气运移的主干道（图 3-49 中 B 型）。在深部流体压力的驱动作用下，油气沿岩性、不整合面输导的通道中在横向和垂向上长距离运移，可达到几千米，并在盐缘坳陷形成丰富的岩性、岩性+断层、不整合—岩性等油气藏；若盐缘坳陷内的地层结构为“平底锅”状，坳陷底部地层与盐下地层呈平行接触，或坳陷内输导层岩性、物性较差，达不到油气长距离运移的条件时，油气通过盐窗首先选择盐边作为向上运移的通道，进而再选择适宜的输导层或直接进入圈闭中聚集成藏，以盐窗+盐边型输导体系为主（图 3-49 中 A 型），通常根据两侧盐边与围岩的接触关系及产状等性质确定油气运移的主干道。

（2）盐窗+盐边+断裂+输导层（不整合面）型输导体系。

油气在盐缘坳陷内的运移过程中，主要受盐窗和盐边的控制，进入盐上地层后其油气运移路径较长，输导体系也相对复杂，在第一类输导体系的基础上，部分盐缘坳陷内还存在不整合面横向输导层，断裂垂向运移通道等（图 3-46），形成了盐窗+盐边+断裂+输导层（不整合面）型更为复杂的输导体系。

（3）断裂组合型输导体系。

此类型输导体系是基于油气经历了上述两类运移输导的基础上，油气进入盐丘顶部地层后发生的运移聚集过程。受浮力作用以及深部流体向上的压力传递作用，油气沿盐丘顶部的地堑式断裂簇向上运移，在盐丘顶部形成与张性断层有关的背斜或断鼻、断块等油气藏。断裂作为油气在盐丘顶部运移聚集的重要通道，其性质是这一输导体系是否有效的关键因素，一方面对油气运移起主导作用，另一方面也控制着油气的聚集成藏。

（三）油气主要成藏期

研究油气成藏期，首先必须明确区域盐下主力烃源岩油气生成与运移期，油气初次运移的时间就是烃源岩主要生油期。盆地东南部盐下烃源岩的研究成果表明，晚三叠世末期—侏罗纪盆地进入快速沉降，这一阶段加速了烃源岩的热演化进程，盐下上泥盆统、石炭系两套主力烃源岩进入生油高峰期，也是油气初次运移的主要时期。油气二次运移的时期应为主要生烃期之后发生的第一次构造运动期，侏罗纪以来盆地发生的构造运动时间应该是油气二次运移的主要时期，盐窗伴随着大规模的盐构造运动而产生。然而，区域盐上层系油气运移、聚集乃至含油气圈闭的形成又与盐构造运动密切相关，晚三叠世—早侏罗世、晚侏罗世和早白垩世末—古近纪等主要的区域性构造运动，以及盆地盐丘构造作用，对油气的多期次运移、多期次聚集成藏起到重要的控制作用。综合以上因素，本区盐上层系经历了3次主要油气成藏期（图3-51）。

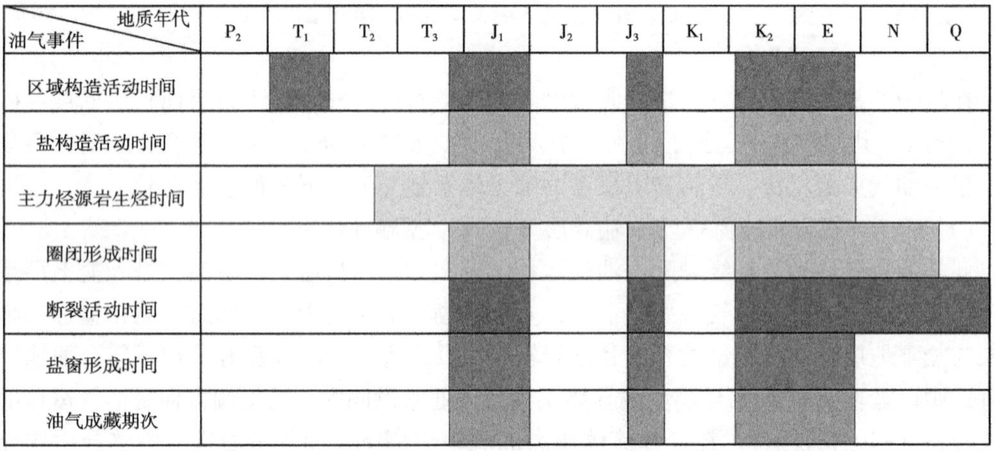

地质年代
油气事件
P_2
T_1
T_2
T_3
J_1
J_2
J_3
K_1
K_2
E
N
Q
区域构造活动时间
盐构造活动时间
主力烃源岩生烃时间
圈闭形成时间
断裂活动时间
盐窗形成时间
油气成藏期次

图3-51　滨里海盆地东南部盐上层系成油气事件图

（1）第一次油气成藏期为三叠纪末期—早侏罗世。这个时期油气以盐窗+盐边（或盐窗+盐边+输导层）运移为主。二叠纪—三叠纪沉积时期，在差异负载作用下，盐岩产生了区域性的不均衡运动，为有效盐窗形成的初始阶段；三叠纪末期—早侏罗世，盆地在区域性抬升挤压构造环境下，盐刺穿活动进一步加强，盐窗（或称之为“烃源灶”）的规模随之进一步扩大；三叠纪末期（约220Ma）—早侏罗世（约200Ma），盆地东南部盐下主力烃源岩进入生油高峰期，排烃量大，生油期与有效盐窗形成期两者配置关系较好，是盐下油气穿越盐窗大规模向盐上层系运移的主要时期，在以盐边、断裂或盐缘坳陷内渗透性砂岩等为输导向盐上层系运移、聚集。

这个阶段的区域挤压作用造成盐丘构造高部位的三叠系遭受不同程度的剥蚀，与此同时，环绕盐体翼部盐檐部位的中三叠统发生褶皱等构造变形，形成狭长条带状背斜、断背斜构造型等油气圈闭，在盐缘坳陷内则发育不整合面遮挡和盐边侧向遮挡及龟背型油气圈闭。

（2）第二次油气成藏期为侏罗纪晚期，油气以盐窗+盐边+断裂+输导层（不整合面）型输导体系运移为主。这个时期盆地又经历了一次区域性的挤压抬升及盐构造活动，随着盐构造运动逐渐从盆地东南部边缘向盆地西部推进，盆地内部（如古里耶夫及其西北地区）盐构造运动变得活跃，盐窗也得到进一步发展，有效盐窗的数量不断增加，因此，这个阶段是盐下油气向盐上层系运移的又一关键时期。与此同时，盐缘坳陷内油藏进入运移和调整阶段，为一些盐丘顶部的三叠系和侏罗系油气聚集成藏创造了条件。

（3）第三次油气成藏期为早白垩世末—古近纪，油气以断裂组合型输导体系运移为主。该时期为盆地区域性抬升期，也是盐上油气藏进一步调整和油气再分配的时期，在后期断裂输导下，油气在盐丘顶部中侏罗统、下白垩统（局部的古近系—新近系）的断鼻、断块或断背斜构造内形成浅层次生聚集，盆地东南部地区大部分侏罗系、下白垩统油藏都在这个时期形成。

四、油藏类型

多沉积旋回及盐构造作用下，盐上层系形成了多套成油气组合和丰富的油气藏类型。油气源主要来自下部盐下上古生界烃源岩，因此盐上层系油气藏大多属于次生油气聚集；下二叠统孔谷阶盐体上拱、底劈作用控制着盐上层系油藏的形成和分布。勘探证实，盐上层系油气圈闭十分发育，油藏类型多样，根据已发现油藏所处部位与盐丘之间的空间位置关系及其盐构造类型，可分为三大构造层系，即下构造层（盐缘坳陷）、中构造层（盐檐部位）和上构造层（盐丘上部），以及 8 种油藏类型（表 3-10）。

表 3-10 盐上层系各构造层典型油藏圈闭特征表

构造层	典型油田	产层	圈闭类型	圈闭成因	油藏剖面
上构造层	喀得什	J_2	断鼻—断块	盐隆+构造作用	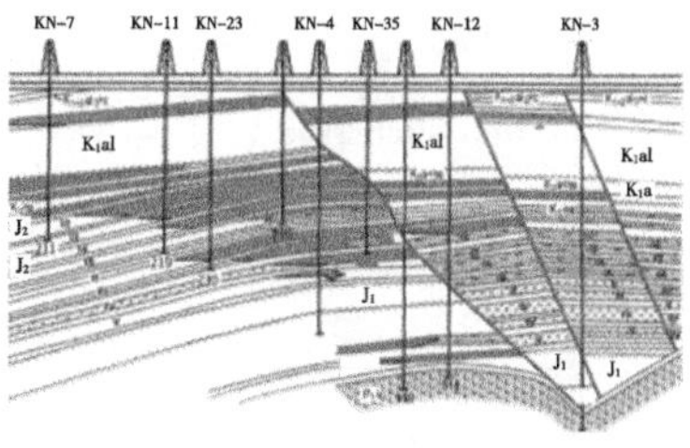
	占吉列克	J_2—K_1	背斜	盐隆+构造作用	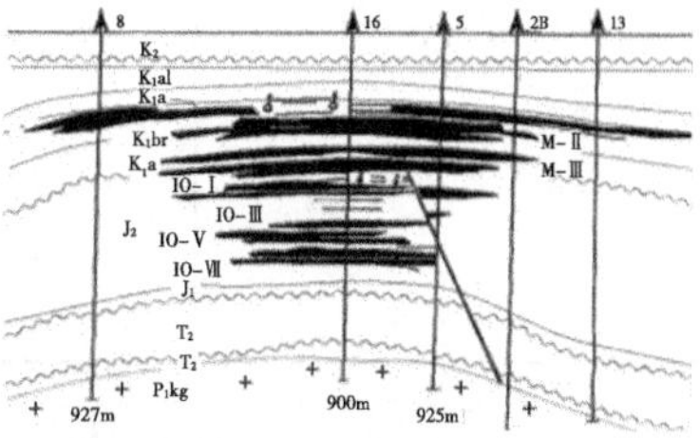
	库尔萨雷	J_2—K_1	盐边遮挡	盐隆	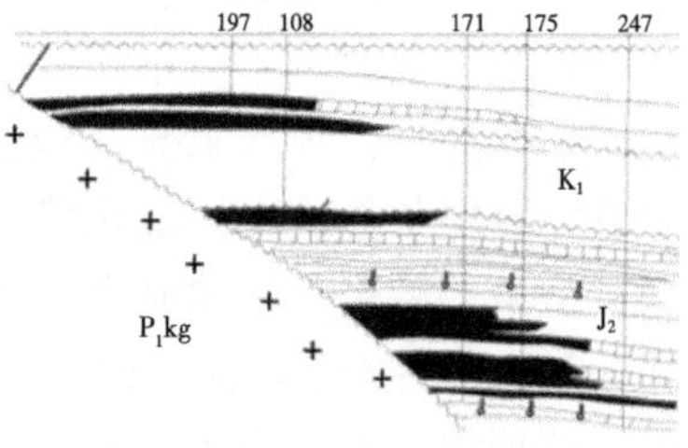

续表

构造层	典型油田	产层	圈闭类型	圈闭成因	油藏剖面
中构造层	阿舍库勒南	T_2	盐檐背斜	挤压+地层	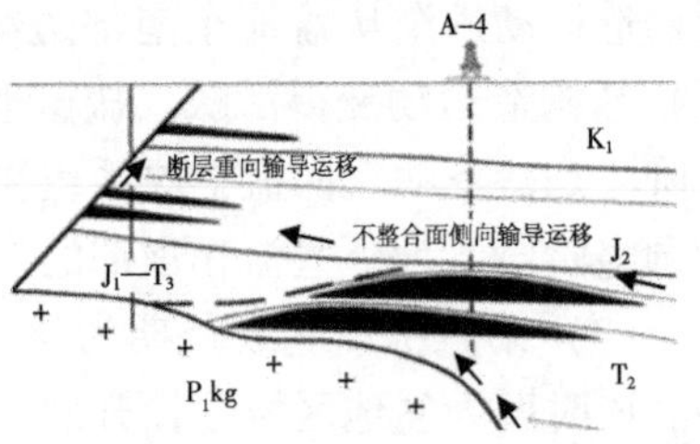
	明泰克	K_1	盐檐断鼻	挤压+断层	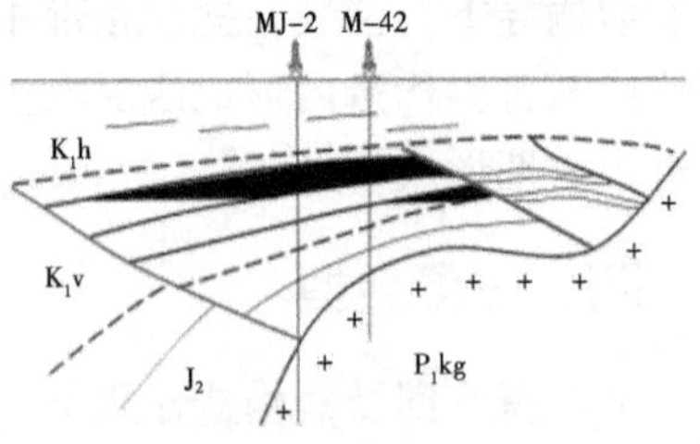
下构造层	萨吉斯	T_1/P_2	龟背构造	挤压+地层	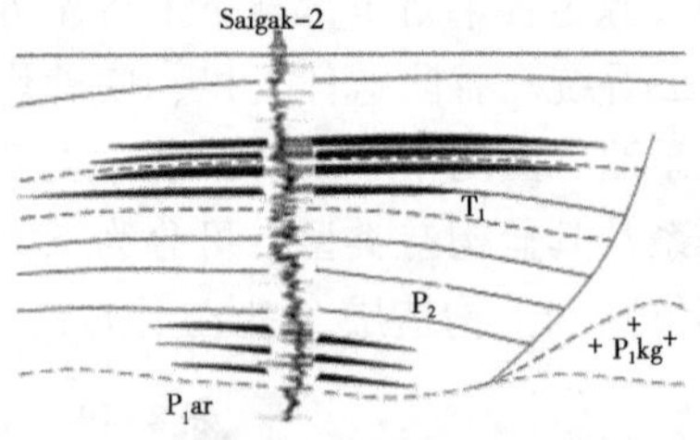
	Novobogatinskoe. S	T_1/P_2	盐悬挂	盐刺穿	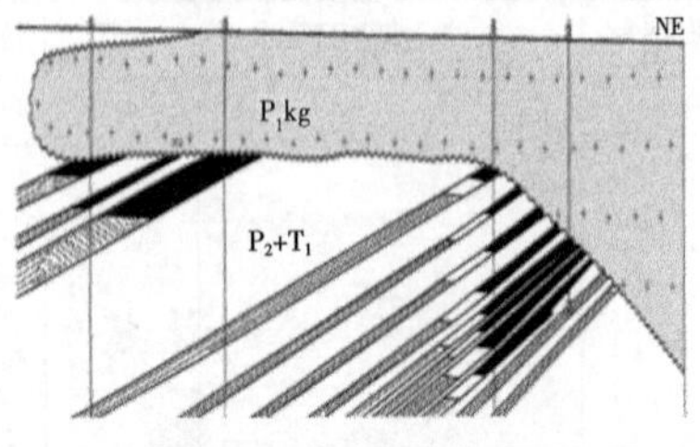
	明泰克北	T_1	不整合面遮挡	构造+地层	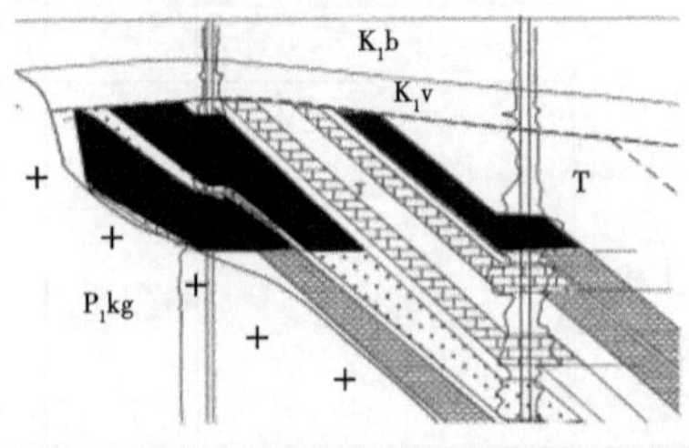

(一）上构造层（盐丘上部）油藏类型

上构造层油藏主要分布在各盐丘顶部，油藏通常埋深较浅，一般为 50~500m，油气富集层位主要为盐丘顶部未被（或基本未被）盐丘上拱刺穿的 T_3—K_1 层。该构造层油气圈闭发育，圈闭与盐刺穿构造相伴生，易于识别，勘探程度也最高，是盆地东南部地区发现油田数量最多的层系。油藏类型主要包括：

(1) 按照油气圈闭特征来划分油气藏类型，主要有背斜型、断背斜型、断层遮挡型、盐边遮挡型等，油气圈闭的形成与盐构造作用密切相关。其中，以断鼻、断块及断背斜型油藏较多，如占吉列克、肯拜等中侏罗统—下白垩统油藏属于典型的背斜、断背斜构造型油藏，属于盐丘上拱形成的低幅宽缓的背斜构造；而在盐体的一侧地层上倾方向被一条或多条断层遮挡时，则形成断鼻、断块型构造油藏，断层的封堵条件控制着各断块的油气富集程度，如喀得什、马腾等中侏罗统油藏；在盐体的一侧地层上倾方向被刺穿盐体遮挡时，则形成盐边遮挡型油气藏，如库尔萨雷中侏罗统—下白垩统油藏。盐上构造型油气藏的地质时代受盆地区域构造部位或盐体穿刺的地质时代控制，盆地东南部地区从盆地边缘向盆地内部，地层年代逐渐变新，盆地边缘以发育三叠系—侏罗系油气藏为主，向盆地中部则逐渐过渡到以发育白垩系—新近系油气藏为主。总体上，盐上油藏圈闭的空间形态与盐丘顶部形态基本一致。

（2）从油藏埋深和驱动类型来看，上构造层油藏的埋藏深度及地质层位受盐刺穿的强度控制，埋藏深度一般小于500m，属于浅层油藏。油藏驱动类型以层状边水为主，底水油藏少。油藏压力梯度为1.05MPa/100m，地温梯度为2.97℃/100m，属于常温常压型油藏。

（3）按照流体性质划分油气藏类型，中侏罗统油藏原油密度为0.890～0.933g/cm^3，含硫量为0.22%～0.61%，含蜡量为0.33%～5.6%，属于中—高密度、低含硫、低凝、中质原油。下白垩统油藏的原油比中侏罗统的要重，原油密度普遍大于0.904g/cm^3，含硫量为0.03%～0.82%，含蜡量为0.13%～4.47%，属低含硫、低凝、重质原油。从原油黏度来看，一般以Ⅱ类高黏油藏（黏度为100～500mPa·s）为主，少数下白垩统原油为Ⅲ类高黏油藏（黏度大于500mPa·s）。总体上，该构造层以中—高密度、中—高黏度油藏为主（表3-11），其原因包括：第一，油藏埋深浅，次生原油在经历了从盐下向盐上的长距离多通道的运移、聚集和保存，过程中发生了次生变化，轻质成分大量散失（蒸发、逸散、溶解等），导致原油变稠；第二，油气成藏之后，受浅层、盖层条件以及后期断裂构造改造作用的影响，封闭质量差，原油稠变作用仍在继续，与大气连通的底水或边水等作用改变着原油性质，主要包括生物降解、脱气、水洗作用、氧化作用及构造活动等综合作用。

上构造层稠油油藏储量规模较大，但开发动用难度也较大，目前主要以热采为主，开采成本较高。

（二）中构造层（盐檐型）油藏类型

中构造层油藏主要分布在各盐丘侧翼，通常具有稳定的上覆盖层，油藏埋深适中，一般为600～1200m，油气保存条件优于上构造层，油气富集地质层位主要包括T_2—K_1地层。其油藏类型主要包括：

（1）按照油气圈闭特征来划分油气藏类型，主要有盐檐背斜型、断背斜型、盐檐断鼻型等油藏，其中，以断鼻及断背斜型油藏较多。此类油藏在平面上沿盐丘侧翼的“盐檐”部位呈狭长条带状分布，具有长轴方向长、短轴方向窄的特点。由于处于油气从深部向浅层（上构造层）运移有利指向区带，故油气源条件优越，圈闭的油气充满程度较高。

（2）从油藏埋深和驱动类型来看，此类油藏埋深一般小于1200m，属于浅层油藏。油藏驱动类型以层状边水为主，底水油藏少。油藏压力梯度为1.010MPa/100m，地温梯度为3.02℃/100m，属于常温常压型油藏。

（3）按照流体性质来划分油气藏类型，这类油藏油气层性质较复杂，既有轻质油藏、带气顶的油藏，还有气藏。原油密度为0.807～0.877g/cm^3，含硫量为0.09%～0.61%，含蜡量为0.33%～5.6%；属于中等密度、低含硫、低凝、轻质油藏；从原油黏度来看，以

50mPa·s 为主，属于低黏度油藏（表 3-11）。

总体上看，这类油藏埋深较适中，保存条件较好。

表 3-11　滨里海盆地东南部盐上层系各构造层典型油藏基本参数表

构造层	典型油气田	产层	深度（m）	原油性质					温压条件		原油类型
				密度（g/cm^3）	黏度（mPa·s）	含硫量（%）	含蜡量（%）	凝固点（℃）	压力（psi）	温度（℃）	
上构造层	喀得什北	J_2	203	0.902	447.12	0.27	0.8~5.6	-20	246.5	16.81	稠油、中高密度、中高黏度
	占吉列克	K_1	340	0.935	183.30~1821.7	0.25~0.64	2.47~3.49	-20	777.2		
		J_2	530	0.868~0.896	100.5~238.7	0.14~0.47	2.5~10.8	-20	942.5	29.6	
	萨里库马克	K_1	147	0.937	2108				204.4	14.96	
		J_2	325	0.896	177	0.2	0.54-2	-21~-35	450.9	20.25	
	库帕	K_1/J_2	192/480	0.941/0.896		0.24~0.28	0.29~1.36		275.5~1044	23~36	
	肯拜	K_1/J_2	190	0.891~0.93		0.23~0.48	0.12~1.09		348~652.5	23~27	
	库尔萨雷	K_1	152	0.919		0.02~0.35	0.57~2		59	32	
	卡里托毕	K_1	200	0.92~0.97		0.17	1.5		290		
中构造层	阿舍库勒南	T_2	580	0.839	23.2	0.1~0.7	2.7~6	-38~-12	984.5	27.69	常规稀油、低密度、黏度
	塔斯库杜克西	T_2	780	0.857	3.73	0.092~0.9	1.48~4.1	10~-27	1664	39.49	
	肯拜	T_2	1050	0.807		0.36	0.7		1725.5	41	
	占吉列克北	T_2	1189	0.775~0.802	2.7	0.04~0.07	1.38	-20			
	什扎库拉克	K_1	432	0.877	25.72~187.9	0.75		-5~-95	653.9	26.3	
	明泰克	K_1	560	0.852	3.38~160.73	0.09~0.59	0.78~4.38	-15~-40	907.7	34.9	
下构造层	Novobogatinskoe S	T_1/P_2	1640	0.632		0.05~0.24	1.62~5.3		2189.5~3422	42~51	常规稀油、低密度、黏度
	卡里托毕南	T_1/P_2	1500/2400	0.852~0.862		0.325	5.4		4495	71	
	萨吉斯	T_1/P_2	1650	0.795		0.09~2.2	0.33~1.1		1015	45	
	阿舍库勒南	T_1	2138	0.860	23.2	0.15	4.63	-12	3393	36.8	

（三）下构造层（盐缘坳陷区）油藏类型

下构造层是指分布在盐缘坳陷内的各类油藏，油气富集地质层位主要包括 T_1—P_2 地层。盐缘坳陷内油藏类型丰富，但由于盐岩活动强烈，盐岩层对地震资料的干扰及盐体边界识别难度较大，降低了圈闭落实的可靠性，增大了勘探风险。总体上勘探程度较低，发现的油藏数量偏少。其油藏类型主要包括：

（1）按照油气圈闭特征来划分油气藏类型，盐缘坳陷内发现的油藏主要有龟背斜型、悬挂型（或盐体侧向遮挡型）及不整合面（或地层）型3类。储层砂岩的发育程度及其物性条件受沉积相带及成岩作用控制，由于物源变化较大，储层埋藏较深，成岩作用增强，储层的区域展布及物性差异较大，具有较强的非均值性，如阿舍库勒南下三叠统油藏属中孔低渗透油藏。

（2）从油藏埋深和驱动类型来看，属于中深层油藏（大于1500m）。油藏驱动类型以层状边水为主。油藏压力系数为1.108，属正常压力系统，地温梯度为1.72℃/100m，偏低。

（3）按照流体性质划分油气藏类型，以轻质油藏为主。原油密度为0.632~0.862g/cm^3，含硫量为0.05%~0.325%，含蜡量为0.33%~5.4%；属于低密度、贫硫、贫蜡、轻质油藏。依据原油黏度，阿舍库勒南下三叠统地层超覆型油藏的原油黏度为23.2mPa·s，属于低黏度油藏。

第四节　盐檐型油藏发现及其特征

近十多年来，中国石油公司积极寻找海外石油勘探开发机会，认识到滨里海盆地处于连接欧亚的中亚地区，是油气资源最为丰富的盆地之一，在全球具有重要的战略地位和资源优势。为此，加大滨里海盆地新项目的开发力度势在必行，自2004年以来在滨里海盆地获得5个勘探区块和1个开发区块，其中盐上勘探区3个，矿权面积20323km^2，行政上隶属阿克纠宾和阿特劳两州。经过3~5年的勘探评价，在萨吉斯、阿特劳区块相继发现了阿舍库勒、塔斯库杜克、占吉列克、明泰克等10个盐上油气田，获得了一批优质经济储量，区块盐上层系取得了历史性突破，油气勘探开发进入了新的阶段。

一、勘探历史

萨吉斯、阿特劳区块分别位于滨里海盆地东南部和南部，以及阿斯特拉罕—阿克纠宾斯克隆起带中、东段，该区域已有近百年的油气勘探开发历史，先后完成了区域重力、磁力和电法勘探，油气勘探程度差异较大。根据合同，区块主要勘探层为盐上。回顾勘探历史，大致经历了如下阶段。

（一）勘探评价上构造层，发现一批稠油油藏

这一阶段主要是指2002年之前，包括苏联时期（1991年之前）和美国FIOC公司（1998—2004年）在区块内开展的勘探工作。苏联时期，针对盐上层系，围绕区块内的盐丘构造共采集二维地震14262km；美国FIOC公司作业期间，新采集二维地震1534km，重新处理二维地震7500km。总体上，区块地震测网围绕盐丘构造呈不规则分布；先后发现并落实了一批盐上浅层构造，1931—1991年围绕盐丘顶面实施钻探工作，开展浅层构造地质调查；共钻探各类浅层井1875口，其中，构造井（小井眼井）880口，井深一般小于1000m。截至2004年4月，FIOC公司共钻探井16口（其中小井眼钻井11口），总进尺

13484m。发现了喀得什北（Kardasyn. N）中侏罗统浅层稠油油藏和喀戈纳（Kaganai）、塔斯库杜克（Taskuduk）等上三叠统低渗透低产含油气构造。

（二）探索下构造层，发现阿舍库勒南下三叠统地层超覆低渗透油藏

2004年中国石油公司进入后，一方面，沿袭前FIOC的勘探思路，对盐上上构造层实施勘探。增加了钻探工作量（钻探井33口），先后评价了已有盐上中侏罗统和上三叠统含油构造，同时勘探发现了萨里南（Sar S）、萨里库马克东等中侏罗统含油构造，这类含油构造总的特点是位于盐丘顶部，埋藏深度浅（小于500m），属于浅层油藏；储量规模较小，资源丰度低；保存条件差，原油遭受较强烈的改造和破坏，大多为稠油油藏（原油密度大于0.9g/cm³）；动用难度较大。另一方面，着手准备探索下构造层盐缘坳陷区勘探目标。2005年围绕阿舍库勒南大型盐缘坳陷区加密部署了1km×1km二维地震测线，落实评价了阿舍库勒南盐缘坳陷区下三叠统地层超覆型圈闭。AS-2井在井深1900~2200m钻遇油气层52m，发现了下三叠统地层超覆型油藏，原油密度为0.860g/cm³，原油黏度为23.2mPa·s，属于轻质原油；该油藏储层岩性致密，单砂体厚度为2~11m，以灰色—灰棕色长石碎屑砂岩为主，粒间孔隙多被方解石胶结，储层物性条件差，非均质性强，储层孔隙度为12%，渗透率小于1mD，属于中孔低渗透储层。动用难度较大，常规试油难以形成自然产能（折算日产油小于1m³），为低产油层，2006年实施酸化、压裂改造，试获稳产油量11m³/d，总体上油藏开发效益偏差。

（三）盐上勘探难点和特点

历经艰难的探索，勘探进展迟缓，始终没有取得实质性突破，充分认识到区块勘探的复杂性，梳理盐构造区油气勘探具有如下难点。

1. 盐上层系构造类型复杂多样，构造解析难

由于受多期次区域构造运动及盐多期次刺穿作用的影响，地下地质构造类型复杂多样；地层变形强烈，地震成像成图难，导致空间上地质结构把握不准，圈闭落实难度大，落实程度低。

2. 后期改造强烈，保存条件是关键

与盐运动相伴生的断裂密集发育是盐丘最显著的构造特征，断裂对现存油气藏具有较强烈的破坏作用，特别是晚期通天断层发育的地区，常常会造成油气散失，保存条件变差，经过多期破坏和调整，造成盐上油藏规模变小，单个油田的可采储量大多数为100×10^4t左右；另一方面，断裂沟通地表与大气连通，原油经过表生作用（生物降解、水洗、氧化等）的改造，原油性质发生显著变化，油质变差，动用难度加大。

3. 地质规律认识不清

强烈的盐构造作用导致深浅层构造差异较大，深浅层构造不协调，盐体边界陡峭，刻画难度大，加大了油气选区（带）的难度，尤其是下构造层沉积成岩作用复杂，储层砂体岩性变化大。油气富集的地质规律认识尚不清，勘探成功率大幅降低。

二、石油地质认识的突破，明确了勘探主攻方向

针对勘探难点，开展了盐上勘探攻关：（1）加强地质综合研究。首先充分认识到盆地东南部地区盐上层系油气资源丰富，勘探潜力大，坚定区块找油气信心；再从油气运移富集规律研究出发，把握大盐窗、强调油气保存条件这两大油气成藏的主控因素，分析盐上层系油气成藏条件在时间上的匹配关系，找准空间上的有利位置，明确以盐檐构造为重点

勘探目标。(2) 加强地震资料采集处理的攻关试验，充分利用3D地震勘探技术，获得高质量地震剖面，为刻画盐丘构造形态，落实勘探目标奠定了基础。(3) 运用盐构造区褶皱理论，解决复杂构造区“盐檐型”构造地震解释的难题。通过论证，在萨吉斯地区对中构造层三叠系盐檐背斜构造实施勘探，钻探发现并落实了阿舍库勒南、塔斯库杜克西、占吉列克北等一批目标，在新的盐构造类型中找到了丰富的油气资源。盐上层系油气勘探取得了实质性突破，形成了以下地质认识。

(一) 区域有效盐窗发育，油气富集程度与盐窗规模密切相关

盐窗是盐下古生代烃源岩生成的油气向盐上运移聚集的重要通道，往往盐窗和相邻盐丘构造发育的地带，盐下断裂也较为发育，这些断裂对盐下烃源岩生成的油气进入盐窗起到了促进作用。综合分析萨吉斯地区13000km^2的地震—地质资料，区域有效盐窗发育，共解释出67个盐窗。这些盐窗平面形态各异，其中区块东部地区盐窗大多呈似椭圆形，北东东向展布，西部地区盐窗多呈长条形，北西向展布。计算最大盐窗的有效面积达520km^2，最小盐窗的有效面积约为3km^2；在这些盐窗中，有效面积超过50km^2的有21个，有效面积超过150km^2的有7个。

通过对盐窗及其与周边油气田（藏）分布规律的研究表明，这些盐窗大多属于有效盐窗；盐上层系油气富集程度与有效盐窗的规模密切相关，盐窗有效规模大的区带油气会聚面积大，油气充注能力强，资源丰度高，区带内有可能发现千万吨级储量的油田（或油气聚集带）。诸如塔斯库杜克南盐窗的有效面积达520.5km^2，围绕盐窗形成近东西走向的有利油气聚集区带，分布着库帕、萨里库马克、塔斯库杜克等一批油气田；占吉列克盐窗有效面积达340km^2，围绕该盐窗形成的北西向油气聚集带上分布着肯拜、占吉列克北等油田；阿舍库勒南盐窗有效面积为374.1km^2，该盐窗形成近东西、北西向油气聚集带上分布着阿舍库勒、多拉特、毕肖克等油田。上述3个大型盐窗是萨吉斯区块千万吨油气田（或油气富集带）主要分布区带。而小型盐窗的周围则油气分散聚集，圈闭充满程度低，储量规模小。在有效盐窗不发育的区带，一般不含油气。

(二) 中构造层保存条件好，发育优质储盖组合，为勘探主攻方向

中构造层处于较稳定的上覆盖层之下，构造层埋深适中，有利圈闭大多发育在盐丘侧翼的盐檐部位，后期断裂构造不发育，处于较稳定的上覆盖层之下，构造环境较稳定，保存条件良好。通过对萨吉斯地区的钻井、地震资料分析研究，认识到中三叠统自下而上普遍发育冲积扇扇中—扇端—冲积平原相带，剖面上表现为下粗上细的正旋回沉积序列，下部是以冲积扇扇中砂岩密集发育段为主的储层，上部是以扇端泥岩为主的盖层，从而形成了一套优质储盖组合，主要分布于盐丘侧翼的盐檐部位。其中，下部储层砂体厚度约为50m，细粒为主，次圆状—圆状，分选中等，结构成熟度不高，孔隙度为18%~32%，渗透率为50~700mD，为中高孔、中高渗透储层，储集性能良好；上部扇端泥岩盖层厚度为60~90m，分布稳定，是中三叠统重要的直接盖层。

(三) 前排“盐檐构造”是勘探最有利目标

在中构造层贴近盐丘的一侧在三叠纪末期的区域性挤压构造作用下，普遍发育与褶皱相关的构造圈闭类型；如褶皱背斜、断背斜等构造（称为盐檐构造）。从盐檐构造所处的空间位置来看，位于盐丘构造侧翼，在油气从盐下向盐丘核部运移聚集的过程中，属于前排构造带（图3-52）。以盐边或盐边+断层等运移通道为主，向下沟通油源层，向上连接储层并终止与上覆稳定的盖层，具有近水楼台的优先捕获油气的优势。

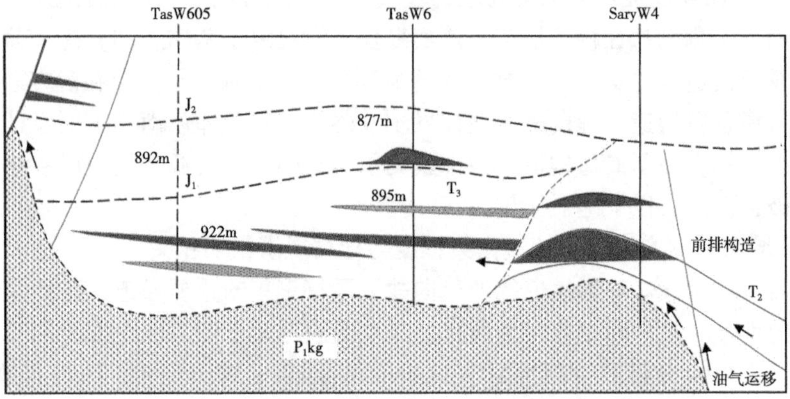

图 3-52　萨吉斯地区油气运移聚集示意图

通常大型盐丘构造带盐檐构造圈闭发育，规模大，相应的盐窗规模也较大，油源充足，后期保存条件好，油气成藏条件优越，是盐上层系最有利的勘探目标。

三、地震资料处理、解释技术攻关

复杂的盐构造区地震反射信号能量弱（能量不均衡），信噪比低，丘上断层不清，特别是给浅层的静校正带来难度；地震反射杂乱，偏移成像困难，盐边地层接触关系不清。通过针对性的技术攻关，资料处理质量有了显著改善，并形成了一套适用于盐构造区地震资料处理的方法技术系列。

（一）配套的地震资料处理技术

1. 振幅处理技术

振幅处理包括真振幅恢复和地表一致性振幅均衡处理。通过球面扩散补偿、出射角补偿等恢复深层反射振幅。球面扩散补偿中使用的速度通过初次速度分析获得。地表一致性振幅均衡处理后，消除激发和记录差异引起的振幅非一致性。

2. 静校正处理技术

采用野外小折射+微测井获得野外静校正量。图 3-53 为进行野外静校正后的叠加剖

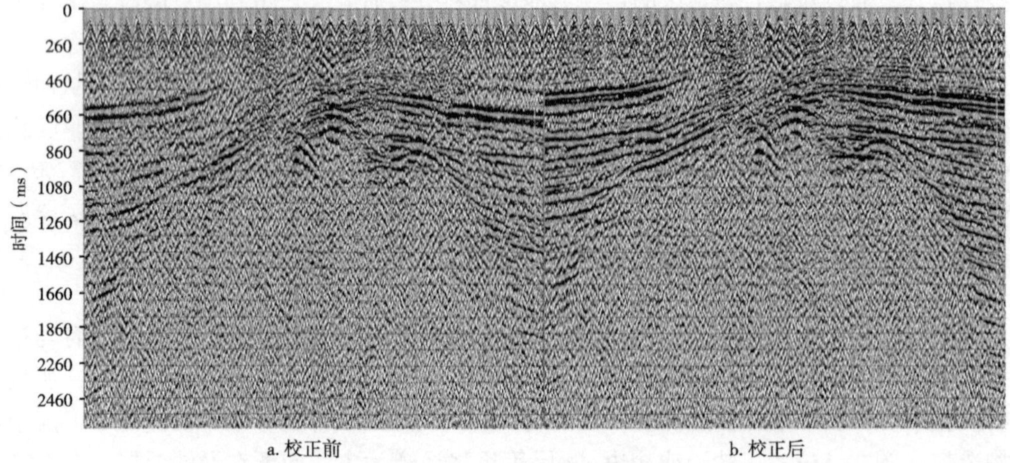

图 3-53　萨里库马克西 3D 静校正前后叠加剖面对比（L760 测线）

面，可以看出，静校正处理效果非常明显，静校正后浅层反射获得了较好的成像，同时消除了地表起伏以及速度横向变化带来的长波长静校正问题（构造假象）。

3. 叠前、叠后去噪技术

重点是在检波域开展三维 $F—K_x—K_y$ 滤波衰减与地表有关的线性噪声。三维 $F—K_x—K_y$ 滤波可有效地压制线性干扰波，叠加剖面信噪比显著增强。

4. 剩余静校正

野外静校正处理很好地解决了静校正量的低频分量校正问题，剩余静校正将有效解决高频分量的校量问题，同时提高速度谱质量，获得更精确的 NMO 速度。剩余静校正采用分频处理，依次从低频到高频，即先解决相对低频剩余分量，再解决相对高频剩余分量。图 3-54、图 3-55 为分频剩余静校正前后的叠加剖面及速度谱，可以看出，三次剩余静校正后叠加剖面的信噪比和分辨率显著提高，速度谱质量也得到很大改善，为精确的速度拾取提供了可靠基础。

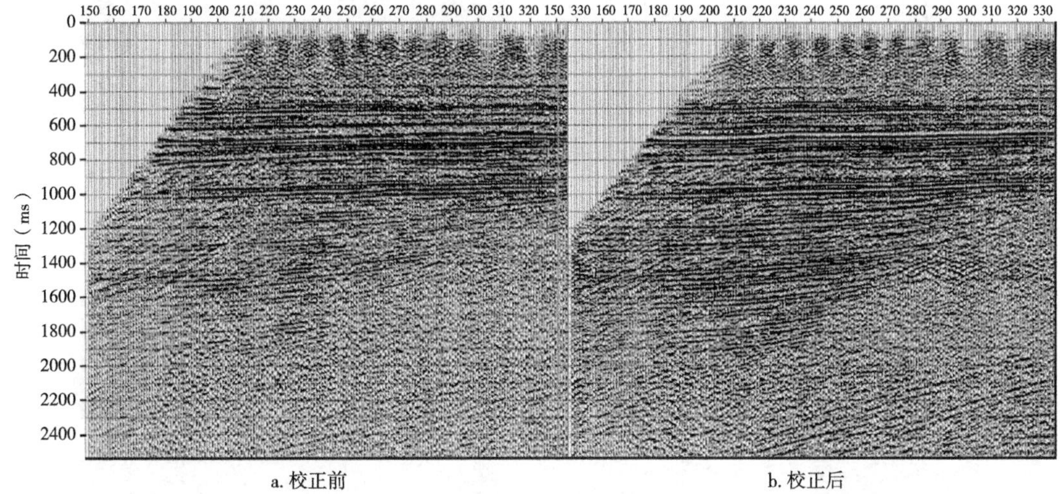

图 3-54　萨里库马克西三维剩余静校正前后的叠加剖面对比（L700 测线）

5. 高陡倾斜地层（盐层）的成像技术

DMO 速度分析与 DMO 叠加有效改善了高陡倾斜地层（盐层）的成像效果。图 3-56、图 3-57 为 DMO 叠加前后的叠加剖面和叠加速度谱对比，可以看出，DMO 叠加有效改善了陡倾角地层的成像效果，加强了绕射波，DMO 后速度谱的分辨率提高。DMO 处理后获得的 DMO 速度场可作为叠后时间偏移和叠前时间偏移初始速度场。

6. 叠前时间偏移与速度分析技术

叠后偏移开展了单程波高角度近似有限差分法偏移、相移偏移及 Kirchhoff 积分法偏移试验，最终采用了单程波高角度近似有限差分法偏移方法。偏移速度采用多次偏移后判断归位的可靠性性来调整速度场。

叠前时间偏移后的速度谱质量进一步提高。叠前时间偏移速度切片能够揭示高速盐体的宏观分布，比较相同反射时间速度场切片和地震波场切片可以看出反射波场特征与速度场特征一一对应，显示了速度场的合理性（图 3-58）。

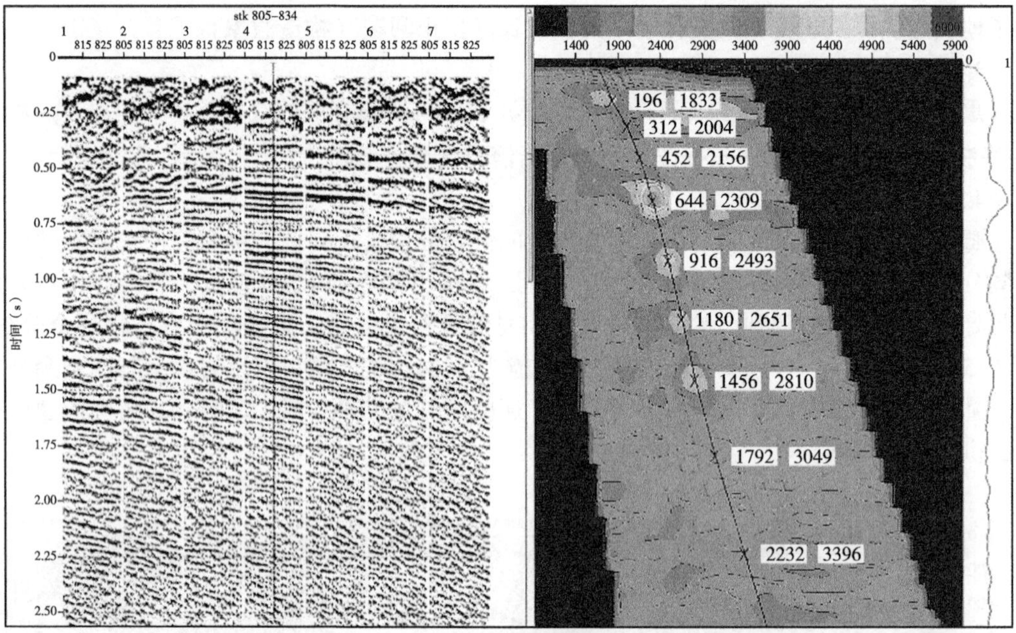

a. 校正前

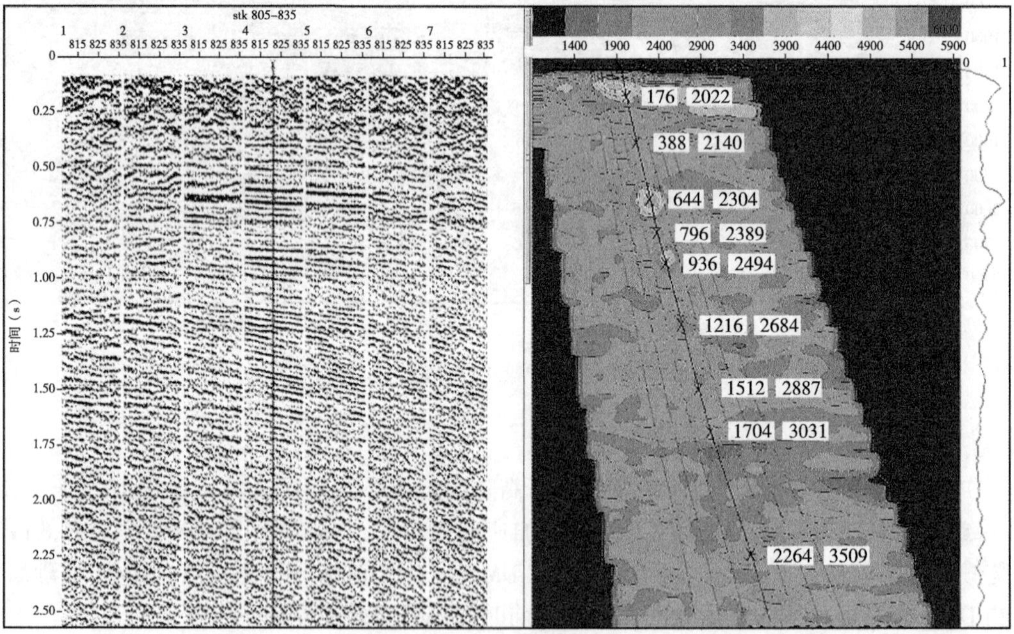

b. 校正后

图 3-55　萨里库马克西三维剩余静校正前后的速度谱对比

（二）精细构造解释技术

在盐刺穿等构造作用下，盐边、断层、不整合面等对油气的运移、聚集起着重要的控制作用，与油气藏的形成、分布、富集有着十分密切的关系，因此利用地震资料识别并准确归位盐体、断层、不整合面是落实构造圈闭的基础，也是油气勘探开发的重要内容。

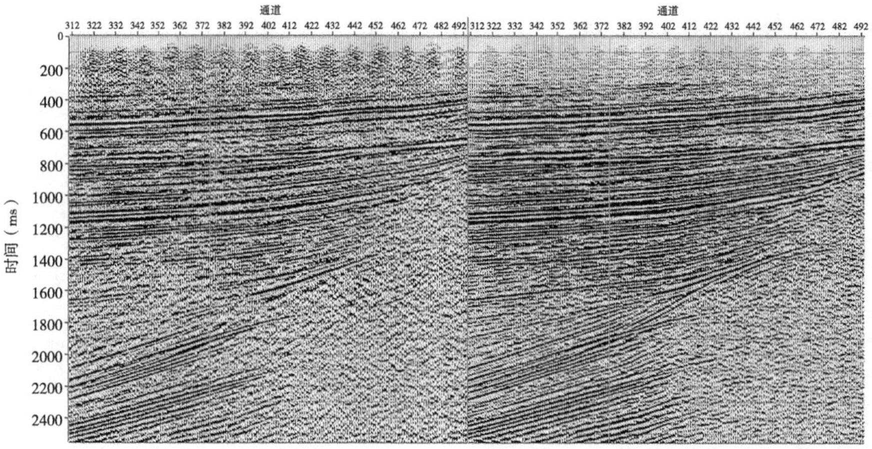

a. DMO前　　b. DMO后

图 3-56　萨里库马克西三维 DMO 前后叠加剖面对比（L700 测线）

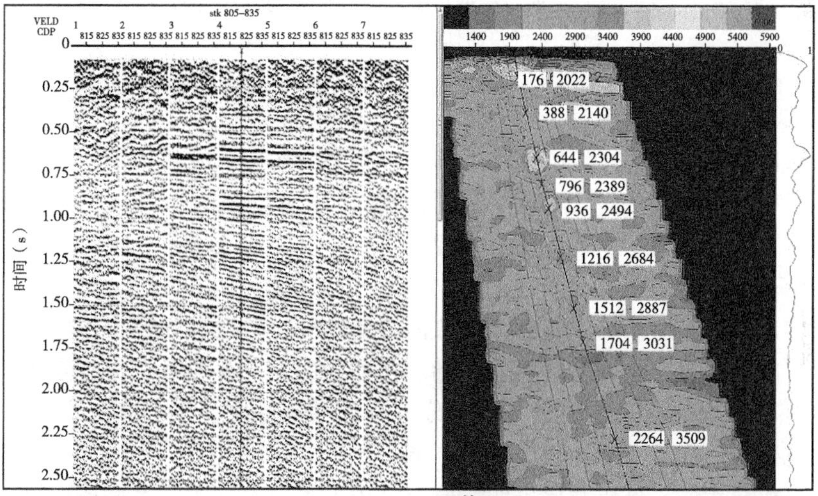

a. DMO前

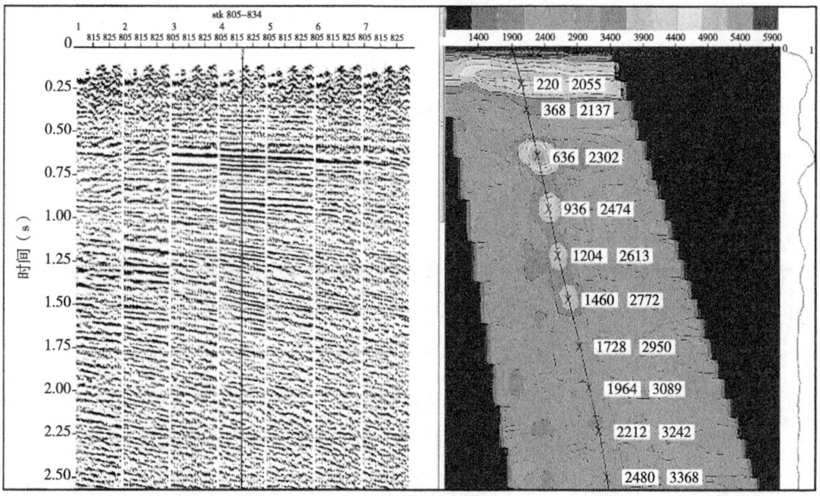

b. DMO后

图 3-57　萨里库马克西三维 DMO 前后速度谱对比

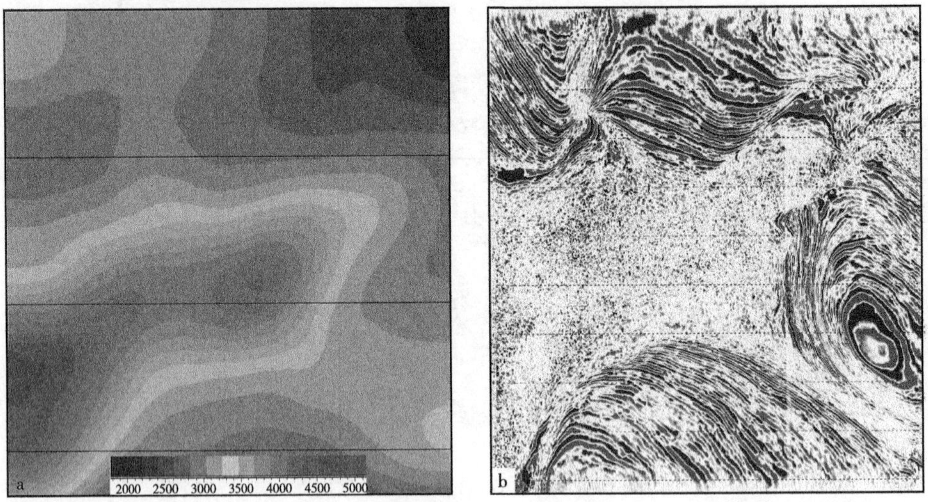

图 3-58 萨里库马克西三维叠前时间偏移速度场切片（a）及其三维叠前时间偏移切片（b）（$T=1000$ms）

1. 层位标定技术

准确的层位标定是地震—地质解释的基础。在复杂盐构造区盐边及围岩地层产状变化较大，总体产状较陡，同一深度新老地层变化较大，地震速度差异明显，为了标定区域目的层反射波组特征，采用了多井、多层综合标定方法，为速度研究、构造精细解释和变速成图奠定基础。

受区域构造、盐构造作用的影响，区块内主要勘探层附近存在多个不整合面，对不整合面或勘探层的准确标定是构造解释的基础。包括：（1）不整合面、勘探层地质界面的位置；（2）观察界面的地震剖面特征；（3）分析寻找电性特征；（4）多井验证；（5）研究构造作用的范围与强度及其对油气成藏的影响。

以明泰克构造为例，分析对比表明，研究区内不整合面（古近系底或白垩系底部）界面反射清晰，波组连续性强，特征明显，可以此作为初始时间标定，同时采用合成记录法进行多井、多层综合标定。各勘探层地震响应特征如下。

N：为新近系底界区域不整合面的地震响应，地震剖面波组特征明显，同相轴的连续性好，为区域可连续追踪的稳定标志层。

K_1h：为豪特里维阶底部分布稳定的灰质泥岩的地震反射，其地震响应特征稳定，地震波组同相轴连续性较好。

K_1v：白垩底界与下伏侏罗系的反射，是区域不整合面的响应，地震反射响应特征清晰，地震波组同相轴连续性好。

J_2：部分地层遭受剥蚀，地震响应特征不稳定，局部地震波组连续性变差。

T：受盐隆活动影响，三叠系底界地震响应特征不稳定，地震响应好的地区同相轴连续性较好，盐丘顶部构造复杂区地震反射响应较弱，地震同相轴欠清晰。

根据多井合成记录结果提取了多井合成地震记录的速度（图 3-59、图 3-60），通过分析井的速度，各单井速度略有差异，但总体变化规律一致，利用多井拟合速度满足构造解释精度。

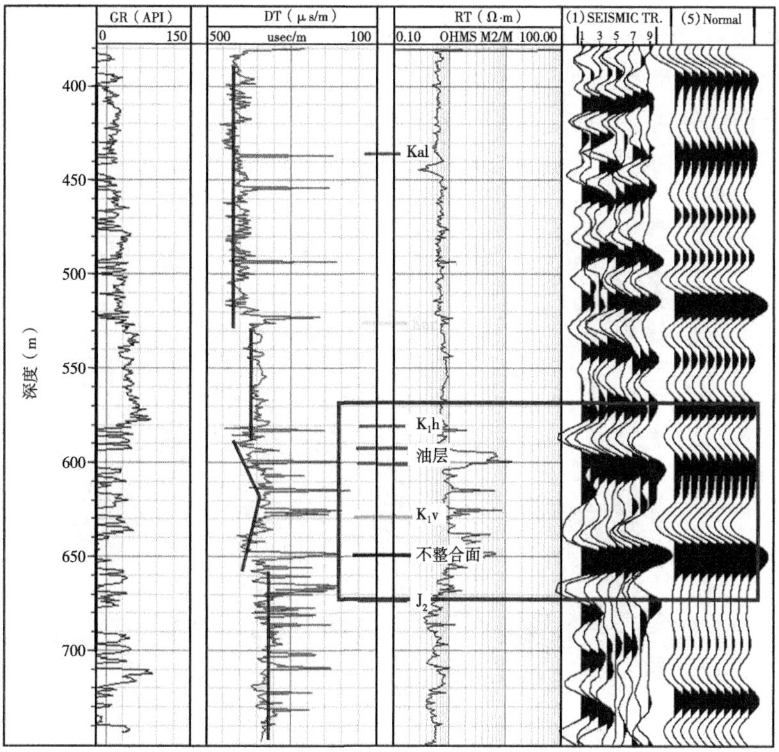

图 3-59 M-2 井合成记录与地震对比图

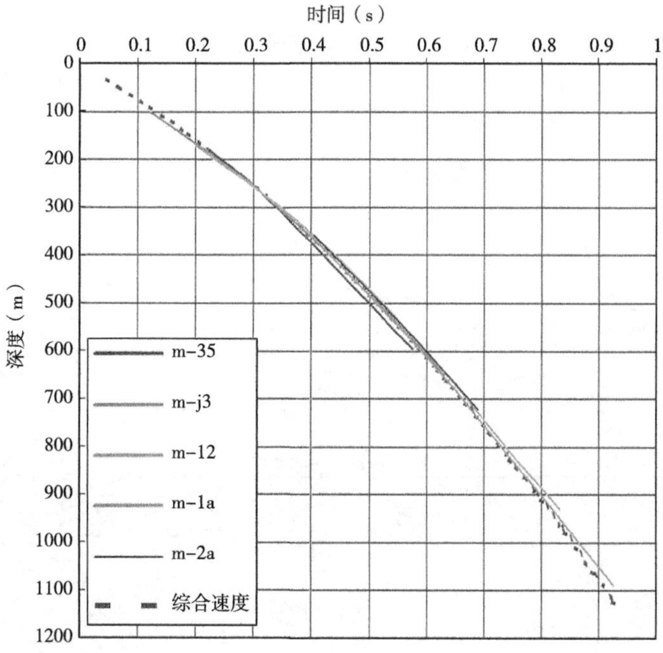

图 3-60 构造时—深关系图

2. 时间切片

时间切片是平行于水平方向的切片。对比这些连续切片，可以清楚直观地了解构造体在平面分布上的特征及周边地区的形态变化。切片上同相轴的疏密基本反映地层产状，同相轴的延伸方向代表地层走向，同相轴走向和疏密程度的突变点，指示断层的存在。充分利用垂直剖面与水平切片闭合显示指导盐丘顶部及盐檐部位的断层平面组合（图 3-61）。

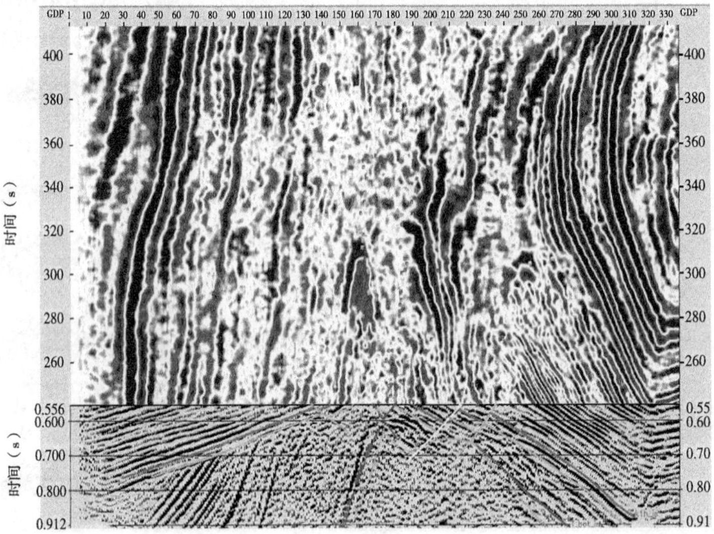

图 3-61 明泰克三维垂直地震剖面（下图）与水平切片（上图）解释联合解释图

3. “三瞬”处理技术

利用 GeoGraphix Discovery 微机一体化油藏描述综合研究平台软件包上的叠后地震数据处理模块，对地震数据进行后期的分析和处理，其中的“三瞬”处理技术可将普通时间剖面转换为瞬时相位、瞬时频率、瞬时振幅属性剖面，针对不同目的，对常规地震剖面进行相应处理，辅助解释。图 3-62 为经过瞬时相位处理后的地震解释剖面，转换后的瞬时相

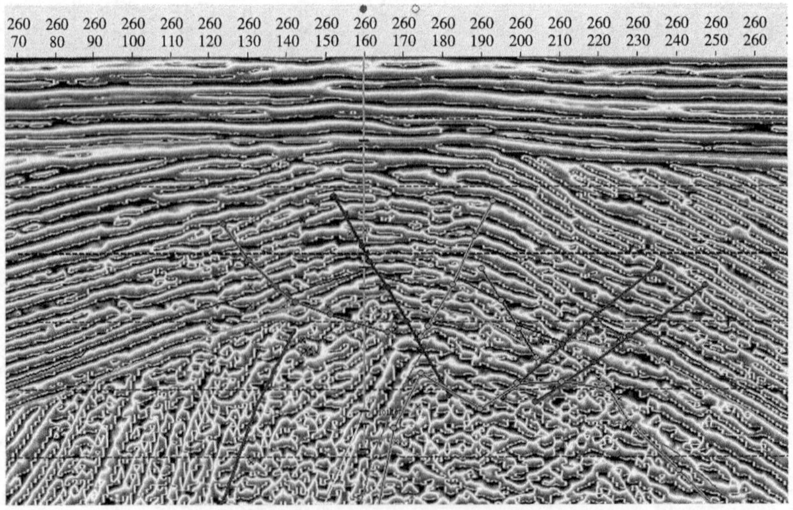

图 3-62 明泰克三维 L260 测线瞬时相位属性剖面

位属性剖面与普通剖面解释相比，对层位、断层及地层接触关系的刻画更为清晰，提高了构造解释精度。

4. 三维可视化技术

利用三维可视化技术对数据体作切割、剥离，产生多视角和变透明度的立体图像。依据点—面—三维空间的分析，深化构造形态区域性认识，使地震解释更符合地质规律（图3-63）。

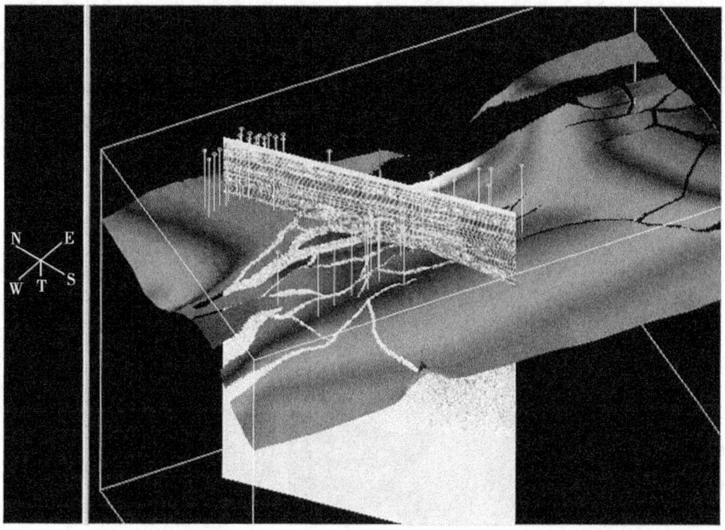

图 3-63　全三维 K_1h 底面反射层等 t_0 三维显示与常规地震剖面对比解释

5. 多子波分解技术

多子波地震道分解可以将地震道分解成多个不同形状、不同频率（雷克子波的最大振幅频率，而不是原始地震剖面的频率成分）的地震子波，将这些子波叠加，可以得到原始的地震道。常规的地震信号处理中所用的褶积、反褶积及地震道反演等都是基于单一地震子波的假设，这个假设与实际情况尚有很大距离，多子波地震道分解则突破了这一假设，因而分解结果也更符合客观事实，为分析、处理及直接油层解释提供了更为可靠的依据。

根据实际需要，选择显示对目的层响应敏感的不同频段的地震子波，可以去除干扰波，提高资料的信噪比，突出目的层地震反射，进行精确的层位及断层解释。图 3-64 分别为三维工区 246 主线原始剖面和 26~46Hz 的子波重构剖面，可直观看到，目的层 K_1v 顶面经过子波重构后，层位追踪更加方便准确，断层指示更加清晰易辨。

6. “蚂蚁追踪”技术

在地震数据体中撒播大量的“蚂蚁”（图 3-65），在地震属性体中发现满足预设断裂条件的断裂痕迹的“蚂蚁”将释放某种信号，召集其他区域的“蚂蚁”集中在该断裂处对其进行追踪，直到完成该断裂的追踪和识别。而其他不满足断裂条件的断裂痕迹将不进行标注。最后，通过该技术，将获得一个低噪声、具有清晰断裂痕迹的数据体。

运用“蚂蚁追踪”技术对明泰克三维工区进行了断层自动解释，从实际效果看，该技术对大断层和小断层的分辨能力均较好（图 3-66）。

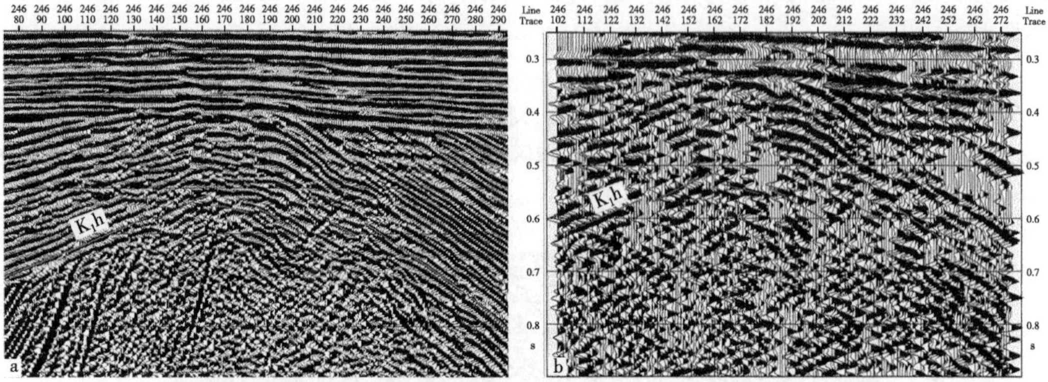

图 3-64　明泰克三维 inline246 原始剖面（a）与子波重构剖面（b，26~46Hz）对比图

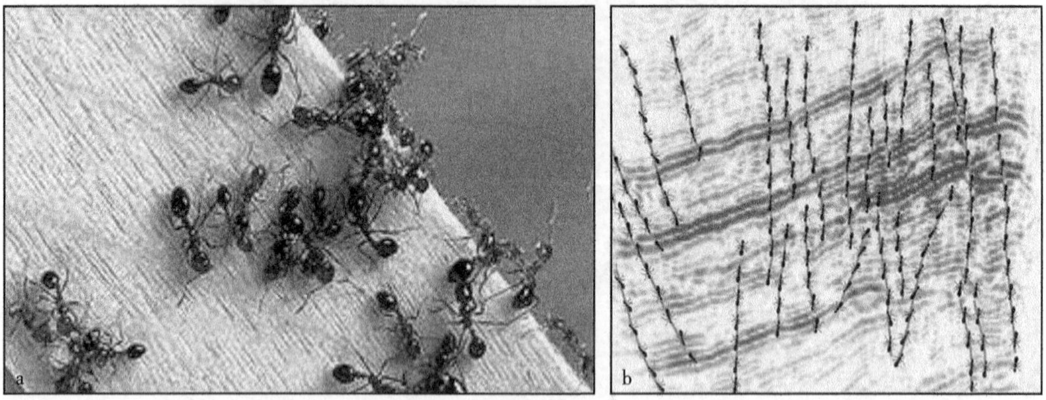

图 3-65　明泰克三维蚂蚁追踪技术原理平面（a）、剖面（b）示意图

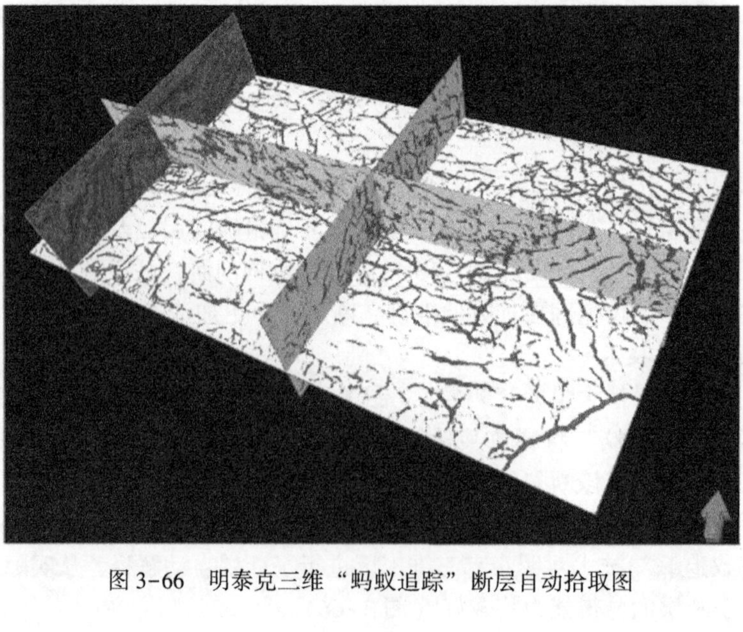

图 3-66　明泰克三维“蚂蚁追踪”断层自动拾取图

7. 曲率体技术

最大曲率定义的是最大绝对曲率。最大曲率在描述断层和断层形态上取得了非常好的效果。断层是通过毗邻的正曲率和负曲率来表示，正曲率结果显示断层的上升盘，负曲率结果显示的是断层的下降盘。断层规模也可以用最大曲率的大小来描述。最大曲率越大，断层也越大。图 3-67 为明泰克地区沿下白垩统凡兰吟阶进行平均值滤波后，沿层提取的曲率体属性平面图，断裂系统在平面上的展布特征较为清晰。

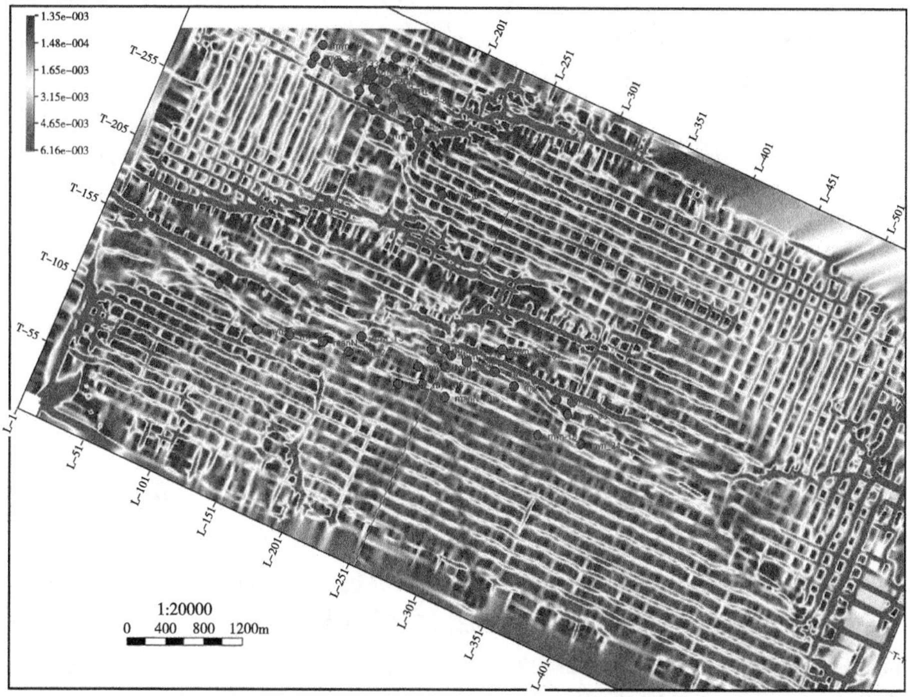

图 3-67　明泰克三维沿凡兰吟阶曲率体属性平面图

8. 全三维解释技术

全三维解释就是对三维数据体做解释，也就是以三维可视化立体显示为基础，以地质研究对象为目标，从点、线、面、体等多渠道以及数据体的多侧面，全方位解剖三维地震数据体，最终获得三维可视化地质模型，如三维构造模型、三维储层模型等。实质上是在三维空间中对数据体直接进行分析、解释、综合研究并表现成果，地震及其他地质信息的三维可视化分析是其主要特征。

全三维解释技术主要包括以下方面：（1）可视化构造解释技术，从不同角度观察地层、断面及地质异常体的空间形态，在数据体内对层位和断层进行解释。包括构造可视化、地层可视化、振幅可视化及信息综合可视化等，应用广泛；（2）可视化岩性解释技术，就是在三维空间上把特殊岩性的分布显示和解释出来。

四、盐檐型油气藏发现及意义

（一）正确的勘探思路是油气发现的基础，勘探技术是关键

石油地质综合研究认为，盐上中构造层构造稳定、埋深适中、保存条件好，是区块有利的油气富集带，处于盐丘前排的盐檐构造是区块最有利的勘探目标；地震处理及综合解

释技术攻关成果的应用为准确落实圈闭提供了保证。通过地质认识的不断深化，勘探思路的转变，方法技术系列的进步，在新的圈闭类型（三叠系盐檐型）中找到了丰富的油气。2008 年在阿舍库勒、塔斯库杜克中三叠统盐檐型构造上率先钻探 A-4、TASW-1 井，获得高产油流。之后，又进一步落实了多拉特、毕肖克、萨卡特、占吉列克北、萨里西等一系列中三叠统盐檐构造，经钻探验证获得成功，新增 2P 油气储量 4600×10^4t。这标志着在滨里海盆地东南部盐上层系的新领域、新类型中取得重要油气成果，实现了所属区块盐上层系油气勘探的历史性突破，为进一步拓展该地区油气勘探开发市场奠定了坚实基础，对盐构造区油气勘探具有重要的指导意义。

（二）典型盐檐型油藏特征

1. 阿舍库勒油田

阿舍库勒油田位于滨里海盆地东南部恩巴油气区，萨吉斯区块东部的阿舍库勒—萨里库马克构造带上，油田第一口发现井为 A-4 井，完井深度为 878m，终井层位为下二叠统孔谷阶（P_1kg），钻井钻遇含油层位为中三叠统（井深 605~707m），在 703~707m、652~657m、633~638m 井段测试（6mm 油嘴），产油 37.9m^3/d，产天然气 3047m^3/d，证实了阿舍库勒南构造良好的含油气性。

1）地层发育特征

钻井揭示，油田地层自上而下依次为：白垩系、中侏罗统、中三叠统和下二叠统孔谷阶，缺失上侏罗统和上、下三叠统，主要含油层系为中三叠统。

下二叠统孔谷阶：由盐岩、硬石膏夹层构成，偶见碳酸盐岩，并含有钾盐、镁盐等矿物。其下部为盐岩，为白色结晶粗粒状，夹有浅灰色硬石膏，盐层中夹有暗色砂、泥薄互层；上部为盐丘帽，为深灰色与浅灰色白云岩及灰黑色泥岩、硬石膏与石膏的互层。

中三叠统：厚 200~250m，中三叠统是油田主要的含油层系，不整合覆盖在孔谷阶之上。顶部以灰色泥岩为主夹薄层粉细砂岩，中、下部为砂泥岩互层，底部为泥岩、泥灰岩夹砂岩的岩类组合，局部见碳酸盐岩。砂岩为灰、深灰色，粉砂—细粒为主，部分层含粗砂和砾石；泥岩为灰色、灰绿色，质软。三叠纪末期本区发生沉积间断，中三叠统与上覆侏罗系存在明显的角度不整合。

下侏罗统：下侏罗统沉积物岩性主要为一大套砂岩，泥岩较少。砂岩呈灰色、绿灰色，细至中粒，含云母，局部含炭化植物碎屑残骸；泥岩为灰色、暗灰色、褐灰色，致密，粉砂质，含砂量不等，偶含炭化植物残骸。该组段在油田范围内残留厚度较小，分布比较局限。

中侏罗统：钻厚 250~300m，剖面上表现为泥岩和砂岩的频繁交替。泥岩呈褐灰色、暗灰色、褐色，层状，常见细砂岩夹层，泥岩中富含植物碎屑；砂岩为灰色、褐灰色，细至中粒，泥质含量不等，为钙质砂岩，含炭化植物残骸。在泥岩与砂岩中发育多层褐黑色薄煤层。该组段地层区域广泛分布，厚度变化较小，不整合覆盖在中三叠统之上。

下白垩统：厚 200~300m，泥岩夹砂岩，泥岩质地松软，黏性好，无定形，偶见泥质团块，上部为灰色、灰白色，中下部色泽偏绿，偶见紫色。砂岩颜色较浅，疏松，细粒。

2）储层特征

（1）储层岩性特征。

阿舍库勒南油田中三叠统含油段集中分布在 605.9~791.8m 井段。含油气层段厚度为 102m，油层净厚度为 43.3~54m。纵向上可细分为 5 个油层组、25 个小层（图 3-68）。

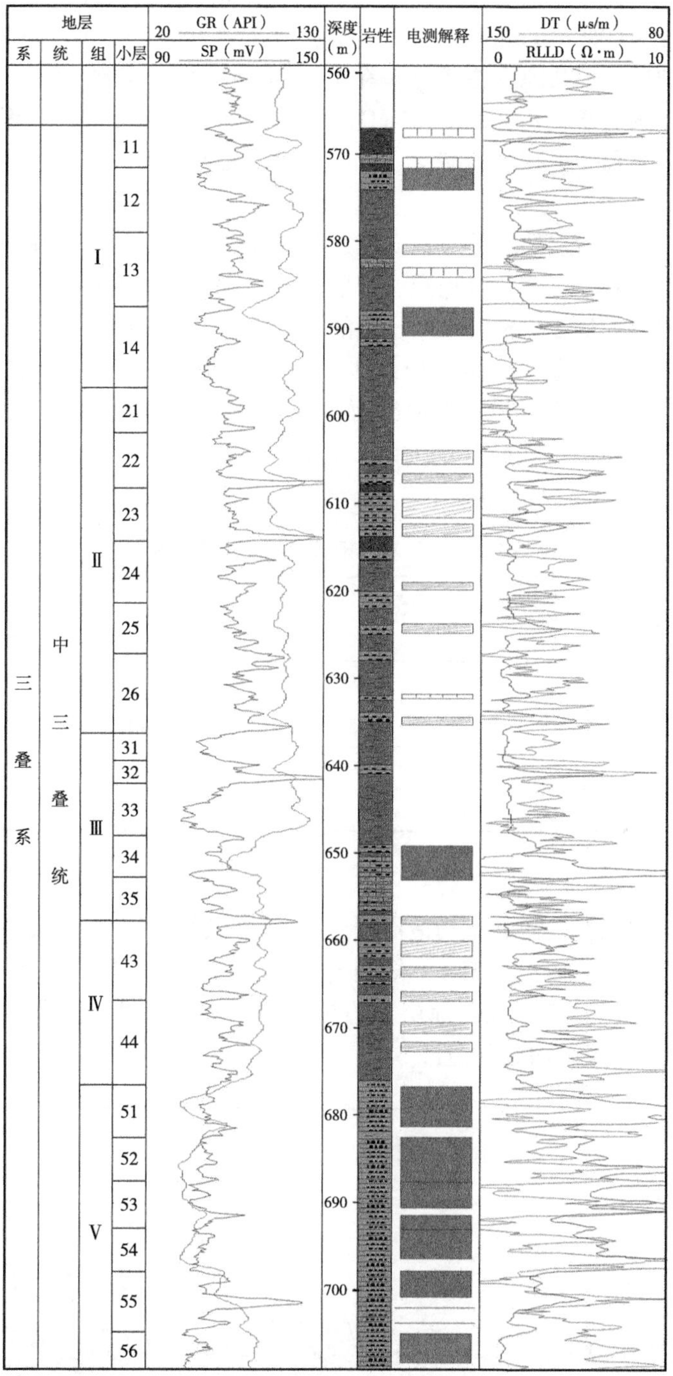

图 3-68　阿舍库勒油田中三叠统剖面图

储层岩石类型为灰色粉、细砂岩，石英平均含量为 35.3%，长石平均含量为 33%，岩屑平均含量为 31.7%。岩石总体成分成熟度较低，结构成熟度中等，为不等粒、中粒和细粒岩屑长石砂岩和长石岩屑砂岩。

（2）储集空间类型及储层物性特征。

储层类型为孔隙型，储集空间以剩余原生粒间孔隙为主，晶间溶蚀孔隙及微裂缝等少见，孔隙发育，连通性好，面孔率最小为14%，最大为39%，平均为29%。

中三叠统含油段储层孔隙度主要分布在12.3%~41.7%，均值为30.777%，属特高孔隙；渗透率分布范围为0.738~1986.781mD，均值为465.262mD，属中等渗透率，综合来看，油田储层属特高孔—中高渗透储层，孔渗呈较好的正相关关系，表明储层孔喉分布较均匀，储层物性好。

根据油田钻井含油砂层的小层对比研究，各含油砂层组的分布存在一定差异，总体自上而下，砂体连续性好，厚度大且稳定，特别是Ⅴ油组，砂岩厚度最大，井间连续追踪对比较好，Ⅲ油组次之。从2口钻井4个小层的分析化验资料统计分析（表3-12），不同含油气小层的层内非均质性存在一定差异，其中，$Ⅲ^2$和$Ⅴ^3$小层为均质储层，$Ⅴ^1$和$Ⅴ^4$小层为较均质储层。虽然Ⅴ油组相对Ⅲ油组而言较为均质，但就其1号、3号、4号3个小层参数来看，各小层间仍存在较强的非均质性：$Ⅴ^3$小层为均匀型储层，$Ⅴ^4$小层为较均匀型储层，$Ⅴ^1$小层为不均匀型储层。

表3-12　阿舍库勒油田各小层非均质性参数表

井名	层位	砂层	渗透率（mD）			渗透率变异系数	渗透率突变系数	均质系数
			最小	最大	平均			
A-4	T_2	$Ⅲ^2$	217	0.38	2.25	4.49	0.44	好
A-4-7		$Ⅴ^1$	20.491	1.25	3.1	81.54	0.32	好
A-4-7		$Ⅴ^3$	172.136	0.39	1.51	5.53	0.66	好
A-4-7		$Ⅴ^4$	226.556	0.67	2.35	8.77	0.43	差—中等

3）油田构造特征

阿舍库勒油田中三叠统盐檐型构造油藏，为一轴向近东西向、两翼不对称的长轴背斜（图3-69、图3-70），长轴长9.5km，短轴宽1~2.5km，平面呈狭窄条状分布；北翼陡，地层倾角为35°~40°，中三叠统以地层为边界与下侏罗统接触；南翼宽缓，地层倾角为19°~22°，向南往盐缘坳陷内延伸过渡。

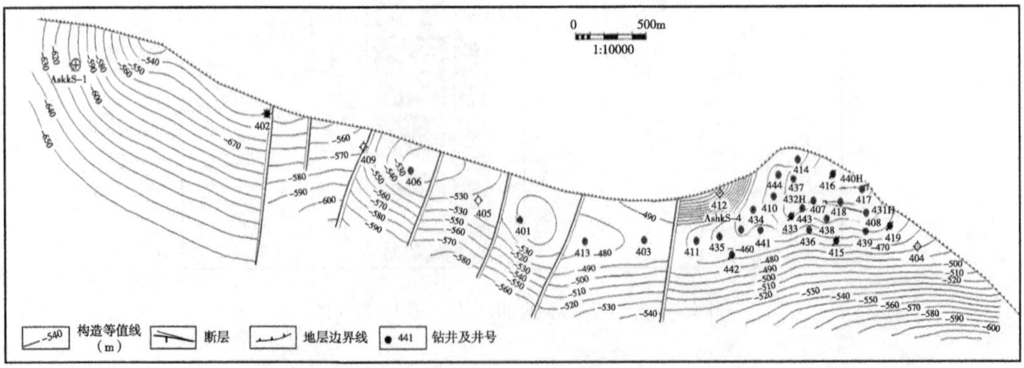

图3-69　阿舍库勒油田中三叠统油层顶面构造图

东部A-4井区为盐檐构造主体部位，断层发育少，构造相对宽缓、完整，含油气面积大，是油气最富集的部位，含油砂层最密集，油柱高度最大，Ⅰ—Ⅴ油层组发育齐全。

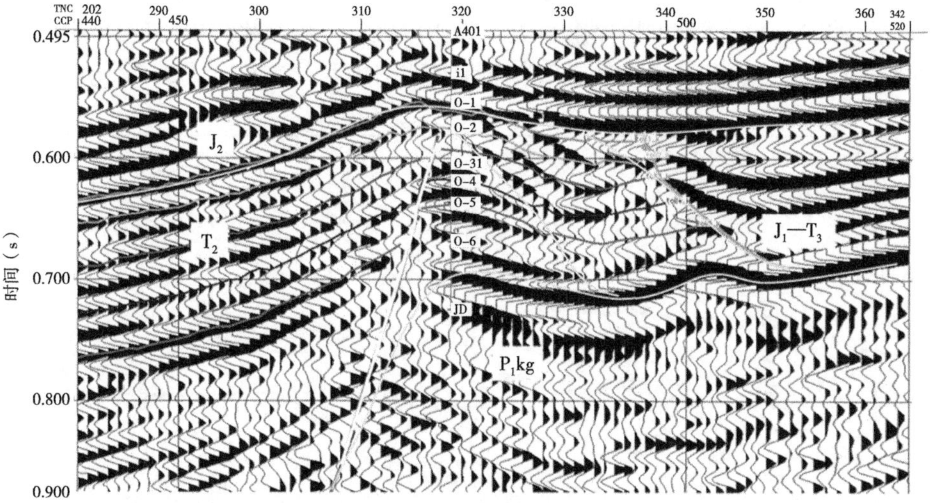

图 3-70　阿舍库勒油田构造主剖面特征（L651 测线）

因此，该井区也是油藏开发的主体。油层顶高点埋深为 520m，闭合高度为 110m。向西，构造部位相对较低，短轴宽度变窄，并分别被 f1—f5 等一组近南北走向的正断层切割，剖面上呈地堑式结构（图 3-71），平面上形成若干断块，各断块构造高点埋藏深度为 500~560m。近南北向断层断开整个中三叠统，消失在中侏罗统与中三叠统不整合面附近，为中晚三叠世—早侏罗世构造期局部受近东西向拉张应力构造作用下发育的伸展断层，该组断层在三叠纪中晚期开始活动，持续到侏罗纪早期结束。断层最大断距约为 60m，延伸长度约为 3km，断面倾角约为 60°，具有良好的封堵性，控制着构造西部各断块的含油气性。

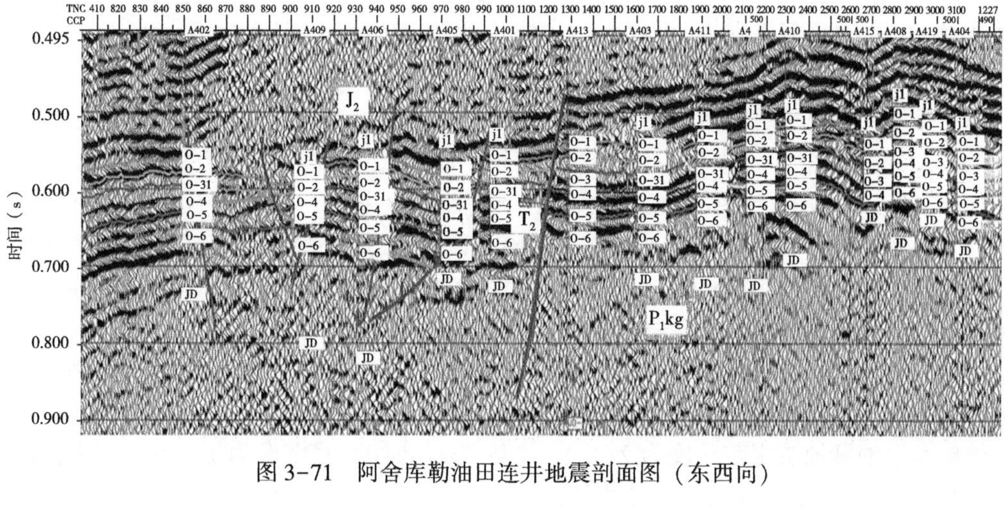

图 3-71　阿舍库勒油田连井地震剖面图（东西向）

4）油藏类型及流体性质

（1）油藏类型及驱动类型。

阿舍库勒油田主体 A-4 井区Ⅰ—Ⅴ砂组为层状—厚层状油藏，含油层段长 98~102m，油层厚度为 20.7~42.8m。其中，Ⅰ—Ⅳ砂组以薄层状油藏为主，单砂体层数多、厚度薄，油层累计厚度为 8~20m，平均单层厚度为 4~8m，该油层组横向分布稳定性较差，延伸范围较小。V砂组为厚层状油藏，油层厚度为5~28m，由6个小层组成，单层厚度为4.3~7.4m。在A-407、408井处油层厚度最大，为20~28m，并以此为中心向四周减薄。V油层下部地层为水层，测井及生产动态资料显示油水界面为-570m（图3-72）。

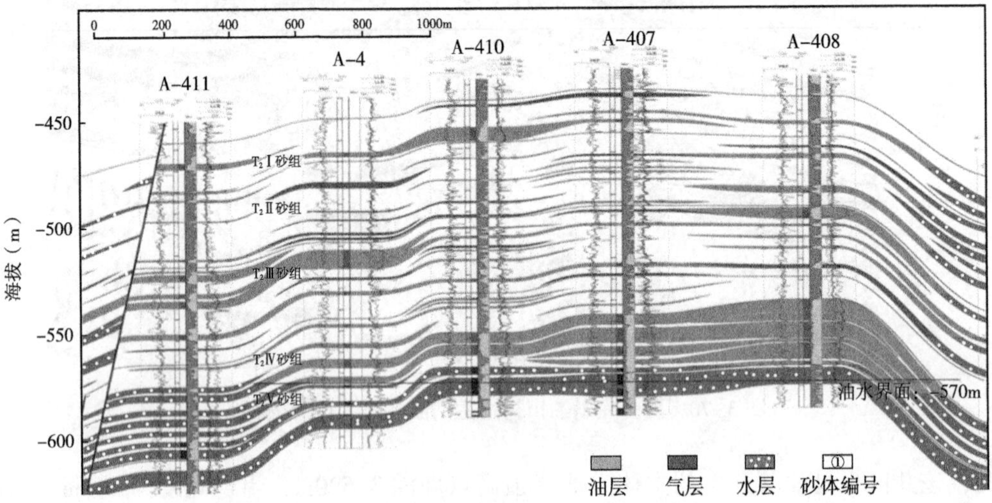

图3-72 阿舍库勒油田油藏剖面图（近东西向）

从油藏驱动方式分析来看，驱油动力主要是油藏本身的弹性膨胀力，同时油藏压力高于饱和压力，因此驱动类型为弹性弱—中等边水或弱—中等边水驱动。油藏目前均靠天然能量开采。

（2）压力温度系统。

在A-4井705.0m深度（V^1小层）测试，静压为6.791MPa，折算压力梯度为1.010MPa/100m，地层温度为27.692℃，属于正常温度的压力系统。

（3）流体性质。

原油性质：中三叠统油藏原油密度为0.805~0.934g/cm^3，原油黏度（20℃）为6.9~800mPa·s，含蜡量为0.2%~3.7%，含硫量为0.15%~0.31%，凝固点为-30~7℃；总体上，油田主体A-4井区与西部断块的原油性质存在明显差异，其中A-4井区原油密度为0.805~0.870g/cm^3，黏度（20℃）为6.9~101mPa·s，属于轻质油范畴；西部断块原油密度稍高，为0.899~0.934g/cm^3，黏度（20℃）为43.6~800mPa·s，具有中—重质油的特征，反映了构造低部位底水生物降解、氧化作用等对原油性质的影响。

天然气：油藏中天然气成分以甲烷为主，占比为86.44%~94.3%，非烃类气体中氮气含量占比为2.52%~3.37%，其他非烃类气体含量少。

地层水：油藏地层水矿化度为214.91~246.7g/L，20℃时密度为1.136~1.153g/cm^3，pH值为4~4.5，水型为氯化钙型（苏林算法）。

综合上述分析，阿舍库勒构造含油性受到岩性和构造的双重控制，埋藏深度为浅层、常温常压、低黏度轻质、高孔—中高渗透、岩性和构造控制的层状—块状边、底水砂岩油藏。储层敏感性分析反映，油田储层潜在损害的影响因素：酸敏>碱敏>水敏、盐敏>速敏，润湿性试验数据表明，油田储层为亲水型。

5）成藏特征

（1）丰富的油气源条件。

阿舍库勒油田南侧紧邻大型有效盐窗（阿舍库勒南盐窗），处于有利的油气富集区带，具有得天独厚、优越的成油气地质条件，充足的油气源是其最重要的成藏条件之一。

（2）储层及储盖组合条件有利，保存条件好。

阿舍库勒油田北邻大型盐丘隆起区，中三叠世沉积碎屑物质供给充足，储层砂岩发育，物性好；冲积扇扇中—扇端沉积的砂岩、泥岩段构成优质储盖组合。勘探层埋深适中，侏罗纪之后，盐檐圈闭的盐构造活动及断裂活动减缓，中侏罗统稳定分布，不整合覆盖在中三叠统之上，圈闭保存条件较好。

（3）有利的油气运移通道。

从盐檐构造所处的空间位置来看，属于盐丘隆起的前排构造，是油气运移聚集的有利部位，具有多通道运移聚集优势。但作为效率更高的优势通道，应是以盐边或盐边+断层等运移通道为主；油藏构造的低部位断层比较发育，常常延伸至盐缘坳陷内形成低幅度的滚动背斜，其中的主干断层一般切割比较深，活动时期较长。因此，某种程度上断层具有与盐边相同的运移通道条件，向下沟通深部油源层，向上直接连接储层。

2. 明泰克油田

明泰克油田位于乌拉尔—伏尔加两河间滨海地区，古里耶夫油气区阿特劳单斜带北部，油田第一口发现井是 M-1 井，该井在白垩系底部凡兰吟阶钻遇砂岩油层，于 624.6~631.7m 井段测试自喷油流，4.7mm 油嘴日产油 11.9m^3，7mm 油嘴日产油 12.2m^3。证实该构造含油性，由此拉开了明泰克油气区滚动勘探开发的序幕。

1）地层发育特征

钻井揭示，油田地层自上而下依次为古近系—新近系、白垩系、中侏罗统、上三叠统和下二叠统孔谷阶，由于盆地的多次升降活动，以及盐岩的上拱变形程度不一，区域历经了多次剥蚀和沉积缺失，剖面上缺失上侏罗统和上白垩统，存在平行不整合和角度不整合两种地层接触关系和 5 个不整合面，油田主要含油层系为下白垩统凡兰吟阶砂岩（图 3-73）。

上三叠统：为一套灰色为主及部分杂色地层，自下而上可分为 3 个岩性组合段，下部为红—褐色砂泥岩段，中部为灰色和棕色泥岩夹粉砂岩段，下部为杂色砂岩、泥岩段。地层视厚度为 0~1000m，与上覆侏罗系呈平行不整合接触。

下侏罗统：厚约 85m，为厚层状中—细粒石英砂岩夹薄层深灰色泥岩。与上覆中侏罗统呈平行不整合接触。

中侏罗统：厚 146~179m，为灰色泥岩、灰色中细砂岩、含黏土质粉砂岩不等厚互层，夹薄煤层，与上覆下白垩统呈角度不整合接触。

下白垩统：该层由自下而上 3 套岩性组合组成。下部凡兰吟阶厚度为 50~80m，为泥岩与含灰质粉—细砂岩互层，底部为灰色黏土质粉砂岩，疏松、易碎，颗粒磨圆较好，分选中等，是该油田的主力产层；在底部砂岩之上发育一套具有伽马低值尖峰、电阻高值尖峰的泥灰岩层，是区域地层对比的重要标志层（图 3-73），中部欧特里夫阶为泥岩与薄层粉砂岩、细砂岩互层；上部阿普特阶+阿尔比阶厚度为 30~50m，以页岩为主，灰色泥岩与薄层浅灰色含灰质粉砂岩、泥灰岩互层，夹少量薄层灰色碳酸盐岩，该组段的页岩、泥岩分布稳定，为半区域性盖层。与上覆第三系为角度不整合接触。

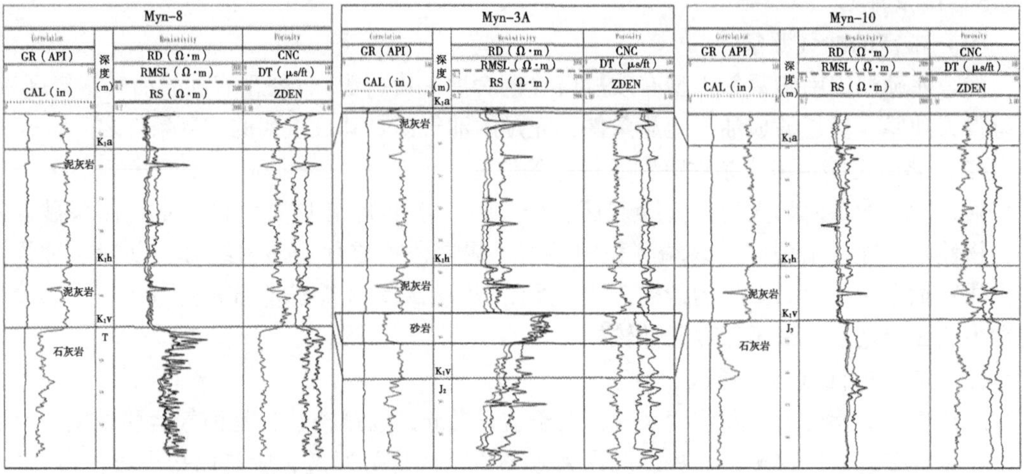

图 3-73　M-8 井、M-3 井和 M-10 井白垩系底部凡兰吟阶与 T、J_2、J_1 界线

古近系—新近系：下部以浅灰色粉砂岩为主，向上为灰绿色泥岩与浅灰色粉砂岩不等厚互层。下部粉砂岩段西部厚度大，向东逐渐变薄，岩性逐渐变细，厚度为 313~351m。

2）储层特征

明泰克油田主要含油层为下白垩统下部凡兰吟阶砂岩段。含油砂岩厚度为 8.7m~18.0m，电性曲线呈中幅度齿状箱型，平面呈长条状沿海岸方向展布，为临滨带发育的滨岸沙坝相沉积，在滨岸沙坝主体沉积厚度较大，侧缘沉积厚度较小，从构造中部向构造高部位与低部位砂层厚度逐渐减薄（图 3-74）。

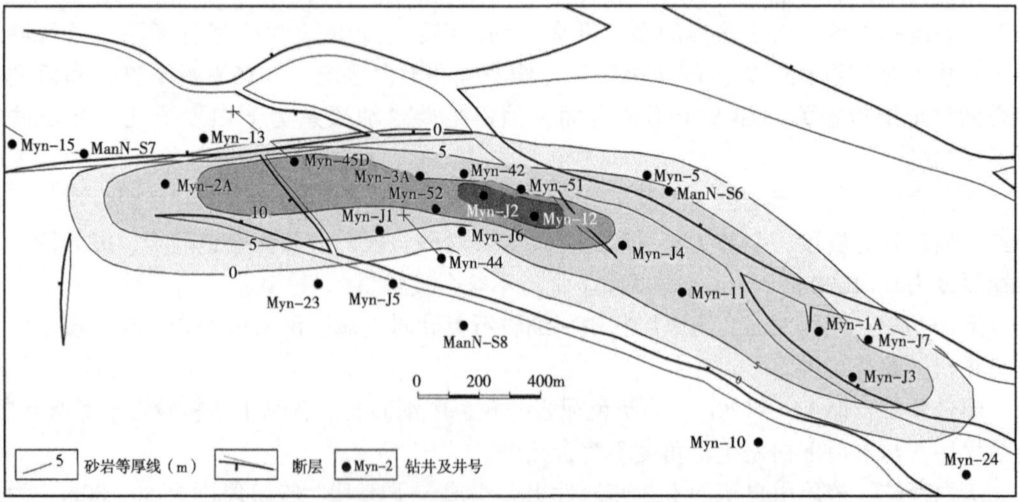

图 3-74　明泰克油田凡兰吟阶储层砂体砂层厚度等值线图

下白垩统凡兰吟阶储层岩性为含黄铁矿粉、细砂岩，砂岩分选好，次棱角状，颗粒支撑，点接触方式，接触—孔隙式胶结，胶结物为黏土—灰质。长石具溶蚀，形成次生粒内孔，粒间孔分布高岭石，高岭石具不同程度的溶蚀，石英具次生加大。

储层类型为孔隙型，储集空间以剩余原生粒间孔、溶蚀孔为主。从钻井取心样品测得的储层物性资料来看，砂岩孔隙度分布范围为24.5%～36.6%，其中64.7%分布在30.0%～34.0%之间，平均孔隙度为30.8%；渗透率分布范围为1.62～1075.9mD，平均渗透率为195.9mD；属于高孔、中渗透储层，局部（M-2井）为中低渗透储层。总体上，构造较高部位的沙坝主体附近物性较好，孔隙度大于30%，渗透率大于300mD；在沙坝侧缘附近储层物性较差。从渗透率级差、变异系数、突进系数等综合评价，M-2井区具有较强的非均质性，其他井区均为均质储层。均质性储层（如M-3井、M-1井）砂体测井曲线特征表现为自然伽马曲线呈箱形、高电阻率、声波时差大的特征，单井产量较高，初期自喷产油19.05t/d和11.4t/d，而强非均质（M-2井）砂体曲线特征表现为自然伽马、电阻率呈漏斗型，层内夹层较发育，并影响单井产量。

3）油田构造特征

明泰克油田下白垩统油藏为挤压背景下形成的与二叠系盐岩上拱有关的盐檐型断鼻含油构造（图3-75至图3-77）；构造走向为北西西向，北西西向北掉断层控制着油藏的北部边界，往南下倾，向盐缘坳陷过渡，下白垩统凡兰吟阶油层顶面构造埋深为560m。

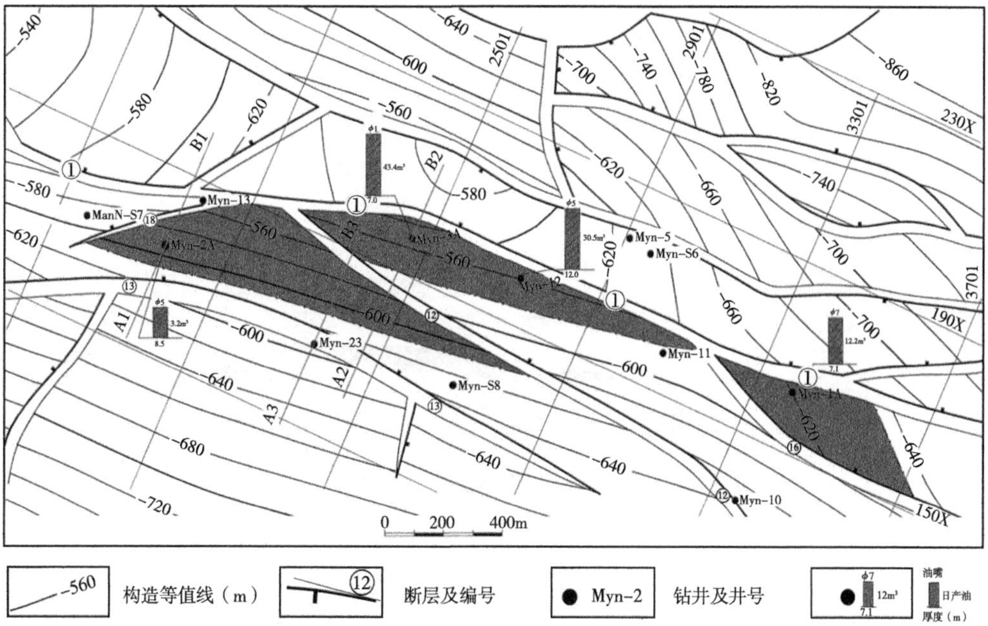

图3-75　明泰克油田下白垩统油藏油层顶面构造图

强烈而频繁的构造活动造成油田的构造、断裂系统复杂，小断层发育，油藏内部发育北西西向和北东向两组断层，北西西向断层是区域主干断层，断层与区域构造走向一致，平面延伸较远（大于5km），断距为20～50m，北倾，倾角为35°，断开层位K_1a+K_1h—T底，这组断层断距小于凡兰吟阶储层上部泥岩层的厚度，同时又大于其储层厚度、油柱高度，因此，它们也是油藏主要控油断层（如①号断层）。北东向断层规模较小，断距一般在10m左右，区域延伸较短（小于1km），平面与主干断层相交，或被北西西向断层切割，形成多个断块、断鼻，总体上构造高部位断裂最为发育，低部位断层发育程度较低。

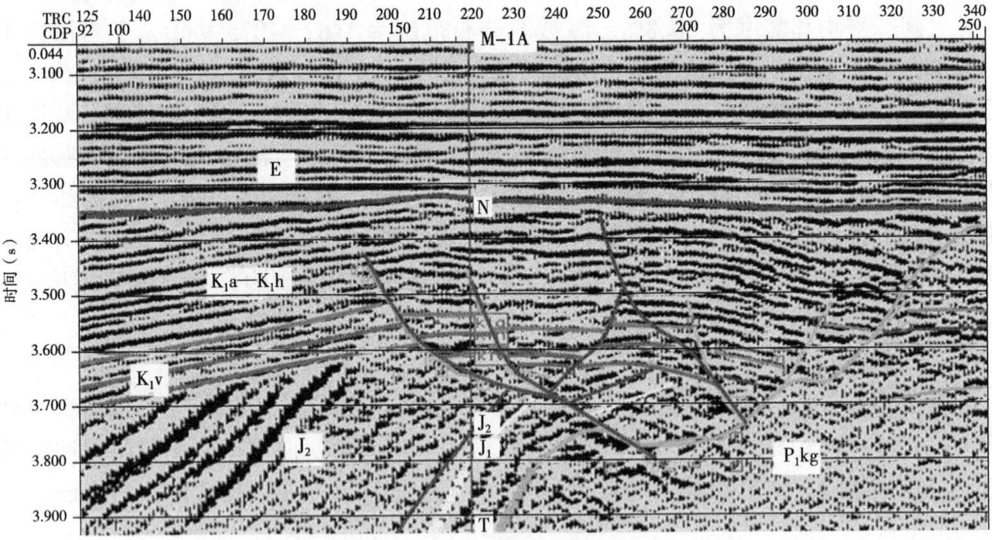

图 3-76　明泰克油田地震解释剖面（L3401 测线）

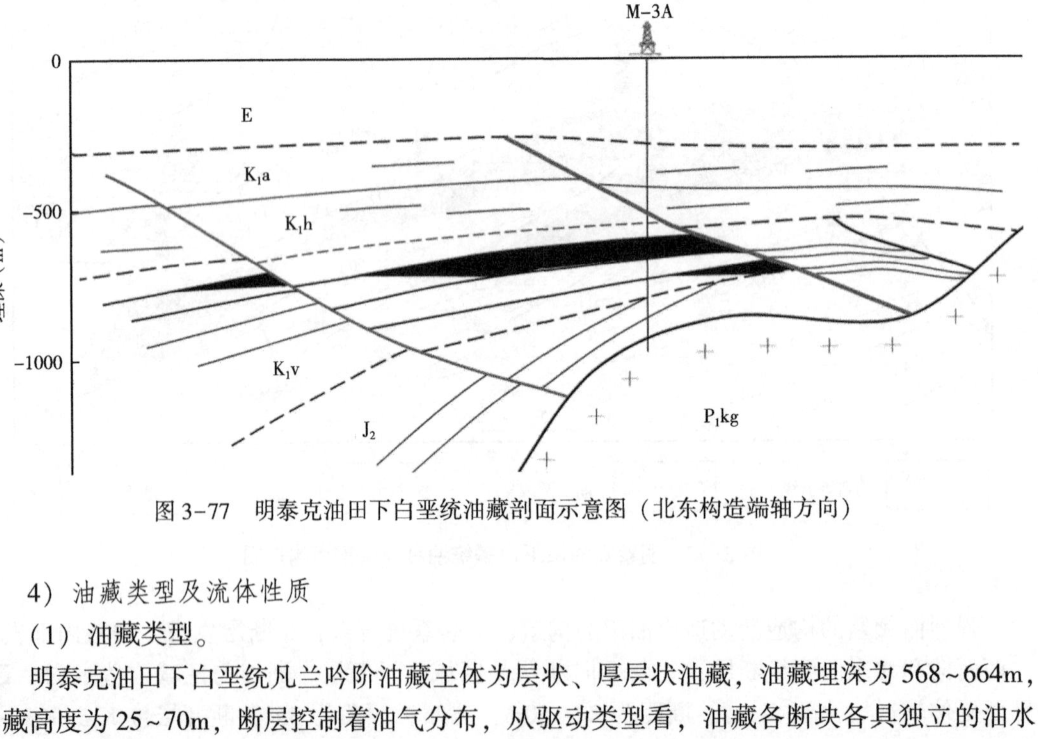

图 3-77　明泰克油田下白垩统油藏剖面示意图（北东构造端轴方向）

4）油藏类型及流体性质

（1）油藏类型。

明泰克油田下白垩统凡兰吟阶油藏主体为层状、厚层状油藏，油藏埋深为 568～664m，油藏高度为 25～70m，断层控制着油气分布，从驱动类型看，油藏各断块各具独立的油水系统。属于浅层、轻—中质、中等丰度、中—高产能、层状边水断块油田（图3-78）。

（2）压力温度系统。

据 M-1A 井测试地层压力为 6.26～6.45MPa，压力系数为 0.9996～1.018，属正常压力系统。油藏温度为 34.9℃，属正常地温系统。

（3）流体性质。

原油性质：下白垩统凡兰吟阶油藏原油密度为 0.8104～0.8742g/cm^3，原油黏度

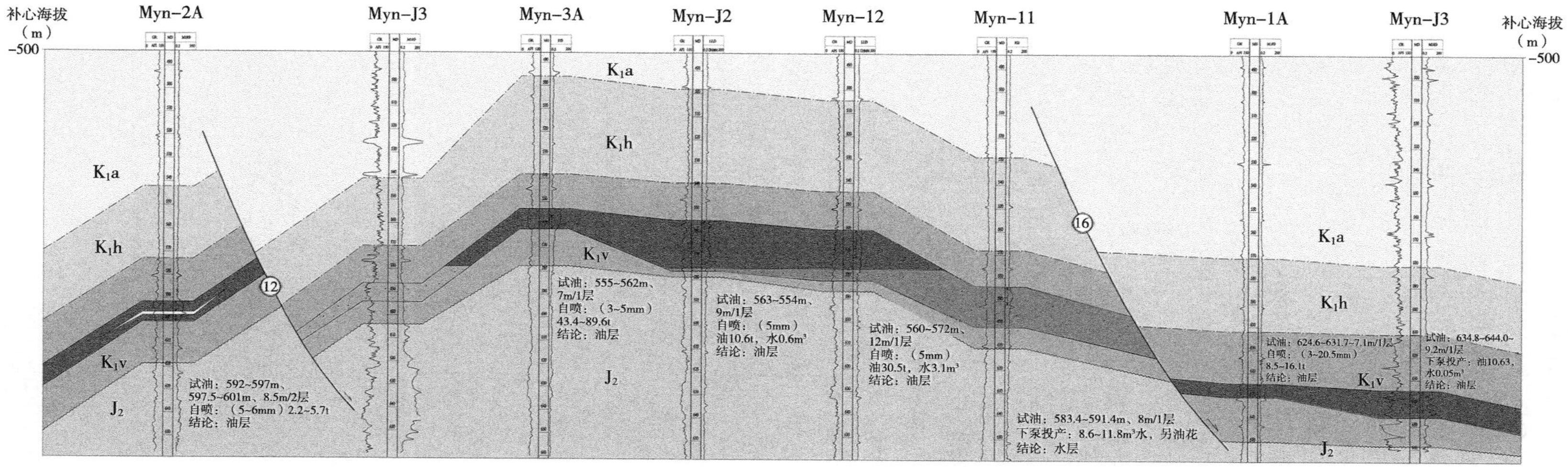

图3-78　明泰克油田下白垩统油藏剖面示意图（北北西长轴方向）

(20℃）为5.55~48.42mPa·s，含蜡量为0.72%~4.38%，含硫量为0.09%~0.27%，凝固点为-35℃；总体上，原油属轻—中质、低—中黏、低含硫、低含蜡原油。

地层水性质：油藏地层水总矿化度为239745mg/L，具高矿化度特征，pH值略低，平均为5.6，地层水水型为氯化钙型，反映了受蒸发相岩盐溶解影响下的油田水性质特点。

5）成藏特征

（1）油气源丰富。

明泰克油田南侧紧邻大型有效盐窗（明泰克南盐窗），处于有利的油气富集区带，充足的油气源是该油藏成藏的最重要条件之一。

（2）储层及储盖组合条件有利，保存条件好。

明泰克油田主力储层属于下白垩统凡兰吟阶滨岸沙坝砂岩，受沉积相带控制，储层砂岩沿油藏主体部位呈长条状分布，砂体最厚达15.0m，平均为7.0m左右，物性好；向南区域沉积相变，凡兰吟阶砂岩储层相变为一套石灰岩沉积。滨岸相砂岩、泥岩段构成了良好的储盖组合。

油藏埋深适中，上覆古近系—新近系稳定分布，不整合覆盖在下白垩统之上，油藏保存条件较好。

（3）有利的油气运移通道。

从明泰克下白垩统盐檐构造所处的空间位置来看，属于盐丘隆起的前排构造，是油气运移聚集的有利部位，具有多通道运移聚集优势。但作为效率更高的优势通道，应是以盐边或盐边+不整合面运移通道为主；区域构造活动频繁，盐构造作用强烈，受构造挤压作用影响，三叠纪以后区域形成了多个不整合面，不整合面附近的地层经历较长时期或多期的风化剥蚀，次生孔隙发育，是良好的油气输导层。盐边和不整合面共同构成了有利的油气运移通道。

第四章 盆地东南部科尔占地区盐下油气成藏特征及勘探实践

科尔占（Kolzhan）—尤阿里（Uyaly）区块位于哈萨克斯坦阿特劳州，西部距离阿特劳市250km，距里海东北岸约120km。构造上属于滨里海盆地东南部隆起区的一部分，北部、东北部处于阿斯特拉罕—阿克纠宾斯克隆起东段，南部为南恩巴坳陷，西南约80km为卡拉通—田吉兹隆起。

第一节 勘探简况

20世纪50年代初，滨里海盆地的勘探重点开始逐步由盐上层系向盐下层系转移，通过初步的重力和地震勘探，率先在盆地东南部南恩巴埋藏较浅的隆起上部署了深部钻井。由于地质构造复杂，勘探层埋深大，研究程度低，构造落实难度大，钻井成功率不高。尽管如此，钻井也从石炭系碳酸盐岩地层中获得天然气流，在泥盆系中获得油流，并取得了极其重要的首批盐下地层的资料，为该地区盐下层系的油气勘探增添了极大的信心，奠定了坚实基础。

近40多年来，随着地质认识上的不断突破以及勘探技术的进步，在滨里海盆地东南部盐下碳酸盐岩地层中先后发现了多个大型、特大型油气田，其中以著名的田吉兹及卡什干等油田为典型代表。1979年在田吉兹—卡拉通隆起上发现著名的田吉兹油田，储层为上泥盆统及中—下石炭统碳酸盐岩及大型环礁，探明石油地质储量为27.35×10^8t，石油可采储量为8.42×10^8t，天然气可采储量为$850\times10^8m^3$。2000年6月，Eni-Agip财团在北里海海域钻探海上野猫井卡什干东1井，取得重大发现，测试获日产油3773bbl，日产天然气$20\times10^4m^3$，发现了卡什干上泥盆统—中石炭统生物礁型巨型油气田，油田埋深为4200~5500m，累计含油气面积达990km^2（卡什干东块含油气面积为650km^2，西块含油气面积为340km^2），裂缝性块状储集体厚度达1100m。石油地质储量为（25.6~38.4）$\times10^8$t，天然气储量为$3681\times10^8m^3$，卡什干油田的发现成为全球近30年最大的油气发现之一，其储量居世界第五。目前，盆地东南部油气区盐下层系油气储量已占整个盆地储量的72.5%，显示了该地区巨大的油气勘探开发潜力。

科尔占地区勘探开发历史悠久，但区块内仅在盐上发现了毕克扎尔（2002年）和喀什布拉克南（2005年）两个中小型油田，总可采储量为2135×10^4bbl，资源规模总体较小。而深层盐下领域的勘探进展迟缓，从20世纪初以来，区块内先后开展了电法、重力及地震、钻井等勘探工作，其中，二维地震勘探约为12000km，地震测网密度达1.5km×2km，三维地震为512.4km^2；苏联时期钻盐下探井11口，钻井见油气显示活跃，分别在Ulkentobe SW、Ushamola和Kumshety等构造中石炭统试获油气流，但始终未能获得商业性发现。通过勘探基本查明了区域构造格局和基本油气地质特征。

第二节　区块构造背景及构造特征

一、构造背景及构造特征

早期的地质地球物理资料（地震、重力、磁法、钻井等）揭示，滨里海盆地东南油气区深部构造复杂，具有块断结构的基底构造控制着上覆沉积层的厚度、产状及结构特征。总体上沉积盖层的埋藏深度变化很大，并形成了幅度达数千米的一些局部凸起与坳陷组成的构造单元。从区域构造格局上看，这些构造单元的形成与早古生代末微板块碰撞密切相关，并在海西期末（P_1）形成了基底向周缘褶皱系下倾的边缘坳陷。在科尔占区块及其周边分布着毕克扎尔隆起、卡拉通—田吉兹隆起、古利耶夫隆起、南恩巴隆起和南恩巴坳陷等次级构造单元。

（一）阿斯特拉罕—阿克纠宾斯克隆起带

科尔占区块北部为阿斯特拉罕—阿克纠宾斯克隆起带东部毕克扎尔次级隆起的一部分（图 4-1、图 4-2）。阿斯特拉罕—阿克纠宾斯克隆起带是滨里海盆地的一个特殊单元，1975 年，苏联地质家 H. B. 涅沃林根据重、磁、电、地震和参数井综合研究，首次提出盆地内存在这一巨型隆起带。在基底构造面上从阿克纠宾斯克一带向西南一直延伸到阿斯特拉罕地区，长约 1200km，宽 200~250km，幅度为 1.0~1.5km，呈近北东—东西向半环状展布，隆起带的基底顶面埋深为 8~10km，剖面上具有北陡南缓特征，表现为一个连续分布的古生代大型潜伏隆起构造带。有资料表明，该隆起带形成于早古生代晚期，从早古生

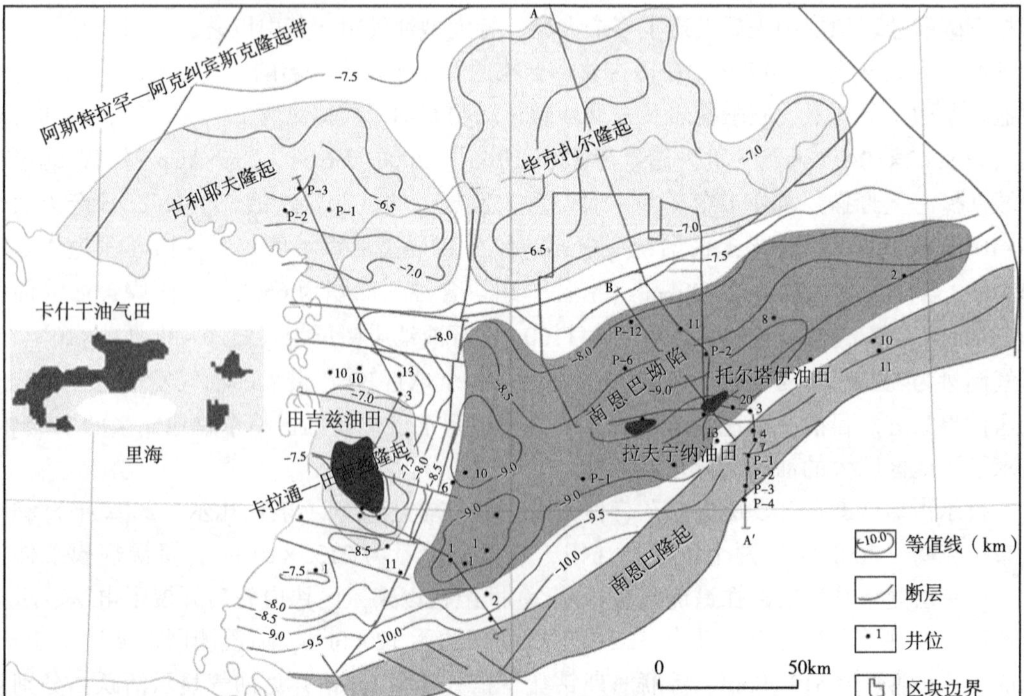

图 4-1　滨里海盆地东南部构造单元及区块位置图

代一直到早石炭世，为俄罗斯地台东南部被动边缘与广阔的古特提斯洋及古乌拉尔洋之间形成的活动岛弧，它将现今的滨里海盆地分隔为中央坳陷区和东南坳陷区两大部分，并控制了古生代地层沉积，东南坳陷区莫霍面要比中央坳陷区浅 8~10km，从坳陷区向隆起带古生代地层急剧减薄，由坳陷区的 6~15km 减小到隆起区的 2~3km，为台地碳酸盐岩沉积。

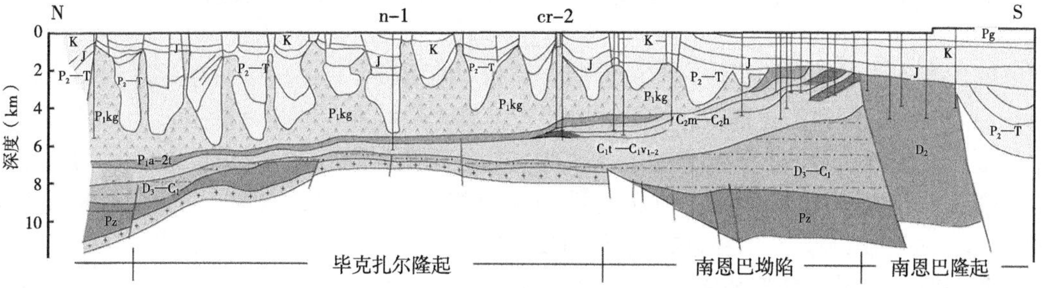

图 4-2　滨里海盆地东南部过科尔占—尤阿里区块构造地质剖面图

盐下沉积组合中，大型油气田的分布大多与这一大型隆起构造单元上的陆棚相碳酸盐岩及生物礁建隆密切相关，在隆起带西北侧发育古生界天然气和天然气—凝析油田（如阿斯特拉罕气田），隆起带的东南部及东部则发育轻质油田（如田吉兹油田、卡什干油田和扎纳诺尔等油田）。

根据地球物理研究，隆起带盐下古生界顶面为北倾单斜，内部发育了一系列次级隆起和凹陷，沿构造长轴方向呈现出隆坳相间的格局，其中，以-7.0km 等高线圈定的毕克扎尔和古利耶夫两个正向二级构造单元规模分别为 70km×90km 和 100km×70km。南侧以毕克扎尔隆起近纬度走向的断层与南恩巴坳陷分开。

（二）南恩巴坳陷

南恩巴坳陷为阿斯特拉罕—阿克纠宾斯克隆起带与南恩巴褶皱带之间形成的坳陷带，沿北东方向延伸，坳陷内基底顶面为南倾，埋藏深度从边缘 8.0~9.0km 向坳陷轴心地带增至 10.0~12.5km，盐下古生界厚度为 6.0~8.0km。坳陷南部以 North-Usturt 断层为界，西部与卡拉通—田吉兹隆起相连，东北部向捷列斯肯（Teresken）基底凸起过渡（与近南北向滨穆戈贾尔坳陷分隔）。长轴长约 300km，宽为 40~70km，具有北坡缓、南坡陡的不对称结构。

受盆地东南边缘海西期挤压造山作用的影响，在坳陷南部和中部发育两组近纬度走向（或平行于南恩巴隆起）的构造带，分别为拉夫宁纳（Ravninove）—托尔塔伊（Tortay）构造带和乌里肯托比（Ulkentobe）—毕克扎尔构造带，构造带在下石炭统及其下伏沉积岩层中表现为无根的线形构造带，属于不同速度水平挤压作用的结果，其走向与南恩巴逆掩断裂构造走向一致。沿构造线方向发育若干与逆掩断层相伴生的短轴背斜构造，这些局部构造的特点是幅度相对平缓，构造规模较小。南部（拉夫宁纳—托尔塔伊）构造带处于卡拉通—田吉兹隆起以东的倾没区，南邻南恩巴隆起带，盐下地层整体向北掀斜抬升，埋深变浅，盐下古生界顶面深度为 3300~3500m。构造带上分布有拉夫宁纳和托尔塔伊两个盐下小型油田；中部（乌里肯托比—毕克扎尔）构造带处于南恩巴坳陷带的深凹部位，盐下地层埋藏深度大幅增加，盐下古生界地层顶面深度达 4500~4700m。沿着构造线方向发育

Ulkentobe SW、Ushamola 和 Kumshety 等一系列北东向排列的盐下构造局部构造高地。

受海西期末盆地强烈抬升作用的影响，盐下常常缺失一套下二叠统顶部碎屑岩地层（П1）。

（三）南恩巴隆起带

南恩巴隆起带为沿盆地东南边缘呈北东向长条状展布的古生界逆掩褶皱构造带，隆起带北部为南恩巴坳陷，南部与北乌斯秋尔特盆地相邻，向西南方向倾没，并消失在里海东部。

隆起带形成于海西期板块之间的强烈会聚和冲断褶皱，是一个上古生界隆起。在古生界基底表面为一深凹陷，挤压碰撞导致隆起带上发育规模不等的逆冲断层，部分地带下伏中—上石炭统遭受剥蚀，下二叠统整体减薄，孔谷阶盐岩层底面（П1 反射层）构造控制着该隆起构造带的北部边缘。前泥盆系的碎屑岩层顶面（П3 反射层）埋藏深度约为10.0km，在其轴心部分，为与侏罗系呈角度不整合的上泥盆—下石炭碎屑岩，其中，北门苏阿尔马斯 P-3 井在侏罗系之下钻遇上泥盆统（2783~4160m 井段）碎屑岩层，P-4 井在1000m 厚的三叠系红色地层之下钻遇下石炭统碎屑岩层。

在南恩巴隆起带形成之前，盆地东南部为一个向南水体加深的克拉通边缘沉降带，晚石炭世至早二叠世（孔谷期之前），盆地东南缘经历了挤压造山等差异构造运动的改造，挤压导致盆地构造体发生逆转，形成了局部和区域性的隆起和坳陷，至孔谷期初最终把滨里海盆地从南方的古特提斯洋孤立出来，在基底面（П3 面）南倾的背景下，上覆石炭系—三叠系整体表现为北倾（向盆地内部方向）的格局，在剖面上泥盆系—下石炭统表现为一个巨大的楔状体，并形成了现今作为盆地东南缘的冲断带（图 4-2）。

二、东南部地区构造演化特征

前人对滨里海盆地的构造演化已经做了大量研究，这里通过恢复南恩巴—毕克扎尔隆起、田吉兹—古利耶夫隆起南北向古构造剖面，以及剖面上泥盆纪沉积前、中泥盆世艾菲尔期末、中石炭世巴什基尔期末、晚石炭世—早二叠世抬升阶段、早二叠世亚丁斯克期末、三叠纪末（或侏罗纪末）和现今 6 个阶段的（古）构造（图 4-3、图 4-4），并参照前人研究成果，概述盆地东南部地区构造演化特征，大致可分为 3 个阶段。

（一）中晚泥盆世—早石炭世：裂谷、被动大陆边缘演化阶段

中泥盆世早期，盆地经历了裂谷和坳陷演化阶段，该时期在裂谷（或坳陷）内广泛沉积了陆源混杂碎屑物。通过对构造复原剖面分析，现今的田吉兹隆起区在中泥盆世艾菲尔期之前发生了大幅度沉降，沉积了巨厚的前艾菲尔期地层，其中包括元古界—下古生界。中艾菲尔期，横贯滨里海盆地南部、东南部的阿斯特拉罕—阿克纠宾斯克大型隆起带开始发育，表现为一个继承性隆起构造；它代表了盆地东西走向裂谷的南侧裂谷肩，以该隆起带为界，将盆地分成了东南和西北两部分，隆起带南侧与近东西向延伸的南恩巴等坳陷相邻，其中发育了巨厚的前渊沉积。

晚泥盆世弗拉斯期—法门期，俄罗斯地台东南部发生了大规模海侵，海平面持续上升，大陆边缘沉降速度加快，区域进入了被动大陆边缘盆地发育阶段。在深水区发育泥岩及灰质泥岩，而在边缘隆起区演化为一个浅水碳酸盐岩台地，推测区域上泥盆统陆棚碳酸盐岩最为发育。在盆地南部、东南部的阿斯特拉罕隆起、北里海隆起、卡拉通—田吉兹隆起、毕克扎尔隆起、古里耶夫隆起均具备发育碳酸盐岩的条件，形成了以生物碳酸盐岩为

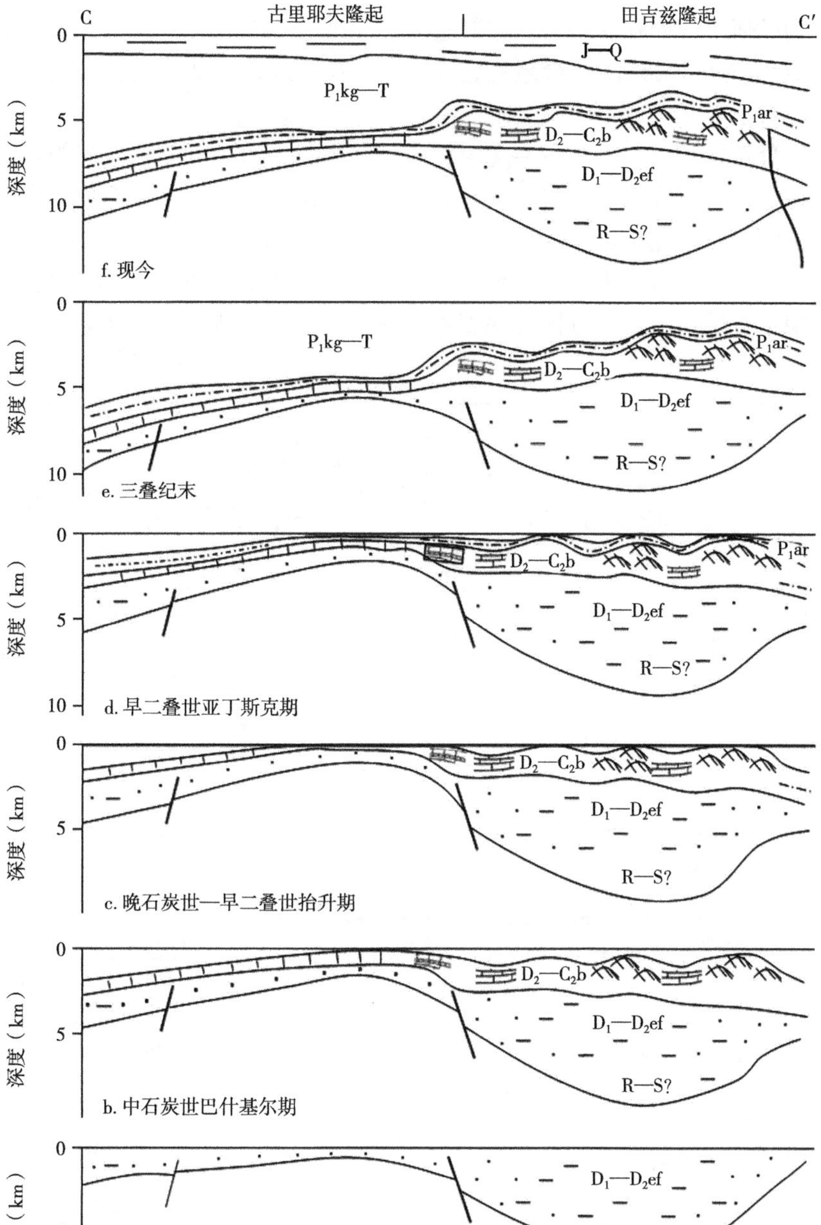

图 4-3 过田吉兹—古利耶夫隆起南北向古构造复原剖面

主的沉积作用。其中，在古里耶夫以南的卡拉通—田吉兹隆起带叠加在南恩巴边缘基底坳陷之上，处于古特提斯洋的边缘海，在早—中泥盆世时由断层控制的局部隆起，随着海平面持续上升，在晚泥盆统—下石炭统碳酸盐岩台地上生物礁快速向上生长（图 4-3、图 4-5），发育许多大型孤立碳酸盐岩生物礁块体，形成了一个大型平缓碳酸盐生物礁建造。台地与周边的深水相泥页岩过渡，地层厚度也急剧下降，二者水深差别达到上千米。海平面升降变化直接影响着台地的发育和发展，田吉兹油田的钻井等资料揭示，这一沉积环境持续发展至中石炭世巴什基尔期末，最终形成了一个独特的巨型碳酸盐岩建隆，由链状、障壁型、环状生物礁体组成的独立块体，碳酸盐岩总厚度达3500m，其中上泥盆统法门阶碳酸盐岩厚度达2000m。这类碳酸盐台地的边缘礁、颗粒滩及碳酸盐碎屑斜坡构成了良好的油气储层，同时台地隆起构成了天然的地层—构造型圈闭。

据地球物理资料预测，科尔占—尤阿里区块北部所在的毕克扎尔隆起构造单元在泥盆纪已形成，该区带发育浅水、半深水交互的生物灰岩建造，而在区块南部的南恩巴坳陷区则处于水体逐渐加深的克拉通边缘沉积（图4-4），南来的物源形成浊流相碎屑岩沉积。

早石炭世，随着海侵作用进一步增强，盆地中心沉降幅度加大，欠补偿沉积区范围逐渐扩大。陆架边缘后退，古陆棚区日趋萎缩，阿斯特拉罕—阿克纠宾斯克隆起带也随之下

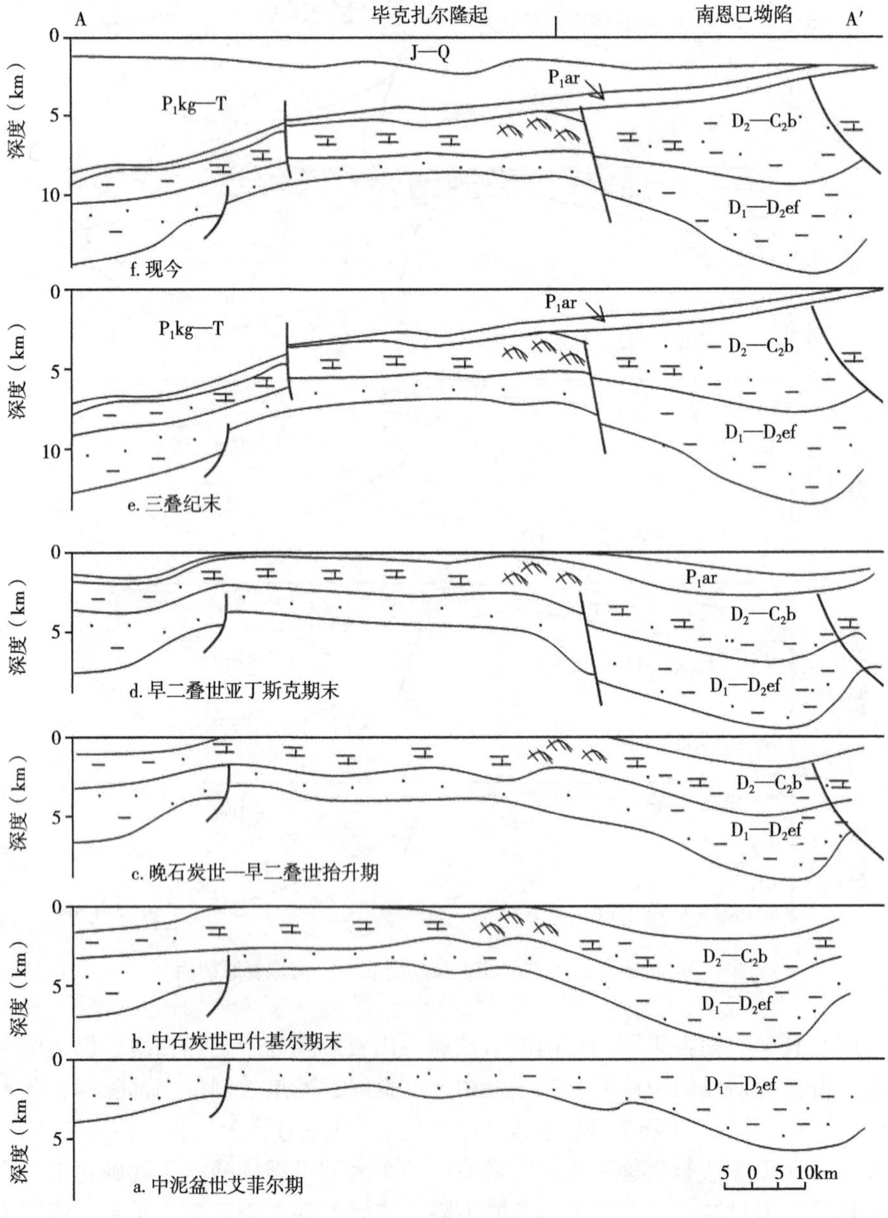

图4-4 过毕克扎尔隆起—南恩巴坳陷南北向古构造复原剖面

沉，部分浅水台地相碳酸盐岩层被深水盆地相区的泥页岩所代替，下石炭统杜内阶—韦宪阶的地层厚度明显减薄。碳酸盐岩台地主要分布在深水盆地周围的一些大型平缓隆起上，或与盆地的其他边缘相带相似，形成了碳酸盐台地，开始了生物灰岩沉积，生物群落主要为珊瑚、苔藓虫、海绵、蠕形动物、有孔虫类、腕足类、海百合、藻类和其他生物。这一沉积环境延续到巴什基尔期，有些地方持续至早莫斯科期，如卡什干—田吉兹及南恩巴等隆起带的局部地区杜内阶—巴什基尔阶厚度达 1150m（图 4-3、图 4-5），在盆地东部这套碳酸盐岩被称之为“第二套石灰岩”（KT-Ⅱ）。在尤日内隆起上，杜内阶—莫斯科阶的厚度达 1700m。钻井揭示，科尔占—尤阿里地区的一些古隆起上也接受了这套碳酸盐岩沉积，但总厚度要明显小于上述地区。

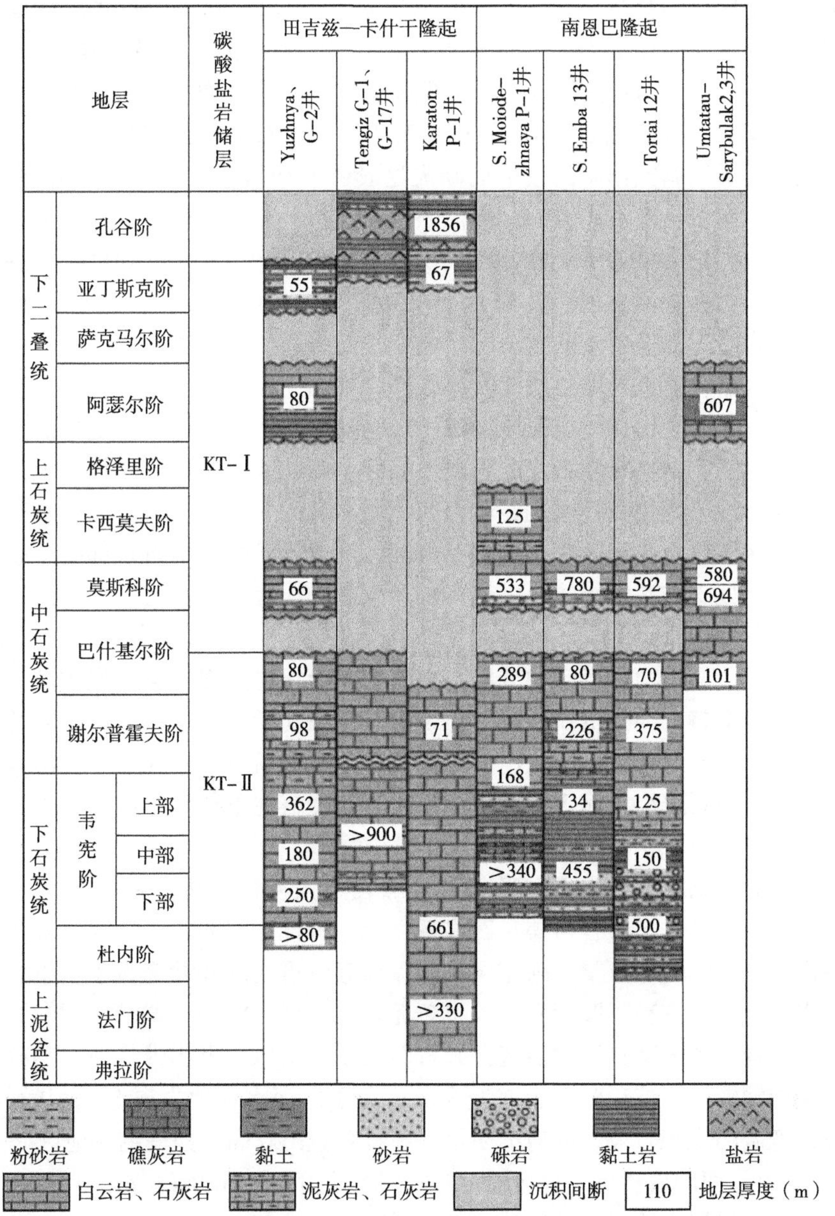

图 4-5　东南部隆起区典型钻井岩性剖面图

（二）石炭纪—早二叠世：聚敛期阶段

石炭纪—早二叠世，区域构造体制发生逆转，周缘板块发生碰撞，并形成了目前作为盆地东缘和南缘的冲断带。首先，哈萨克斯坦—西伯利亚大陆与东欧板块碰撞，并逆冲到东欧大陆的东缘，形成了盆地东南缘的磨拉石建造，南北走向的乌拉尔褶皱带开始发育；接着乌斯秋尔特—古里耶夫微板块与北高加索微板块碰撞，卡尔平脊和南恩巴隆起带在盆地南部形成，山前坳陷型沉积物开始发育。中—晚韦宪期，大陆边缘由离散型转变为聚敛型，一直持续到早二叠世孔谷期。

中石炭世巴什基尔期之后的沉积类型在盆地的东部和南部是复杂多变的。在盆地东部，中石炭世发育了呈南北向展布的碳酸盐岩台地及生物礁相带，从扎纳诺尔向北一直延伸至肯基亚克地区（可能进一步向北延伸至特米尔地区），这一时期也均为礁相，而其古隆起的围斜地带这一时期则为远洋黏土质灰岩。早莫斯科期，区域以碎屑岩沉积为主导，接着在晚莫斯科期—卡西莫夫期开始了碳酸盐岩沉积，使生物丘再一次发育在前期的古构造上（如扎纳诺尔仍为礁相），形成了石炭系“第一套石灰岩”（KT-Ⅰ），而在北部的肯基亚克地区，因后期剥蚀作用的改造而缺失这套碳酸盐岩地层（KT-Ⅰ）；在盆地南部卡什干—田吉兹和南恩巴等隆起带上，类似的生物礁也具有选择性的发育，大部分地区不发育 KT-Ⅰ或在石炭纪末期遭受剥蚀。仅局部地带生物丘构造可持续到莫斯科期或晚石炭世格泽里晚期和早二叠世阿瑟尔期（如 South Emba 地区，图 4-5、图 4-6）。而在科尔占—尤阿里区块的古隆起上这套碳酸盐岩层序变薄直至尖灭，以碎屑岩为主。

晚石炭世开始，盆地外围板块之间会聚作用加剧，区域发生整体性抬升，滨里海盆地逐渐与大洋隔离。大规模逆掩推覆体构成了现今盆地东南缘的逆掩断层带。盆地东南部阿斯特拉罕—阿克纠宾斯克隆起带及南恩巴坳陷区受到此次挤压抬升作用影响最为显著，石炭系顶面普遍出现了风化壳及风化壳成因的泥质岩和泥质碳酸盐岩。如毕克扎尔隆起及古里耶夫隆起以南的田吉兹地区等都受到了侵蚀，形成了巴什基尔阶顶部的不整合面。而盆地中央坳陷区仍处于较深的水体之中，并未产生影响。晚石炭世之后，东南部地区大面积的碳酸盐岩沉积基本结束。

石炭纪—早二叠世构造运动的特点是在海西期板块之间强烈会聚作用的影响下，区域隆升和沉降频繁交替，导致沉积过程中出现多次沉积间断以及卡拉通—田吉兹等隆起带上的侵蚀事件。在钻井地层剖面中，巴什基尔阶与上覆莫斯科阶存在区域性沉积间断，缺失上石炭统及部分中石炭统，而下二叠统沉积层直接覆盖在下伏较老的中—下石炭统碳酸盐岩侵蚀面上（图 4-6）。

早二叠世萨克马尔期，南恩巴隆起带北缘发育大型冲积扇。钻井和地震勘探资料揭示，这些冲积扇沉积体不整合覆盖在石炭系之上，岩性为陆源粗碎屑岩。亚丁斯克期，海平面又一次上升，阿斯特拉罕—阿克纠宾斯克隆起带再次沉降并淹没于水下，田吉兹地区仍处于深水环境中，沉积了厚度不大的黑色泥页岩（约 120m）。与此同时，盆地边缘持续隆升的褶皱系构成了大型碎屑物源区，来自乌拉尔、南恩巴隆起带等地区的碎屑物质开始大量向褶皱前渊输入，沉积厚度迅速增大，形成了向深水盆地方向上沉积时代逐渐变新、更加平缓、宽阔的堆积斜坡。碎屑沉积最大厚度可达 1000m，如马纳什地区 P-1 井（最大深度为 5912m）、西萨雷沙格尔地区 G-1 井（最大深度为 5700m）都揭示了下二叠统亚丁斯克阶厚层陆源碎屑岩地层，碳酸盐岩仅在局部地区发育。

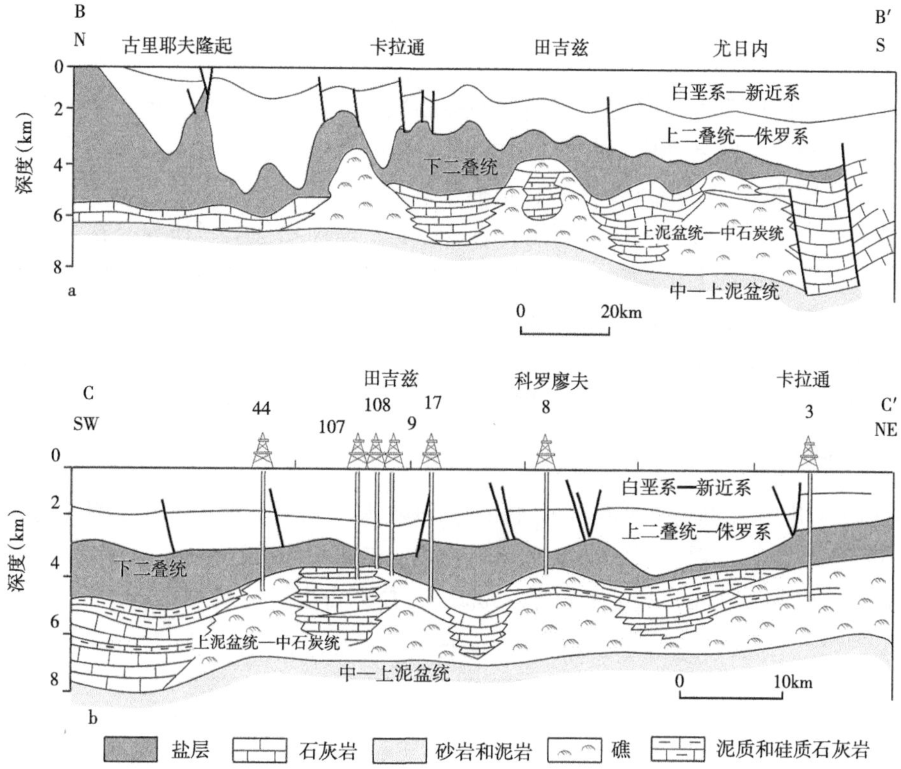

图 4-6　古里耶夫隆起—田吉兹—尤日内区域（a）与田吉兹—科罗廖夫—卡拉通区域（b）地质剖面

（三）早二叠世晚期：克拉通坳陷阶段

早二叠世晚期，特别是早孔谷期时盆地中央坳陷区沉降速率最大，盆地东南部地区受边缘海西褶皱带的影响仍时有挤压抬升或沉降缓慢。在前孔谷期，盆地东南部靠近边缘褶皱造山带的地区卷入了构造抬升作用，抬升特别活跃，前孔谷阶被抬升到剥蚀面以上，褶皱造山带最终把滨里海盆地从南方的古特提斯洋以及东面的乌拉尔洋孤立出来。孔谷期在气候干旱封闭的条件下，演变成了一个超咸化、巨型的蒸发相盆地，沉积物为层状盐岩(氯化钠和氯化钾)、结晶石膏，含有层状或条带状陆源碎屑物质，以盆地范围内广泛发育的厚层蒸发盐岩为典型特征。巨厚的盐层对区域盐下油气富集成藏起到了关键作用，在孔谷阶盐层连续分布区内，盐岩为盐下古生界储层提供了一套优质的区域性盖层。

晚海西期（早二叠世末）盆地东南缘褶皱构造带均基本定型，形成了现代滨里海盆地的轮廓。在田吉兹隆起—古里耶夫隆起向北以及南恩巴隆起—毕克扎尔隆起的地质剖面上，下二叠统孔谷阶—三叠系层序内均表现为向北倾斜的南高北低的构造特征（图 4-3、图 4-4），侏罗纪至今，持续保持这一构造格局。南翼的翘倾隆起，来自周缘山系、地台上的碎屑物质堆积形成巨厚的中生代、新生代碎屑岩沉积，导致阿斯特拉罕—阿克纠宾斯克隆起带发生了更大幅度的沉降，从现今构造上来看，毕克扎尔隆起沿基底顶面的埋深与古里耶夫隆起相近，隆起带上的大型构造沿中石炭统顶面的闭合构造变成了北倾的单斜，中、下石炭统内部及泥盆系的构造闭合幅度也随之减小。

晚二叠世和三叠纪，碎屑楔状体从南恩巴隆起向西北盆地内推进引发了早期的盐岩运动，盐岩运动主导了盆地中生代—新近纪沉降的格局。

第三节　沉积建造及沉积相

由于盐下目的层系埋藏深度大（超过 5000m），厚层盐岩层的屏蔽干扰作用强，导致地震资料品质较差，储层性质不明确，圈闭落实程度低，或受当时的钻探工艺技术水平限制，始终不敢贸然钻探。2005 年 8 月，根据二维地震资料编制了区块构造图，落实了科尔占中部盐下多构造层叠合背斜构造圈闭，通过地质、地球物理资料研究，在科尔占—尤阿里地区科尔占背斜构造上钻探一口盐下探井（SLK-3 井），主要勘探目的层为二叠系—石炭系，钻井井深为 5700m。该井较完整揭示了毕克扎尔隆起区石炭系（未穿）、二叠系及中生界和新生界，获得了较全面的油气地质资料，为进一步研究该地区盐下层系地层层序、沉积相及其含油气性提供了重要依据。

一、地层特征

从 SLK-3 井揭示的地层来看（表 4-1），科尔占—尤阿里地区中古生界发育较全，自上而下依次为新生界、白垩系、侏罗系、三叠系、二叠系和石炭系（未穿）。其中，钻遇孔谷阶盐岩层厚 4488.0m，盐上地层厚 538.0m，盐下古生界地层厚 674m。

表 4-1　科尔占背斜构造 SLK-3 井地层层序表

地层层序				底深（m）	厚度（m）	岩性简述
系	统		阶（组）			
新近系—古近系				88.0	77.5	黏土、砂质黏土，碎屑岩夹石灰岩
白垩系				338.0	250.0	顶部为石灰岩，上部为含砾砂岩与砂质泥岩互层，中部为细砂岩夹砂质泥岩，下部为含砾砂岩夹砂质泥岩，底部为泥岩、砂质泥岩夹含砾砂岩
侏罗系				484.0	146.0	上部为细砂岩、灰质砂岩、含砾砂岩夹泥岩，中部为泥岩、砂质泥岩为主夹少量石灰岩，下部为一套厚层含砾砂岩
三叠系				512.0	28.0	顶部为泥岩、砂质泥岩夹石灰岩，中部为两层砾岩夹泥岩、砂质泥岩，下部为泥岩
二叠系	上统			538.0	26.0	上部为粉砂岩、泥质粉砂岩、砂质泥岩和泥岩，下部为灰色砂砾岩夹少量泥岩
	下统		孔谷阶	5026.0	4488.0	白色盐岩夹膏岩及少许砂岩、泥岩
			亚丁斯克阶	5285.5	259.5	顶部含膏泥岩、砂质泥岩、砂砾岩，上部为泥岩、灰质泥岩，下部为白云岩，底部为云质泥岩夹薄层泥质灰岩
石炭系	断上盘	中统		5361.0	75.5	灰色生屑、砂屑亮（泥）晶灰岩
		下统		5421.0	60.0	灰色油斑细砂岩、砂砾岩夹灰色泥岩、泥质砂岩及砂质泥岩
	断下盘	中统		5473.0	52.0	灰色生屑、砂屑亮（泥）晶灰岩
		下统		5700.0（未穿）	227.0	灰色油斑细砂岩、砂砾岩夹灰色泥岩、泥质砂岩及砂质泥岩

（一）新近系—古近系

SLK-3 井揭示该层段（井深为 0~88m）地层厚 77.5m，岩性主要为碎屑岩夹少量石灰岩及未成岩的黏土和砂质黏土。新近系—古近系不整合覆盖在白垩系之上。

（二）白垩系

钻井揭示该层段（井深为 88~338m）地层厚 250.0m，自上而下由 3 个岩性段组成，顶部以灰白色石灰岩为主夹薄层泥岩，顶部为石灰岩标志层段（图 4-7），中部为灰色泥岩和砂岩互层，夹少量灰色含砾砂岩，底部以细粒沉积的泥质岩类为主。与下伏侏罗系呈假整合接触。

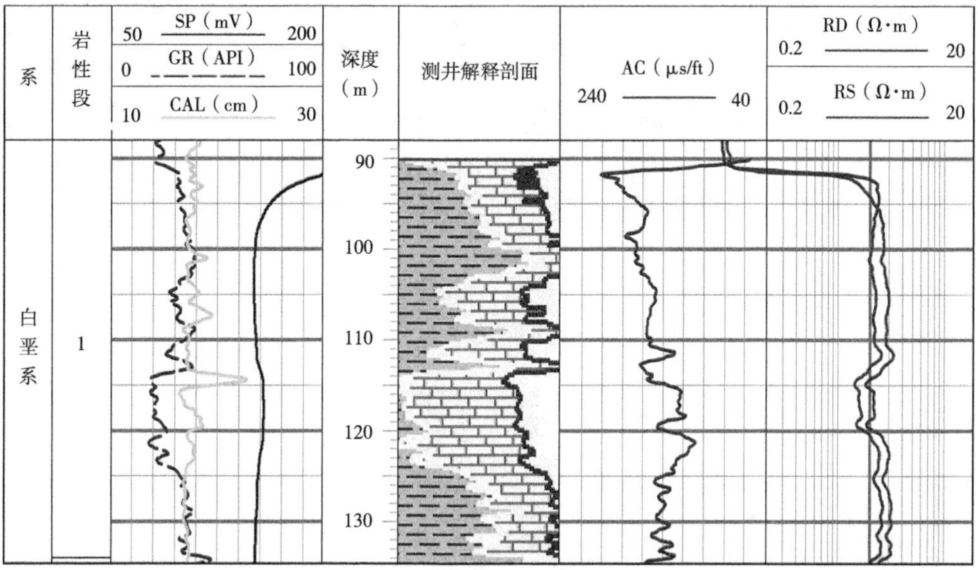

图 4-7　白垩系顶部石灰岩标志层段剖面图

（三）侏罗系

钻井揭示该层段（井深为 338~484m）地层厚 146.0m，自上而下岩性组成可划分为顶部灰色泥岩、砂质泥岩，上部灰色灰质砂岩段，中、下部灰色泥岩段，底部以厚层灰色泥岩、灰色砂质泥岩为主，夹少量薄层灰色石灰岩。该段为侏罗系有利的储层、盖层和可能的烃源层，与下伏三叠系呈角度不整合接触。

（四）三叠系

钻井揭示该层段（井深为 484~512m）地层厚 28.0m，自上而下由 3 个岩性段组成，顶部为灰色砂质泥岩层，中部为灰色石灰岩、灰色泥岩和砂质泥岩、灰色砾岩互层段，下部为灰色泥岩段（图 4-8），与下伏上二叠统呈角度不整合接触。

总的来说，三叠系以泥质岩类为主，反映了较深水体的沉积环境，至于其中夹的少量砾岩，可能不是原地沉积成因。

（五）二叠系

1. 上二叠统

钻井揭示该层段（井深为 512.0~538.0m）地层厚 26.0m，岩性以灰色泥岩为主，夹灰色泥质粉砂岩和灰色砂质泥岩薄层（图 4-9）。不整合覆盖在下二叠统孔谷阶盐岩之上。

受孔谷阶盐刺穿构造作用影响，钻井钻遇三叠系和上二叠统的地层厚度较薄。

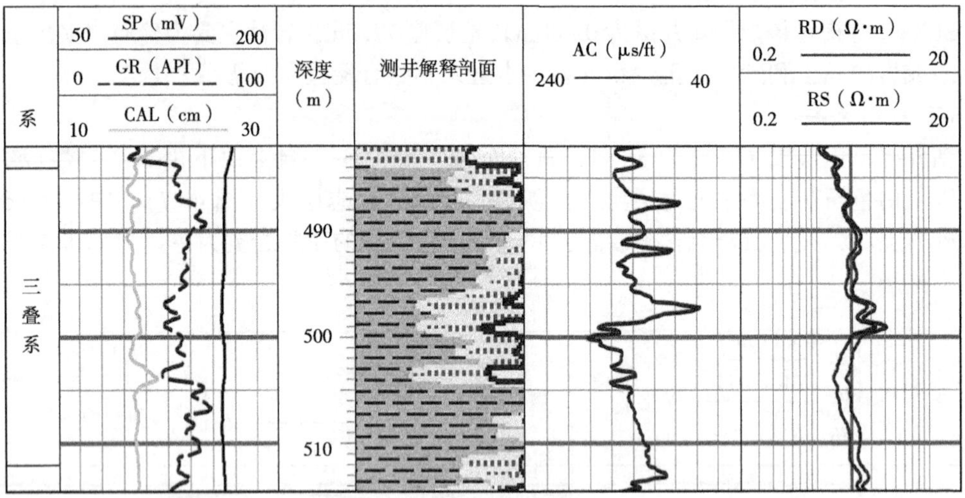

图 4-8　三叠系下部泥岩段地层剖面图

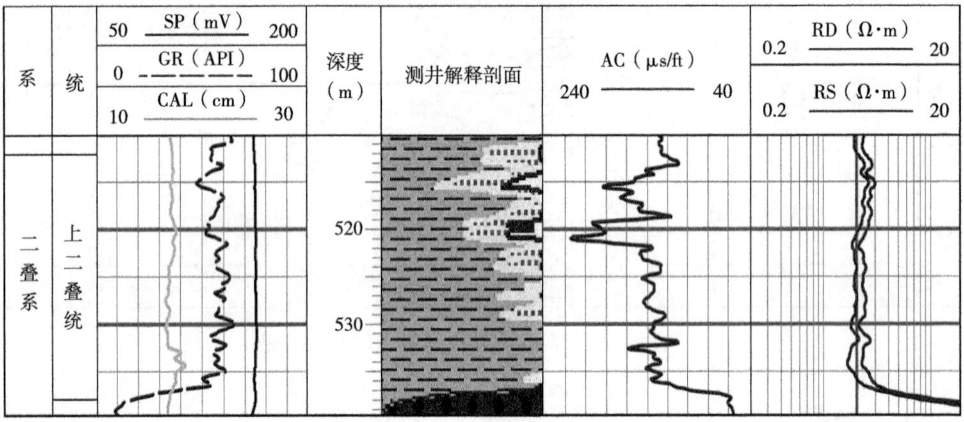

图 4-9　上二叠统剖面图

2. 下二叠统孔谷阶

SLK-3 井钻遇的孔谷阶膏盐层（井深为 538.0～5026.0m）厚度较大，达 4488m。顶部为厚 60m 的灰白色硬石膏岩；中、下部井段为灰白色盐岩层，间夹少量灰色泥岩、石灰岩、白云岩、泥灰岩、石膏质泥岩、灰质泥岩；底部厚约 30m 地层为石膏夹灰质泥岩层。据录井和测井解释的岩类统计：盐岩 12 层，累计厚度为 4242m；硬石膏岩 3 层，累计厚度为 79m；含膏（泥）质的石灰岩和白云岩 2 层，累计厚度为 29m；含膏（盐、灰）质的泥岩 10 层，累计厚度为 138m。

3. 下二叠统亚丁斯克阶

下二叠统亚丁斯克阶（井深为 5026.0～5285.5m）厚达 259.5m，不整合覆盖在中石炭统之上。录井资料表明该组段地层岩性十分复杂，由多种岩石类型组成，主要包括云岩类、黏土岩类、砂岩类、硅质岩类、石灰岩类等几大岩类，局部还含有少量砾岩，自上而下可细分为 9 个岩性段（图 4-10）。

（1）第 1 岩性段（井段为 5026.0～5036.0m）厚 10.0m，为深灰色膏质、云质泥岩夹

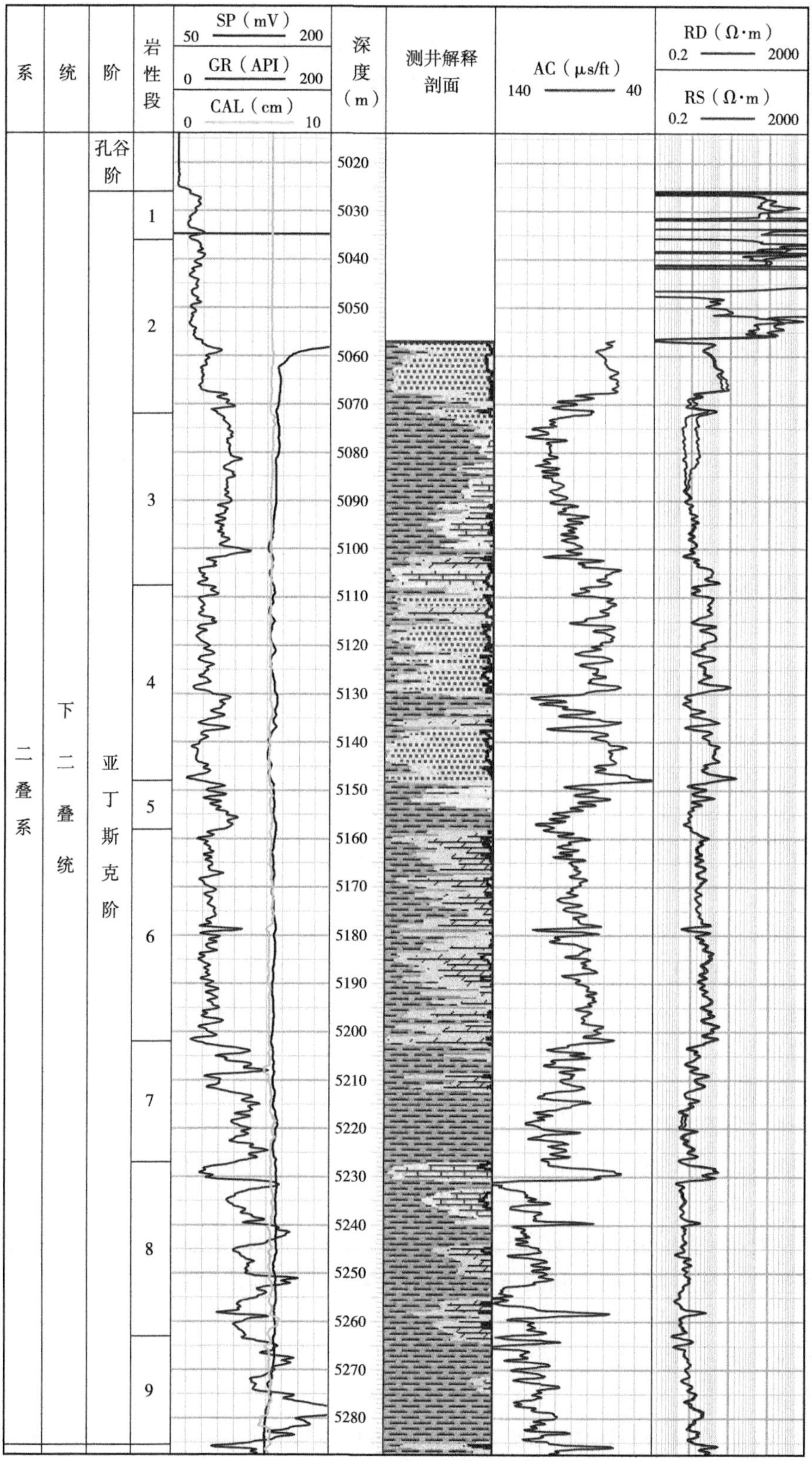

图 4-10　下二叠统剖面图

砂质泥岩，富含有机质。

（2）第2岩性段（井段5036.0~5072.0m）厚36.0m，为灰色灰质不等粒岩屑砂岩夹深灰色砂质黏土岩。粒度为细—粗粒，含粉砂及细砾和角砾。石英（含量少于5%）、长石少，主要成分为玄武岩、火山岩、黏土岩的岩屑，填隙物为黏土或灰质。偶见粒间溶孔、膏溶孔和有孔虫体腔孔。底部砂砾岩（厚8m）见荧光显示。

（3）第3岩性段（井段为5072.0~5107.5m）厚35.5m，为灰色灰质黏土岩夹粉砂质黏土岩和含放射虫、泥晶云岩，底部为含泥灰岩，含陆源粉砂、粉末状黄铁矿，富含有机质。

（4）第4岩性段（井段为5107.5~5148.0m）厚40.5m，为灰色黏土质不等粒凝灰质砂岩夹粉砂质黏土岩（含放射虫），底部为含砾砂岩。粒度为粉砂—粗粒相混，分选差。成分以岩屑（喷出岩、火山岩、黏土岩等）为主，含少量石英和长石；泥质杂基多。黏土岩（包括岩屑）含硅质放射虫。

（5）第5岩性段（井段为5148.0~5158.0m）厚10.0m，岩性为灰色灰质泥岩、砂质泥岩夹云质泥灰岩、放射虫硅岩。

（6）第6岩性段（井段为5158.0~5202.0m）厚44.0m，岩性为灰色放射虫泥云岩、深灰色放射虫泥粉晶硅质云岩夹灰色粉晶云岩、深灰色放射虫硅岩和云质黏土岩。含放射虫，骨针多而普遍，富集者为硅岩，有机质丰富；白云石多为粉晶级自形—半自形，常交代硅质（放射虫）；有机质—黏土填于晶粒之间。

（7）第7岩性段（井段为5202.0~5227.0m）厚25.0m，岩性为深灰色放射虫硅岩和云质硅岩、硅质云岩、粉晶白云岩、黏土岩、云质黏土岩。成分以硅质居多，次为云质和黏土质，均富含有机质，以硅岩为最，偶见放射虫体腔溶孔。

（8）第8岩性段（井段为5227.0~5263.0m）厚37.0m，岩性为灰色残余生屑硅（云）质灰岩及生屑灰岩与深灰色黏土岩、云质（砂质）黏土岩不等厚互层。泥、亮晶的生物灰岩，见三叶虫、䗴类、苔藓、腕足粒、鲕粒、砾屑等颗粒，结构多遭受硅化、云化作用严重破坏。有5层石灰岩，富含有机质。

（9）第9岩性段（井段为5263.0~5285.5m）厚22.5m，岩性为深灰色黏土岩夹云（砂）质黏土岩。富含有机质及粉末状黄铁矿。纹层发育，见硅质骨针及放射虫（方解石化）；泥晶白云石与黏土均匀相混。

SLK3井揭示下二叠统岩性总体比较复杂，顶部和上部地层主要为砂岩和黏土岩，下部地层主要为白云岩和黏土岩，底部地层主要为黏土岩与石灰岩互层。有利储集岩类为白云岩类和砂岩类，部分黏土岩层段有机质含量较丰富（如第9岩性段），是有利的烃源层。

（六）石炭系

钻井钻遇石炭系，地层厚414.5m（包括逆断层产生的重复地层段），地层岩性主要由砂岩、黏土岩、石灰岩、硅岩和白云岩等组成，各岩类岩石成分较复杂，现分岩性段描述如下。

1. 中石炭统

中石炭统自上而下可细分为4个岩性段（图4-11）。

（1）第1岩性段（井段为5285.5~5290.0m）厚4.5m，为深灰—灰黑色放射虫泥粉晶云岩、云（灰、砂）质黏土岩、放射虫硅岩夹凝灰质细粒灰质岩屑砂岩。纹层发育，富含放射虫、有机质，含骨针；方解石、白云石、黄铁矿化强，多见，云石为细小菱面体。

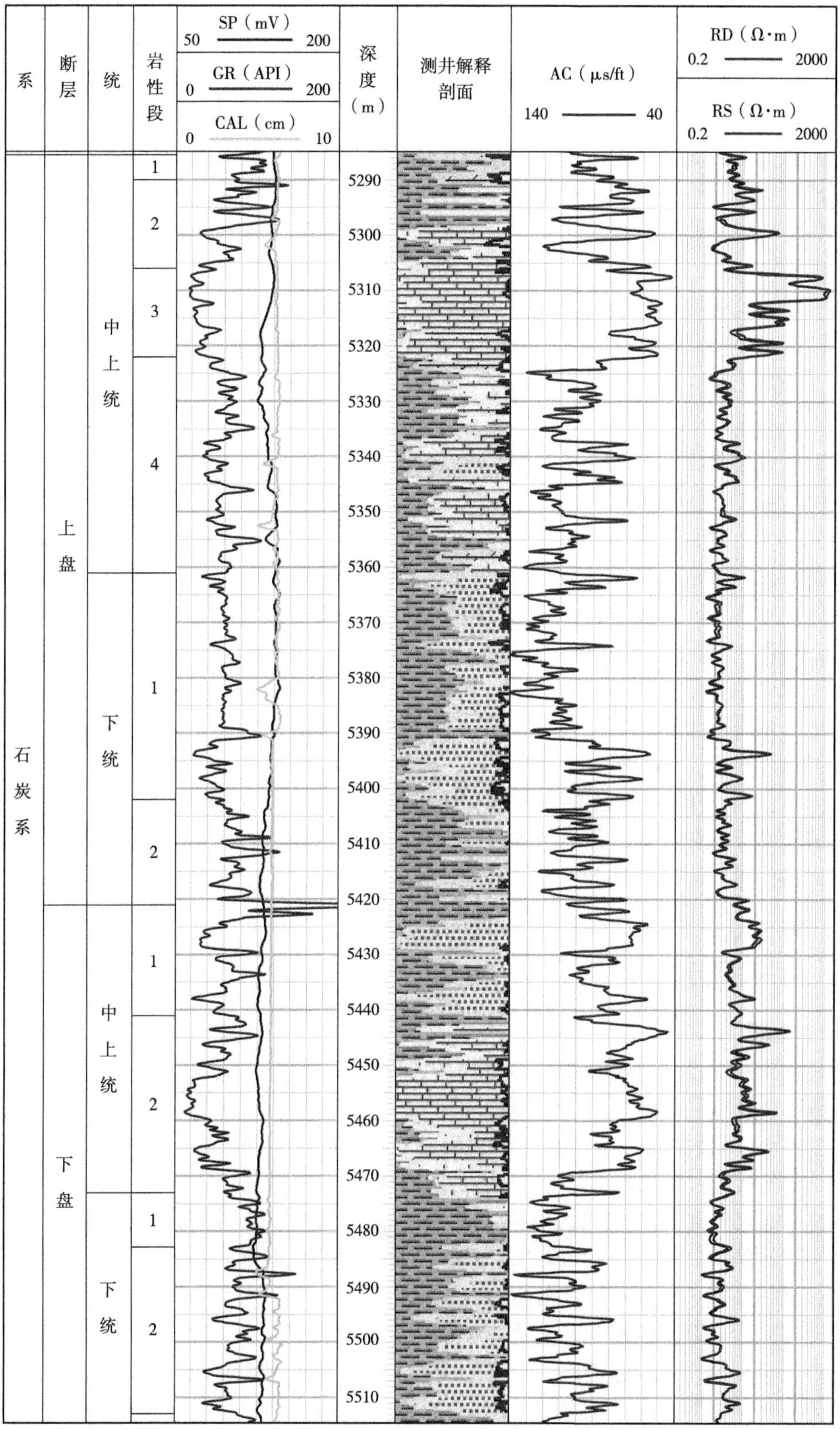

图 4-11　中石炭统剖面图

（2）第 2 岩性段（井段为 5290.0~5306.0m）厚 16.0m，为深灰色有机质黏土岩、灰质黏土岩与泥灰岩、泥（亮）晶粒屑灰岩互层，夹有硅质灰岩及放射虫云质灰岩（均含骨针）。粒屑以生屑为主，也有砂屑、鲕粒及陆源碎屑。

（3）第 3 岩性段（井段为 5306.0~5322.0m）厚 16.0m，为灰色生屑、砂屑亮（泥）晶灰岩夹同色泥晶灰岩，放射虫灰质硅岩、硅质灰岩。前者粒屑种类多，包括砂屑、棘皮类、腕足类、腹足类、䗴类、有孔虫、三叶虫等，并见陆源碎屑。

该井段为一套较纯的石灰岩段，据测井资料和薄片鉴定资料分析，该段为石炭系最有利的储层段。

（4）第 4 岩性段（井段为 5322.0~5361.0m）厚 39.0m，为灰—深灰色黏土岩、粉砂质（或凝灰质）黏土岩夹亮晶生屑灰岩、放射虫（及骨针）灰质硅岩（或硅质灰岩）、球粒灰岩、灰质云岩、凝灰质灰岩、放射虫泥晶云岩。岩类多且频繁交互，见火山玻屑、晶屑。

2. 下石炭统

SLK-3 井钻遇下石炭统，地层厚 60m（未穿），剖面上自上而下可细分为 2 个岩性段（图 4-12）。

（1）第 1 岩性段（井段为 5361.0~5402.0m）厚 41.0m，为灰色泥（灰、凝灰）质砂岩与粉砂（灰、凝灰）质黏土岩不等厚互层。砂岩多含岩屑，为岩屑砂岩、长石岩屑砂岩，局部含砾石。砂岩、泥岩中频见火山碎屑；砂岩中偶见生屑（棘屑、䗴、苔藓）和鲕粒。据岩屑观察和鉴定资料，砂岩层普遍见有荧光或油斑显示。

（2）第 2 岩性段（井段为 5402.0~5421.0m）厚 19.0m，为灰色不等粒灰质凝灰质砂岩与砂质黏土岩不等厚互层，夹岩屑砂岩和放射虫硅岩。前者偶见腹足、棘屑、腕足类碎片和放射虫（硅质），砂岩均有荧光显示。

总体上，石炭纪—二叠纪时期盆地东南部发育开阔浅水台地相沉积，形成海相碳酸盐岩与碎屑岩两大沉积建造，是生物碎屑碳酸盐岩和滨海碎屑岩发育的重要时期，也是该区域油气成藏的重要时期，期间烃源岩、储集岩和盖层等成油气基本地质条件都得到充分发育。

二、沉积相分析

（一）沉积背景

中—晚泥盆世时期，盆地南部近东西向延伸的阿斯特拉罕—阿克纠宾斯克隆起带已具雏形，该隆起对盆地东南部地区的古地理环境产生了巨大影响。隆起带上，中—晚泥盆世至早石炭世杜内期，浅水陆棚碳酸盐岩分布广泛，在卡拉通—田吉兹、古里耶夫、毕克扎尔等隆起上形成了生物灰岩建造，间夹硅质、黏土质的深水岩类，生物礁选择性生长。SLK-3 井钻井岩心薄片鉴定多含放射虫和骨针等生物组合，反映其为浅水、半深水交互沉积。

早—中石炭世时期，随着古陆棚区日益萎缩，盆地东南部被动大陆边缘演化成一系列隆起区，沉积环境由深水陆架相演变为浅水内陆相。在一些大型平缓隆起上，水体较稳定地区发育碳酸盐岩开阔台地相及生物礁、生物碎屑灰岩建造。

晚石炭世开始，随着邻近海西褶皱带的形成，整个滨里海盆地的区域构造体制发生了巨大变化，盆地构造抬升作用显著，不同地区不同程度缺失中、上石炭统和下二叠统，石炭系石灰岩顶部形成风化壳，风化壳被下二叠统亚丁斯克阶碎屑岩或孔谷阶含盐层系所覆盖。至此，盆地东南部地区大规模的浅水碳酸盐岩沉积宣告结束。

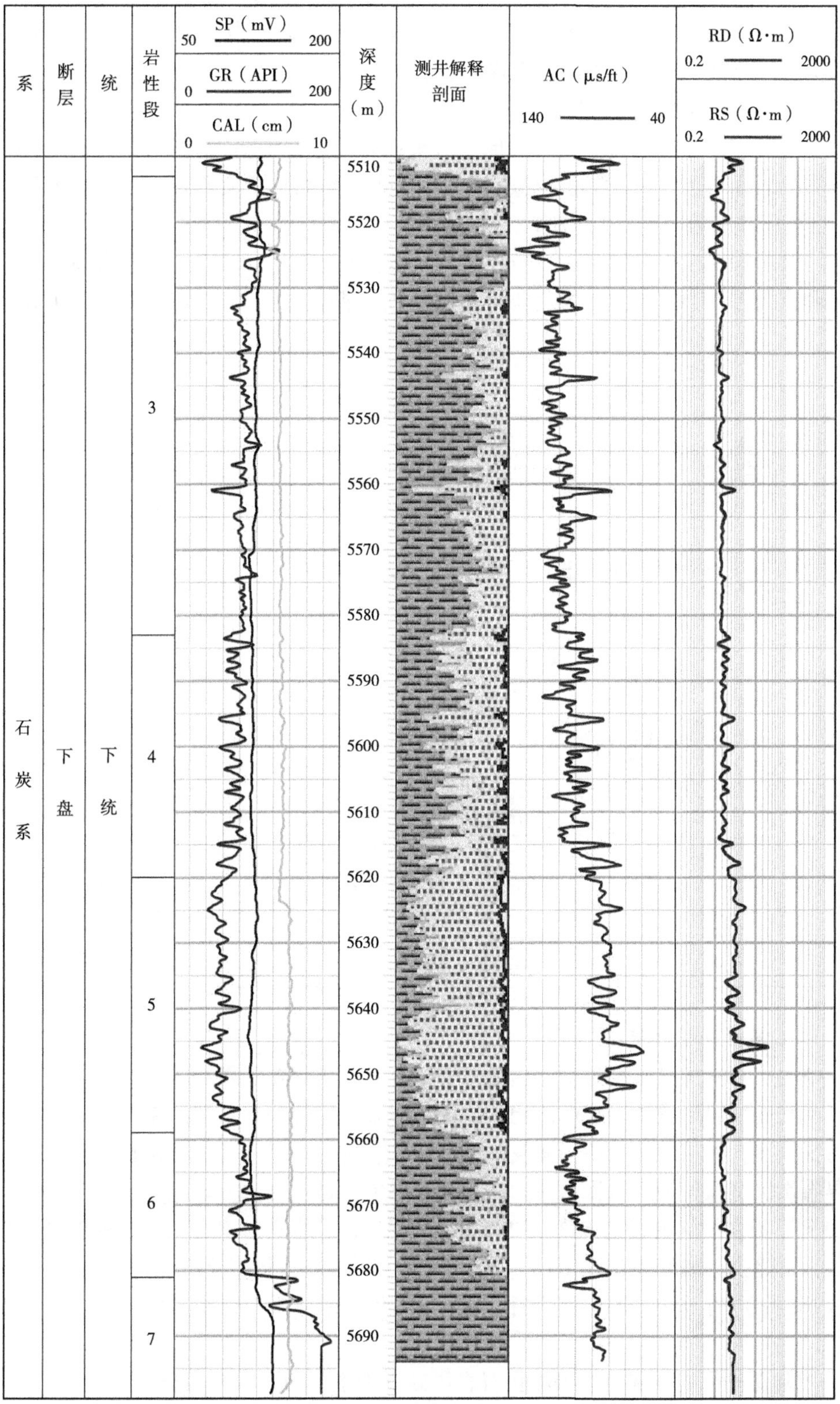

图 4-12　下石炭统剖面图

早二叠世中、后期，由于持续构造抬升，气候干旱，海水变浅，相变为潮上蒸发岩相，这一时期广泛发育盐类沉积，形成了以盐岩、硬石膏和白云岩等岩石类型为主的沉积，成为盐下含油气组合之上的一套优质盖层。

（二）沉积相类型及沉积特征

受区域沉积背景的控制，科尔占地区石炭系和二叠系各具沉积特征。根据 SLK-3 井钻井地层的岩性组合特征、沉积构造、粒度、测井响应特征等资料研究，剖面上可划分为 5 种类型沉积相（表 4-2），分别为深水浊积扇相、斜坡相、台地相、台内盆地相和局限浅海相，其中深水浊积扇相可进一步划分为内扇、中扇和外扇 3 个亚相，台地相划分为滩间洼地和台内滩 2 个亚相，台内盆地相划分为坳陷深水亚相、滨岸浅水亚相和山麓洪积—河流相。

表 4-2　SLK-3 井盐下地层沉积相类型划分表

年代	地层	相	亚相	微相	岩性特征
早二叠世	孔谷阶	台地相	台内蒸发盆地亚相		膏盐岩为主
	亚丁斯克阶	台内盆地相	坳陷深水亚相		灰色灰质泥岩、泥质灰岩，包括深水白云石沉积
			滨岸浅水亚相		以灰质黏土为主，富含灰质、泥灰质
			山麓洪积—河流相		以碎屑岩为主（本井未见）
中石炭世	中石炭统	台地相	台内浅滩亚相		颗粒碳酸盐岩沉积
			台内滩间洼地亚相		灰色灰质泥岩、（粉砂质）泥岩
		局限浅海相			泥晶灰岩、灰质黏土岩沉积为主
		斜坡相			砂岩、粉砂岩
早石炭世	下石炭统	深水浊积扇相	内扇亚相		以砾岩、砂砾岩及含砾粗砂岩为主
			中扇亚相	中扇水道	砾状砂岩至中—细砂岩
				中扇前缘	细砂岩、粉砂岩及泥岩
				中扇水道间	砂岩、泥岩互层
			外扇亚相		主要为页岩、泥岩夹细—粉砂岩

1. 早石炭世沉积相特征

区域上早石炭世以海侵为主。随着海平面上升，毕克扎尔隆起区处于水体较深的沉积环境，南来的物源形成了深水浊流相碎屑沉积体系。尽管缺乏系统的钻井取心资料和沉积构造特征描述，但从地层岩性剖面及其组合特征、古生物标志及岩石矿物成分等方面可以确定早石炭世沉积相为近岸深水浊积扇相。主要依据是：

（1）下石炭统（井段为 5530~5570m）的泥岩、砂岩夹层中含大量的具深水相标志的放射虫、罩笼虫、海绵骨针等化石（图 4-13a、表 4-3），指相化石的薄片共 27 块，占总片数（165 片）的 16%，占黏土岩总片数（87 片）的 31%，具深水相标志的薄片所占比例较高。

（2）陆源碎屑岩以灰质不等粒长石岩屑砂岩为主，为“贫石英碎屑岩”，具有火山成分比例高，以及碎屑分选差、大小混杂、磨圆度低的结构特征，常见含砾砂岩和砾岩（图 4-13b）。

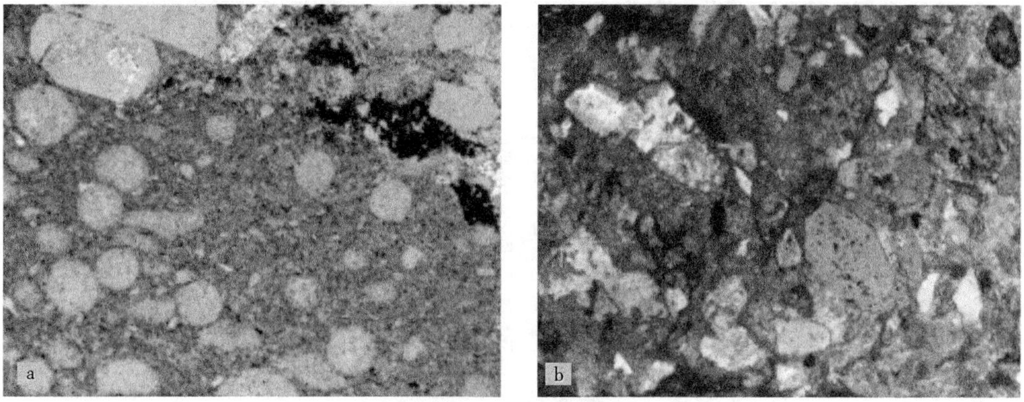

图 4-13　SLK-3 井下石炭统岩屑薄片镜下照片

a. 放射虫硅质泥岩，硅质放射虫的基底为泥质，硅质泥岩与中粒的长石砂岩直接接触，粒间为方解石、黄铁矿胶结，井深 5556m，常规薄片单偏光，×100；

b. 灰质不等粒长石岩屑砂岩，颗粒分选较差，磨圆度低，粒间为方解石胶结，含放射虫化石，井深 5652m，常规薄片正交偏光，×100

表 4-3　SLK-3 井下石炭统深水相岩样薄片鉴定统计表

井深（m）	岩性	描述
5476	毡状黏土岩	黏土质中含少量粉砂，黄铁矿含量多，且多为交代放射虫的黄铁矿。见具放射刺的三射球虫 Triposphaera
5502	放射虫硅质黏土岩	硅质放射虫含量多，全部保持硅质壳体，未经交代作用，少数具网格状构造。时见放射虫内溶孔，但孔径仅为 0.02mm
5516	粉砂质黏土岩	以粉砂为主，含少量细粒；粉末状或粉晶级的黄铁矿含量较多；见硅质放射虫
5536	粉砂质黏土岩	粉砂含量多，含少量中粒级的黏土岩岩屑，粒内还含有具网格构造的硅质放射虫，偶见硅质放射虫个体
5556	放射虫硅质黏土岩	结构特殊：硅质放射虫的基底为黏土质，硅质黏土岩与中粒的长石砂岩直接接触，粒间为方解石、黄铁矿胶结
5564	毡状黏土岩	黏土中含有微量粉砂，并含自生黄铁矿和炭屑，见全部被方解石交代了的放射虫
5568	粉砂质黏土岩	见放射虫体腔孔，原始为硅质壳体，后由黄铁矿—方解石先后交代，最后放射虫体处的方解石被溶成小孔
5580	毡状黏土岩	含少量粉砂、多量炭屑，并含较多的已被方解石交代的放射虫，个别仍保持硅质壳体
5640	中粒纯长石砂岩	成分极为特殊：几乎全部为正长石、斜长石，尖角状，粒间为方解石胶结，但与其突变的是黏土质，并含硅质放射虫
5668	含黏土质长石砂屑砂岩	除含常见的长石、石英和岩屑外，尚见粗粒的硅质岩岩屑，粒内似有放射虫化石
5686	毡状黏土岩	含石英、长石、黑云母碎屑较多；含少量被白云石交代了的放射虫；含炭质多，并与黄铁矿同生
5690	凝灰质粉砂岩	颗粒细小，粒径为 0.03~0.05mm，不含细粒，但见约 5%的硅质放射虫个体

（3）局部砂岩层厚度大，呈块状，最大单层厚度可达 85m，岩性剖面具“鲍马序列”的特征（图 4-14）。

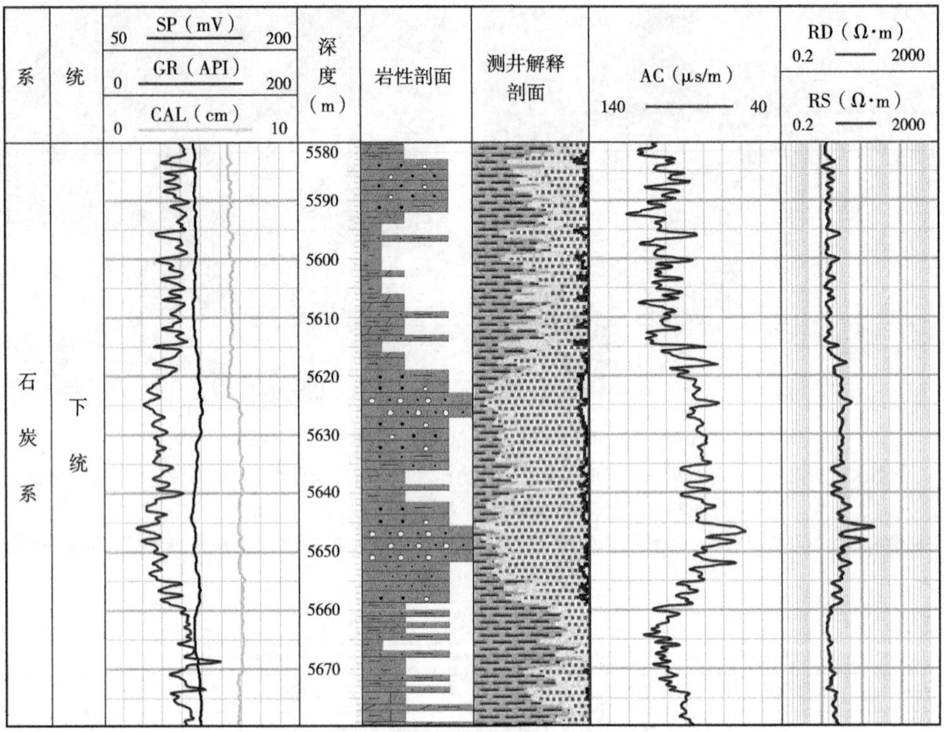

图 4-14　SLK-3 井下石炭统“鲍马序列”示意图

根据 SLK-3 井的岩性剖面、薄片和测井曲线，可将近岸深水浊积扇分为内扇、中扇和外扇 3 个亚相（图 4-15）。

1） 内扇

内扇靠近物源区，是近岸浊积扇的主水道发育区。其岩性较粗，以灰色砾岩、砂砾岩及含砾粗砂岩为主，砂砾岩占 80%以上，其中砾岩占 1/3 以上，夹少量粉砂岩和泥岩。砂砾岩单层厚度大，可见块状和粗糙平行层理及隐约的大型交错层理。砂砾岩层底面常为冲刷面或岩性突变，向上略显正粒序。砂砾岩横向上厚度变化较大，呈透镜状产出，碎屑颗粒大小混杂，分选、磨圆较差，主要为颗粒支撑，少数为基质支撑。

SLK-3 井下石炭统内扇亚相测井曲线形态以顶底突变的箱形为主。内扇主要反映了近源浊积水道，以粒度粗大（砾石级）、分选差，成熟度低为主要特征。

2） 中扇

中扇是近岸浊积扇的主体，约占整个砂体的 60%～70%，也是厚度较大的部位。相带内水道发育，频繁变迁，砂质沉积物发育，含量大于 25%，以砾状砂岩、含砾砂岩、砂岩及粉砂岩为主，与内扇相比较，砾岩明显减少，泥岩夹层增多，以灰色和灰绿色泥岩为主，偶含石灰岩夹层。冲刷构造发育，可见平行层理、交错层理、波状层理及水平层理，含介形虫等化石。在 SLK3 井地层剖面上可进一步划分出中扇水道、中扇前缘和中扇水道间 3 个沉积微相。

（1） 中扇水道。

中扇辫状水道是中扇沉积的主要类型，上与内扇主水道相接，向下分支成一系列的分流辫状水道。主要岩性为砾状砂岩至中—细砂岩，夹薄层泥岩。底部冲刷面清晰，常见较

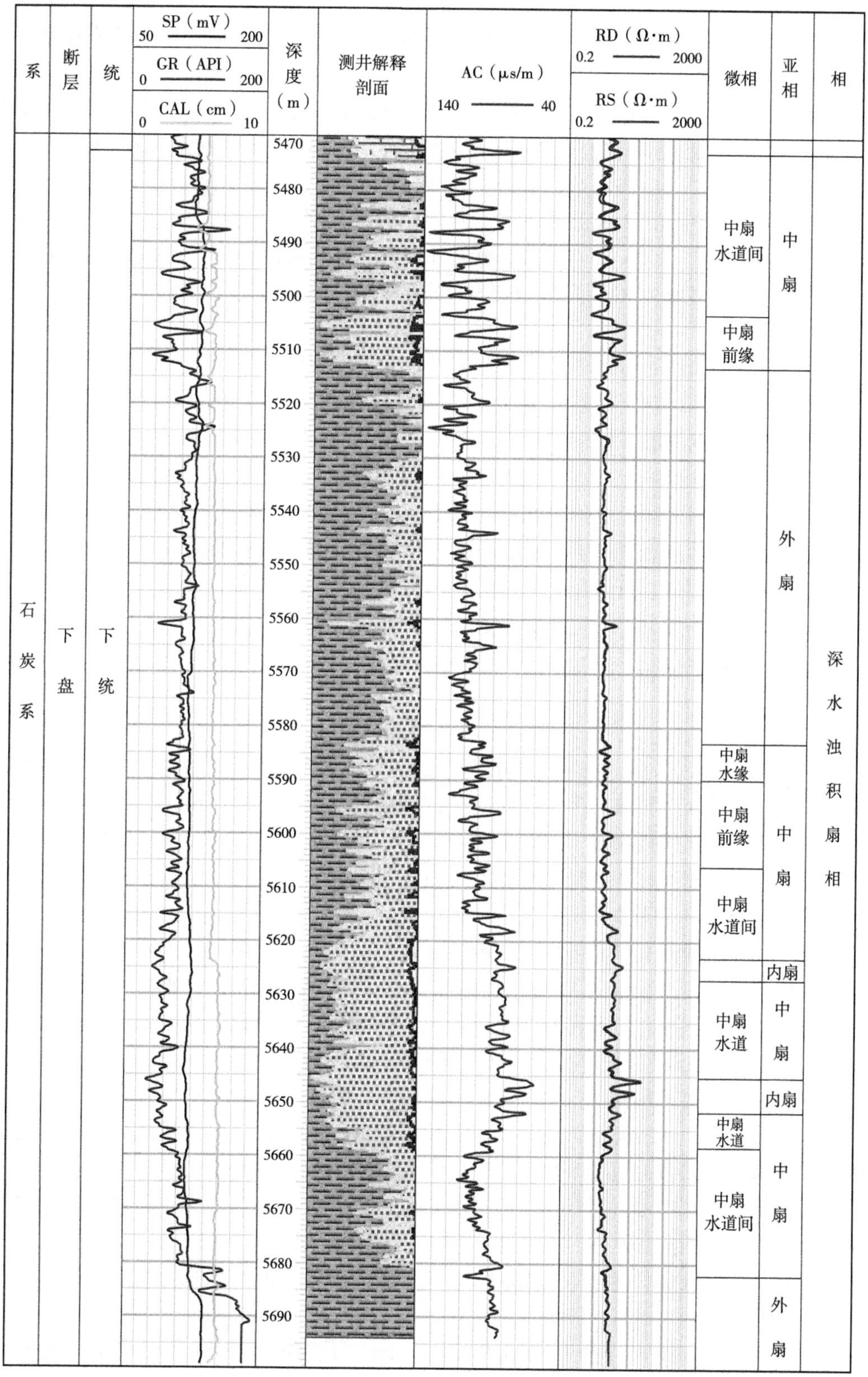

图 4-15　下石炭统沉积相综合剖面图

多的泥砾。砂岩一般呈透镜状，各种层理均很发育，具平行层理、中小型交错层理和少量大型交错层理及块状层理。垂向层序具有明显的正韵律特征，多期形成的砂岩相互叠置，构成叠合砂岩体，厚度为几十厘米至十余米。

SLK3 井下石炭统中扇水道微相岩性以灰色含砾砂岩、细砂岩为主，测井曲线形态总体上以钟形为特征，反映了下粗上细的正韵律沉积特征（图 4-15 中井深为 5627~5645m）。

（2）中扇前缘。

中扇前缘位于中扇辫状水道的前方，通常与辫状水道逐渐过渡。岩性主要为细砂岩、粉砂岩及泥岩，偶夹生物碎屑灰岩，生物化石常见。层理构造发育，常见平行层理、中小型交错层理、波状层理和水平层理。底部冲刷面起伏不大，不及辫状水道微相发育。砂层呈正韵律，厚度明显减薄。

SLK-3 井下石炭统中扇前缘沉积微相岩性以灰色粉—细砂岩、砂质泥岩、泥质砂岩为主，见纹层状构造。多期形成的砂泥岩相互叠置，同期岩性组合表现为下粗上细的正韵律，测井曲线形态以钟形、箱形组合为特征。

（3）中扇水道间。

中扇水道间是指两水道之间洪水溢出水道时的沉积物。岩性为灰—灰绿色砂岩、泥岩互层，偶夹生物碎屑灰岩。砂岩含量、粒度和单层厚度都从中扇上游向下逐渐变少、变细和变薄。韵律性不明显，有时呈正韵律，层理不太发育，可见波状层理。

SLK-3 井中扇水道间微相岩性以灰色泥岩、砂质泥岩与泥质砂岩、细砂岩不等厚互层为特征，测井曲线形态呈指状，反映砂泥岩间互沉积的特征（图 4-15 中深度为 5475~5503m 处）。

3）外扇

位于中扇辫状水道的末端，围绕扇体呈弯曲环带状分布。主要岩性为页岩、泥岩夹细—粉砂岩。泥岩、页岩以深灰色为主，质较纯，显水平层理及波状层理。

SLK-3 井下石炭统外扇亚相岩性以灰色、深灰色泥岩、白云质泥岩、灰质泥岩为主，测井曲线形态不明显（图 4-15 中深度为 5513~5583m）。

2. 中石炭世沉积相特征

中石炭世早期继承了早石炭世末期的沉积面貌，区域发育深水浊积扇相。SLK-3 井钻遇中石炭统下部地层（井段为 5340~5530m）岩性为灰色、灰白色砂砾岩与深灰色、灰黑色等暗色泥岩互层沉积，岩石薄片中见放射虫等深水化石。中石炭统底部（井段为 5426~5442m）的地层岩性以灰色中粒凝灰质砂岩为主，碎屑颗粒较粗，大小混杂，粒间胶结或充填完好，为黏土质或方解石充填，颗粒分选性差，磨圆度差别较大（图 4-16）。

中石炭世晚期，区域海平面发生下降，水体变浅，科尔占—尤阿里地区处于台内半深水洼地和浅水台地交替的沉积环境。

中石炭统中上部地层（井段为 5353~5365m）岩性为灰色、灰白色砂岩、细砂岩和褐灰色泥岩，为深水相向浅水台地相过渡的斜坡相沉积。

中石炭统顶部（井段为 5303~5353m）发育碳酸盐岩台地相沉积环境。

1）浅水台地相

中石炭统上部（上盘井段为 5303.0~5361.0m，下盘井段为 5444~5473m）为浅水碳酸盐岩台地相沉积，按钻井地层岩性和生物化石组合特征可进一步划分为滩间洼地亚相和台内滩亚相。其中，台内滩亚相又可分为生屑滩和砂屑滩微相（图 4-17）。

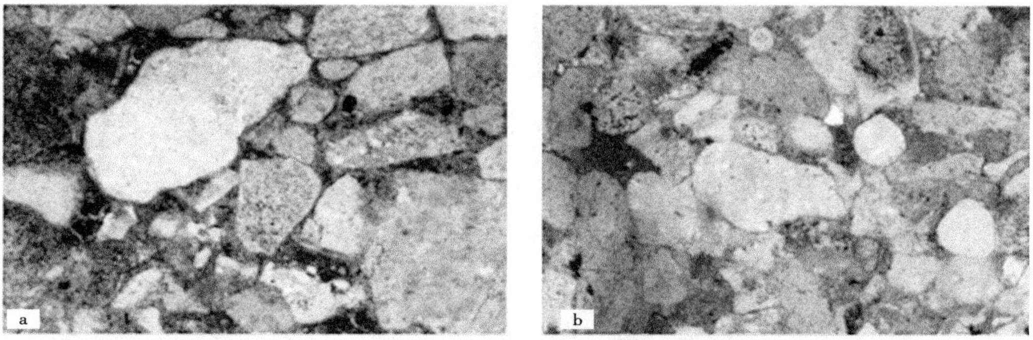

图 4-16　SLK-3 井中石炭统底部（井段为 5426～5442m）薄片镜下照片

a. 井深 5442m，含泥质中粒凝灰质砂岩，颗粒粗，分选、磨圆差（铸体薄片单偏光，×100）；
b. 井深 5432m，中粒凝灰质砂岩，颗粒以中粒为主，粒间为黏土质或方解石充填（常规薄片单偏光，×100）

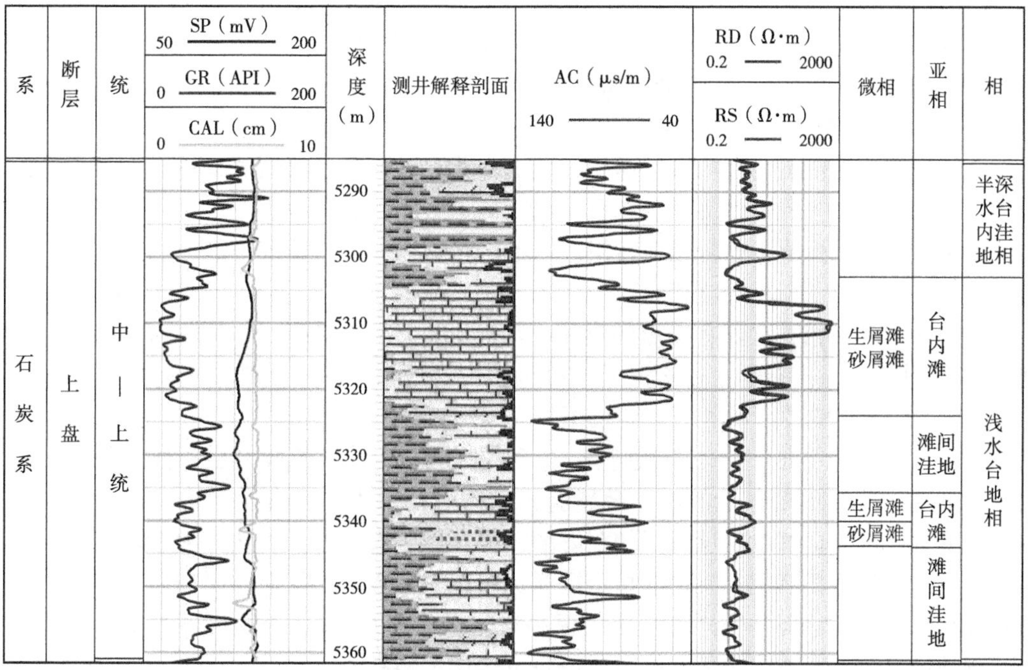

图 4-17　中石炭统沉积相综合剖面图

（1）台内滩亚相：钻井地层岩性为灰色亮晶（泥晶）生屑灰岩、砂屑灰岩和泥晶灰岩，生物见棘屑、腕足类、䗴类、介形虫以及硅化了的有孔虫、腹足类等；测井曲线以自然伽马低值、声波时差低值、电阻率相对高值为组合特征。从井段 5303～5324m 发育一套 21m 的较纯石灰岩段，岩石薄片镜下观察表明，该井段地层岩性以亮晶生屑、砂屑灰岩为主，含腕足类、棘皮类、有孔虫等多种浅水生物化石，生物破碎，含内碎屑和鲕粒（图 4-18），沉积特征上反映了水体较浅、水动力较强的沉积环境。

（2）滩间洼地亚相（井段为 5324～5353m）：岩性以灰色（粉砂质）泥岩、灰质泥岩和泥质灰岩为主，含少量黄铁矿和粉砂，结构细小，具条纹状显微结构；多马泥克相沉积特征。测井曲线以自然伽马和声波时差相对高值、电阻率相对低值为组合特征。

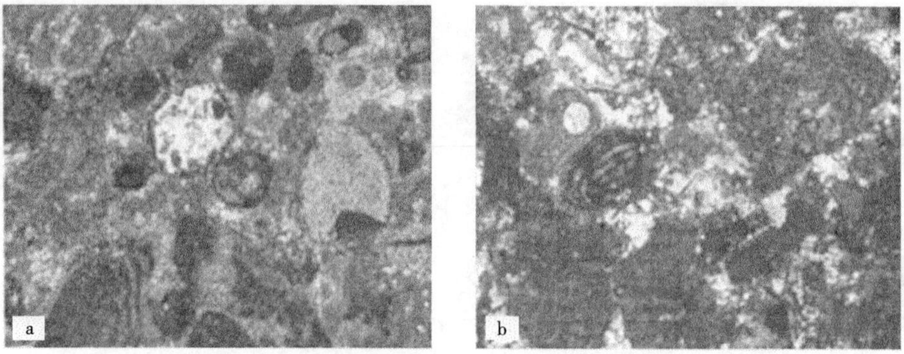

图 4-18 SLK-3 井中石炭统上部铸体薄片镜下照片（单偏光，×100）

a. 含有孔虫、腕足类等多种生物化石亮晶砂屑灰岩，粒间孔和粒模孔少量，井深 5310m；

b. 含有孔虫、棘皮类等多种生物化石亮晶生屑、砂屑灰岩，井深 5305m

2）半深水洼地相

半深水洼地是一套深灰色硅质、碳酸盐质和黏土质的混合岩类（井深为 5286～5303m 井段），含放射虫、骨针，有机质丰富。

3. 早二叠世沉积相特征

海西晚期的构造运动使地槽回返褶皱成山，奠定了滨里海盆地基本轮廓。四周高山并与外海相通，物源主要来自山地。在石炭纪高低不一的侵蚀古地貌之上，又迎来了一期早二叠世海侵，下二叠统不整合覆盖石炭系之上。在盆地内下二叠统下部地层的沉积时期早晚不一，本区是亚丁斯克期沉积。

该时期的沉积相类主要有山麓的洪积—河流相、滨岸斜坡浅水相、中央坳陷深水相；到早二叠世晚期（孔谷期），全盆地均演变为蒸发盆地相（图 4-19）。

1）坳陷深水相

SLK-3 井钻井揭示，下二叠统底部（亚丁斯克组）含大量放射虫和硅质骨针，岩石较致密坚硬，孔隙不发育，但可见微裂缝，以构造缝为主，也有少量溶蚀缝。通常情况下，大量放射虫硅岩的出现反映了较深海的沉积环境，大多数学者认为大量放射虫硅岩的存在有两方面的重要意义：一是能指示远洋深海沉积环境；二是能说明硅质沉积与火山活动并没有直接联系，而是受洋流控制（据冯增昭，1989）。该段地层测井响应特征为较低自然伽马值、较低声波时差值，电阻率值较下伏层段略高。

综上所述，结合区域沉积背景，可将下二叠统下部和底部（5158.0～5285.5m）的沉积相类型划为坳陷深水相。该相带是有利的烃源岩发育段。

2）滨岸浅水相

早二叠世中晚期，相对海平面已经出现明显下降，沉积水体变浅，本区逐渐从较深水的坳陷区过渡到水体较浅的滨岸带。由于区域构造活动相对较强烈，SLK-3 井位于古隆起区边缘地带，古地形相对较陡峭，在陆棚泥岩和灰质泥岩沉积的基础上，易发生部分浊流沉积。

SLK-3 井下二叠统上部（5050.5～5158.0m）沉积了厚约 108m 的砂岩、泥岩为主地层，局部夹白云岩、石灰岩、泥质灰岩和灰质泥岩，见少量砾岩。岩石颜色主要为灰色，砂岩以含泥凝灰质砂岩为主，不等粒结构，粒级从粉砂—细粒；泥岩中见硅质放射虫，有机质含量丰富。测井响应特征为砂岩段为较低自然伽马值、声波时差值和较高的电阻率值，泥岩段为较高的自然马值、声波时差值和较低的电阻率值。

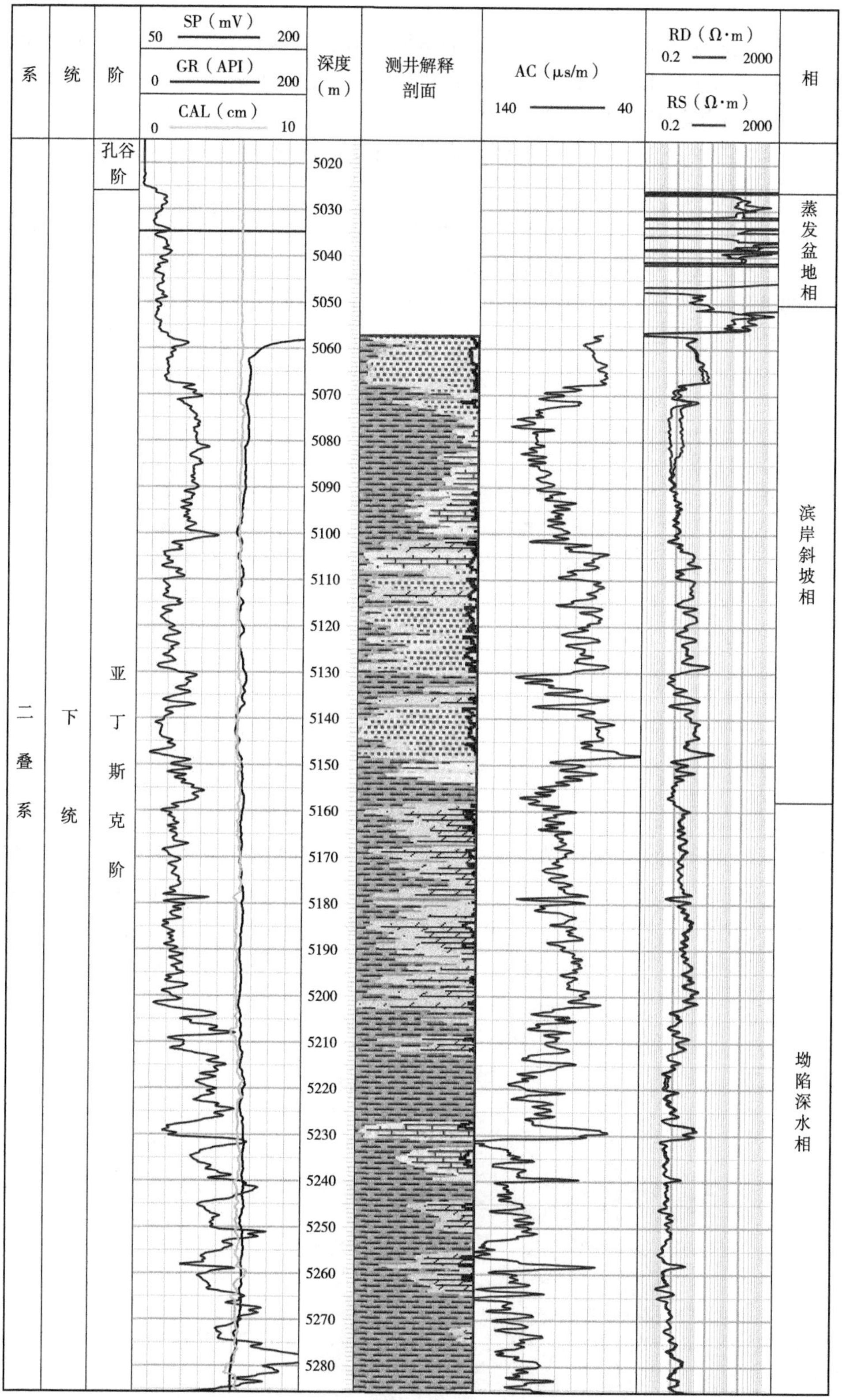

图 4-19　下二叠统沉积相综合剖面图

3）蒸发盆地相

从早二叠世晚期开始，区域相对海平面全面下降，台地进一步抬升，沉积水体更浅，沉积相过渡为蒸发盆地相，沉积了一套盐岩和膏岩为主的蒸发岩。

（三）石炭系沉积相平面展布特征分析

通过单井相研究，结合地震资料研究及区域沉积构造背景的分析，探讨科尔占背斜构造带石炭系沉积相的平面展布特征。

早石炭世时期，科尔占地区整体处于深水环境，中石炭世随着水体变浅，表现出由深水环境转向斜坡相并逐渐过渡到台地相沉积的演变过程。总体上，科尔占地区早石炭世和中石炭世晚期的沉积相带受到当时的水体深度、水动力条件和地形条件等影响存在一定差异。在平面上沉积相带呈北东—南西向展布，相变方向为近南北向（图 4-20）。中石炭世末期依次发育台内滩亚相和滩间洼地亚相，台内滩亚相分布较广，是有利的油气储集相区。

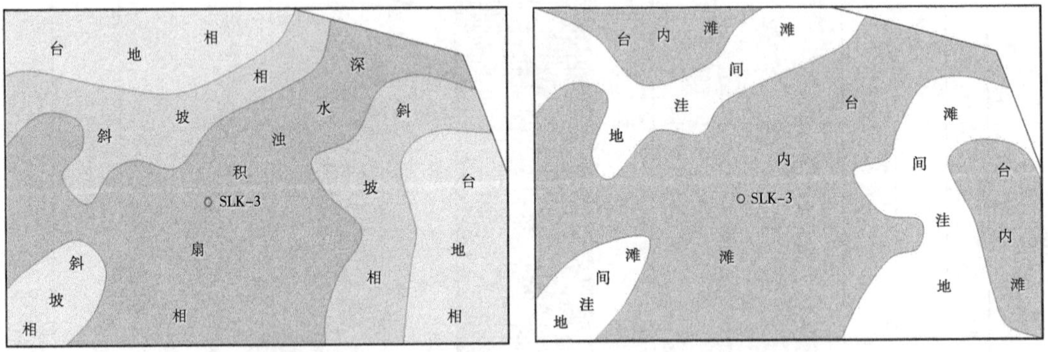

a. 早石炭世　　b. 中石炭世

图 4-20　科尔占地区早—中石炭世沉积相平面图

地震剖面上碳酸盐岩台地相表现为：（1）中石炭统碳酸盐岩发育段为相对高阻抗，地震波速度达 5200m/s，具有较强—中等连续的地震反射特征；（2）平面上厚度分布具有一定的稳定性，可追踪；（3）区内台地碳酸盐岩分布常常与基底古断裂、古构造高存在一定的相关性，即继承性基底凸起或边缘是有利于碳酸盐岩礁滩相的分布区（图 4-21）。

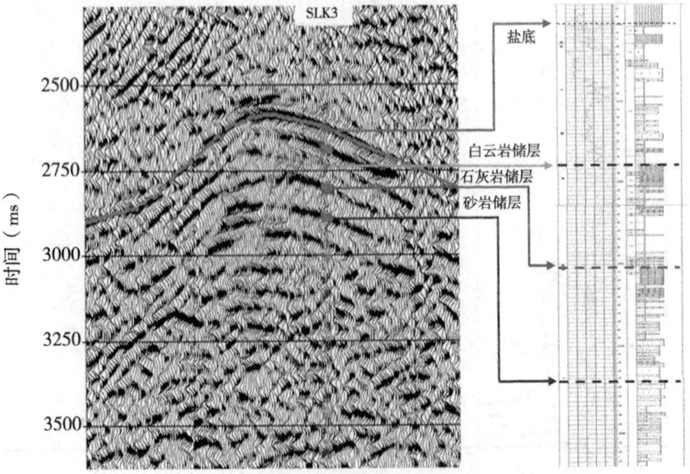

图 4-21　SLK-3 井中石炭统碳酸盐岩波组特征（L11 线）

第四节　油气地质特征

一、烃源条件

（一）烃源岩及有机质丰度与类型

滨里海盆地东南部盐下层系具有良好的生油气条件。在泥盆系—二叠系（D_{3+2}—P_1）发育保存多套优质烃源岩层，主要包括海相富含有机质的碳酸盐岩和同时代的盆地相黑色页岩两大烃源岩类。其中，以中泥盆统—中石炭统巴什基尔阶黑色沥青质页岩和生物礁灰岩、下二叠统亚丁斯克阶黑色页岩为主力烃源岩。

1. *碳酸盐岩烃源岩*

据田吉兹地区钻井揭示，中—下石炭统及上泥盆统碳酸盐岩烃源岩厚约1500m，属于欠补偿浅水—深水环境沉积。由于该环境下沉积物的沉积速率较低，水体底部通常处于有利于有机质富集和保存的还原环境。地层岩性以黑色、灰黑色泥晶石灰岩为主，富含浮游藻类等低等生物，有机质丰度高，干酪根类型好，对油气聚集有较大贡献。

2. *泥质岩烃源岩*

下二叠统亚丁斯克阶黑色页岩烃源岩在东南隆起区广泛分布。在田吉兹地区钻井揭示该套烃源岩的总厚度达300m，分布于碳酸盐岩台地或生物礁建隆周缘的深水相区（或潟湖相区），具有较高的有机碳含量和高“γ放射性层”的特征，属于半深海—深海缺氧环境下形成的腐殖—腐泥。在南恩巴坳陷区钻遇该套烃源岩厚度为200~250m，ULK_SW4井钻遇最大厚度达344m；在毕克扎尔隆起上该套烃源岩厚度有所减薄，SLK-3井钻遇厚度为135m。中—下石炭统暗色页岩（包含部分湖相Ⅲ型干酪根）有机质丰度也较高，但厚度较薄（一般为10~20m），可以作为部分补充烃源岩。

总体上，该区域具有烃源岩厚度大、分布层位多、生油气潜力大、生烃的物质基础雄厚等特点，是整个滨里海盆地烃源岩发育最好的地区。

田吉兹油田烃源岩的研究程度较高，同时也积累了比较丰富的地球化学资料，基本代表了盆地东南部油气区的烃源岩特征及生油条件（表4-4）。

下二叠统烃源岩主要是指亚丁斯克阶深水相黑色泥页岩，烃源岩有机碳含量为0.57%~3.04%，平均为1.66%；氯仿沥青“A”为0.042%~0.254%，平均为0.135%；总烃HC为150~1815mg/L，平均为867mg/L，属于中等—好烃源岩。

中—下石炭统烃源岩的有机质丰度值要高于下二叠统。但石炭系浅海—陆棚相泥质碳酸盐岩、生物礁及泥质岩烃源岩中有机质丰度变化很大。其中，富含固体沥青和暗色沥青质灰岩有机碳含量最高，为22.4%~66.61%，氯仿沥青“A”为1.28%~7.636%；总烃HC为9057~49408mg/L，平均为27061mg/L；生物碎屑灰岩次之，有机碳含量一般为0.94%~3.86%，平均为2.4%，氯仿沥青“A”为0.18%~0.844%；总烃HC为747~5138mg/L，平均为2943mg/L；暗色泥岩有机质丰度较低，有机碳含量一般为0.37%~0.9%，平均为0.64%，氯仿沥青“A”为0.037%~0.303%；另外具有黏土夹层的石灰岩中，有机碳含量最低。

表 4-4 田吉兹油气区烃源岩有机质丰度数据表（据刘淑萱等，1992）

地层年代	岩性	TOC（%）		沥青“A”（%）		总烃 HC（mg/L）	
		最小值/最大值	平均值（样品数）	最小值/最大值	平均值（样品数）	最小值/最大值	平均值（样品数）
P_1	深灰色泥岩	0.57/3.04	1.66（3）	0.042/0.25	0.135（3）	150/1815	867（3）
C	生物碎屑灰岩	0.94/3.86	2.40（2）	0.180/0.84	0.512（2）	747/5138	2943（2）
C	沥青质灰岩	22.45/24.7	23.54（3）	1.280/3.89	2.604（4）	9057/27752	20135（3）
C	固体沥青	51.84/66.6	59.23（2）	6.493/7.63	7.065（2）	18567/4940	33988（2）
C	灰色泥岩	0.37/0.90	0.64（2）	0.037/0.30	0.170（2）	—	1986（1）
D_3	石灰岩	—	0.16（1）	—	0.147（1）	—	1086（1）

按照烃源岩有机质丰度划分标准，该区下二叠统、中下石炭统都属于较好的烃源岩。结合干酪根元素分析资料（表 4-5），下二叠统、中—下石炭统烃源岩干酪根元素均具有较高的 H/C 原子比值（0.86~1.34）、较低的 O/C 原子比值（0.06~0.12），表明烃源岩有机母质形成于还原条件下或缺氧环境中。在缺氧环境下，烃源岩腐泥化程度更高，尤其是下二叠统亚丁斯克阶泥质烃源岩中存在腐泥型（Ⅰ型）干酪根；中—下石炭统烃源岩干酪根以腐殖—腐泥型（$Ⅱ_1$ 型）为主，兼有腐泥型和腐泥—腐殖型。

表 4-5 田吉兹油气区干酪根元素分析数据表（平均值）（据刘淑萱等，1992）

地层年代	岩性	H/C 原子比值	O/C 原子比值	干酪根类型
P_1ar	深灰色泥岩	1.34	0.12	Ⅰ
P_1ar	深灰色泥岩	1.02	0.09	$Ⅱ_1$
C_2	碳酸盐岩	0.95	0.10	$Ⅱ_1$
C_2	碳酸盐岩	0.86	0.08	$Ⅱ_2$
C_1	石灰岩	0.86	0.06	$Ⅱ_2$

（二）有机质热演化程度

资料表明，整个滨里海盆地盐下生油岩有机质的热演化程度总体偏低。在盆地东南缘南恩巴隆起带，下二叠统烃源岩埋深为 2200~3100m，镜质组反射率 R_o 值仅为 0.48%~0.52%，最高古地温为 95~100℃；在卡拉通—田吉兹隆起，下二叠统烃源岩镜质组反射率为 0.52%~0.87%；在南恩巴西南部，下二叠统烃源岩镜质组反射率达 0. 65%~1.0%；古地温为 125~175℃，仍处于低成熟—成熟生油阶段。石炭系烃源岩有机质的热演化程度在区域内变化较大，随着埋深增加，石炭系生油岩有机质的热演化程度有明显增高的趋势，有机质镜质组反射率变化范围为 0.65%~1.3%，古地温为 125~200℃；在卡拉通—田吉兹地区，石炭系烃源岩镜质组反射率达 0.81%~1.16%；处于成熟生油阶段，部分烃源岩已达到生油的高峰阶段。

烃源岩埋藏史—生烃史研究表明（图 4-22），盆地东南部地区整体地温场偏低，生油门限深度范围大，生油时期漫长。晚二叠世末期之后，特别是侏罗纪盆地的快速沉降加速了烃源岩的热演化进程，主力烃源岩大量生烃与运移发生早侏罗世之后，生油门限深度范围为 2200~6000m。在南恩巴隆起和卡拉通—田吉兹地区由于地温梯度相对较高，埋深在 2200~3500m 可以进入生油窗，而在毕克扎尔隆起大致需要 6000m。

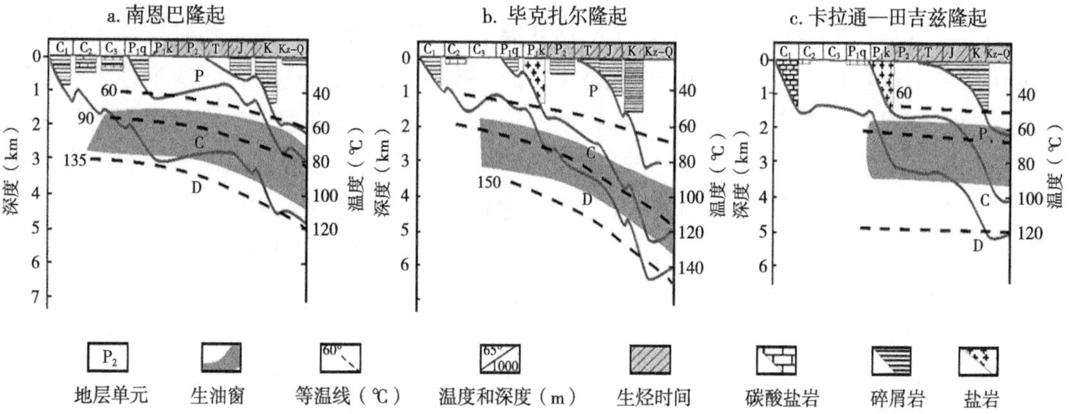

图 4-22　滨里海盆地东南部埋藏史—生烃史模型（据 V. V. Pairazian，1999）

盐下生油岩大量生烃并发生运移的时期明显晚于构造圈闭形成期（泥盆纪—下二叠世），故圈闭与油气源具有良好的空间配置关系。孔谷组广泛发育的厚盐层又为油气聚集提供了很好的封闭条件。

二、储集条件及储盖组合

勘探实践表明，盆地东南部油气区盐下层系具有优越的油气源条件，资源十分丰富。然而，储集条件已成为该地区油气富集成藏的主控因素。因此加强盐下储集性能及优质储层预测的研究，是盐下油气勘探重要研究内容。

（一）储集岩分布

1. 区域储层分布特征

钻井揭示，盆地东南部地区盐下储层在上泥盆统至下二叠统均有分布（图 4-23），发育海相生物碎屑碳酸盐岩和碎屑砂岩两大储集岩系，属于浅海—陆棚及滨岸相沉积。其中上泥盆统—中下石炭统碳酸盐岩是区域主要储油层，也是田吉兹、卡什干特大型油气田的主力产层，储层岩性以生物礁岩为主，包括各种亮晶生物颗粒灰岩、泥晶生物碎屑灰岩和白云岩。该套储层不仅厚度较大、分布较广，而且具有良好的储集性能，储层埋深一般超过 3900m。

（1）上泥盆统弗拉斯阶—法门阶碳酸盐岩储层：上泥盆统陆棚碳酸盐岩在东南部地区分布广泛，特别是在阿斯特拉罕—阿克纠宾斯克隆起带上大部分地区均有分布（图 4-23）。在卡拉通—田吉兹隆起带上钻井揭示法门阶浅海—陆棚和潮汐带碳酸盐岩厚度可达 2000m，发育藻类、有孔虫生物碎屑灰岩、藻灰岩、原生白云岩及泥晶灰岩。在阿斯特拉罕隆起带上钻遇上泥盆统法门阶生物碎屑灰岩厚达 400m，在阿斯特拉罕背斜 6300m 深度处还钻遇中泥盆统大陆架厚层碳酸盐岩，它在侧向渐变为生物丘。根据地质、地球物理资料推测，毕克扎尔、古利耶夫等隆起（反射层 P_3k）之上的背斜构造带上浅水—陆棚碳酸盐岩分布广泛，应为有利的储层系。目前在该地区上泥盆统勘探程度比较低，还有待进一步研究。

（2）石炭系储层：该层系储层包括下石炭统和中石炭统碳酸盐岩、碎屑砂岩两大类储集岩类。碳酸盐岩储层主要分布于卡拉通—田吉兹等隆起带上；陆源碎屑岩储层分布在毕克扎尔隆起带及南恩巴坳陷等地区。

①中—下石炭统碳酸盐岩储层：目前钻井揭示的厚层碳酸盐岩及生物礁储层主要分布于卡什干—田吉兹隆起带。生物礁建造是该区的一套优质储层，选择性、周期性生长发育在碳酸盐岩台地上，环绕台地区的沉积物则迅速相变为以碎屑岩为主。田吉兹隆起区中下石炭生物礁呈厚层环状分布，形成于晚泥盆世—早石炭世较深水区的碳酸盐岩台地上。这一时期，在海平面持续上升、水体深度加大的背景下，台地上的生物礁快速生长，形成了厚层块状生物礁储集体（图 4-23）。早石炭世杜内期发育的大型生物礁的规模可达 8.5km×2.5km，另有一些小型生物礁的规模为大于 5.0km×1.5km，各生物礁体之间发育藻类、有孔虫等生物碎屑灰岩。至中石炭世巴什基尔期，生物礁体分布范围逐渐缩小，规模大的为 3.5km×1.5km，小的为 1.5km×1.5km，这些生物礁和生物礁灰岩构成了田吉兹油田重要的储油气层（相当于盆地东缘扎纳诺尔油气区的 KT-Ⅱ碳酸盐岩层）。在毕克扎尔隆起、南恩巴隆起及其夹持的南恩巴坳陷带，钻井仅于中石炭统上部钻遇 2～3 层厚度为 10～50m 浅水台地相碳酸盐岩，如拉夫宁纳油田中石炭统碳酸盐岩油藏，储层厚度为 45m/2 层，岩性为亮晶颗粒灰岩、泥晶灰岩和白云岩，与田吉兹隆起相比，这些地区碳酸盐岩储层厚度明显减薄，同时缺少生物礁灰岩、藻灰岩和藻白云岩等优质储层。

②中—下石炭统碎屑砂岩储层：该套储层主要分布在毕克扎尔隆起带、南恩巴坳陷区

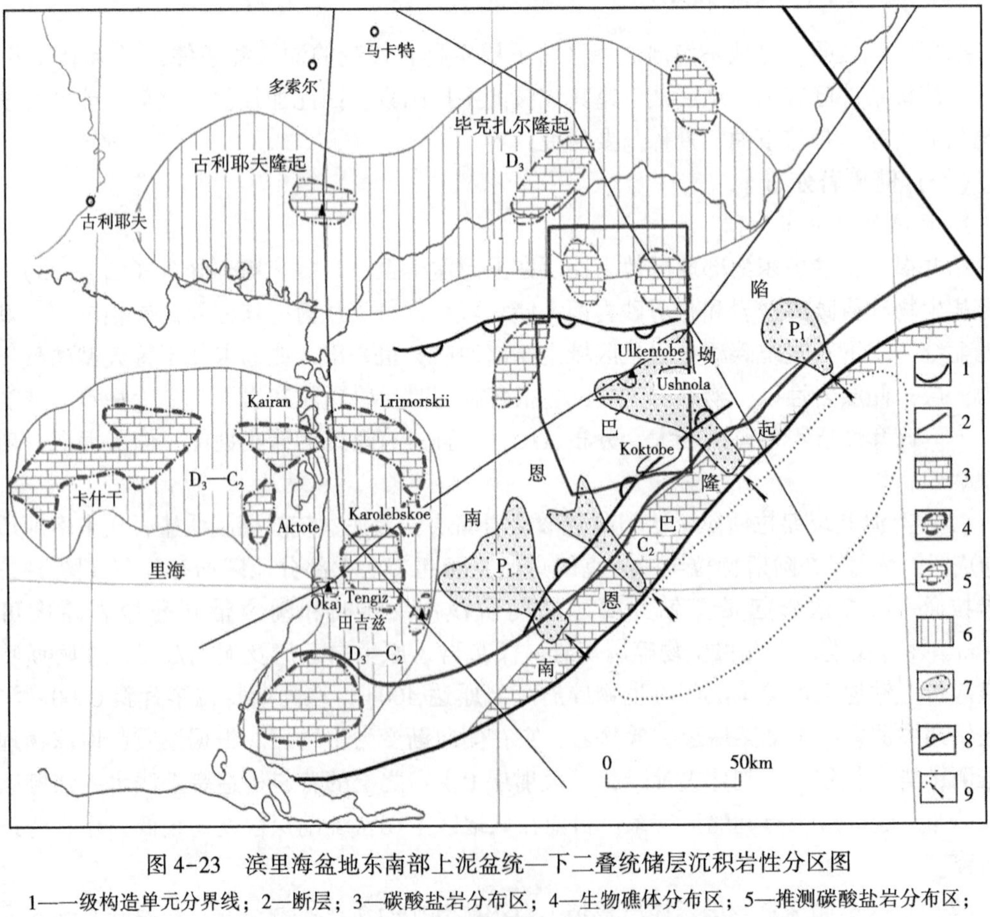

图 4-23　滨里海盆地东南部上泥盆统—下二叠统储层沉积岩性分区图

1—一级构造单元分界线；2—断层；3—碳酸盐岩分布区；4—生物礁体分布区；5—推测碳酸盐岩分布区；6—次级隆起区；7—陆源碎屑分布区；8—二级构造单元分界线；9—物源方向

和南恩巴隆起带上。下石炭统发育浅海、滨岸—深水浊积相砂岩及少量碳酸盐岩。韦宪阶盆底扇砂体是托尔塔伊油田的主力产层，由 3～5 个单砂体组成，累计砂岩储层厚度为 56m；砂岩为细—中粒石英砂岩、岩屑砂岩和长石砂岩，分选性、磨圆度中等—差。中石炭统发育台地边缘浅滩相砂岩和薄层石灰岩沉积，储层砂岩厚度较薄，累计一般为 10～30m，横向变化较大，储层物性较差。

③下二叠统碎屑岩储层：早二叠世亚丁斯克期，东南部隆起区陆源碎屑物质供给充分，广泛发育碎屑岩层，属于深水—滨岸浅水相沉积。滨岸浅水相以碎屑石英砂岩、粉砂岩沉积为主，局部发育碳酸盐岩，累计砂岩厚度为 30～80m，分选性、磨圆度中等—差。主要分布在毕克扎尔隆起带、南恩巴坳陷区。目前在东南油气区该套储层中尚未发现规模性油气聚集。

值得注意的是，盆地东部油气区下二叠统砂岩是肯基亚克油田盐下主力产层之一，其中亚丁斯克阶发育 6 个油层组，埋深为 3877～4535m，砂岩储层累计厚度为 70.2m，单层厚度为 4.2～24m，孔隙度为 9%～20%，探明地质储量约为 400×10^4t，占总储量的 20%。

2. 科尔占—尤阿里区块储层分布特征

钻井揭示，科尔占—尤阿里区块发育碳酸盐岩和碎屑砂岩两大储集岩系，为深水浊积扇—浅水碳酸盐岩台地—滨岸相沉积。根据 SLK-3 井下二叠统和石炭系 16 个岩心薄片、370 个岩屑薄片和 100 个岩化分析资料，以及地层岩性组合、沉积构造、古生物化石和测井曲线组合特征，将下二叠统和石炭系划分为 31 个岩相段（表 4-6）。其中，中石炭统发育台地边缘浅滩相碳酸盐岩，下二叠统、下石炭统发育滨岸相、深水浊积扇砂岩储层。

表 4-6　SLK-3 井下二叠统—石炭系沉积相层段划分与储层评价

层位		分层		沉积相			生油条件	储集条件
系	统	底深（m）	厚度（m）	微相	亚相	相		
二叠系	下统	5050.5	24.5			蒸发盆地相		
		5158.0	107.5			滨岸浅水相		
		5285.5	127.5			坳陷深水相	好	
石炭系	上统	5303.0	17.5			半深水洼地	好	
		5324.0	21.0	生屑滩、砂屑滩	台内滩	台地相		中—偏差
		5335.5	11.5		滩间洼地			
		5344.0	8.5	生屑滩、砂屑滩	台内滩			中—偏差
		5361.0	17.0		滩间洼地			
	中统	5364.5	3.5	中扇水道	中扇	深水浊积扇		差
		5370.0	5.5	中扇前缘				
		5381.0	11.0	中扇水道间				
		5392.0	11.0	中扇前缘				
		5399.0	7.0		内扇			差
		5411.0	12.0	中扇水道	中扇			差
		5421.0	10.0	中扇前缘				
		5444.0	23.0					
		5473.0	29.0			碳酸盐岩台地		中—偏差

续表

层位		分层		沉积相			生油条件	储集条件
系	统	底深（m）	厚度（m）	微相	亚相	相		
石炭系	下统	5503.0	30.0	中扇水道间	中扇	深水浊积扇		
		5513.0	10.0	中扇前缘				
		5583.0	54.0		外扇		较好	
		5590.0	7.0	中扇水道	中扇			差
		5606.0	16.0	中扇前缘				
		5623.0	17.0	中扇水道间				
		5627.0	4.0		内扇			差
		5633.0	6.0	中扇水道	中扇			差
		5645.5	12.5	中扇水道间				
		5651.5	6.0		内扇			差
		5658.0	6.5	中扇水道	中扇			差
		5674.0	16.0	中扇水道间				
		5682.0	8.0	中扇前缘				
		5700.0	18.0		外扇		较好	

结合岩石结构和成分进行岩石分类（表4-7、表4-8），下二叠统储集岩岩石类型有白云岩类、黏土岩类、砂岩类、硅质岩类、石灰岩类及少量的膏岩类和砾岩类，石灰岩类又可分为生屑（砂屑）颗粒灰岩、生屑硅质灰岩、泥质灰岩及岩溶角砾灰岩等；白云岩类主要有放射虫硅质白云岩、泥（粉）晶（泥质）白云岩类；砂岩类主要有凝灰质砂岩类、岩屑砂岩类和粉砂岩类，其中凝灰质砂岩类含量相对最多。石炭系储集岩主要为砂岩类和石灰岩类，石灰岩主要分布在中石炭统，包括放射虫泥晶灰岩、粒屑（生屑、砂屑）灰岩、凝灰质灰岩和放射虫泥晶云质灰岩等，其中，生屑（砂屑）灰岩为最好的储层；砂岩类储层主要分布在下石炭统，包括凝灰质砂岩类、岩屑砂岩类、黏土质粉砂岩类、灰质粉砂岩类和长石砂岩类，其中，凝灰质砂岩类、岩屑砂岩类含量相对最高。

表4-7　SLK-3井下二叠统储集岩类型及其含量统计表

岩石类型	岩　性	样品数	含量（%）	小计（%）
砂岩	凝灰质砂岩	14	8.97	12.82
	岩屑砂岩	5	3.21	
	粉砂岩	1	0.64	
石灰岩	泥质灰岩	4	2.56	8.32
	砂质、粉质泥灰岩	2	1.28	
	残余粒屑、生屑硅质灰岩	3	1.92	
	残余粒屑、生屑云质灰岩	2	1.28	
	岩溶角砾岩	1	0.64	
	泥晶生屑灰岩	1	0.64	

续表

岩石类型	岩　　性	样品数	含量（%）	小计（%）
白云岩	放射虫硅质云岩	24	15.38	32.68
	泥晶、粉晶云岩	14	8.97	
	放射虫泥质云岩	10	6.41	
	砂质、粉砂质泥云岩	3	1.92	

表 4-8　SLK-3 井石炭系储集岩类型及其含量统计表

岩石类型	岩　　性	样品数	含量（%）	小计（%）
砂岩	凝灰质砂岩	27	11.74	29.99
	岩屑砂岩	26	11.30	
	凝灰质粉砂岩	7	3.04	
	长石砂岩	6	2.61	
	黏土质粉砂岩	2	0.87	
	灰质粉砂岩	1	0.43	
石灰岩	（放射虫）泥晶灰岩	16	6.96	16.09
	粒屑、生屑、砂屑灰岩	12	5.22	
	放射虫硅质灰岩	6	2.61	
	凝灰质灰岩	2	0.87	
	放射虫泥晶云质灰岩	1	0.43	

（1）中石炭统碳酸盐岩储层：该套储层主要在分布中石炭统的上部，不整合覆盖在下二叠统碎屑岩层之下，埋深为 3600~5300m。其中，SLK-3 井在深度 5303m 处开始出现台地相生屑滩、砂屑滩灰岩、硅质白云岩、泥（粉）晶（泥质）白云岩，单层厚度为 8.5~29m，累计厚度为 58.5m，总体厚度较薄，属于浅水台地相。经对比，向南恩巴坳陷内该套碳酸盐岩分布较稳定（图 4-24），由两套碳酸盐岩组成，累计厚度一般为 30~50m，ULK_SW-8 井钻遇最大厚度为 56m，单层厚 20~30m。与田吉兹地区相比，这套碳酸盐岩储层厚度明显减薄，储层物性为中等—偏差。

（2）下二叠统砂岩储层：盆地边缘的滨岸浅水—坳陷深水相区的沉积环境，为形成粗碎屑物含量不等的碎屑岩储集组合提供了先决条件。区块内该套储层埋深为 3200~5200m，主要分布于下二叠统中部和上部。SLK-3 井于井深 5060~5150m 钻遇该套储层，岩性为岩屑石英砂岩和粉砂岩、砂砾岩，由 3 个砂体组成，累计厚度为 21m，砂岩呈不等粒结构，其中凝灰质砂岩类含量相对最多，含少量粗碎屑；在南恩巴坳陷区钻井揭示下二叠统厚度为 250~500m，3 个砂层组累计砂岩厚度为 40~80m，单层厚度为 10~30m，砂地比为 20%~40%，砂岩分选性、磨圆度中等—差。

（3）下石炭统砂岩储层：下石炭统发育浅海、滨岸—深水浊积扇相砂岩。区块内砂岩储层埋深为 3900~5900m，钻井基本未能揭穿下石炭统。SLK-3 井于 5364~5658m 井段钻遇砂泥岩段，砂岩累计厚度为 42m，为灰色不等粒泥（灰、凝灰）质砂岩，多为岩屑砂岩、长石岩屑砂岩，局部含砾石；区块外南部边缘（托尔塔伊油田）钻井于 2932~3349m 揭示较完整的下石炭统（图 4-24 中 Tor-4 井），主要为砂泥岩剖面，发育碎屑岩储层，由

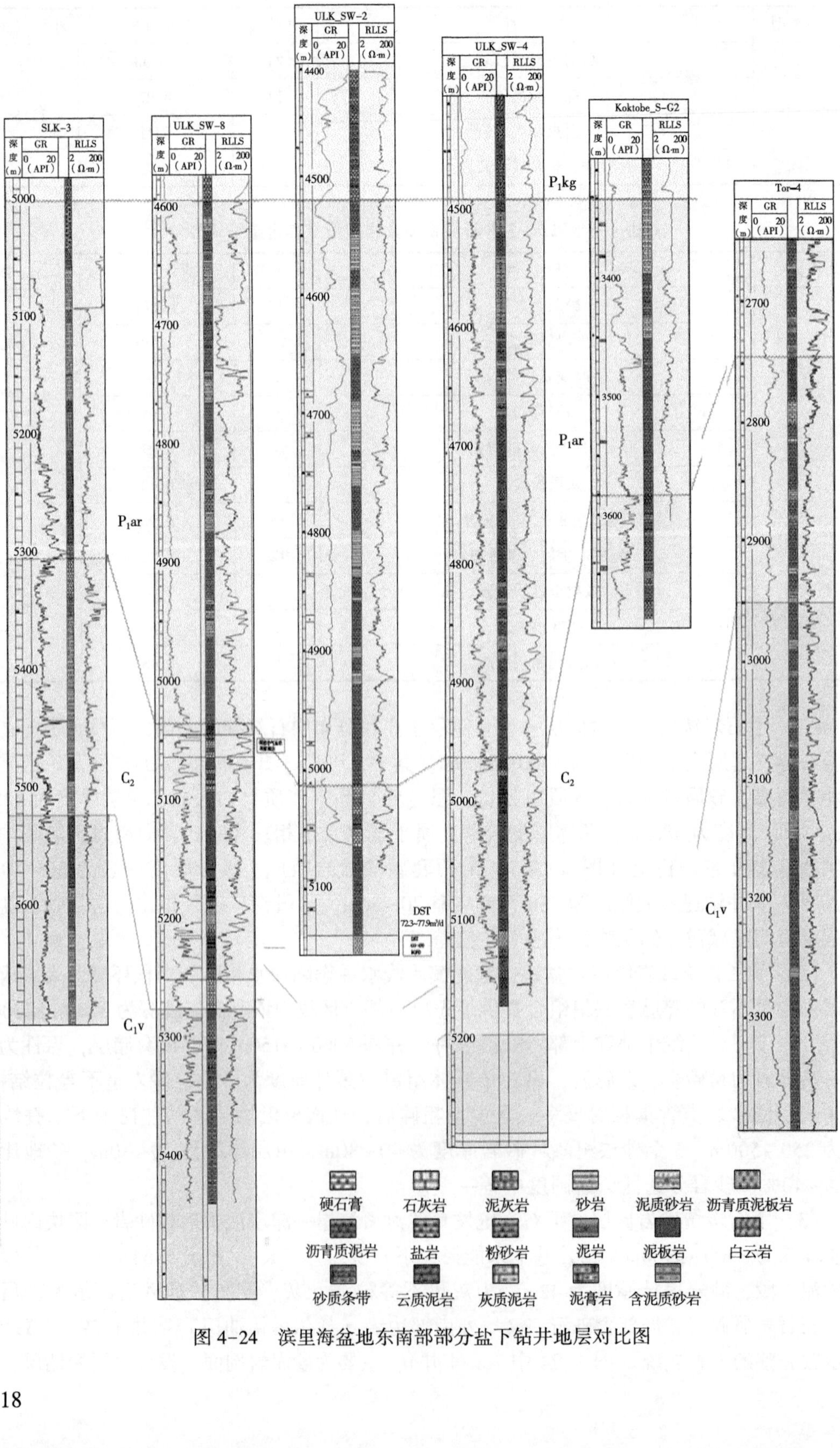

图 4-24　滨里海盆地东南部部分盐下钻井地层对比图

7~8 个单砂体组成，累计砂岩厚度为 56m；以细—中粒石英砂岩、岩屑砂岩和长石砂岩为主，碎屑颗粒大小混杂，分选性、磨圆度中等—差。

（二）储层物性特征

1. 碳酸盐岩储层物性特征

盆地东南部盐下上泥盆统—中石炭统发育的浅海陆棚相碳酸盐岩是区域重要储层，储层具有厚度大、分布广、储集性良好等特点。在田吉兹地区，上泥盆统—中石炭统巴什基尔阶碳酸盐岩储层物性变化范围较大（表 4-9），非均质性强。研究表明，影响储层物性的因素包括如下内容：

（1）与所处的沉积相带关系密切。中—高能的滨岸海滩和潮汐环境下形成的亮晶生物碎屑灰岩和砂屑灰岩是最好的储集岩类，储层孔隙度值的变化范围为 1.57%~19.9%，平均为 7%~8.5%；渗透率值变化范围为 1.5~902mD。

滩相高能沉积有较好的原生粒间孔，尽管后生期方解石交代充填，但仍为后期溶解产生次生孔隙创造了有利条件。成岩后生作用（如溶蚀溶解）和不整合面附近的表生作用，对韦宪阶—巴什基尔阶储层次生溶孔和溶洞的发育又产生重要影响，它们受到成岩后生作用（如溶解）和不整合面附近的表生作用，次生溶孔和溶洞发育，不整合面下的岩石普遍出现溶蚀孔、洞。储集空间以粒间孔和溶蚀孔洞为主。

表 4-9 田吉兹地区上泥盆统—中石炭统各岩类碳酸盐岩物性数据表（据刘淑萱等，1992）

岩性	孔隙度（%）（平均值）	渗透率（mD）（平均值）
生物碎屑灰岩	1.57~12.3（6.1）	1.5~902
生物砂屑灰岩	1.26~19.9（6.1）	3.38~866
微凝块灰岩	2.9~9.3（6.1）	124~505（314）
细晶生物碎屑灰岩	（4.0）	0.8
白云化灰岩	0.79~6.96（4.2）	3.8~24.5
灰质白云岩	1.07~5.13（3.4）	2.5~19.8
碳酸盐岩—硅质岩	（2.2）	10.6

（2）构造力作用产生大量裂缝，大幅改善了储集性能（表 4-10），同时也增强了储层的非均质性。在构造应力的作用下，岩石裂缝较发育，区内碳酸盐岩储层中均见裂缝分布，主要发育两种类型裂缝：一种是水平缝或略带倾斜，缝宽为 5~10μm，沿缝常发育孔洞，可见沥青和碳酸盐矿物充填；另一种是高斜度延伸的构造缝，裂隙分布呈倾斜状，缝宽为 3~12μm，沿缝也发育孔隙，部分裂隙被方解石和沥青半充填。

裂缝—孔隙型和孔隙—裂缝型储层的裂缝孔隙度分布范围值为 0.5%~0.7%，渗透率范围值为 0.01~1.5mD；洞—孔—缝型和裂缝型储层的裂缝孔隙度分布范围值为 1.5%~1.6%，渗透率范围值为 0.005~248.6mD。洞—孔—缝型和裂缝型储层孔隙度、渗透率最高，其对应的裂缝平均密度也最大，为 0.8~1.0cm/cm^2。孔—缝型和缝—孔型（及孔隙型）储层对应的裂缝平均密度分别为 0.3cm/cm^2 和 0.7cm/cm^2。

表 4-10　东南部油气区盐下各类储层裂缝性参数表（据刘淑萱等，1992）

储层类型	总孔隙度（%）	裂缝孔隙度（%）	渗透率（mD）	裂缝密度（cm/cm^2）	裂缝宽度（μm）
裂缝型（微缝）	1.5~2.7 (2.3)	0.7~2.3 (1.6)	0.01~0.08	0.5~1.5 (1.0)	7~20 (12)
孔—缝型	1.2~5.2 (4.0)	0.4~1.6 (0.7)	0.005~14.6	0.5~1.1 (0.7)	5~40 (18)
洞—孔—缝型	4.1~10.1 (6.3)	0.7~2.8 (1.5)	0.005~248.6	0.3~1.0 (0.8)	25~100 (68)
缝—孔及孔隙型	4.9~11.2 (6.0)	0.3~0.7 (0.5)	0.01~1.5	0.2~0.4 (0.3)	7~40 (18)
备 注	范围值为 1.5~2.7，平均值为 2.3				

在科尔占区块，碳酸盐岩储层主要分布在中石炭统，从 SLK-3 井中石炭统顶部取心段（井深为 5286.2~5288.0m）11 个小样物性分析资料来看，碳酸盐岩储层孔隙度的范围值为 1.0%~12%，渗透率的范围值为 0.001~30mD（表 4-11），反映出中石炭统碳酸盐岩储层物性较差，孔隙度、渗透率值变化范围较大。其中以生屑灰岩储层物性为最好，孔隙度值为 3.0%~12.0%；渗透率值为 0.5~30mD，白云岩类储层物性次之，孔隙度值为 2.7%~8.6%，平均值为 4.8%；泥质灰岩、砂屑灰岩物性最差，孔隙度值为 1.0%~3.0%；渗透率值为 0.001~0.02mD。

表 4-11　SLK-3 井中石炭统碳酸盐岩储层物性数据表

岩性	孔隙度（%）	渗透率（mD）
放射虫硅质云岩	2.7~8.6（4.8）	—
泥质灰岩	1~6	0.01~0.3
泥质灰岩	1~3	0.001~0.02
石灰岩	1~7	0.01~1
生屑灰岩	4~12	0.5~30
砂屑灰岩	1~3	0.002~0.07
生屑灰岩	3~7	0.1~0.5
灰质、凝灰质岩屑砂岩	9.6	0.0665

利用液体饱和法测得 1 个全直径岩样的岩心孔隙度值为 1.2%，与同井段柱塞样孔隙度（4.8%）相差较小，表明取心段储层主要为基质微孔隙，只有发育有裂缝和溶蚀孔隙的层段才成为有效储层。

测井资料综合解释成果表明，SLK-3 井中石炭统存在多层薄层碳酸盐岩含油气储层（图 4-25）。其中，中石炭统顶部（井深为 5288.6~5290.2m）深灰色白云岩、泥质白云岩储层，测井解释孔隙度为 7.6%~21.9%，平均为 12.5%，渗透率为 0.094~5.845mD，平均为 1.4241mD。中石炭统上部（井深为 5300.5~5301.7m）生屑灰岩、砂屑灰岩储层，测井解释孔隙度为 8.5%~27.3%，平均为 17.9%，渗透率为 0.585~9.405mD，平均为

3.838mD；中石炭统上部（井深为5308.0~5311.0m）颗粒灰岩及泥晶灰岩段，测井解释该段孔隙度为0.8%~7.7%，平均为3.9%，渗透率为0.012mD。

储层铸体薄片面孔率达6.6%，发育粒间孔和粒模孔。从薄片鉴定资料、岩心观察和深浅电阻率及微球型聚焦电阻率曲线特征综合分析，上述井段碳酸盐岩溶洞欠发育，微裂缝较发育，为孔隙—裂缝型储层。

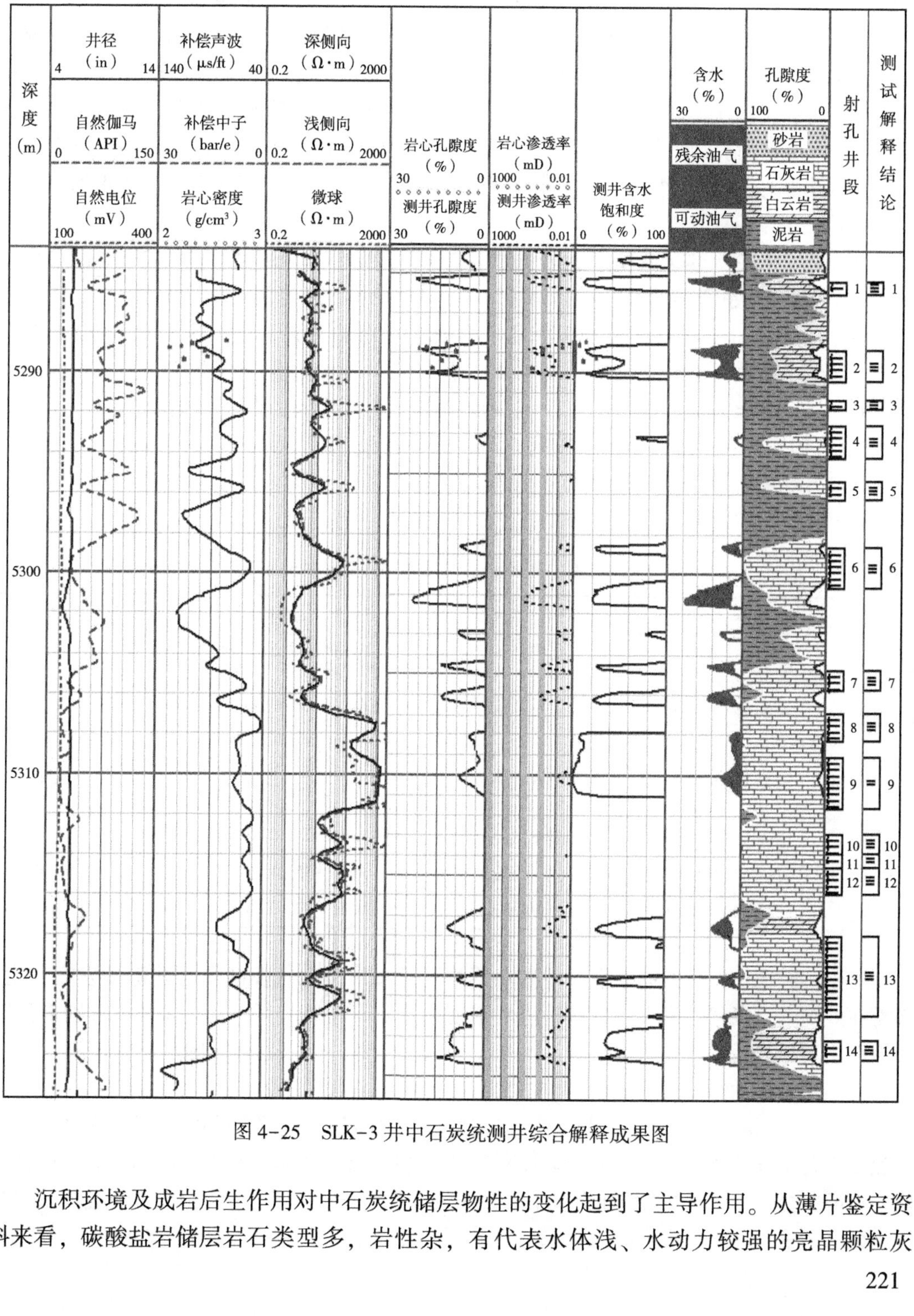

图4-25 SLK-3井中石炭统测井综合解释成果图

沉积环境及成岩后生作用对中石炭统储层物性的变化起到了主导作用。从薄片鉴定资料来看，碳酸盐岩储层岩石类型多，岩性杂，有代表水体浅、水动力较强的亮晶颗粒灰岩，有水浅、水能较弱的泥晶颗粒灰岩，也有深水相的放射虫、骨针硅质灰岩、灰质硅岩；这段以石灰岩为主的岩性段属于台内生物滩体沉积，在纵向上各岩石类型频繁交替，成层较薄。井深为5310m、5311m处的岩屑铸体薄片内见多种孔隙，以溶蚀孔为主，说明其溶蚀作用较强，为淡水渗透导致。根据成岩溶蚀作用机理，结合沉积—成岩环境判断，中石炭世时期在台内隆起浅水环境中形成的生物碎屑滩、砂屑滩，宏观上分为水下滩和部分出露于海平面的暴露滩，后者接受雨水形成淡水透镜体，淡水对滩体中易溶组分进行溶解而形成溶孔。该期次的孔隙是形成有效储层的基础，若叠加后期产生的裂缝，则形成裂缝—孔隙型储层。溶孔是基础，其形成条件包括：一是处于暴露滩的淡水透镜体内；二是岩体本身透水性较好（即原始的孔渗性好），如早期亮晶胶结物较少的颗粒灰岩；三是含有易被淡水溶解的矿物组分（如文石）；四是选择性溶蚀作用形成条带状、层状分布的孔隙层。不具备上述条件者则难于产生溶蚀作用，如同样处于暴露滩淡水透镜体中的泥晶灰岩、水下滩内的亮晶灰岩等。

中石炭统纹层状硅、云质黏土岩孔隙度较高，分布范围为12.5%~21.0%，平均为16.7%；白云岩类孔隙度为2.7%~8.6%，平均为4.8%；砂岩类孔隙度为9.6%，渗透率最大值为0.0665mD。这些岩类都是由几种岩石成分组成，为了进一步了解其孔隙结构，选择了6个岩样做扫描电镜观测（表4-12、图4-26），无论哪种岩类都以黏土微粒间孔隙为主，孔径小于1μm或在1~3μm范围内；黏土质稀少处的白云石晶间微孔孔径可达3~10μm，但多被黏土质包围；硅质微粒间，微孔亦细少；灰质、凝灰质砂岩的填隙物含量高，多为凝灰质间的微孔，而无可见的砂粒间孔隙。这类微孔对油气成藏是无效的储层，黏土岩的孔隙度高，可达50%以上，但对储渗油气没有意义。

表4-12　SLK-3井岩心电镜扫描显微结构特征表

岩样号	井深（m）	岩　性	显微结构特征	放大倍数
1 2/8A	5286.34~5286.56	黏土质云岩	白云石晶间多量黏土，黏土粒间隙极细小	1500
1A	5286.58~5286.61	纹层状放射虫黏土质、硅质云岩	白云石—黏土间及黏土粒间的微孔小于1μm	5000
2A	5286.76~5286.79	放射虫粉砂质泥云岩	黏土质稀少处的白云石晶间微孔径可达3~10μm	2000
3A	5286.83~5286.86	云质黏土岩	黏土与白云石紧密接触，孔微小	1000
6	5287.43~5287.47	灰质、凝灰质黏土岩	鲅片—蜂窝状黏土的微孔	2000
8	5287.92~5287.95	放射虫泥灰质硅岩	隐晶硅质粒间微孔均小于1μm	3000

对于溶洞比较发育的储层段，柱塞小岩样孔隙度不能完全反映储层孔隙的发育程度。必需在规则全直径岩心岩样和柱塞岩样的基础上补采不规则全直径岩心岩样，分别采用液体饱和法和封蜡法进行孔隙度测定；对于溶洞比较发育的柱塞岩样，则在氦气法孔隙度的基础上用封蜡法加测洞穴度。

岩层在地下承受着巨大的地层压力，经钻井取出地表后，岩石总体积要发生膨胀，导致孔隙度增大。由于岩石骨架的可压缩性小，围压释放主要导致岩石孔隙空间的扩大。反过来给岩石增加围压，便可以模拟地下覆压条件下储层孔隙度变化情况。根据前人研究成果和对该地区已完成的研究成果，模拟的最大工作压力为38MPa，基本能满足地下地质条件。

a. 样品号1-2/8A，5286.34~5286.56m，×1500，
白云石晶间多量黏土，黏土粒间隙极细小

b. 样品号1A，5286.58~5286.61m，×5000，
层纹状云质黏土岩，黏土粒间的微孔小于1μm

c. 样品号2A，5286.76~5286.79m，×2000，
黏土质稀少处的白云石晶间微孔径可达3~10μm

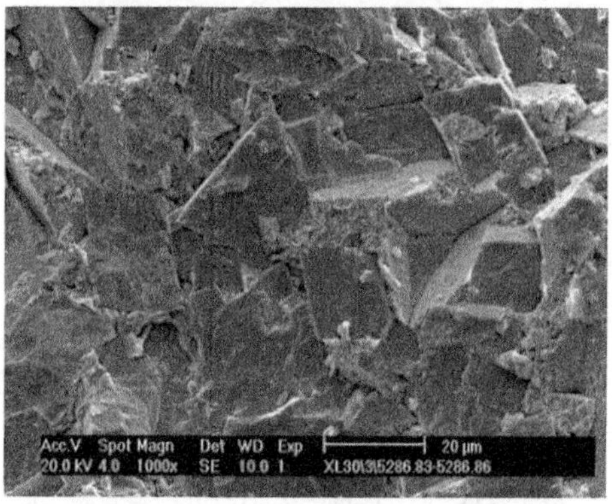

d. 样品号3A，5286.83~5286.86m，×1000，
黏土与白云石紧密接触，孔微小

图 4-26　SLK-3 井岩心段岩石扫描电镜图

当压力为 38MPa 时，SLK-3 井取心段中石炭统岩石孔隙压缩率为 81.73%~98.01%，平均为 91.26%；孔隙净压缩量为 9.08%~18.63%，平均为 13.35%。以上结论表明该井石炭系岩石以黏土粒间微孔为主的孔隙可压缩性强，压缩量及压缩率均较大。

为了模拟岩层在地下覆压条件下储层的渗透率变化情况，研究中选做了 4 个覆压渗透率岩样，参考邻区前人的研究成果和该地区已有的研究经验，模拟的最大工作压力为 38MPa，已能满足研究区内地下地质条件。

SLK-3 井石炭系取心段共分析了 4 个岩样，其渗透率与孔隙度一样随着围压的增大而逐渐缩小，渗透率压缩率为 82.07%~97.40%，平均为 93.35%。渗透率的压缩主要发生在中低压阶段，在覆压为 5MPa 时平均已完成总压缩量的 64.56%；在覆压为 10MPa 时平均已完成总压缩量的 79.25%；在覆压为 15MPa 时平均已完成总压缩量的 85.18%；覆压为 25MPa 时平均已完成总压缩量的 90.45%；当覆压由 25MPa 增至 38MPa 时，压缩量只占 2.9%。总体上看，这类以微孔为主的基质渗透率的可压缩性强，压缩量大。

从 SLK-3 井有效孔隙度、渗透率相关性来看（图 4-27），二者之间仍旧有一种大致的正相关关系，即存在随着孔隙度的增大，渗透率有逐渐增大的趋势，这与该井盐下储层的储集空间类型（属于以基质孔隙为主）相一致。

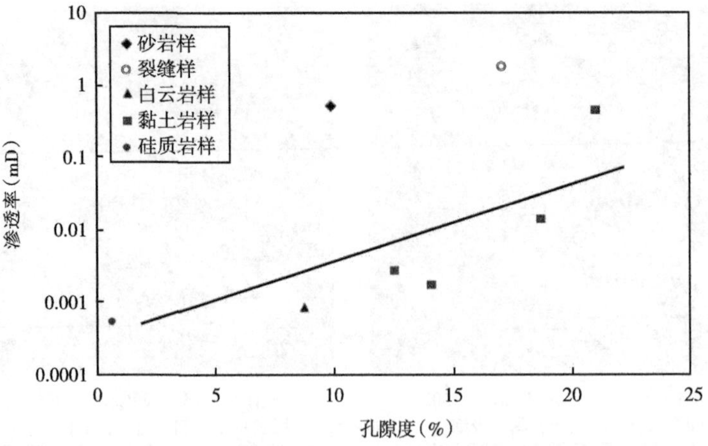

图 4-27　SLK-3 井中石炭统取心段孔隙度—渗透率关系图

2. 碎屑岩储层物性特征

碎屑岩储层主要分布在下二叠统亚丁斯克阶和下石炭统韦宪阶，由于缺乏钻井取心分析资料，仅依据测井解释资料对砂岩储层物性进行分析。

1）下二叠统

SLK-3 井钻遇下二叠统亚丁斯克阶厚 259.5m，测井解释砂岩储层段 35 层，累计厚度为 29.9m，以灰色凝灰质砂岩、岩屑砂岩为主。储层孔隙度为 4.7%～16.0%，平均为 8.5%；渗透率为 0.037～2.82mD，平均为 0.297mD。其中，5071.0～5071.5m、5183.7～5184.9m、5188.5～5189.0m 和 5285.1～5285.8m 共 4 层解释为油层，累计厚度为 2.9m。

2）下石炭统

SLK-3 井钻遇下石炭统厚 60.0m（断上盘），测井解释砂岩储层段计 22 层，累计厚度为 19.3m，主要为灰色凝灰质砂岩、岩屑砂岩及长石砂岩。储层孔隙度为 5.1%～16.39%，平均为 9.2%；渗透率为 0.068～2.282mD，平均为 0.56mD。该组段解释油层共 2 层，孔隙度为 14.2%～14.7%，平均为 14.5%；渗透率为 1.222～1.343mD，平均为 1.283mD。

从测井综合解释成果来看，下石炭统、下二叠统砂岩均属于低孔、低—特低渗透储层，储集类型以孔隙型和微缝—孔隙型为主。碳酸盐含量对该区深层砂岩—粉砂岩的储集物性影响很大。孔隙度有随碳酸盐含量增加而明显减小的趋势。较好储层（孔隙度大于 10%），一般碳酸盐含量较低（小于 5%）；较差储层的碳酸盐含量最高为 10%～20%，孔隙度小于 10%。

（三）盖层及储盖组合

1. 盖层条件

下二叠统孔谷阶厚层盐岩是盆地中绝大多数油气资源的有效盖层。在区域性厚盐岩层的封闭作用下，盐下大型油气田一般均具有异常高压特征。该套区域性盖层在盆地东南部地区亦广泛分布，且厚度大，厚度为 500～4500m，油气封盖条件得天独厚。

盐岩不仅封闭性能好，而且具有良好的导热性，这也是造成盆地东南部地区为低地温梯度（在 4000～5000m 的深层仍处于烃类液态窗）的一个重要因素。

另外，下二叠统亚丁斯克阶深水相泥页岩及泥灰岩层区域分布较稳定，对盆地东南部地区盐下油气藏的保存发挥了重要作用。如田吉兹隆起构造顶部这套泥质岩盖层厚度为10~80m，在岩隆周缘盆地相区厚度超过1000m，不整合覆盖在石炭系碳酸盐岩储层之上，形成局部性盖层。中石炭统页岩及上泥盆统法门阶泥岩也具备油气盖层条件，为局部盖层，具有一定的封盖能力。

2. 生储盖组合特征

在多旋回沉积背景下，盆地东南部油气区盐下古生界发育3套油气储盖组合（图4-28）。

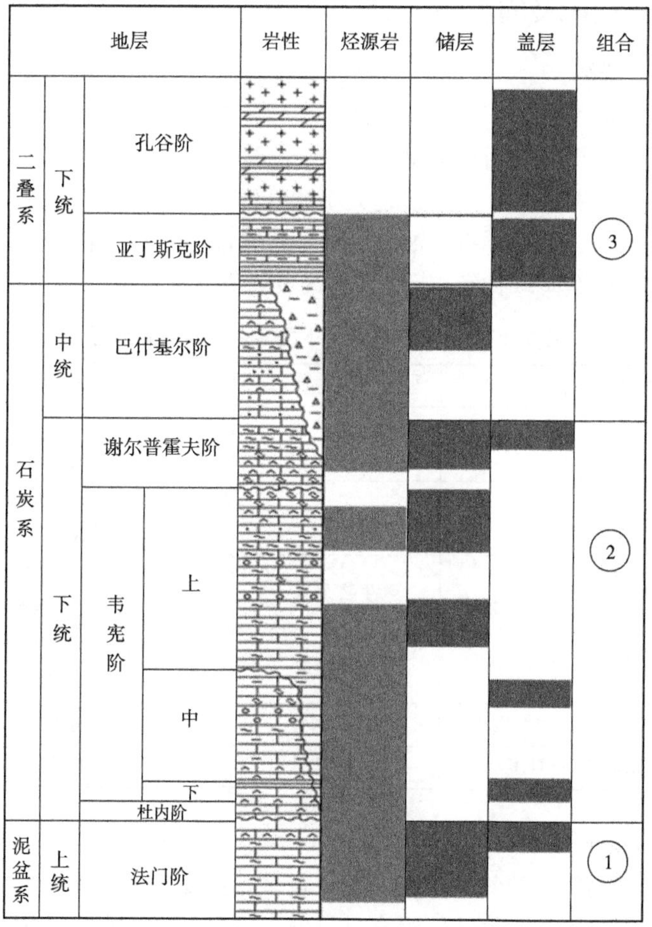

图4-28　盆地东南油气区盐下古生界储盖组合图

第一套储盖组合：为上泥盆组合。上泥盆统法门阶石灰岩、泥岩为烃源岩，弗拉斯阶和法门阶碳酸盐岩或碎屑岩为储层，法门阶泥岩为局部性盖层，构成储盖组合。

第二套储盖组合：为下石炭统组合。下石炭统韦宪阶泥岩、碳酸盐岩为烃源岩，下石炭统韦宪阶石灰岩、生物碎屑灰岩为储层，下石炭统杜内阶和下韦宪阶深水相泥页岩为局部盖层，构成储盖组合。

第三套储盖组合：为中石炭统—下二叠统组合。中石炭统巴什基尔阶和下二叠统亚丁斯克阶泥岩、碳酸盐岩为烃源岩，中石炭统生物碎屑灰岩、鲕粒灰岩、藻灰岩为储层，下二叠统亚丁斯克阶半深水相泥岩和孔谷阶膏盐岩层为区域性盖层，构成储盖组合。

盐下油气藏以自生自储型为主，如田吉兹油田，主要生油岩为上泥盆统—中石炭统碳酸盐岩、页岩，储层下部以上泥盆统—下石炭统浅海和滨岸石灰岩为主，上部为中石炭统生物碎屑灰岩和礁灰岩，裂隙发育；下二叠统亚丁斯克阶泥页岩和孔谷阶膏盐岩沉积，形成了优质封盖层系。

第五节　油气田（藏）特征及区块勘探潜力

一、油气分布规律及典型油田解剖

（一）油气分布特征

滨里海盆地东南油气区盐下层系石油地质条件优越，是盆地最主要的油气产区，同时也是盆地内开展油气勘探开发活动最早的地区，在滨里海盆地各油气区带中占有举足轻重的地位。目前已在该区发现多个大型或超大型油气田，除少量以产凝析气为主外，绝大部分是油田，田吉兹油田、卡什干特大油田、科罗廖夫油田为典型代表。油气藏类型主要为生物礁滩型，其次是构造型或构造+岩性型油气藏（表 4-13）。

表 4-13　东南油气区盐下层系主要油气藏类型

区带	油气田	产层时代	油藏类型	圈闭成因	油气类型
田吉兹—卡什干隆起	田吉兹	D_3—C_2	碳酸盐台地、礁体、背斜	基底隆起、生物礁生长、沉积披覆背斜	油
	科罗廖夫	D_3—C_2	礁灰岩、珊瑚灰岩	基底隆起、生物礁生长、沉积披覆背斜	油
	塔日加里	C_1	生物礁型	基底隆起、生物礁生长、沉积披覆背斜	油
	卡什干	D_3—C_2b	生物礁型	基底隆起、生物礁生长、沉积披覆背斜	气、油
南恩巴坳陷	拉夫宁纳	C_2	背斜+岩性	构造挤压	油
	托尔塔伊	C_{1+2}	背斜+岩性	构造挤压	油

1. 油气层纵向分布

勘探表明，东南油气区油气田含油气层位较多，主要分布在上泥盆统法门阶至中石炭统巴什基尔阶，不发育下二叠统油气组合。目前，下石炭统韦宪阶—中石炭统巴什基尔阶勘探开发程度较高，而上泥盆统法门阶油藏的开发程度相对较低。主力油气产层埋藏深度为 3100~5000m，储层为生物礁灰岩、藻灰岩，以产油为主；油藏平均地温梯度为 2. 8~3. 2℃/100m，地层压力为 33. 18~83. 56MPa（表 4-14）。

表 4-14　东南油气区盐下层系油气田含油气层位及储层温压条件

油气田名称	主要产层	埋深（m）	温度（℃）	平均地温梯度（℃/100m）	压力（MPa）
田吉兹	D_3—C_2 生物礁灰岩、藻灰岩	3867	105~116	2. 8~3. 2	80. 88~92. 86
科罗廖夫	D_3—C_2 礁灰岩、珊瑚灰岩	3952	105	2. 82	81. 72

续表

油气田名称	主要产层	埋深 (m)	温度 (℃)	平均地温梯度 (℃/100m)	压力 (MPa)
卡什干	D_3—C_2b 生物礁灰岩、藻灰岩	4200	110~120	2.6~2.85	79.92
拉夫宁纳	C_2 石灰岩	3100	93	3.0	41.70
托尔塔伊	C_{1+2}砂岩	3049	93	—	33.18

2. 油气藏平面分布

长期稳定发育的古隆起或古斜坡，具有形成浅水台地相及生物礁相优质碳酸盐岩储层及其圈闭的优越条件，是盐下大型油气田（藏）分布的有利地区。然而，在不同隆起构造带上油气组合及其成藏条件也存在显著差异，各区带油气层发育的层位、类型各异，所形成油气田规模也相差甚远。受资源条件及勘探程度影响，盆地东南部油气区迄今已发现大型油气田主要分布在田吉兹隆—卡什干隆起带，其余都为小型油田，如南恩巴坳陷区。

1）田吉兹—卡什干隆起带

该构造带位于里海北部水域及其东部沿岸地区。构造上属于叠加在南恩巴边缘基底凹陷之上，在中—晚泥盆世时期断隆构造背景下发育起来的弧形隆起，晚泥盆世—早中石炭世，在贫屑、浅、清、暖的水体环境下形成了由大型孤立的碳酸盐岩礁体组成的构造带，剖面上组成了一系列半岛式碳酸盐岩建隆。在卡拉通—田吉兹地区陆地上已经发现了 3 个油气田，即塔日加里（Tazhigali）、田吉兹和科罗廖夫（Korolev）。其中，田吉兹油田属于特大型油田，与其相比，塔日加里和科罗廖夫油田要小得多。在海上，发现了大型的卡什干油田、西南卡什干油田和阿克托特油田。

田吉兹油田碳酸盐岩总厚度达 3500m，其中，上泥盆统碳酸盐岩厚度约为 2000m，下石炭统（多内昔组、韦宪组及昔尔布霍夫组）碳酸盐岩厚达 1150m；中石炭统巴什基尔阶在岩隆顶部厚度为 35~100m，在岩隆边缘厚 200m。巴什基尔阶碳酸盐岩顶面埋深为 3.9~5.4km，构造幅度为 800~1800m，上泥盆统—中石炭统巴什基尔阶统一的巨型碳酸盐岩—生物礁储集体，油藏油柱高度超过 1500m。生物礁相既是优质高效的生油层，也是极佳的储层。下二叠统孔谷阶盐岩和亚丁斯克阶泥岩层优质盖层不整合覆盖在石炭系碳酸盐岩块体之上，构成了配置极佳的生储盖组合，为特大型油气藏的形成奠定了重要基础。

继 1979 年田吉兹特大型油田发现之后，2000 年 6 月 Eni-Agip 财团在北里海海域东卡什干构造钻探 1 号井，在深度为 4200~5500m 处钻遇盐下中—下石炭统碳酸盐岩生物礁，平均油层厚度为 550m，裂缝性块状储集体厚度达 1100m，测试日产油 3773bbl，日产天然气 $20\times10^4m^3$，发现了卡什干巨型油气田。该油气田油藏类型、流体性质等与田吉兹油田一致，具有异常高的地层压力（80MPa），常温（110~120℃），原油具有二氧化硫（18%~21%）和二氧化碳含量高（4%）以及高气油比等特点。

在田吉兹油田石炭系环礁的东南发育一个科罗廖夫塔礁块型油藏，该油田与田吉兹油田具有相似的成藏条件，因生物礁规模较小，所以油藏规模也要小得多。而田吉兹油田北面普里莫尔台地上因部分地区缺失盐岩盖层，导致地台上的塔日加林石炭系礁块型构造成藏条件变差，最终形成了礁块型残余油藏。原油密度为 $0.886g/cm^3$，胶质含量为 19%，石蜡含量为 7.3%，硫含量为 1.25%；天然气中甲烷占 67.4%，硫化氢含量达 11.6%。这些特征表明，该油田原油曾经遭受过氧化作用等的改造，原油质量明显比田吉兹、卡什干油田要差。可见，在同一个含油气区带上，不同构造单元的油田，其流体性质也存在较大差异。

2）南恩巴坳陷区

南恩巴坳陷区位于阿斯特拉罕—阿克纠宾斯克隆起带与南恩巴隆起之间的坳陷带。受海西期（晚泥盆世至早二叠世孔谷期）盆地边缘褶皱造山作用的影响，在坳陷内形成了两个有利于油气聚集构造单元，即坳陷中部的乌里肯托比—毕克扎尔构造带和南部拉夫宁纳—托尔塔伊构造带，沿着构造带发育一系列低幅度短轴背斜或断背斜构造，发育构造型、构造+岩性型为主的油气藏。

在拉夫宁纳—托尔塔伊构造带，以拉夫宁纳和托尔塔伊油气田为代表。钻井证实，区带发育薄层碳酸盐岩、碎屑岩两类储层，拉夫宁纳油田产层为中石炭统莫斯科阶碳酸盐岩层，油藏埋深为3235m，油田产油面积为10.60km^2，碳酸盐岩油层厚度为14.5m/1层；最终石油可采储量为250.26×10^4t；托尔塔伊油田产层为下石炭统韦宪阶碎屑砂岩层，油藏埋深为2800m，油田产油面积为2km^2，累计砂岩油层厚度为56m；石油可采储量为351.2×10^4t。在乌里肯托比—毕克扎尔构造带，钻井见油气显示活跃，油气显示段主要集中在中石炭统石灰岩储层中，下二叠统砂岩中仅见气显示。其中在Ulkentobe SW背斜构造上的Ulk_SW-P2井在中石炭统（井深为5127m）钻遇碳酸盐岩油层累计厚31m，测试获日产油455~490bbl；在Ushmola断背斜构造上的Ushm-G12井、Ushm-G15井分别在中石炭统钻遇碳酸盐岩油层厚33.5m、47m，测试获油低产油流（日产油分别为20bbl、1.88~4.4bbl）。

相比邻区田吉兹等其他盐下油气田来说，南恩巴坳陷区缺少生物礁灰岩、藻灰岩和藻白云岩等高质量储层，油气田规模也小得多。

3）毕克扎尔隆起带

该构造带位于阿斯特拉罕—阿克纠宾斯克隆起带东部，为继承性隆起。据地震资料结合区域构造分析，晚泥盆世—早石炭世处于大陆边缘浅水碳酸盐岩沉积的有利相区，隆起或斜坡发育上泥盆统法门阶—下石炭统韦宪阶台地碳酸盐岩储层；南部与南恩巴生油凹陷相邻，长期处于油气运移的指向部位，具备发育大型油气田的地质基础。由于盐下层系后期埋深急剧加大，加之上覆巨厚膏盐岩层，对盐下古生界层系地震波组的屏蔽和干扰作用较强，地震分辨率低，同时也增加了钻采工程技术难度，阻碍了构造带的勘探进程。总之，该构造带勘探程度仍较低，对构造带油气潜力的认识不足。

SLK-3井揭示了毕克扎尔隆起带中石炭统油气显示活跃，但碳酸盐岩厚度较薄，测井解释亚丁斯克组油层4层，累计厚度为2.9m；中石炭统油层12层，累计厚度为7.6m；下石炭统油层6层，累计厚度为2.7m。中石炭统顶部（测试井段为5285.4~5324.2m，中部井深为5304.8m）测试获得低产油流。

（二）典型油气田（藏）

1. 田吉兹深层特大型油田

田吉兹油气田位于里海水域东北部沿岸，构造上属于滨里海盆地东南部田吉兹—卡什干隆起带东段。1979年发现的盐下特大型油气田，属于典型的生物礁背斜型圈闭，包括泥盆系与石炭系储层构成的统一块状油藏，产油面积达580km^2，含油井段超过1550m，油藏埋深为3870~5420m。其中，Tengiz-10井在下—中石炭统生物灰岩中获得自喷油气流，上泥盆统（5375~5443m井段）单井石油产量达500t/d（10mm油嘴）。原油密度为0.8017g/m^3，地下黏度为2.27mPa·s，原油中含硫量达0.7%，石蜡含量为3.2%~5.8%；

伴生气中甲烷含量为 41%，高含硫化氢（达 18%～22%），二氧化碳含量为 2.16%～5.00%。油藏无气顶，原油远未达到饱和，饱和压力为 25MPa。1994 年油田投入开发，上泥盆统—中石炭统生物礁灰岩为主要产层，在 4000m 深处油藏原始地层压力为 84.3MPa，几乎是静水压力 2 倍，具有异常高压的性质，地饱压差很大，在 4000～5500m 处地层温度变化范围为 105～116℃，原始气油比为 550～603m^3/t。油田原始地质储量为 27.35×10^8t，最终石油可采储量为 8.42×10^8t，天然气可采储量为 850×10^8m^3。油田总特点是储量规模大、油层藏深度大、地层压力高、含硫高。另外，在含油井段孔隙空间中存在着大量固体沥青，这也是田吉兹油田显著特征之一。

1）油田构造特征

田吉兹油田构造形态为大型背斜隆起，实际上是泥盆系与中—下石炭统台地碳酸盐岩和生物礁构成的大型沉积体，属于高幅度沉积型构造。油气圈闭形成于晚泥盆世—早石炭世（杜内期）碳酸盐岩带构成的平缓隆起上，在该隆起背景之上发育韦宪阶—巴什基尔阶厚层块状生物礁块型储集体，早二叠世圈闭定型。在生物礁建造之间发育各种泥灰岩、灰质泥岩、泥岩的薄夹层，以及钙质砂岩和含有炭化植物碎屑的黑色泥岩。

海西期，区域呈现大范围的抬升和剥蚀现象，碳酸盐岩块体曾强烈抬升到海平面以上，并遭受剥蚀，如晚泥盆世、早—中石炭世和最强烈的早二叠世剥蚀作用。

油田圈闭形态为顶部平缓而翼部较陡，边缘轮廓曲折，巴什基尔组碳酸盐岩顶面埋深为 3900m，与上覆下二叠统亚丁斯克阶泥岩和孔谷阶盐岩呈高角度不整合接触。随着深度增加，其圈闭面积明显增大，构造圈闭幅度达 1820m（图 4-29a），溢出点深度为 5700m。依据三维地震资料在翼部发现了一系列断层（Chambers 等，1997），断层走向为北东和北西向两组正断层（图 4-29b）。

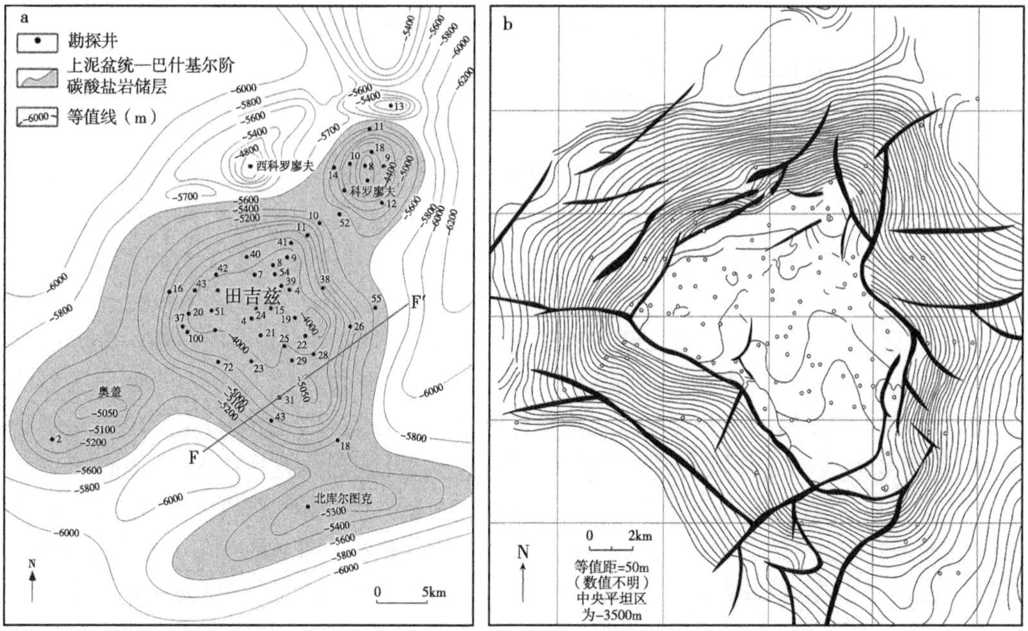

图 4-29　田吉兹油田中石炭统（巴什基尔阶）碳酸盐岩顶面构造图

a. 根据地震、钻井资料圈定（闭合高度为 1820m 范围）；

b. 根据三维地震在翼部发现了一系列断层（据 Chambers 等，1997）

2）储层及储集类型

钻井揭示，田吉兹油田主要产层为上泥盆统法门阶—中石炭统巴什基尔阶，属于较深水台地上发育起来的陆棚相灰岩、生物灰岩、鲕粒灰岩组成了巨厚碳酸盐岩块体。在整个碳酸盐岩块体中矿物成分较均一，岩性以生物碎屑成因为主，生物碎屑由腕足类、海百合、有孔虫碎片和藻、苔藓虫、蠕形动物、硬质海绵及珊瑚等造礁生物组成。从生物组成来看，自晚泥盆世至中石炭世田吉兹地区一直处于水体较稳定的陆棚环境，适合生物礁生长与发育。从礁体的规模来看，早石炭世（谢尔普霍夫期）为生物礁发育的鼎盛时期（图4-30），礁体面积达5.0km×1.5km～8.5km×2.5km；中石炭世巴什基尔期为生物礁发育末期，分布范围明显缩小，面积为1.5km×1.5km～3.5km×1.5km，这些生物礁和生物礁灰岩构成了田吉兹油田主力储油气层。

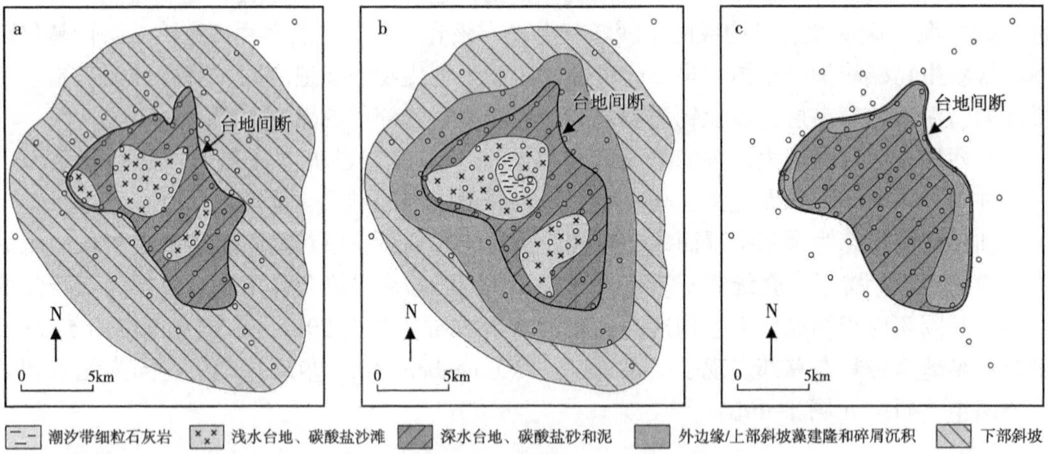

图4-30　田吉兹油田碳酸盐建隆的沉积环境

a. 水进体系末期（晚韦宪期—谢尔普霍夫期）富含颗粒的台地相收缩；b. 在高水位体系期间（晚韦宪期—谢尔普霍夫期）台地相扩张，斜坡上部藻礁建隆扩展；c. 建隆发育末期（晚巴什基尔期）外边缘广泛发育藻丘

田吉兹油田钻井岩心分析资料表明，储层孔隙度变化范围很大（图4-31），由小于1%～2%至15%～25%，平均为6.3%。渗透率变化范围为1.5～900mD，具有明显的非均质性。碳酸盐岩储层的原生结构在成岩后生过程中发生了强烈变化，是造成储层孔渗性能非均一的主要因素。另外，在巨厚的碳酸盐岩块体形成过程中，曾多次强烈抬升并遭受剥蚀，如晚泥盆世、早—中石炭世和最强烈的早二叠世剥蚀作用，其中在3900～4600m深度段的碳酸盐岩块体大部分都曾遭受强烈的淋滤作用与溶蚀作用。在碳酸盐岩储层暴露地表遭受淋滤与溶解等作用下，碳酸盐岩层内溶蚀孔、洞广泛发育，如中石炭统巴什基尔阶顶面剥蚀面以下50～200m井段溶蚀孔洞最为发育，溶蚀孔洞最大直径达5～10mm。

除了由沉积间断造成的地表因素外，在不均匀应力条件下，碳酸盐岩体的构造变形产生强烈的微裂缝发育带，必然也导致了岩石增容，增强生物礁建造的渗透性。在田吉兹油田碳酸盐岩建隆的边缘带一般裂缝发育程度较高，以水平缝和斜交缝为主，裂隙长度为0.1～5cm。

孔、洞、缝等不同类型储集岩在空间上叠置，形成孔隙型、裂缝型、孔隙—溶洞—裂缝型为主的碳酸盐岩块状油藏。其中，位于构造顶部的韦宪阶上部—巴什基尔阶碳酸盐岩储层厚500～700m，为基质孔隙+溶孔（洞）+裂缝型储层，储集性能最好，孔隙度大于10%，是油田的主力生产层。

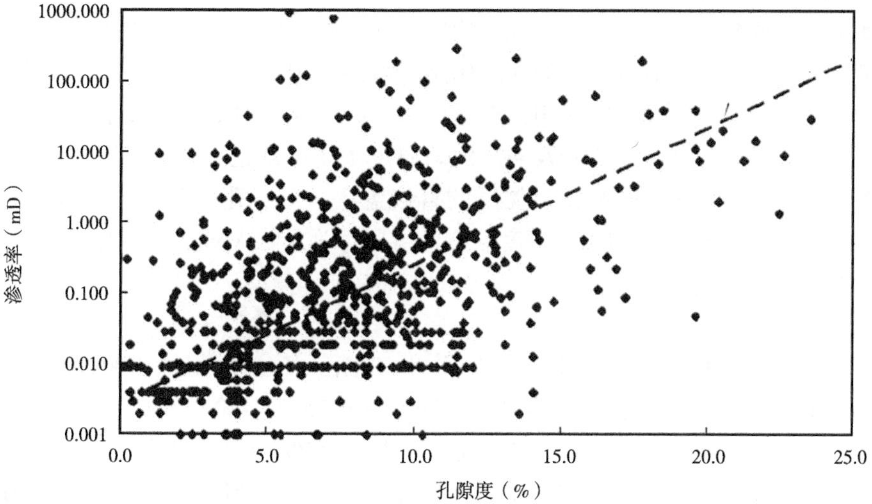

图 4-31　田吉兹油田中—下石炭统储层岩心孔隙度—渗透率关系图
（据 Chambers 等，1997）

3）油气藏形成模式

田吉兹构造始于泥盆纪形成的一大型平缓隆起，在此背景上发育了韦宪阶—巴什基尔阶台地—礁块型碳酸盐岩，形成了高幅度的环礁型潜山圈闭（图 4-32）。周缘深水相黑色

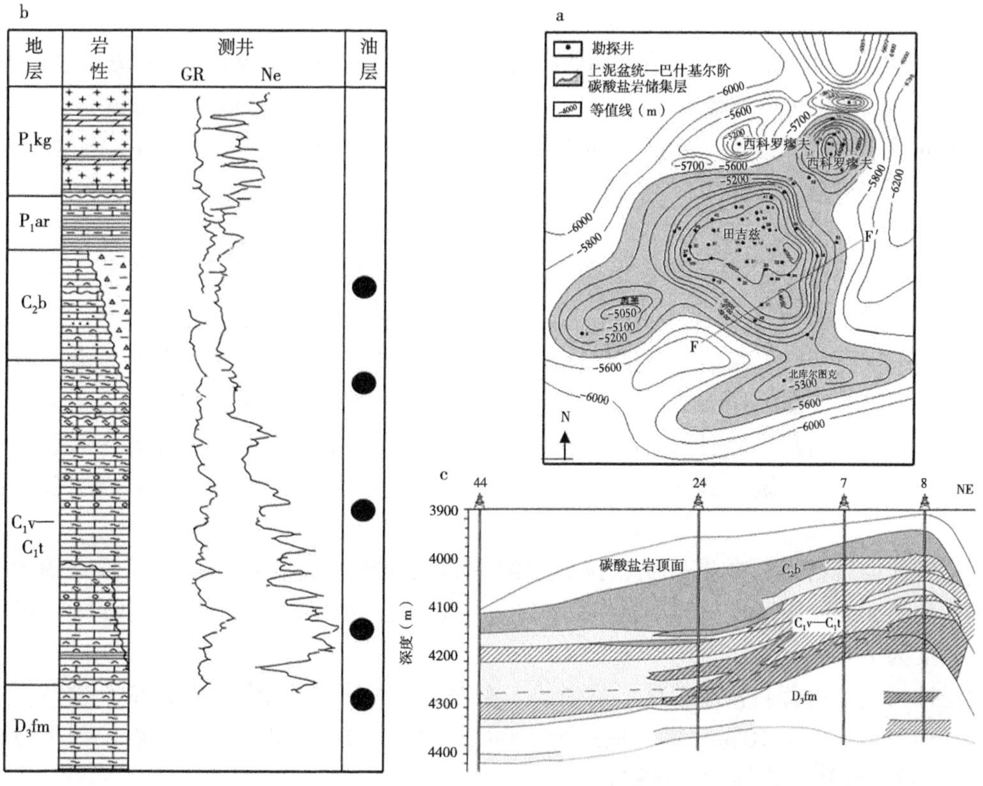

图 4-32　田吉兹油田油藏综合图
a. 巴什基尔阶碳酸盐岩产层顶面构造；b. 产层柱状剖面；c. 油藏地质剖面

泥岩、碳酸盐岩烃源岩为油气富集奠定了雄厚的物质基础。距海岸线较远、浅水高能、具较高孔隙度的石炭系生物灰岩、鲕粒灰岩构成了优质储集体，石炭纪末由于沉积间断，造成了大部分碳酸盐岩块体遭受强烈的淋滤作用与溶蚀作用，同时在不均匀应力条件下，碳酸盐岩变形产生的强烈的去压实作用，以及微裂缝的生成等对储集性能的改善又起到积极作用。下二叠统亚丁斯克组泥灰岩及灰质泥岩厚度为10~80m，以角度不整合覆盖在巴什基尔组之上，构成了石炭系碳酸盐岩储层的直接盖层。由于孔谷阶盐岩的良好封盖作用，油藏中形成了异常高压，在3870m深度油藏地层压力为84.3MPa，同时也这说明了该油气田是在孔谷期之后形成的。

2. 拉夫宁纳油田

拉夫宁纳油田（Ravninnoe）位于阿特劳州Zhylyoisky地区，油田距离州府阿特劳市355km，构造上属于南恩巴坳陷南部斜坡。1932—1935年，第一次对滨里海盆地东南部进行了重力勘探，发现南恩巴重力构造高。1978—1979年，古里耶夫地区完成了地震勘探，编制了亚丁斯克阶顶面（P_1面）及中石炭统碳酸盐岩顶面（P_2面）构造图，落实了南恩巴地区包括拉夫宁纳等一系列局部构造高。1981—1985年间，在拉夫宁纳构造带上共钻井12口，钻井证实了该构造中石炭统莫斯科阶碳酸盐岩的分布及其含油气性。其中，Rav-8井于井深3235~3239m、3275~3279m及3288~3298m测试获得了日产8m^3商业油气流。2010年，作业者在3D地震勘探成果的基础上，钻探开发试验井Rav-20井，该井在中石炭统莫斯科阶碳酸盐岩油气层（井深为3258.7~3259.3m、3259.6~3262.0m、3285.7~3287.6m）测试获得了日产37.6m^3的油流。原油密度为0.898g/cm^3，含硫量低；石蜡—环烷烃、芳香烃、硅石—凝胶型树脂和沥青质的含量分别是53.09%、29.7%、9.3%和2.4%，属石蜡—沥青混合型原油；在3275m深处的地层压力为41.76MPa。油藏具有统一的油水界面，根据Rav-2井测井解释成果，确定油藏油水界面为-3328.0m，油田产油面积为10.60km^2，原始地质储量为830.87×10^4t，最终石油可采储量为250.26×10^4t，属于中小型油田。

1）油田构造特征

拉夫宁纳构造是在滨里海盆地东南边缘挤压背景下发育起来的晚古生代（P_1—C—D_3）长轴背斜构造（图4-33）。晚石炭世随着邻近海西褶皱带不断形成，盆地东南部构造面貌发生了巨大变化，南倾的古生代地层开始强烈反转，形成大型平缓隆起，沿构造线发育一系列走向北北东的逆断层及局部隆起。挤压隆升作用导致古生界内部形成多个不整合面，中石炭统生物灰岩地层顶面出现了风化壳成因的泥质岩和泥质碳酸盐岩，隆起构造高部位缺失中、上石炭统和部分下二叠统，风化壳之上被下二叠统孔谷阶含盐岩层系不整合覆盖。

三维地震资料解释成果表明，拉夫宁纳中石炭统碳酸盐岩背斜构造长轴长约10km，短轴宽约2.8km，构造走向为南西—北东向，高点埋深为3100m，构造圈闭面积为18km^2，圈闭幅度为210m。

逆冲构造使得背斜构造带被一系列北东东向断层复杂化（图4-33、图4-34），这些断层平面上延伸大于10km，断层断距为120m，其他断层规模相对较小，断层断距为20~50m。油藏受构造—岩性的双重控制。

2）储层及储集类型

拉夫宁纳油田主要储层为中石炭统浅海台地相碳酸盐岩，碳酸盐岩块体中矿物成分较均

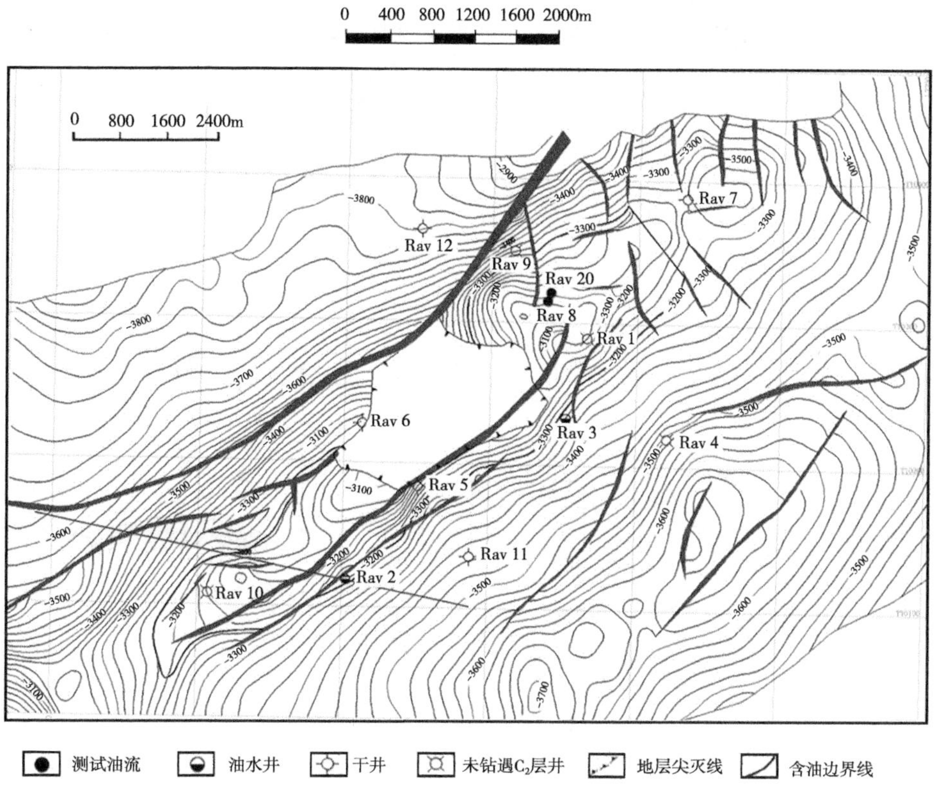

图 4-33　拉夫宁纳油田中石炭统油层顶面构造图

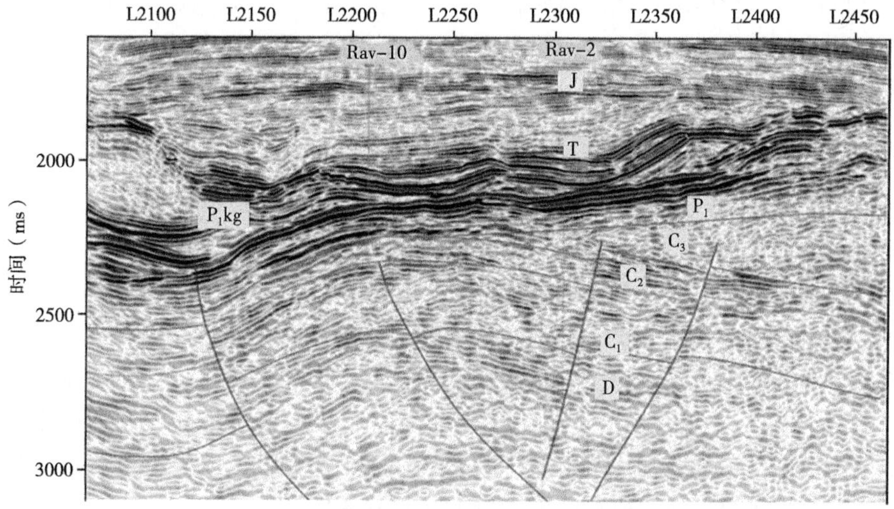

图 4-34　拉夫宁纳油田过 Rav-10—Rav-2 井地震解释剖面

一，Rav-20 井在井深 3230~3275m 段地层岩性为浅灰色至棕褐色、浅褐色亮晶颗粒灰岩、泥晶灰岩和白云岩，高密度结晶度和纹理，缺乏泥质，致密坚固；裂隙中充填满亮晶胶结物，可见鲕粒结构痕迹，部分粗孔结构至粒状结构；偶尔可见白云岩长斜方形的晶体，少量白云岩，单晶方解石晶体小于 0.1mm，化石碎片少见。相比临区田吉基等油气田，虽然缺少生物礁灰岩、藻灰岩和藻白云岩等优越储层，但浅海陆棚相碳酸盐岩和碎屑岩储层较发育。测井曲线中明显表现为高电阻率、低声波时差、低自然伽马的特征（图4-35）。

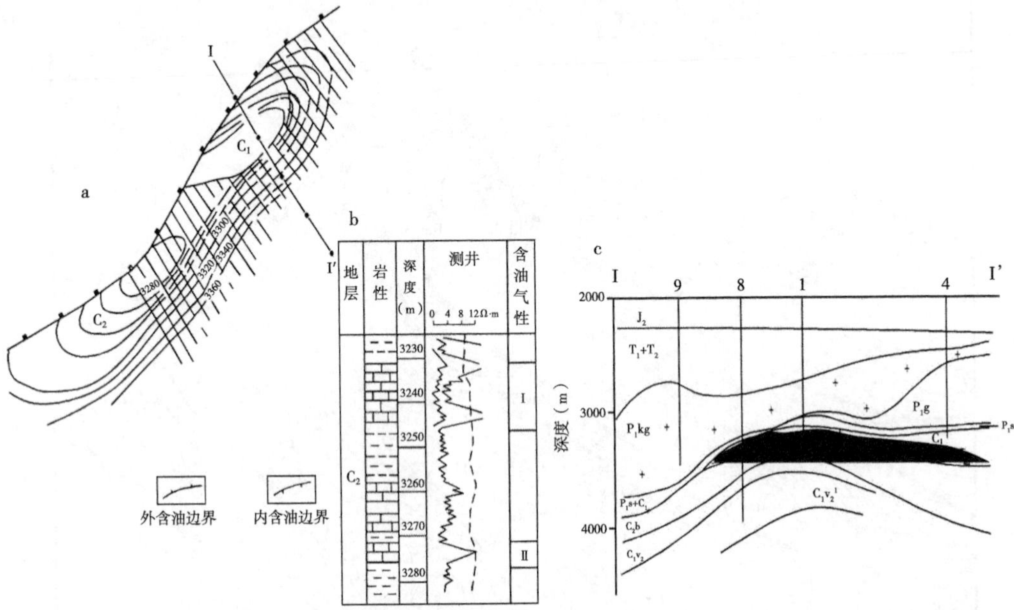

图4-35　拉夫宁纳油田油藏综合图

a. 中石炭统碳酸盐岩产层顶面构造图；b. 产层柱状剖面；c. 沿I—I’线地质剖面图

储集空间以粒间孔和溶蚀孔洞为主，明显受到成岩后生作用（如溶解）和不整合面附近表生作用的改造，次生溶孔和溶洞发育。除溶孔，溶洞外，构造应力作用产生大量裂缝改善了岩石的储集性能。油田主力产层孔隙度为10%～15%，渗透率为1～10mD，背斜构造侧翼裂缝较密集，储集性能最好，孔隙度为15%。沥青气味浓，棕色油渍，黄色自然荧光。

3）油气藏形成模式

从区域构造背景上看，拉夫宁纳油田南部为盆地边缘—南恩巴褶皱带，受挤压构造影响，形成了与区域构造走向一致的石炭系长轴背斜构造。构造北部紧邻南恩巴坳陷（生油坳陷），不整合面是油气侧向运移的主要通道，构造油气聚集条件有利。

石炭纪，水体变浅，沉积了一套台地相碳酸盐岩储层，强烈的构造隆升导致隆起部位不同程度缺失石炭系和下二叠统，并在中石炭统上部生物灰岩形成风化壳，加之构造应力影响，造成溶蚀、淋滤、重结晶等物理化学过程比较活跃，对碳酸盐岩储集性能的改善均起到了积极作用。下二叠统孔谷阶盐岩、硬石膏或亚丁斯克组泥质岩不整合覆盖在中石炭统储层之上，构成了莫斯科阶碳酸盐岩油藏的直接封盖层。

3. 托尔塔伊油田

托尔塔伊油田跨阿特劳州和曼吉斯套州，距阿特劳市360km，构造上属于南恩巴坳陷南部斜坡。1967年根据区域地震勘探结果，发现了托尔塔伊盐下古生界构造高；1974年钻探参数井P-1井，该井在中—下石炭统（井深2790～3250m）钻遇油气层。1975—1984年钻井28口，进一步评价了该构造石炭系碳酸盐岩和陆源碎屑砂岩的储集性能及含油气性，明确油田主力产层为下石炭统韦宪阶砂岩，油气层深度为3052～3194m，储层砂岩在平面展布及厚度变化较大，稳定性较差。2007—2012年油田开展试采工作，完钻新井1口（46号井），对3口井进行了试采（2号、14号、46号井），平均单井石油产量为24~30.5m^3/d。2008年，根据钻井及试油、试采资料，划分出6个产层（A′、A、B、C、D、E），合同区2C石油地质储量为1170.2×10^4t，可采储量为351.2×10^4t，产油面积为2km^2，其中C_1级石油地质储量为400.1×10^4t，可采储量为120×10^4t，C_2级石油地质储量为770.5×10^4t，可采储量为231.2×10^4t，原油密度为0.898g/cm^3，胶质+沥青质含量为7.0%，蜡含量为2.3%，硫含量为0.3%。

1）油田构造特征

托尔塔伊构造为海西期碰撞挤压背景下发育起来的长轴背斜构造（图4-36、图4-37），构造走向与整个南恩巴隆起西北坡走向相一致。受持续挤压逆冲构造作用的影响，西北斜坡下二叠统陆源碎屑岩层向石炭系碳酸盐岩凸起（或靠近该凸起的部位）呈楔状减薄，凸起部位的石炭系遭受不同程度剥蚀，缺失部分下二叠统，下二叠统亚丁斯克阶不整合覆盖在石炭系卡西莫夫—莫斯克阶之上。

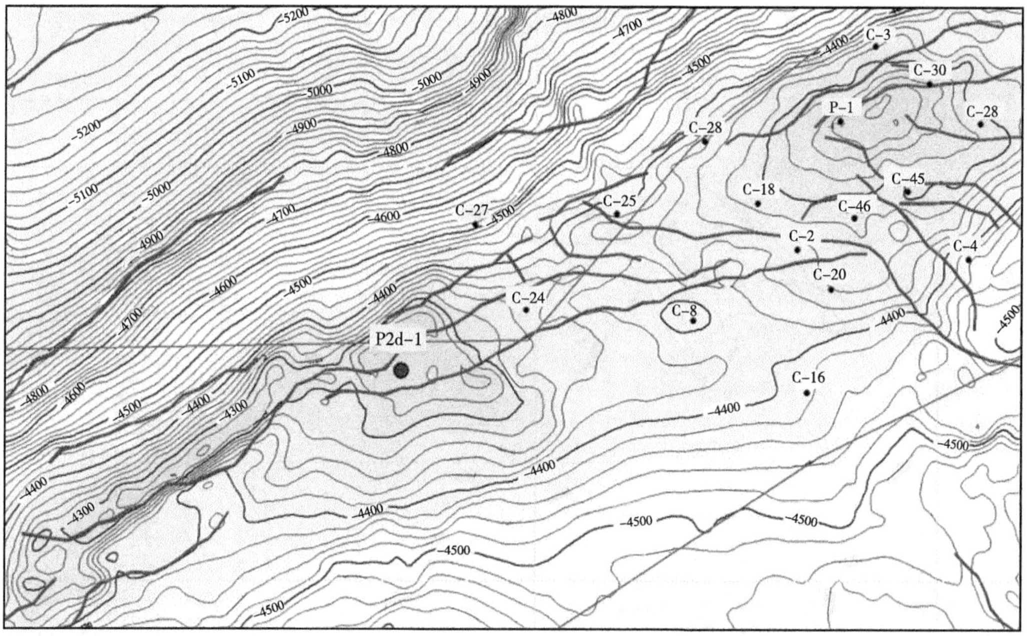

图4-36 托尔塔伊油田下石炭统底面构造图

托尔塔伊背斜构造受东北走向的逆断层控制，并被多条断层复杂化，基底构造面上断层断距大于400m，在韦宪阶底部构造图上断层断距变小。平面上将构造分成南、北两部分，分属逆冲断层的上盘和下盘，南部块为隆起部分（或逆断层上盘），地层宽缓，是油藏构造的主体；北部块为断层下盘，地层较陡。东西方向上由两个局部构造高点组成，构造高点埋深分别为2800m、2850m，构造长轴长约23km，短轴宽约4.5km，圈闭幅度约为150m。

2）储层及储集类型

在6个油层中，除了第一套含油层（A'层）为中石炭统薄层灰岩、碎屑岩储层之外，其余5个含油层（A、B、C、D、E）均属于下石炭统碎屑岩储层（图4-38）。中石炭统

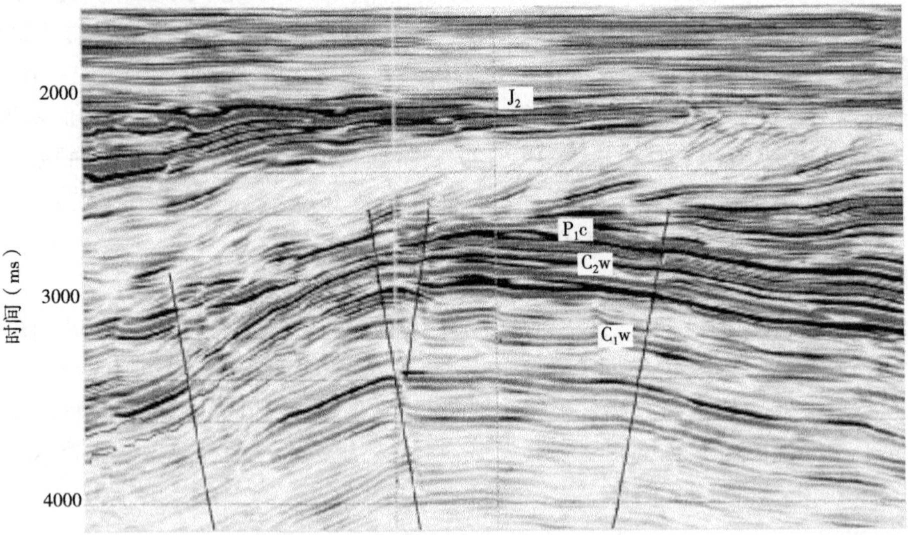

图 4-37　托尔塔伊油田主测线方向深度地震解释剖面（L2220 线）

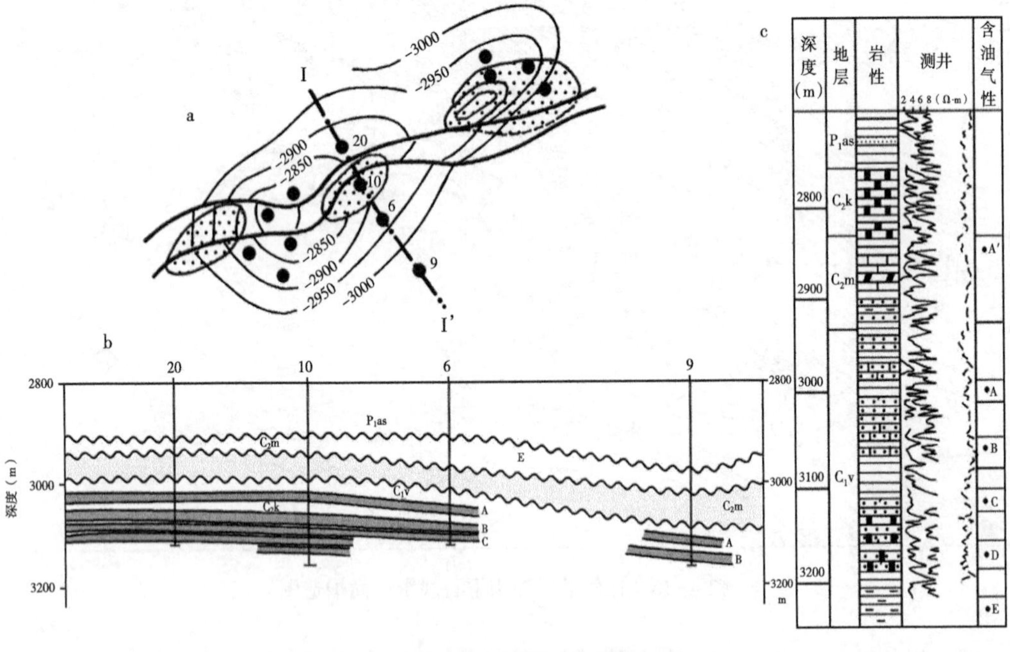

图 4-38　托尔塔伊油田油藏综合图

a. 下石炭统韦宪阶砂岩产层顶面构造图；b. 产层柱状剖面；c. 沿 I—I' 线地质剖面

碳酸盐岩以台地相薄层生物碎屑灰岩、泥灰岩为主；下石炭统韦宪阶砂岩为油田主力产层，属于盆底扇砂体，由 3~5 个单砂体组成，累计砂岩储层厚度为 56m；油藏埋深为 2792~3349m。

钻井揭示，托尔塔伊油田下石炭统韦宪阶砂岩储层厚度变化较大，横向连续性较差。砂岩后期的机械压实作用和胶结作用较强，岩性致密，导致砂岩储集性能偏差，非均质性较强。由于异常高压作用，在部分砂体中保留较高的孔隙度，砂岩储层孔隙度为 10.8%，渗透率为 2.1~323mD，含油饱和度为 66%~77%，属于背斜+岩性油藏。

3）油气藏形成模式

托尔塔伊油田与拉夫宁纳油田同处于南恩巴坳陷南缘，具有相同的构造成因和类似的油气运移聚集条件。

从构造位置来看，该油田更靠近南恩巴隆起一侧，构造抬升作用更为强烈，构造埋深变浅，中石炭统碳酸盐岩地层保存变差，主要的含油气层为下石炭统碎屑砂岩，韦宪阶扇中水道间泥岩对油气层起到有效的封堵作用。

二、油气成藏特征及其主控因素

（一）油气藏成藏特点

1. 两种油气圈闭类型

根据深部油藏构造及其演化史分析，盐下层系含油气构造成因主要包括同沉积构造和沉积后构造两种。

（1）同沉积构造是以早—中泥盆世基底块断为背景，在特定的沉积环境下发育发展而形成。最典型的是生物礁型建造，是在深水或较深水台地上由生物残骸堆积而成的一种特殊的有机碳酸盐岩建造。这类油气圈闭的形成与古构造背景和沉积环境关系密切，包括适宜造礁生长的海水温度、水体深度、含盐度及稳定的水动力环境等。在盆地东南部地区，生物礁相主要发育于阿斯特拉罕—阿克纠宾斯克古隆起及其周缘，造礁生物以藻类、海百合、有孔虫碎片为主，附礁生物有头足类和腕足类，礁体多呈丘状、透镜状或层状。在离海岸线较远的较深水台地上发育起来的生物礁型圈闭面积相对较小，幅度大（如田吉兹、卡什干油田）；随着海平面持续上升，生物礁快速向上生长，常常为多时代复合；平面上可形成生物礁构造带（群）；礁内各种原生孔隙发育，并保持长时间的原生孔隙状态，为油气向礁内运移、富集提供较为充分的有利条件。礁体与围岩通常呈突变接触关系，礁体内部无明显层理，呈块状构造，属于沉积+构造成因油气圈闭。

（2）沉积后构造，形成于晚海西期盆地边缘的褶皱造山作用，在挤压背景下，浅水台地相碳酸盐岩储层形成与区域构造走向一致的穹隆状或长轴背斜构造，构造圈闭面积较大，幅度相对小，如拉夫宁纳、托尔塔伊等断背斜构造及田吉兹油田东约 20m 的 Matken 下二叠统短轴背斜油气构造。这类构造大多以石炭系碳酸盐岩或下二叠统碎屑砂岩为储层，其特点是储层单个层多而薄，厚度和岩性变化大，含油范围及油气产量受岩性影响较大，属于构造成因+岩性控制的油气圈闭。

勘探实践表明，同沉积构造型圈闭一般具有类型好、储集条件优越、规模大等特点，盆地内大型、特大型油气田的油气圈闭大多属于这种类型，而沉积后构造型圈闭次之。

2. 两个重要成藏期

结合典型油气藏的油气产状分析，以及对碳酸盐岩或生物礁型油气藏的观察表明，原油在碳酸盐岩或生物礁体内的运移并非只有一次。盆地东南部盐下油气藏经历了成藏—破坏—再成藏的动态过程，至少具有两期成藏特点。

第一个成藏期为早二叠世孔谷期之前。该时期在古隆起构造相邻的强烈坳陷区或古大陆坡（生烃区），上泥盆统—下石炭统或部分中石炭统的台地相碳酸盐岩相变为深水相黑色页岩生油岩。晚石炭世，这些烃源岩基本达到成熟生油阶段（图 4-39），烃源岩与隆起区台地碳酸盐岩储层呈侧向接触，并对古构造进行油气的早期充注，形成盐下油气聚集的有利构造单元。由于古陆棚区缺乏区域盖层，这一时期的油气聚集大多遭受改造或破坏，导致古油藏的原油物理化学性质也发生了变化。特别是石炭纪末期，由于剧烈的抬升作用，部分古油藏出露地表，在经历不同程度的表生氧化作用下，油藏中的烃类重新分布，许多油藏原油中羧基被氧化破坏，氧化成为沥青。

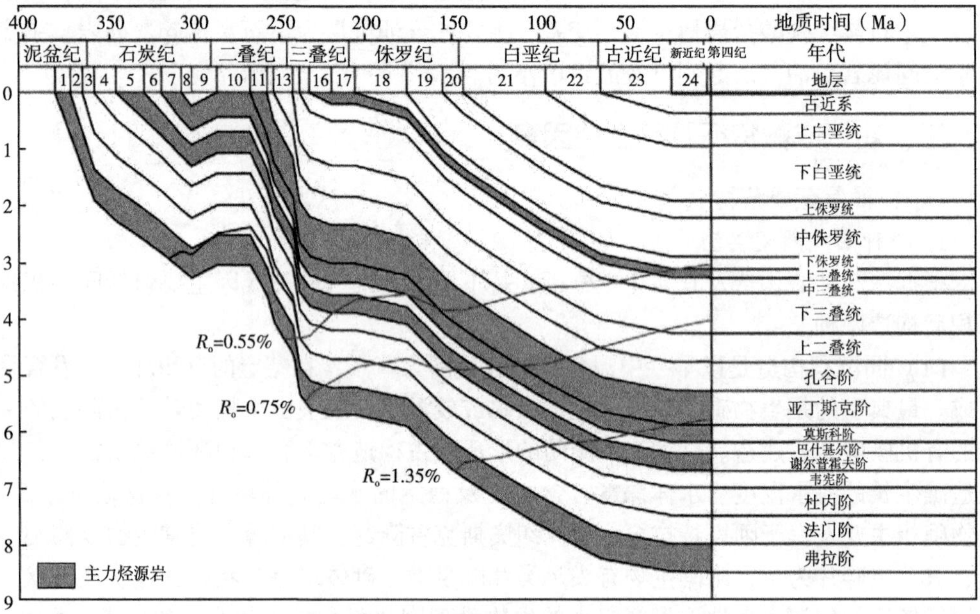

图 4-39 东南部隆起区地层埋藏史及烃源岩演化史图

（据 S. Bloch，R. H. Lander，L. Bonnell，2002，修编）

第二个成藏期是在早二叠世孔谷期之后，这个阶段包括了晚二叠世及整个中生代漫长的地质历史时期。由于盆地持续快速沉降，沉积了巨厚的盐岩层及晚二叠世和中生代地层，上泥盆统、中—下石炭统和下二叠统黑色页岩及碳酸盐岩生油层埋藏深度随之加大，为油气的生成与运移聚集创造了有利的温压条件。晚侏罗世之后为烃源岩进入大量生成、运移和聚集的主要时期（图 4-40），该时期包括隆起区范围内的烃源岩都进入成熟生烃阶段，生烃面积、规模及其生烃量远大于第一成藏期，油气生成运移和聚集更为活跃，形成的油气在新产生的适合于聚集的圈闭中聚集成藏（包括地层型、不整合面遮挡型等），或在早期形成的古油藏中再聚集，使得部分解体后的古油藏重建。由于表生氧化沥青的存在，这类油藏常常表现为固体沥青与轻质油、气三相共存，如田吉兹、扎纳诺尔等油田石炭系含油段的原生孔隙与裂缝中普遍存在大量固体沥青，田吉兹油田以北的普里莫尔台地上的卡拉通和塔日加林下石炭统礁块发育残余重油形成了一些小型油藏，在毕克扎尔隆起5700m 深处的石炭系还发现氧化残余重油等，都充分证明了这一点。

与区域烃源岩大规模生烃时间相比较，盐下层系油气圈闭形成的时间要早于烃源岩成熟生烃的时间。

（1）厚层盐丘的覆盖构成了盐下油气聚集成藏的区域性优质盖层，是盐下后期油气富集成藏并得以保存的重要因素，同时也使得盐下地层多具有异常高压的性质，促进了石油和天然气的溶解，形成高含气饱和度油藏。这也进一步佐证了盐下大型油气藏形成于孔谷期之后的认识。

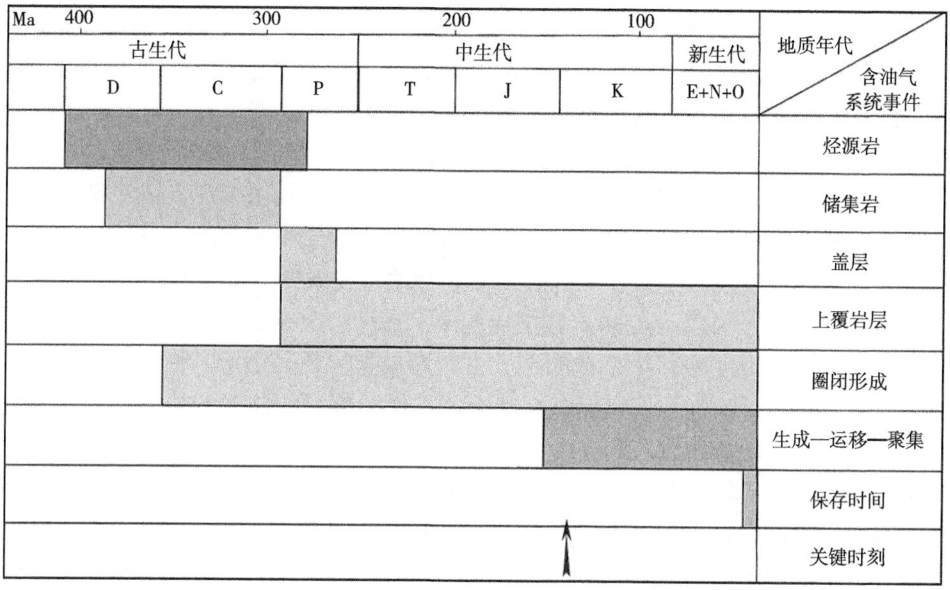

图 4-40　滨里海盆地东南油气区盐下含油气系统事件图

（2）盐下厚层碳酸盐岩地层中普遍存在硫酸盐夹层，在高地温（大于 100℃）条件下普遍发生硫酸盐还原作用，形成较高浓度的硫化氢，导致本区油藏内天然气及水溶气中具有高含硫化氢的特点，比如田吉兹油田在 4000～5400m 深度段，地层温度为 105～116℃，伴生气中硫化氢含量高达 18%～22%；卡什干油田在 4200～5500m 深度段，地层温度为 110～120℃，原油中的硫化氢含量达 18%～21%。高浓度硫化氢油藏对开采工艺及开采设备提出了更为严格的技术要求。

（二）油气成藏主控因素

综合上述油气成藏特点，分析控制本区油气成藏的主要因素有如下 3 个方面。

1. 高质量烃源岩的分布及其与油气圈闭在时空上匹配是油气藏形成的基础

在东南部油气区广泛发育中泥盆统—下二叠统厚层海相碳酸盐岩和泥页岩组成的优质烃源岩，有机质含量高、质量好（Ⅰ型和$Ⅱ_1$型为主），特别是深水黑色泥页岩烃源岩有机母质类大多以Ⅰ型干酪根为主，分布于古隆起周缘的坳陷区或古大陆坡，与台地相碳酸盐岩（或生物礁）储层直接接触，能够提供更加丰富的油气源。区域烃源岩生烃高峰期及运移期为侏罗纪，主力生烃及运移期发生在泥盆纪—石炭纪和石炭纪—早二叠世圈闭形成期之后，二者具有良好的时空匹配关系。

2. 大型油气田的分布与古隆起带上发育的碳酸盐岩（生物礁相）密切相关

储集条件决定了盐下油气的富集程度，特别是古隆起及古斜坡带上发育的碳酸盐岩生物礁滩体为油气聚集提供了有效的储集空间，其发育程度和分布直接控制着盐下油气藏的形成及其规模。如田吉兹、卡什干、阿斯特拉罕等大型、特大型油气藏的形成均与台地浅水碳酸盐岩（生物礁相）建隆密切相关。晚泥盆世—石炭纪在盆地东南缘古隆起带上形成碳酸盐岩台地，发育台地边缘礁、堤礁、塔礁等，规模巨大、成群分布。勘探实践表明，古隆起带上发育的海相碳酸盐岩（生物礁相）既具有良好的储集性能，又可形成有效的油气圈闭，由于礁体呈块状，礁体内原始孔隙度往往比较发育，并保持长时间的原生孔隙状态。同时区域内台地碳酸盐岩或礁体形成后普遍经历一次基底抬升和海退，接受地下水淋滤作用的过程，对进一步改善储层孔隙及其之间的连通性起到了积极的作用。除了早期受沉积环境控制外，后期成岩演化作用对碳酸盐岩储集体的改造强烈，储集空间类型多样，孔、洞、缝及其复合体常常形成优质的连通储集体，从而形成储量大、单井产量高的自生自储型油气藏。

SLK-3 井钻井证实，科尔占背斜构造圈闭落实可靠，油气源丰富，钻井见油气显示活跃。但中石炭统生物碎屑灰岩储层厚度薄，非均质性强，孔隙度和渗透率相对较低，直接影响圈闭油气富集的规模，是该井未能获得商业性油气发现的主要因素。

3. 孔谷阶区域盐岩盖层的存在是盐下油气藏形成的必要条件

盆地内大型油气田（藏）大多分布在孔古阶厚层盐岩覆盖之下，作为盐下古生界油气成藏的区域性盖层，对油气的聚集保存起到至关重要的作用，控制着盐下层系的油气聚集与分布。盆地内孔古阶盐岩层有着向盆地东南部边缘减薄、直至尖灭的趋势，在南恩巴隆起带及南恩巴坳陷南部较高部位侏罗系直接不整合覆盖在泥盆纪、石炭纪等不同时代的地层之上，表明这些地区盐岩层已经缺失，位于盐体尖灭线以外，缺乏有效的区域性盖层，这是导致这些构造带上盐下未能发现商业性油气田的关键所在。另外，由于盐体侧向流动，盐岩撤离，在形成大型盐丘的同时，相邻的盐缘坳陷底部盐岩层厚度减薄（或缺失）并发育断裂，形成盐窗，一方面成为盐下油气向盐上层系运移的有效通道，另一方面也不利于盐下油气的聚集与保存，造成盐下油气的散失。比如在田吉兹—卡什干隆起带盐下一些碳酸盐岩生物礁型圈闭（如卡拉通南部等），钻井未能获商业性油流，其主要原因可能也是与这些构造上缺失有效的盐岩封盖层或处于盐体尖灭带附近封闭性变差有关。

三、区块勘探潜力

通过对已发现的典型油气藏特征及其分布规律的分析，东南部油气区深部油气资源十分丰富，成藏条件优越，勘探潜力巨大。在盐下层系已经发现了大型的油气田，但勘探程度仍然较低。

1975—1991 年期间，科尔占—尤阿里区块共钻探盐下深井 11 口，钻井深度为 3695～6028m。完钻层位为下二叠统（7 口）和中石炭统（4 口），揭示了区块内下二叠统和石炭系发育碎屑岩、薄层碳酸盐岩两类储层；钻井见油气显示活跃（表 4-15），8 口井见不同程度的油气显示，其中，下二叠统显示井（4 口）以气显示为主，中石炭统显示井（4 口）以油显示为主；位于 Ulkentobe SW 构造上 Ulk_SW-P2 井和 Ushmola 构造上 Ushm-G12、Ushm-G15 等井在中石炭统石灰岩储层中已获油流，证实了区带具有良好的油气勘探开发前景。

根据科尔占—尤阿里区块不同构造单元及油气成藏组合类型、成藏特点，估算区块盐下油气资源量为 7.32×10^8t 油当量，主要分布在区块内的塔克布拉克（Takyrbulak）—凯日克梅（Kyrykmergen）、乌里肯托比（Ulkentobe）—毕克扎尔（Biikzhal）和拉夫宁纳—托尔塔伊（Tortay）3 个构造单元中（图 4-41）。其中，北部塔克布拉克—凯日克梅构造带油气资源量为 3.49×10^8t 油当量，中部乌里肯托比—毕克扎尔构造带为 3.10×10^8t 油当量，南部拉夫宁纳—托尔塔伊构造带为 0.73×10^8t 油当量。

表 4-15 科尔占—尤阿里区块部分钻井油气成果表

<table>
<tr><th colspan="2" rowspan="2">构造带及圈闭（油田）</th><th rowspan="2">井号</th><th colspan="3">油气显示</th><th colspan="3">测试结果</th></tr>
<tr><th>深度（m）</th><th>层位</th><th>结果</th><th>深度（m）</th><th>层位</th><th>结果</th></tr>
<tr><td rowspan="11">乌里肯托比—毕克扎尔</td><td rowspan="3">毕克扎尔</td><td rowspan="3">Bii-SG2</td><td>5250~5391</td><td>C</td><td>油气显示</td><td rowspan="3">①5902~5916
②5712~5742
③5657~5678
④5631~5618
⑤5573~5595
⑥5506~5531
⑦5473~5493
⑧5242~5259</td><td rowspan="3">C</td><td rowspan="3">1层、4层、5层、6层和7层测试为干层，2层和3层得到流体，8层抽油管断裂</td></tr>
<tr><td>5680~5700</td><td>C</td><td>槽面油花</td></tr>
<tr><td>5700~5720</td><td>C</td><td>气显示</td></tr>
<tr><td>乌里肯托比</td><td>Ulk_SW-P2</td><td>5127、5140</td><td>C_2</td><td>油气显示</td><td>5060~5140</td><td>C_2</td><td>测试日产油455~490bbl</td></tr>
<tr><td rowspan="6">Ushmola</td><td rowspan="2">Ushm-G12</td><td rowspan="2">4436~4442</td><td rowspan="2">P_1</td><td rowspan="2">油气显示</td><td>4348~4465</td><td>P_1</td><td>无油流</td></tr>
<tr><td>4816~4830</td><td>C</td><td>日产油 20bbl</td></tr>
<tr><td rowspan="4">Ushm-G15</td><td rowspan="2">4517~4629</td><td rowspan="2">C_2</td><td rowspan="2">油气显示</td><td>4682~4688</td><td>C_1</td><td>气显示</td></tr>
<tr><td>4621~4656</td><td>C_2</td><td>气显示</td></tr>
<tr><td rowspan="2">4678~4688</td><td rowspan="2">C_1</td><td rowspan="2">油气显示</td><td>4508~4527</td><td>C_2</td><td>日产油 1.88~4.4 bbl</td></tr>
<tr><td>4476~4497</td><td>C_2</td><td>水层</td></tr>
<tr><td>Kolzhan</td><td>SLK-3</td><td>5285.4~5324.2</td><td>C_2</td><td>油气显示</td><td>5285.4~5324</td><td>C_2</td><td>低产油流</td></tr>
<tr><td rowspan="3">拉夫宁纳—托尔塔伊</td><td>拉夫宁纳</td><td>Rav-8</td><td>3235~3298</td><td>C_2</td><td>油显示</td><td>3235~3239
3275~3279
3288~3298</td><td>C_2</td><td>日产油350~490bbl</td></tr>
<tr><td>托尔塔伊</td><td>Tor-P1</td><td>2792~3349</td><td>C_{1-2}</td><td>油显示</td><td>3130~3190</td><td>C_1</td><td>日产油 300bbl</td></tr>
<tr><td>Koktobe</td><td>KOK S. G-2</td><td>3690</td><td>C_2</td><td>油花</td><td colspan="3">未试油</td></tr>
</table>

（一）北部塔克布拉克—凯日克梅构造带

该构造带属于毕克扎尔隆起东南斜坡的一部分。结合区域资料分析，构造带发育上泥盆统—下石炭统油气组合，储层类型为上泥盆统—下石炭统碳酸盐岩、礁灰岩，圈闭类型为构造（背斜）+岩性。构造带存在发现新的盐下大型油气田的潜力，为区块最有利的油气勘探区。

（1）区域构造演化史研究表明，阿斯特拉罕—阿克纠宾斯克隆起带在中泥盆世艾菲尔期末已经开始发育，形成一个大型正向构造单元，为油气聚集创造了有利的古构造条件。晚泥盆世（弗拉斯期—法门期）—早石炭世韦宪期，海平面间隙性上升，属于盆地边缘浅水台地碳酸盐岩沉积环境，发育障壁礁和潟湖相沉积（图 4-42），因此，这个时期毕克扎尔、古里耶夫等隆起区均具备发育碳酸盐岩建造的条件。盐下沉积组合中，大油气田的分布大多与这一大型隆起构造单元的陆棚相碳酸盐岩及生物建隆有关。在毕克扎尔等泥盆系剖面中，勘探远景区主要分布于沿隆起侧翼，类似于阿斯特拉罕构造的大型碳酸盐块体。

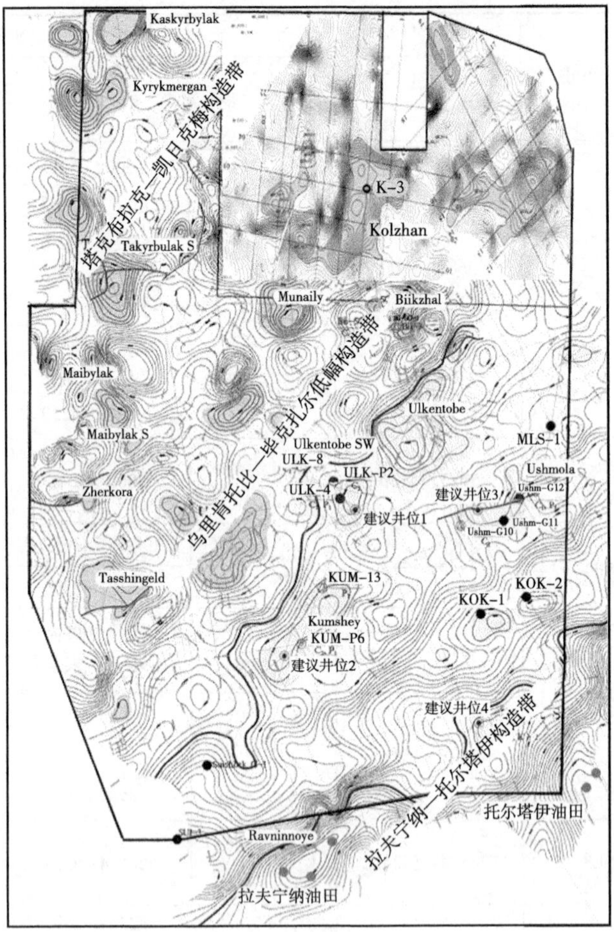

图 4-41　科尔占—尤阿里区块石炭系顶面构造图

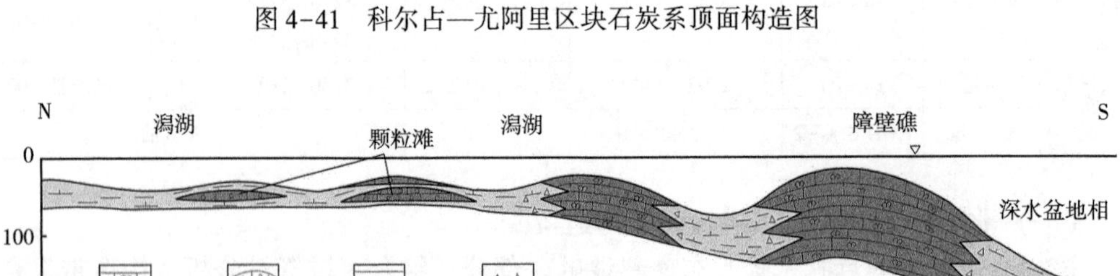

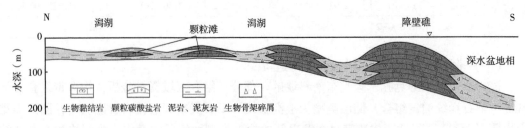

图 4-42　毕克扎尔上泥盆统台地碳酸盐岩形成模式

（2）根据三维地震资料解释成果，在毕克扎尔南翼识别出了塔克布拉克—凯日克梅等上泥盆统—下石炭统规模较大的背斜构造，断裂不发育，构造具有顶部平整、侧翼较陡的继承性特点（图 4-43 至图 4-45）。其中，南部塔克布拉克构造下石炭统构造高点埋深为 5100m，圈闭面积为 121km^2，构造幅度为 400m，上泥盆统构造高点埋深为 5800m，圈闭面积为 102km^2，构造幅度为 550m，测算圈闭资源量为 2.84×10^{8}t 油当量；北部凯日克梅构造下石炭统构造高点埋深为 5300m，圈闭面积 64.9km^2，构造幅度 500m，上泥盆统构造高点埋深为 5950m，圈闭面积 57.4km^2，幅度 400m，测算圈闭资源量为 1.65×10^{8}t 油当量。

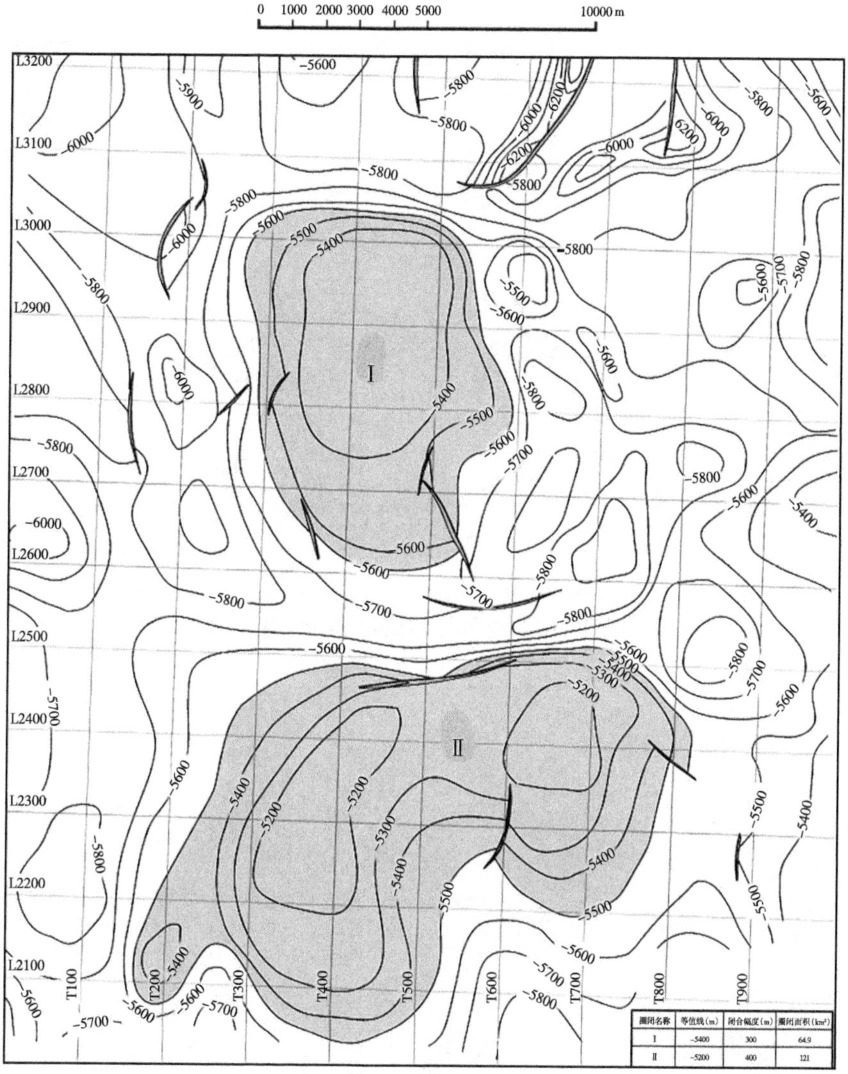

圈闭名称	等值线（m）	闭合幅度（m）	圈闭面积（km²）
I	-5400	300	64.9
Ⅱ	-5200	400	121

图 4-43　凯日克梅（Ⅰ）和塔克布拉克（Ⅱ）构造下石炭统碳酸盐岩顶面构造图

剖面上，凯日克梅构造和塔克布拉克构造分别位于两个相邻盐丘构造之间，厚层盐层对盐下地层不产生速度差的影响，从而排除了由于高速盐丘而导致“假构造”的可能，构造可靠。

（3）根据地震反射结构特征及地震相研究，剖面上可以划分出两大类地震相：第一类是平行—亚平行地震相，根据其连续性又可以分为连续—弱连续地震层序，反映了地层平展的垂向叠加特征；第二类是乱岗状—杂乱结构地震相，反映了生物礁、滩坝或其他丘状沉积体的特点（图 4-46）。结合区块的构造背景和构造演化特征，推测上泥盆统—下石炭统地震层序中的乱岗状反射为生物礁块体，而其中的连续—中等连续的强振幅平行地震相应该是生物礁间相带和礁后潟湖相，连续性好的反射可能与颗粒碳酸盐岩、泥灰岩与泥页岩互层有关；而中上石炭统—下二叠统的弱连续—中等连续平行—亚平行地震相与稳定的浅海相沉积有关。

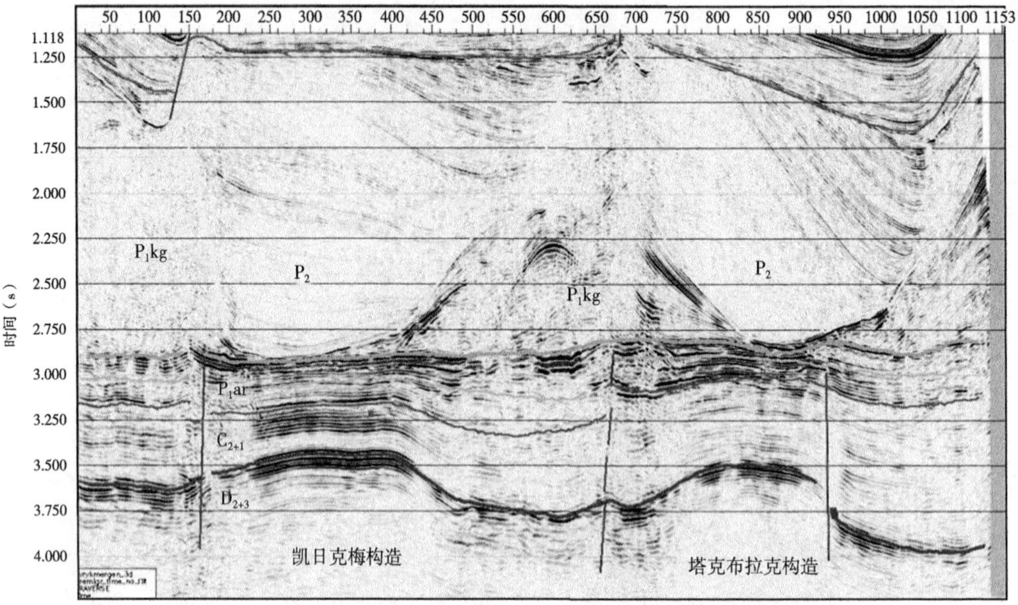

图 4-44 凯日克梅构造和塔克布拉克构造带地震解释剖面图

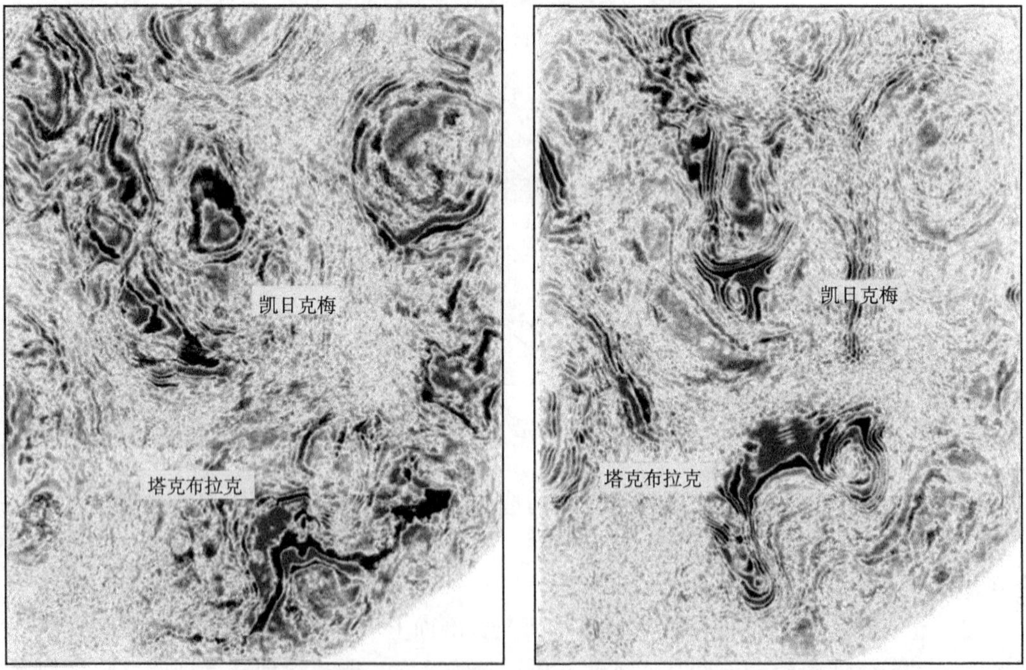

a. 下石炭统　　b. 上泥盆统

图 4-45 下石炭统顶面（3150ms）和上泥盆统顶面（3600ms）时间切片

上泥盆统、中—下石炭统地震层序内可以划分出多个丘状反射，内部具有乱岗状结构；侧向上在剖面左端为弱—中等连续的亚平行反射；这些丘状（豆荚状）反射结构是一些生物礁的特征，向右侧方向过渡为礁前碎屑斜坡和深水相泥岩或泥灰岩，地震层序为连续的平行反射。

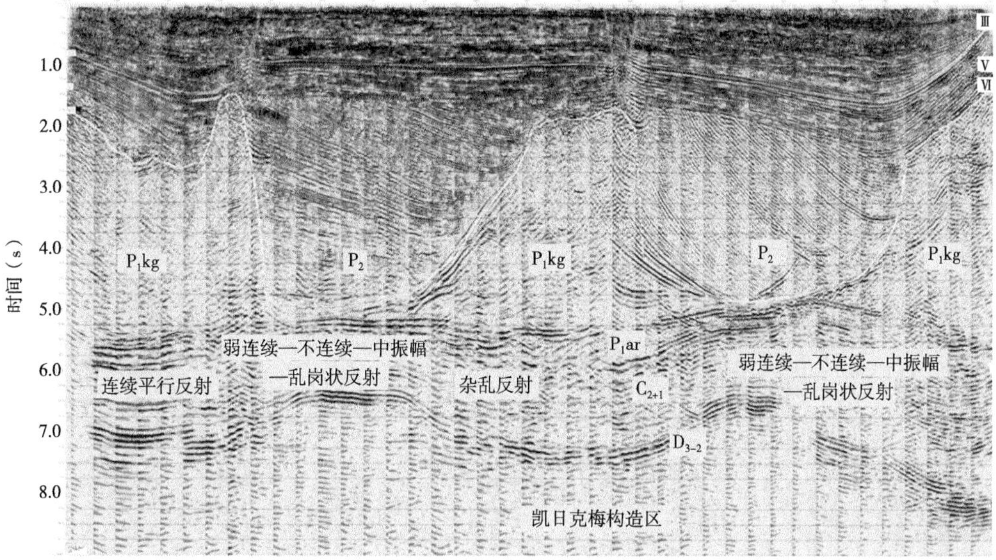

图 4-46　三维地震测线盐下的地震反射结构剖面

下二叠统（P_1ar）层序内反射波振幅受上覆地层特别是盐岩层影响较大。局部可见前积结构和发散结构，这类反射结构代表了碎屑沉积体常见的反射特征。根据相邻地区的钻井记录，这套地层，特别是上部的亚丁斯克阶岩性主要是泥页岩，由于岩性单一，内部反射的振幅较低。

从同相轴连续性来看，不同部位、不同层位的连续性差别较大。石炭系—下二叠统地震层序为中等连续到弱连续，侧向上相对均一；中—上泥盆统地震层序为连续到弱连续，甚至不连续，侧向变化较大。

（4）晚石炭世—早二叠世的区域性抬升、海平面升降或局部构造作用，使得陆棚碳酸盐岩在成岩演化的历史过程中遭受风化、淋滤、溶蚀等侵蚀和改造作用，抬升和淋滤导致上泥盆统—下石炭统碳酸盐岩或生物礁体的孔渗性提高，有利于储集空间的形成。韦宪阶—巴什基尔阶、亚丁斯克阶可能也有少量碳酸盐岩及陆源碎屑岩储层，但推测其规模不大。

盖层为区域性发育的弗拉斯阶页岩、局部性的法门阶白云岩和页岩及半区域性的杜内阶—韦宪阶页岩。巨厚的孔谷阶蒸发岩是盐下地层的区域性盖层。

（5）构造带为继承性隆起，南侧与南恩巴坳陷（生油坳陷）相邻，长期位于油气运移的指向部位，具备发育大型油气田的地质基础。

（二）中部乌里肯托比—毕克扎尔构造带

构造带位于南恩巴坳陷中部，为受盆地边缘南恩巴褶皱隆升作用影响而形成的北东走向构造带。地震勘探揭示，沿构造线方向发育 Ulkentobe、Ulkentobe SW、Ushmola、Kumshety、Ushkan（图 4-47）等一系列低幅度短轴背斜或断背斜构造，以发育石炭系—下二叠统油气组合为主，构造圈闭闭合高度为 50～150m，单个局部构造圈闭面积为 8～45km^2，其中，下二叠统构造层累计局部构造圈闭面积为 188.4km^2。圈闭资源量为 10137.74×10^4t；中石炭统构造层累计局部构造圈闭面积为 105.6km^2，圈闭资源量为 12897.26×10^4t。

钻井揭示，构造带广泛发育中石炭统薄层石灰岩、泥灰岩及下二叠统—中石炭统碎屑岩砂岩两大类储层。其中，中石炭统碳酸盐岩最大单层厚度为 40～50m，下二叠统砂岩储层厚度为80~110m，钻井见油气显示活跃（图4-48、表4-16）。勘探层埋深为4200~5500m。

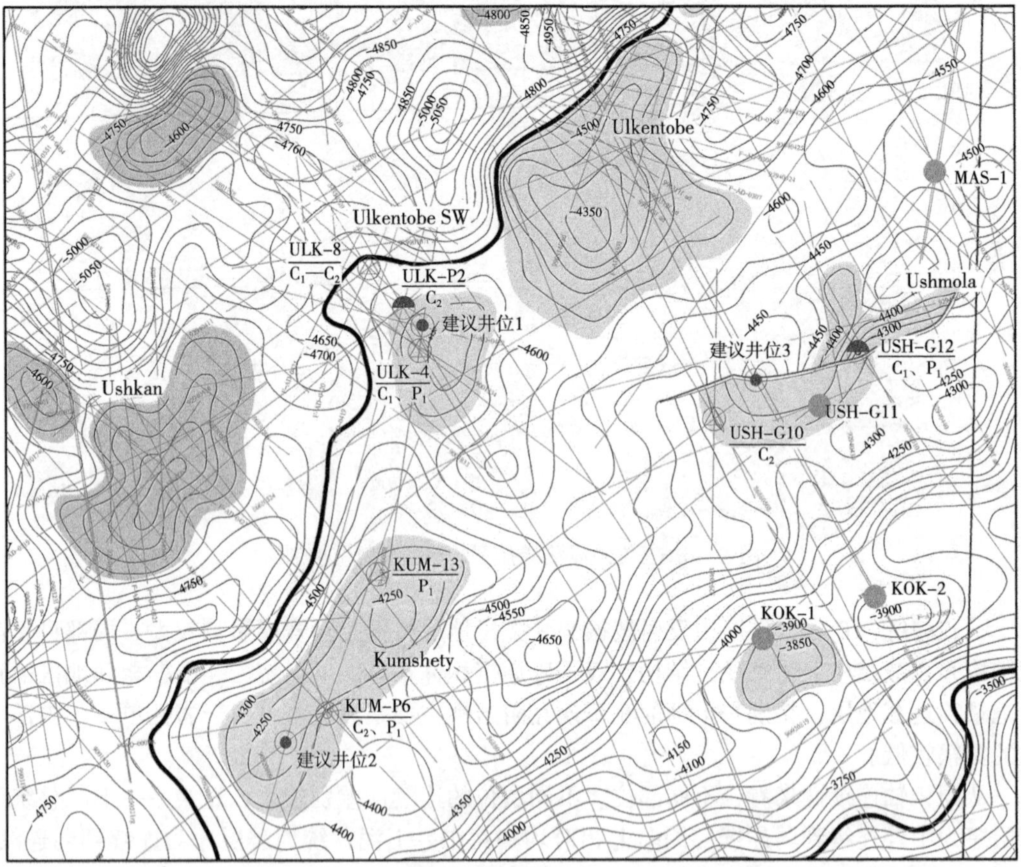

图4-47　中部乌里肯托比—毕克扎尔构造带中石炭统圈闭分布图

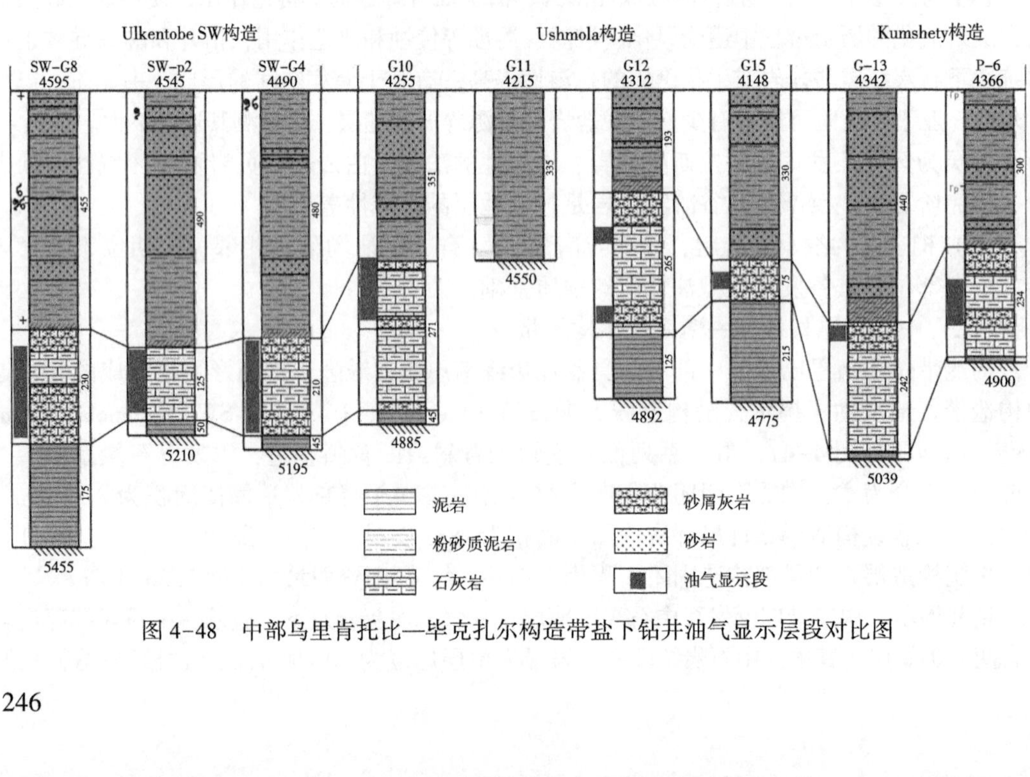

图4-48　中部乌里肯托比—毕克扎尔构造带盐下钻井油气显示层段对比图

在乌里肯托比西南（Ulkentobe SW，图 4-49）构造上的 Ulk-SW-P2 井于中石炭统石灰岩（井深 5127m）钻遇良好油气层，在井深 5060~5140m 测试日产油 62.3~67.1t（455~490bbl/d），原油密度为 0.856g/cm^3。在 Ushmola 断背斜构造上 Ushm-G12 井、Ushm-G15 井分别在中石炭统碳酸盐岩层试获油低产油流（日产油分别为 20bbl、1.88~4.40bbl）。

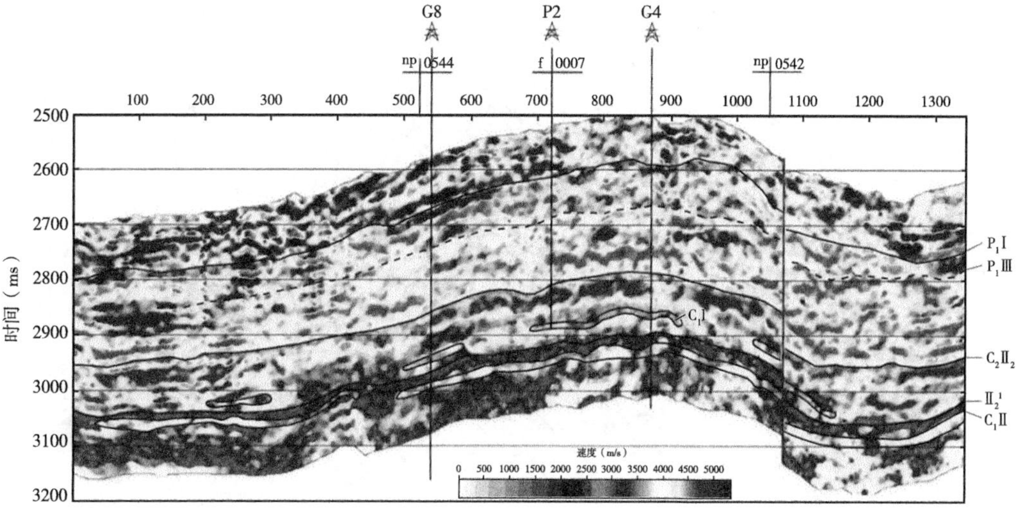

图 4-49　Ulkentobe SW 构造中石炭统碳酸盐岩潜力层地震预测剖面（f_0003 测线）

碎屑岩储层由于埋藏深度较大，压实作用和胶结作用较强，储集性能一般较差。但由于异常高压作用，在部分砂体中保留较好的孔隙空间，同时在岩石裂解、冲刷作用下，创建次生孔隙空间，如部分钻井过程中钻井液流失较严重，说明地层中裂缝发育。从钻井岩心分析资料看，石炭系储层孔隙度一般为 2.06%~10.03%，最高可达 20.4%，渗透率为 0.061~9.0485mD，下二叠统储层孔隙度为 1.67%~15.17%，渗透率为 0.083~16.95mD，总体上属于低孔、低渗透—特低渗透储层。

（三）南部拉夫宁纳—托尔塔伊构造带

该构造带位于区块南部边缘、南恩巴坳陷东南部斜坡。地震剖面上，石炭系与其上覆下二叠统存在最为显著的不整合面，向隆起带方向的较高部位常常缺失盐下顶部地层（P_1）或者孔谷阶盐岩层，油气成藏条件变差。隆起斜坡及其低部位保存着一定厚度的盐岩层地区，是下—中石炭统油气组合潜力区。区带内发育与海西晚期的挤压褶皱运动有关的背斜和断背斜构成圈闭，另外逆断层遮挡也可以形成圈闭，这类圈闭中的碳酸盐岩储层厚度较小。如拉夫宁纳中石炭统等油藏，储层较为单一、厚度薄、非均质性强、规模较小等都直接影响此类油藏的开发效益。

通过地震勘探及编图还发现了 Koktobe 和 Koktobe S 等形态或类型与拉夫宁纳油田相似的碳酸盐岩建隆是该构造带中存在的勘探目标（图 4-54 至图 4-52）。苏联时期（1987 年）在 Koktobe. S 构造东南部钻探 KOK S. G-2 井，完井井深 3690m，钻井在下二叠统亚丁斯克阶钻遇的砂岩厚度为 17m；中石炭统钻遇碳酸盐岩层厚 9.4m，砂岩厚度为 27.1m/3 层，最大厚度为 15m。钻井过程中，槽面见油花，钻井中见油流，未测试。经测井重新解释，碳酸盐岩储层段物性偏差，地层电阻率为 30~40Ω·m，声波时差值为 190~200μs/m，测井解释孔隙度较低，解释结论为致密层；在井深为 3570～3612m 砂岩段，储层物性及其含油气性较好，砂岩孔隙度为 12%～19%，地层电阻率为 18Ω · m，含油气饱和度为 45%～68%；证实了该构造的含油气性，测算圈闭资源量为 6500×10^{4}t。经井—震资料约束反演研究成果表明，砂岩油气储层厚度较大，分布较稳定；同时在下伏中石炭统中发现尚有良好的储油气层，该井未能钻遇（图 4-50）。

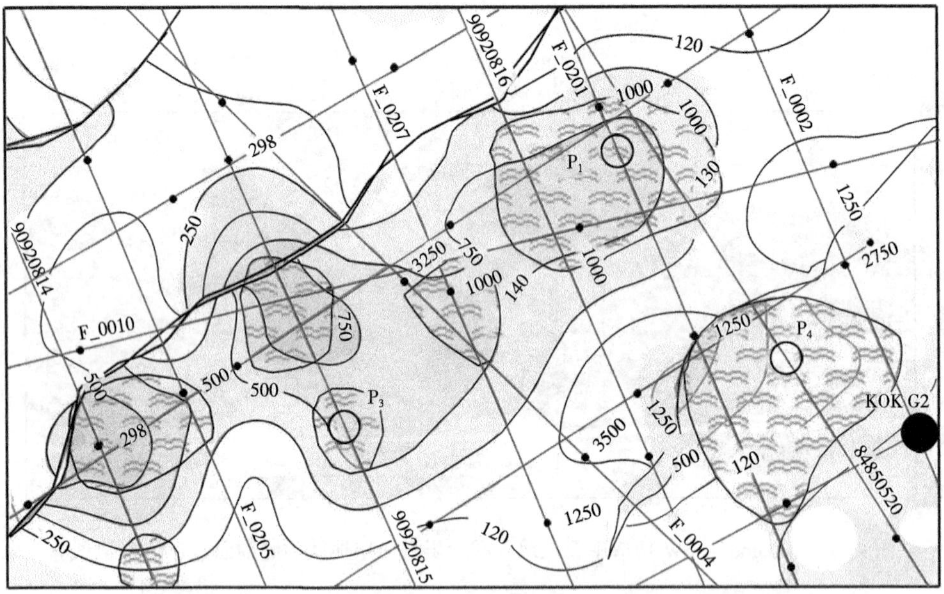

图 4-50　拉夫宁纳—托尔塔伊构造带 Koktobe 潜力区分布图

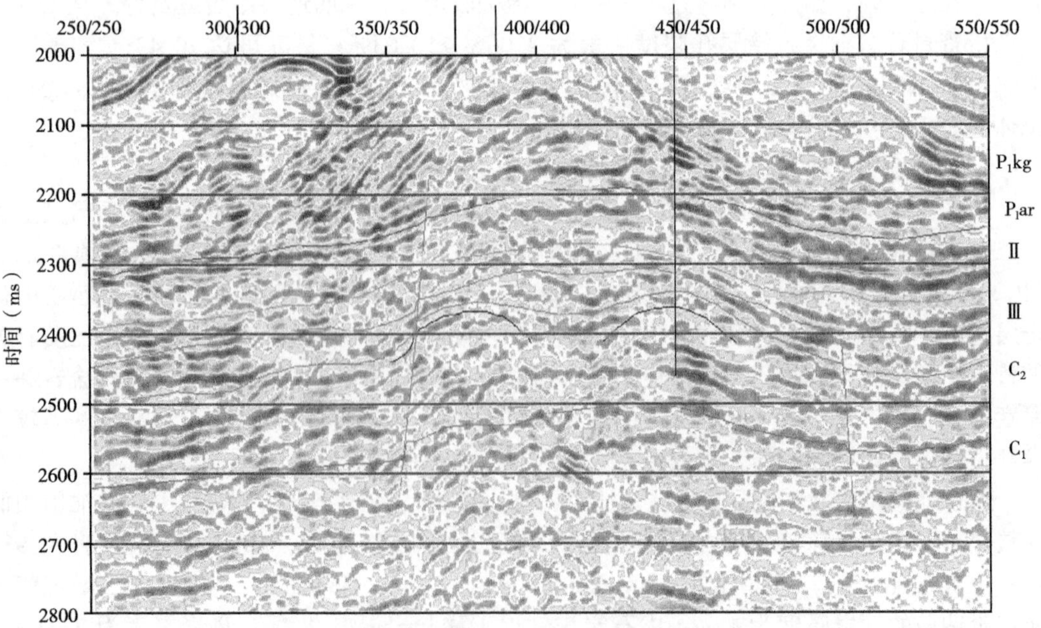

图 4-51　Koktobe 构造碳酸盐岩潜力层地震预测剖面（90920815 测线）

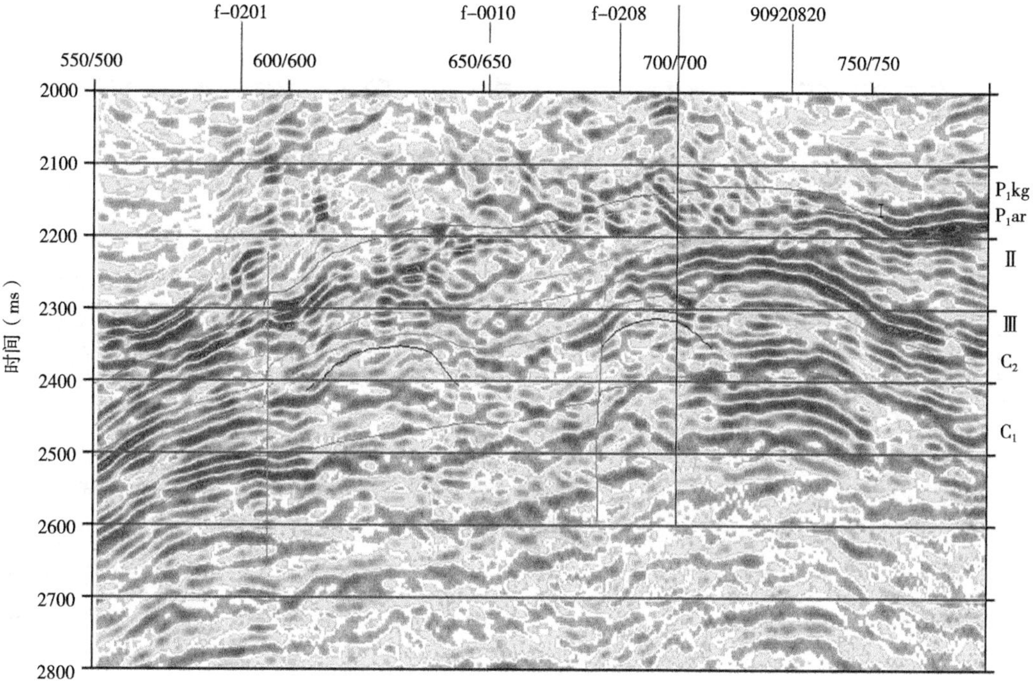

图 4-52　Koktobe 构造碳酸盐岩潜力层地震预测剖面（84850520 测线）

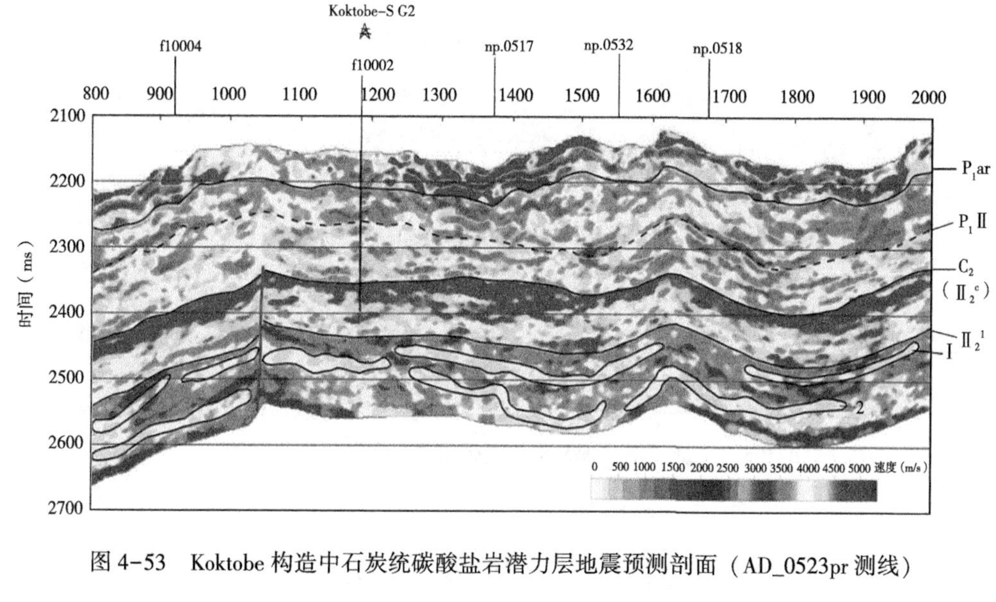

图 4-53　Koktobe 构造中石炭统碳酸盐岩潜力层地震预测剖面（AD_0523pr 测线）

第五章 盆地北部费多罗夫斯克地区盐下油气成藏特征及勘探实践

费多罗夫斯克地区位于哈萨克斯坦西北部乌拉尔斯克州，区块西南面距离哈萨克斯坦著名历史古城——乌拉尔斯克市（Uralsk）约 25km，东北边界大致与哈萨克斯坦和俄罗斯的国界线重合，东侧与著名的卡拉恰干纳克巨型凝析油气田相邻，南北延伸的乌拉尔河自东北向西南穿越区块。区块面积为 2391km^2。

构造上，费多罗夫斯克地区属于现今滨里海盆地北部环带状分布的断阶带的一部分，总体上为向盆地中心方向陡倾的单斜构造带。断阶带北侧为俄罗斯地台南部的隆起构造单元，属于伏尔加—乌拉尔盆地范畴；以南过渡为盆地中央坳陷区，即由断阶带盐下古生界厚层浅水碳酸盐岩台地迅速减薄为深水黑色页岩相区（图 5-1），东西方向呈窄条状展布，从伏尔加格勒向东可一直延伸至奥伦堡，距离超 1500km，断阶带总面积为 93792.6km^2。由于构造带处于盆地特殊的大地构造位置，从而形成了独特的油气成藏地质条件。

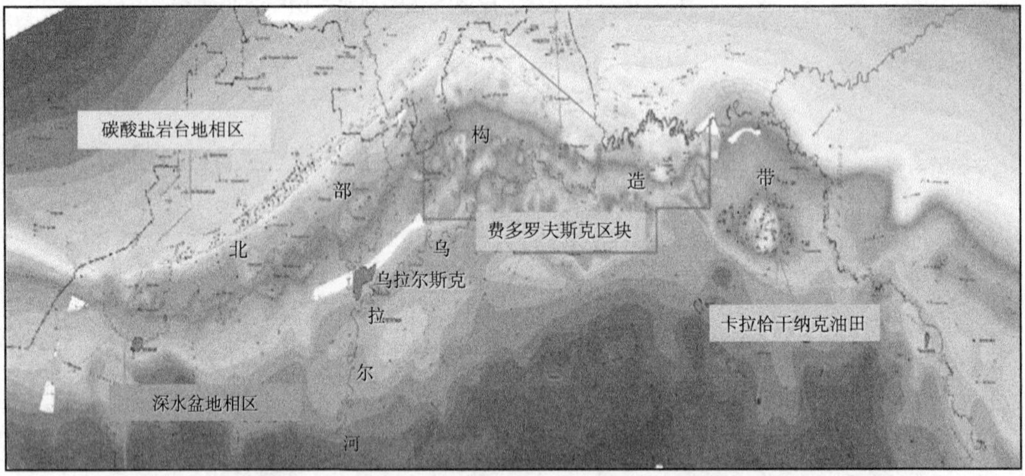

图 5-1 滨里海盆地北部构造带构造单元及区块位置图

第一节 勘探简况

滨里海盆地北部断阶带油气勘探历史悠久，随着勘探工作的持续深入，地质思路不断完善，盆内大型油气田的勘探方向和勘探目标逐渐明朗。勘探实践表明，北部断阶带是盐下上古生界生物礁油气藏和浅水碳酸盐岩油气藏发育的有利区带，油气资源潜力巨大。迄今，北部断阶带已发现盐下大、中型油气田 39 个，其中 3 个为盐上油气田，其余均为盐下油气田，大部分油气田发现于 20 世纪 80 年代。平面上，这些油气田呈弧形分布于盆地北部边缘，油气田主要产油气储层为上古生界碳酸盐岩和生物礁，从下二叠统到中泥盆统均有分布，以产凝析油气为主。主要油气藏类型为生物礁型，其次为地层—构造型油气藏。截至2013年底，北部断阶带已发现石油原始可采储量 $2.58\times10^8m^3$、凝析油原始可采储量 $3.96\times10^8m^3$、天然气原始可采储量 $53.30.7\times10^{12}ft^3$。已发现油气储量占整个滨里海盆地油气当量的17.2%（周生友等，2010），占盆地盐下层系油气储量的22.8%，北部断阶带是滨里海盆地重要的油气聚集带。

由于北部断阶盐下油气成藏条件较复杂，目的层埋藏深度大，碳酸盐岩储层物性变化大，非均质性强；地震资料分辨率低，构造成像精度不高；储层预测难度大等都严重制约着勘探进程。费多罗夫斯克地区从苏联时期（1971年开始）开展了地震勘探，完成2D地震5066km，钻深盐下探井17口。这些探井大部分都钻遇了盐下上古生界碳酸盐岩层，钻井见油气显示十分活跃，但勘探始终未能获得商业油气流。随着勘探技术与方法日趋成熟，三维地震勘探技术、碳酸盐岩储层描述技术、深部钻井工程技术、深层碳酸盐岩储层酸化压裂改造等综合配套技术的成功应用，为勘探优化部署提供了有力的依据，也极大地促进了盆地北部区带盐下大中型油气田的发现和新一轮盐下碳酸盐岩油藏的勘探与开发。

一、石油地质认识的突破

20世纪50年代起，盆地北部断阶带在初步完成重力、电磁和少量地震勘探的基础上，部署了深部石油探井，尽管钻井仅在盐下层系发现了一些规模较小的次商业性油气田，勘探家们并没有因此失去继续寻找盐下大油气田的信心。这个时期的勘探工作在理论和实践上均取得极其重要的成果，发现了盆地北部断阶带盐下层系分布着巨厚的上古生界碳酸盐岩沉积建造，与东欧地台的重要产油层极为类似，从而明确了查明古隆起与地台边缘斜坡区碳酸盐岩体的分布及其结构特征是下一步研究的方向和勘探工作的重点。

随着石油地质认识和研究工作的不断深化，带来了找油思路的大转变，找油气的主攻方向调整为寻找大型隆起带及其毗邻的有利的碳酸盐岩储集相区。1978年通过在卡拉恰干纳克—特罗伊茨克隆起带上实施钻井勘探，发现了卡拉恰干纳克上泥盆统—中石炭统和下二叠统多层系叠加的特大型生物礁（环礁和塔礁）型凝析油气藏。期间，还发现了西罗文、洛博金油田等盐下大、中型油气田，展示了盆地北部断阶盐下古生界深层找油气前景广阔。

苏联时期，费多罗夫斯克地区开展过物探、钻井等一系列勘探工作，从1971年开始相继完成2D地震勘探和深部钻井勘探工作。其中UGS-P-3井完钻井深达7007m，未进行测试，但从测井曲线分析，盐下有5个层段显示较好，钻遇了盐下下二叠统、石炭系和上泥盆统多套厚层碳酸盐岩和生物礁储层，碳酸盐岩顶面埋藏深度为4500~5500m。钻井证实了区块盐下层系的油气勘探潜力，但限于当时的认识和勘探技术手段，未能取得商业性突破。近年来，通过进一步理清区块勘探思路，调整了技术攻关方向：（1）加强了区域盐下层系油气成藏规律的认识，特别加强了区域晚古生代台地碳酸盐岩储层沉积相、沉积成岩作用的研究，明确了碳酸盐岩及生物礁等优质储层的发育规律和分布特征；（2）针对厚层盐岩覆盖的盐下层系，开展深层三维地震勘探与技术攻关，精细落实构造与碳酸盐岩储层识别描述；（3）针对碳酸盐岩储层埋藏深、岩性纯、物性条件差、非均质性强的沉积特点，开展碳酸盐岩储层深层酸压改造技术攻关，加快油气发现进程，探索深层油气藏建产、投产和增产的主要技术手段，逐步形成了一套适合该地区的深层碳酸盐岩油气藏勘探开发方法与技术。

二、三维地震勘探技术应用

20世纪70年代，费多罗夫斯克地区开展了大量的二维地震勘探工作，但由于该地区地面条件复杂，既有盐沼地带，又有丘状沙漠，地震激发接受条件差，表层速度较低，地震波能量衰减快，造成地震资料品质不高。加之盐下层系埋深大（大于4300m），巨厚盐丘对盐下层系的屏蔽作用强，地震资料干扰波发育，分辨能力和成像品质差，反射能量弱，储层预测难度大。盐丘构造速度异常，在地震资料上，表现为地震波速度在横向和纵向上变化快，从而掩盖了真实的地质构造现象，很难准确识别构造面貌，对地球物理成像技术要求非常高。上述因素严重制约着勘探进程，造成这些年来整个盐下区带油气勘探进展缓慢。与滨里海盆地东部及东南部地区相比，北部断阶带的油气发现程度明显偏低。为此，专家们提出，提高盐下油气勘探的效率和效益关键在于尽快提高和改善盐下层系地震勘探的成像技术。近年来，通过实施大面积三维地震勘探，野外施工采用大药量激发，增强了盐下层的反射能量；合理组织处理流程，有效压制面波干扰、强能量规则干扰和随机噪声干扰，提高地震资料信噪比和分辨率；利用速度谱分析建立宏观速度场，应用射线层析成像方法提高速度分析精度，建立准确的速度模型，有效消除因地震速度异常造成的畸变（即假构造）。

依靠三维地震勘探等技术的进步，结合录井、测井、地震及化验分析资料，开展了盐下构造圈闭精细解释、盐下碳酸盐岩储层描述、碳酸盐岩生物礁体识别与描述等综合研究，为区块勘探部署提供了有力的依据，加快了区块盐下大型油气田的勘探发现与开发生产。近年来，在罗兹科夫斯克（Rozhkovsky）构造东部构造高点上实施了一口探井Rozhk-F-10井，该井于下二叠统、中—下石炭统、泥盆系钻遇生物碎屑灰岩、石灰岩，含油气层厚达86m，并在下石炭统（C_1t，井深为4344~4356m）试获180m^3/d高产凝析油流，发现了凝析油气藏。

三、碳酸盐岩储层深层酸压改造技术进步

盐下古生界碳酸盐岩储集空间以溶蚀孔洞、裂缝为主，储层非均质性强，基质孔渗条件差，平均孔隙度为4%~10%，平均渗透率为0.1~0.01mD（根据Rozhk-F-10井下石炭统4365~4391m井段碳酸盐岩岩心化验分析资料），属于典型的中低孔、低渗型碳酸盐岩储层，渗流通道主要依靠裂缝，孔喉配合度低、连通性差，缺乏原始地层渗流能力及完井后自喷能力。针对这类连通性和渗流能力较差的碳酸盐岩储层，通过大型酸压改造，形成酸蚀裂缝，并延长酸蚀缝长与近井地带较大规模的天然裂缝（洞）系统的沟通，实现增加泄油面积，改善储层导流能力，沟通油气渗流通道，使得油气井获得高产，具备增产和自喷生产的能力。

深部钻井技术及油气储层酸化、压裂改造技术的系统攻关成果，在罗兹科夫斯克构造勘探中得到成功应用，有效改善了碳酸盐岩储层的渗流能力，提高了单井油气产能，延长了有效生产时间。单井平均日产油量由小于10m^3提高至数十至数百立方米。其中，Rozhk-F-13井在井深4412~4420m、4425~4439m、4493~4498m油气井段实施储层酸压改造，凝析油产量改造前为10~12m^3/d，改造后达到240m^3/d，天然气产量改造前为$10\times10^4m^3/d$，改造后达到$23\times10^4m^3/d$，盐下碳酸盐岩亿吨级储量得到了解放。

近年来，随着新技术、新方法的应用，区块油气勘探工作取得了重要进展，通过重

力、三维地震及钻井等勘探工作，在费多罗夫斯克地区发现了罗兹科夫斯克盐下石炭系凝析油气藏。同时落实了扎依克（Zhaik）和扎日苏特（Zharsuat）等油气有利的勘探目标区，展示出区块良好的勘探开发前景。

第二节　区块构造背景及构造特征

一、构造单元

滨里海盆地北部断阶带呈北东—近东西—北西走向弧形展布，基底顶面构造等高线分布密集，为一向盆地中心方向陡倾的大型单斜构造带。向西北方向明显抬升，与俄罗斯伏尔加—乌拉尔地台以几条深大断裂带相隔；往南沿着断裂带快速下沉，向滨里海盆地中央坳陷区延伸；以西为滨里海盆地西部断阶带，向东北沿着莫斯科阶—下二叠统碳酸盐岩陡坎可延伸至奥伦堡，东部与乌拉尔褶皱带相连，总体上呈东西向延伸的狭长带状分布（图 5-2）。

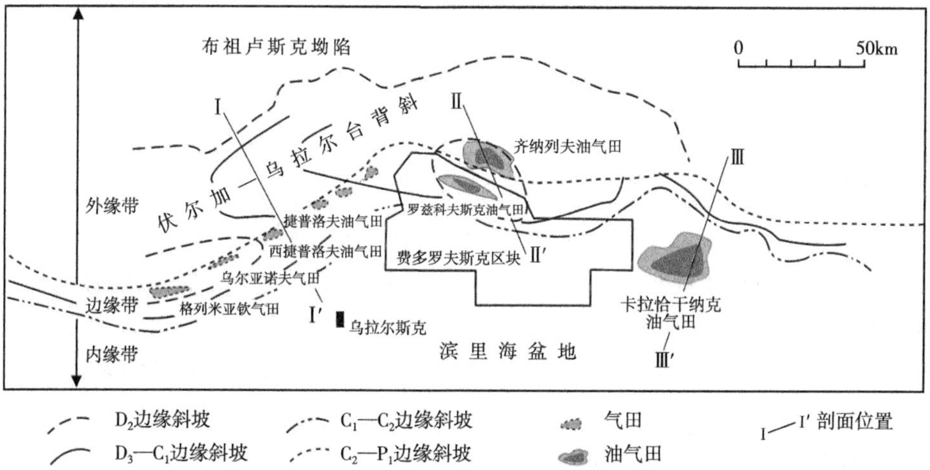

图 5-2　滨里海盆地北部构造带单元划分

区域地质资料表明，北部断阶构造带基底顶面埋深为 5.0～7.0km，最深可达 9.0km 以上，为里菲纪—早古生代沉积层。基底断裂构造发育，发育北东—近东西和北西走向两组断裂，平面上它们构成环带状分布的断阶带。由盆地边缘带向盆地中部呈阶梯式下降，组成规模不等的断块；具有明显的断阶结构（图 5-3）。断阶内断层断距为 500～950m，这些断层与基底关系密切，多为同沉积性质。

基底构造控制着断阶内盐下层系构造形态及地层组合特征。整个北部边缘的基底面上由一系列狭长的断块组成，可划分出以断裂为界的地垒和地堑。沉积盖层为由断块形成的幅度达数百米至上千米规模不等的隆起体系，最老的沉积盖层是泥盆系。断阶内自西向东发育阿赫图巴—帕拉索夫卡隆起、库兹涅茨隆起、费多罗夫斯克隆起、乌拉尔斯克隆起、卡拉恰干纳克—特罗伊茨克隆起 5 个大型正向构造单元。这些隆起单元大多由一些局部隆起组成的长垣，长垣规模约为 20km×100km 至 40km×200km，其上的局部隆起长为 1～3km，宽约 3～10km，幅度为 50～100m，石炭系的隆起幅度小于泥盆系，至二叠系变得更加平缓。H. B. 涅沃林等根据基底埋深、上覆古生界厚度、地层组合特征及构造样式，又进一步将北部断阶构造带由北向南又分为外缘带、边缘带和内缘带 3 个构造单元（图 5-2、图 5-3）。

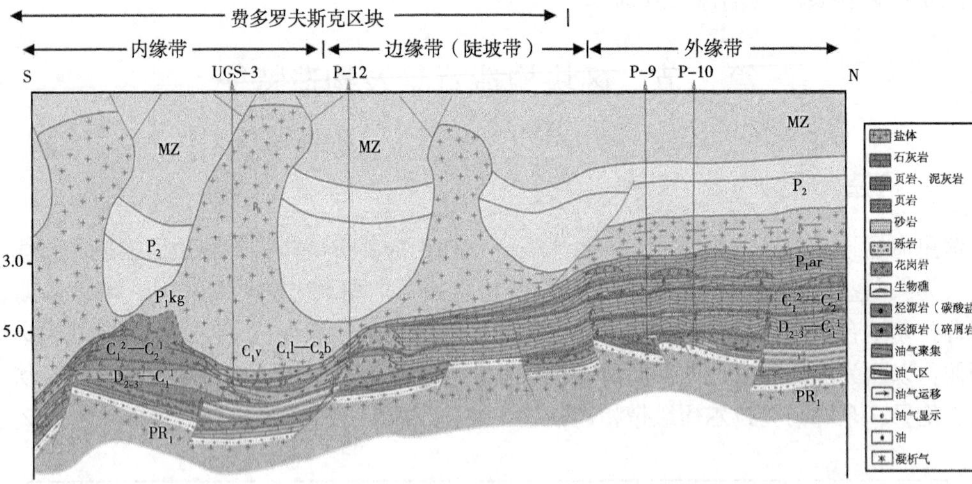

图 5-3　滨里海盆地北部费多罗夫斯克区块地质剖面图

（一）外缘带

外缘带为断阶带的北部边缘，属于滨里海盆地与伏尔加—乌拉尔台背斜过渡地带。外缘带抬升最高，钻井揭示基底埋深相对较浅，为 3~5km。基底地层由太古代—早元古代花岗岩、片麻岩组成。盐下古生界顶面埋深为 1~3km。海西期区域性挤压抬升作用导致隆起区二叠系—石炭系遭受不同程度的剥蚀。二叠系、石炭系油气系统遭受较强烈的破坏，油气成藏及保存条件变差。中—上泥盆统及下石炭统是区带内主要的油气成藏组合，区带已发现有齐纳列夫等中泥盆统碳酸盐岩凝析气藏，并在下石炭统杜内阶获得少量商业性含油气层。

（二）边缘带

边缘带相当于基底断裂带和沉积盖层的挠曲系统，处于晚二叠世浅海相与盆地相的过渡地带。发育下二叠统、巴什基尔—韦宪阶和部分泥盆系碳酸盐岩阶地，以基底块断构造为特征，泥盆系是最老的沉积盖层。基底埋深为 5~6km，盐下古生界顶面埋深为 3~4km。基底面被多条断层切割而复杂化，沉积层多发育挠曲构造，地层岩性以碳酸盐岩为主，夹 3~4 层以泥质岩为主的碎屑岩层，分布稳定，区域连续性好。勘探已证实，边缘带发育韦宪阶—巴什基尔阶碳酸盐岩凝析油气藏、带油环的凝析气藏及下二叠统亚丁斯克阶链状排列的生物礁块型、带油环凝析气藏。

（三）内缘带

内缘带处于北部断阶带的南部边缘，往南与盆地中央坳陷区相过渡，为基底较陡的单斜倾没带。基底埋深为 6~7km，最大埋深可达到 9.0km 以上，而盐下古生界顶面埋深从 3.5~4.0km 增加到 5.0km。钻探发现内缘带盐下古生界主要为杜内阶至亚丁斯克阶的石灰岩层，大套石灰岩段组成统一的巨型储集体。向下钻遇法门阶碳酸盐岩层和上—中泥盆统碳酸盐岩—碎屑岩层段，揭示最老的沉积盖层为下泥盆统碎屑岩地层。内缘带发现了著名的卡拉恰干纳克晚泥盆世—石炭纪—二叠纪生物礁型凝析油气藏。

从沉积上看，北部边缘带盐下层系是一个由古生界台地厚层碳酸盐岩及生物礁体组成的边缘阶地—浅海陆棚沉积。钻井和地震勘探资料揭示，下二叠统发育链状排列的礁块，推测存在石炭系礁体。向盆地中心，礁相迅速过渡为深水盆地相，相应的地层厚度由600~1200m减小到几百米或20~50m。生物礁相的分布与同沉积构造作用密切相关，生物礁常常发育在前泥盆纪的构造隆起上，与周边深水区沉积物同期交互出现。

在地震和钻井资料揭示的地层剖面上，普遍发育中—晚泥盆世、早石炭世早韦宪期、中石炭世巴什基尔期末期3个侵蚀面。以侵蚀面为界，盐下层序可划分成3个地震构造层或巨层序（图5-4），即：中弗拉斯阶（D_3f）—杜内阶（C_1t）、韦宪阶（C_1v）—巴什基尔阶（C_2b）和莫斯科阶（C_2m）—亚丁斯克阶（P_1ar），包括了3个厚层碳酸盐岩沉积旋回，每个层序之间被一套薄层碎屑页岩分隔（碳酸盐岩底面对应的地震反射界面分别为P_3、C_{12}和P_2）。这些高水位期的页岩可以在整个北部边缘带连续对比追踪。

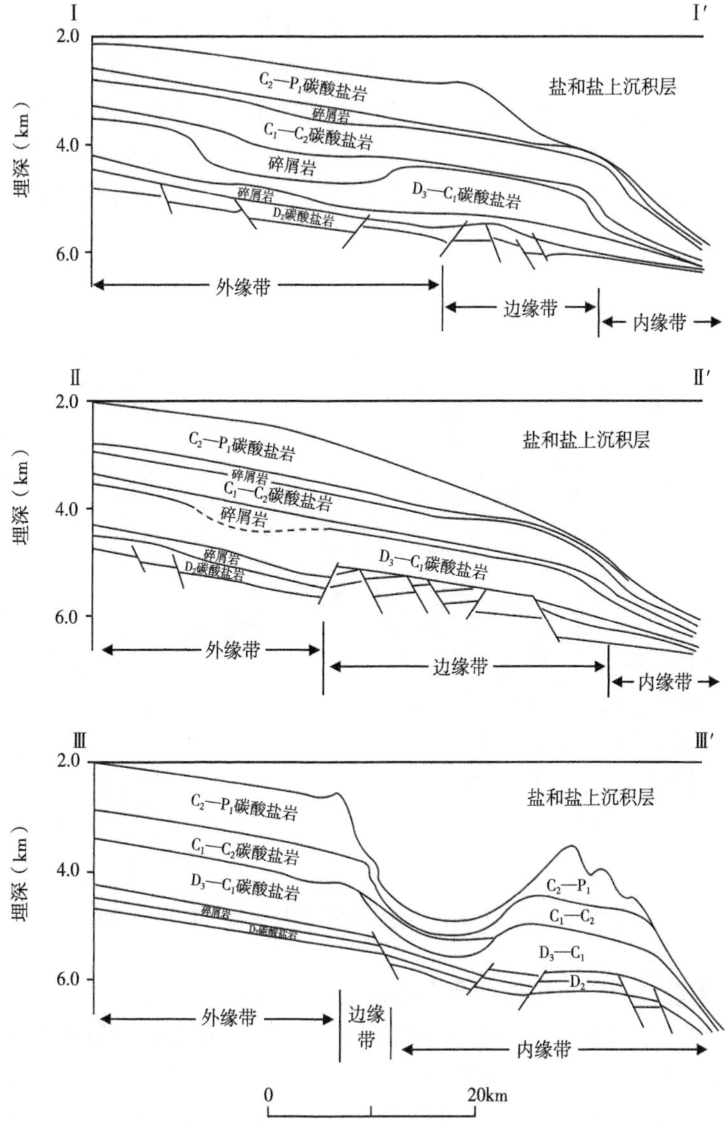

图5-4　滨里海盆地北部构造带地质剖面示意图（剖面位置见图5-2）

此外，在断阶内中泥盆统（艾菲尔阶）碳酸盐岩也形成了浅海和深海碳酸盐岩分布区，在过渡区域广泛发育堤礁，并在沉降较深地带发育局部海盆礁建造。

费多罗夫斯克区块属于北部构造单元费多罗夫斯克隆起的一部分，南部大面积处于内缘带，仅北部罗兹科夫斯克油气单元属于边缘带范畴。

二、构造演化特征

滨里海盆地的形成与发展起始于里菲期—早文德世裂谷，以及东欧地台东南部边缘帕切尔马、新阿列克谢耶夫和萨尔宾拗拉谷的形成。早泥盆世开始，古裂谷复活，沿现今滨里海盆地北部边缘形成了一系列张性断裂，这些断裂构造活动为整个盆地形成和发展奠定了基础。中—晚泥盆世，区域构造应力场发生改变，在北部边缘形成了一系列反转构造，中泥盆世吉维特期末出现大面积的沉积间断，形成了一系列隆起单元，标志着裂谷作用停止。作为东欧地台边缘发生的一次重要的地质构造事件，在北部区带的地震剖面上显示出一个反射标准层界面—P_3 层（上泥盆统弗拉斯阶碳酸盐岩地层底界，图 5-5）。晚泥盆世弗拉斯期，区域进入裂谷后沉降阶段，发育稳定的浅水台地碳酸盐岩沉积。在早石炭世韦宪期这一沉积环境得到加强，并延续至早二叠世亚丁斯克期。而南侧盆地中央坳陷区水深逐步增大，处于欠补偿状态，沉积了盆地相黑色页岩、泥灰岩和碳酸盐岩。总体上，泥盆纪之后北部边缘经历了以下 3 个构造演化阶段。

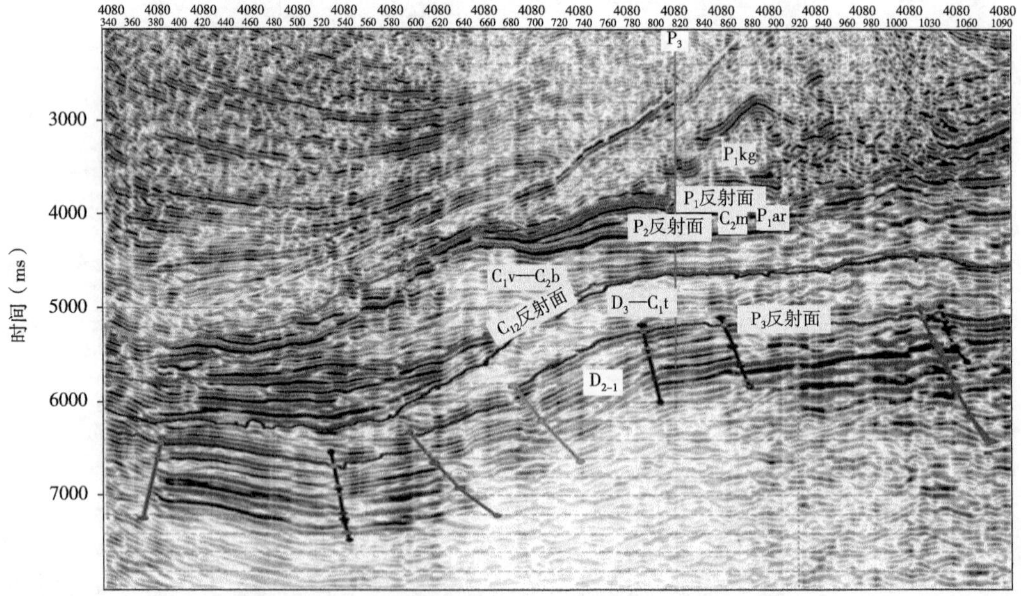

图 5-5　罗兹科夫斯克 3D 地震解释剖面（D 削蚀面）

（一）第一构造旋回期：东欧地台东南部边缘裂谷演化阶段

早泥盆世—中泥盆世早期，东欧地台东南缘经历了一次新的裂谷作用（复活的霍布达等里菲期—早古生代裂谷），表现为沿地台东南缘形成了一系列具有左旋走滑性质的低角度伸展断层。初期裂谷规模较小，为狭窄的条带状分布，形成拉分盆地，盆地内充填了来自东欧地台上的陆源—浅海混杂碎屑沉积物。早泥盆世末，发展成为东欧地台东南缘的一个大型沉降带，形成了最初的裂谷型沉积盆地。在裂谷形成过程中，地壳深处遭受显著改造，裂谷作用及地幔物质同期大量侵入，造成基底大规模基性岩化和次洋壳形成。中泥盆世开始，随着海平面间隙性上升，北部区带进入浅海陆棚沉积环境，发育厚层海相碳酸盐岩和碎屑岩沉积（图 5-6a、b）。

晚泥盆世早期（早弗拉斯期），东欧地台东南缘构造体制发生重大改变，水平走滑拉分构造开始发生反转。即由里菲期、早—中泥盆世的逆时针左旋拉分构造，改变为顺时针

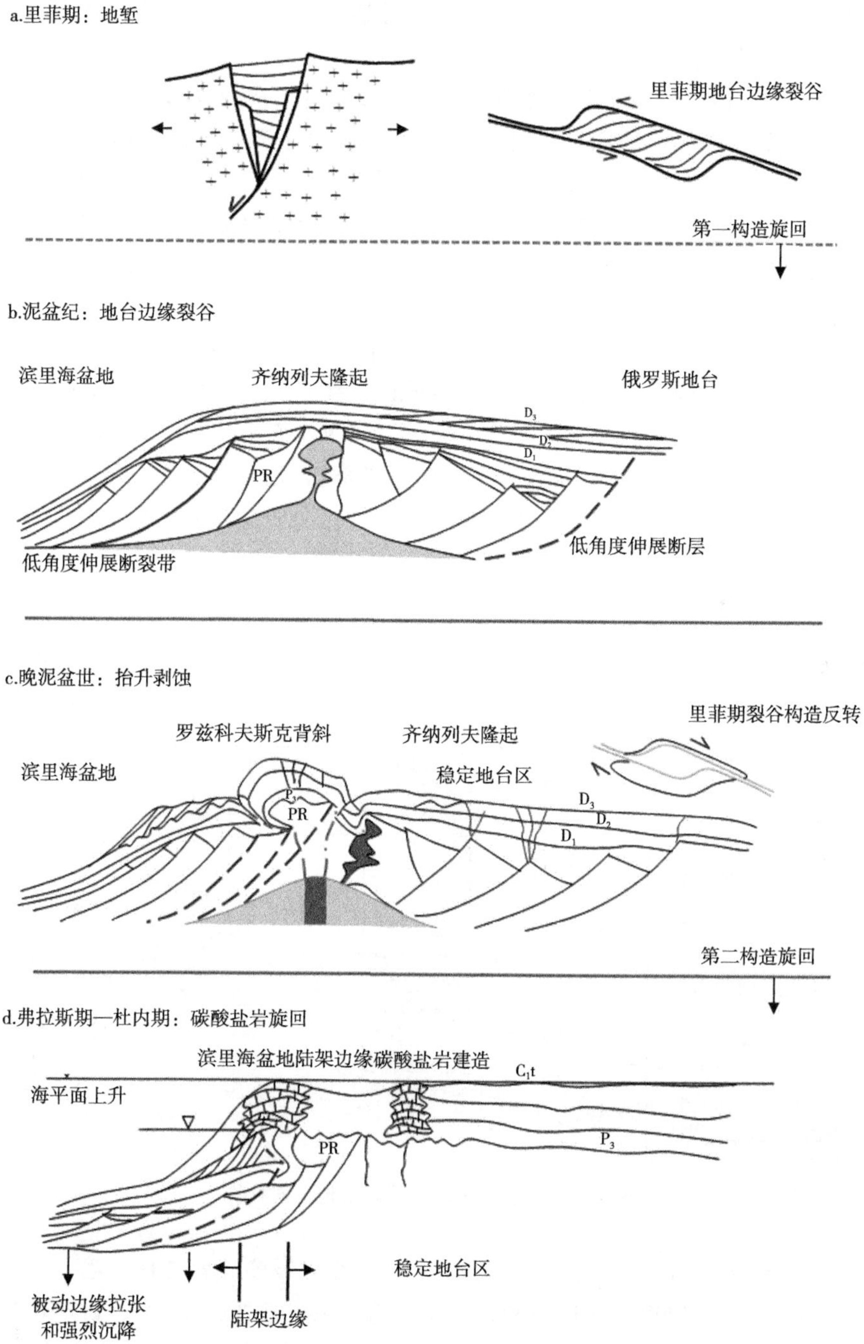

图 5-6　滨里海盆地北部里菲期—杜内期演化剖面

右旋的压扭性反转构造（图 5-6c）。台地边缘裂谷作用停止，在早期凹陷区形成了一系列隆起单元，沿着复合的低角度断层发育巨大的正花状构造。在正花状构造顶部一些完整的泥盆系背斜构造遭受剥蚀（如罗兹科夫斯克构造 RZK-P-3 井）。与此同时，周缘洼地接受碎屑物质的再沉积作用，剥蚀面之上不整合覆盖了一套浅海相碎屑岩和碳酸盐岩。至此，现今的滨里海盆地北部边缘向南（盆地中心方向）倾斜的区域构造格局基本形成。

（二）第二构造旋回期：被动大陆边缘—克拉通坳陷演化阶段

晚泥盆世—早石炭世，为东欧克拉通被动大陆边缘演化阶段。在盆地北部边缘形成了被动大陆边缘沉积物，发育厚层浅海相碳酸盐岩及碎屑岩。

1. 泥盆纪晚期（D_3f）—石炭纪早期（C_1t）：被动边缘碳酸盐岩沉积单元

晚泥盆世晚期（中弗拉斯期—法门期），海平面持续上升，导致被动边缘大幅度沉降，边缘陆架后退，北部台地接受了大规模海侵，广泛发育碳酸盐岩沉积，为浅海—开阔台地相。斜坡部位第一套厚层台地碳酸盐岩建造—弗拉斯阶上部+法门阶碳酸盐岩沉积单元形成（图 5-6d、图 5-7），不整合覆盖在弗拉斯阶早期的混杂碎屑沉积层之上。至此，前里海盆地开放的大陆边缘初步形成。

早石炭世（杜内期）继承了晚泥盆世的沉积格局，在北部断阶隆起带上广泛发育台地碳酸盐岩沉积。随着海侵规模扩大，欠补偿沉积区持续扩张，碳酸盐岩沉积区逐渐向北部边缘退积，一些大型的平缓隆起上发育生物礁或生物灰岩建造（P_3—Ct 层）。向陆地过渡为潟湖，向南部转变为快速沉降的盆地相区，充填海侵期的黏土质灰岩、黑色页岩等陆棚—深海相沉积物。现今已发现的大中型油气田多以这个时期隆起上形成的生物礁为重要储层。

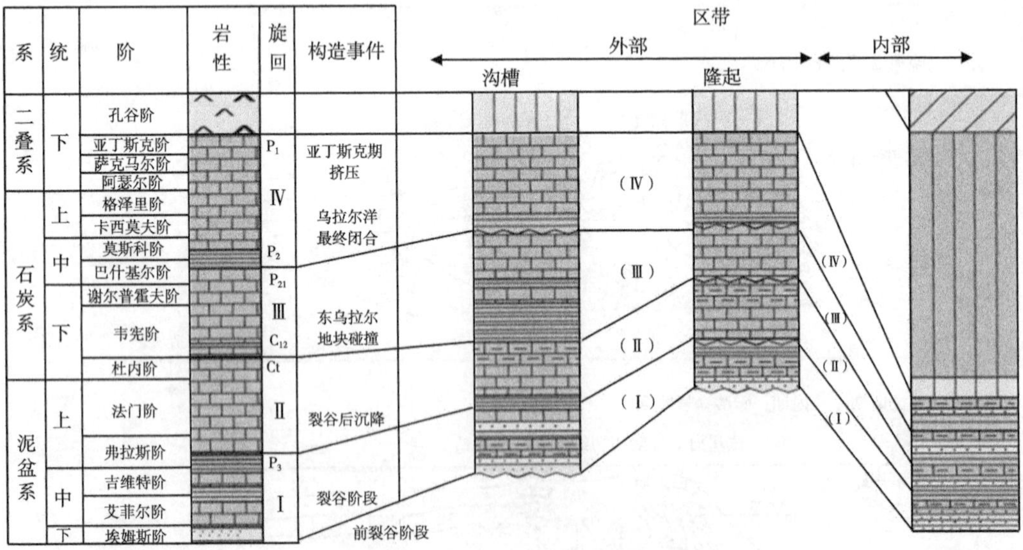

图 5-7　滨里海盆地北部断阶地层对比图

2. 早石炭世（C_1v）：克拉通坳陷碎屑岩—碳酸盐岩和碎屑岩沉积单元

早韦宪期，东欧板块东南部边缘和东乌拉尔地块发生碰撞，盆地边缘隆起带形成。区域构造体制发生重大变化，裂谷—被动大陆边缘演化宣告结束，进入克拉通坳陷演化阶段。早韦宪期经历了短暂的周期性海平面下降，北部隆起带古陆棚区萎缩，在一些大型平缓隆起区形成了生物灰岩，陆架边缘杜内阶碳酸盐岩建造则间隙性出露水面，或部分遭受剥蚀。同时，陆源碎屑物补给得到增强，在大陆斜坡形成了冲积扇体，发育一套薄层泥土岩、泥灰质砂岩和少量碳酸盐岩沉积（图 5-7、图 5-8a，Ct—C_{12}层），而在南侧的盆地相区则沉积了数百米厚的黏土岩、灰质黏土岩、泥石流和海底扇砂岩体。与陆架地区相比，在深水盆地的一些地区地层厚度突然增大。

3. 早石炭世（韦宪期）—中石炭世（巴什基尔期）碳酸盐岩沉积单元

中—晚韦宪期，海平面持续缓慢上升，并一直延续至中石炭世巴什基尔期，该时期北部边缘周期性发生碳酸盐岩沉积作用，在大陆坡上部边缘或陆架内部和外部（逐步加深）边界上形成了规模不等的碳酸盐岩凸起，出现了新一轮较大规模的进积碳酸盐岩沉积建造（图 5-7、图 5-8b，C_{12}—P_{21}层），属于浅海碳酸盐岩台地相沉积，并发育生物礁相。区域形成了厚度达数百米的碳酸盐岩礁滩相储层，碳酸盐岩及生物礁的分布受基底隆起构造的控制；向盆地中央坳陷区，台地碳酸盐岩迅速被深水黑色薄层泥页岩替代；此时，在盆地南部，阿斯特拉罕—阿克纠宾斯克被动大陆边缘演化成系列隆起，沉积环境由深水陆架演变为浅水内陆相，发育多种生物礁相。

4. 中石炭世后期（巴什基尔期末—莫斯科早期）碎屑岩单元

中石炭世巴什基尔期末，东部哈萨克斯坦及南部北乌斯秋尔特微板块与东欧板块相继发

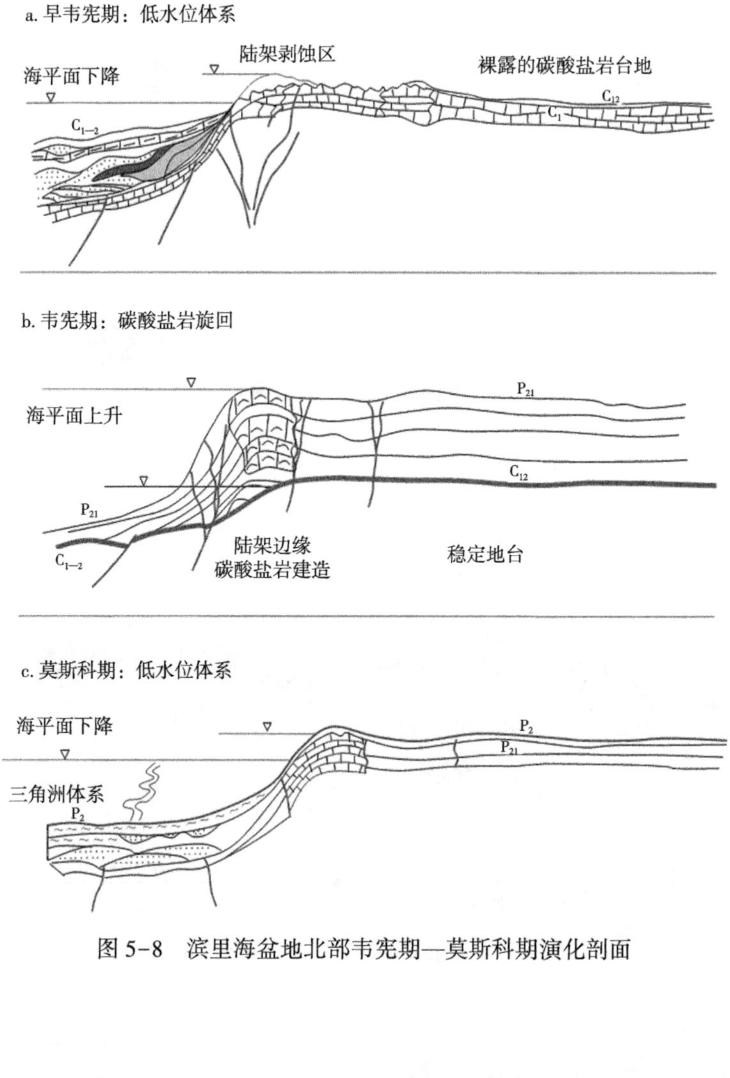

图 5-8　滨里海盆地北部韦宪期—莫斯科期演化剖面

生碰撞，乌拉尔洋最终闭合。随着海平面再度下降，盆地边缘地层经历了不同程度的抬升和剥蚀，巴什基尔阶与上覆莫斯科阶呈角度不整合接触。受到陆地板块碰撞和持续活动作用影响，北部断阶带陆源碎屑物输入占据主导地位，自西向东，沿着前期（韦宪期—巴什基尔期）浅海碳酸盐岩台地沉积向三角洲体系沉积过渡，连续沉积了数米厚的黏土岩、泥灰质砂岩和薄层碳酸盐岩（图5-7、图5-8c，P_{21}—P_2 层）。而在盆地相区形成了低水位体系下的楔形沉积体，发育数百米厚的黏土岩、灰质黏土岩、泥石流和海底扇砂岩体。

这一时期，强烈的抬升和剥蚀作用导致巴什基尔阶至莫斯科阶下部碳酸盐岩出现沉积间断。期间的风化淋滤作用对巴什基尔阶碳酸盐岩储层物性的改善起到了极为重要的作用，使其成为了盆地最重要的油气储层。

5. 中石炭世末期（莫斯科期）—早二叠世（亚丁斯克期）碳酸盐岩单元

莫斯科期，海平面再度上升，北部大陆边缘区广泛发育浅海相碳酸盐岩沉积旋回。在隆起区，该旋回一直延续至早二叠世阿瑟尔期和亚丁斯克期，形成了范围较大的碳酸盐岩斜坡。这也是整个滨里海盆地最后一套厚层碳酸盐岩沉积单元（图5-7、图5-9a，P_2—P_1 层）。

乌拉尔洋闭合后，挤压活动仍在进行。晚石炭世开始，随着盆地南部、东南部海西褶皱带的不断形成，大部分地区强烈抬升并遭受剥蚀，石炭系顶面普遍见到风化壳。并逐渐

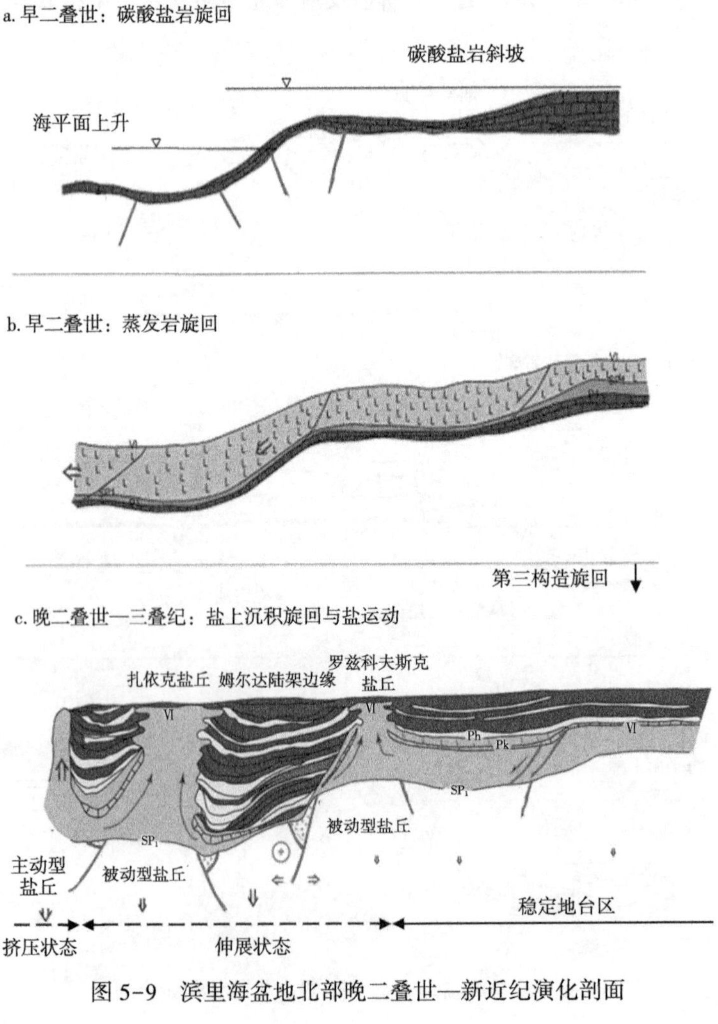

图5-9　滨里海盆地北部晚二叠世—新近纪演化剖面

与大洋隔离，直至早二叠世孔谷期，海盆萎缩，演化为蒸发盆地，在闭塞干旱环境下，形成了巨厚的蒸发岩（图 5-9b）。

（三）第三构造旋回期：盐上沉积旋回和盐活动期

晚二叠世—三叠纪，基底洋壳冷却收缩，盆地开始整体沉降，来自周缘山系、地台上的碎屑物质向盆地内部快速堆积形成了碎屑岩沉积。上覆巨厚碎屑沉积物的加载，对盆地的沉降起到了积极作用。从此盆地结束了海相沉积环境，开始了以陆相为主的沉积，并一直持续到新生代。东欧地台上规模最大、埋藏最深的构造单元——滨里海盆地最终形成。盆地内部的构造作用表现为以盐岩的塑性活动为主，类型多样的盐构造作用控制着盐上的构造样式及沉积类型（图 5-9c）。

三、费多罗夫斯克区块构造特征

费多罗夫斯克区块南北横跨边缘带和内缘带，整体上表现为由北部地台区（东欧地台区）向南部盆地区下倾的单斜构造，或斜坡—大陆边缘构造区。

受区域构造作用影响，滨里海盆地北部区带晚古生代发育陆架边缘多旋回叠加的厚层碳酸盐岩沉积建造，构成了规模较大的碳酸盐岩礁滩或生物礁型储集体，同时形成了有利于油气聚集成藏的地层—构造型圈闭。通过实施的三维地震勘探资料，结合盆地北部边缘构造演化特点，建立了费多罗夫斯克区块盐下泥盆系—下二叠统地震—地质构造解释模型（图 5-10）。

（一）断裂构造特征

费多罗夫斯克区块晚古生代断裂发育，剖面上具有明显的断阶结构，由两期断层组成。一期为早—中泥盆世裂谷期断层，属于早期张性断层，断层与基底（里菲纪）裂谷关系密切，大多消失在上泥盆统法门阶中（图 5-10，P_3 地震反射界面之下），断层断距为 50~80m；另一期为裂谷期断层后期活化的断层，这期断层具继承性，后期具有扭动断层

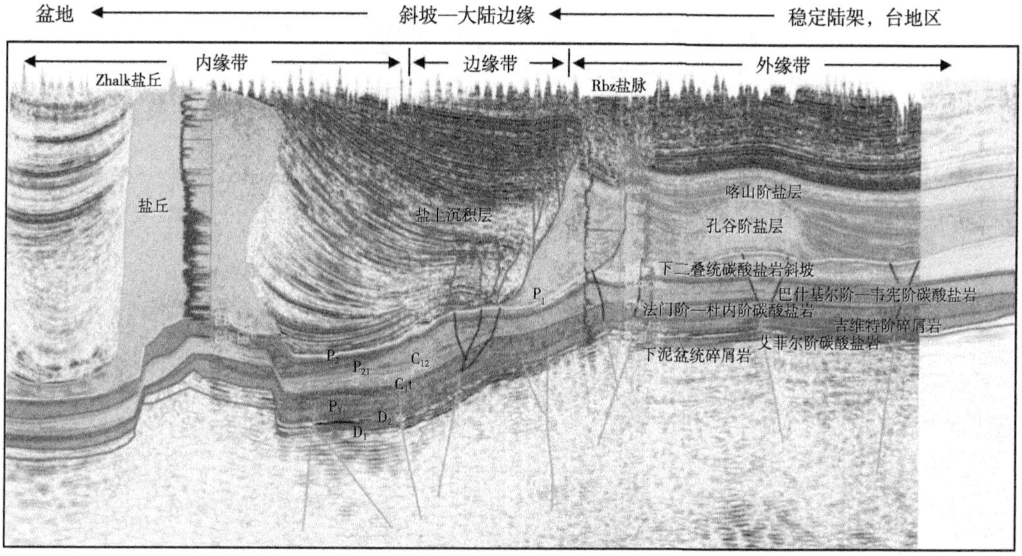

图 5-10 费多罗夫斯克区块罗兹科夫斯克三维区地质构造解释模型

特征，大多消失在下二叠统中（图 5-10，P_1 地震反射层），部分持续至盐后，断层断距为 30~50m。在区域地层南倾的构造背景下，两组断层组成了近东西走向的狭窄的断块构造，为水平张扭性构造作用下产生高角度的正断层，在剖面上表现为巨大的花状构造样式，属于典型的伸展型被动边缘盆地构造特征。

（二）局部构造特征

费多罗夫斯克三维地震精细解释成果表明，区块内发育扎依克、罗兹科夫斯克两个大型古断隆构造带。构造带呈北西西向展布，受基底断隆构造作用的控制，具有继承性的特点。罗兹科夫斯克构造带处于边缘带，整体上沿长轴方向较平缓，为宽缓的低幅度背斜；短轴（南北向）方向构造起伏较大，从南向北逐渐抬升。扎依克构造带则位于内缘带，属于深水台地上发育起来的构造带（图 5-11、图 5-12），有利于生物礁的生长。

在古断隆构造背景下，费多罗夫斯克区块发育两类构造圈闭：一类是构造型圈闭，主要为背斜、断背斜型构造圈闭；另一类为沉积—构造型圈闭。其中，罗兹科夫斯克构造属于典型的背斜型构造圈闭。该圈闭由东、西部两个构造高点组成，下石炭统（C_1t）主力目的层顶面埋深为 3680m，圈闭面积为 124km^2（-4400m 等高线闭合面积），最大圈闭幅度为 350m，构造带基底地层为元古界隆起。沉积—构造型圈闭主要指隆起构造背景下与生物礁有关的圈闭，平面上为椭圆形，一般圈闭面积相对较小，但圈闭层多、幅度大，如扎依克、扎日苏特等圈闭（图 5-13）。

隆起带上，上泥盆统—下二叠统沉积时处于水体深度、波浪作用适中的台地碳酸盐岩相区，两侧为有利于造礁或碎屑碳酸盐岩堆积的环境。钻井已证实，围绕扎依克、罗兹科夫斯克隆起带发现了厚层石炭纪—早二叠世生物礁灰岩、生物碎屑灰岩，主要造礁生物为珊瑚或藻类，构造带储集相带有利。

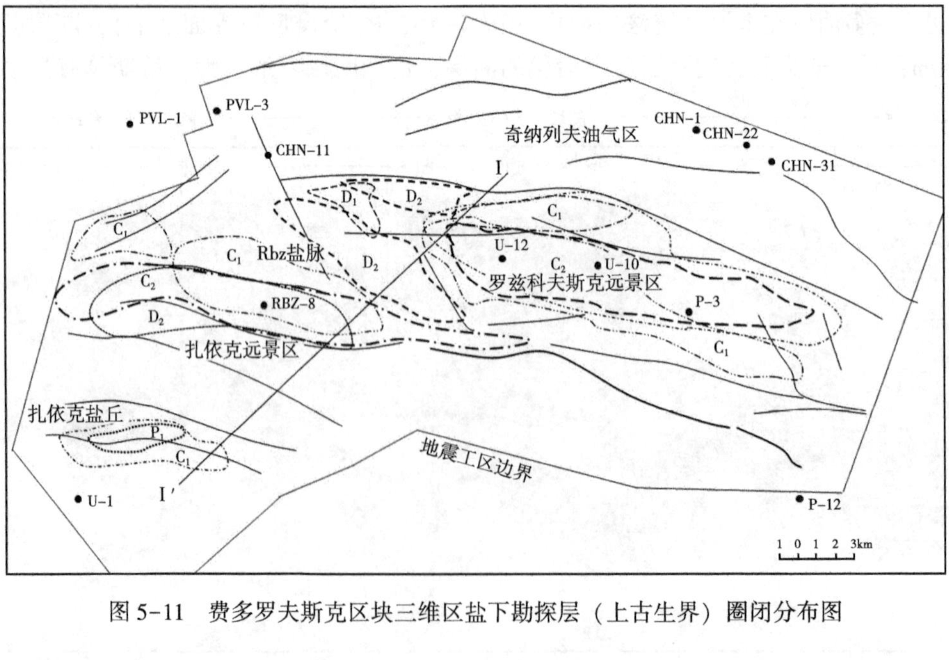

图 5-11　费多罗夫斯克区块三维区盐下勘探层（上古生界）圈闭分布图

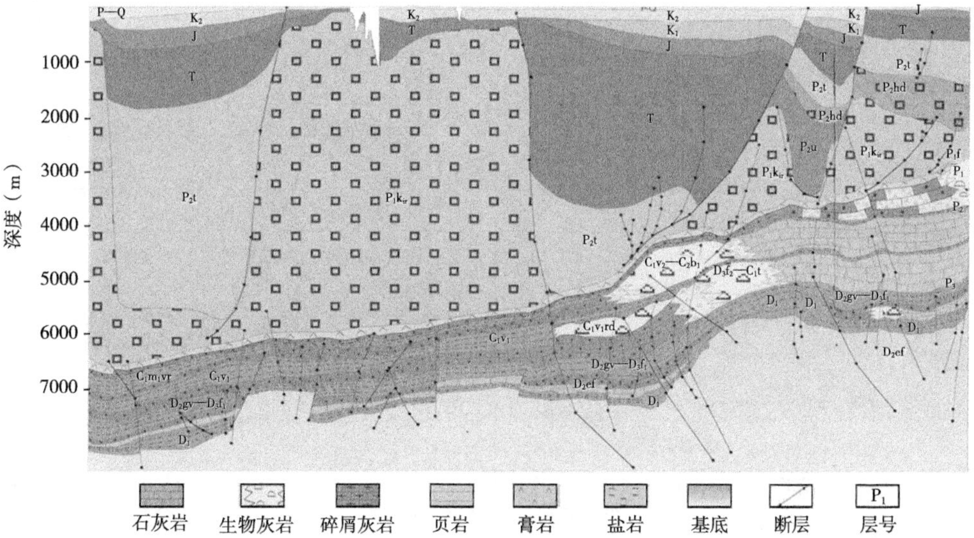

图 5-12　罗兹科夫斯克构造型圈闭解释剖面图（L0231 测线）

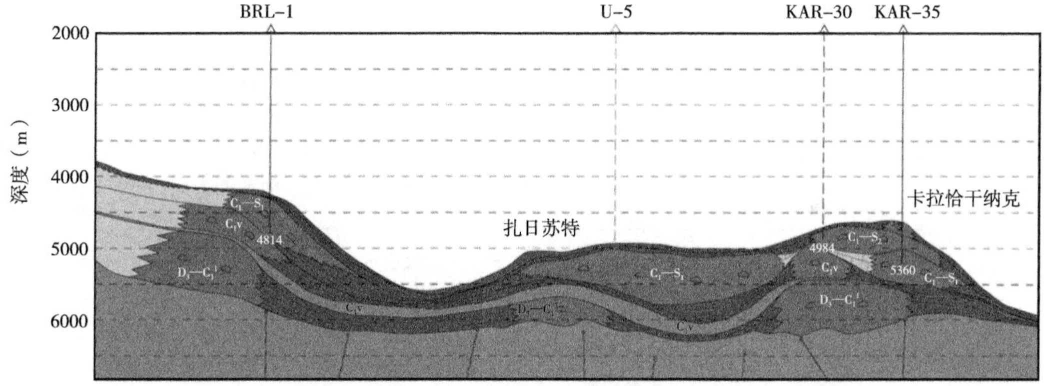

图 5-13　费多罗夫斯克区块地层—构造型圈闭解释剖面图（T56 测线）

第三节　沉积建造及沉积相

一、地层特征

费多罗夫斯克区块钻井、地震揭示，盆地北部断阶带在里菲纪—早元古代基底之上发育巨厚的沉积盖层，自下而上为元古界里菲系—下古生界、上古生界泥盆系—石炭系、二叠系和中生界三叠系、侏罗系、白垩系 3 套层系（表 5-1）。

表 5-1　费多罗夫斯克区块地层层序简表

地层层序			厚度（m）	岩相	岩性简述
系	统	阶（组）			
古近系—新近系			150		灰色砂岩、粉砂岩和泥灰岩
白垩系			240		石灰岩、泥灰岩为主，其次为砂岩和泥岩

续表

地层层序			厚度（m）	岩相	岩性简述
系	统	阶(组)			
侏罗系			220		砂岩—粉砂岩与泥岩、纯泥岩互层、石灰岩、页岩和泥灰岩、砂岩
三叠系			180		灰色粉砂岩—泥岩、杂色页岩
二叠系	上统	喀山阶—鞑靼阶	610~1400		深灰色黏土岩、泥板岩夹粉砂岩、红色页岩、夹薄层盐岩透镜体
	下统	孔谷阶	150~3300	局限台地蒸发相	白色盐岩夹膏岩、硬石膏，夹少量砂岩、泥岩、硬石膏和白云岩层
		亚丁斯克阶—莫斯科阶	110		灰—深灰色灰岩、生物碎屑灰岩、生物礁灰岩、砂岩不等厚互层，与下伏地层呈不整合接触
石炭系	中—上统		380	开阔台地台礁、滩相	灰色钙质灰岩、生物礁块(海藻)，其次是白云石和黑色燧石，燧石、页岩、碳酸盐岩和沥青
	中统	巴什基尔阶	95	开阔台地台内滩—滩间洼地	深灰色石灰岩、白云岩、砂岩、粉砂岩和页岩
	中统—下统	巴什基尔阶—谢尔普霍夫阶—韦宪阶	620		由3个岩性段组成：第1岩性段为潟湖—陆架碎屑灰岩、白云岩、硬石膏和黏土夹层；第2岩性段为生物岩礁块、海藻、生物碎屑灰岩和白云岩；第3岩性段为生物碎屑和钙质灰岩、黑色硅质页岩、沥青质碳酸盐岩互层
		杜内阶			
泥盆系	上统	法门阶	550~950	局限台地半闭塞潟湖—开阔台地、台内滩	由3个岩性段组成：第1岩性段为浅灰色石灰岩、白云岩、白云质灰岩、生物碎屑灰岩、泥质团块；第2岩性段为生物岩礁块、生物碎屑岩、海藻—海百合和珊瑚；第3岩性段为黑色石英质灰岩、砂岩、泥岩
		弗拉斯阶			
	中统	吉维特阶			海相石英砂岩、泥页岩和碳酸盐岩
		艾菲尔阶		台地相	深灰色灰岩、砂岩、粉砂质泥岩和碳酸盐岩，黑色坚硬的沥青、黄铁矿和放射虫岩嵌入体； 生物珊瑚—基质孔隙灰岩，双孔介质，海藻—海百合，具多孔隙的泥质灰岩和原生白云岩
	下统	埃姆斯阶		滨海—浅海相	砾岩、砂岩、粉砂岩和泥岩互层，岩石呈斑状，绿色、灰色到鲜红色、褐色
里菲系—下古生界			10~2000	近岸陆源沉积	砂砾岩堆积物，长石石英砂岩、砂砾岩、粉砂岩和变质泥岩
太古宇					褐色—粉红色花岗岩或花岗片麻岩石

盐下层系泥盆系—下二叠统发育厚达4~5km的碳酸盐岩和碎屑岩沉积层序。其中，晚泥盆世艾菲尔期至早二叠世亚丁斯克期普遍以发育浅水碳酸盐岩沉积占主导地位，形成海相碳酸盐岩与碎屑岩两大沉积建造。期间，海平面间隙性下降，导致台地发育停滞或遭受破坏，厚层碳酸盐岩体被多个不整合面所分隔，剖面上形成3个相对独立的碳酸盐岩沉

积旋回。其中，中—上泥盆统碳酸盐岩旋回厚度为500~1300m，下石炭统杜内阶—中石炭统莫斯科阶下部碳酸盐岩旋回厚度为1100~1600m，中石炭统莫斯科阶上部—下二叠统亚丁斯克阶碳酸盐岩旋回厚度为900~1200m。每一个旋回上下部分为薄层碎屑岩地层（图5-14、表5-2），整体上构成了一个巨型碳酸盐岩复合体，并向盆地中央坳陷区延伸，过渡到深海相区，沉积体厚度急剧减薄到2~3km。含盐层系主要为下二叠统上部孔谷阶，由盐岩和硬石膏构成，偶见陆源碎屑岩—碳酸盐岩，后期形成了规模宏大的盐丘构造。盐上层系为上二叠统—第四系，以陆源碎屑岩沉积为主，局部发育碳酸盐岩沉积。

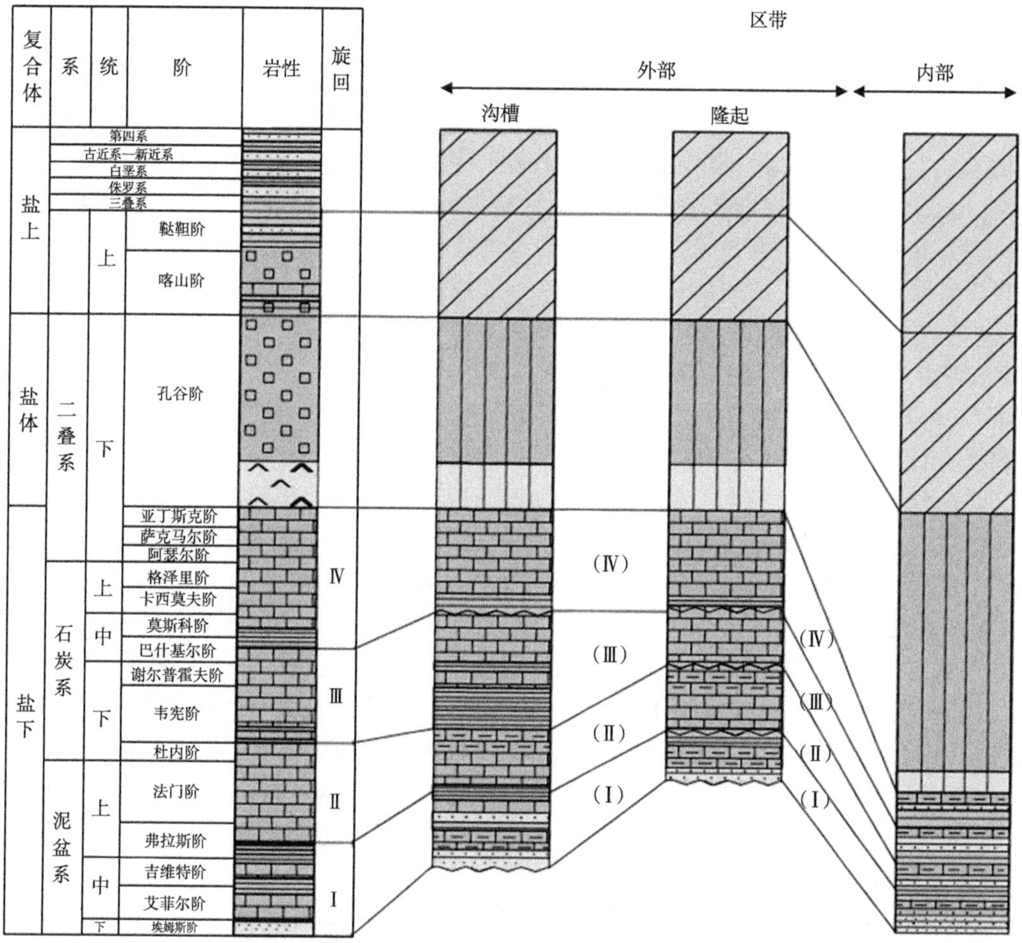

图5-14　滨里海盆地北部典型地层剖面对比图

表5-2　北部断阶带盐下综合地层表

巨层序	年龄(Ma)	地震界面	岩性特征	厚度（m）
早二叠世（P_1）	299	SP_1、P_1	灰色生物碎屑灰岩、生物礁（藻）灰岩、白云岩和黑色燧石，含沥青泥质碳酸盐岩	600~700
莫斯科期（C_2m）—晚石炭世（C_3）	312	P_2	主要由数百米碳酸盐岩组成，被碎屑岩夹层分隔	800~3500
韦宪期（C_1v）—巴什基尔期（C_2b）	345	P_{21}、C_{12}		
中弗拉斯期（D_3fs）—杜内期（C_1t）	375	Ct、P_3		

续表

巨层序	年龄(Ma)	地震界面	岩性特征	厚度（m）
艾菲尔期(D_2ef)—早弗拉斯期（D_3fs）	398	D_2	细砂岩、粉砂岩，间有砂岩和石灰岩夹层	850~900
里菲纪（中元古宙）—早古生代		R	碎屑岩（泥岩、粉砂岩和砂岩）含白云岩夹层	2000

（一）太古宙—早元古宙结晶基底

在齐纳列夫凸起上 Rozhk-P-4、P-9、P-10 等井钻遇太古宙—早元古宙结晶基底，钻遇厚度为 30~40m，由褐色—粉红色花岗岩和花岗片麻岩组成，花岗岩呈斑状、颗粒状、块状结构，含不稳定矿物，其中黑云母、绿泥石、白云母含量少于 10%，石英含量为 30%~50%，长石含量为 30%~50%。在 Zakinsky-Rostashinsky 油气聚集带上，一些钻井揭示基底岩性为下元古宇岩浆岩和变质岩，包括花岗岩、斜长花岗岩、闪长岩、片麻岩等。地球物理资料推测北部断阶的结晶基底厚度达 32~36km。

（二）上元古宇里菲系—下古生界

里菲系—早古生界为陆相—近岸沉积的巨厚碎屑岩层组成，地层岩性为红色、棕红色（局部灰色）砂岩与页岩互层，并含有白云岩夹层。地层岩性致密坚硬，砂岩主要为长石砂岩、长石石英中粗砂岩、砂砾岩、粉砂岩与变质板岩，泥质胶结。据钻井、地震资料推测，该套地层厚度变化很大，主要分布于前里菲纪地堑内，沉积厚度可达 2km，Rozhk-P-3 井钻遇地层厚约 450m；而在太古宇基岩隆起上，里菲系—下古生界的沉积岩厚度显著减薄，一般为数十米（Rozhk-F-10 井仅钻遇 29m），甚至缺失。

（三）泥盆系

剖面上可分为上泥盆统弗拉斯阶—法门阶、中泥盆统艾菲尔阶—吉维特阶、下泥盆统埃姆斯阶 3 套沉积层，地层总厚度为 550~1300m。中、下泥盆统与上泥盆统之间存在明显的沉积间断（图 5-15），为区域地层对比的重要标志。在地震剖面上这一标志层表现为一组区域反射界面形成的特征波组，为重要的区域可连续追踪对比的地震反射界面（P3 层，图 5-16）。

1. 下泥盆统埃姆斯阶（D_1em）

该组段为陆相沉积。地层岩性为杂色砾岩、砂砾岩，绿色、灰色—鲜红色、褐色砂岩，硅质泥土岩、粉砂岩和泥岩互层，长石砂岩—长石、石英砂岩。富含云母，致密坚硬，分选性差。钻井揭示该套地层最大厚度为 448m（Rozhk-P-3 井在 4907~5355m 钻遇）。Rozhk-P-4、P-9、P-10 等井钻遇该套地层厚 40~80m，在卡拉恰干纳克隆起上，D-4 井钻遇该套地层厚度为 270m，岩性为斑状灰色、灰绿色—棕红色砂砾岩、砂岩、粉砂岩和泥板岩。

2. 中泥盆统艾菲尔阶（D_2ef）

该组段发育浅水台地—礁滩—深水相碳酸盐岩沉积。碳酸盐岩台地、礁滩相及窄礁相属于前泥盆纪断隆上发育的浅水陆架生物礁灰岩，向盆地内部该套地层厚度减薄并被深水环境下沉积的黏土岩和沥青灰岩所代替。在费多罗夫斯克区块 F-10 井钻遇了礁相灰岩、生物珊瑚、海藻—海百合，基质孔隙灰岩，双孔介质，具多孔隙的泥质灰岩和原生白云

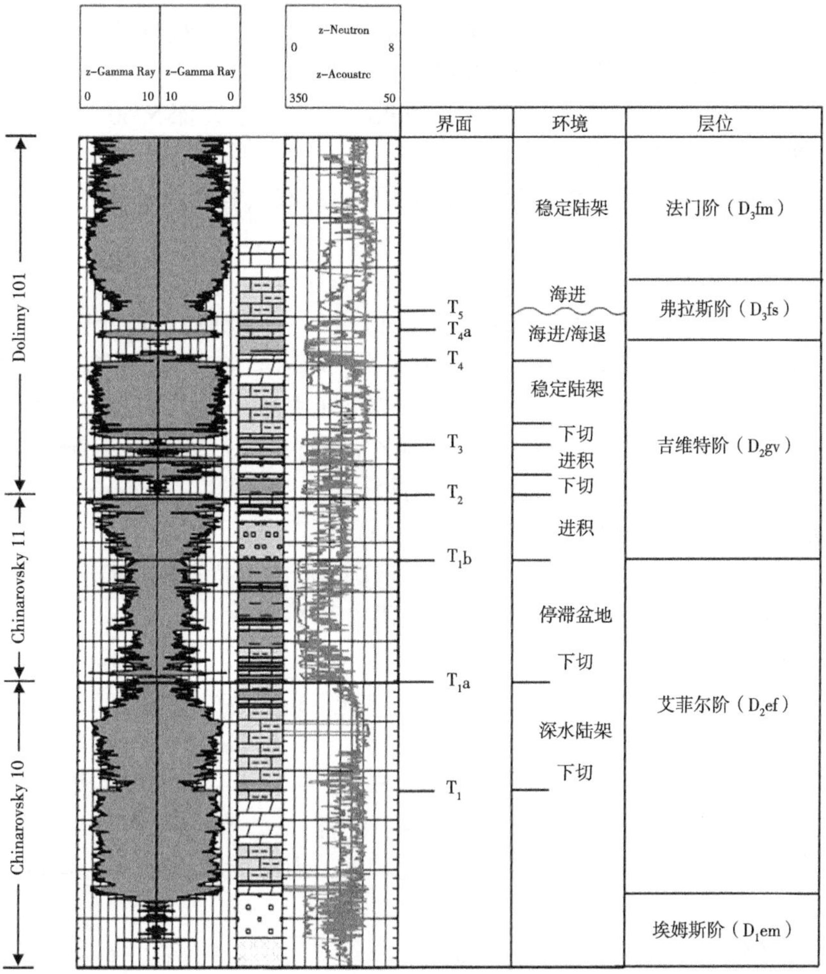

图 5-15　北部油气区泥盆系层序剖面图

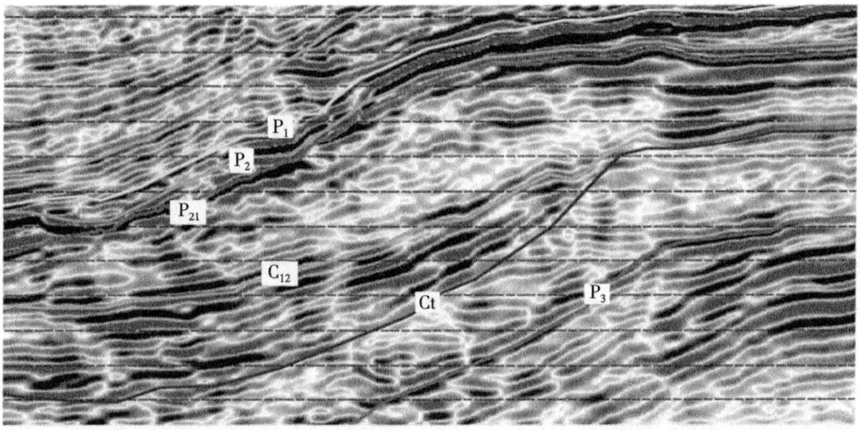

图 5-16　罗兹科夫斯克区块盐下地层层序界面解释剖面

P_1—莫斯科阶—亚丁斯克阶碳酸盐岩顶面；P_2—莫斯科阶底部碎屑岩顶面；P_{21}—韦宪阶—巴什基尔阶碳酸盐岩顶面；C_{12}—韦宪阶碎屑岩顶面；Ct—弗拉斯阶—杜内阶碳酸盐岩顶面；P_3—下弗拉斯阶碎屑岩顶面（重要的不整合面）

岩。深水相沉积：由黑色富含有机质泥岩、深灰色石灰岩，以及灰色、灰绿色、褐色等杂色长石石英砂岩、粉砂质泥岩组成。泥岩富含沥青、黄铁矿和放射虫岩嵌入体。砂岩致密坚硬，分选性差，多为灰质胶结，富含生物碎屑及沥青质。Rozhk-P-4、P-9、P-10 等钻井钻遇该套地层厚度为 113~468m。其中，Rozhk-P-4 井于井深 5060~5300m 钻遇礁岩，生物丰富，见珊瑚、海藻—海百合。

在卡拉恰干纳克油气田，该套地层为钙质页岩、石灰岩和泥灰岩，有机质含量达到 7.2%，是重要的烃源岩。

3. 中泥盆统吉维特阶（D_2gv）

该组段属浅海陆架沉积。由浅海碳酸盐岩和浊积—三角洲相石英砂岩、深灰色泥页岩组成。自下而上可分为两个岩性段：下部为泥岩、粉砂岩、砂岩、石灰岩和白云岩互层段；上部为泥质岩夹石灰岩段。泥岩、石灰岩富含有机质，在北部边缘形成了 50~100m 厚的有机质沉积建造。TOC 含量高达 3.4%~4.6%，有机质干酪根类型为腐泥型。在卡拉恰干纳克油气田，吉维特阶浊积砂岩构成了有效储层。

4. 上泥盆统弗拉斯阶—法门阶（D_3fs—D_3fm）

该组段为浅海碳酸盐岩台地相沉积。与上覆法门阶及下伏吉维特阶呈整合接触。根据钻井地层岩性剖面，自上而下可分为 3 个岩性段（图 5-17）。

上部岩性段：为深灰色白云岩夹浅灰色灰岩、白云质灰岩、生物碎屑灰岩。与上覆下石炭统杜内阶呈整合接触。该段地层白云岩物性好，孔洞裂缝发育，Rozhk-F-10 井在白云岩段钻遇良好油气显示。

中部礁灰岩段：为生物岩礁块、生物碎屑灰岩，含海藻—海百合和珊瑚。

底部岩性段：为薄层黑色石英质燧石灰岩、泥岩。

弗拉斯阶—法门阶台地碳酸盐岩厚度变化较大，内缘带厚度为 300~400m，北、西北边缘带厚度可达 600~800m。

在卡拉恰干纳克油气田，弗拉斯阶黑色泥岩及法门阶层状页岩、石灰岩是区域重要烃源岩；法门阶生物灰岩和生物礁灰岩构成了有效产层。石灰岩和白云岩储层的孔渗性一般较低，原生孔隙受到早期成岩、后期方解石充填胶结和晚期成岩、硬石膏沉淀等过程的影响较大。

位于罗包蒂诺—捷普洛夫卡隆起带的一系列油气田，法门阶—弗拉斯阶砂岩产石油和天然气。

（四）石炭系

1. 下石炭统杜内阶（C_1t）

该套地层属于浅海台地相沉积。费多罗夫斯克区块钻井揭示其岩性以深灰色中—粗晶灰岩、浅灰色生物碎屑颗粒灰岩为主，局部夹薄层白云岩或泥质岩（图 5-18）。该套地层与上覆韦宪阶和下伏法门阶呈整合接触，厚度约为 150m。

石灰岩段顶部覆盖一套厚达 20~30m 的 C_1bb 海相页岩，形成了良好的储、盖组合。F-10 井在 C_1t（井深为 4344~4365m）井段试获高产油气流，储油层物性较好，孔洞、裂缝发育。测井解释平均孔隙度为 3%~6%，岩心化验分析平均孔隙度为 4%~10%（根据 4365~4391m 井段岩心化验分析资料），明显高于测井解释孔隙度，平均渗透率为 0.1~0.01mD，为典型的中孔、低渗透储层。在卡拉恰干纳克油气田杜内阶石灰岩也是重要的储油气层。

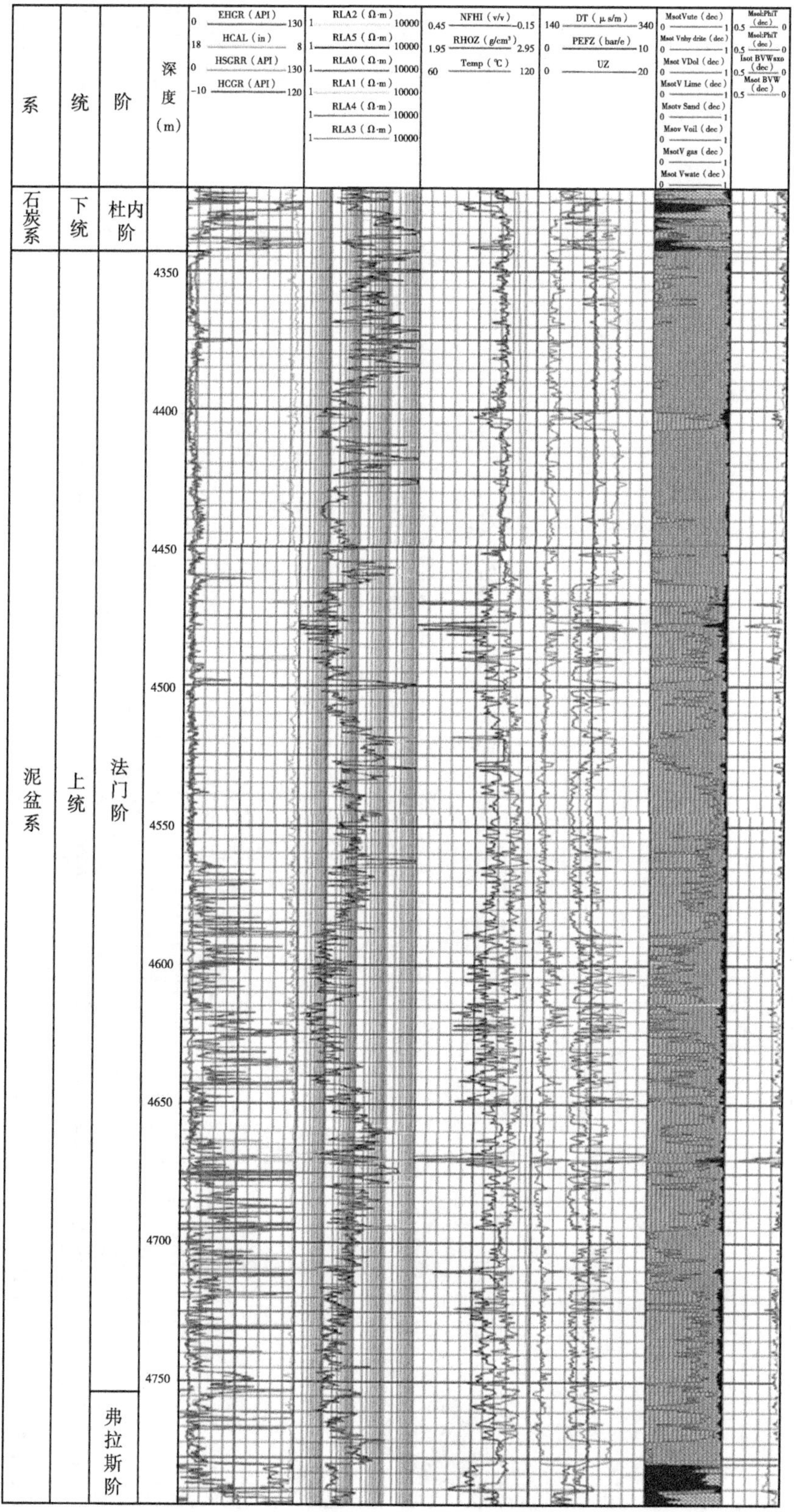

图 5-17　费多罗夫斯克区块 F-10 井泥盆系综合柱状图

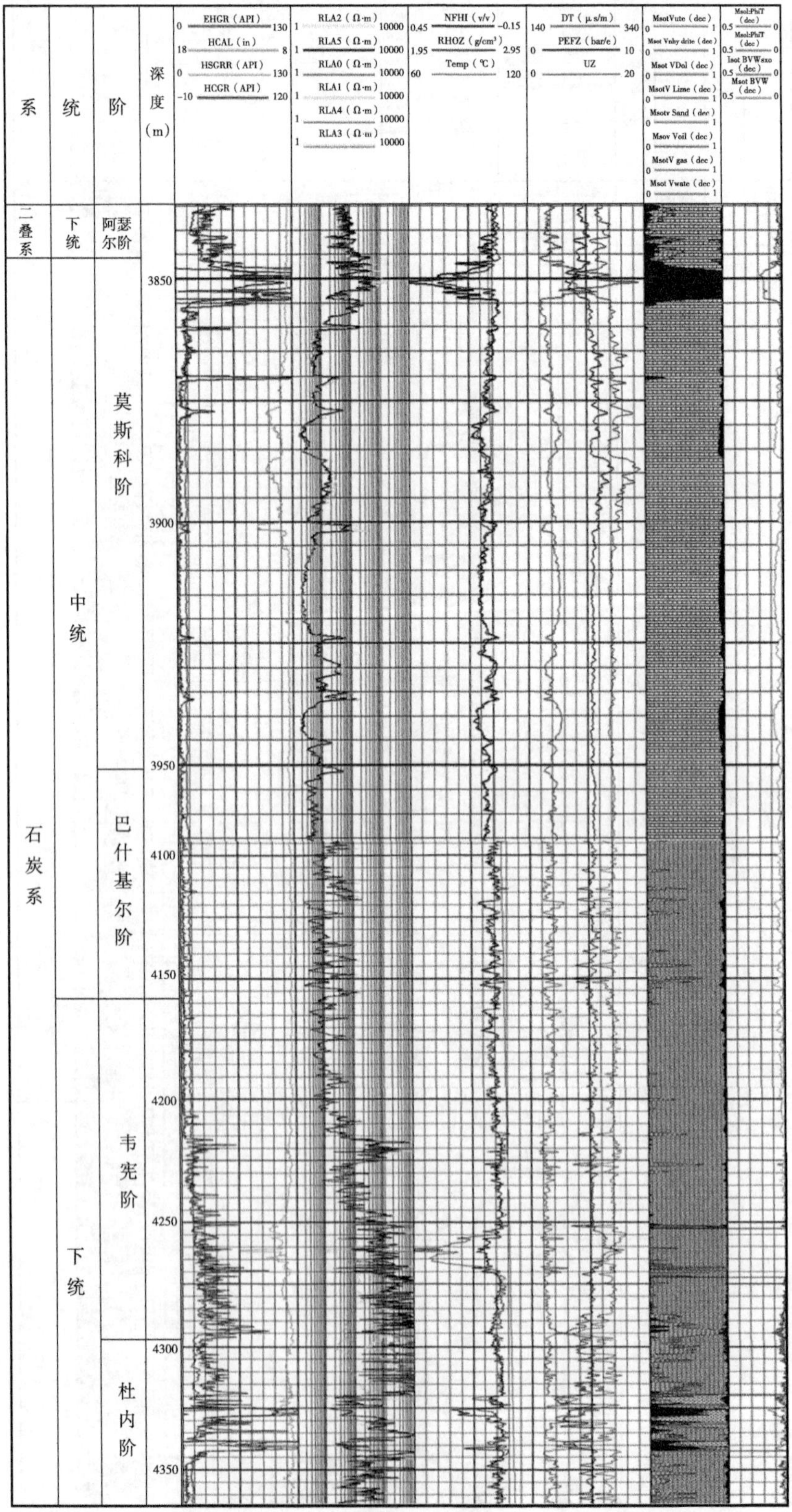

图 5-18　费多罗夫斯克区块 F-10 井石炭系综合柱状图

2. 下石炭统韦宪阶（C_1v）

该套地层为浅海台地相沉积。地层厚度为450~580m，与上覆巴什基尔阶—莫斯科阶呈不整合接触。根据钻井地层岩性剖面，自下而上可分为3个岩性段。

第1岩性段：潟湖—陆架碎屑灰岩、白云岩，硬石膏和黏土夹层。碎屑灰岩、白云岩是区块重要储层。韦宪阶底部硬石膏层和页岩构成了下伏杜内阶碳酸盐岩储层的局部盖层或层内盖层。

第2岩性段：生物岩礁块、海藻、生物碎屑灰岩和白云岩。

第3岩性段：生物碎屑和钙质灰岩、黑色硅质页岩、沥青质碳酸盐岩互层。

韦宪阶黑色硅质页岩、沥青质碳酸盐岩是仅次于巴什基尔阶—莫斯科阶的重要烃源岩。

韦宪阶—谢尔普霍夫阶碳酸盐岩是卡拉恰干纳克油气田的重要储层，该套地层中的硬石膏层和页岩构成了局部盖层或层内盖层。

3. 中石炭统巴什基尔阶—莫斯科阶（C_2b—C_2m）

该组段属于浅海相或深海斜坡相沉积，岩性以碳酸盐岩为主，包括深灰色碎屑生物碎屑灰岩、生物礁块（海藻）和深灰色钙质石灰岩、白云岩，地层厚度为350~500m。巴什基尔阶顶部剥蚀面之上覆盖约100m厚的黑色泥页岩夹少量砂岩、沥青砂岩，将厚层碳酸盐岩隔开（区域地震反射层P_2层）。该套地层是区域最重要的烃源岩层之一，有机碳含量为2%~3.5%。

巴什基尔阶碳酸盐岩遭受风化淋滤作用改造，孔隙、裂缝十分发育。上部覆盖的深海相富含有机质页岩及致密灰岩地层（Vereysky）。这两套地层的配置形成了良好的储盖组合，成为该区域主力勘探目的层之一。在费多罗夫斯克区块，F-10井在该段石灰岩中（4005~4010m、3860~3865m井段）油气显示活跃，含H_2S气体。

在卡拉恰干纳克油气田，巴什基尔阶—莫斯科阶碳酸盐岩岩心孔隙度和渗透率分别为7.3%~15.4%和1.3~81.1mD，最大孔隙度为34.2%，最大渗透率达2198mD。

石炭纪杜内期、谢尔普霍夫期—韦宪期、巴什基尔期—莫斯科期—格舍林期主要为浅海或深海斜坡巨厚的碳酸盐岩沉积，总厚度达650~2000m。巨厚的碳酸盐岩被高水位期沉积的页岩夹层分隔，构成了3套次级厚层碳酸盐岩旋回，在费多罗夫斯克区块这些高水位期沉积的页岩层稳定分布，可连续追踪。

（五）二叠系

1. 下二叠统阿瑟尔阶（P_1a）

该层为浅海相沉积。地层岩性为灰色—深灰色石灰岩、生物礁灰岩和角砾灰岩，夹硬石膏和白云岩薄层，含炭化植物碎屑的深灰色页岩夹层。地层厚约250m，与上覆萨克马尔阶呈整合接触，与下伏石炭系呈不整合接触。深灰色页岩是区域成熟的烃源岩。

2. 下二叠统萨克马尔阶（P_1s）

该层属浅海相沉积。地层岩性主要为生物成因的深灰色灰岩夹原生白云岩、硬石膏和石膏层，地层厚约360m，与上覆亚丁斯克阶和下伏阿瑟尔阶均呈整合接触。

萨克马尔阶生物灰岩是卡拉恰干纳克油气田的重要储层。

3. 下二叠统亚丁斯克阶（P_1ar）

该层为一套灰色、深灰色细晶—隐晶灰岩、生物礁灰岩，局部夹薄层白云岩，属于浅海相沉积。与上覆孔谷阶呈不整合接触，地层厚约110m，与下伏萨克马尔阶呈整合接触。

该套地层顶面为区域主要地震反射界面（ P_1 层)。上覆下二叠孔谷阶厚层蒸发岩是良好区域性盖层。

在费多罗夫斯克区块，F-10 井钻遇的该段石灰岩物性较差，孔洞、裂缝不发育，致密坚硬，普遍硅质含量较高。但在钻井过程中见到了较为活跃的烃类显示。

在卡拉恰干纳克发育亚丁斯克阶非均质的生物礁和台地碳酸盐岩储层。生物礁的主体岩性为叠复型的生物礁，夹礁翼相和礁盖相。岩性分别为角砾岩和海百合泥粒灰岩，为中石炭世—早二叠世挤压事件之后，碳酸盐岩台地面积大幅度收缩并形成的生物礁层序，塔礁和礁斜坡相不整合覆盖于石炭系之上，在北缘同期还发育了障壁礁。

总体上，北部区带盐下下二叠统为浅海相石灰岩、生物碎屑灰岩、生物礁灰岩占主导地位（图 5-19）。不整合覆盖在不同时代的地层之上，在奥伦堡隆起，下二叠统不整合覆盖在上石炭统侵蚀面上；费多罗夫斯克地区下二叠统不整合覆盖在巴什基尔阶—莫斯科阶之上。

4. 下二叠统孔谷阶（P_1kg）

该层为浅海—局限海沉积，几乎全部为蒸发岩。岩性由白色巨厚盐岩层构成，含膏岩、硬石膏夹层，及少量砂、泥岩碎屑岩—碳酸盐岩，含有钾盐、镁盐等矿物。该套岩盐层序是滨里海盆地最重要的区域性盖层。受岩盐塑性活动影响，盐体刺穿，形成盐丘构造，盐层厚度为 1~5km。

5. 上二叠统喀山阶—鞑靼阶

该层属海陆过渡相—局限海沉积。上部为深灰色黏土岩、泥板岩夹粉砂岩薄层。下部为红色—紫红色页岩，夹薄层盐岩透镜体。地层厚约 650m，后期盐刺穿构造对该套地层的构造形变及保存影响较大，盐丘顶部缺失。

（六）三叠系

中、下三叠统保存较好，属于陆相沉积。岩性为灰色粗粒砂岩、粉砂岩、泥岩、杂色页岩。地层厚度为 0~180m，受盐构造作用的影响，中、下三叠统在盐缘坳陷内发育保存较全，盐丘顶部厚度逐渐减薄，甚至缺失。上三叠统为属陆相沉积，杂色页岩、砂岩和泥岩互层，局部残留分布，与下伏下—中三叠统呈整合接触。

（七）侏罗系

该层属于陆相—海陆过渡相和浅海相沉积。岩性为灰色砂岩、粉砂岩、泥岩与纯泥岩互层。局部发育石灰岩、页岩和泥灰岩，地层厚约 220m，与下伏三叠系呈角度不整合接触。

（八）白垩系

该层属陆相—海陆过渡相、浅海相沉积。地层岩性以灰色、灰白色石灰岩、泥灰岩为主，其次为砂岩和泥岩，地层厚约 240m，与下伏侏罗系呈假整合接触。

二、沉积相分析

泥盆纪—石炭纪—早二叠世期间，东欧地台东南缘发生了 3 次大规模的海侵，区域内先后大面积沦为海域，具备了浅海碳酸盐岩台地发育的条件，由此在现今的滨里海盆地北部边缘沉积了巨厚的碳酸盐岩和碎屑岩建造。这个时期的沉积相展布主要受东欧古大陆东南缘拉张下沉、海平面升降以及周边微板块碰撞等一系列重大的地质事件控制。

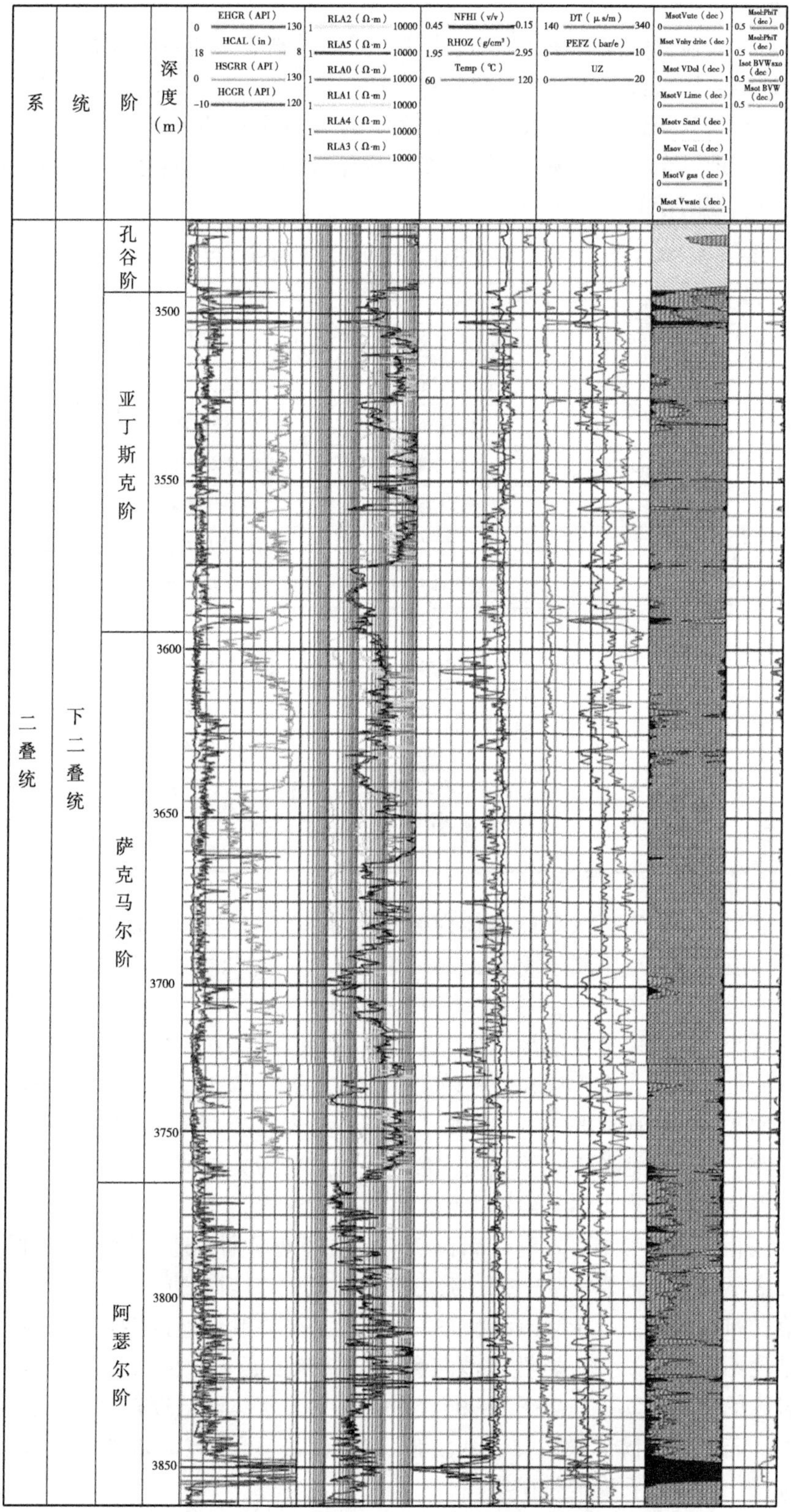

图 5-19　费多罗夫斯克区块 F-10 井下二叠统综合柱状图

（一）沉积相类型与特征

根据费多罗夫斯克区块钻井（F-10 井等）揭示的盐下古生界上泥盆统、石炭系及下二叠统的岩性组合特点及沉积构造、测井响应特征等，建立岩相识别标志，进行单井相识别与划分，识别出开阔台地、局限台地和蒸发台地 3 种沉积相带，以及礁相、台内礁滩、生屑滩、滩间洼地、半封闭潟湖、潟湖等 7 种亚相（表 5-3），这些沉积相一定程度形成了潮上、潮下、潮间带的沉积序列。

表 5-3　费多罗夫斯克区块盐下地层沉积相类型划分（以 F-10 井为代表）

地层		相	亚相	岩性特征
二叠系	孔谷阶	蒸发台地相	潮上蒸发亚相	膏盐岩为主
	亚丁斯克阶	局限台地相	灰质、云质潟湖	浅灰色灰质云岩、云质灰岩
		开阔台地相	台内滩	颗粒碳酸盐岩、生物礁块
			滩间洼地	以灰质黏土为主，富含灰质、泥灰质
			台内滩	泥晶生物碎屑灰岩、生物礁灰岩
石炭系	中统	开阔台地相	台内滩	泥晶颗粒灰岩、生物礁块（海藻、珊瑚）
			滩间洼地	灰色泥晶—粉晶灰岩、灰质黏土岩，见有孔虫
			礁相	珊瑚礁、藻礁
	下统		台内滩	亮晶鲕粒灰岩、生物碎屑岩、海藻—海百合
			滩间洼地	泥晶—粉晶灰岩、灰质黏土岩及少量砂屑
			台内滩	灰色泥晶生物颗粒灰岩
泥盆系	上统	开阔台地相—局限台地相	台内礁滩，滩间洼地，半封闭潟湖—台内滩	生物岩礁、滩、生屑岩、海藻—海百合和珊瑚
				浅灰色白云岩、云质灰岩、生屑灰岩

开阔台地相位于台地边缘高能滩体内侧，台地边缘与局限台地之间。该相带海域广阔，位于平均浪基面以上，属于潮下低能—高能环境。水体清洁，海水循环良好，含盐度正常，不含或很少含陆源泥砂，具有一定的波浪作用，适应于海相生物的生长，发育礁滩、生物碎屑滩。岩性以中厚层泥晶灰岩、泥晶生物碎屑灰岩、亮晶鲕粒灰岩、白云岩为主；受水体能量的影响，常常堆积规模较小的台内滩沉积体和点礁，属于特定的环境条件下，形成生物残骸堆积而成的一种特殊的有机碳酸盐岩建造。在费多罗夫斯克区块内主要发育台内浅滩、滩间洼地及礁相等亚相，台内浅滩主要为亮晶颗粒灰岩、鲕粒灰岩，滩间洼地主要以泥晶颗粒灰岩为主，礁相主要发育生物礁灰岩。

局限台地相：该相带主要发育于弗拉斯期—法门期早期。通常位于平均低潮线之上，正常浪基面之下，台地内靠古陆一侧过渡为蒸发环境，与广海之间存在障壁。该相带因被大型水下礁、滩坝阻隔而处于半隔绝状态，水体循环受限制，连通性较差，水动力条件较弱，为含盐度不正常的浅海。岩性以浅灰色厚层状灰质云岩、云质灰岩及灰、泥灰岩为主。具有较强的生物扰动，在缺乏陆源碎屑物质输入、水体清洁度较高的条件下，发育碳酸盐岩沉积。若处于气候干燥炎热、蒸发强烈的环境，可导致海水浓度增大，含盐度增高，形成泥晶白云岩或石膏盐类矿物。

（二）亚相与微相特征

1. 晚泥盆世亚相与微相特征

晚泥盆世（弗拉斯期—法门期），随着东欧地台东南部边缘海侵范围的扩大，海水深度增加，早期的草坪—潟湖白云岩被浅海碳酸盐岩台地掩埋，形成了弗拉斯期—法门期的局限台地—浅海开阔台地相沉积环境（图5-20），主要岩石类型为灰—深灰色、厚层—块状生物碎屑灰岩、颗粒灰岩、鲕粒灰岩、泥粒灰岩和泥灰岩和浅灰色白云岩、白云质灰岩、生屑灰岩。台地内生物繁盛，主要生物种类有䗴类、棘皮类、腕足类、珊瑚、有孔虫等，其中有孔虫和藻类最为丰富。

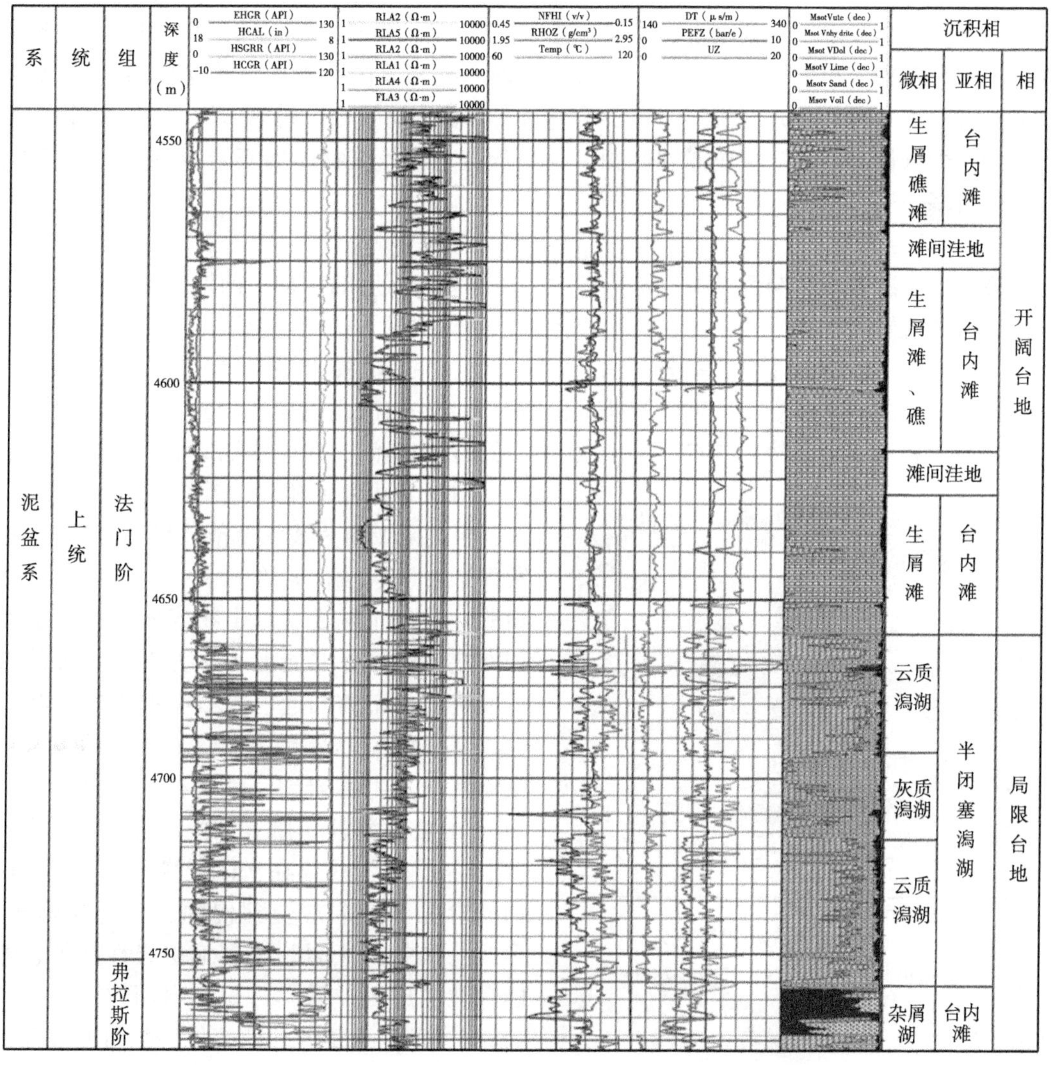

图5-20　费多罗夫斯克区块（F-10井）上泥盆统台地相剖面

1）局限台地相

晚泥盆世局限台地发育于弗拉斯期—法门期早期。沉积区靠近古大陆一侧，随着海平面上升，在广海开始向陆地推进的过程中，受到边缘隆起带的阻挡，沉积区内水动力条件减弱。在气候干旱、蒸发作用强烈的环境下，水体盐度增大，沉积物以白云岩化成因的浅灰色泥晶白云岩、云质灰岩为主；受到水循环的限制，盐度高于正常水体的盐度，不利于生物的发育生长，生物种类较少。本区局限台地相又可分为台内滩亚相和台内半闭塞潟湖亚相。

（1）台内滩亚相。

台内滩亚相主要为杂屑滩，属于平均低潮线之上、正常浪基面之下的局限台地范畴。滩体中以岩石类型多样，种类繁多为主要特征，主要由灰质云岩、泥质白云岩、薄层粉晶含泥云岩、砂屑、泥质—含泥质泥晶灰岩、亮晶粒屑灰岩等组成。

（2）台内半闭塞潟湖亚相。

台内半闭塞潟湖亚相带的地层岩性以粉晶含泥云岩为主，夹薄层泥晶灰岩和薄层泥晶生屑灰岩。在岩石薄片中可以看到较细颗粒，粒屑主要为藻屑和生物碎屑，包粒、鲕粒较少，主要为藻灰岩和生物灰岩。粒间孔很少，藻间孔和藻内孔发育，整体孔渗相对较差。根据其岩性的不同可分为灰质潟湖和云质潟湖。云质潟湖微相以粉晶云岩为主，生物碎屑含量少，少量棘皮生屑；灰质潟湖微相以泥晶灰岩、泥晶生物碎屑灰岩为主，生物细小，以碎片居多。

2）开阔台地相

晚泥盆世法门期后期区域海侵范围扩大，随着海水深度的增加，前期的潮坪白云岩相被浅海碳酸盐岩沉积物所替代，在台地边缘滩体内侧的浅水低能环境下形成了开阔台地相沉积。台地内水体清澈通畅，盐分正常，生物茂盛，主要有藻类（海藻）、腕足类、珊瑚、有孔虫等，形成一套厚层状生物碳酸盐沉积物。从区块内法门阶岩性剖面、测井曲线特征来看，开阔台地相碳酸盐岩质纯，厚度较大，发育台内礁滩、滩间洼地两个亚相。

（1）台内滩亚相。

台内滩亚相为浅水低能或较高能环境下，发育了大量碳酸盐岩颗粒和碎屑堆积物，在碳酸盐岩台地形成的由生物碎屑颗粒组成的碳酸盐地质体。剖面上表现为大小不等的点状或块状分布的凸起。岩石类型为厚层状灰色、深灰色亮晶颗粒灰岩、生物碎屑灰岩、鲕粒灰岩、生物岩礁。生物种类繁多，主要为有孔虫、海藻、腕足类、海百合和珊瑚（图5-21）。沉积物在水体较浅、波浪作用较强的情况下，常常受到侵蚀、冲洗和筛选，形成亮晶颗粒灰岩。根据地层岩性特征、滩体颗粒的成因差异，可识别出鲕粒滩、生屑滩微相，区域上，鲕粒分布于近岸方向，而生物碎屑发育于断阶的低部位，剖面上表现为上部地层发育鲕粒，下部地层发育生物碎屑。

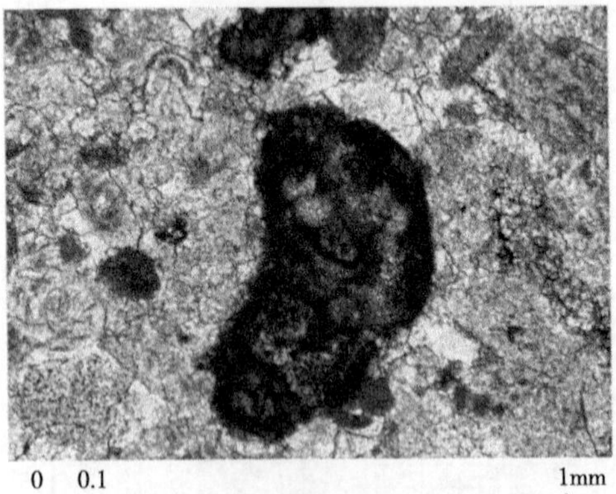

图5-21　有机成因壳状灰岩中含粒状有孔虫化石（F-1井，5775.78m）

（2）滩间洼地亚相。

滩体在空间上展布的不连续性，以及滩体的横向迁移，导致滩体之间常存在较深的稳定的水体环境，形成滩间洼地。岩性主要为浅灰色泥晶—粉晶灰岩、灰质黏土岩，含少量砂屑。剖面上常常以薄层出现于大套滩亚相的亮晶碳酸盐岩之间，该相带水体通常处于浪基面之下，水体能量较低。

2. 石炭纪—早二叠世亚相与微相特征

1）开阔台地相

早石炭世，区域继承了晚泥盆世的海侵环境，以台地碳酸盐岩沉积为主，在一些大型的平缓隆起上形成了巨厚的浅海生物碎屑灰岩、生物礁沉积物，台地进一步发展壮大，一直延续到早二叠世亚丁斯克期。这个时期的生物组合特征反映其沉积物出现在距海岸较远、海水清澈、盐度正常、温度适宜、生物大量繁盛的浅海开阔台地相，其中以藻类、有孔虫较为发育，此外还有海百合、腕足类、珊瑚、介形虫等。通过石炭系—下二叠统钻井地层取心和岩石薄片镜下观察，并结合测井资料分析，根据生物化石的分布特征和水动力条件，可将开阔台地相进一步分为台内滩、台内滩间洼地、礁相等主要沉积亚相类型（图 5-22）。

（1）台内滩亚相。

台内滩位于碳酸盐岩台地内部，形成于浅水较高能环境，有利于大量碳酸盐岩颗粒和碎屑堆积。主要堆积物由厚层生物碎屑颗粒灰岩、内碎屑、鲕粒灰岩组成，颗粒支撑，主要为亮晶胶结，颗粒含量为 75%~85%，生物丰富，在波浪作用下，沉积物磨蚀、冲洗和簸选作用强烈，破碎程度较高，大多形成亮晶颗粒石灰岩；水体能量稍弱时，沉积物簸洗不够彻底，可发育泥晶颗粒灰岩；岩石孔隙以晶间胶结为主，孔隙较发育；电性上，自然伽马呈低值，泥质含量少，岩石密度相对较高。

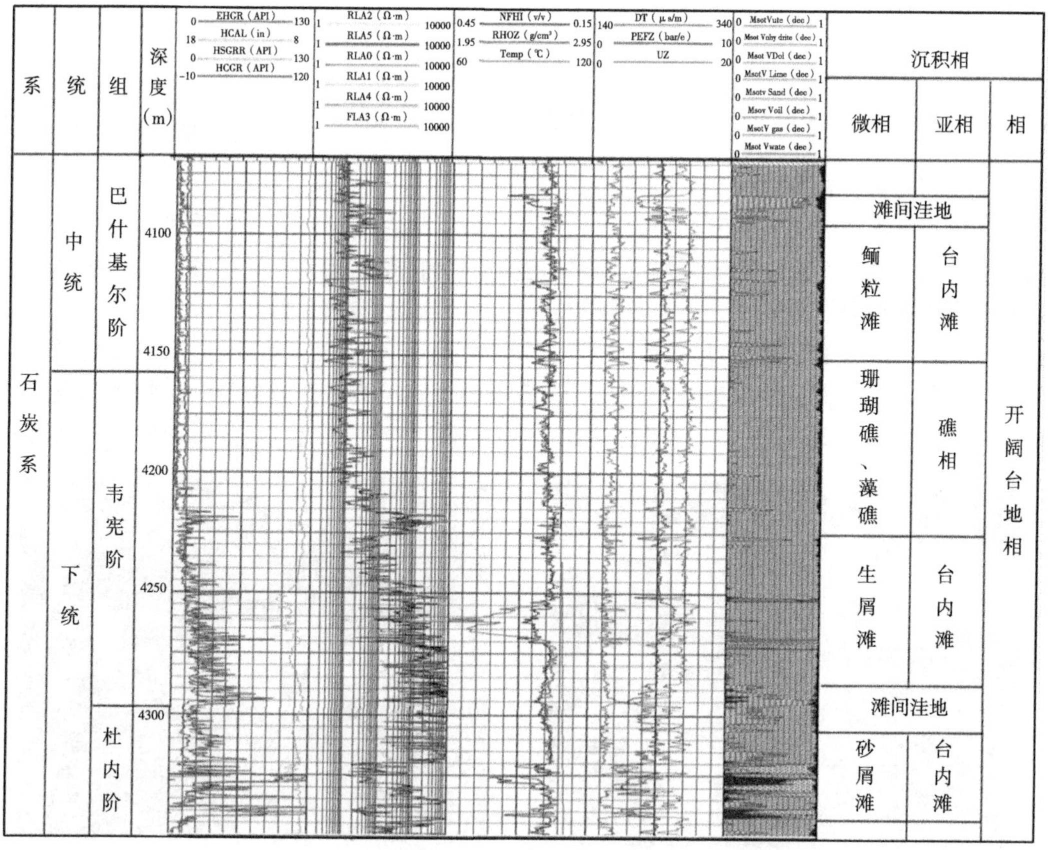

图 5-22 费多罗夫斯克区块 F-10 井石炭系开阔台地相剖面

剖面上，下部下石炭统常以发育砂屑、生物碎屑颗粒、球粒等为主。中石炭统以发育鲕粒、藻包粒为主（表5-4）。横向上，表现为大小不等的点状或块状分布的凸起，向陆地方向以发育鲕粒为主，向盆地中心（沉降区）则以发育生物碎屑颗粒为主。生物碎屑颗粒与鲕粒的分布反映其沉积环境上为浅海高能环境，受水深、水动力条件及外来碎屑物质的影响，不同时期、不同地貌位置上鲕粒滩和生物滩的发育程度存在差异。根据颗粒的成因不同又可细分为生物碎屑滩、鲕粒滩、砂砾屑滩微相。

表5-4 F-10井中—下石炭统薄片鉴定表

层位	下石炭统（4374m）	中石炭统（3864.08m）
结构	泥粒灰岩大—中晶、球粒—生物碎屑	粒屑灰岩中—大晶，内碎屑—藻包粒—鲕粒
异化粒组分	生物碎屑、球粒等	鲕粒、藻包粒、内碎屑、生物碎屑、球粒
生物碎屑系统组分（按减少顺序）	有孔虫类、棘皮动物门、腕足类、介形虫等	棘皮动物门、有孔虫类、珊瑚、藻类、鲕粒等
海相胶结物	小段为晶体胶结物	不均衡，等厚—纤维，镶嵌
结晶、分选、磨圆	结晶明显，分选性、磨圆度较差	结晶明显，分选性好，磨圆好
后成岩作用（胶结作用、重结晶作用、压实作用）	晶间压实作用强	原生孔隙被亮晶物质充填；单个的生物碎屑，有重结晶作用
白云质	—	—
孔隙度	3%~5%，晶内孔形状不规则，大小为0.05~0.65mm	7%~10%，晶间及单个的晶内孔呈不规则圆状、椭圆状
沉积相带	碳酸盐岩台地	碳酸盐岩台地

①生物碎屑滩微相。

生物碎屑滩主要岩性为灰白色、浅灰色亮晶生屑灰岩、球粒与生物碎屑、亮晶有孔虫灰岩、亮晶藻灰岩为主。岩石具亮晶和泥晶生物碎屑颗粒结构，大—中晶，结晶明显，层状产出，亮晶胶结，分选性、磨圆度较差。

生物碎屑滩发育于碳酸盐岩台地内部，处于浅水低能或较高能环境。生物门类较多，除腕足屑外，多见藻团块及棘皮动物屑、有孔虫类、腕足类、介形虫等。生物碎屑破碎程度较高，分布较均匀（图5-23、图5-24）。由于碳酸盐岩质纯，且分布均匀，自然伽马

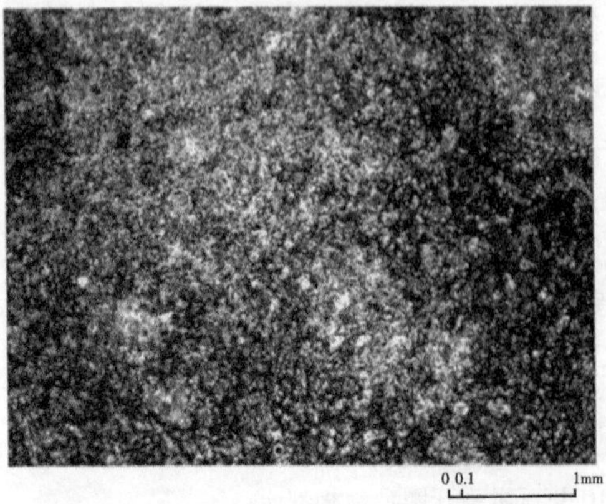

图5-23 微生物碎屑灰岩（C_1，5696.6m）

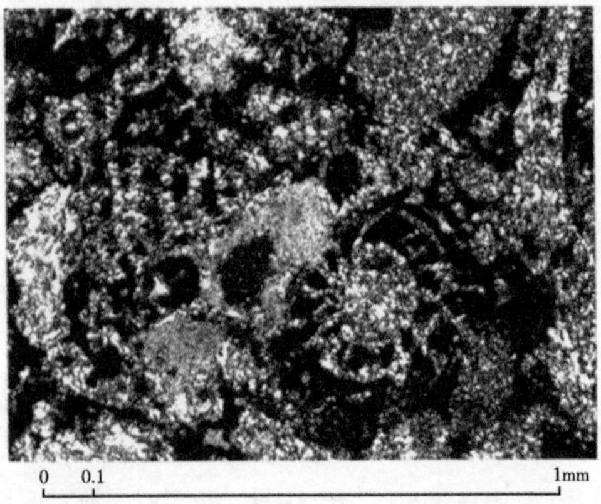

图5-24 有孔虫生屑灰岩（C_1，5698.6m）

曲线上表现为低值而又平直，岩性密度值相对较高。

②鲕粒滩微相。

鲕粒滩在早石炭世韦宪期—中石炭世巴什基尔期均有发育。岩性主要为亮晶鲕粒灰岩（图 5-25），富含有棘皮类、内碎屑、鲕粒等多种颗粒。以鲕粒为主，结晶明显，分选性好，磨圆好。有孔虫和绿藻类少见。

孔隙主要分布于鲕粒内，孔隙度为 7%～10%，原生孔隙大多被亮晶物质充填；晶间及单个的晶内孔呈不规则圆状、椭圆状，溶蚀度差异较大，有重结晶作用，鲕模孔至鲕内微溶，孔洞、溶缝较发育，溶孔以鲕模为主。自然伽马为相对较低而又平直，泥质含量少，岩性密度值相对高；孔隙间多为亮晶胶结，孔隙发育，是良好的油气储集岩。

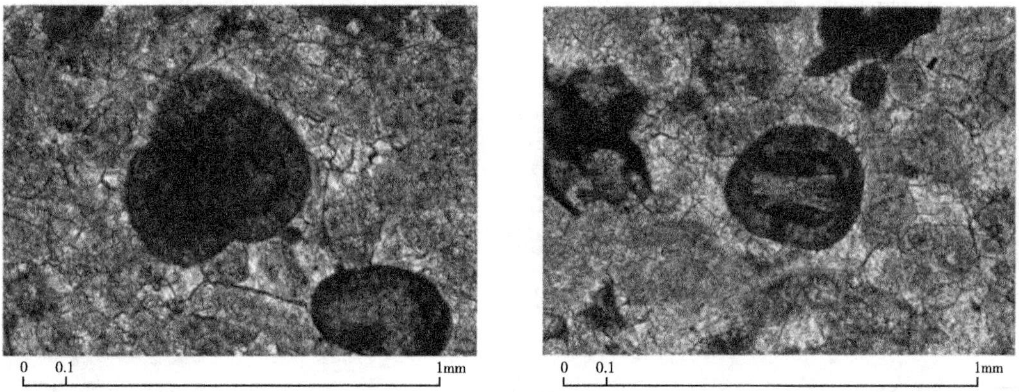

图 5-25 扎依克构造 F-1 井（5696.6～5698.6m）鲕粒灰岩（C_2）

③砂屑滩微相。

砂屑浅滩微相发育于下石炭统杜内阶，岩性以浅灰亮晶砂屑灰岩为主，少量泥晶灰岩、白云质灰岩。砂屑为细—中砂级，磨圆较好，分选性中等。粒间混入少量有孔虫、腕足及绿藻类生物碎屑（图 5-26），岩石具亮晶和泥晶颗粒结构。由于碳酸盐岩质不纯，泥质、砂质含量明显较重，且分布不均，测井曲线上表现为较高的自然伽马值，以及相对较低的岩性密度值。

（2）礁岩亚相。

在开阔台地内部水动力较强，具有一定的波浪作用，水体清澈，水深合适，光合作用好的地区是礁生长的有利环境。在费多罗夫斯克区块发现的礁体规模不大，厚度较小。从钻井岩屑及岩心薄片中可以见到珊瑚类化石，并具生物骨架结构。另外，还在多处见到藻骨架、绿藻、红藻骨架。这些具有重要的意义，表明其具有一定的成礁现象。目前资料仅仅显示出石炭系珊瑚礁、藻礁这两种微相（图 5-27）。根据礁岩地层的地震反射特征，可通过三维地震资料还识别出了区内石炭系、下二叠统生物礁体（图 5-28）。

礁岩内各种原生孔隙发育，并保持长时间的原生孔隙状态，为油气向礁内运移、富集提供较为充分的有利条件。

（3）台内滩间洼地亚相。

滩间洼地亚相在石炭系—下二叠统的局部有发育。位于浪基面之下，水体能量偏低，滩与滩之间常形成水体比较深的稳定还原环境形成。区内滩间洼地岩性主要以浅灰色、灰色泥晶—粉晶灰岩、云质灰岩为主，泥—粉晶结构，砂屑结构少量。剖面上，通常具有一

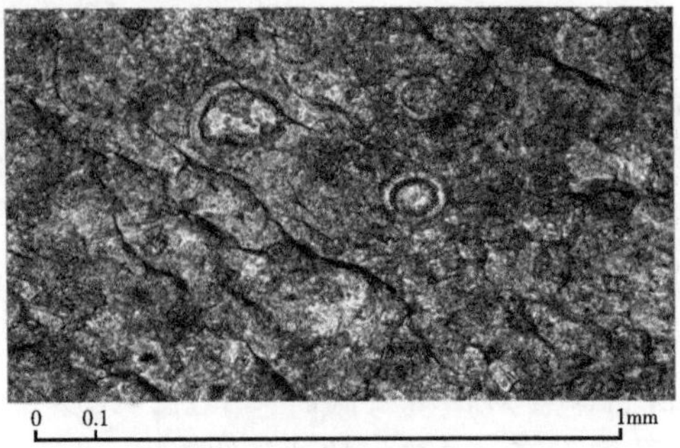

图 5-26　F-1 井（C_1t，5696.6~5698.6m）白云质灰岩中见微小有孔虫化石

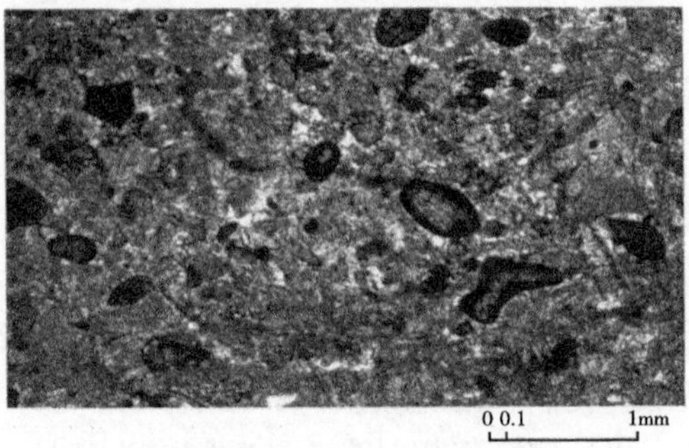

图 5-27　扎依克构造 F-1 井（C_1v，5696.6~5698.6m）海藻类礁

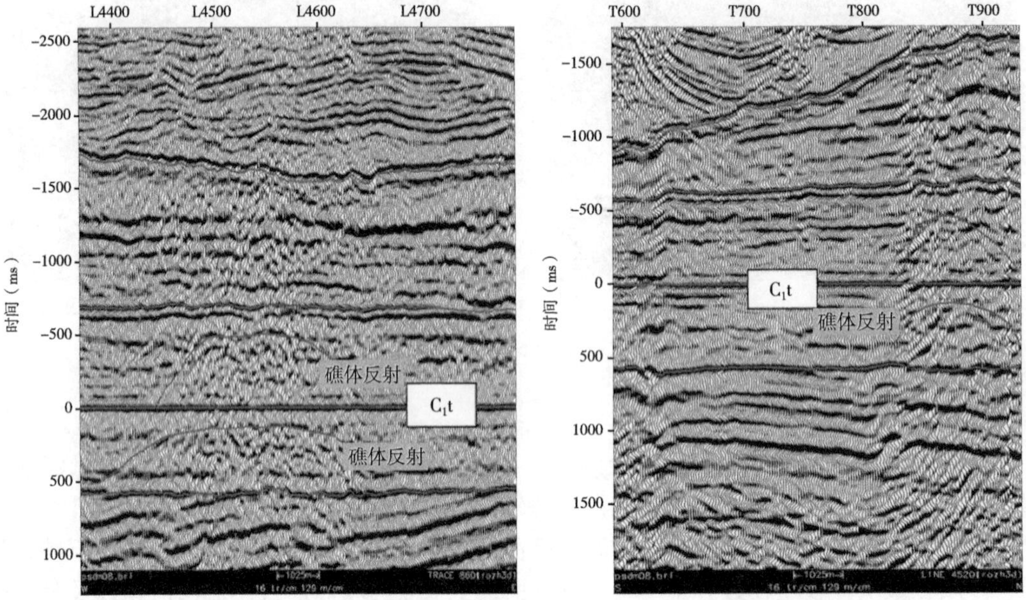

图 5-28　费多罗夫斯克三维工区（T_{860}剖面）礁体反射特征

定的旋回性和韵律性。生物种类和数量较少，生物扰动作用强烈。滩间洼地相区岩石的孔渗条件总体较差。由于碳酸盐岩质不纯，泥质含量明显偏重，且分布不均，测井曲线上表现为相对较高的自然伽马值和较低的岩性密度值（图 5-29）。

2）局限台地相

早二叠世亚丁斯克期末，随着海平面持续下降，北部边缘在台地浅滩之后进入到台内潟湖相沉积，属于局限台地相范畴。这个阶段水动力条件变弱，盐度偏高，沉积物岩石颗粒较细，白云岩化作用增强，白云石含量明显增加。根据岩性特征可分为云质潟湖和灰质潟湖，云质潟湖以薄层泥—粉晶含云岩为主；灰质潟湖以泥晶灰岩、生屑灰岩为主。与局限台地其他亚相相比，泥质含量明显增加，岩石孔隙多被泥晶胶结，整体上岩石孔渗较差。

电性上，自然伽马值明显偏高，反映其泥质含量高、低能环境的特点；声波时差值变化大，表明其具有较强的非均质性（图 5-29）。

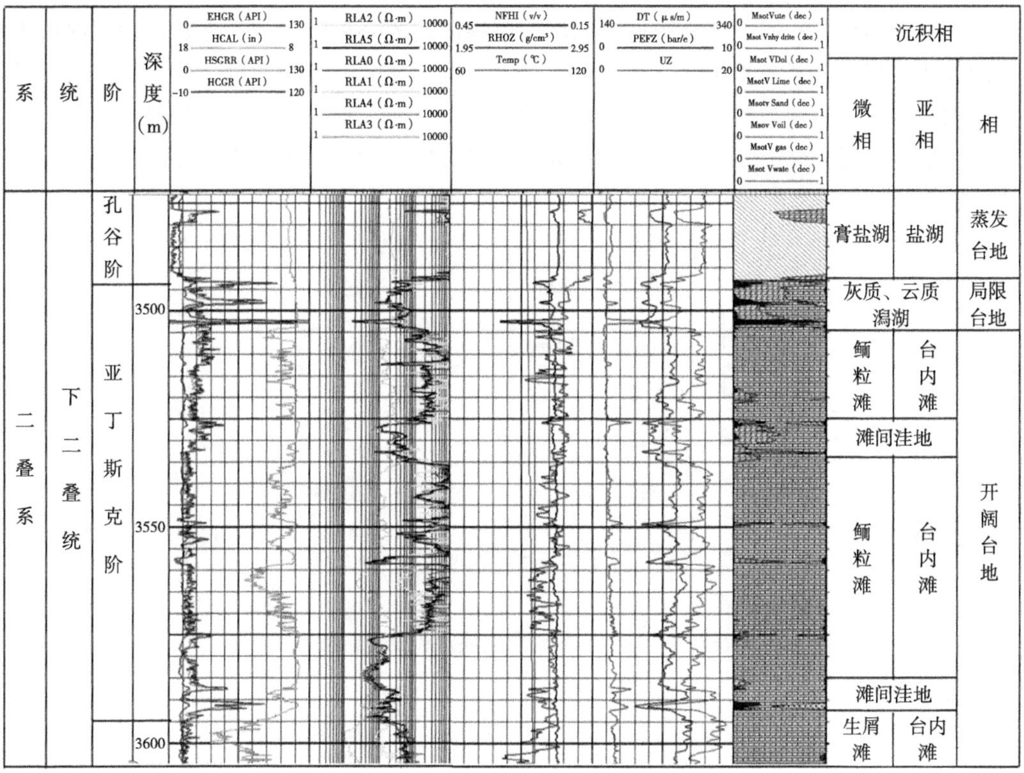

图 5-29　费多罗夫斯克区块下二叠统沉积相剖面图

3. 早二叠世蒸发台地相

早二叠世晚期，区域海平面下降，台地抬升，水体进一步变浅，盆地封闭，与广海水体逐步失去连通，处于浪基面以上的低能环境，海水循环性差，水动力条件弱。加之气候炎热干旱，水体蒸发量大，缺乏淡水补充，导致含盐度增高。最终沉淀了一套巨厚的盐岩和膏岩，局部夹泥质碳酸盐岩（图 5-29）。这一阶段持续时间较长，盆地内盐岩分布范围广泛。

（三）沉积相时空展布特征

1. 盐下古生界沉积模式

费多罗夫斯克区块钻井岩心、薄片观察资料和单井相分析表明，晚泥盆世早期（弗拉斯期）东欧地台东南缘在拉张构造运动的背景下，台地边缘下沉，随后迅速转化为盐度较高的潮坪相白云岩沉积。弗拉斯期—法门期，随着海平面上升，海侵范围逐步扩大，潮坪相白云岩被浅海碳酸盐岩沉积物淹埋，形成了弗拉斯阶—法门阶巨厚台地碳酸盐岩沉积。早石炭世（杜内期）早期继续保持泥盆纪以来的海侵环境，台地发展壮大，海水由南向北逐渐推进、加深，表现为扩张型台地边缘的显著特点。早—中石炭世（韦宪期—莫斯科期早期）先后经历了两次挤压构造作用和短暂的海退，台地全面抬升，古陆棚区萎缩，台地暴露或停止发育，中石炭统巴什基尔阶遭受剥蚀。莫斯科期晚期直至早二叠世亚丁斯克期，区域迎来了第三次大规模的海侵，海平面上升，台地继续生长，北部边缘沉积了巨厚的浅水台地相碳酸盐岩。早二叠世孔谷期，随着滨里海盆地东缘和南缘碰撞作用加强，盆地中心沉降加剧并逐渐失去了与大洋的联系，在封闭干燥而又炎热的环境下形成了巨大的蒸发相盐湖盆地。至此，大规模的浅水碳酸盐岩沉积宣告终结。

结合钻井与地震相研究成果进行沉积相和沉积体系的分析，有利于更好地探讨纵向上沉积层的演化序列，以及沉积相的平面展布规律。盆地北部区块晚泥盆世—早二叠世沉积环境演化序列由下至上体现为局限台地—开阔台地—局限台地—蒸发台地的沉积演化过程。结合区域研究成果，建立北部区带盐下古生界沉积模式（图 5-30），各相带特征见表 5-5。

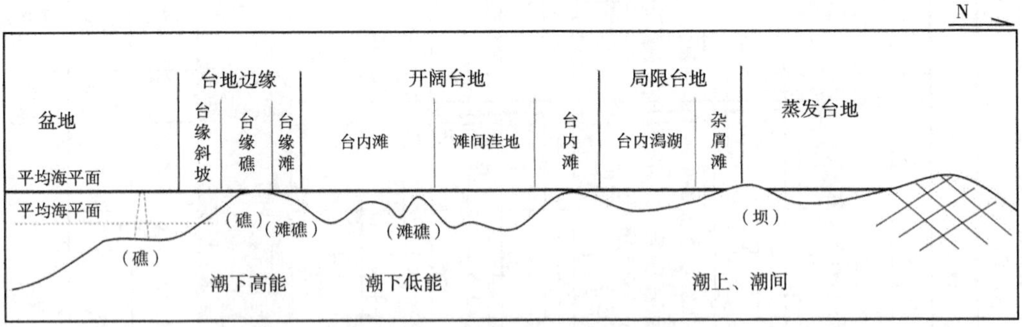

图 5-30　盆地北部石炭系碳酸盐岩台地相沉积模式

表 5-5　费多罗夫斯克区块沉积相带特征表

相带	开阔台地	局限台地	蒸发台地
微相	鲕粒滩、生屑滩、滩间洼地、礁	台内滩、台内潟湖	膏盐湖
水深（m）	0~50	0~30	0
水动力特征	潮下低能带，浪基面以下	潮间—潮下低能带	潮上低能带
沉积特征	鲕粒、藻包粒、藻团块、砂屑等颗粒岩，夹泥质岩	泥粒、球粒、藻团块和生物灰岩、白云岩	盐、石膏夹少量碳酸盐岩
生物种类	藻类（海藻）、腕足类、有孔虫、珊瑚、介形虫、海百合、棘皮动物门等	棘皮类，见介形虫、蜓类	生物稀少
沉积构造	生物潜穴	具纹层、鸟眼等构造	具纹层等构造
储集性能	中等—好	中等—差	差
分布层位	D_3fm—C_1t、C_1v—P_1ar	P_1ar、D_3fs—D_3fm	P_1kg

2. *石炭系沉积相展布特征*

区块内晚泥盆世—石炭纪—早二叠世沉积时经历 3 期沉积旋回，都受到当时的水体深度、水动力条件和地形条件等影响，存在一定的差异。总体特征为沉积相带呈东西向展布，相变方向为近南北向。在台地相区依次发育台内滩、滩间洼地、礁滩亚相（图 5-31、图 5-32）。

台内滩相区主要分布于区块扎依克南—罗兹科夫斯克—布日宁斯克一带，岩性为亮晶粒屑灰岩、泥晶颗粒灰岩、鲕粒灰岩与泥晶灰岩互层。滩间洼地相区主要分布于古地貌相对低洼的区块西部、西北部地区，岩性主要以灰色泥晶—粉晶灰岩、云质灰岩为主，局部夹泥晶颗粒灰岩。礁滩亚相的分布与扎依克、罗兹科夫斯克等断隆构造单元相一致，沉积相带受古构造控制。

盆地北部区块石炭系沉积相特征在横向上存在一定变化，但在东西向台地相区，总体上有较好的可对比性。早石炭世韦宪阶—中石炭世巴什基尔阶沉积时，是开阔台地相沉积水动力环境最为活跃的时期，水体较浅，发育比较稳定的碳酸盐岩台内生物碎屑滩、礁岩相等沉积，原生孔隙较发育。同时，随着基底的抬升和海退，不同成因类型的岩石地层常出露于水面，接受地下水淋滤作用的过程，这样可以进一步改造原生孔隙，增加孔隙间的连通性，促进了有利孔隙的形成；有效地改造了岩石的储油气物性。特别是礁岩内各种原生孔隙发育，并保持长时间的原生孔隙状态，是优质储油气层。晚泥盆世法门期、早二叠世发育局限海台地内的蒸发台地相，沉积水动力环境较平静，沉积稳定而持续，这个时期白云岩化作用最为强烈，部分白云岩晶间孔隙、裂隙发育，也是较有利的储油气层。

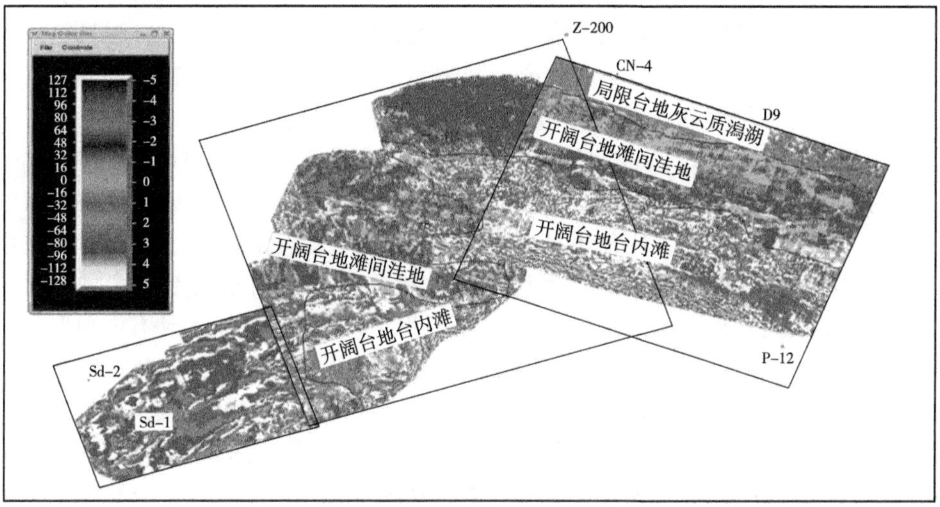

图 5-31　费多罗夫斯克区块石炭系沉积相特征描述（三维工区 C_1t 储层波形分类）

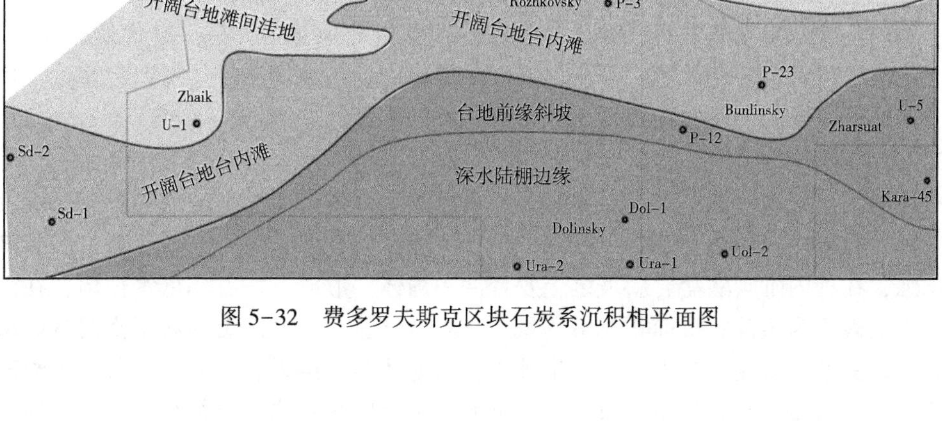

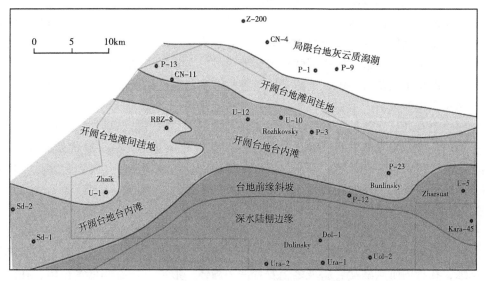

图 5-32　费多罗夫斯克区块石炭系沉积相平面图

（四）特殊地质体属性

根据地震反射的几何形态和内部反射结构特征，在地震层序中解释出一些特殊的地震反射异常体，通过井—震标定，结合区域构造、沉积演化分析，表明是某些特殊的岩性地质体。

1. 生物礁建造

生物礁相沉积为特殊的碳酸盐岩类型，是生物原地堆积而成的碳酸盐岩建隆。晚泥盆世—石炭纪—早二叠世，北部边缘始终处于隆起状态，处于稳定的浅水碳酸盐岩台地沉积环境，在海水清澈、盐度正常、温度适宜及一定的波浪作用等条件下，生物大量繁盛，有利于生物礁的生长，生物礁建造分布于斜坡边缘或古隆起，在 P_1 层序、P_{21}层序、Ct 层序内均有发育；主要造礁生物为珊瑚、有孔虫及藻类；附礁生物有腕足类、腹足类、海百合等。主要岩石类型有生物骨架岩、生物碎屑灰岩、内碎屑灰岩和白云岩等。

由于生物礁的各种地球物理参数（如振幅、频率、波形、速度、连续性等）都与围岩存在明显差异，导致在地震波组特征上生物礁建造具有特殊的内部结构和外部形态：（1）生物礁体地震反射特征与围岩存在明显差异。生物礁建隆本身是由造礁生物堆积而成，通常其主体部分呈块状，内部不具沉积层理，地震波组呈蚯蚓状、杂乱状或空白反射特点，与陆架或斜坡相的平行—连续反射和发散状反射形成明显反差；外部轮廓界限分明，与周围地层呈突变接触，常常表现为上凸下凹的呈透镜状、丘状或不规则形态。由于岩隆的顶、底面多为砂泥岩，与碳酸盐岩之间存在较大的波阻抗差，因此在礁体顶、底面表现为强振幅反射，剖面上可连续追踪，礁体边缘存在上超和绕射现象，这是生物礁建隆在地震剖面上最显著的特征。（2）生物礁建造的厚度大，而向围岩迅速减薄。在海侵期，海平面持续上升，特别是上升速度加快时，生物礁发生加积式跨世代生长，直至水体过深而被淹埋，并在礁顶部形成海相泥岩沉积，高位期随着海平面的持续下降，礁体垂向生长受阻并暴露，转变为以侧向增生为主；由于碳酸盐的沉积速率明显高于同时期相邻沉积物的沉积速率，其沉积厚度明显高于其周缘沉积物。世代生长的礁岩垂向叠置，其内部的地震响应因顶部能量的消耗而不太明显。（3）基底构造对生物礁建造的发育具有显著的控制作用。由于生物礁作为原地造礁生物格架，具有抗击相应风浪的能力，通常在凸起的古地貌条件下形成独立礁建造。区内碳酸盐岩台地礁的分布常常与基底断裂、古构造存在一定的相关性，即位于文德阶—中、下泥盆统继承性基底凸起或边缘。区域地震资料显示，卡拉恰干纳克凝析油气田大型生物礁建造同样具备上述特征（图 5-33）。

生物礁自身既是优质的烃源岩，同时又具有良好的储集性能，礁体形成后，由于是块状的，礁内各种原生孔隙发育，并保持长时间的原生孔隙状态，是一套优质的储集岩体，为油气富集提供了较为充分的有利条件。因此，生物礁型油气藏往往储量规模大、单井产量高，是区域重要的油气勘探目标。

2. 低位扇体

扇体形成于低水位体系下，对应于区块内滩间洼地或台缘坳陷的碎屑岩沉积阶段（早韦宪期，地震层序界面为 Ct 和 C_{12}之间），由于海平面下降，古陆棚区萎缩，陆源碎屑物补给增强，在杜内阶碳酸盐岩斜坡之上发育冲积扇体，形成下切谷和低水位扇，在南北向地震剖面上表现为透镜状或前积充填（图 5-34）。从钻井岩性来看，属于富泥贫砂型较深水沉积，以深色灰质泥岩为主，夹少量砂岩，从薄片鉴定结果看，砂岩以灰质细粒岩屑砂岩、粉砂岩、云质砂砾岩为主，属于近源沉积。结合区域古构造特征分析，大套泥岩沉积

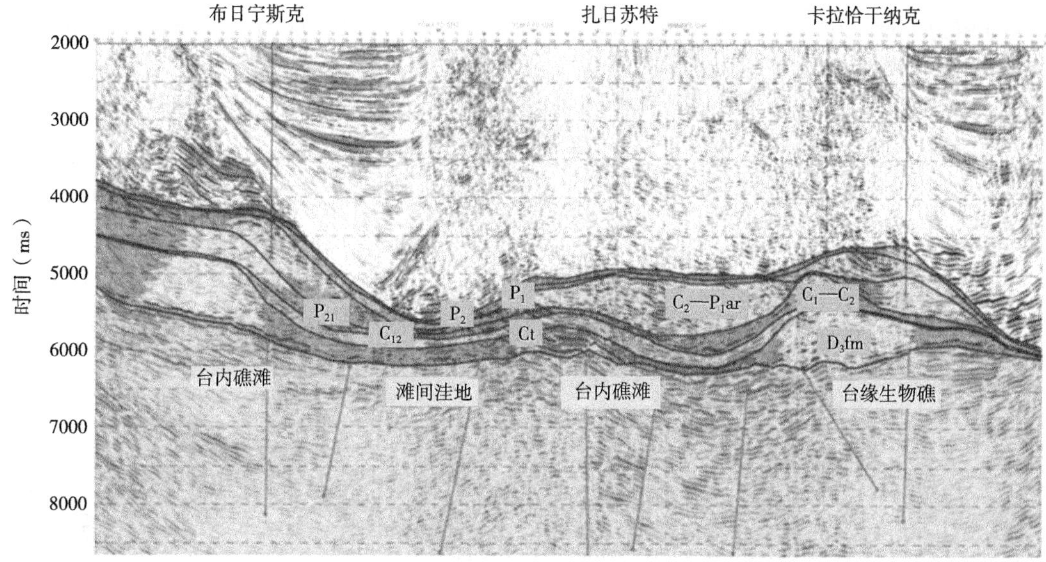

图 5-33　卡拉恰干纳克北西—南东向特殊地质体地震剖面特征

P_1—莫斯科阶—亚丁斯克阶碳酸盐岩顶面；P_2—莫斯科阶底部碎屑岩顶面；P_{21}—韦宪阶—巴什基尔阶碳酸盐岩顶面；C_{12}—韦宪阶碎屑岩顶面；Ct—弗拉斯阶—杜内阶碳酸盐岩顶面

其物源来自西北部伏尔加—乌拉尔台背斜带，属于远物源区长距离搬运的碎屑沉积物，为该时期的主要物源；砂岩沉积物来自区域内部局部隆起间隙性抬升并暴露水面，古隆起遭受短暂的剥蚀下的碎屑物在水下形成扇形砂质沉积，砂体厚度薄，属于次要物源。

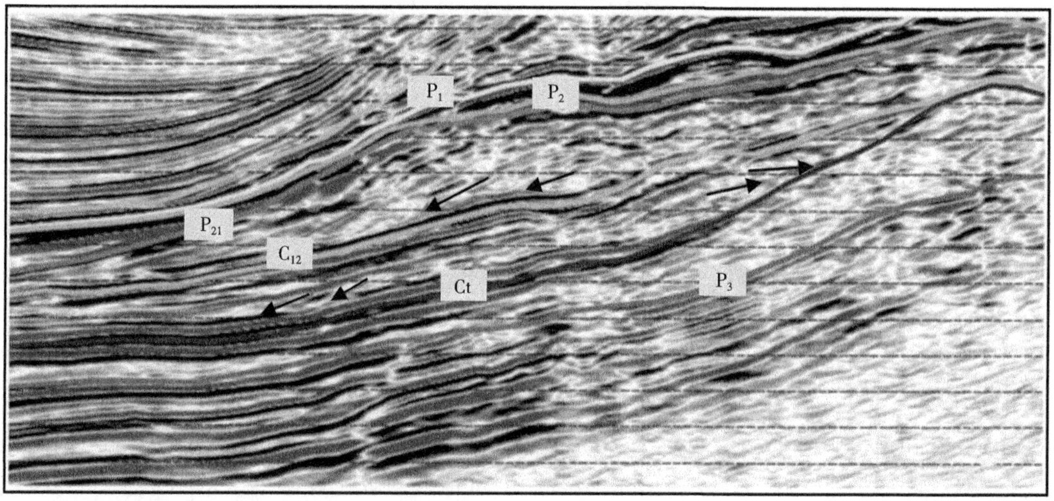

图 5-34　C_{12}层序低水位充填特殊地质体地震（L2920 测线，PSTM）剖面特征

图中向下和向上箭头表示早韦宪期低位扇体地震层序界面

P_1—莫斯科阶—亚丁斯克阶碳酸盐岩顶面；P_2—莫斯科阶底部碎屑岩顶面；P_{21}—韦宪阶—巴什基尔阶碳酸盐岩顶面；C_{12}—韦宪阶碎屑岩顶面；Ct—弗拉斯阶—杜内阶碳酸盐岩顶面；P_3—下弗拉斯阶碎屑岩顶面（重要的不整合面）

3. 高位层序粒屑滩

滩相为大量的生物碎屑或鲕粒形成的堆积物，沉积物以异地搬运的碳酸盐岩颗粒为主，岩石颗粒常见破碎及定向排列，形成于高位体系下（P_1、P_{21}、Ct 层序）稳定的浅水碳酸盐岩台地。区块内构造主体处于开阔台地或局限台地沉积环境，该时期形成了大量的生屑滩、鲕粒滩等，钻井所揭示的地层岩性为鲕粒灰岩、生物碎屑灰岩、白云岩等，常常发育于台内局部低凸起或台地边缘，台地边缘滩由于受到波浪的冲洗、筛选，磨圆、分选较好，可成为良好的油气储层。在地震剖面上滩体一般不具有明显的隆起幅度，地震反射特征表现为同向轴呈杂乱—近平行反射或叠瓦状排列（图 5-35），滩体进积特征较明显，可见前积反射现象；由于滩体与上覆泥岩层存在较大的波组抗差异，常常在顶部呈现较强的反射特征。

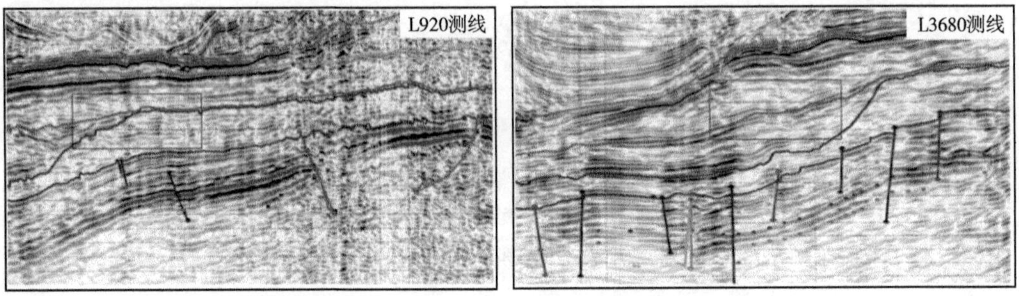

a. 叠瓦状反射　　b. 杂乱反射

图 5-35　P_1、P_{21}、Ct 层序粒屑滩特殊地质体剖面特征

第四节　油气地质特征

一、烃源岩特征

滨里海盆地北部断阶盐下古生界共发育 4 套以泥页岩和泥质碳酸盐岩为主的烃源岩，具体包括中泥盆统艾菲阶—吉维特阶（D_2ef—D_2gv）烃源岩、上泥盆统法门阶—下石炭统杜内阶（D_3fm—C_1t）烃源岩、下石炭统韦宪阶—中石炭统巴什基尔阶（C_1v—C_2b）烃源岩和中石炭统莫斯科阶—下二叠统亚丁斯克阶（C_2m—P_1ar）烃源岩。

烃源岩的发育程度及分布与盆地岩相古地理密切相关。据费多罗夫斯克区块钻井及样品分析结果，上泥盆统法门阶黑色钙质页岩烃源岩厚度为 150～200m，下石炭统杜内阶泥质碳酸盐岩和黑色页岩烃源岩厚度为 300～450m，这两套有机质丰度高、类型好，是区内最重要的烃源岩。它们围绕分布于浅水碳酸盐岩台地或生物礁建隆周缘的深水相区（或潟湖相区），水体清澈、养分充足，底栖藻类浮游生物繁盛，有利于有机物质的形成与保存，为海相缺氧环境下形成的腐殖腐泥型或藻类。地球化学分析资料表明，上泥盆统法门阶黑色钙质页岩、硅质页岩有机碳（TOC）含量为 0.5%～1.5%，干酪根类型为腐泥型（Ⅰ型）或腐植—腐泥型（$Ⅱ_1$ 型）；下石炭统杜内阶泥质碳酸盐岩有机碳含量为 2%～3.5%，局部高达 6%～8%，干酪根类型以腐植—腐泥型（$Ⅱ_1$ 型）为主（表 5-6）。

表 5-6　费多罗夫斯克区块烃源岩分析数据表

烃源岩层	法门阶	杜内阶
沉积年代（Ma）	377	350
岩性	钙质页岩、硅质页岩为主	泥质碳酸盐岩为主
生油层分布	多分布在礁体隆起附近，和礁体分布具一致性	
生油气	油：230Ma 开始，200Ma 高峰（生油）； 凝析油气：150Ma 开始，25Ma 进入过成熟生气后期（气）	
干酪根类型	Ⅰ、$Ⅱ_1$ 型	以 $Ⅱ_1$ 型为主
TOC（%）	0.5~1.5	2~3.5，局部为 6~8
沉积环境	浅海，局部为潟湖相	半深海相

根据 1992—1998 年哈萨克斯坦地质科学研究院资料（在美国分析的 200 个多原油样和生油岩样品数据）。卡拉恰干纳克油气田的样品分析结果显示，中泥盆统碎屑岩、碳酸盐岩为生烃潜力较大的生油母岩，有机碳含量达 12%，生油岩已进入液态烃生成主要阶段（镜质组反射率达 1.2%~1.5%），达到生成凝析油和天然气生成阶段（Б. А. ЕСКОЖА，2006）。其他地层有机物质含量较低，生物礁建隆周边发育的亚丁斯克阶黑色页岩也是具有重要价值的烃源岩，属于台地边缘深水相沉积，其分布比法门阶、杜内阶烃源岩广泛，烃源岩有机碳含量也较高；总有机碳含量为 1.3%~3.2%，最高可达 10%（Maksimov 和 Ilyinskaya，1989）；氢指数为 300~400mgHC/gTOC（Punanova 等，1996）。属于浅海与深海相缺氧环境下腐泥化程度较高的烃源岩，干酪根类型为Ⅰ—Ⅱ型。镜质组反射率为 0.65%~1.16%，古地温为 125~200℃，表明该套生油岩处于成熟生烃阶段，部分烃源岩达到生烃的高峰阶段。

根据埋藏史研究（图 5-36），上述 4 套烃源岩成烃时间也存在一定的差异。晚二叠世末期，盆地快速沉降加速了烃源岩热演化进程，其中，中—上泥盆统、中—下石炭统两套主力

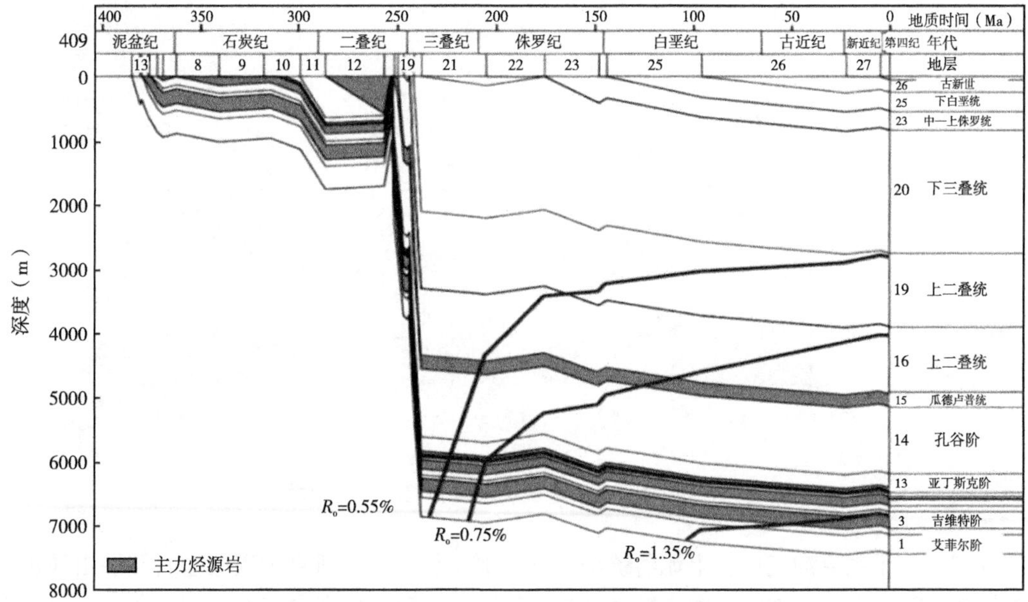

图 5-36　卡拉恰干纳克地区烃源岩热演化史图

烃源岩生油时期始于晚三叠世早期（230Ma），侏罗世早期（200Ma）进入生油高峰，古近纪末（25Ma）达到过成熟气生成后期阶段，总体上，该构造带烃源岩的热演化程度较高。

二、储层特征

（一）储层分布

据费多罗夫斯克区块钻探资料揭示，盐下储层具有类型多、厚度大、分布广等特点。其中碳酸盐岩和生物礁是区块内最重要的储层，集中分布于下二叠统亚丁斯克阶—中石炭统莫斯科阶、下石炭统韦宪阶—中石炭统巴什基尔阶和上泥盆统法门阶—下石炭统杜内阶3套层系中。岩石类型主要有台地相生物礁灰岩、生物碎屑灰岩、砂屑灰岩、白云岩化灰岩、灰质白云岩（图5-37）。古隆起背景上发育的生物礁体是油气聚集最重要的储集体，在上述3套厚层碳酸盐岩或生物礁形成后都经历过一次基底抬升和海退，使得碳酸盐岩接受地下水淋滤作用，从而改造原生孔隙，增加了孔隙间的连通性。

区块内，下二叠统亚丁斯克阶—中石炭统莫斯科阶碳酸盐岩及生物礁储层分布最为广泛，也是整个北部断阶带重要的产油气层之一。为浅海环境下的碳酸盐岩斜坡，发育生物碎屑灰岩、灰质白云岩储层，局部发育生物礁。下石炭统韦宪阶—中石炭统巴什基尔阶亮晶生物碎屑灰岩和砂屑灰岩是区块储集性能最好的一套储层，也是北部断阶最重要的一套储层。该套碳酸盐岩储层常常受到后期次生改造作用（包括溶蚀、白云岩化、重结晶方解石化等），进一步改善了储层的物性，在北部油气区，有43.7%的储量都分布在该套储层中。上泥盆统法门阶—下石炭统杜内阶储层为浅海环境下沉积的碳酸盐岩储层，其原生孔隙度低，后期的次生改造作用大大改善了储集条件，使储集条件发生了显著变化。局部常发育生物礁型储层，生物礁相石灰岩的分布常常与古隆起构造密切相关（图5-37），也是油气最有利的聚集区。

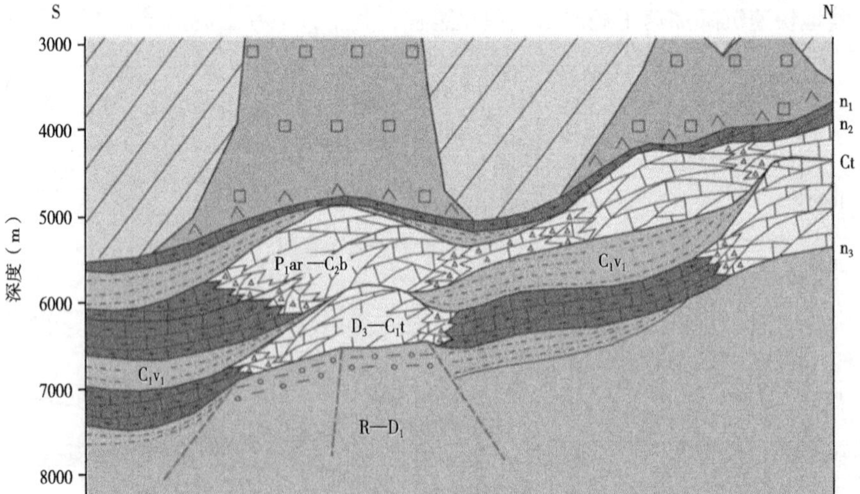

图5-37　费多罗夫斯克区块礁滩相储层分布剖面图

在卡拉恰干纳克油气田，上泥盆统法门阶—下二叠统亚丁斯克阶碳酸盐岩储层由浅水块状礁体和颗粒岩组成。礁岩在中石炭世巴什基尔期—莫斯科期和早二叠世阿瑟尔期—早萨克马尔期最发育。受相对海平面上升的影响，从石炭系的大型环状礁或台地，至下二叠统演变为没有中央潟湖的小型、马蹄形的小台地或斑礁，具有明显的“退积”特征（图5-38）。

在捷普洛夫构造带，下二叠统亚丁斯克阶发育障壁礁储层，礁块沿碳酸盐岩台地边缘凸起呈链状分布。

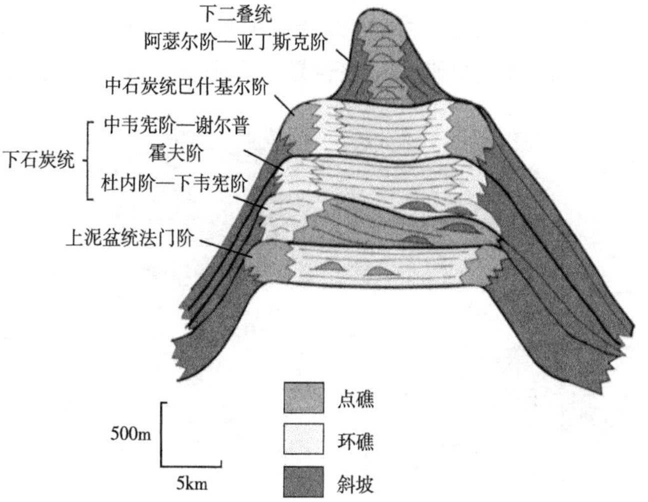

图5-38　卡拉恰干纳克法门阶—亚丁斯克阶礁相储层模式图

（二）储层岩性特征

1. 亚丁斯克阶—莫斯科阶（P_1ar—C_2m）储层

据费多罗夫斯克区块钻井岩石薄片资料鉴定结果，该套储层的岩性为生物碎屑灰岩、白云质灰岩为主（占70%~95%），石夹杂白云岩、灰质白云岩（约5%）及燧石条带（3%~5%）。石灰岩主要以泥粒状—粒泥状为主，浅灰色，中等硬度，细—微晶为主，局部隐晶，棱角状，孔隙裂缝欠不发育。白云岩以褐色为主，微晶，中等硬度，性脆，块状，孔隙裂缝不发育。燧石多为褐色，半透明，坚硬。局部见少量生物碎屑。

区块北部捷普洛夫含油气带为下二叠统亚丁斯克组储层，储层岩性为浅海陆棚、局限海潟湖相、生物礁相石灰岩、白云岩、珊瑚灰岩及藻灰岩。

2. 韦宪阶—巴什基尔阶（C_1v—C_2b）储层

韦宪阶、巴什基尔阶储层为浅海环境下沉积的石灰岩和白云岩。据钻井薄片资料鉴定，储层岩性以浅灰色亮晶生物碎屑灰岩、粒屑灰岩和白云质灰岩为主（占70%~90%），夹杂白云岩，局部夹薄层绿灰色页岩，见燧石条带。石灰岩以泥粒状、粒泥状及颗粒状为主，中等硬度，中—亮晶为主，局部隐晶，棱角状，肉眼可见微孔隙及裂缝。白云岩以灰色为主，中—微晶，局部隐晶，中等硬度，性脆，块状，孔洞、裂缝较发育，肉眼可见微孔隙及裂缝。巴什基尔阶中—高能量环境下形成的亮晶生物碎屑灰岩和粒屑灰岩具有较高的孔隙度，储集性能最好。该套碳酸盐岩储层受后期次生改造作用强烈（包括溶蚀作用、白云岩化、重结晶、方解石化等），不同程度地改善了储层的物性，发育晶间孔、晶内孔，孔形呈圆形、椭圆形和不规则型，局部被有机质或沥青填充，微裂缝和缝合线等裂缝常被有机质矿物填充（图5-39a）。燧石多为褐色，半透明，坚硬，岩屑中可见生物碎屑。

3. 法门阶—杜内阶（D_3fm—C_1t）储层

该套储层属于滨浅海环境下沉积的碳酸盐岩，据费多罗夫斯克区块钻井薄片鉴定资料，储层岩性为浅灰色、灰色块状亮晶生物碎屑灰岩、球粒泥粒灰岩、颗粒灰岩及白云质灰岩。其中，杜内阶上部亮晶生物碎屑灰岩属于区块内最重要的储层，为细晶、中晶、巨晶结构，含球粒、内碎屑、生物碎屑、有机质，含有孔虫类、腕足类、介形虫、藻类等生物化石。岩石颗粒结晶不明显，局部重结晶，分选性及磨圆度中等，储层裂缝欠发育，孔隙类型以孔洞为主（图 5-39b）。总体上，该套储层原生孔隙度极低，后期的次生改造作用大大提高了储集性能，局部生物礁的存在也导致孔隙度和渗透率的剧烈变化。

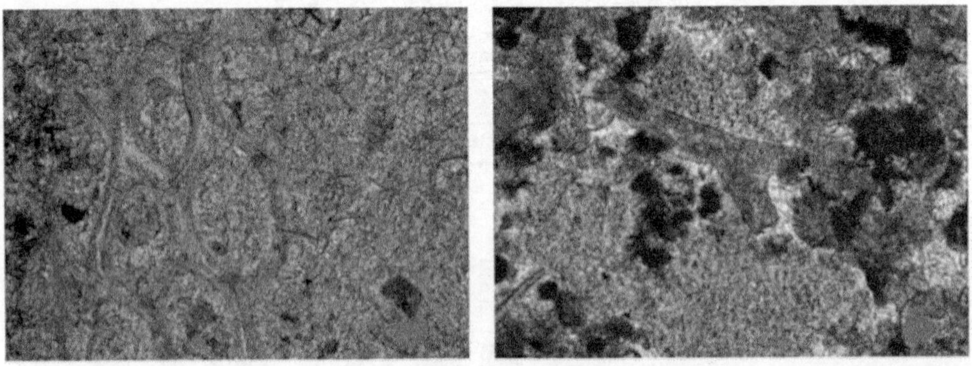

a. 上石炭统巴什基尔阶

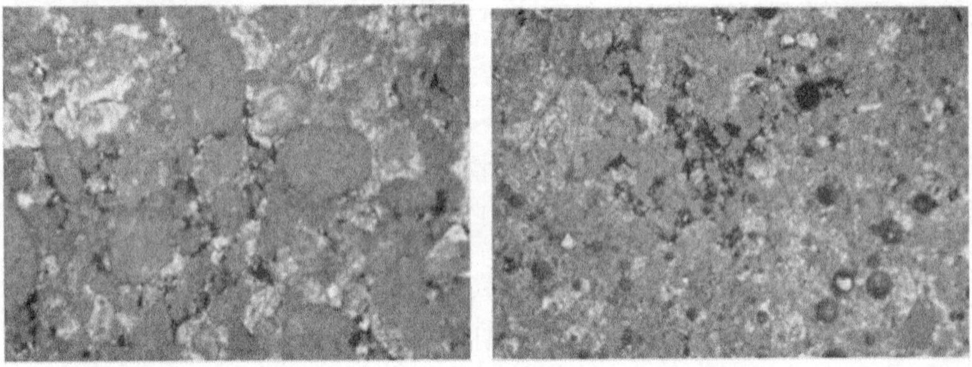

b. 下石炭统杜内阶

图 5-39　费多罗夫斯克区块钻井（F-24 井）岩石薄片照片

（三）储层的物性特征

根据费多罗夫斯克区块新老钻井岩心储层物性化验分析结果，不同岩石类型的储层物性特征如下。

亚丁斯克阶—莫斯科阶生物碎屑灰岩、白云岩储层厚约 230m。其中，亚丁斯克阶生屑灰岩储层的孔隙度为 6.8%~14%，平均孔隙度为 8.9%，渗透率为 0.1~2500mD（表 5-7）。储集类型以孔洞型为主，裂缝欠发育，常被烃类、方解石充填（图 5-40d）。

中石炭统巴什基尔阶粒屑灰岩碳酸盐岩储层，Rozhk-F-1 井钻遇该套地层厚度约为 140m，平均孔隙度为 7%~10%；储集类型以孔洞为主，晶间及单个的晶内孔呈不规则圆状、椭圆状分布。原生孔隙常被亮晶物质、有机质、沥青充填，具有重结晶作用。

下石炭统韦宪阶为泥粒、碎屑颗粒灰岩储层，Rozhk-F-1 井钻遇颗粒灰岩储层厚度为 98m，平均孔隙度为 2%~6.7%；BRL-1 井钻遇该套储层最大厚度达 665m，孔隙度为 1.26%~11.87%（表 5-7）。

下石炭统杜内阶为中晶生物碎屑灰岩—颗粒泥晶灰岩储层，Rozhk-F-10 井钻遇生物碎屑灰岩储层厚度为 119m，孔隙度为 3.69%～12.74%，渗透率为 1.85～3.86mD。颗粒灰岩孔隙度为 6.13%，测井解释孔隙度为 4.69%～5.38%；Rozhk-P-3 井钻遇泥晶灰岩储层厚度为 122m，孔隙度值为 3%～9%，平均值为 6%。根据 Rozhk-F-12 井 113 块岩心薄片资料分析，储集类型以孔洞型为主，主要发育晶间孔、晶内孔，孔的形状呈圆形、椭圆形和不规则型，孔径为 0.05～0.65mm，常常被有机质、沥青充填；可见微裂缝和缝合线，裂缝多为水平、垂直、近垂直，常被有机质、沥青质充填（图 5-40a、b、c）。

a. 4356m，C_1t，颗粒灰岩，烃类充填

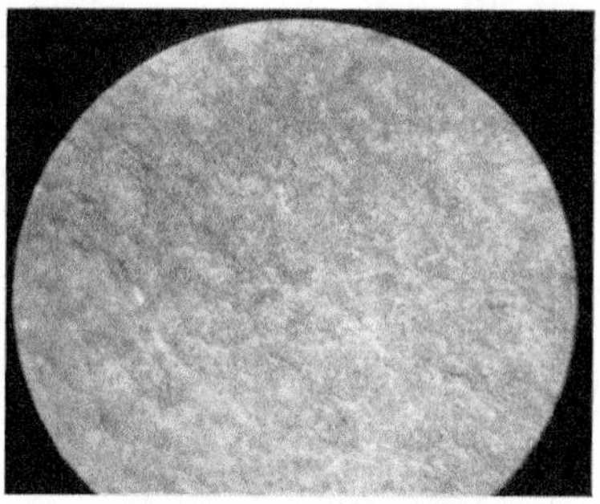

b. 4414m，C_1t，泥粒—颗粒灰岩

c. 4401m，C_1t，烃类充填裂缝

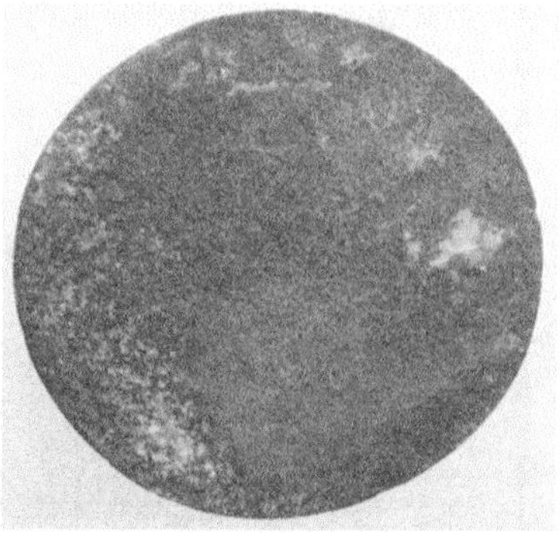

d. 3547m，P_1ar，烃类、方解石充填裂缝

图 5-40　Rozhk-F-12 井岩心描述照片

表 5-7　费多罗夫斯克区块盐下储层物性特征

层位	岩性	沉积环境	厚度（m）	样品数（块）	孔隙度（%）	渗透率（mD）	备注
下二叠统 P_1ar	生屑灰岩	浅海	222.2		6.8～14.0	0.1～2500	Rozhk-F-12 井 3529.8～3752m
中石炭统 C_2b	粒屑灰岩	浅海	140	6	7～10		Rozhk-F-1 井
下石炭统 C_1v	颗粒灰岩	浅海	665	19	1.26～11.87		BRL-1
	泥晶灰岩	浅海	326	21	0.85～12.96		BRL-2
			511	9	0.44～11.49		BRL-4
	颗粒灰岩	浅海	98		2.0～6.7		Rozhk-F-1 井 5676～5695m

续表

层位	岩性	沉积环境	厚度（m）	样品数（块）	孔隙度（%）	渗透率（mD）	备注
下石炭统 C_1t	颗粒灰岩	浅海		75	6.13		Rozhk-F-10 井
		浅海			4.69~5.38		Rozhk-F-10 井测井解释
	生屑灰岩	浅海	119	11	3.69~12.74	1.85~3.86	Rozhk-F-10 井
	泥晶灰岩	浅海	122	8	3~9		P-3 井

盐下层系碳酸盐岩储层物性变化较大。其中杜内阶和亚丁斯克阶储集性能最好的岩石类型为中—高能环境下形成的亮晶生物碎屑灰岩和砂屑灰岩。岩心孔隙度一般为 3%~14%；渗透率为 1.5~902mD（图 5-41、表 5-7）。

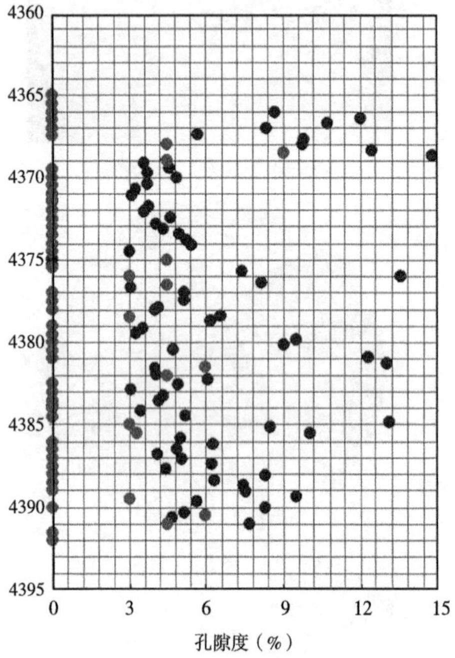

图 5-41　费多罗夫斯克区块杜内阶石灰岩孔隙度与深度关系图

结合常规测井和成像测井资料对比分析表明，石炭系储层中存在裂缝型、裂缝孔洞型和粒间孔、溶蚀孔洞型 3 类储层（图 5-42），且分布广泛。

卡拉恰干纳克大型凝析油气田以下二叠统、上泥盆—中石炭统浅水块状礁灰岩和颗粒灰岩为主要储层。其中，藻灰岩储层平均孔隙度为 9.7%，渗透率值达 90mD；珊瑚灰岩、藻灰岩储层孔隙度为 22%，渗透率为 2500mD；障壁礁—潟湖相珊瑚灰岩、藻灰岩、缝洞型礁灰岩储层孔隙度为 9.4%~24%，渗透率为 5~2512mD；浅海潮坪相钙质砂岩和粉屑灰岩孔隙度为 7%~12%。

区块西侧的西捷普洛夫油气聚集带储层由下二叠统亚丁斯克阶生物礁、生物碎屑灰岩、生物团块灰岩和白云岩组成。储层类型为孔隙型、溶洞—孔隙型和溶洞—孔隙—裂缝型。储层孔隙度为 8%~12%，渗透率为 170mD。在洛博金、南基斯洛夫地区，下二叠统储层为亚丁斯克阶浅海生物礁相藻灰岩、珊瑚灰岩和白云质灰岩，储层孔隙度为 11%，平均渗透率为 20~50mD。

综上所述，本区碳酸盐岩原始储集性能与所处沉积相带密切相关。滩相高能环境下沉积的岩石一般有较好的原生粒间孔，尽管后生期方解石交代充填，但仍为后期溶蚀溶解产生次生孔创造了较为有利的条件，成岩后生作用和邻近不整合面的表生作用，对次生孔、洞的发育均产生显著影响。另外，区域碳酸盐岩的裂缝较发育，特别是构造作用产生的裂缝大大改善了储集性能（表 5-8）。钻井岩心资料表明，碳酸盐岩中主要发育两类裂缝：一类为水平缝，沿裂缝常常发育有孔洞；另一种为垂直或近垂直裂缝的构造缝，这些缝洞常常被沥青和碳酸盐充填。

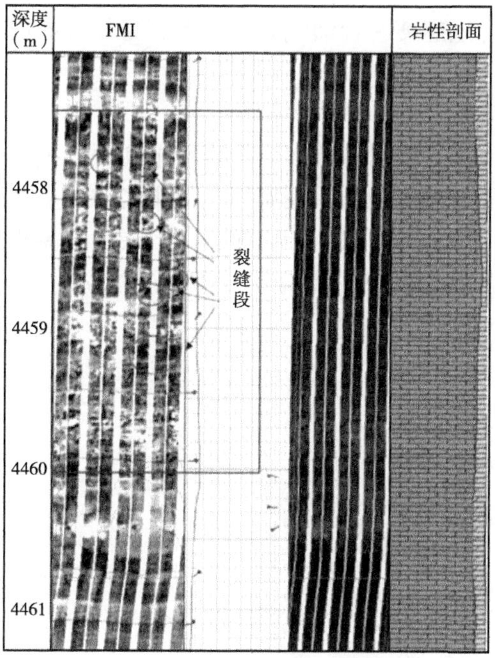

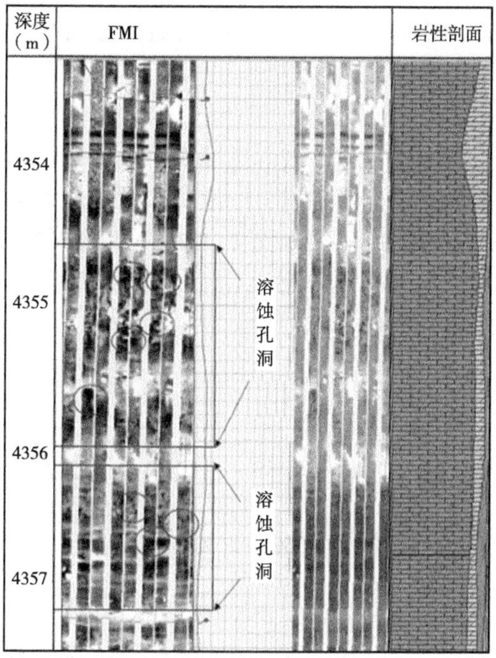

图 5-42　Rozhk-F-12 井杜内阶成像（FMI）特征图

表 5-8　费多罗夫斯克区块周边盐下储层物性特征

层位	岩性	沉积环境	厚度（m）	孔隙度（%）	平均孔隙度（%）	渗透率（mD）	备注
法门阶—杜内阶	生物礁灰岩、鲕粒灰岩	浅海低—中高能	150～1200	2～33	13	7～902	礁岩、裂缝发育
韦宪阶—巴什基尔阶	生屑灰岩白云岩	浅海低能	50～1400	1～24	10	1～173	发育岸礁和堡礁
莫斯科阶—亚丁斯克阶	生屑灰岩、白云岩	浅海低能	50～1000	1～38	10	1～2500	裂缝、点礁、发育

三、盖层条件及成油气组合

（一）盖层条件

下二叠统孔谷阶厚层蒸发相盐岩层在滨里海盆地广泛分布，也是北部断阶带盐下油气成藏重要的区域性盖层，一般厚度较大，最厚可达 2000m。另外，下二叠统亚丁斯克阶深水环境沉积的页岩厚约 15m，中石炭统巴什基尔阶页岩厚度为 10～20m。法门阶白云岩和泥岩分布较稳定，构成区域局部良好的盖层。区块内盐下层系盖层包括：

（1）法门阶白云岩和泥岩构成了弗拉斯阶和法门阶碳酸盐岩和碎屑岩储层的局部性盖层；

（2）下石炭统韦宪阶页岩构成了半区域性盖层；

（3）中石炭统巴什基尔阶页岩、白云岩构成了半区域性盖层；

（4）孔谷阶、喀山阶盐层和泥岩构成了喀山阶储层的区域性盖层。

盆地北缘在中—新生代经历了大规模的隆升运动，导致盐下层系地层水脱气，并排驱了圈闭中先前的液态烃类。孔谷阶盐岩盖层整合地超覆在含油气岩系之上，为气藏提供了很好的封盖条件。

（二）油气组合

自晚泥盆世，北部边缘发生了活跃的扩张作用，浅水区的碳酸盐岩台地和生物礁演化一直持续到早二叠世，形成了大型的盐下碳酸盐岩建隆构造，烃源岩、储集岩和盖层在这一时期都得到了充分发育，构成了上泥盆统法门阶—下石炭统杜内阶、下石炭统韦宪阶—中石炭统巴什基尔阶、中石炭统莫斯科阶—下二叠统亚丁斯克阶 3 套优质成油气组合（图 5-43）。

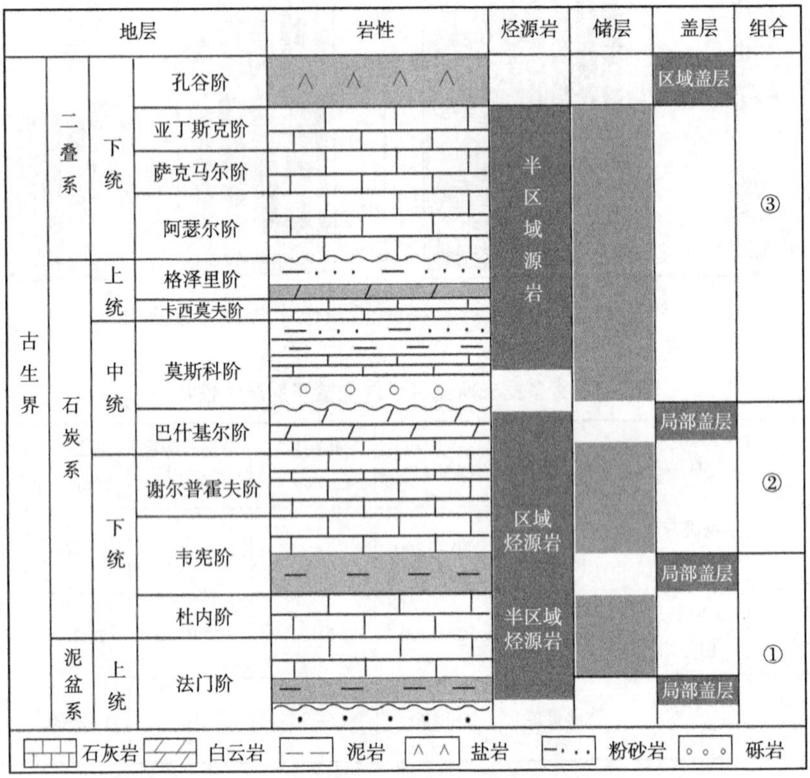

图 5-43　费多罗夫斯克区块盐下储盖组合关系图

盆地经历了 3 次区域性的抬升，导致碳酸盐岩块体出露于海平面以上，遭受剥蚀并沉积了海相碎屑泥质岩，形成了 3 个区域性地质构造面及 3 套含油气组合。

第一套储盖组合：上泥盆统法门阶—下石炭统杜内阶组合。以上泥盆统法门阶石灰岩、下石炭统杜内阶石灰岩—韦宪阶泥岩、石灰岩为烃源岩，上泥盆统法门阶—下石炭统石灰岩为储层，下石炭统韦宪阶泥岩为盖层，构成储盖组合。

第二套储盖组合：下石炭统韦宪阶—中石炭统巴什基尔阶组合。以下石炭统韦宪阶—中石炭统巴什基尔阶泥岩、碳酸盐岩为烃源岩，下石炭统韦宪阶—中石炭统巴什基尔阶生物碎屑灰岩、鲕粒灰岩、藻灰岩为储层，中石炭统巴什基尔阶泥岩为盖层，构成储盖组合。

第三套储盖组合：中石炭统莫斯科阶—下二叠统亚丁斯克阶组合。以中石炭统巴什基尔阶泥岩、碳酸盐岩为烃源岩，下二叠统生物碎屑灰岩、藻灰岩为储层，下二叠统亚丁斯克阶泥岩—孔谷阶膏盐为岩盖层，构成储盖组合。

第五节　油气田（藏）特征及区块勘探潜力

一、北部区带油气分布特征及典型油气田

（一）油气田分布特征

北部区带总体上油气勘探历史较短，勘探进程迟缓，绝大部分油气田是在20世纪70—80年代被发现。迄今共发现油气田39个，以盐下油气藏为主（36个），其油气储量占整个滨里海盆地油气当量的17.2%。受特殊的地质构造及沉积条件影响，北部断阶发育多种类型圈闭，形成了构造型油气藏和与礁体有关的沉积—构造型油气藏两大类。其中，构造型油气藏又可分为断鼻油气藏（如齐纳列夫油气田，D_3）、断背斜油气藏和背斜油气藏（如罗兹科夫斯克油气田，C_1—C_2）；沉积—构造型油气藏主要是构造背景下的障壁礁油气藏（如捷普洛夫油气聚集带，P_1）和塔礁、环礁油气藏（如卡拉恰干纳克油气田 P_1、C_1—C_2，表5-9）。除卡拉恰干纳克油气田为世界级大型油气田外，其余基本都是中小型油气田。

表5-9　北部断阶带盐下层系主要油气藏类型

油气田名称	主要产层	油藏类型	圈闭成因	油气类型	区带位置
喀门斯克（Kamensk）	亚丁斯克阶	生物礁	隆起	气/凝析气/油	边缘带
捷普洛夫（Teplov）	亚丁斯克阶	生物礁	隆起	凝析油气	边缘带
达拉伊斯克（Dar' insk）	巴什基尔阶	生物礁	隆起	油	边缘带
日丹诺夫（Tsyganovo）	莫斯科阶—亚丁斯克阶	生物礁/背斜	隆起	气/油	边缘带
Rostoshinskoye	巴什基尔阶	背斜	隆起	气	边缘带
罗兹科夫斯克（Rozhkovsky）	杜内阶—亚丁斯克阶	背斜	隆起	气/凝析气/油	边缘带
齐纳列夫（Chinarovsky）	中泥盆统 D_2、下石炭统 C_1t	断鼻、断背斜	隆起	气/油	外缘带
西罗文	上泥盆统 D_3	背斜	隆起	气/油	外缘带
卡拉恰干纳克	法门阶—巴什基尔阶	生物礁	隆起	气/凝析气/油	内缘带

1. 油气层纵向上分布

勘探实践表明，北部区带油气田含油气层位多，从下二叠统到中—上泥盆统均有分布（表5-10）。油气富集程度与碳酸盐岩或生物礁发育程度密切相关。其中，外缘带发育上泥盆统法门阶—下石炭统油气藏，边缘带为石炭系构造型油气藏、下二叠统亚丁斯克阶小型堤礁油气藏，内缘带为上泥盆统法门阶—中石炭统的环礁—下二叠统亚丁斯克阶塔礁。在上述3套含油气层序中，中石炭统莫斯科阶—下二叠统亚丁斯克阶、下石炭统韦宪阶—中石炭统巴什基尔阶勘探开发程度较高。主要产油气层为下二叠统和中—下石炭统，上泥盆统相对较低。油气产层深度范围为1600~4550m，以产凝析油气为主。油气藏平均地温梯度为2.0~2.2℃/100m，地层压力为16.6~59.4MPa。

表 5-10 北部油气区盐下层系油气田含油气层位及储层温压条件

油气田名称	主要产层	埋深（m）	温度（℃）	平均地温梯度（℃/100m）	压力（MPa）
洛博金	C_2	4280	106		51.0
捷普洛夫	P_1	2852	80		34.2
格里米亚钦斯克	P_1	2826	77		33.2
日丹诺夫	P_1	1636	42		17.4
齐纳列夫	D_2	4820	96		32.7
罗兹科夫斯克	C_1t	4220	83~90		16.6
西罗文	D_3	4524	117		53.1
卡拉恰干纳克	P_1	3544	67	2.0~2.2	54.8
	P_1	3700	82		57.2
	D_3—C_2b	4480	83		59.4

2. 油气藏平面分布

在不同油气构造带中，成油气组合及其保存条件存在一定差异（图 5-44），油气富集程度以及富集层位、油气藏类型各有不同。

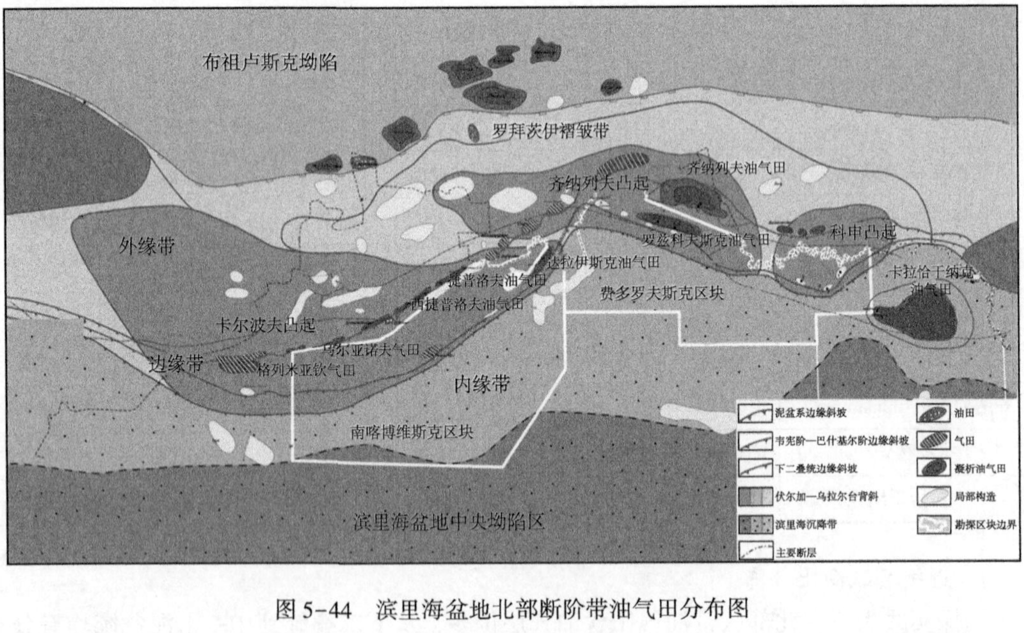

图 5-44 滨里海盆地北部断阶带油气田分布图

1）内缘带

内缘带为近东西向展布的狭窄断块。钻探发现区带内发育亚丁斯克阶石灰岩段，或组成一个统一的巨型储集体，向下钻遇了上泥盆统法门阶碳酸盐岩层和上—中泥盆统的碳酸盐岩、碎屑岩层段，最老的地层则为下泥盆统的碎屑岩层。

该区带发育以基底隆起背景上的碳酸盐岩台地和环礁、塔礁构成的地层—构造型油气圈闭为主，油藏类型包括生物礁型和构造型。中泥盆世之前的大型断隆构造背景控制着内缘带油气圈闭的发育和浅水碳酸盐岩、礁岩储集体的分布，也是该区带盐下大型油气藏形成的重要基础。以卡拉恰干纳克凝析油气田最具代表性，该油气田含油气层由石炭系—下二叠统局限海潟湖、生物礁相藻灰岩、珊瑚灰岩层等大套生物礁灰岩、生物碎屑灰岩段组成，形成了统一的多层系叠合的大型凝析油气田。费多罗夫斯克区块南部三维地震识别出的扎依克、扎日苏特等构造也具有与卡拉恰干纳克凝析油气田相似的油气成藏条件，成为是该区块重要的潜力目标。

2）边缘带

边缘带位于下二叠统、中—下石炭统巴什基尔阶—韦宪阶和部分泥盆系碳酸盐岩阶地中。钻井揭示的地层岩性为碳酸盐岩，局部发育碎屑岩夹层，主要是泥岩夹层。地层分布稳定，连续性好。该带发育与基底断隆有关的中—下石炭统韦宪阶—巴什基尔阶碳酸盐岩凝析气藏、带油环的凝析气藏，如费多罗夫斯克区块罗兹科夫斯克油气田。另外，沿该带西部（沿碳酸盐岩边缘凸起上）还发现了捷普洛夫下二叠统含油气带，该油气聚集带在平面上呈北东—南西向展布，自南西向北东分布有格列米亚钦、东格列米亚钦、西捷普洛夫和捷普洛夫等油气田。储层由下二叠统亚丁斯克阶生物礁、生物碎屑灰岩、生物团块灰岩和白云岩组成。礁圈闭与生物建造有关，礁岩的发育程度限定了油气藏的规模。边缘阶地的空间位置受基底凸起南界的控制，圈闭顺着边缘阶地延伸，沿凸起发育多个呈北东东西向排列的生物礁块，形成了障壁礁（图5-45、图5-46）。捷普洛夫油气带下二叠统生物成因的隆起具有明显的不对称结构，呈南坡陡北坡缓特点，生物建造高度为170～285m。这些生物建造沿碳酸盐岩陆棚（堤礁）的边部形成长达80～85km的环链，堤礁被较浅的

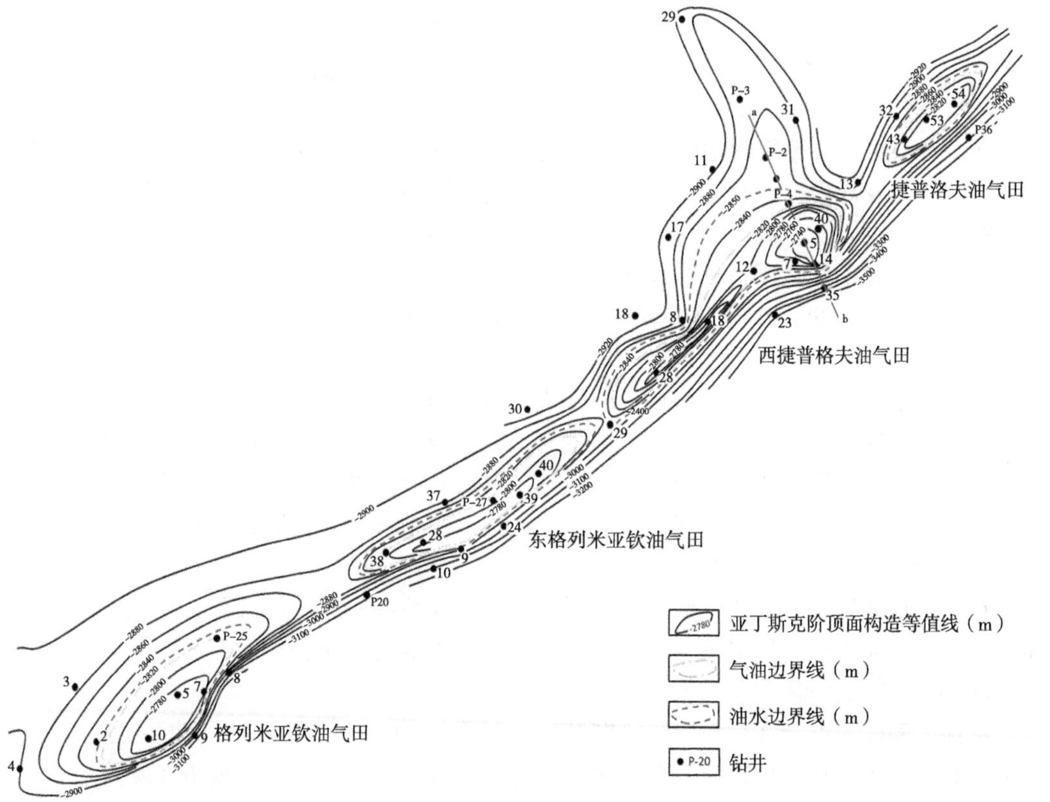

图5-45 捷普洛夫凸起构造带油气田分布图

区块分割为独立的油气构造，形成中小型带油环凝析气田，已发现的该类油气田的储量占盆地总储量的4.53%。最具代表性油气田为西捷普洛夫凝析气田，该油气田为典型的下二叠统生物礁类型，储层类型为孔隙型、溶洞—孔隙型和溶洞—孔隙—裂缝型。原油密度为37.0°API，地下黏度为2.37mPa·s，气油比为3219m^3/t，原油中硫含量为0.55%，含蜡量为3.27%，具有高含硫高含蜡特点。伴生气甲烷含量为82.6%，所产凝析油密度为57.0°API，硫含量为0.18%~0.20%。游离气中甲烷含量为81.47%~82.03%。油气藏原始地层压力为32~32.4MPa，平均地层温度为78~80℃。

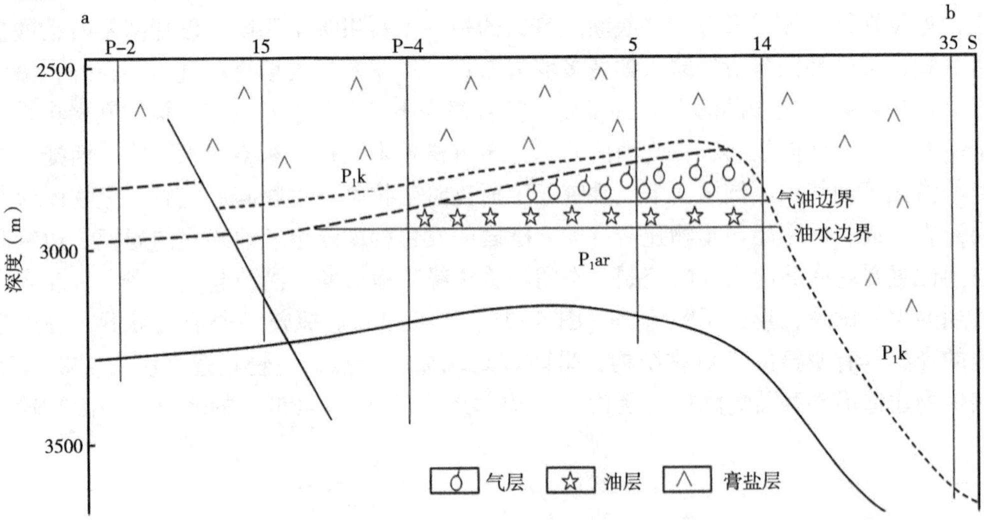

图5-46　西捷普洛夫构造带油气藏剖面图

在捷普洛夫下二叠统含油气带，各油气藏的油环厚度一般为10~50m。东西两部分油田的含油气性及规模存在显著差异。由西向东各油田油气层厚度增加，同时油气比增大（西部油田的油气比一般为190m^3/m^3，东部油田的油气比为210m^3/m^3），气顶中的凝析油含量增加（西部油田的凝析油含量为190g/m^3，东部油田的凝析油含量为300g/m^3），油水界面（气水界面）也由西向东逐渐变高，从西部油田的-2870m到东部油田的-2785m。

3）外缘带

外缘带基底埋深浅（为3~5km），含油气层系偏老。以发育与基底隆起有关的中泥盆统—下石炭统碳酸盐岩构造型油气藏为主。在奇纳列夫基底凸起上已发现齐纳列夫、普里格拉尼奇等中泥盆统碳酸盐岩凝析油气藏，局部发育杜内阶含油气层。基底凸起决定了中泥盆世时期的基本构造样式，同时也控制着区内浅海碳酸盐岩及周边碎屑岩地层的沉积与分布。

在巨厚膏盐岩层覆盖的地区，盐层对盐下古生界地震资料的屏蔽干扰影响显著，造成地震资料分辨能力低，储层预测难度大，制约着区带油气勘探进程。

（二）典型油气藏

从油气圈闭构造特征分析，北部断阶带盐下存在构造型油气藏和岩性—构造（礁块）型油气藏两大类，按流体性质来分，主要为凝析气藏，部分为带油环凝析气藏。

1. 卡拉恰干纳克深层巨型凝析油气田

卡拉恰干纳克巨型凝析油气田位于卡拉恰干纳克—特罗伊茨克耶隆起带的一个相对稳定

的台地上。含油气层为上泥盆统法门阶到石炭系以及下二叠统亚丁斯克阶（图 5-47）。

该凝析油气田于 1978 年发现，1984 年投入开发，是迄今在该断阶带发现的规模最大的油气田。卡拉恰干纳克凝析油气田的发现证实了盆地北部断阶带存在巨大的生物礁块障壁礁体系和边缘礁体系。其中包括上泥盆统、石炭系环礁及下二叠统点礁，反映了晚古生代海退型沉积盆地所具有的显著特征。

1）油气田构造特征

卡拉恰干纳克油气圈闭是碳酸盐岩生物礁建造，形成于早、中泥盆世古陆棚边缘大型基底隆起。在平缓宽阔的深水台地上发育孤立的生物礁体，碳酸盐岩台地和生物礁的演化一直持续到早二叠世亚丁斯克期，形成了高幅度的盐下沉积型构造（图 5-48、图 5-49）。上泥盆统—下二叠统生物礁构造规模为 16km×29km，油藏顶面埋深为 3526～5300m，圈闭构造面积约 $460km^2$，构造幅度超 1700m。油气柱高度约为 1624m，上泥盆统—中石炭统环礁和上覆下二叠统塔礁的周围被下二叠统盆地

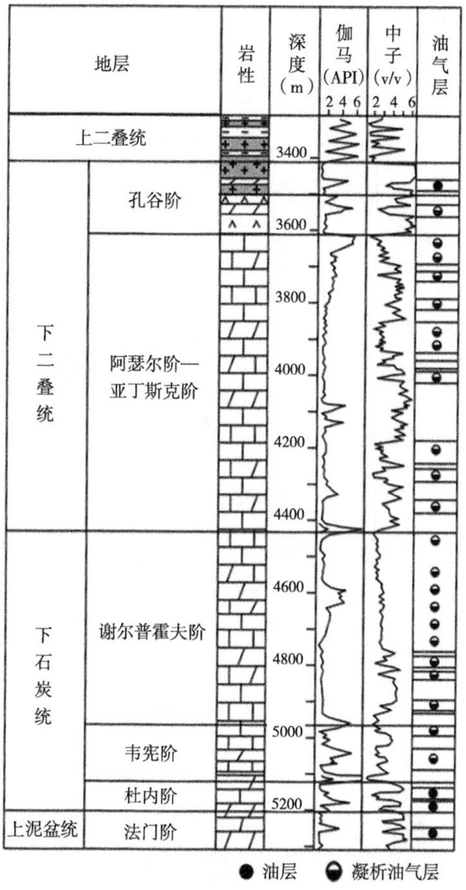

图 5-47　卡拉恰干纳克油气田地层柱状图

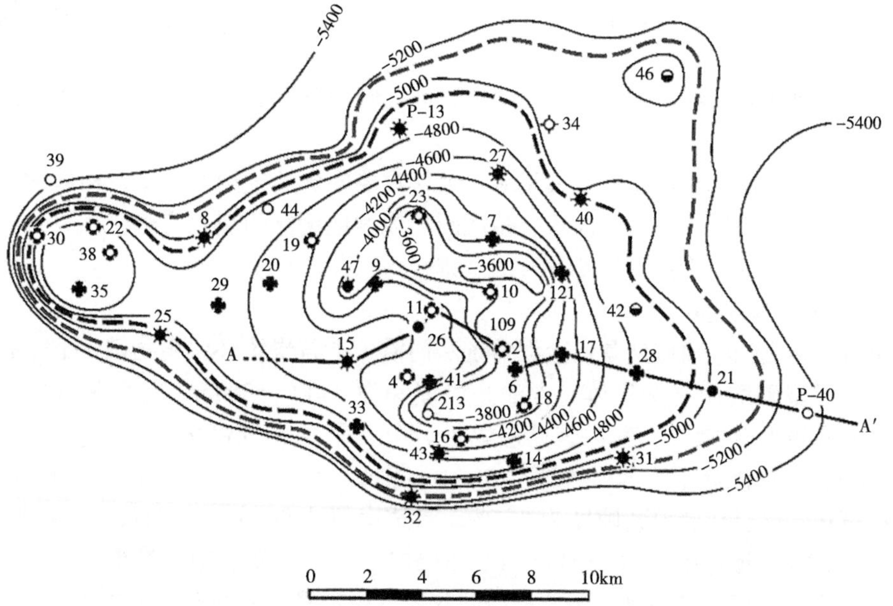

图 5-48　卡拉恰干纳克油气田石炭系顶面构造图

相包围；礁块外形轮廓曲折，随着深度的增加，其面积明显增大。

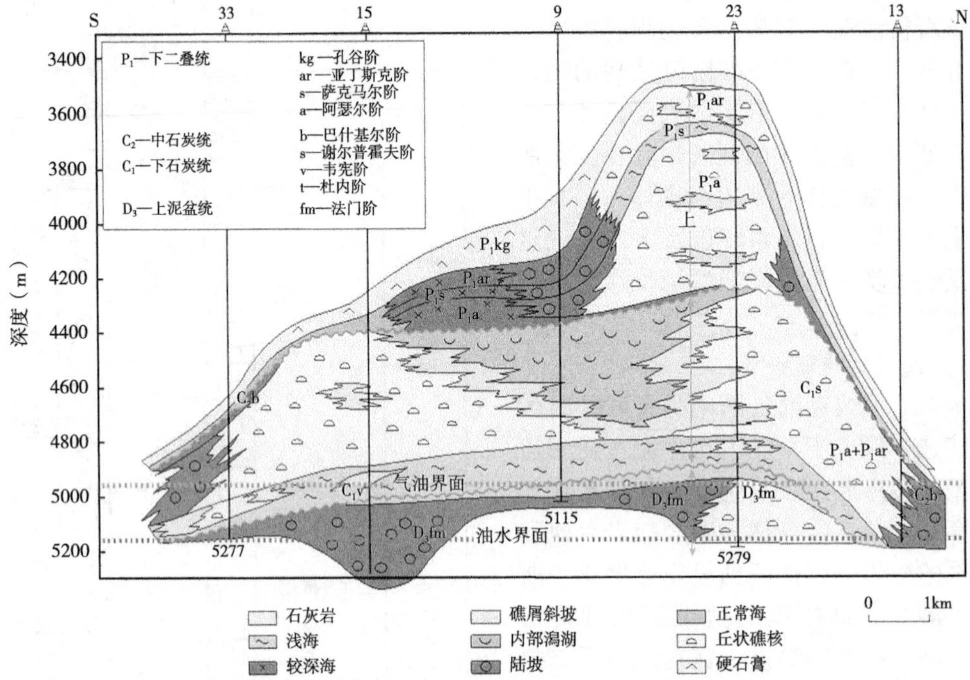

图 5-49　卡拉恰干纳克石炭纪—二叠纪生物礁圈闭剖面形态

在漫长的地质历史进程中，卡拉恰干纳克碳酸盐岩块体曾经历强烈抬升到海平面以上，并遭受了剥蚀，形成了多个不整合面。重要的剥蚀期为晚泥盆世（地震 P_3 反射面）、中—晚石炭世（地震 P_2 反射面）和早二叠世（地震 P_1 反射面），其中早二叠世削蚀最为强烈。在这些剥蚀面上，不整合覆盖泥质岩和泥灰岩的薄夹层，以及钙质砂岩和含有炭化植物碎屑的黑色泥岩层，分布于生物成因的厚层碳酸盐岩之间，泥岩层可作为油气藏局部性盖层。

油田内主要的断裂活动发生在中泥盆世之前，晚泥盆世之后构造作用趋于稳定，断裂不发育。

地层—构造型油气藏也是整个滨里海盆地最重要的含油气构造类型。构造的发育与地台边缘早期裂谷作用形成的掀斜断块、基底断隆或盆地侧翼的裂谷肩密切相关，它们构成了浅水碳酸盐岩台地或生物礁生长发育的基础。

2）储层及储集类型

卡拉恰干纳克油气田储层是由上泥盆统法门阶、下石炭统环状生物礁—下二叠统点礁组成统一的巨型碳酸盐岩储集体。含油井段埋深为 3500～5300m，发育藻灰岩、珊瑚灰岩—藻灰岩和颗粒岩储层。生物礁储层物性较好，平均孔隙度为 9.4%（油）～10.7%（凝析气层），平均渗透率为 80（气）～50mD（油）。其中，下二叠统亚丁斯克阶—阿瑟尔阶礁相藻灰岩储层，储层孔隙度为 9.7%，渗透率值达 90mD；珊瑚灰岩—藻灰岩储层，孔隙度高达 22%，渗透率高达 2500mD（图 5-50）；上泥盆统、中石炭统（法门阶—巴什基尔阶）为生物礁相、障壁礁—潟湖相珊瑚灰岩、藻灰岩、缝洞型礁灰岩储层，储层孔隙度为 9.4%～24%，渗透率为 5～2512mD；中泥盆统储层为浅海潮坪相钙质砂岩和粉屑灰岩储层，储层孔隙度为7%~12%。

储集类型为孔隙型和孔隙—溶洞型，主要孔隙类型为晶间孔，次要孔隙类型为粒间孔。

油气藏内无论是在横向上，还是纵向上，储层类型和性能均存在明显的非均质性，但在整个碳酸盐岩块体中，碳酸盐岩的矿物成分比较均一，岩性以生物碎屑成因为主。

3）沉积环境

卡拉恰干纳克油气田盐下上古生界碳酸盐岩储层形成于距海岸线较远、水体较稳定的陆棚地区，为开阔海陆棚相及浅水陆棚和潮间带。主要储层由浅水块状礁体（黏结岩）和颗粒岩组成，发育有大量浅海造礁生物—珊瑚、有孔虫、腕足类、藻类、海百合等。其中钙藻是最重要的造礁组分，晚石炭世巴什基尔期—莫斯科期和早二叠世阿瑟尔期—早萨克马尔期礁岩发育，受海平面上升的影响，从石炭系大型环状礁或台地，至下二叠统转变为没有中央潟湖的小型、马蹄形的小台地或斑礁，显示出明显的"退积"特征（图5-51、图5-52）。

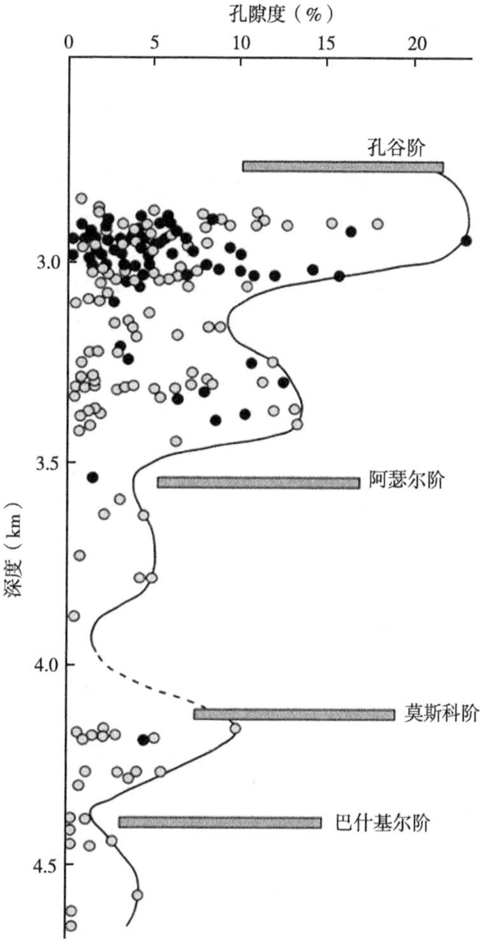

图5-50　卡拉恰干纳克油气田深度—孔隙度关系图

4）含油气性及储量

卡拉恰干纳克巨型凝析油气田属于典型的块状带油环整装凝析气藏，由气层、凝析油气层和油层组成，纵向上贯穿6个地层单元，即法门阶、杜内阶、韦宪阶、谢尔普霍夫阶、巴什基尔阶和下二叠统阿瑟尔阶—亚丁斯克阶（图5-53）。

卡拉恰干纳克凝析油气田产油气面积达280km^2，气油界面深度为4950m，油水界面深度为5150m，气柱高度为1424m，油柱高度为200m。油气藏饱和压力为43~57MPa。经过系统试采，日产天然气24×10^{6}ft^3（单井59×10^{4}m^3/d），日产凝析油4454bbl（BCPD，单井430t/d），油环部分单井日产原油280t。

油气田天然气中凝析油平均含量下二叠统为486g/m^3，石炭系为644g/m^3。油藏中原油密度为0.83~0.865g/cm^3，凝析油密度为0.766~0.815g/cm^3；含硫量下二叠统为2%，石炭系为0.5%~1.3%，凝析油的含硫量为1%；气藏中天然气密度为0.636~0.689g/cm^3；溶解气密度为0.925g/cm^3。天然气中甲烷含量为71%，氮气含量为0.7%，二氧化碳含量为5.7%，硫化氢含量达3.5%。二叠系平均地层压力为53.8MPa，在4200m处压力系数约为1.39，而在5200m处压力系数为1.21，具有异常高压性质，表现为在盐下顶部沉积层中的地层压力比深部地层有更高的压力值。二叠系油藏平均油气层温度为75℃，而石炭系油气藏平均温度为83℃，属于低地温。

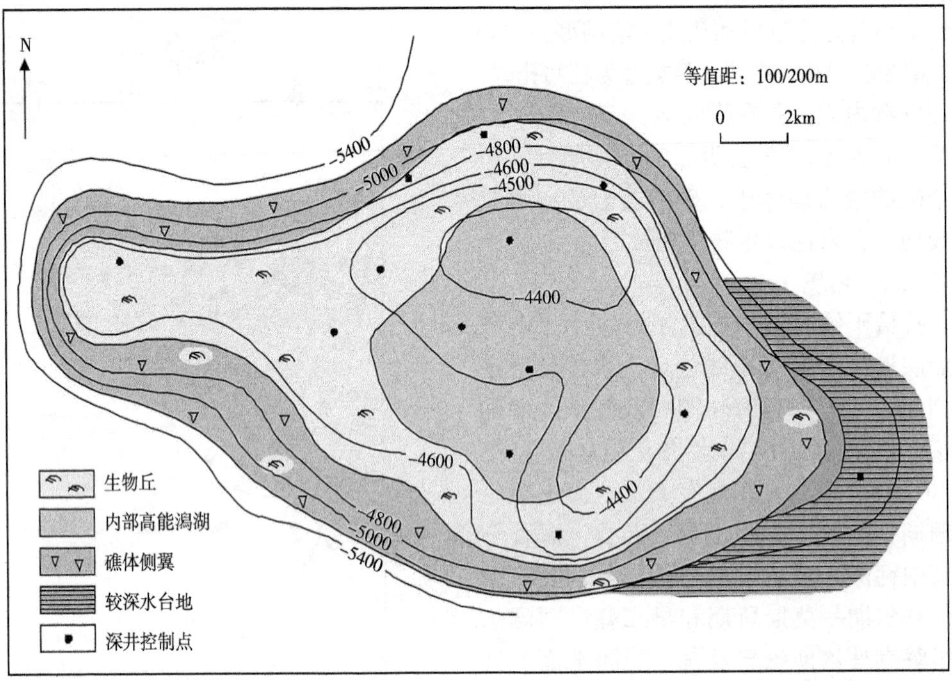

图 5-51　卡拉恰干纳克气田石炭系中部储集单元的岩相分布（据 C&C 数据库）

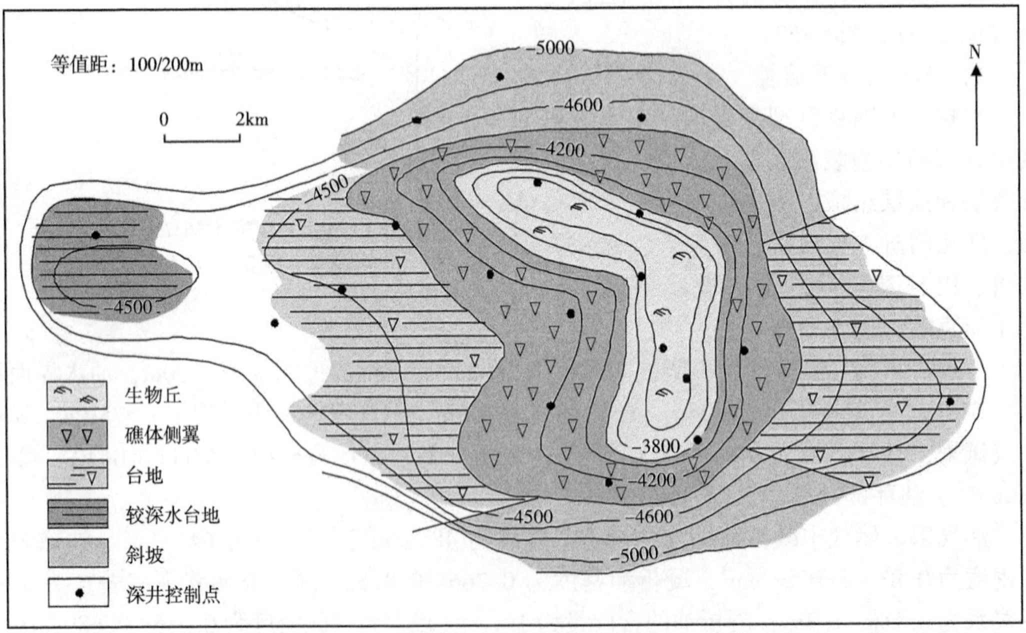

图 5-52　卡拉恰干纳克气田下二叠统上部储集单元的岩相分布（据 C&C 数据库）

卡拉恰干纳克凝析油气田 1984 年全面投产，至 2002 年生产井 180 口、注水井 37 口。2004 年、2005 年产量保持较高的增长，分别增长 44%、21%。2006 年产量达到纪录水平，原油及凝析油产量为 1038×10^4t。油气田探明天然气储量为 $1.35\times10^{12}m^3$，探明凝析油地质

储量为 8.6×10^8t，凝析油可采储量为 6.45×10^8t，油环部分探明原油地质储量为 3.97×10^8t，原油可采储量为 1.7×10^8t。

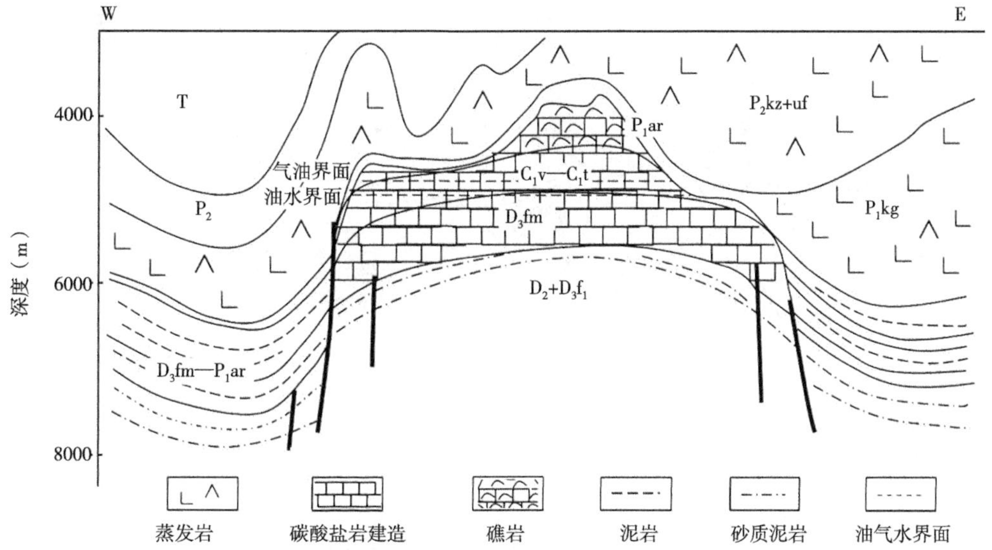

图 5-53　卡拉恰干纳克凝析油气田油气藏剖面图

5）油气成藏模式

卡拉恰干纳克油田为带油环的凝析油气藏。中泥盆统碎屑岩、碳酸盐岩为潜力巨大的生烃母岩，早二叠世孔谷阶之后生油岩进入液态烃生成主要阶段，达到生成凝析油和天然气生成阶段，并形成了特定原油和凝析油气藏类型，是该油气藏形成的重要物质基础。

油气圈闭的形成与深水碳酸盐岩台地上发育的碳酸盐岩生物礁建隆有关，油气圈闭幅度高达百米以上到数千米，圈闭规模巨大（可达数十平方千米到 $1800km^2$），构成了巨大的有效碳酸盐岩储集体和油气富集场所。

断裂活动主要发生在中泥盆世之前，对油藏未起到改造作用，但对油气的垂向运移、油气分异聚集起到重要作用。

碳酸盐岩储层上覆孔谷阶膏盐岩盖层，或下二叠统碎屑岩盖层是油气聚集保存的重要条件。

碳酸盐岩生物礁圈闭形成时期，始于孔谷期，结束于孔谷末期。油气生成时间与圈闭形成时间匹配，有利于油气成藏。

2. 齐纳列夫凝析油气田

1）地质构造及含油气性

齐纳列夫凝析油气田位于哈萨克斯坦乌拉尔斯克市北东 80km 处，发现于 1977 年。属于北部断阶外缘带奇纳列夫基底凸起上发育起来的泥盆系断背斜构造，构造走向为北西西向。

钻井、地震资料揭示，在齐纳列夫平缓宽阔的隆起上，中泥盆统碳酸盐岩地层形成了具有继承性的局部构造高地。向南为一条北西西向断层遮挡，向北呈低幅度下倾的断鼻构造（图 5-54、图 5-55）。构造规模为 6km×17km，构造高点埋深为 4820m，构造幅度高达 387m，油气藏油气柱高度为 355m。

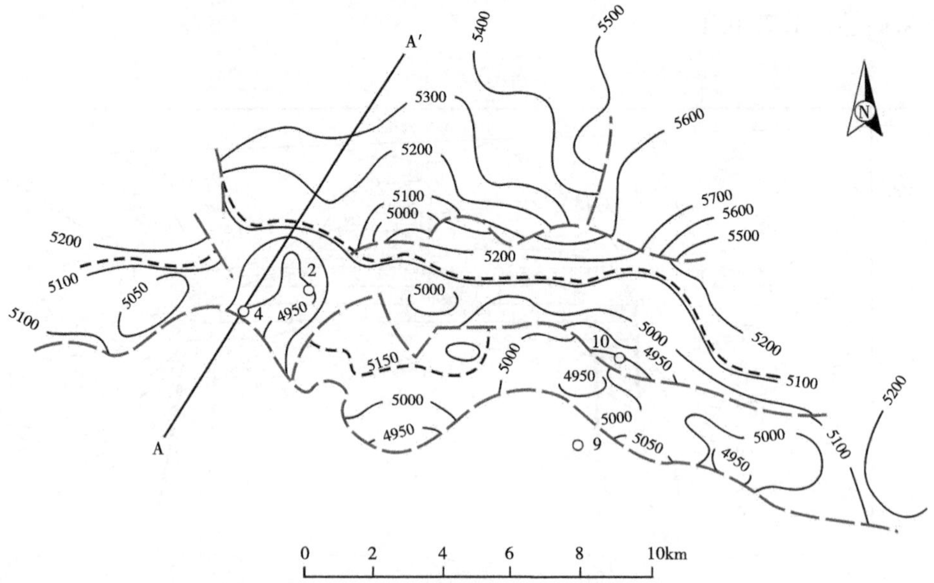

图 5-54　齐纳列夫凝析气田中泥盆统油层顶面构造图

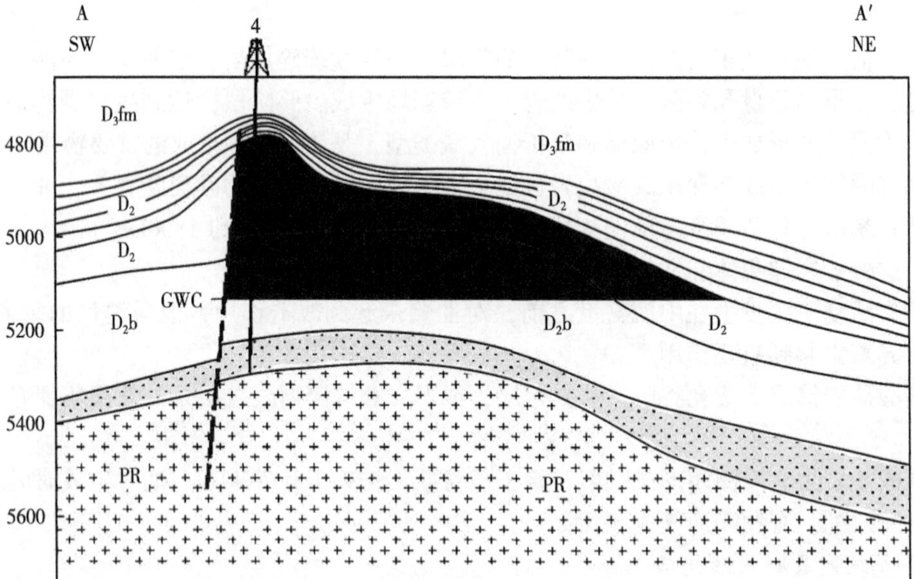

图 5-55　齐纳列夫凝析油气田油藏剖面图（SW—NE）

晚泥盆世开始，区域断隆等构造活动减弱，构造幅度趋于平缓，导致隆起上的上泥盆统与中泥盆统形成不协调性接触关系（图 5-56，P_3 地震界面）；早石炭世杜内期礁相碳酸盐岩的增长，早韦宪期，区域性海平面下降，海水短暂退出，沉积了 30~50m 的碎屑岩层，不整合覆盖在杜内阶碳酸盐岩地层之上。该凸起的南部边界以绕曲或断层与边缘带过渡。

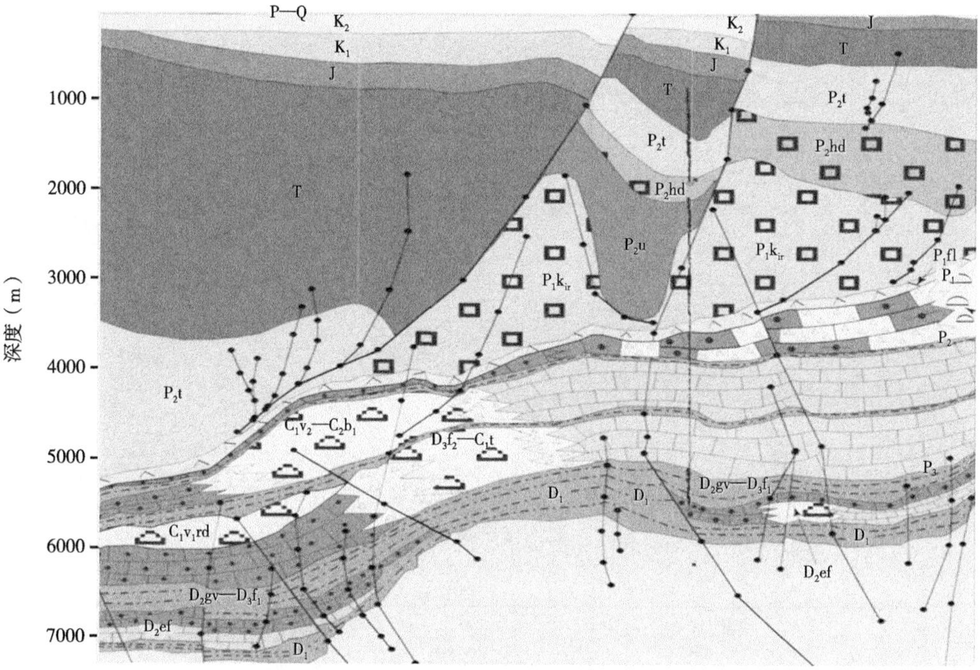

图 5-56　齐纳列夫中泥盆统凝析油气藏地震—地质解释剖面

2）油气层形成模式

齐纳列夫凝析油气田烃类主要聚集在中泥盆统油气圈闭中。受基底构造的影响，形成中泥盆统穹隆状局部构造，是该油气圈闭形成的区域背景和基础。中泥盆统与上泥盆统—下石炭统之间的强烈剥蚀和再沉积，一方面对中泥盆统碳酸盐岩储层的起到风化淋滤作用，改善中泥盆统碳酸盐岩的储集性能；另一方面，由于隆升构造作用趋于停滞，上覆上泥盆统—下石炭统地层平缓，形成储油气圈闭的构造条件变差。中泥盆统上部—上泥盆统泥质岩是油气藏的直接盖层；北西西向断层构成了侧向遮挡，同时构造带断裂发育，下部或侧缘油气源的疏导对油气聚集成藏起到了积极的作用。

3. 罗兹科夫斯克凝析油气田

罗兹科夫斯克凝析油气田位于北部区带边缘带费多罗夫斯克隆起上。该油气田以产凝析油气为主，油气藏类型为背斜构造型。苏联时期在该构造东部曾经实施过一口探井（P-3 井），该井从下二叠统到泥盆系钻遇了大套石灰岩储层，其中，下二叠统、中石炭统、下石炭统分别钻遇碳酸盐岩厚度为 265m、462m、434m，同时发现了多套油气显示层，但未获得工业油气流。

1）油田构造

罗兹科夫斯克凝析油气藏为受基底隆起控制，由浅水台地相碳酸盐岩储层形成的长轴背斜构造型油气圈闭（图 5-57、图 5-58）。构造走向为北西西。纵向上，在中泥盆统、石炭系及下二叠统等各层系构造图上相互叠置，构造具有明显的继承性；下部层位构造幅度大，向上幅度逐渐变缓。平面上，为东西方向构造宽缓，南北方向构造起伏较大。在下石炭统杜内阶（C_1t）油气层顶面构造图上，其东北高部位海拔约为-4220m，往西南低部位海拔约为-6000m。

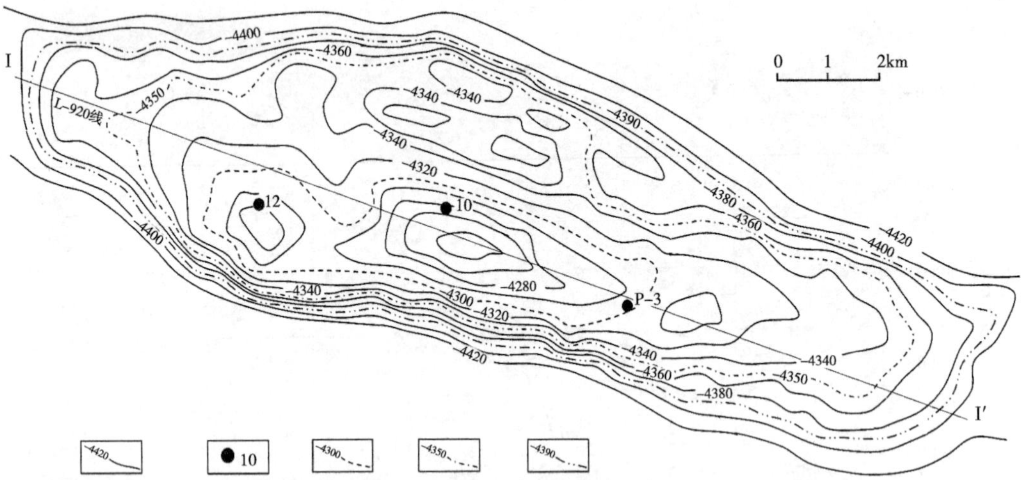

图 5-57 罗兹科夫斯克构造下石炭统杜内阶油气层顶面构造图

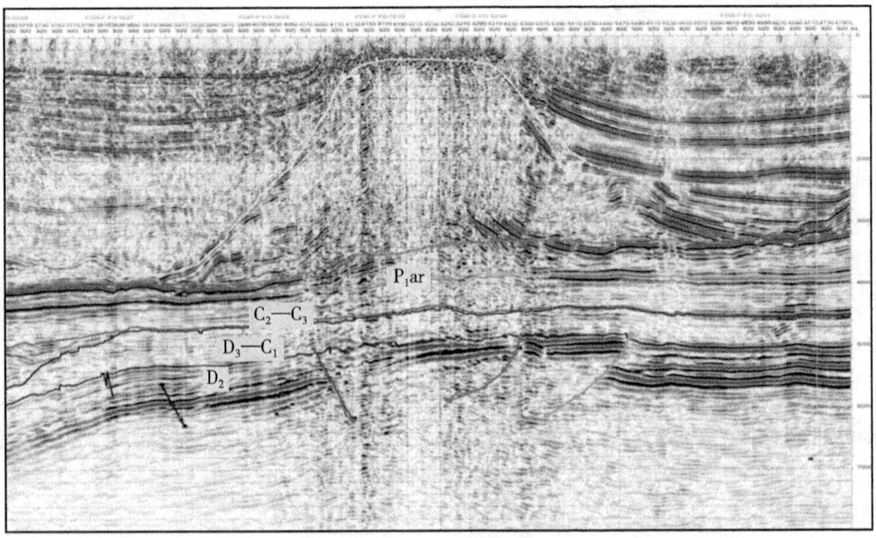

图 5-58 罗兹科夫斯克构造 L-920 线地震解释剖面（剖面位置见图 5-57）

区内断裂不发育，整体上表现为从南向北逐渐抬升。构造北侧紧邻外缘带奇纳列夫隆起，在这两个构造带之间由一近东西走向断坳分隔。

2005 年度完成采集的 369km² 三维工区覆盖整个构造，进一步落实了构造细节及圈闭范围。其中，主力勘探层杜内阶（C_1t）最大圈闭面积为 124km²（-4400m 等高线闭合面积），主构造高点埋深为 4220m，最大构造幅度为 200m。

2）储盖层特征

晚泥盆世—早二叠世，在罗兹科夫斯克构造高带持续堆积了千余米厚的浅海碳酸盐岩，形成了继承性好、上下叠置的含油气组合。其中以中、下石炭统生物碎屑灰岩为主要产层。属于浅海生物碎屑、礁块沉积。

根据油气田钻井岩心实验分析资料，下石炭统杜内阶（C_1t）储层岩性为大—中晶球粒生物碎屑灰岩，大—中晶，有孔虫灰岩。颗粒结晶明显，储层类型以孔隙型为主。发育晶间孔、晶内孔，晶间孔为形状不规则的椭圆状，孔径为 0.05～0.65mm。发育水平裂缝和垂直裂缝两组构造裂缝，少见交叉裂缝，裂缝常被有机质、矿物充填。储层孔隙度为 2.68%～12.74%，平均为 6.13%，渗透率为 1.32～3.45mD。中石炭统莫斯科阶下段（C_2m_1）储层岩性为大—中晶粒屑灰岩、鲕粒灰岩、有孔虫灰岩和藻灰岩。岩石颗粒结晶明显，晶间孔为不规则圆状、椭圆状。颗粒分选、磨圆性好，储层孔隙度为 7.79%～10.54%，渗透率为 1.85～3.86mD。古隆起背景下的中、下石炭统浅水碳酸盐岩构成了油藏的最佳储层。上覆中石炭统莫斯科阶厚 50～80m 的泥岩层为油气藏的直接盖层，区域性流体封盖层为孔谷阶硬石膏和盐岩层。

3）含油气性及储量

罗兹科夫斯克凝析油气田分为 3 个含油气组合（图 5-59）：下二叠统（P_1ar，相当于地震 P_1 反射层）石灰岩含油气组合、中石炭统莫斯科阶上段—上石炭统（C_2m_2—C_3）石灰岩含油气组合、下石炭统杜内阶—中石炭统莫斯科阶下段（C_1t—C_2m_1，相当于地震 P_2 反射层）石灰岩—白云岩含油气组合。另外，中、上泥盆统法门阶（D_3fm）—弗拉斯阶（D_3fs，相当于地震 P_3 反射层）在北部边缘带勘探程度较低，但从钻井资料分析，应是该构造带的潜力勘探层。

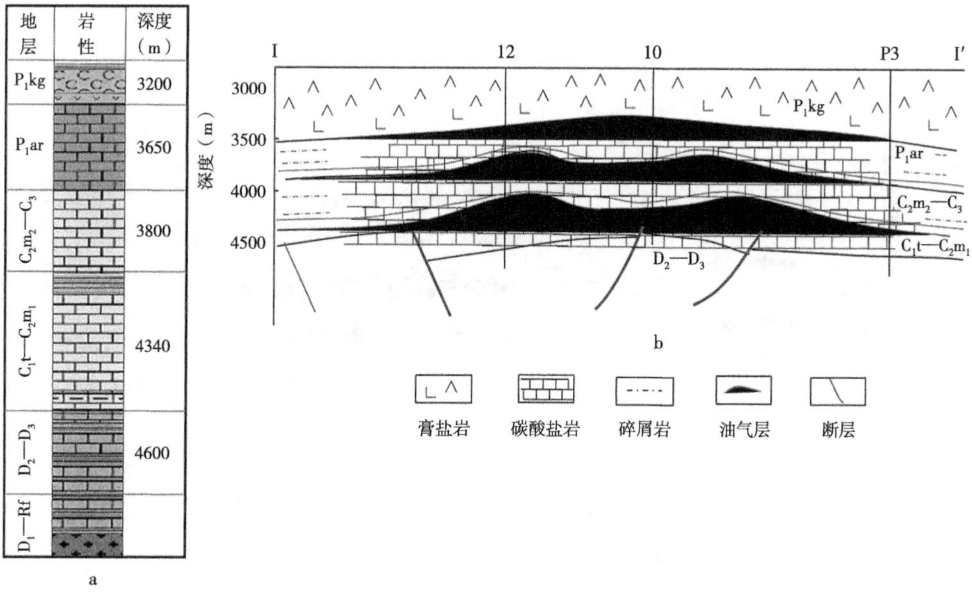

图 5-59 罗兹科夫斯克凝析油气田综合图

a. Rozhkovsky 构造沿 I—I′线地质剖面；b. 产油气层部分的地层柱状剖面

（剖面位置见图 5-57）

根据在该构造主构造高点率先钻探井 Rozhk-F10 井的钻探及试油气成果，主力勘探层下石炭统杜内阶碳酸盐岩储层中常规测试日产油为 11～22m^3，日产气为 2.25×10^4m^3。经酸化测试，试获高产油气流（日产油 239m^3，日产天然气 23.35×10^4m^3），井口压力稳定在 16.65MPa。实现了滨里海盆地北部边缘带深层碳酸盐岩油气藏的重大突破。之后，在西部构造高点实施评价井 12 井，该井在下二叠统亚丁斯克阶、中—下石炭统杜内阶—

莫斯科阶及上泥盆统法门阶和弗拉斯阶碳酸盐岩层（井深为3438~4356m）钻遇了多套油气显示层，并对下石炭统杜内阶碳酸盐岩储层酸化测试，获高产油气流（日产油205m^3，日产天然气15.3×10^4m^3）。从而进一步证实了构造带内晚泥盆世—早二叠世浅海碳酸盐岩具有良好的含油气性，勘探潜力较大。

经测算，罗兹科夫斯克凝析油气田主力产层下石炭统杜内阶含油气面积为89.36km^2，凝析油可采储量为511×10^4t，溶解气可采储量为85×10^8m^3。油气藏中天然气密度为0.8g/cm^3，具有较高含量的硫化氢（0.5%），二氧化碳含量为0.1%，甲烷含量低（38%~68%），凝析油含量为907.5cm^3/m^3，凝析油密度为0.770~0.801g/cm^3，储层温度为83~90℃。

4）油气藏形成模式

从区域构造背景分析，罗兹科夫斯克构造位于滨里海盆地北部构造带边缘带，基底地层为元古界古隆起，所处古构造位置较高，沉积上处于碳酸盐岩台地边缘相。北部邻近奇纳列夫油气田，南部邻近滨里海盆地主要生油坳陷，油气运聚条件十分有利。

该构造生油岩主要为中泥盆统富含有机质页岩。这些烃源岩在早三叠世成熟之后顺层或通过高角度断层等通道向上覆地层运移聚集（图5-60）。

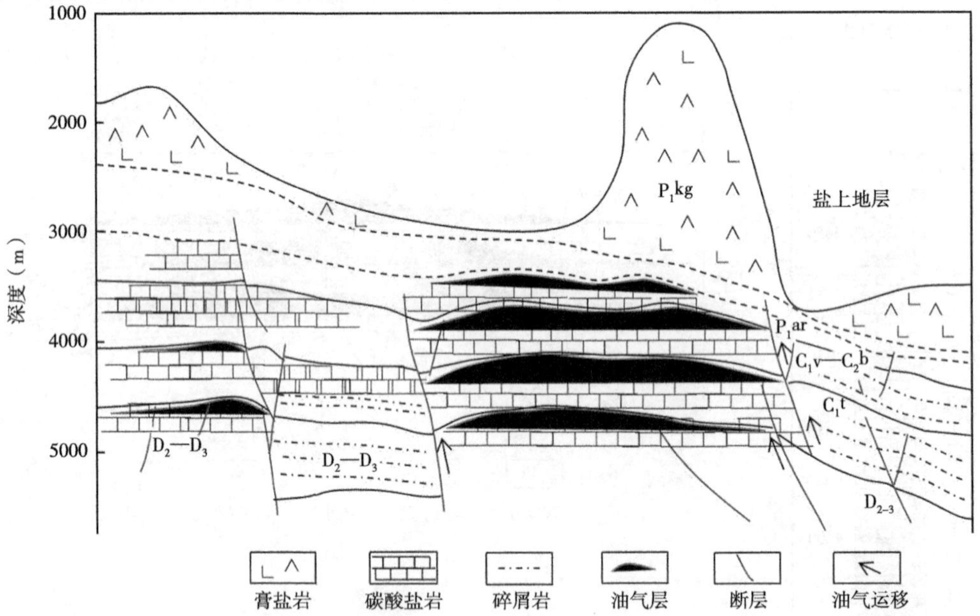

图5-60　罗兹科夫斯克凝析油气藏形成模式图

罗兹科夫斯克构造发育5套沉积层系，以3套区域地震反射层P_1、P_2、P_3为界，中上泥盆统—下二叠统形成了3套储盖组合，顶部为下二叠统盐岩层整体覆盖（P_1反射层），内部被下—中韦宪阶（地震P_2反射层）及下莫斯科阶碎屑岩分开，向盆地方向（生烃坳陷）渐变为深水黑色页岩相，油气成藏条件得天独厚。

北部区带整体属于低地温场带，与盆地东部、东南部相比烃源岩生油气时间较晚。在晚二叠世—早三叠世，油气从中泥盆统—中石炭统烃源岩中开始运移，并进入储层形成气藏油藏。罗兹科夫斯克构造盐下层系在二叠系孔谷阶沉积之前沉积环境相对比较稳定，中生代和新生代则经历了多次强烈的回返运动。这种情况下促使盐下二叠世—晚泥盆世地层压力下降，油气藏地层水脱气形成大量天然气，与此同时，石油中的轻馏分溶解在天然气中形成凝析气，凝析油含量高达900cm^3/m^3，并产生异常高压，形成凝析油气藏。

二、油气成藏特征及主控因素

（一）油气藏成藏特点

通过对北部区带盐下层系典型油气藏的分析，总结以下成藏特点：

（1）在含油气层位上，北部断阶带具有下二叠统亚丁斯克阶、中下石炭统（莫斯科阶—杜内阶）、中上泥盆统（法门阶—弗拉斯阶）等多套油气组合叠加、多层系差异聚集成藏的特点，而盆地东部和南部产油气层主要为上泥盆统法门阶—中石炭统巴什基尔阶。

（2）从油气储层类型看，北部断阶内油气藏多与浅水台地相区碳酸盐岩及较深水台地生物礁体有关。构造运动控制着台地上不同沉积相带的储层分布，构造高部位发育单体规模较大的生物礁、颗粒滩或礁滩复合体，由于水动力条件较强，常见高能环境下形成的鲕粒、核形石、砂屑、藻屑等颗粒。而在构造相对低的部位则发育斜坡相，由于水动力条件弱，泥质含量相对较高。卡拉恰干纳克隆起上泥盆统—石炭系、下二叠统属于较深水区台地上发育起来的大型生物礁体、颗粒滩或礁滩复合体储层。

台地碳酸盐岩或礁体形成后普遍经历了一次基底抬升和海退，使得碳酸盐岩或礁体接受地下水淋滤作用，此过程可改造原生孔隙，增加孔隙间的连通性。

（3）从圈闭类型看，生物礁滩型油气圈闭幅度可高达百米，圈闭规模巨大，这类高幅度的沉积型构造是最有利的圈闭，如卡拉恰干纳克生物礁建隆。构造控制的碳酸盐岩背斜油气圈闭次之，如奇纳列夫油气田及罗兹科夫斯克油气田。

根据区带盐下沉积组合中碳酸盐岩规模可以分为如下3种类型。①小型碳酸盐岩建造：常常沿边缘带凸起发育，成因与二叠系生物礁相关，生物建造高度可达300m，但单个圈闭面积较小，常形成一些中小型气田或凝析气田，如捷普洛夫下二叠统油气聚集带。②中型碳酸盐岩建造：为浅水台地相碳酸盐岩储层形成的背斜型圈闭，一般构造宽缓、面积较大，但圈闭幅度较小，如罗兹科夫斯克油气田。③大型半岛型碳酸盐岩台地：为较深水台地上发育的孤立生物礁型圈闭，常常发育面积大、幅度高的礁体，如卡拉恰干纳克凝析气田。

（4）在流体性质上，北部区带盐下以发育凝析油气藏为主，或为带油环凝析油气藏。卡拉恰干纳克油田为盆地内最大的凝析油气田，盆地东部主要分布油藏，个别为带气顶油藏。

（5）孔谷阶膏盐岩盖层对碳酸盐岩油气层起到整体的封闭作用。根据北部区带部分油气田的事件要素汇集成的含油气系统事件图（图5-61）。该地区石炭系和泥盆系主力生油岩开始成熟生烃的时间为晚二叠世—三叠纪，早侏罗世之后为油气大量运移和聚集的关键时期。油气藏形成时期晚于孔谷期（膏盐岩盖层形成期），因而北部区带的油气藏具有良好的保存条件，很少遭受破坏。

（6）同一油气聚集带内，含油气层中原油成因类型相同，油气藏内部流体的纵向分异良好，反映出油气田形成过程中油气垂向运移起了一定作用，同时垂向油气运移对大型整装油气（田）藏形成有着重要意义。因此，区带内发育下生上储和自生自储两种油气成藏模式。

①下生上储成藏模式，主要指中—上泥盆统烃源岩在进入大量生烃期后，油气沿着不整合面、大型断层做侧向、垂向运移，进入石炭系、下二叠统碳酸盐岩储层中聚集成藏，

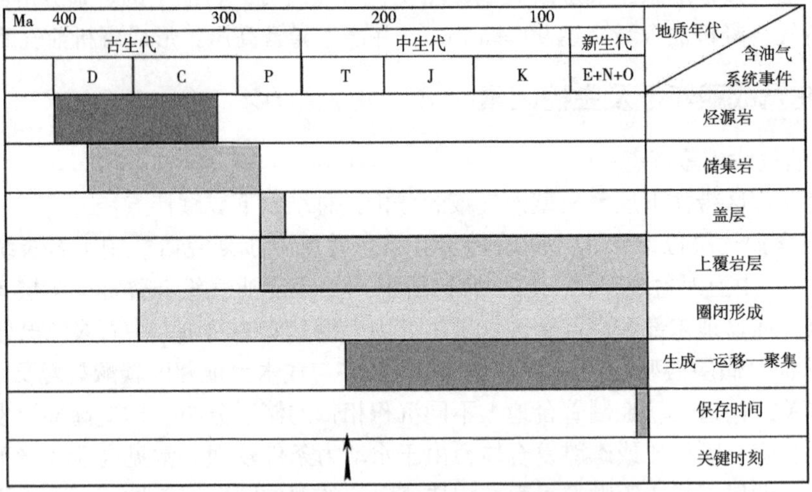

图 5-61　滨里海盆地北部油气区盐下含油气系统事件图

以背斜型构造为主控制油气；在罗兹科夫斯克构造上 Rozhk-F-10、Rozhk-F-12 井的下石炭统杜内阶均钻遇此类油气藏。

这种运聚成藏模式还发生在区带北缘的下二叠统障壁礁油气藏中，下部运移来的油气在下二叠统障壁礁储集体中聚集成藏，并在流体势的作用下，由高势区（盆地方向）向低势区（北缘陆地方向）阶梯式侧向运移，运移途中遇有另一障壁礁进一步聚集，平面上形成串珠状障壁礁油气藏。

②自生自储成藏模式，主要指礁体周围及礁体内部的中—下石炭统沥青质灰岩烃源岩生成的油气就近运移至其相邻的石炭系碳酸盐岩或生物礁储层中聚集成藏。卡拉恰干纳克凝析气藏最为典型，碳酸盐岩生物礁既可作为主要烃源岩又可作为优质储集体，使得油气在其中分异聚集。

由于中生代之后的盐构造运动对于盐下层系的影响较小，因而北部构造带的油气藏具有良好的保存条件，很少遭到破坏。

（7）不同地区和层位油气藏的流体性质存在明显差异。下二叠统天然气中硫化氢含量高（如卡拉恰干纳克凝析油气田为 3.5%），下石炭统杜内阶天然气中硫化氢含量较低（如罗兹科夫斯克油气田为 0.5%），泥盆系天然气藏中硫化氢含量最低。

天然气中凝析油平均含量深层比浅层高，如卡拉恰干纳克凝析油气田二叠系天然气中凝析油平均含量为 486g/m^3，石炭系天然气中凝析油平均含量为 644g/m^3，凝析液密度随深度也有明显变化，在深度 4000m 处凝析液密度为 0.79g/cm^3，至深度 5000m 处凝析液密度为 0.825g/cm^3，反映出深部凝析液比浅部要重。

（二）油气成藏主控因素

影响北部断阶带油气运移、聚集、成藏的控制因素较多，研究表明，构造、储层的发育程度是油气聚集成藏的关键因素。

（1）大型碳酸盐岩台地控制了礁滩相储层发育和分布，盐下油气的富集与古隆起上碳酸盐岩台地及生物礁体的分布密切相关。

滨里海盆地北部边缘的隆起带或斜坡构造形成时间较早，从晚泥盆世开始至早二叠世亚丁斯克期始终处于隆起状态，沉积环境稳定，有利于发育台地碳酸盐岩及生物礁。钻井揭示，上泥盆统—下二叠统发育以生物碎屑灰岩为主的浅海台地相碳酸盐岩储层，包括白云岩颗粒灰岩和生物灰岩；尤其是在近东西向隆起高部位及其南侧斜坡发育碳酸盐岩台地边缘相，形成单体规模较大的台地边缘礁，主要造礁生物有珊瑚、有孔虫、腕足类及藻类等。受海平面升降变化影响，台缘带礁滩体常常以加积—进积或者退积的方式生长，形成阶梯状礁滩复合体，或大型沉积型构造，为油气聚集提供了有效的储集空间。

长期稳定发育的古隆起构造带通常都是油气运移聚集的有利指向区，因而盐下油气的富集与古隆起上碳酸盐岩台地及生物礁体的分布密切相关。

（2）深大断裂控制着北部区带盐下构造型油气藏的分布。

近几年，在奇纳列夫凸起、费多罗夫斯克隆起上先后发现了奇纳列夫、罗兹科夫斯克等下二叠统、石炭系、中—上泥盆统构造型凝析气藏和油藏，这些油气藏均分布于地台边缘深大断裂带或断裂边缘带属于早期断裂作用形成的反转背斜构造带，表现为伸展型被动边缘阶段张扭性构造作用下产生的花状构造。反转构造形成了有利于油气聚集的背斜带，同时也构成了浅水碳酸盐储层发育的基础。它揭示了北部区带寻找沉积型构造（生物礁）之外油气藏的广阔前景。

（3）海西构造运动期风化淋滤作用对碳酸盐岩储集性能的改善起到了积极作用。

从中石炭世巴什基尔末期开始，盆地周缘经历了板块碰撞及乌拉尔洋闭合等重要地质构造事件，造成区域性基底抬升和海退，地层抬升大面积暴露于地表并遭受剥蚀。这期抬升和剥蚀作用导致：①早期形成的油气藏遭受破坏。石炭系储层岩心中可见固体沥青与轻质油气共存，推测固体沥青是古陆棚区石炭纪地层中形成的古油藏遭受破坏的产物；②碳酸盐岩台地及生物建造相储层中的原始孔隙常常受到充填、胶结等作用的破坏，而后期的抬升风化、淋滤作用，产生了大量孔隙、溶孔，同时不整合面使得大气水向地层内部输入，对岩石裂缝和其他基质孔隙系统进行溶解和再扩大，进一步增加孔隙间的连通性，即改造了碳酸盐岩及礁岩的储油气物性，岩石的储集性能大大提高。其中在区域碳酸盐岩地层不整合面之下 50~200m 形成风化壳，溶蚀作用最为活跃，储集性能最好，也是油气最富集的层段。如罗兹科夫斯克油气藏石炭系碳酸盐岩主力产层孔隙度达 12.74%，渗透率为 3.45mD。经过抬升改造后的碳酸盐岩及礁岩再度被覆盖，与其时间相一致的成油期转化的油气富集于储层中，也可以使原已分散存在于各种孔隙中的油气再分配。

与石灰岩相比，白云岩的机械强度和化学稳定性更高，所以白云岩孔隙一旦形成，通常能更好地被保存下来。通过储层实测孔隙分布研究，北部盐下油气藏的孔隙度值普遍偏高，平均为 9%~12%，埋深对孔隙度影响不大，随着深度增加依然保持较高的孔隙度，杜内阶—法门阶的埋深接近 6000m，其孔隙度最高可达 12%。

三、区块勘探潜力

勘探实践表明，滨里海盆地北部区带盐下层系具有良好的古构造背景和有利的碳酸盐岩及生物礁储集相带。同时，盐下储层重要的区域性盖层下二叠统孔谷阶厚层盐岩覆盖整个区带，为盐下生物礁油气藏及浅水台地碳酸盐岩油气藏发育的有利区带。尽管在盐下层系中已经发现了一些大型、特大型油气田，但其勘探程度仍然较低。近几年在费多罗夫斯克区块罗兹科夫斯克构造陆续发现下二叠统、石炭系、中—上泥盆统等具有商业价值的凝析气藏和油藏，主要储油气层的岩性为厚层碳酸盐岩和古隆起上发育的生物礁体，油气藏埋深达 4500~5500m，属于深层碳酸盐岩油气藏。据美国地质调查局（USGS，2000）评价估算，盆地北部断阶带盐下塔礁和障壁礁油气剩余资源量（P50）达 67.06×10^8t 油当量（表 5-11），区带仍有巨大的勘探潜力。

表 5-11　滨里海盆地北部区带油气剩余资源量（P50）的分布（USGS，2000）

评价单元	石油（10^8bbl）	天然气（$10^{12}ft^3$）	凝析油（10^8bbl 油当量）	合计（10^8bbl 油当量）	比例（%）
北缘盐下塔礁	14.64	27.599	14.94	84.778	18.1
北缘盐下障壁礁	6.07	4.053	1.00	15.176	3.2
总计	折合 14.28×10^8t 油当量				

近年来，根据费多罗夫斯克区块三维地震勘探和处理、解释技术攻关，先后识别出一系列潜力较大的远景构造，预测油气储量为 54.58×10^8bbl 油当量。研究表明，区带内勘探潜力区或油气藏类型主要有以下两类（图 5-62）。

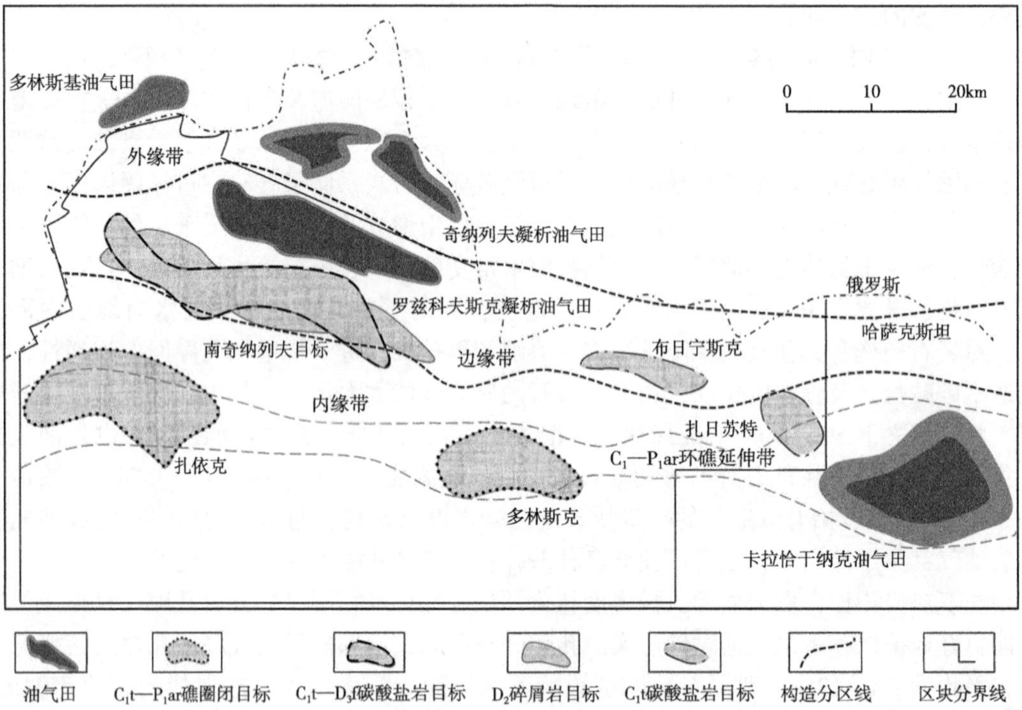

图 5-62　费多罗夫斯克区块勘探潜力区分布图

（一）与碳酸盐岩台地、环礁和塔礁有关圈闭

这类油气藏主要分布在内缘带，是在陆架碳酸盐岩台地的基础上形成的环礁、塔礁建造。该储油气建造的形成受古构造、古环境及其沉积成岩作用的控制，因此，这种类型的目标也可归属于沉积型构造。在北部区带卡拉恰干纳克凝析油气田最为典型。根据地震资料分析，费多罗夫斯克区块（内缘带部分）发育近东西向延伸的下二叠统—石炭系和泥盆系环礁和塔礁构造带（沿卡拉恰干纳克凝析油气田向西延伸的陆架台地区）（图 5-62）。该生物礁分布带形成于中、晚泥盆世至石炭纪时期的平缓隆起上，距离海岸线较远、水体较稳定的开阔海陆棚相带，是区块内最有可能发育下二叠统—石炭系和泥盆系礁块型油气

建造，如区块内的扎依克构造、扎日苏特、多林斯克构造等（图 5-63）。结合地震—地质分析，这类构造具有与卡拉恰干纳克油气田类似的古构造背景和沉积环境，为下二叠统的塔礁不整合叠加在上泥盆统—中石炭统的环礁之上的沉积型构造，环礁和塔礁的周围被下二叠统盆地包围（图 5-64、图 5-65），油气成藏条件有利。预测生物成因的碳酸盐岩块体最大厚度达 1000 余米，勘探潜力大，可作为该区块碳酸盐岩台地/环礁和塔礁型油气藏勘探的重点目标。

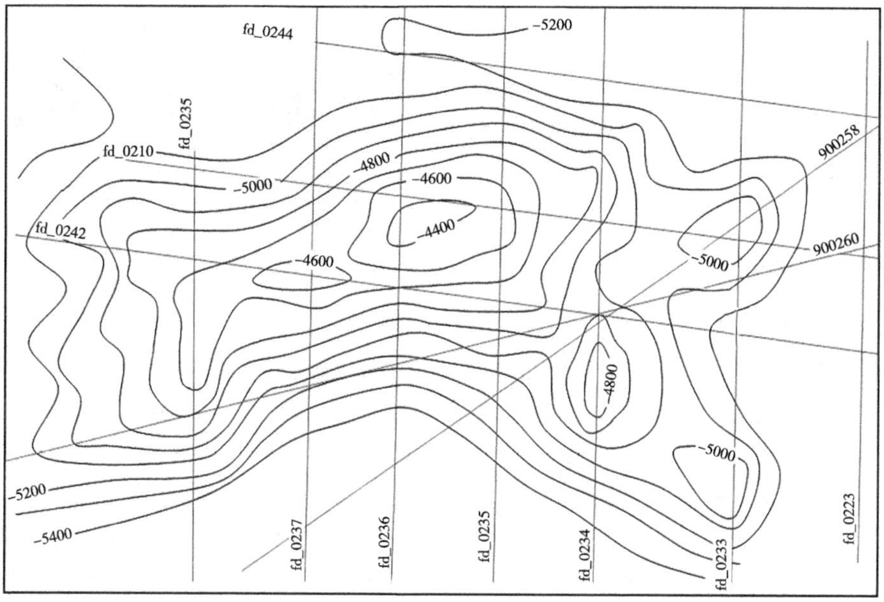

图 5-63　费多罗夫斯克区块扎依克构造下二叠统顶面构造图

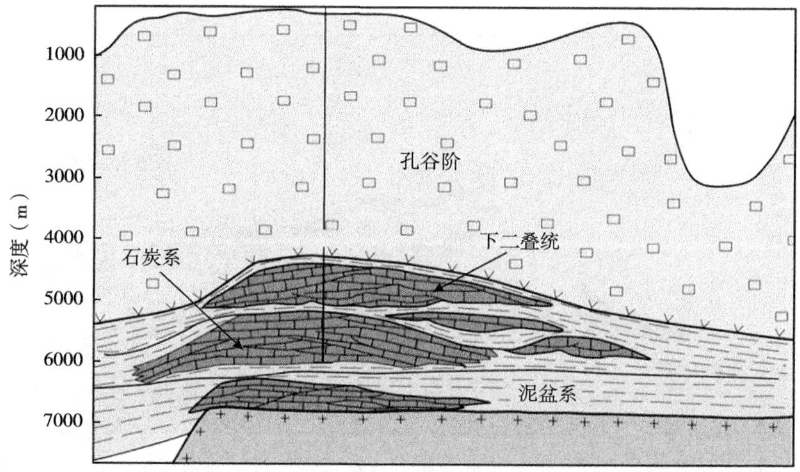

图 5-64　费多罗夫斯克区块扎依克构造地质剖面（L42 测线）

在区块内这类油气藏勘探勘探层埋深较大，一般超过 4km。预测主要的资源类型为天然气、凝析油或轻质油。

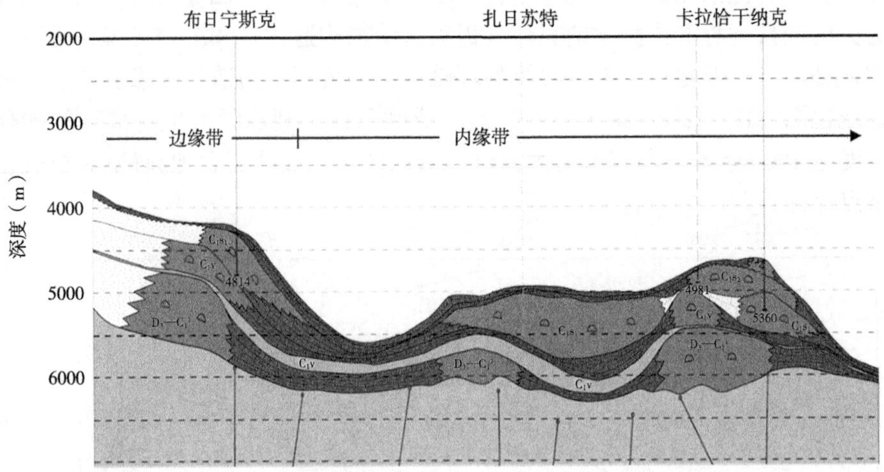

图 5-65　费多罗夫斯克区块布日宁斯克—卡拉恰干纳克构造地质剖面

（二）构造型圈闭

构造型圈闭主要发育在边缘带和外缘带，如奇纳列夫中上泥盆统地层（艾姆斯阶—下弗拉斯阶凝析油气藏属于典型的构造型油气圈闭，这些油气藏与盆地翼部断隆构造上浅水环境下的生物成因的碳酸盐岩建造有关（Karnaukhov 等，2000，2002），属于断隆构造成因。地震资料揭示，在费多罗夫斯克区块的西部发育北西西向的南奇纳列夫等泥盆系构造型勘探目标。在区块的东部发育布日宁斯克等石炭系杜内阶和巴什基尔阶—上泥盆统法门阶构造型勘探目标，这一类目标与区块内罗兹科夫斯克凝析油气藏具有相同的成因和油气成藏条件，属于与沿着滨里海盆地边缘的碳酸盐岩台地有关的构造型圈闭，也应是重要的潜力区（图 5-66）。

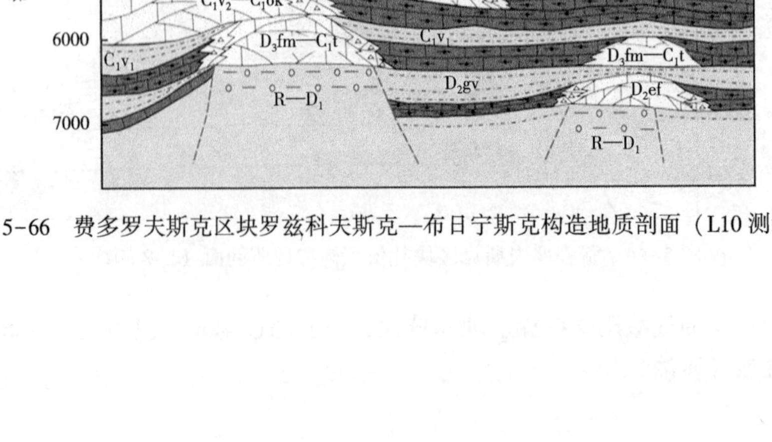

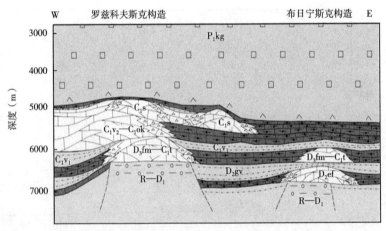

图 5-66　费多罗夫斯克区块罗兹科夫斯克—布日宁斯克构造地质剖面（L10 测线）

第六章　盐下碳酸盐岩油气藏地球物理勘探技术

地球物理勘探作为油气勘探开发的重要手段，包括野外地震数据采集、地震资料处理、地震资料综合解释和油气储层预测及其含油气性预测等。随着现代物理技术和计算机技术的迅猛发展，地球物理技术在石油勘探开发中的应用日益广泛，并发挥着重要作用。近几年来，中国石油公司在滨里海盆地盐上和盐下两大领域的油气勘探开发中均取得了丰硕成果，如在盆地东缘盐下层系成功发现了乌米特和北特鲁瓦等大中型油气田，在盆地北部断阶盐下发现了罗兹科夫斯克大型碳酸盐岩凝析油气田，在盆地东南部隆起区盐上层系发现了一批中小型油气田及盐下重要勘探目标等，并通过滚动勘探开发，油田储量、产能规模不断扩大。这些成果的取得与地震勘探技术的进步和广泛应用密不可分。

勘探实践表明，滨里海盆地油气资源十分丰富，勘探开发潜力巨大，是世界上重要的产油气区。但是由于该盆地主要勘探层埋深大，地质结构复杂，勘探过程中仍面临诸多严峻挑战，特别是在盐下深层碳酸盐岩勘探领域，长期以来一直面临两大技术难题：(1) 构造成像难。盆地内盐丘构造极为发育，已发现盐丘占盆地总面积的25%～30%，盐丘厚度变化大，盆地边部厚几百米，至坳陷内部可厚达5000m，形状不规则。一方面，给速度模型的建立带来极大困难，常规叠后时间偏移受盐丘形状及盐丘与围岩横向速度剧烈变化的影响，盐丘边界接触关系模糊不清。另一方面，受盐丘高速层的影响，盐下地层极易形成上拉的假构造，成像效果差。而叠加速度作为构造成图的基础，建立准确的速度场是关键。(2) 储层预测难。盐下沉积、构造条件复杂，礁相碳酸盐岩储层选择性发育，常规碳酸盐岩储层以原生孔和裂缝为主，裂缝—孔隙型碳酸盐岩储层预测难度大，加之盐下深层地震能量低，难以满足储层预测的资料要求。然而，机遇与挑战并存，面对滨里海盆地及区块内盐下地震成像和储层预测这两大难题，通过在盆地东南部、北部区块多年的勘探实践和技术攻关，探索并总结出了一套从地震采集与处理以及精细构造解释与描述的盐下碳酸盐岩油气藏地球物理勘探方法，有效地促进了油气勘探与开发生产。

第一节　盐下层系地震成像技术

滨里海盆地地表激发接收条件较差，表层速度较低，地震波能量衰减快，各种干扰波异常发育。受随机干扰、面波、多次波干扰等噪声干扰，出现了原始地震资料信噪比低、主频低、有效信号被淹没等问题，造成盐下构造形态失真、成像困难等技术难点。通过采用地震成像技术和速度建模，提高分辨率处理和叠前深度偏移处理能力，形成了盐丘构造发育区以“三高”（高保真、高信噪比、高分辨率）地震处理为目标的技术思路，实现对盐下构造准确的空间归位，有效提高了盐下地震成像水平。

一、空间近地表模型建立技术

勘探区内地表为平原、丘谷及洼地相间的草原和戈壁地貌，地表高差变化较大，最大高差约为95m。在地震资料处理过程中，采用模型静校正技术，较好地解决了长波长静校正量对资料的影响。同时建立了近地表模型和近地表静校正量库，较好地保证了整个工区内资料的真正闭合，解决了单条二维线的静校正量闭合问题，为提高盐下层系成像质量奠定基础。

利用工区内微测井和小折射方法解释的高速层顶界作为控制点，通过平滑内插得到三维网格底界，获得表层速度信息，建立近地表模型，再利用沙丘曲线量版计算炮点与接收点的静校正量。

（一）方法原理

位于风化层或低速层底界面上的炮点 A，低速层速度为 v_1，在检波点 R 下面风化层的厚度为 h_R（图 6-1）。用风化层校正量把 R 点观测到的旅行时调整到模拟的接收点 G 的旅行时，G 点位于 R 点正下方风化层的底面上。来自下面的折射层（速度为 v_3）的上行波传播路径为 HFR，而所需的是从 H 点开始的传播路径为 HJG。因此，为了消除风化层的影响，需要对 R 点接收到的折射波的到达时间施加校正量 t_{wr}，计算公式为：

$$t_{wr} = -\left(\frac{L_{HF}}{v_2} + \frac{L_{FR}}{v_1}\right) + \left(\frac{L_{HJ}}{v_3} + \frac{L_{JG}}{v_2}\right) \tag{6-1}$$

如果假定风化层的底界面在 G 点差不多是平的，则：$L_{HF} \approx L_{JG}$，$L_{HJ} \approx L_{FG}$。

使用这些近似公式和类似于推导公式（6-1）使用的方法，可表示为：

$$t_{wr} = -\frac{h_R \cos\theta_1}{v_1} \tag{6-2}$$

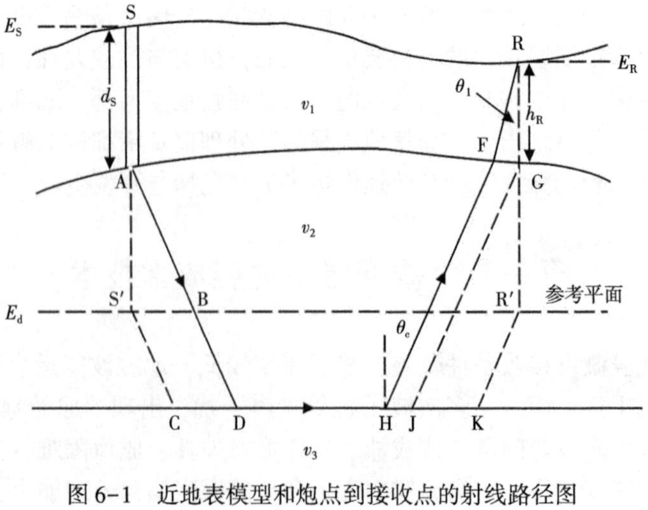

图 6-1 近地表模型和炮点到接收点的射线路径图

用来说明折射波的静校正；基准面或参考面位于风化层之下。E_S、E_R—分别为炮点 S 和接收点 R 的高程；h_R—R 处的风化层厚度；E_d—参考面高程；v_3—深折射层速度；θ_c—临界角；θ_1—第二层到第三层的折射后射线在顶层入射角

其中：$\theta_1 = \sin^{-1}(v_1/v_3)$

（二）模型静校正的技术优势

（1）将微测井、小折射等野外近地表数据有机结合，建立低降速带模型，几种资料相互约束，可明显提高低降速带的模型精度。

（2）可以利用近地表数据建立全区的近地表模型与近地表静校正量库，为今后进一步处理与资料间的拼接处理奠定基础。

（3）对二维地震工区可进行全区三维建模，有效解决了单条二维线的静校正量闭合问题。

（4）空间近地表模型技术有利于假构造形态的长波长静时移消失。

二、能量补偿处理技术

由于巨厚盐丘对地震波能量有着强烈的吸收作用，加之地表激发接收条件差异，表层速度较低，造成深部盐下勘探层（一般在5000m以下）地震波能量衰减快，地震波到达盐底时能量很弱，且炮间、道间能量差异大，原始资料能量分布从时间和空间上存在较大差异。均衡能量十分重要，如何对深层能量进行有效恢复，尽可能使资料能量均衡，保持各深度层段反射振幅的一致性成为资料处理的重要环节。

根据工区内原始资料的具体特点，针对巨厚盐岩层覆盖下勘探层的能量补偿，采用了真速度控制下的球面扩散补偿，有效消除地震波球面发散造成的能量损失，利用剩余振幅补偿和地表一致性振幅补偿等处理技术，有效消除不同地表条件引起的能量不均匀，确保炮间距和道间距的能量保持地表一致性，同时保证主要勘探层高频吸收能量的补偿，确保叠前时间偏移数据保真，使勘探层地震波振幅变化能够较真实地反映地下地质情况，较好地解决了原始资料能量严重不均匀的问题。

（一）真速度控制下的球面扩散补偿技术

为了消除地震波在传播过程中波前扩散和吸收因素的影响，增强深层的有效信号，首先进行球面扩散振幅补偿处理，其目的是先对振幅进行相应的补偿处理，以满足其他信号处理方法对振幅的基本要求。由于巨厚盐岩层的存在，为做好深层盐岩底目的层能量补偿，消除巨厚盐岩层对资料的影响，首次采用了真速度控制下的球面扩散补偿。在地震工区内首先建立速度模型，求得时空变的补偿因子，从而对全区资料进行补偿。

1. 方法原理

记录的地震波扩散的振幅在垂直地层中接近 $1.0/(v^2T)$ 衰减。其中，v 是双程旅行时有关的均方根速度，时间 T 与偏移距 X 有关（图6-2）。为了补偿这种扩散时能量的损失，补偿函数 $G(t)$ 为：

$$G(t) = \frac{v^2 T}{v_{\min}^2} \tag{6-3}$$

式中 t——单程旅行时间；

v^2——对应炮检距的地表传播速度；

T——地震波双层传播时间。

为给定速度场的最小速度，$v_{\min}^2$ 在式（6-3）中作为一个归一化的因子。

2. 实现过程

重点是对球面扩散补偿模块的扩散模型的校正类型、内插类型，补偿应用中的直达波速度、时间和速度的补偿值进行研究。从时间上对地震波在传播过程中由于巨厚岩盐层所

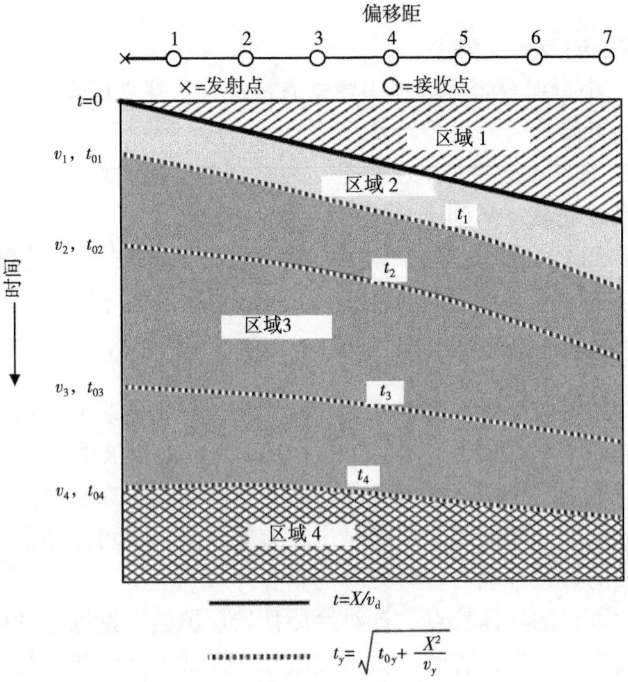

图 6-2　几何扩散补偿原理示意图

t—单程旅行时间；X—偏移距；v_d—区域 1 内地震波传播速度；t_y—区域 2，3，4 地质界面的旅行时间；v_y—区域 2、2、4 地质界面内地震波的传播时间

造成的深层能量损失进行了补偿。

（1）建立全区均方根速度模型。

首先对全区资料进行速度分析，根据巨厚岩盐层在资料上的变化，求得全区的均方根速度模型（图 6-3）。

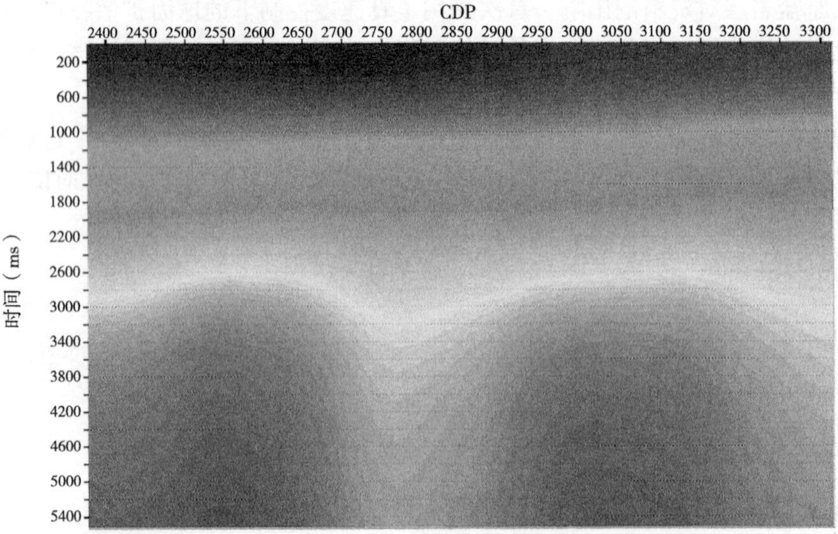

图 6-3　均方根速度模型

（2）根据均方根速度模型，求取时空变的补偿因子，进行补偿（图 6-4）。

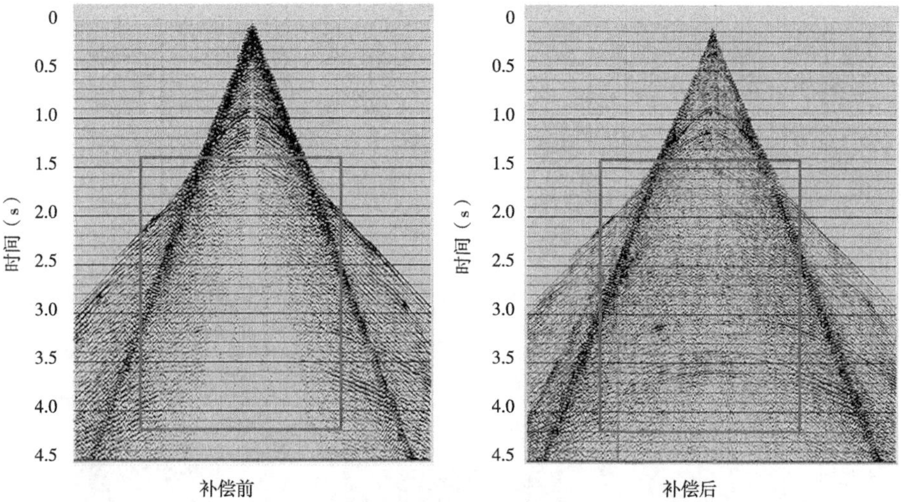

a. 几何扩散振幅补偿前后单炮对比

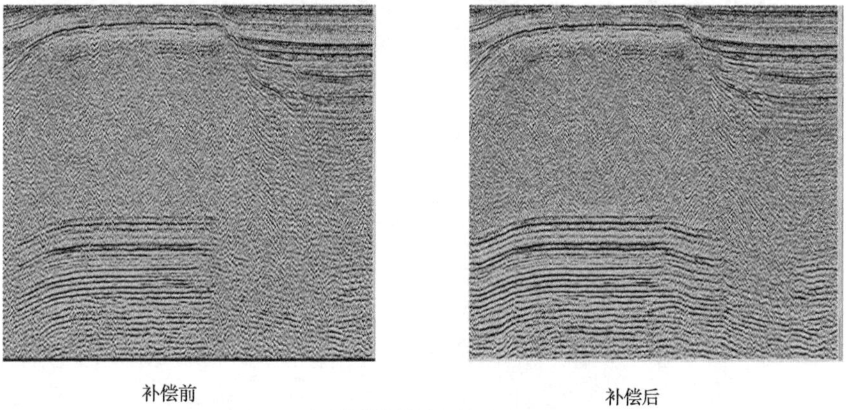

b. 球面扩散补偿前后剖面对比

图 6-4　补偿因子的求取

（二）地表一致性振幅补偿及剩余振幅补偿

地表一致性振幅补偿是建立在实际数据振幅统计的基础之上，根据相邻资料的幅值建立模型，把补偿值以地表一致性的方式分解到各炮点、接收点及不同偏移距上。它可以解决球面扩散补偿所不能解决的空间上振幅的差异，消除各炮、道之间的能量差异（图 6-5）。使地震数据经过地表一致性振幅补偿处理之后，各振幅达到均衡（图 6-6 至图 6-8），同时不破坏原始数据的振幅相对关系，不会给后续处理带来不良影响。然后通过进行剩余振幅补偿处理进一步消除震源、检波器等各种因素对振幅的影响。

实施过程为：计算单炮选定时窗范围内均方根振幅和平均绝对振幅，二者的计算公式如下。

均方根振幅：

$$P = \left[\frac{1}{N} \sum_{j=t}^{t+N} a^2(j) \right]^{\frac{1}{2}} \tag{6-4}$$

平均绝对振幅：

$$P=\frac{1}{N}\sum_{j=t}^{t+N}\left|a(j)\right| \tag{6-5}$$

式中　t——初始时窗；

N——时窗长度；

j——样点指示值，从 t 到 $t+N$；

a（j）——采样点 j 处的振幅。

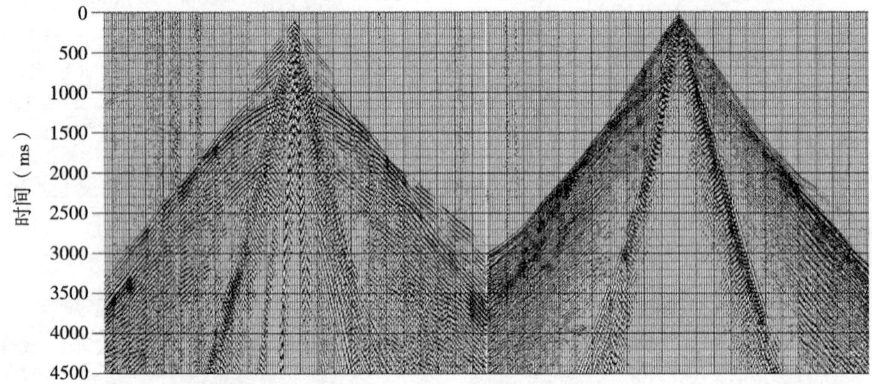

图 6-5　原始单炮

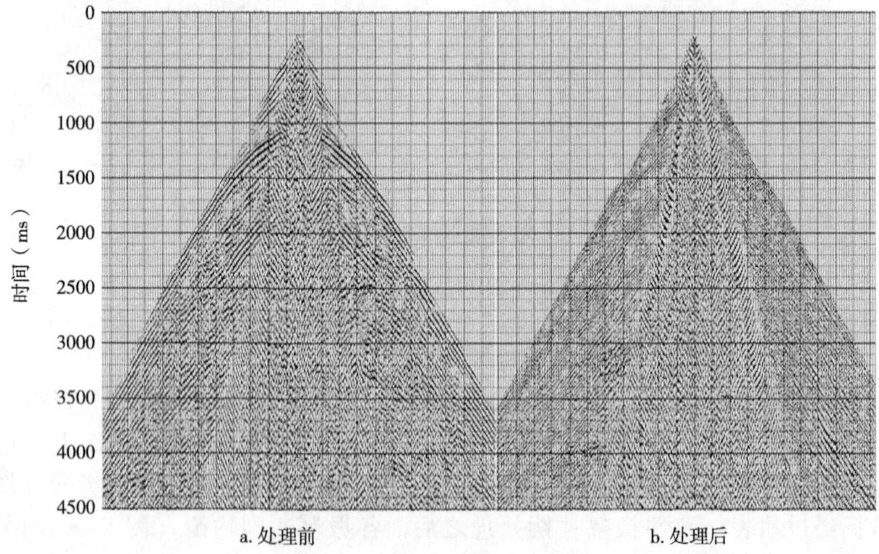

图 6-6　地表一致性振幅补偿及剩余振幅补偿处理前后单炮

三、噪声衰减技术

受工区地表条件的影响，原始地震资料信噪比低，发育各种干扰波，影响资料的成像质量。在保证资料高保真的前提下，有效去除资料的噪声和干扰是提高资料信噪比和地震资料处理质量的关键，针对工区内随机干扰、线性干扰、多次波干扰等噪声干扰（图 6-9），

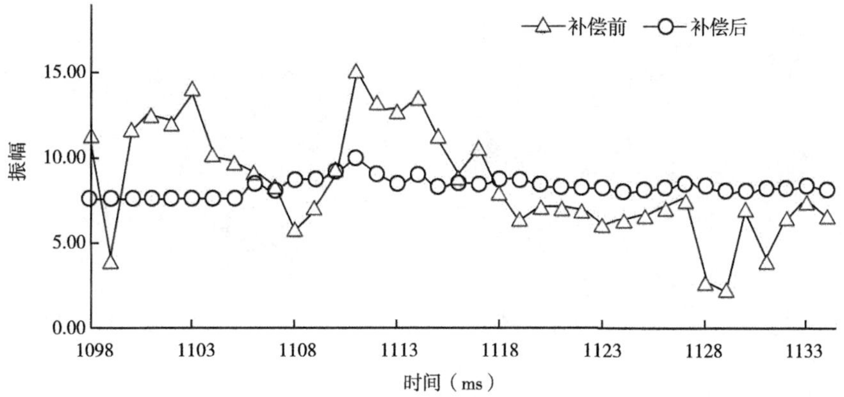

图 6-7　地表一致性振幅补偿及剩余振幅补偿前后的检波点能量曲线

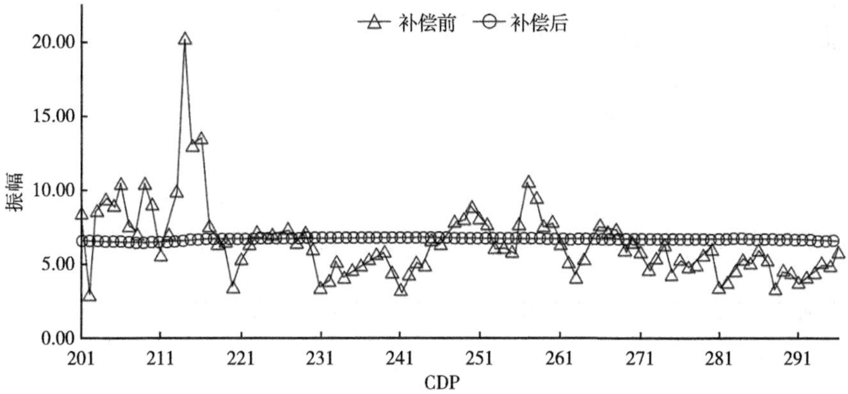

图 6-8　地表一致性振幅补偿及剩余振幅补偿前后的共深度点能量曲线

综合应用多种去噪技术和方法，有效去除噪声和干扰。

（一）*F—X* 域相干噪声衰减方法—FXCNS

F—X 域相干噪声衰减技术指在频率—偏移距域，运用扇形滤波器，使用最小平方法估算特定视速度范围内的噪声。首先对每道做傅里叶变换后，变到频率—偏移距域，变换后的炮记录数据集可以表示为：

$$d(\omega,\ x) = S(\omega,\ x) + C(\omega,\ x) + r(\omega,\ x) \tag{6-6}$$

式中　$S(\omega,\ x)$—— 有效信号；

$C(\omega,\ x)$—— 相干噪声；

$r(\omega,\ x)$ ——随机噪声。

再用最小的误差准则法，估算频率域中的相干噪声，最小平方误差估算公式：

$$\Phi(\omega) = \sum_n [d(\omega,\ x_n) - f(\omega,\ x_n)a(\omega,\ x_n)]^2 \tag{6-7}$$

式中　$f(\omega,\ x_n)$ ——时间延迟和超前算子；

$a(\omega,\ x_n)$ ——加权函数。

$C(\omega,\ x)$ 是由 $f(\omega,\ x_n)a(\omega,\ x_n)$ 决定的。

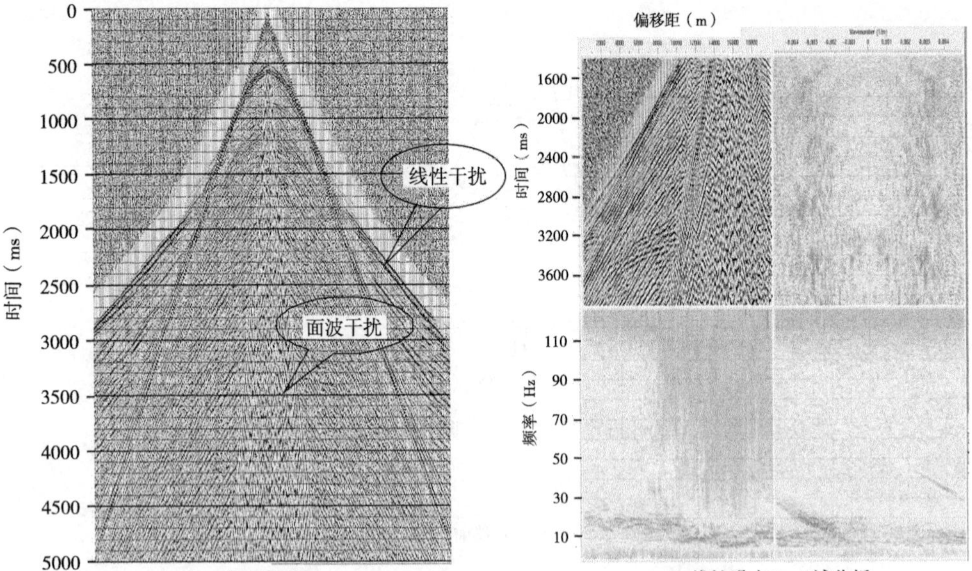

a. 噪声类型　　　　b. 线性噪声$F—K$域分析

图 6-9　噪声类型与线性噪声 $F—K$ 域分析

加权函数：

$$a(\omega,\ x_n) = \sum_m b_m(\omega) x^m \tag{6-8}$$

式中，b 是等式（6-7）的最小平方解，$b_m = F^{-1} P_m(\omega)$。

其中：

$$P_m(\omega) = \sum_n d(\omega,\ x_n) \int (\omega,\ x_n) x_n^m \tag{6-9}$$

$$F_{ij}(\omega) = \sum_n \left| f(\omega,\ x_n) \right|^2 x_n^{(i+j)} \tag{6-10}$$

将噪声从数据中消除之后，通过对各道做傅里叶变换，将数据又变回到时间—偏移距域中，从而可有效地消除了线性噪声，主要是面波与浅层折射波。

由原始资料分析可知，地震工区内面波分布较为稳定，面波的视速度在 740m/s 以内，频率在 10Hz 以内，并且线性干扰能量较强。因此，在处理过程中采用自适应面波衰减技术对面波进行消除和衰减。

该技术用于单一视速度的高速多次折射波的剔除以及上一步去噪后的残留线性干扰波的去除。首先在地震资料中识别出相干干扰波同相轴的方向和位置，然后在此位置上沿干扰的方向进行滤波，从而既有效消除干扰波，又使与之相混叠的有效波少受影响，提高了盐下层系的信噪比（图 6-10 至图 6-14）。

（二）随机干扰的衰减

区域异常噪声衰减是基于统计方法下的地表一致性去噪手段，它可以从共炮点、共检波点、共偏移距和共深度点 4 个方面对信号和噪声进行统计，以改善资料的信噪比（图 6-15）。对于尖脉冲、方波、随机噪声的随机干扰，使用该处理技术，使资料的噪声得到了较好衰减，有效信号得到加强（图 6-16、图 6-17）。

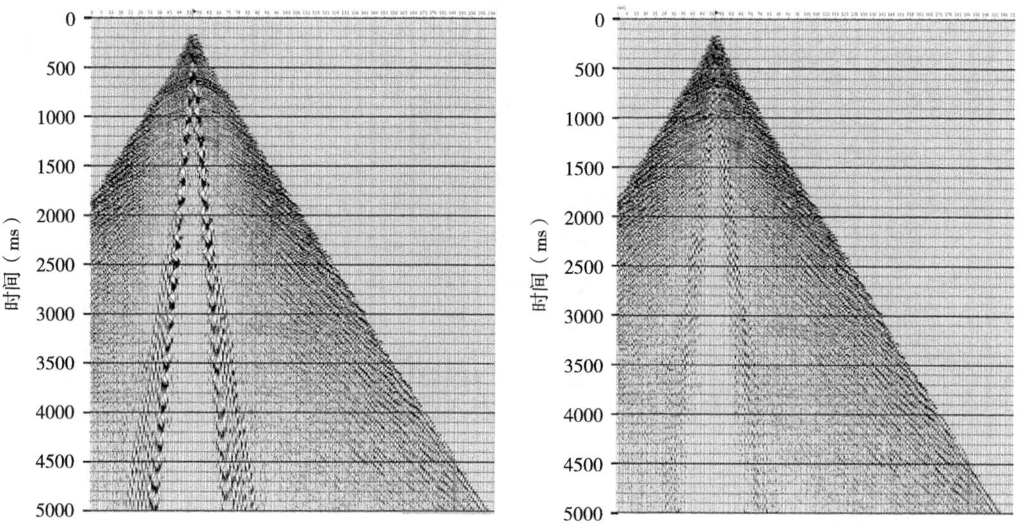

a. 压制前　　　　b. 压制后

图 6-10　面波压制前后单炮

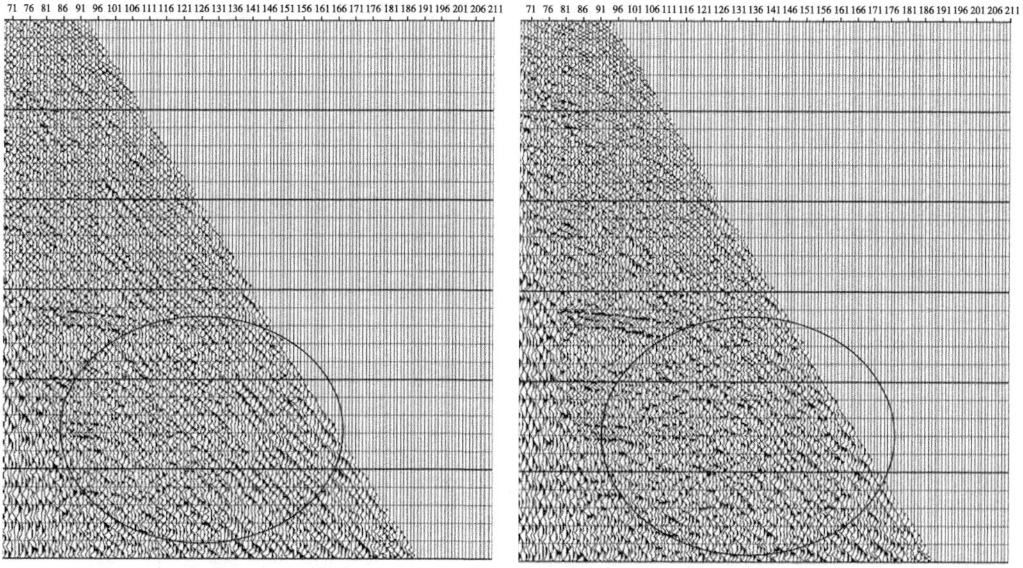

a. 压制前　　　　b. 压制后

图 6-11　线性干扰压制前后单炮

（三）分频剩余静校正处理

剩余静校正是改善资料信噪比、消除剩余时差、实现同相叠加、改善同相轴连续性的有效手段。应用野外静校正量基本解决了大的静校正问题，但还存在剩余静校正时差。采用多次速度分析和剩余静校正的多次迭代处理的方法，对关键部位进行目标速度分析，加密速度分析网格，以求得最佳的叠加效果（图 6-18）。对资料经过三次剩余静校正处理后，最大限度地消除了剩余静校正的问题，从而达到了满意的处理结果（图 6-19）。

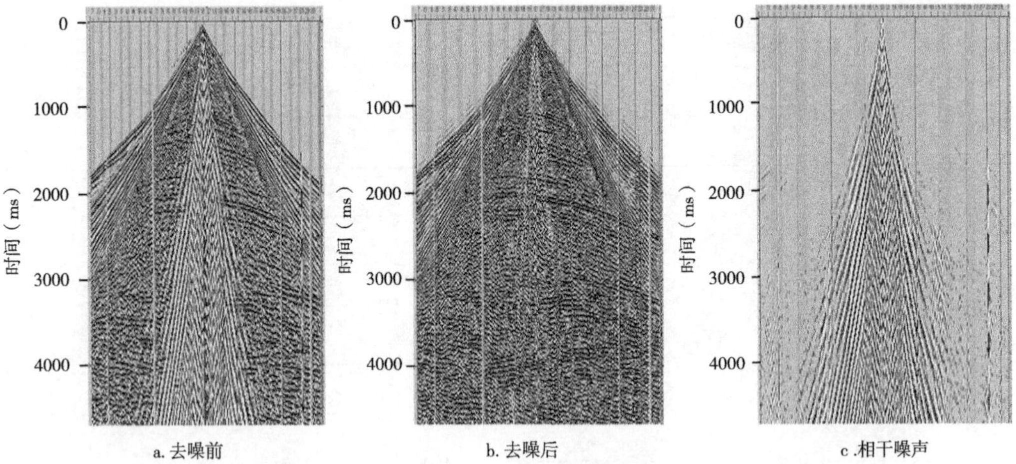

图 6-12　*F—X* 域相干噪声衰减

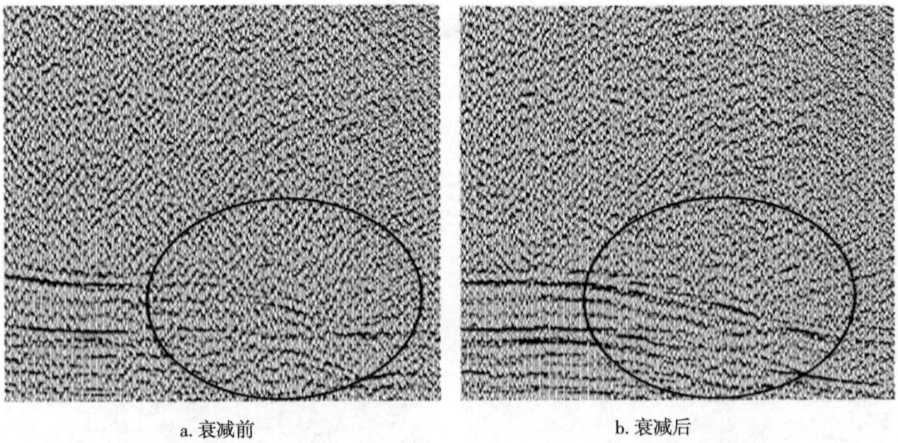

图 6-13　盐下层系频率—空间域倾斜噪声衰减前后剖面对比

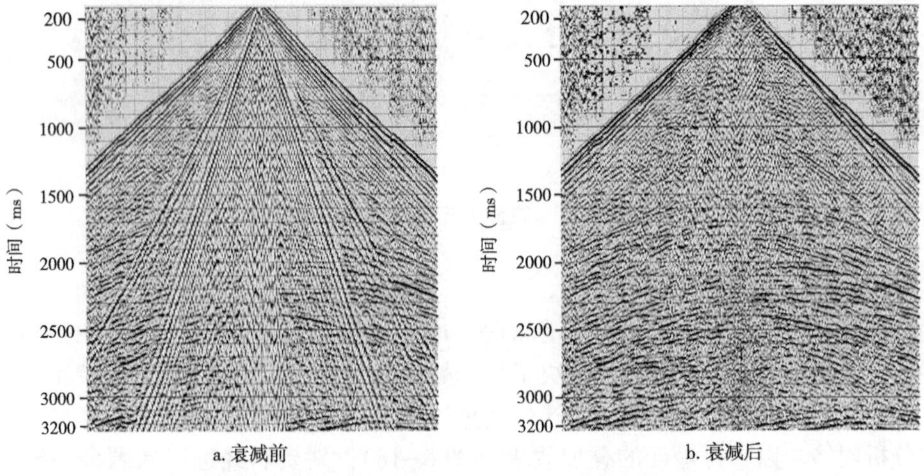

图 6-14　频率—波数域相干噪声衰减前后对比

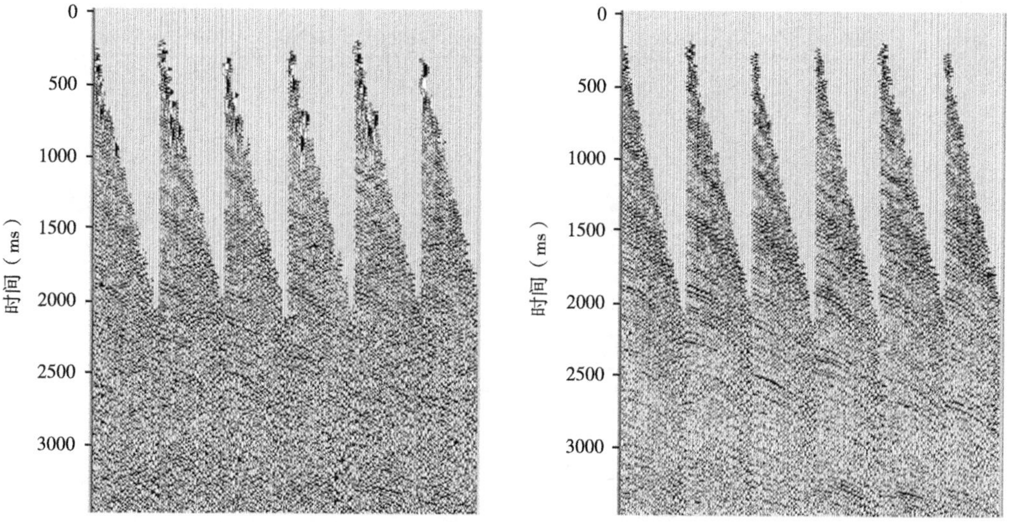

a. 衰减前　　b. 衰减后

图 6-15　区域异常噪声衰减前后道集对比

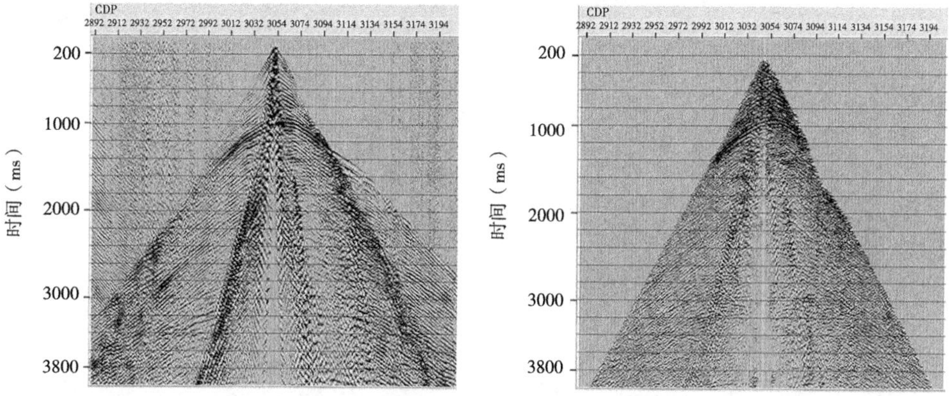

a. 衰减前　　b. 衰减后

图 6-16　随机干扰衰减前后单炮示意图

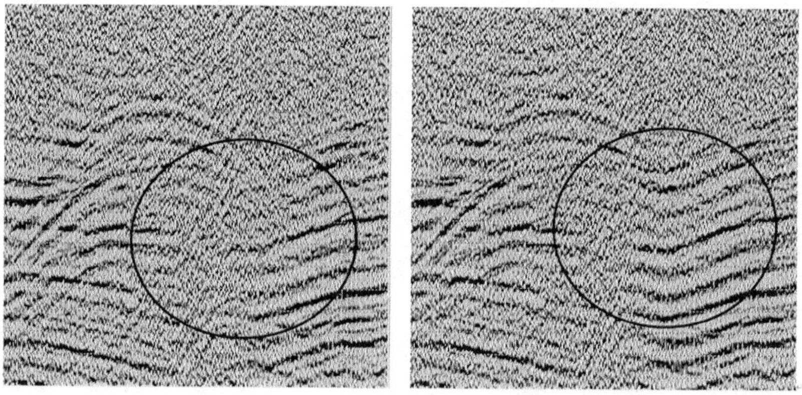

a. 衰减前　　b. 衰减后

图 6-17　随机干扰衰减前后盐下地震剖面示意图

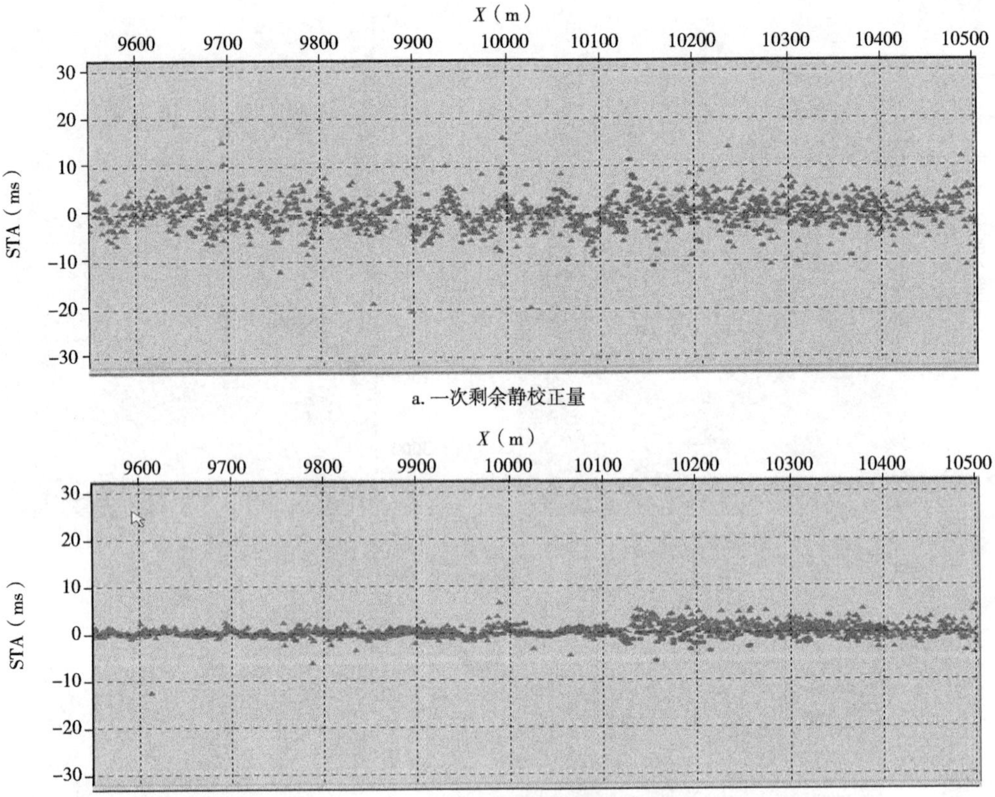

a. 一次剩余静校正量

b. 三次剩余静校正量

图 6-18　一次剩余静校正量曲线与三次剩余静校正量曲线对比

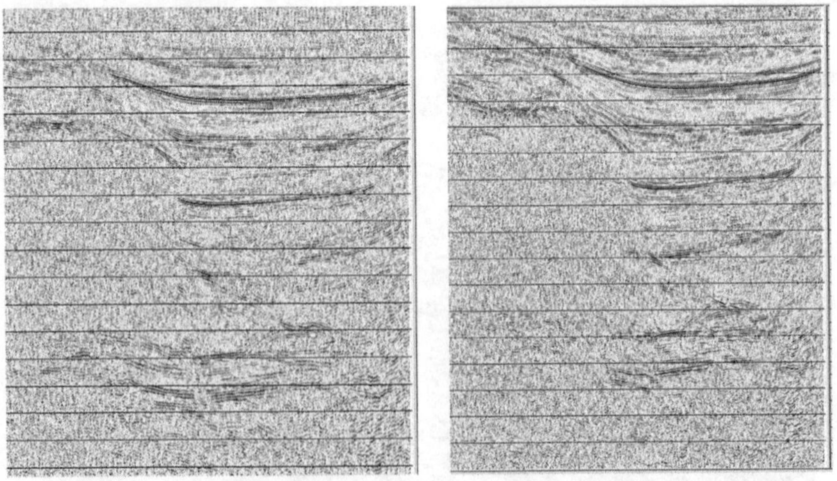

a. 原始叠加　　　　b. 三次剩余静校正后

图 6-19　原始叠加剖面与炮点检波点三次剩余静校正后剖面对比

(四) 叠后去噪

叠后通过适当角度的 *T*—*X* 域线性噪声压制以及随机噪声衰减来消除叠后噪声的影响，使剖面的信噪比得到明显改善。其中有限差分法二维倾角滤波是在 *T*—*X* 域内来实现二维视速度滤波。这种方法能够克服混波现象，不改变地震道的相位特征，并保证输入能量、输出能量相等，从而实现保幅处理（图 6-20）。

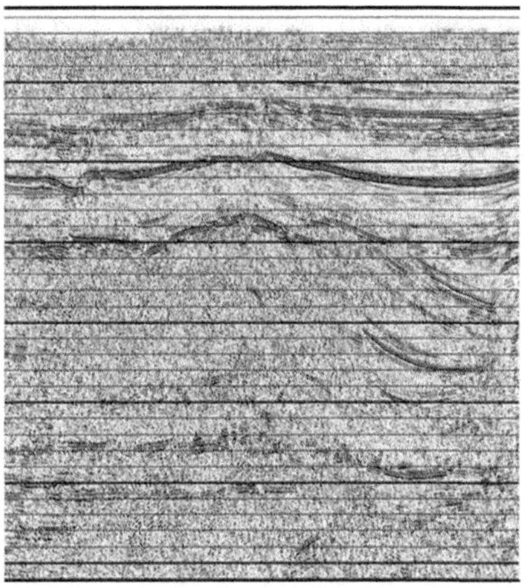

a. 去噪前

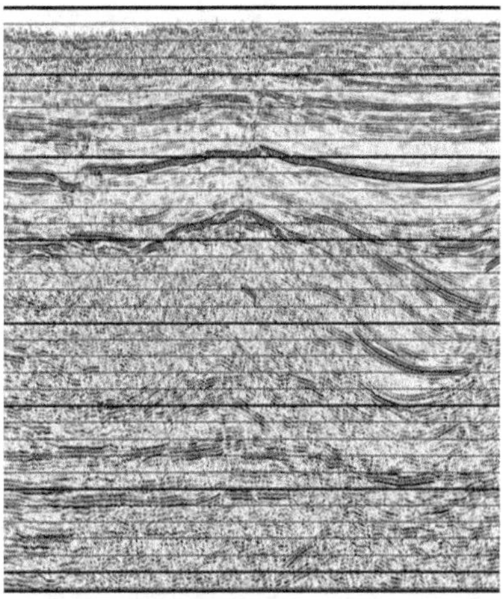

b. 去噪后

图 6-20　叠后去噪前后剖面对比

四、高精度速度建模技术

速度模型建立的准确性取决于对地下地质情况的认识程度。在勘探程度较低的区块，往往受资料的限制，地质认识程度不高，如滨里海盆地东南部和南部的科尔占—尤阿里区块、乌拉尔—伏尔加区块，工区内缺乏钻井、测井资料，仅有部分 20 世纪 80 年代以前处理的地震老资料，信噪比低，可信度较差，对区块的认识程度只限于对区域及周围油气田资料的深化。因此，速度场建立的准确性受到一定限制，完全依靠地震反射信息获得。

影响速度模型精度的因素很多，主要包括噪声、拾取精度、速度模型的选取、实际速度场的复杂性、输入参数的合理性、约束条件的加入、薄互层的存在、方法本身的局限性和方程的精度等。为此，应选择高信噪比和高分辨率地震资料作速度分析的基础，初始速度模型尽量接近实际速度场，加入的约束条件要逼近客观实际情况，所用方法和算法应合理，方程的精度要高，同时要综合应用地质和其他地球物理资料以提高速度分析的精度和可信度。针对盆地东南部和南部区块的地质、地震资料情况，速度模型的建立需要利用多种手段，由粗到细多次迭代来完成，速度模型建立的流程图见图 6-21。

根据判断速度模型准确与否的准则，在不同阶段有不同的判别方法。最直观有效的方法是从叠前深度偏移道集判断：若在叠前深度偏移中使用了精确的速度—深度模型，则在偏移后的共反射点道集上反射同相轴呈水平形态；若使用了不精确的速度—深度模型，则在偏移后的共反射点道集上反射同相轴必然出现深度差，即同相轴呈弯曲形态。偏移时，由于速度对远偏移距资料的影响比对近偏移距资料的影响大，当速度比实际值小时，远偏移距成像深度小于近偏移距成像深度，同相轴按偏移距向上弯曲。当速度比实际值大时，远偏移距成像深度大于近偏移距成像深度，其同相轴随着偏移距的增大向下弯曲。

（一）时间层位模型的建立

在尽可能掌握工区地质构造的情况下，对每一个层位做连续的跟踪解释，特别是对易

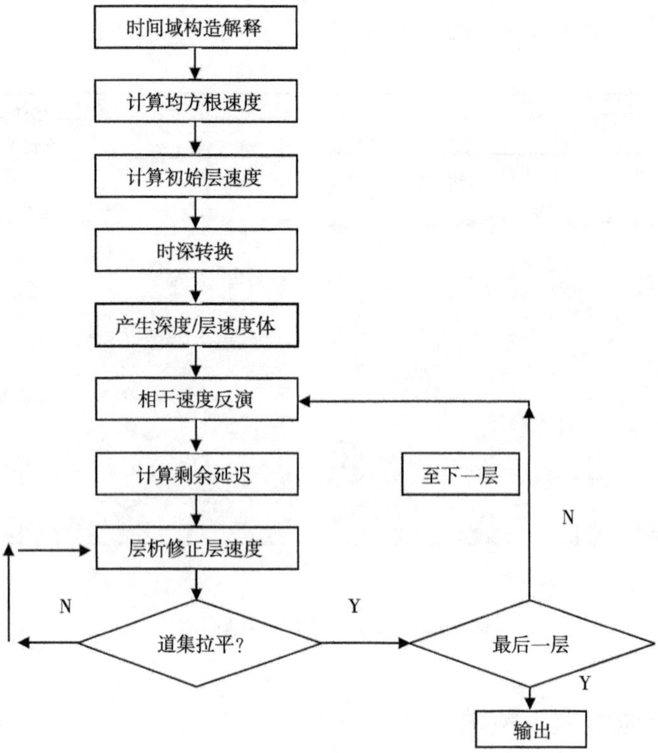

图 6-21　速度—深度模型建立流程图

于追踪、层速度估计也比较准确的反射强的层位进行追踪解释（图 6-22）。层位的时间间隔一般浅层要选得密一点，最浅层一般为 400ms 左右，往下可逐渐增大。

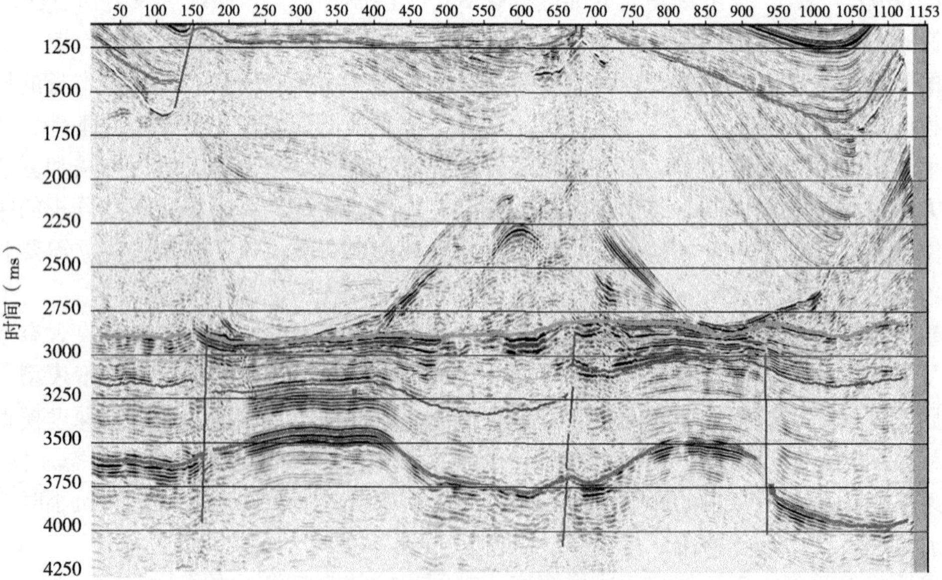

图 6-22　时间层位解释

（二）速度—深度模型的建立

速度是地震资料处理中极其重要的参数之一，只有获得准确的速度才能取得较好的处理效果，速度分析的精度也将直接影响静校正及叠加效果。为了得到较准确的速度，实现同相叠加，在速度分析过程中，采取了以下方法技术。

1. 常速扫描

为了更好地进行速度拾取，首先对部分测线进行速度扫描，第一次速度拾取根据速度扫描精确进行，保证了叠加速度的准确可靠，也为准确识别多次波提供了依据。

2. 加密速度点拾取速度

从全区的叠加剖面上看，在盐丘边界大都表现为陡立，横向、纵向速度变化快，盐下勘探层埋藏较深，构造复杂，速度变化较快。因此，在拾取速度时采用分析点加密的方法，第一次、第二次速度分析采用的速度间隔为 1500m，第三次速度采用 500m 的速度间隔，以达到提高速度分析精度的效果。

3. 多次速度分析建立准确的速度场

在处理过程中共进行了 4 次速度分析。

第一次速度场建立：为初次叠加及第一次剩余静校正提供准确的速度，采用的速度分析间隔为 1500m。

第二次速度场的建立：对速度分析点网格进行加密，速度间隔定为 1000m。对复杂构造部位结合速度扫描，加密速度拾取点，以确保速度的准确性。此次速度分析是为第二次剩余静校正提供速度场。

第三次速度场的建立：在进行两次剩余静校正的基础上，拾取多次波速度，将多次波和一次波分离，确保分离波场准确，不损失一次波。

第四次速度场的建立：在准确分离多次波后高信噪比道集上，加密速度拾取点，速度间隔定为 500m。确保速度分析准确，为最终剩余静校正提供速度场。

4. 利用相干反演求取层速度

在对时间偏移剖面进行层位解释的基础上，运用射线追踪做反偏移，将层位反偏到时间剖面上，再运行相干反演。该方法的特点是：不假设走时曲线为双曲线，而用给定的速度对模型做共中心点（CMP）射线追踪来预测走时曲线，然后将预测的走时曲线与实际的 CMP 道集数据进行相干分析（图 6-23），取最大相干能量所对应的速度。由于该方法用非双曲线的射线走时求取层速度，误差较小。为保证单道速度分析的准确性，在速度分析的过程

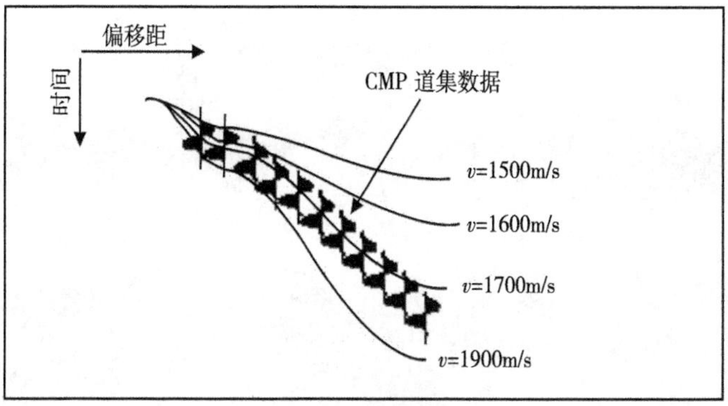

图 6-23　相干反演的 CMP 道集上拟合图示

中用户可通过理论道集和实际道集相似速度直方图（图 6-24）、射线路径图（图 6-25）、道集动校拉平程度图（图 6-26）、实际道集和理论道集叠合比较图（图 6-27）来分析、评价监控速度的可靠性。最终建立相干反演速度谱（图 6-28）、拾取相干反演速度曲线（图 6-29）。

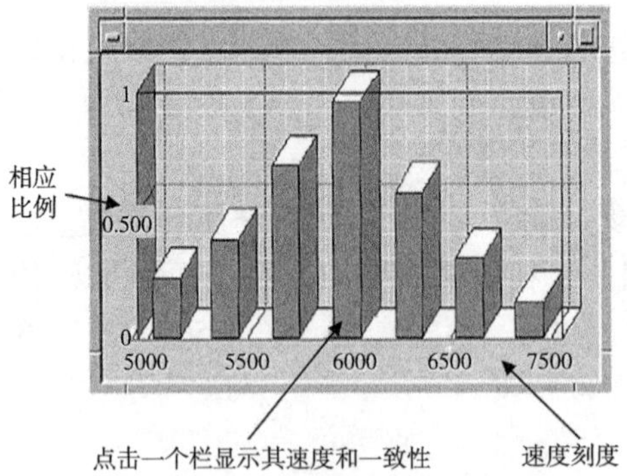

图 6-24　速度直方图

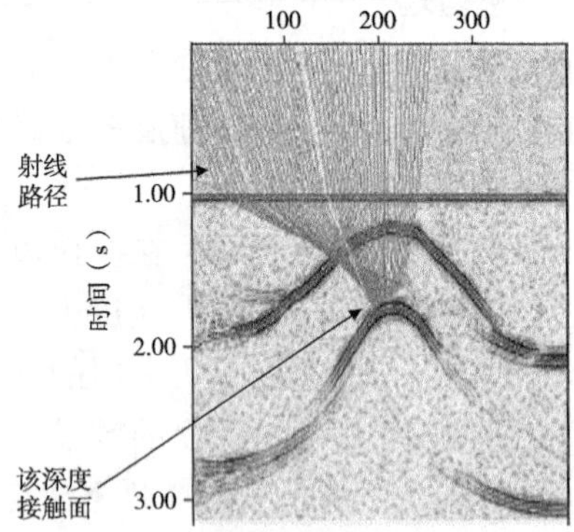

图 6-25　射线路径图

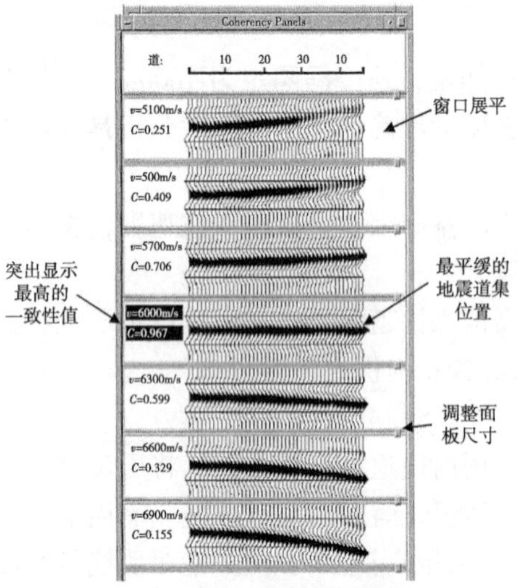

图 6-26　道集动校拉平程度图

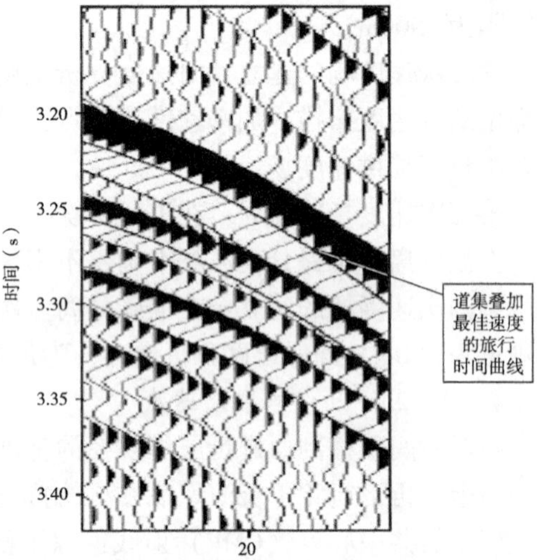

图 6-27　实际道集（细线）与理论道集（粗线）叠合比较

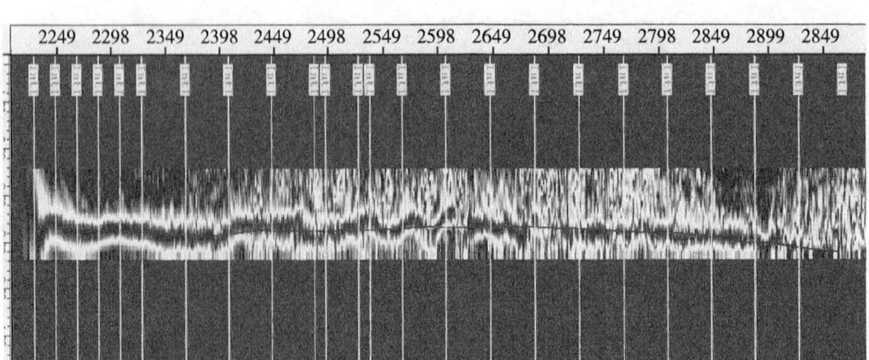

图 6-28　相干反演速度谱

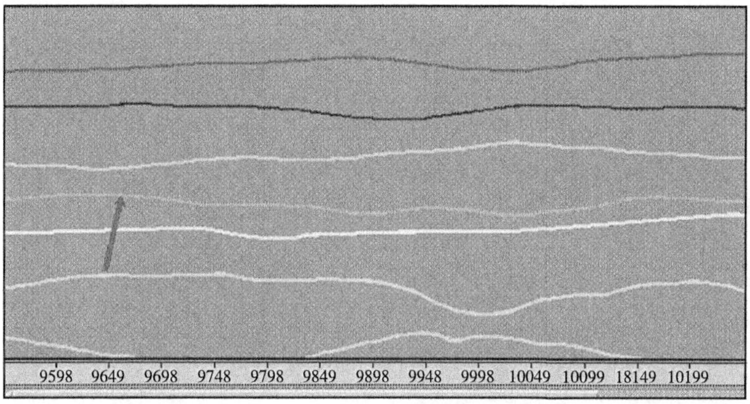

图 6-29　拾取的相干反演速度曲线

（三）射线追踪

法向入射射线追踪是将深度域的层位模拟到时间域（零偏移距）。在零偏移距的情况下，炮点和检波点被定位在同一个位置上，也就是说从炮点到反射点的射线路径和从反射点到接收点的射线路径是一样的。因此，射线是法向入射到反射点的。所以在零偏移距的情况下，将深度图转换到时间域是通过追踪法向入射射线（射线垂直地下界面于反射点）从反射点向上直到表面（图 6-30）。

映像射线追踪是从深度域到偏移的时间域的零偏移距模拟，转换深度域到偏移的时间域。映像射线是垂直于地表的，当横向上速度变化较大时，由于时间偏移一般不能正确处理（或不考虑）这个问题，而深度偏移考虑得比较精细，因此时间偏移的结果使相位在横向上的位置存在误差（图 6-31）。

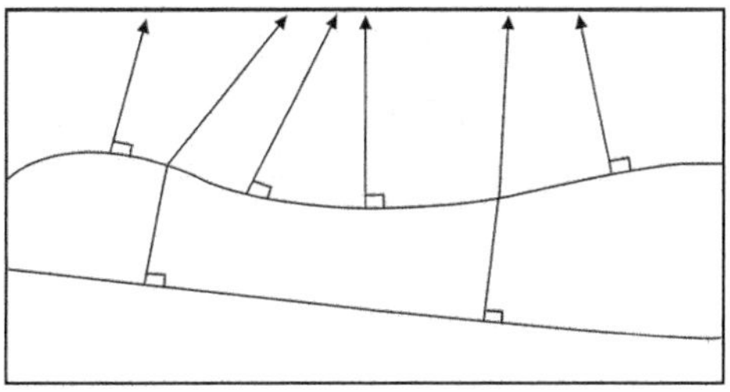

图 6-30　法向入射射线追踪示意图

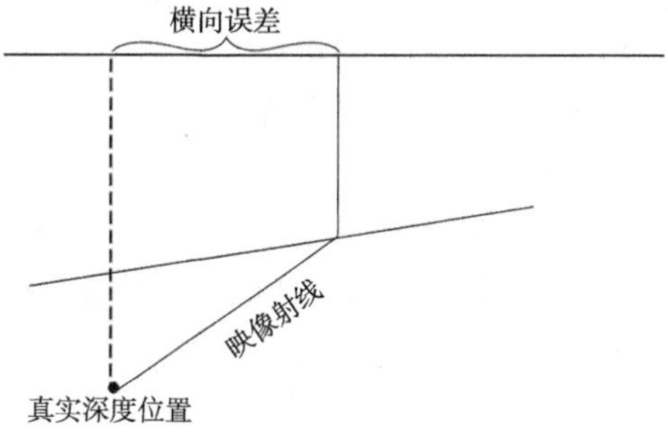

图 6-31　法向入射射线追踪示意图

（四）射线偏移

射线偏移被用于转换时间层或偏移的时间层到深度域。射线偏移的执行与射线追踪的过程正好相反。射线追踪的执行将深度域的模型转换为时间域的模型，并通过速度模型沿着射线来计算旅行时间；射线偏移则用同一条射线做反向处理。

射线偏移一般都是逐层（一次做一层）往下进行的，特别对复杂构造更要如此。用映象射线偏移的时间图到深度域最后产生深度模型（图 6-32a），有了层速度模型和深度模型便可生成用于叠前深度偏移的层速度—深度模型（图 6-32b）。

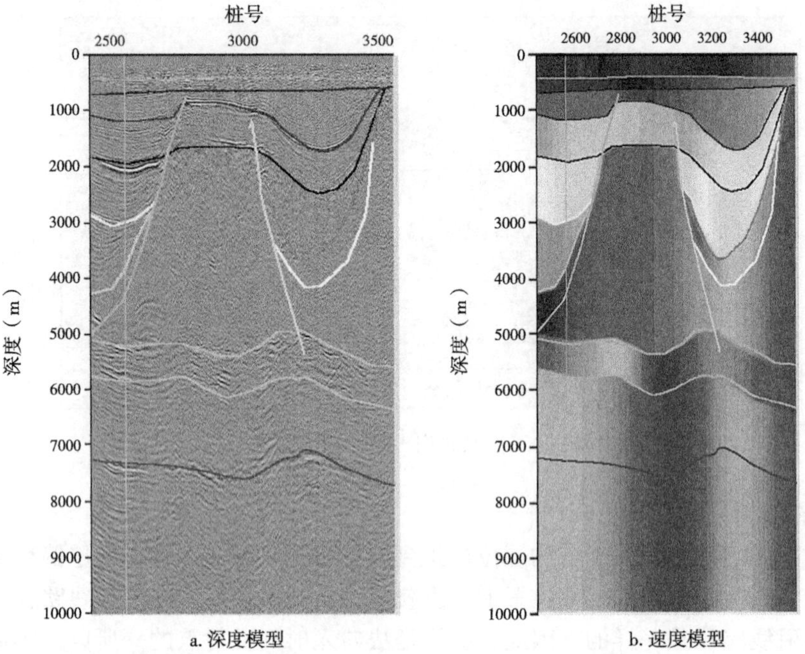

图 6-32　由时间图偏移得到的深度模型与速度模型示意图

（五）速度模型修正

建立初始模型之后，就要进行叠前深度偏移。Kirchhoff 叠前深度偏移用于速度分析能够节约计算时间，提高工作效率，它是用程函方程偏移法进行叠前深度偏移。其基本思路是把每一炮点—检波点对应的时间路径转换成深度路径，再对来自这些炮点—检波点对的所有贡献求和，构成深度剖面。输入了具备充分依据的初始模型，有了这个初始模型和真实准确的速度模型，就可以准确地确定模型界面上主力射线的偏移方向和偏移量。由于考虑了主力射线的路径和分布范围，并对其进行偏移，主力射线的空间分布又相对比较集中，从而大大节省了计算时间，加快了处理速度，保证了处理质量。

第一次所产生的深度—层速度模型可能是一个不准确的数据体，在每做完一遍深度偏移后，要根据深度道集上同相轴拉平程度断定是否需要修改层速度，如果需要，则进行沿垂向剩余延迟分析或沿层面做剩余延迟谱，然后对层速度进行修正。

1. 垂向速度剩余延迟

剩余曲率速度分析是目前应用最为广泛的偏移速度分析方法。垂向速度延迟就是利用偏移后的聚焦能量信息，而能量的聚焦主要由走时决定，所以这种方法只能得到宏观的背景速度场。

当速度接近于正确时，这类速度分析方法不受构造的影响，因此可以在横向变速的情况下做速度分析。同时，它还可以和速度模型建立直接联系，分析层速度高低，是判断速度准确与否的最有效工具。但是，该方法不能够发挥波动方程偏移在振幅保持方面的优势。

在垂向速度剩余延迟谱图上（图 6-33），垂向速度剩余延迟谱能量偏移中心线，层速度模型可在偏移道集上直观显现，这样就可以清楚知道层速度的高低，并进行垂向剩余速度校正。在垂向速度延迟修正后的垂向速度延迟谱上可以看出（图 6-34），延迟谱能量集中在中线附近，速度场基本准确。

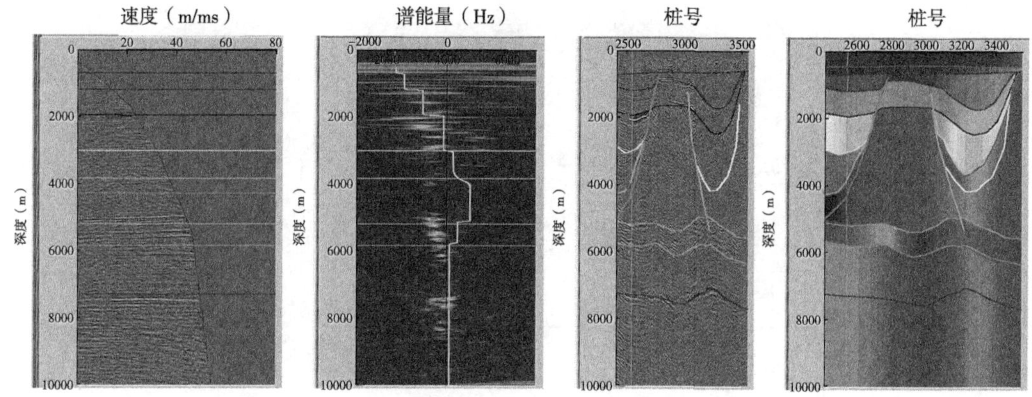

图 6-33　初始模型偏移后产生的垂向速度谱

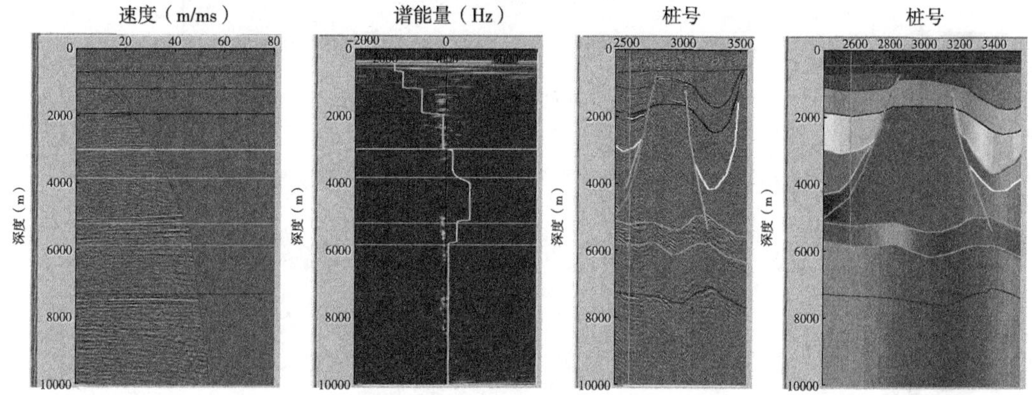

图 6-34　最终模型偏移得到的垂向延迟谱和道集

2. 层析成像

层析成像是修改速度和深度界面的一种方法。利用层析成像对层速度模型及深度模型做自动修改，当速度和深度界面不正确时，在偏移的 CRP 道集上的相位是拉不平的。这是因为每一种偏移距上都产生不同的深度误差。层析成像技术就是把这个误差用来校正由它们所引起的速度和深度界面误差。在执行层析成像之前，要做剩余延迟分析和 CRP 射线追踪。层析成像执行完后，分别在层速度窗口和深度窗口产生新的速度模型和深度模型（图 6-35）。

该方法沿层进行速度分析，可以考虑横向变速，同时可逐层进行层速度分析，以便消除上覆层的变化对下面各层速度分析结果的影响。

层速度修改以后，可重新做图偏移，将时间模型转化到深度域，进而产生新的深度—层速度模型，再进行叠前深度偏移处理。这一迭代过程一般要进行 5~6 次甚至更多。直到深度道集上的同相轴拉平，垂向和横向的剩余延迟都接近于零为止（图 6-36）。

3. 速度模型实例

速度模型的建立是一个迭代过程，更是对地下地质情况的认识过程，它包括初始模型的建立和模型优化迭代。以盆地东南部科尔占—尤阿里区块科尔占背斜 1 号线为例，说明速度模型建立与地下地质认识的互动过程。从第一次速度模型和偏移结果可以看出

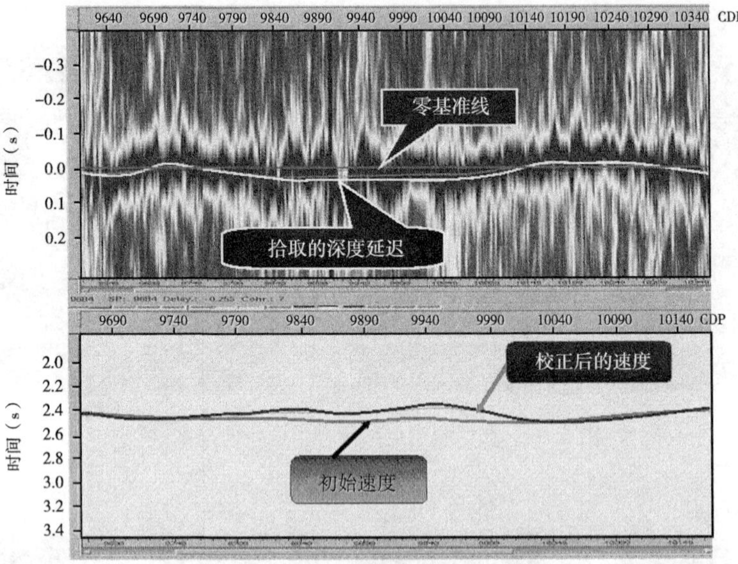

图 6-35　层析成像速度修改示意图

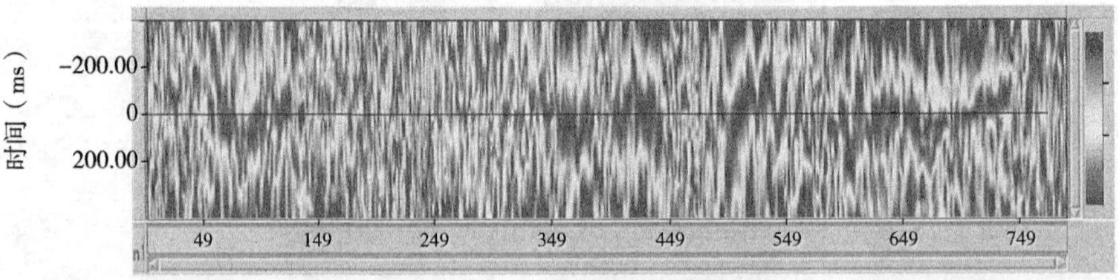

a. 第一次横向剩余延迟

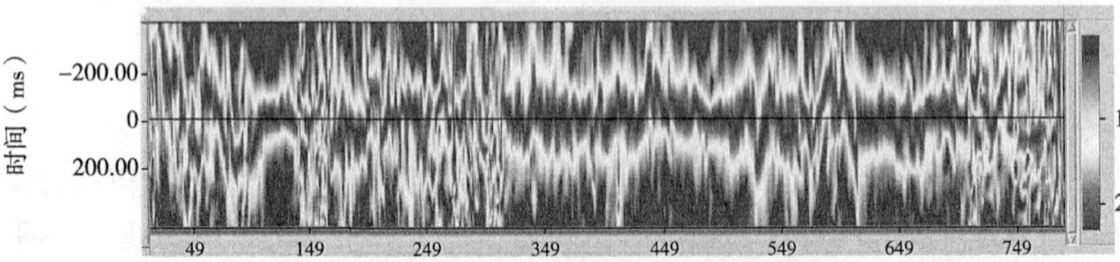

b. 第二次横向剩余延迟

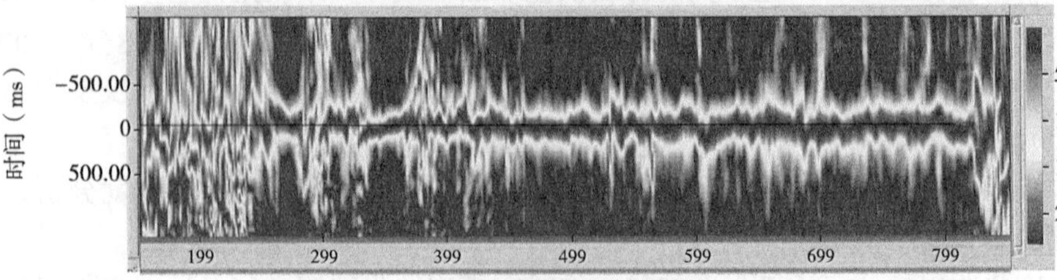

c. 第三次横向剩余延迟

图 6-36　3 次横向剩余延迟修改示意图

(图 6-37)，剖面左边界成像较差，对比之前处理的 4 号线，认为左边界应该是盐丘的右翼，运用于偏移的速度模型此处速度明显偏低。将左边界速度提高后的速度模型（图 6-38)，由于盐丘边界不清，模型建立不准确，左边界处理效果依然不明显，但盐丘边界已隐约可现，能够指导第三次模型建立。同时，CDP2800—CDP2900 处盐丘左边界模型构造较缓，从偏移结果看，盐丘构造应该较陡，此处模型需进一步修正。

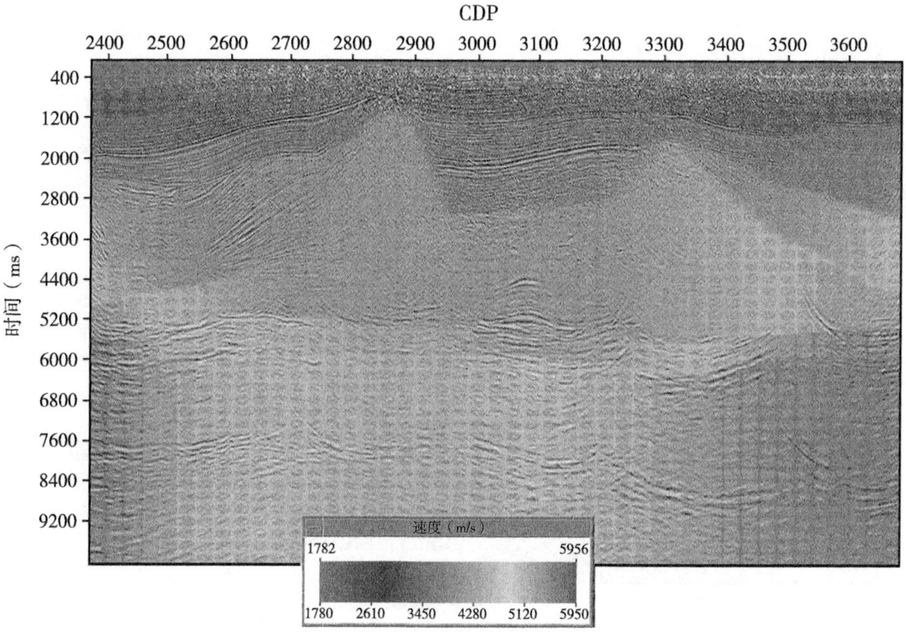

图 6-37　第一次速度模型和偏移结果对比图

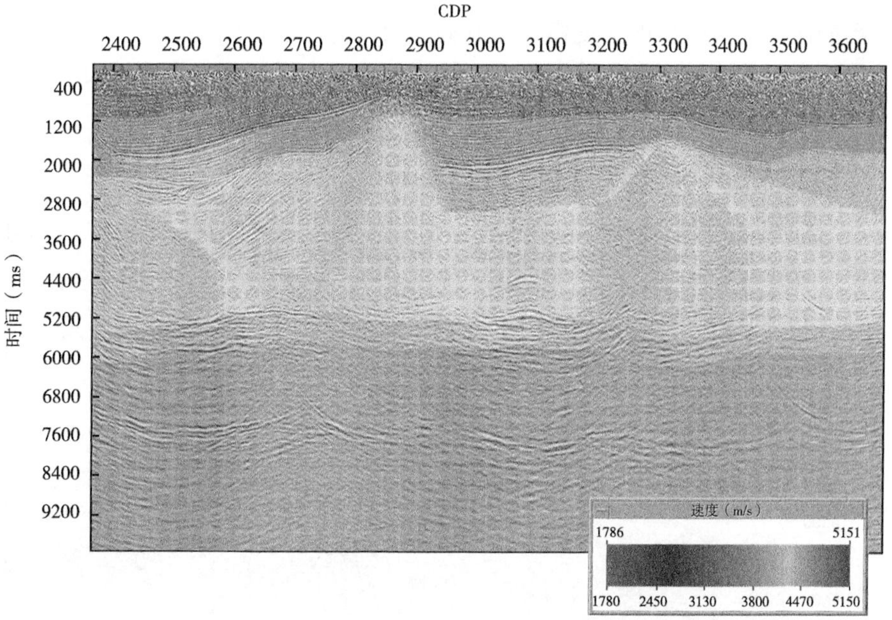

图 6-38　第二次速度模型和偏移结果对比图

第三次速度建模和偏移结果（图 6-39），从速度模型和偏移结果可以看出，CDP2800—CDP2900 处速度模型和偏移结果有较大改进，速度模型和偏移结果吻合较好，说明进入到这一阶段的速度基本准确，模型建立合理。模型剖面中左侧盐丘边界基本清楚准确，但出现速度反转现象；另外，诸如剖面 CDP3150—CDP3500 处盐丘顶界不合理，特别是

CDP3150 处，在没有任何地质现象的情况下（如断层、盐丘边界等），速度横向变化较大，说明速度模型需结合其他手段进行分析、修改和进一步确认。

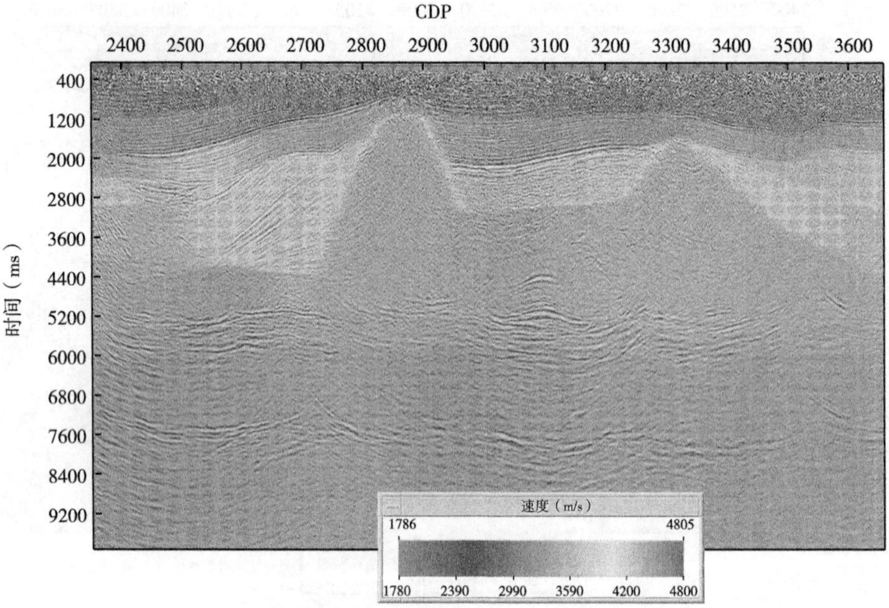

图 6-39　第三次速度模型和偏移结果对比图

通过第四次速度分析后的速度模型和偏移剖面对比可以看出（图 6-40），同一地质层内速度差异不大，速度模型和偏移剖面吻合较好，盐丘边界清晰，说明速度模型已趋于准确合理。

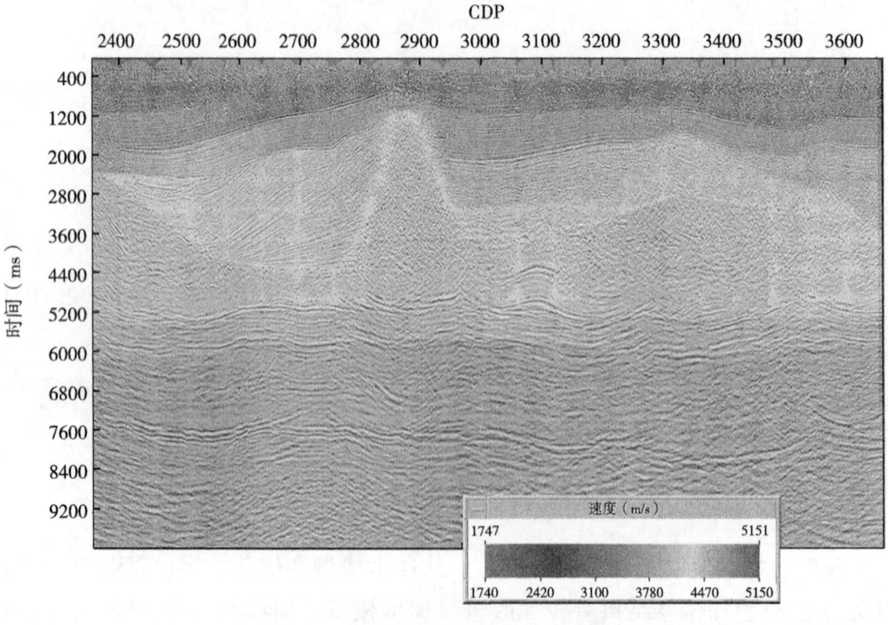

图 6-40　第四次速度模型和偏移结果对比图

从该区块上的塔克布拉克—凯日克梅构造带速度模型和偏移剖面可看出（图 6-41），同一地质层内速度模型和偏移剖面吻合较好，盐丘边界清晰，速度模型也比较准确合理。

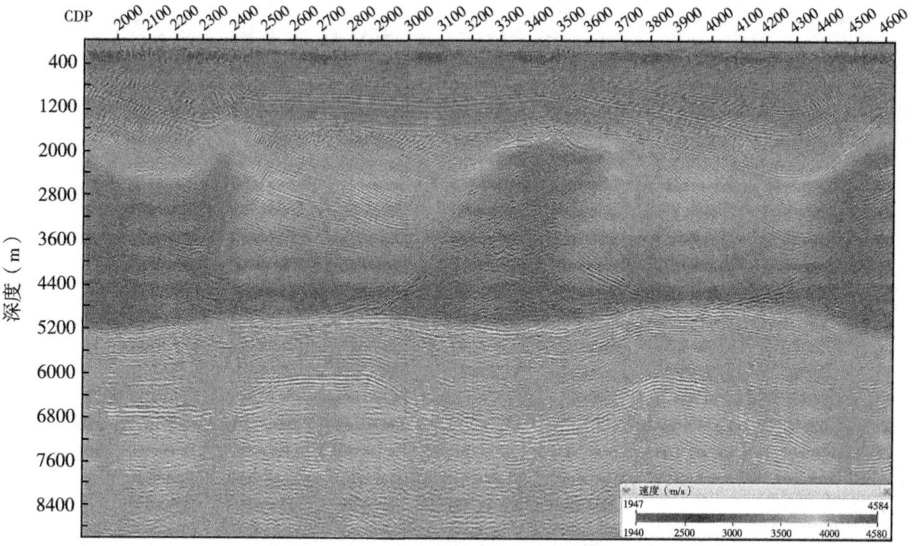

图 6-41　塔克布拉克构造带（Line-0683 测线）速度模型和偏移结果对比图

（六）实时交互速度建模技术

百分比扫描叠前深度偏移速度分析的目的在于由共中点道集相干函数反演和层析成像之后，进一步改进并提高速度—深度模型的精度，特别是改善标准同相轴之间弱反射波成像效果。其方法原理是由处理人员定义一系列百分比值，用百分比值调整速度—深度模型，得到一系列新的速度—深度模型；对每个速度—深度模型进行叠前深度偏移，又得到一系列叠前深度偏移剖面；对偏移剖面从整体上进行地质解释，选择与成像结果地质效果最佳时所对应的百分比作为速度—深度模型的修正值，其实现过程如下：

（1）由处理人员定义一系列百分比值，可用百分比扫描范围和扫描间隔来定义。

（2）对待修改的速度—深度模型进行射线跟踪，计算出三维走时表。

（3）对走时表进行百分比修正，得到一系列新走时表。

（4）根据新的走时表，进行叠前深度偏移，得到一系列偏移剖面。

（5）对偏移剖面进行滚屏式人机交互分析，解释拾取与成像结果地质效果最佳所对应的百分比作为速度—深度模型的修正量。

实现步骤（3）的主要目的是避免重复计算走时表所需的计算量。其原理基础是：根据费马原理可知小的速度扰动（即乘以百分比的变化）并不影响射线路径的变化，由此可知：

$$t = \int_R v \mathrm{d}l \tag{6-11}$$

$$t(c_i) = \int_R v c_i \mathrm{d}l = c_i \int_R \mathrm{d}l = c_i t \tag{6-12}$$

式中　c_i——百分比值；

v——地震波速度；

l——地震射线路径。

为了便于理解，可看一下均匀或水平层状介质模型中水平界面的走时情况，在这种情况下，走时算式为：

$$t = \sqrt{\frac{z^2 + x^2}{v_{\mathrm{RMS}}^2}} = \sqrt{z^2 + x^2} / v_{\mathrm{RMS}} \tag{6-13}$$

式中 t——地震波走时；

v_{RMS}——均方根速度；

z——反射界面埋深；

x——水平偏移距。

当对 v_{RMS} 进行百分比修改时，t 同样以百分比变化。

$$t(c_i) = \sqrt{z^2 + x^2} / (v_{\mathrm{RMS}} \cdot c_i) = \frac{1}{c_i} t \tag{6-14}$$

因此，可以说速度—深度模型的百分比修改，可等价于走时表的百分比修改，考虑这样可避免射线跟踪和走时表的多次重复计算，很大程度上可减少计算量，使百分比扫描方法达到实用化程度。

CGG 公司在地震处理软件中采用了百分比扫描速度分析技术，有两种实现形式：一种是对道集进行扫描，根据同向轴校正程度进行判别；另一种是用一组试验速度对共中心点道集进行扫描叠加，当速度合适时，叠加出的能量最强，则该速度就是该同向轴的叠加速度。采用该方法时，不需要考虑射线路径的变化，因为当速度分布变化小于 10%时，可假设射线路径保持不变，走时变化与速度变化成线性关系见图 6-42 至图 6-44。具体实现步骤如下：

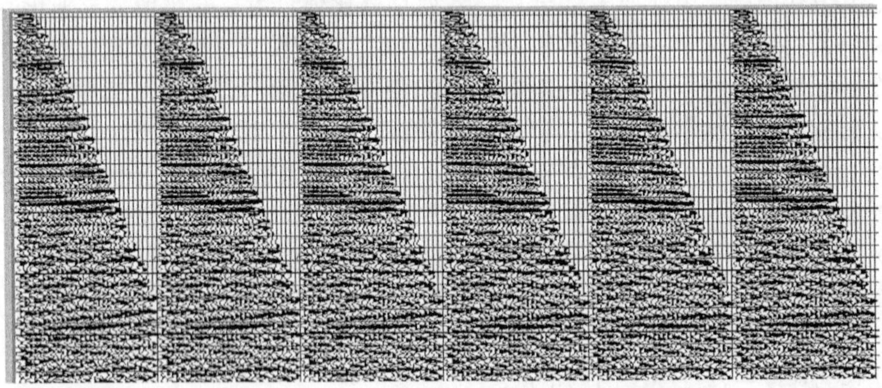

a. 90%　b. 92%　c. 94%　d. 96%　e. 98%　f. 100%

图 6-42　利用速度百分比求取层速度

（1）对于每个选定的速度分析点，给定参考速度模型 V 和扫描因子 Y，与其对应的扫描速度 $VY=YV$。对每个 VY 做共偏移距偏移，则得到一个共反射点道集，于是扫描道集由一组共反射点道集组成。

（2）形成百分比扫描函数，将百分比扫描函数与三维走时表相乘，利用相乘之后的走时表做三维叠前深度偏移，形成与百分比值相对应的共反射点道集。

（3）拾取出与最佳成像效果相对应的速度和深度界面。

（4）利用 ZY 和 VY 去估算新的层速度和速度界面，得到新的速度模型。

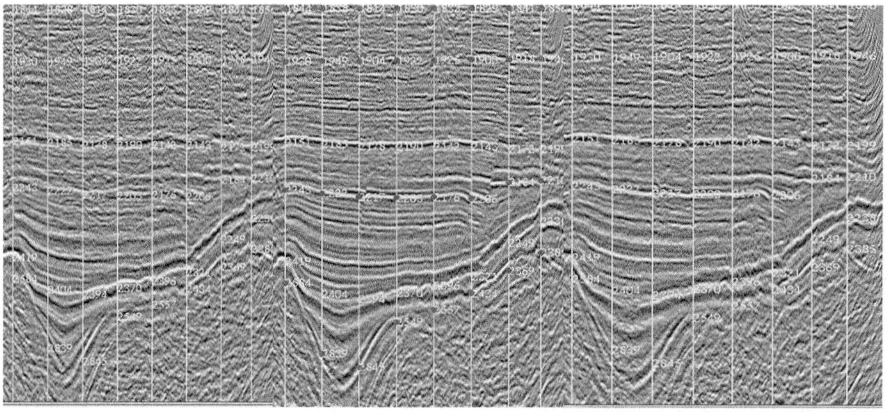

图 6-43　百分比速度偏移剖面

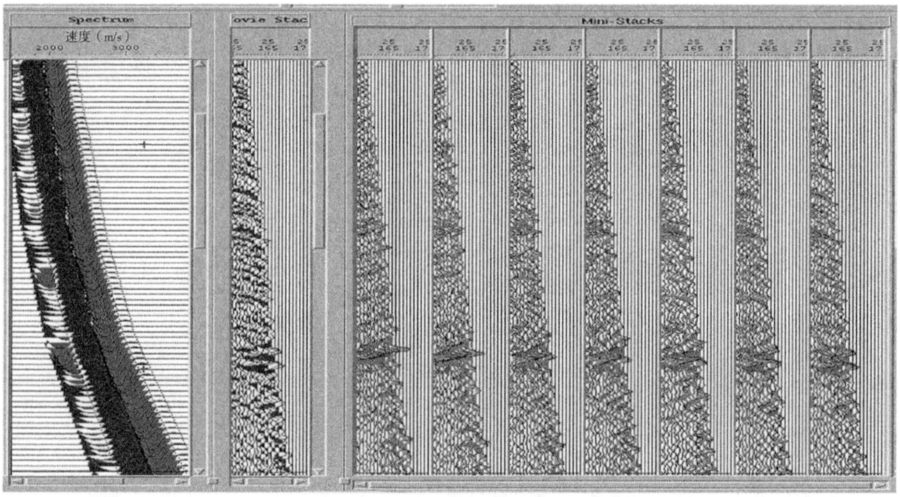

图 6-44　精细速度分析

五、叠前深度偏移成像技术

常规时间偏移是以传统的均匀介质或层状均匀介质理论为基础，然而滨里海盆地发育大量规模不等的盐丘，这种形态多样的盐刺穿构造将上覆地层复杂化，造成地层速度纵、横向变化剧烈，无法实现反射波的准确偏移归位，给盐下层系准确的地震成像处理带来了难题。叠前深度偏移技术弥补了时间偏移的不足，解决了以非均匀介质或层状均匀介质为条件这一前提，为在复杂地质构造区实现较高精度的地震成像提供了有效的技术方法。

叠前深度偏移方法从实现原理上主要分 Kirchhoff 积分法和波动方程法两类，这两类方法都能实现准确的构造成像和振幅保持。前者是基于微分方程的积分解，后者是对波场进行深度递推。波动方程叠前深度偏移方法偏移精度高、保幅性好，但运算工作量大。Kirchhoff 积分法叠前深度偏移目前较为常用，可适应不同的观测系统，对输入地震数据没有特殊要求，计算效率高，处理方式方便灵活，更加适合于目标成像研究。Kirchhoff 积分法的缺陷是存在假频、深层分辨率降低等不足之处。

（一）方法原理

通常旅行时场的计算基于程函方程。程函方程是波动方程高频近似后得到的。求解程函方程或利用基于费马原理的射线方程得到旅行时场都必须满足地震波波长远小于地质体尺度的条件。否则，高频近似理论不成立。在复杂介质构造情况下，用高频近似理论计算出的旅行时场存在的问题已经有很多讨论（Gray 和 May，1994）。

现在，直接以基于地震波传播的声波数学模型 Helmoholtz 方程为基础，导出地震波主要能量的旅行时计算公式。在三维球坐标系中，波动方程的 Helmoholtz 形式为：

$$\nabla^2 U = \frac{1}{r^2}\frac{\partial}{\partial r}\left(r^2\frac{\partial U}{\partial r}\right) + \frac{1}{r^2\sin\theta}\frac{\partial}{\partial\theta}\left(\sin\theta\frac{\partial U}{\partial\theta}\right) + \frac{1}{r^2\sin^2\theta}\frac{\partial^2 U}{\partial\varphi^2} = -\frac{\omega^2}{v^2}U \tag{6-15}$$

使用连分式展开根号，并在根号前取正号以代表下行波，从式（6-14）可推导出：

$$\frac{\partial U}{\partial r} = \left(-\frac{1}{r} + i\sqrt{\alpha}\right)U \tag{6-16}$$

$$\left\{1 + \frac{b}{ar^2\sin^2\theta}\left[\sin\theta\frac{\partial}{\partial\theta}\left(\sin\theta\frac{\partial}{\partial\theta}\right) + \frac{\partial^2}{\partial\varphi^2}\right]\right\}\frac{\partial U}{\partial r} = \frac{ia}{r^2\sqrt{\alpha}\sin^2\theta}\left[\sin\theta\frac{\partial}{\partial\theta}\left(\sin\theta\frac{\partial}{\partial\theta}\right) + \frac{\partial^2}{\partial\varphi^2}\right]U \tag{6-17}$$

其中：$\alpha = \frac{\omega^2}{v^2} - \frac{1}{r^2}$

其中式（6-15）可以用相移法来求解，而式（6-17）需要用频率空间域有限差分方法来求解。差分求解，并使用因式分解法得到最终的差分方程。

$$[I - (\alpha_\theta - i\beta_\theta)T_\theta][I - (\alpha_\varphi - i\beta_\varphi)T_\varphi]U_{i,j}^{n+1} = [I - (\alpha_\theta + i\beta_\theta)T_\theta][I - (\alpha_\varphi + i\beta_\varphi)T_\varphi]U_{i,j}^{n} \tag{6-18}$$

其中：$U_{i,j}^{n} = U(i\Delta\theta, i\Delta\varphi, n\Delta\varphi)$，$\alpha_\theta = \frac{b}{r^2\alpha\Delta\theta^2}$，$\alpha_\varphi = \frac{b}{r^2\alpha\sin^2\theta\Delta\varphi^2}$，$\beta_\theta = \frac{a\Delta r}{2\sqrt{\alpha}r^2\Delta\theta^2}$，

$$\beta_\varphi = \frac{a\Delta r}{2\sqrt{\alpha}r^2\sin^2\theta\Delta\varphi^2}$$

式中　a、b——优化系数。

利用相移方法求解式［式（6-18）］及差分法求解式［式（6-17）］可以得到波传播的波场。该波场包含了地震波传播的能量和旅行时信息，可以检测出主能量的旅行时场。当然，也可以检测出初至到达时。本方法是在频率—空间域实现的，因此既可以得到优势频率段的主要能量旅行时场，也可以得到宽频带的主要能量旅行时场。从地震成像的角度，前者比较合适，因为其计算量大幅降低，但旅行场的计算精度并没有降低太多。

（二）Kirchhoff 积分法叠前深度偏移试验

为了与已有的 Kirchhoff 积分法成像结果进行比较，首先对复杂的 Marmousi 模型数据进行 Kirchhoff 积分法叠前深度偏移试验。图 6-45 是使用本方法计算的旅行时场进行 Kirchhoff 积分法叠前深度偏移的成像结果。从偏移剖面来看，浅层 3 组断面十分清晰，深层盐丘下目标地质体成像准确，具有质量很高的成像效果，已经明显优于初至旅行时场的成像结果。可以看出，Kirchhoff 积分叠前深度偏移能比较清晰地得到盐丘的底部反射。

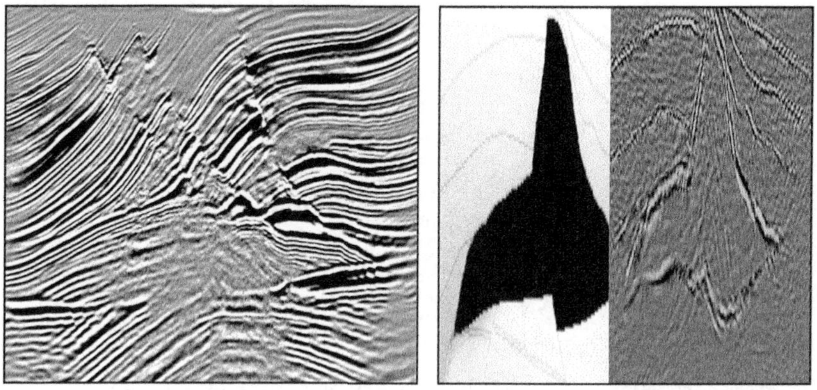

a. 速度模型　　　　　　　　　　b. 成像结果

图 6-45　SEG/EAGE 模型中某测线的速度模型及成像结果

（三）旅行时计算

旅行时的计算方法和结果，与 Kirchhoff 叠前深度偏移的效果有着密切的关系。根据地下构造复杂程度以及计算的精度、效率等，提出了各种不同的旅行时计算方法。针对滨里海盆地盐丘厚度变化大、目的层埋藏深、构造复杂等特点，分别测试了以下 3 种旅行时计算方法。

（1）Eikonal Cartesian。采用矩形网格去剖分速度场，从震源开始，去近似平面波传播的旅行时计算方法，但不太适用于大的倾角及复杂的速度变化。

（2）Eikonal Spherical。该方法采用动态射线追踪的波场模拟方法，对整个射线场同时进行外推。能适应在深度成像中碰到的较复杂速度场，而且能考虑振幅能量等更多的信息。

（3）射线追踪波前重建法。该方法能适应复杂介质，可考虑振幅能量等更多的信息。

通过对比分析，结合探区复杂地质构造特点，采用了射线追踪波前重建法。

（四）自适应偏移孔径

针对目前叠前深度偏移孔径选取方式研究之不足，直接影响偏移成像效果的问题，基于波场相干带的计算和反射波场与衍射波场的关系，开发研制用于叠前深度偏移的自适应孔径选取方法。

首先来看反射波场与衍射波场的关系，由费马原理可知，反射波场的走时曲线必须与衍射波场的曲线相切，相切点反映了衍射波的主能量方面，且衍射波场的走时不小于反射波场的走时。由费涅尔带定义可知，当反射波场的走时曲线与衍射波场的走时差小于$1/4T$（T 表示地震主周期）时，可近似地认为衍射波场具有相干性，其叠加结果是构成反射波场的主要部分。反过来，也可认为沿衍射波场的走时曲线对反射波场进行叠加处理，不仅反射波场具有相干性，而且可反映出地下点衍射波场成像结果。总之，可利用这一相干带的地震资料进行偏移成像，来研究地下反射界面上一任意点的物理属性。进一步分析可以看出，相干带内，不仅反射波与衍射波场走时之差较小，由于两条走时曲线的相切性，其倾角差也较小，可选取两者倾角之差来选择偏移孔径（包括主能量方向和孔径大小），这便构成本文自适应偏移孔径选择的基本原理。

$$
\begin{aligned}
R(x_0, y_0, z_0) &= \iint w(x_0, y_0, z_0) y[x_0, y_0, \tau(x, y, z, x_0, y_0)] \mathrm{d}x\mathrm{d}y \\
&= \iint G[(x_0, y_0, z_0, x, y) C(x_0, y_0, z_0, x, y)] \cdot \\
&\quad y[x_0, y_0, \tau(x, y, z, x_0, y_0)] \mathrm{d}x\mathrm{d}y
\end{aligned}
\tag{6-19}
$$

式中 $G(x_0, y_0, z_0, x, y)$——常规叠前深度偏移处理算子；

$\tau(x, y, z, x_0, y_0)$——绕射波场走时；

$C(x_0, y_0, z_0, x, y)$——自适应偏移孔径因子。

自适应偏移孔径叠前深度偏移实现过程：

（1）建立精确的速度—深度模型；

（2）在三维叠前数据中，自动拾取反射波同相轴倾角信息（ρ, q）；

（3）利用叠加速度信息，将叠加倾角信息变换成叠前倾角信息；

（4）利用走时表，计算绕射波走时的倾角（ρ_0, q_0）；

（5）利用上述公式进行叠前深度偏移，实现自适应偏移孔径选取的叠前深度偏移成像。

在偏移成像处理过程中，偏移孔径太小时难以保证大幅度构造的成像；偏移孔径偏大时，存在着同相轴相互交叉的问题。自适应偏移孔径选择的叠前深度偏移能较好解决偏移孔径带来的问题，剖面整体上优于常数偏移孔径处理的剖面，特别在连续性、断层形态、构造形态、分辨率上明显改进。从不同常偏移孔径剖面对比可以看出，当偏移孔径太小（常偏移孔径为1500m时叠前深度偏移剖面，图6-46a），盐下构造及盐丘边界反射较弱；偏移孔径太大时（常偏移孔径为3500m时叠前深度偏移剖面，图6-46b），盐丘内部出现交叉同相轴假相；当偏移孔径合理时（采用自适应偏移孔径时叠前深度偏移剖面，图6-46c），盐丘边界反射清楚，盐丘内部没有假同相轴，偏移效果较好。

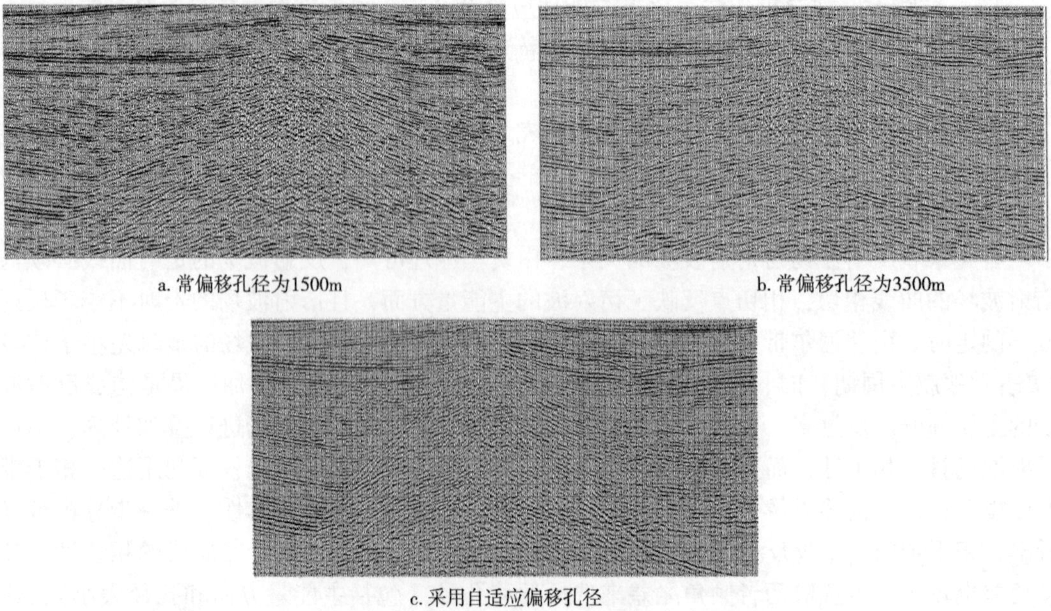

a. 常偏移孔径为1500m　　b. 常偏移孔径为3500m

c. 采用自适应偏移孔径

图6-46　采用1500m、3500m常偏移孔径与自适应偏移孔径时叠前深度偏移剖面对比

从叠前深度偏移与常规处理剖面的效果对比可以看出（图 6-47），在叠前深度偏移处理剖面中，盐丘边界反射清楚，盐下层系的地震反射品质有明显改善，反射能够连续追踪，资料整体信噪比较高，同时也消除了一些由盐丘形状和速度造成的构造假象（图 6-48），与实际勘探结果吻合。

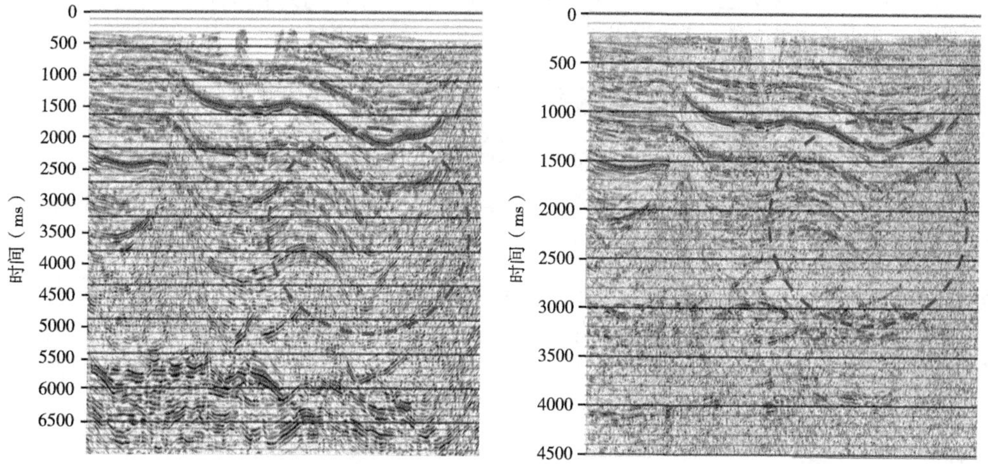

a. 叠前深度偏移　　b. 常规处理

图 6-47　盆地东南部科尔占地区叠前深度偏移与常规处理剖面效果对比

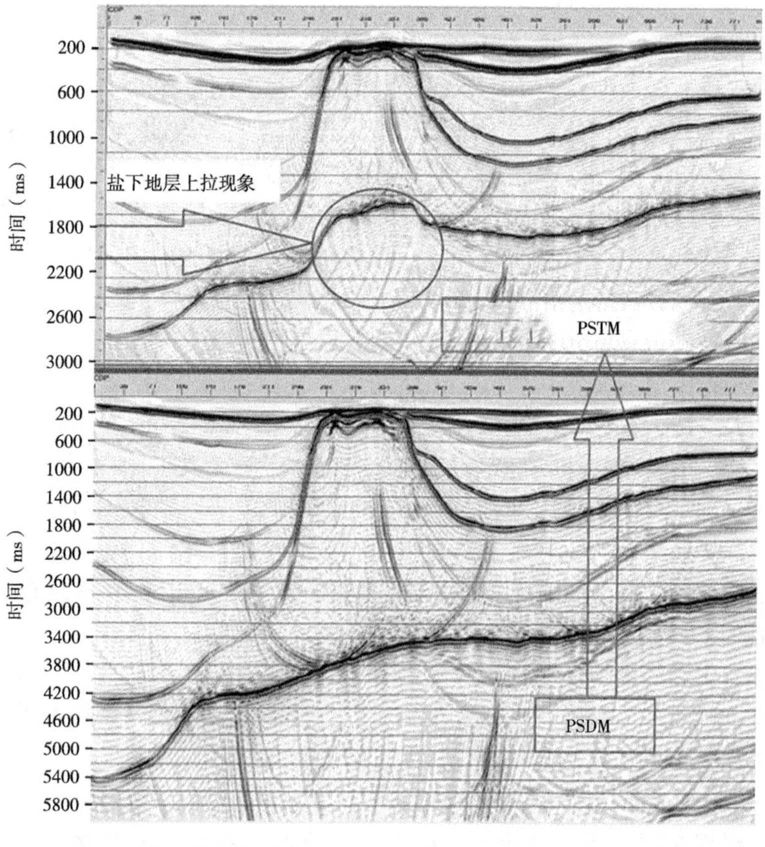

图 6-48　盆地北缘叠前深度偏移（PSDM）剖面与时间偏移（PSTM）剖面对比

开展针对盐下层系地震成像技术的研究，地震资料品质有了较大幅度提高，为工区内速度场的建立、圈闭落实、储层描述、含油气性预测及潜力目标评价等研究提供了可靠的资料基础。

第二节　速度场建立与时深转换技术

一、盐下地震响应特征模拟及校验

由于孔谷阶盐岩层的地震波传播速度较高，盐丘与围岩（碎屑岩地层）之间地震波传播速度的横向差异显著，导致盐岩与围岩地层之间的速度突变。当激发产生的地震入射波或反射波穿过厚层盐岩层或碎屑岩层时，受地震波传播速度的影响，在厚层盐丘分布的盐下层系，地震反射同相轴会出现“上拉”或“下拉”的现象，破坏了真实的盐下构造形态，甚至常常导致错误的构造解释结果，这归咎于对地层速度没有准确的认识。因此，需要利用正演模拟技术，进一步研究盐下地震响应特征，校验偏移处理结果的合理性，以及检验时—深转换关系的准确性，提高对真实盐下构造形态的认识，有利于正确指导盐下构造解释。

（一）模型建立

模型的建立综合了工区大量的地震、地质、测井等信息，需要地质和地球物理工作者共同建立直观的地层与地震响应之间的关系，包括在对钻井标定的各地质层位追踪的基础上，针对不同介质的地质体，建立相应的地质模型。由于盐上碎屑岩和盐岩层系的各种差异都直接影响着盐下层系的地震响应特征，因此应针对不同盐丘的形态差异以及盐岩与碎屑岩之间的各种接触关系，分别建立地质模型。这里需要考虑的地质因素有盐岩的形态、厚度、埋深、产状以及围岩的速度、产状、岩性、与盐岩的接触关系等。

在井控程度较高的地区，采用测井资料约束的方法建立地质模型。它可对地下复杂地质体进行解释，如利用声波或密度测井，在纵向和横向使用速度的梯度变化；实现井间速度内插，得到合成地震剖面，预测井间地层岩性和构造的变化，建立地层模型，使得模型更加精准可靠；另外，可从测井曲线及过井地震道提取子波。

（二）正演模拟

采用射线追踪法，在已确定地层模型的基础上，根据模型的速度和地层界面变化情况，打射线，依据运动学定律，确定射线走时图形。给定在地面接收半径俘获走时射线，计算出旅行时，确定反射系数序列，再与给定的地震子波进行褶积即可得到合成记录。

在建立时深转换关系的比较和选择过程中，正演模拟技术起到了独特的作用。通过设计盐下构造地质模型，将深度偏移剖面与模型进行比较，可以看出盐丘造成的盐下地层“上拉”效应，以及盐丘厚度变化与盐下地层“上拉”之间的幅度关系。从过乌拉尔—伏尔加区块一个背斜圈闭的地质、地震模型可以看出（图 6-49），构造图上该圈闭为背斜，但在地震剖面上则表现为中间凹两边高的形态。综合地震速度谱及声波测井资料设计了地质模型进行正演模拟。从模拟的结果看，与实际地震剖面相吻合。

（三）垂直地震剖面技术（VSP 速度）

在盆地北缘费多罗夫斯克区块及其周缘多口盐下井实施了 VSP 测井，相对于地震速度，VSP 速度更为准确。因此，在钻井相对密集的区块，尽可能利用 VSP 资料来研究井间

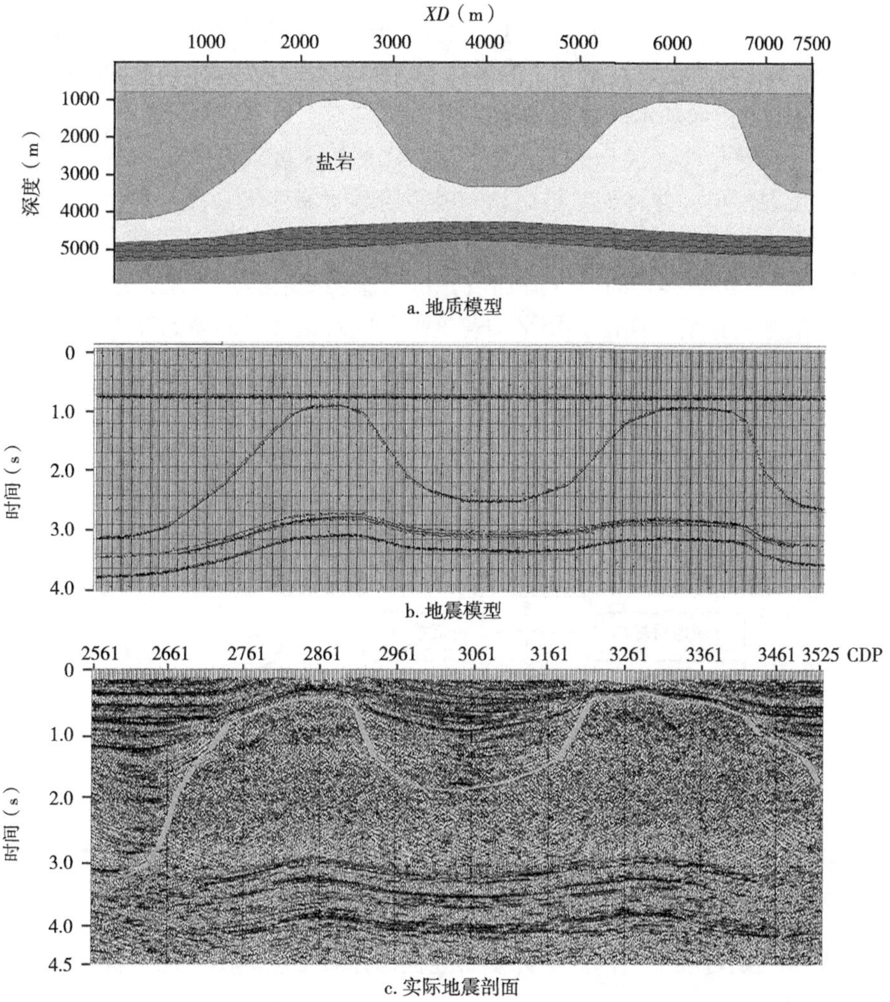

图 6-49　乌拉尔—伏尔加区块 2005-10 号测线地质、地震模型和实际地震剖面对比

同一层之间 VSP 速度的变化规律，再将得到的地层速度运用于时间剖面向深度剖面的转换，可得到更为准确的构造图。

二、速度场建立与变速成图技术

在常规的速度场建立和构造成图中，使用的叠后时间偏移方法主要是基于水平层状均匀介质，再利用 Dix 公式将叠加速度转换成平均速度或层速度，建立速度场，并由时间域向深度域转换。但在地下界面倾斜或地层倾角较大的情况下，由于速度横向变化剧烈，这种常规方法会产生偏差：一方面表现为无法使反射层准确归位；另一方面，时间偏移要求准确的均方根速度，但因叠后时间偏移时还无法量取反射层位的产状，所以这一要求在叠后时间偏移时无法满足。

因此，在地质构造条件复杂、地震波传播速度变化大的地区，传统的构造解释及成图方法已难以适应。如盆地东南部和南部的科尔占—尤阿里区块、乌拉尔—伏尔加区块勘探程度均较低，同时受厚度不等的盐丘构造的影响，地质、地震条件复杂，从而加大了深部盐下层序构造成像和成图的难度，必须采用变速成图的方法进行构造成图。速度场的建立应抛弃传统的由叠加速度转换成均方根速度，另外，鉴于 Dix 公式的局限性，应采用模型法或沿层速度分析法提取准确的层速度，进而得到平均速度场，从而保证构造图的成图质量。

（一）变速成图技术基本原理和方法

变速成图的关键是选择适合工区地质构造特点的层速度求取方法。首先在叠后时间偏移剖面上追踪反射层位，并将追踪结果绘制成叠后时间偏移域 t_0 图；再将纵向叠加速度曲线按照一定的时间间隔用 Dix 公式转换为平均速度曲线；将偏移域 t_0 图反偏移到水平叠加时间域（叠加域）；沿偏移时间域（叠加域）t_0 构造层提取叠加速度，形成沿层叠加速度场，并绘制成层平均速度平面图；用平均速度平面图对偏移时间域 t_0 图直接进行垂向时深转换，生成深度构造图（图 6-50）。

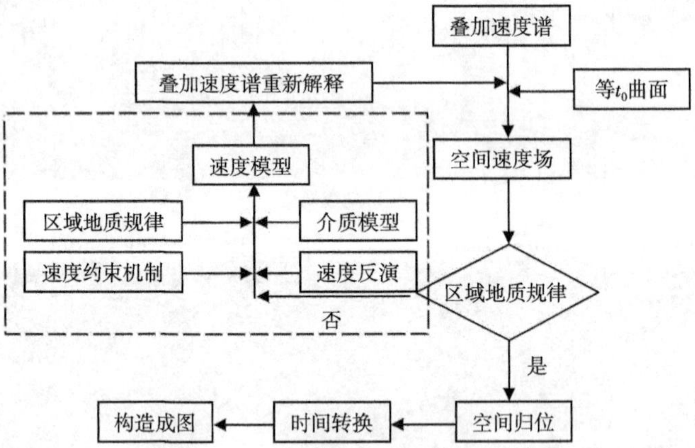

图 6-50　变速成图基本流程

在解决具体问题过程中，国内外许多研究机构针对变速成图方法进行了许多改进，并取得了一定的成果。

1. 层位控制法速度场建立和时深转换技术

层位控制法（模型层析法）技术的关键是建立井速度、地面高程、速度谱和时间 4 个模型，互相约束，开展时深转换。射线传播理论是该方法的理论基础。以地震波自激自收为切入点（图 6-51），在建立 t_0 及速度场的空间地质模型的基础上，对曲面 X、Y 方向求

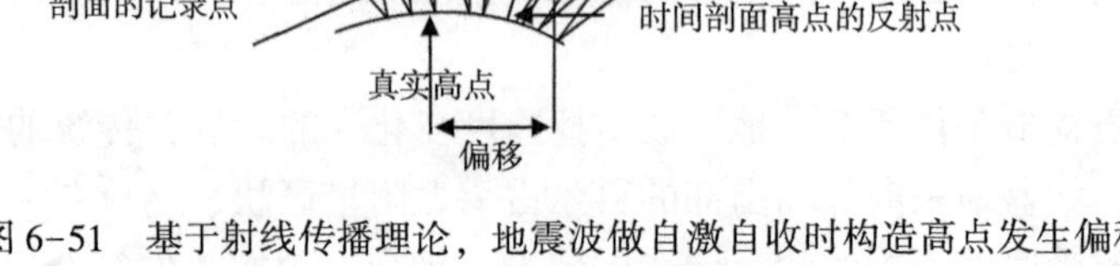

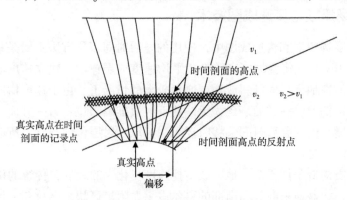

图 6-51　基于射线传播理论，地震波做自激自收时构造高点发生偏移

导，求得折射点的出射角和反射点偏离入射点的空间偏移量；当已知第 $n-1$ 层的层速度和反射界面时，用迭代法求取第 n 层的层速度，并确定第 n 层的反射界面。以此类推，可分别求取各层的层速度，并确定相应的反射界面，最终获得工区内各反射层的平均速度场。利用该方法进行层速度计算，解决了倾斜或高陡地层和速度倒转等问题。

利用该方法在求取出层速度和反射界面的同时，也计算出了反射点偏离入射点的水平距离，即空间偏移量，计算结果符合地质规律。

在已知第 $n-1$ 层的层速度和反射界面时，利用曲射线追踪，基于入射角等于反射角的原理（图 6-52），通过迭代求取第 n 层的层速度，确定第 n 个反射界面，同时求出反射点偏离入射点的位置，以此类推，逐层运算。

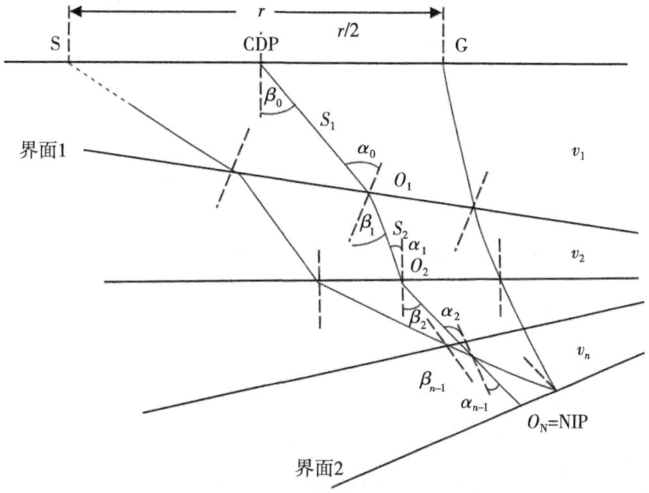

图 6-52　模型层析法计算层速度的原理

（通过曲射线追踪，入射角等于反射角）

2. *模型反演法技术*

模型反演法技术是利用计算机模拟野外实际排列，假设地下为二维倾斜层状介质，则可以由水平叠加速度谱及对应的同相轴的斜率反演地质构造要素，包括层速度、地质界面深度和地层倾角等。该方法的技术思路是：首先给定初始模型，合成叠加速度谱；再通过与实际叠加速度谱反复对比，修改模型；这样逐层迭代，使得合成叠加速度谱与实际速度谱逼近。该种模型计算方法考虑了复杂构造区高陡角度地层产状的影响，同时也考虑到盐刺穿构造等造成的不同介质对速度的影响。模型反演法的精度较高，已得到较为广泛的应用。

模型反演法主要计算过程如下：

（1）给出各反射层的 t_0 时间、叠加速度以及剖面上相应层在计算点所处的时间斜率。

（2）假设第一层为均匀介质，求出层速度和第一反射界面的位置。

（3）对第二层，首先进行倾角校正，用斜率法求出层速度，作为初始层速度。然后，按野外实际观测系统，计算出该层底界反射波在 CMP 道集上的时距曲线，并用理论曲线进行拟合，求出叠加速度，并与实际叠加速度比较，若差值在允许误差范围内，模型结果可靠；若差值误差范围较大，则修改模型，直至模型结果合理可靠。

（4）其他各层以次类推，逐层运算、拟合，最终得出与实际速度谱（地质模型）相符合的全区速度场。

3. 三维射线追踪图形偏移成图法

该方法的运用流程归纳起来大致如下：

（1）绘制时间域 t_0 图。在偏移时间数据体上完成反射层位的解释、成图。

（2）用偏移处理速度和算法的逆运算，将偏移时间域 t_0 图反偏移到零偏移距时间域，得到零偏移距时间域的 t_0 图。

（3）制作沿层横向叠加速度谱剖面并解释追踪，将解释结果网格化，生成与 t_0 图所对应的叠加速度平面图。

（4）用三维空间射线追踪相干反演方法反演层速度，绘制层速度平面图。

（5）运用三维空间射线追踪图形偏移法，将零偏移距时间域 t_0 图偏移归位转换成深度构造图。

三维射线追踪图形偏移成图法采用沿零偏移距时间域计算沿层横向叠加速度谱剖面，使得层面上的速度信息增加了几十倍，大大提高了叠加速度的横向分辨率，因此，该方法实现了零偏移距时间域 t_0 图的准确归位。

上述方法在速度分析中克服了传统 Dix 公式的不足，提高了速度分析和成图的精度，特别是对解决复杂构造区倾斜地层、速度倒转及零偏移距时间域 t_0 图偏移归位等问题有了明显的效果。但前两种方法（层位控制法和模型反演法）仍以常规时间处理中提取的纵向叠加速度谱资料作为建立速度场的基础，而无法弥补叠加速度自身精度低和可靠性差的缺陷。由于纵向叠加速度谱是时间域处理时按一定的 CMP 间隔求取，密度太稀，无法准确反映谱点间横向速度变化，其成图方法还存在缺陷。而三维射线追踪图形偏移成图法，因其耗费机时、周期长，效率低，经济实用性差。

4. 双狐变速空校成图技术

通过调研，综合测试，双狐变速空校成图技术更为适用于滨里海盆地。该方法具有以下技术特点：

（1）复杂曲面处理技术，便于进行建立空间模型及其相关各种数学运算。

（2）整体一致性（带断层）平滑技术，能够方便获取数据的真实变化规律。

（3）高陡构造变速成图技术：高陡构造区通常导致常规的成图方法成图精度较低，很难准确定位构造高点及构造形态。“模型层析法”变速成图技术的应用克服了这一难题。具体包括复杂界面的数学描述、数据趋势分析、模型层析法计算层速度、速度谱校正、倾斜基准面校正。

在双狐变速空校成图系统中，将速度问题归结为两大类：较为平缓地区的速度计算，使用 Dix 公式和层位控制法；高陡构造区采用模型层析法。

（二）变速成图实现步骤

1. 建立叠加速度场

利用叠加速度谱数据和测量成果建立工区叠加速度场。

2. 建立平均速度场

利用叠加速度场，结合各地震反射层位等 t_0 数据，建立平均空间速度场。技术关键在于：一是数据的可靠性；二是可靠的层速度/平均速度计算方法。

1）提高叠加速度谱数据的精度

影响地震速度和分辨率因素很多，主要包括排列长度、叠加次数、信噪比、切除、时窗宽度、速度采样密度、相干属性量的选择、对双曲线正常时差的偏离度、数据的频谱宽度等。受上述因素的制约，特别是信噪比低和非双曲线正常时差的影响，速度谱能量团分散。在信噪比低、构造复杂部位，速度趋势更难以估算。因此，在地表及地下构造条件复杂区，地震资料品质以及处理叠加速度谱资料相对较差，采用速度谱求取叠加速度只能得到一个大致的速度趋势。通常采用速度谱、常规扫描、变速扫描等叠加速度相结合的方法，进行精细的速度扫描分析；同时结合地质模型，根据对区域地质规律的认识，对关键速度谱段进行重点解释，得到更为合理的数据。通过模型层析法，转换为层速度，然后对层速度进行速度闭合差校正，最终得到比较可靠的平均速度。

2）层速度/平均速度计算方法

根据滨里海盆地东南部和北部工区的地质特点，选择模型层析法求取层速度。由于原始叠加速度谱求取的层速度可信度偏低，在实际工作中，需要对速度场进行约束，剔除不合理的数值，以提高速度场的精度。

为了提高叠加速度谱速度的可性度，必须充分利用区域地质规律作为基本约束条件，再结合速度场的变化趋势，对异常速度谱（点）进行反复解释。在速度分析过程中主要采用井资料约束、层速度约束及相邻速度谱约束等约束手段。

（1）井资料约束。

充分利用工区内的钻井分层数据、声波测井及 VSP 测井等数据，对速度场进行约束、修正。首先找出误差分布规律，再采用最佳数学期望法，使误差分布曲面更加接近于实际，最后将误差分布曲面并入到速度场。

（2）层速度约束。

在勘探程度很低的工区，常常缺乏钻井、测井资料或系统的地质资料，地震数据处理中的叠加速度谱是工区内唯一的速度资料。因此，在速度谱资料的分析过程中，各地质层位的速度值也是未知的。我们可从邻区或区域资料来推断工区内各套地层厚度、岩性组合特征及其速度变化范围。在叠加速度转换为平均速度的过程中，将中间成果——层速度数据输出，再根据层速度的结果对速度谱进行重新解释，直到对输出的层速度结果满意为止，以提高速度场的精度。

（3）相邻速度谱约束。

在地震采集及处理流程中，速度谱是采用多个共深点道集制作而成，某一点的速度谱点是其周围一定范围内介质特性的平均性反应，并不能代表该点地层的速度变化规律。因此，一条地震测线上由于地层组合特征相同、沉积环境相似，相邻的速度谱应具有一定的相似性或渐变性。在解释过程中，可将相邻速度谱的解释结果进行对比、约束，使之具有相似性和渐变性。

速度场的建立通常需要经过一个反复校正修改、不断完善的过程。对建立的速度场应做如下分析：

第一，结合区域地质规律对速度场变化趋势进行分析，判断是否可靠、合理。

第二，模型正演技术检验速度场的可靠性。模型模拟是认识自然的重要手段之一，地质家和地球物理家们可利用模型工具更直观地建立地层与地震响应之间的关系，以指导速度场的建立。

第三，对有利圈闭分布区的地震测线进行叠前深度偏移或速度模型分析，进一步验证速度场的可靠性。

3）目的层平均速度的提取

利用目的层 t_0 时间获得相应的平均速度，并分别对各层平均速度进行滤波、平滑、趋势面分析等，建立工区平均速度场（图 6-53、图 6-54），为提高构造成图的精度奠定基础。

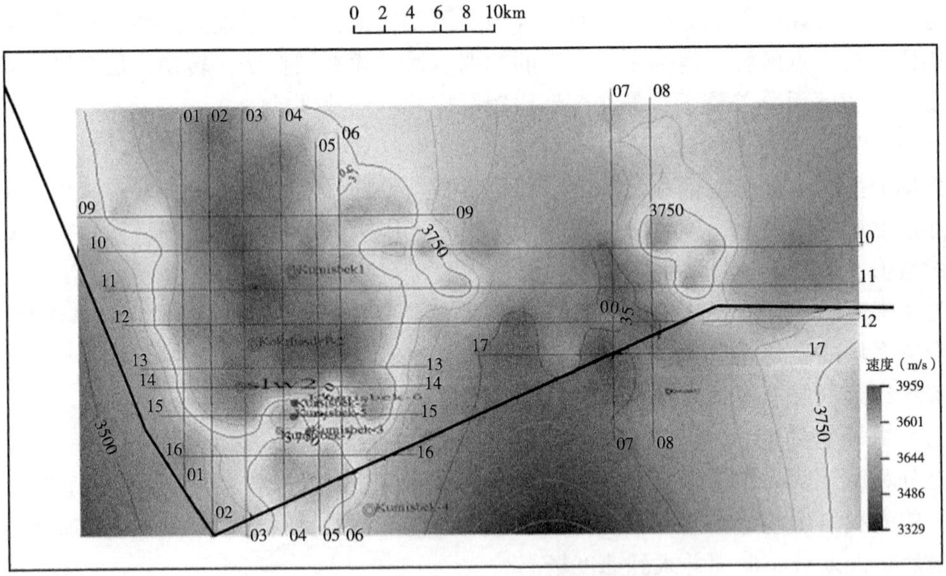

图 6-53　乌拉尔—伏尔加区块盐底平均速度平面图

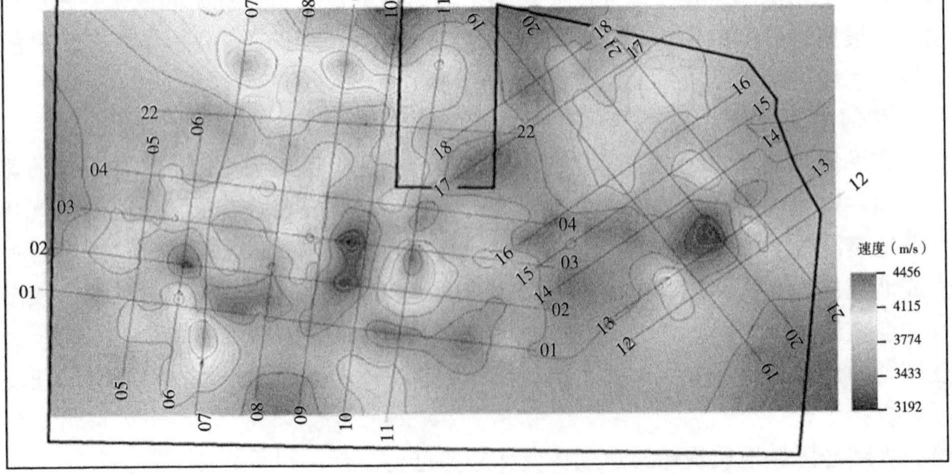

图 6-54　科尔占—尤阿里区块盐底平均速度平面图

4）空间偏移归位、浮动基准面校正及构造成图

浮动基准面校正的传统方法是直接相减，在垂直方向进行校正。浮动基准面是在水平的情况下可以使用这种方法，但在山前构造带，浮动基准面往往是倾斜的，则存在倾斜基准面效应，结果会使高点产生偏移，时间剖面显示的高点位置并不是实际的高点位置，必须做倾斜基准面校正。校正时，首先建立浮动基准面的空间曲面，然后沿曲面法向进行空间校正，沿垂直方向进行高程校正。校正结果不仅在垂直方向深度要变，在水平方向构造高点位置也要偏移。模型层析法在计算出层速度和反射界面的同时，也计算出了反射点偏离入射点的水平距离，也就是空间偏移量。

（三）应用效果分析

通过对盐下地层地震响应特征的模拟、速度场建立方法和变速成图技术的研究，对研究区主要目的层进行了追踪解释。由于没有盐下井资料，只是利用叠加速度谱资料建立平均速度场的常规变速成图方法，编制了盐岩底面及石炭系碳酸盐岩顶面构造图。在乌拉尔—伏尔加区块和科尔占—尤阿里区块盐岩底反射层分别落实有利圈闭 387km^2。在构造落实的基础上，分别在乌拉尔—伏尔加区块和科尔占—尤阿里区块部署风险探井 SLK-3 井和 SLW-2 井。其中，SLK-3 井完钻井深为 5700m，SLW-2 井井深为 5612m。两口井设计地质分层与实钻地层结果对比，误差小于 3.7%。

从 SLK-3 井和 SLW-2 井的声波测井结果（图 6-55）可以看出：盐岩的速度比较稳定，乌拉尔—伏尔加区块约为 4520m/s，科尔占—尤阿里区块为 4475m/s，而且不受埋藏深度的影响，但其上覆地层的速度在横向上变化明显。

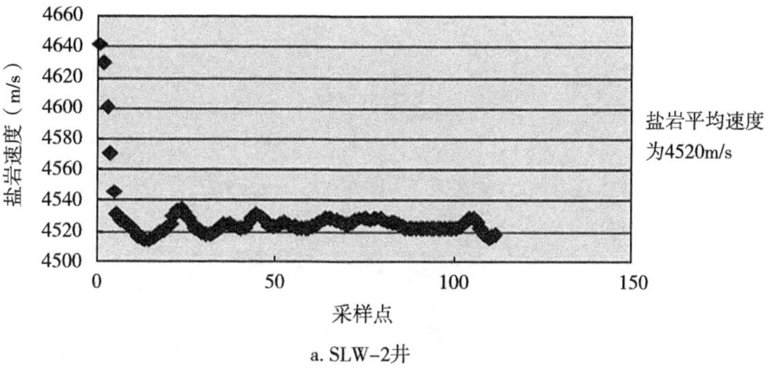

a. SLW-2井

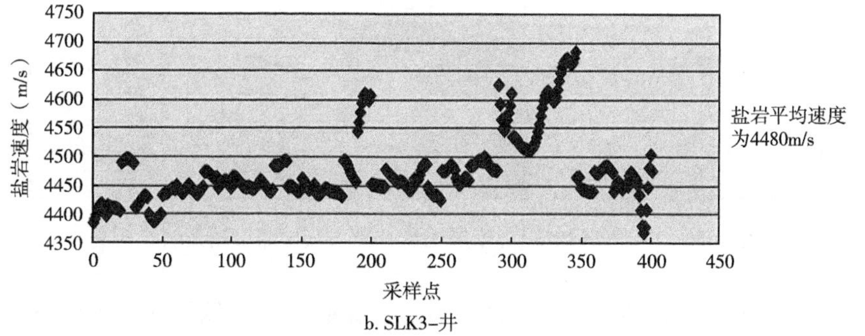

b. SLK3-井

图 6-55　盐岩底部速度统计图

第三节 碳酸盐岩储层地球物理响应特征及储层预测

勘探证实，滨里海盆地盐下碳酸盐岩储层中蕴藏着极为丰富的油气资源，也是盆地内最重要的油气产层，已发现油气储量占整个储量的80%以上，因此，这类油气储层在滨里海盆地油气勘探开发生产中的地位举足轻重。由于大多数碳酸盐岩储层为孔隙—缝洞型，其孔隙空间和孔隙结构极为复杂，非均质性极强，直接影响着该领域的勘探及油气田开发生产。充分利用钻井、地球物理等资料进行多参数、多方法的储层预测技术攻关试验，在盐下碳酸盐岩领域进行储层的多参数地震反演、多属性分析及测井评价，更好地发挥地震资料及测井资料中隐藏着的多种地质与地球物理信息的作用，对该领域的油气勘探和开发意义十分重大。

一、盐下碳酸盐岩储层测井响应特征

滨里海盆地盐下碳酸盐岩储层复杂，储集类型多样，普遍具有低孔、各向异性和极强非均质性等特点，导致碳酸盐岩储层的测井响应特征十分复杂。其中，由裂缝、孔隙构成的具有双重介质结构的储层最为常见。在非均质性极强的碳酸盐岩储层中，基质孔隙、裂缝、孔洞发育程度相差很大，相应的测井响应特征也各不相同，给储层评价和油气层识别带来难度。

与碎屑岩相比，盐下碳酸盐岩储层在电测井上具有以下响应特征（以科尔占地区SLK-3井中—上石炭统测井解释成果为例，图6-56、图6-57）：

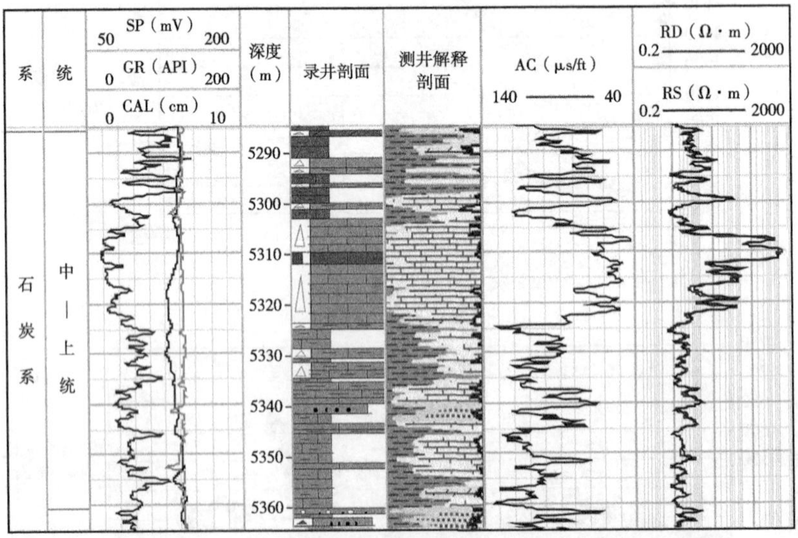

图6-56 中—上石炭统（断层上盘）碳酸盐岩储层测井响应特征

（1）自然伽马（GR）值始终处于低值状态，是碳酸盐岩储层最基本的电性特征。测井曲线上碳酸盐岩自然伽马值一般为17.38~54.94API，平均为30.60API；自然电位值为126.90~139.45mV。而随着泥质含量的增高，自然伽马值相应增高。灰质黏土岩类自然伽马值为38.60~103.59API，平均为60.38API；砂质黏土岩类自然伽马值较高，为46.41~

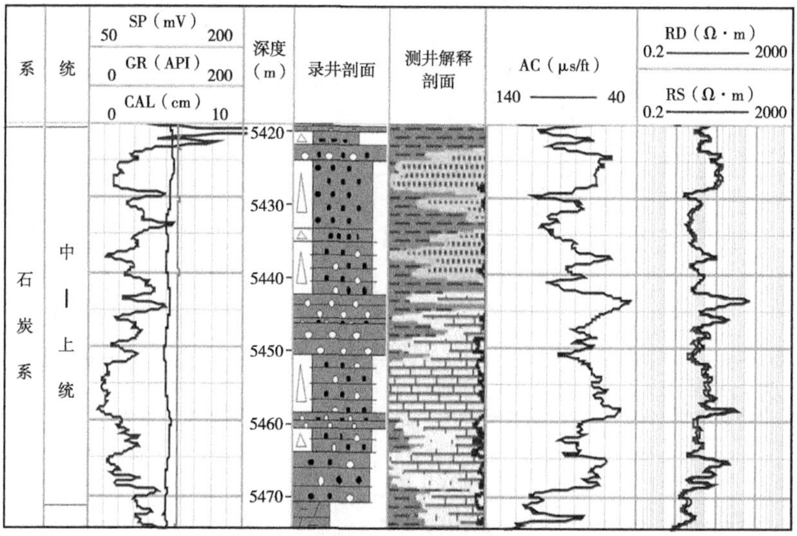

图 6-57　中—上石炭统（断层下盘）碳酸盐岩储层测井响应特征

127.37API，平均为 85.68API；粉—细砂岩类自然伽马值较低，为 31.15～63.79API，平均为 39.84API。

（2）电阻率值普遍较高，为 3.20～1303.74Ω·m，平均为 220.87Ω·m。裂缝、溶洞发育段电阻率值降低，电阻率值降低程度取决于裂缝、孔洞发育程度及充填物成分等。而灰质黏土岩类电阻率值为 1.43～5.38Ω·m，平均为 3.07Ω·m；砂质黏土岩类地层电阻率值为 1.39～5.76Ω·m，平均为 2.72Ω·m；粉—细砂岩类电阻率值为 5.42～29.66Ω·m，平均为 21.96Ω·m。

（3）声波时差为低值，碳酸盐岩声波时差值一般为 42.65～93.23μs/ft，平均为 62.59μs/ft；而灰质黏土岩类地层声波时差值较大，为 69.52～129.39μs/ft，平均为 106.20μs/ft；砂质黏土岩类地层声波时差为 78.90～136.03μs/ft，平均为 110.41μs/ft；粉—细砂岩类地层声波时差为 56.47～79.97μs/ft，平均为 65.54μs/ft。

（4）在裂缝发育段中子孔隙度明显增大，声波时差值也会明显升高，电阻率值随声波时差值呈小幅波动，而密度测井值则有所降低，井径呈现不规则增大。补偿中子孔隙度和声波时差值的增大或降低受控于储层孔隙空间的类型。

总之，碳酸盐岩储层十分复杂的测井响应特征是由碳酸盐岩储层的致密性、极强的非均质性以及复杂的岩性、孔隙空间结构所决定的。

盆地北部费多罗夫斯克区块勘探开发程度较高，根据该区块的钻井岩心、化验分析资料并结合成像（FMI）测井研究表明，盐下产层石炭系主要由 3 种碳酸盐岩储层类型构成，即孔隙型、孔隙—孔洞型、孔—洞—缝复合型（裂缝—孔洞—孔隙型），不同类型的碳酸盐岩储层具有不同的测井响应特征。

（一）孔隙型储层的电性特征

孔隙型碳酸盐岩储层在北部区带较普遍，各种孔隙构成该类储层的主要储集空间和渗流空间。岩心薄片、扫描电镜鉴定结果表明，多为次生孔隙，以溶蚀孔为主，大都分布在碳酸盐岩段上部。与碎屑砂岩储层相比，碳酸盐岩储层的非均质性极强。该类储层的储集性能受孔隙、喉道的规模、产状、胶结及充填物质成分等多种因素控制。在测井曲线的响应特征主要表现为：（1）自然伽马呈低值；（2）声波时差值增大；（3）中子伽马值降低，补偿中子孔隙度值有所增高；（4）深、浅侧向及微球三电阻率值呈小幅降低，电阻率曲线形态上下降幅差明显（图6-58）。

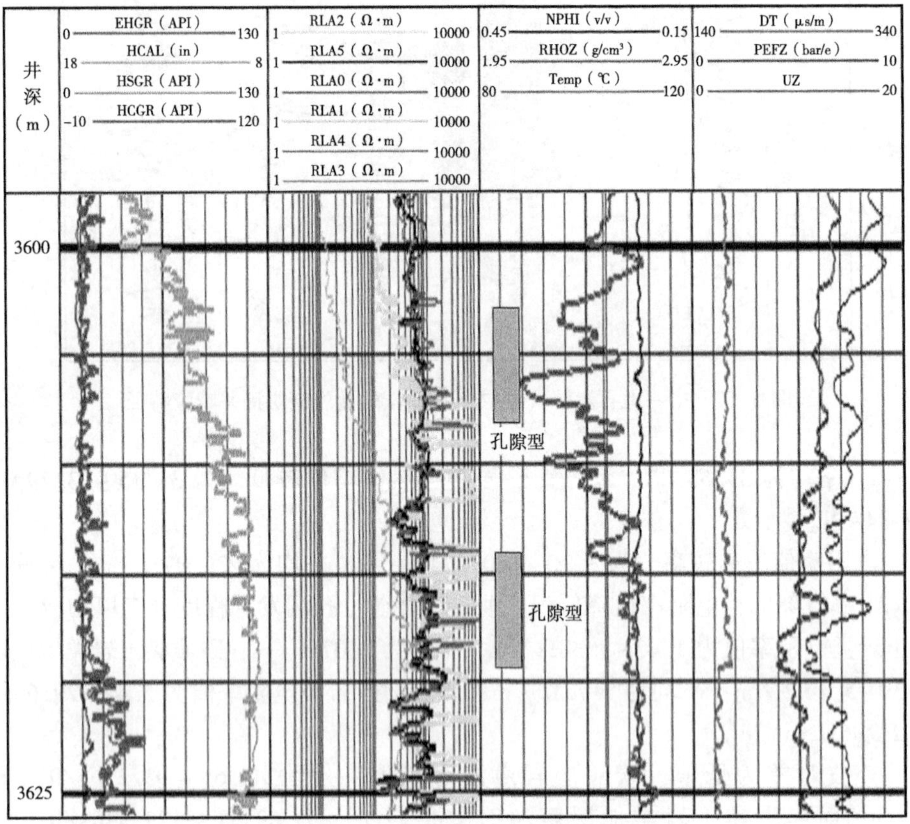

图6-58　F-12井杜内阶孔隙型储层电性特征

（二）孔隙—孔洞型储层电性特征

从钻井岩心薄片、扫描电镜及成像测井资料分析，盐下石炭系碳酸盐岩除了发育各类溶蚀孔隙外，局部地区还存在规模不等的溶蚀洞。和各类溶蚀孔隙一样，常常出现在碳酸盐岩段顶部的不整合面附近，形成孔隙—孔洞型储层。

孔隙—孔洞型储层的测井响应特征：（1）井眼局部扩井，自然伽马呈低值；如有泥质充填，自然伽马值或将增高；（2）声波时差值，中子孔隙度增大；（3）电阻率值明显降低，曲线起伏较大。当钻遇较大规模的溶洞时，深、浅侧向及微球三电阻率值均急剧降低；大溶洞造成井眼不规则和井径异常增大，同时还出现高钻时或钻具放空等现象。

总体上这类储层的电性特征与孔隙型储层大致相似，由于溶蚀孔洞的大小、胶结及充填物的性质、成分差别很大，都会造成测井响应特征的巨大变化（图6-59）。

（三）孔—洞—缝复合型储层的电性特征

该类碳酸盐岩储层的储集空间和渗流空间由各种孔、洞、缝组成，在发育各种孔、洞储集空间的同时，裂缝或微裂缝也起到很大的作用，在孔、洞、缝三者共同作用下，形成

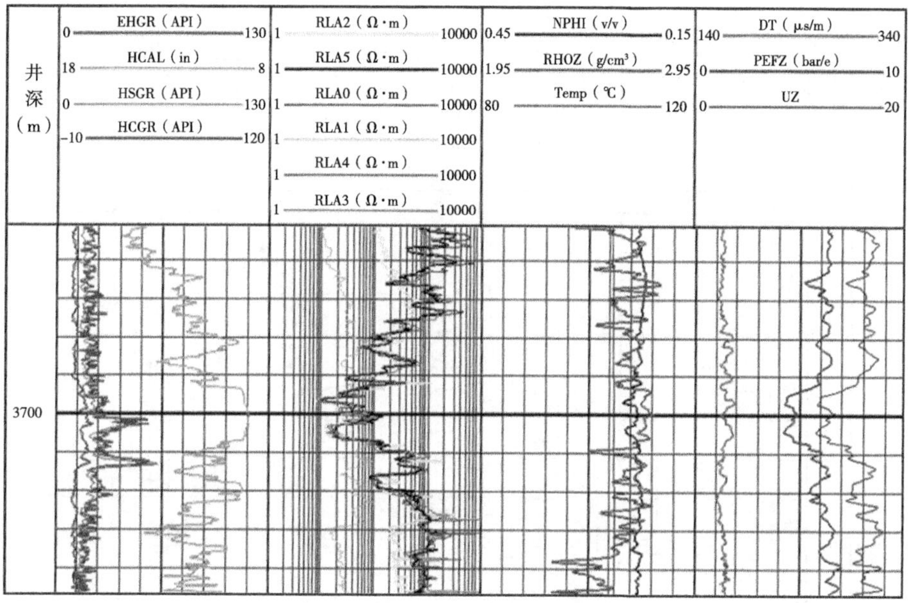

图 6-59　F-12 井杜内阶孔隙—孔洞型储层的电性特征

了复合型碳酸盐岩储集体，也是储集性能最好的一类碳酸盐岩储层。该类储层在测井曲线的响应特征主要表现为：

（1）自然伽马曲线呈高值尖峰状，CAL 值扩大。

（2）具有较高的声波时差值，可达 200～240μs/ft，说明有一定的基质孔隙度，偶尔可见声波跳跃现象。

（3）深、浅侧向及微球三电阻率值均较低。用深侧向曲线指示地层电阻率，浅侧向曲线指示井眼附近（侵入带）电阻率。其中，深侧向电阻率值一般小于 30Ω·m，相对于基岩的电阻率值有明显降低，微球聚焦测井电阻率相对于基岩的电阻率值降低幅度更大，一般小于 10Ω·m。在裂缝发育段，通常深、浅侧向电阻率曲线分离，幅差显著；高角度裂缝的深、浅侧向呈现出正差异，一般深侧向电阻率>浅侧向电阻率；低角度裂缝（通常井轴小于 70°的斜交裂缝或水平裂缝）则呈现出负差异或无差异，一般浅侧向电阻率>深侧向电阻率。微电阻率曲线形态常呈尖谷状，渗透性较好。

（4）由于裂缝孔隙度值太低，补偿中子和中子伽马测井基本没有响应，而在缝洞发育段有明显增大，曲线的尖谷与电阻率尖谷对应性好；密度值降低，与围岩相差悬殊，呈指状。

纵观下石炭统碳酸盐岩孔—洞—缝复合型储层，在电性表现为低电阻率、低密度、高 GR 值、高声波时差、高中子孔隙度、CAL 增大的“三高两低一扩张”的响应特征（图 6-60）。

二、盐下碳酸盐岩储层地震响应特征—费多罗夫斯克区块为例

（一）地震地质层位标定

井震标定是储层预测研究的一项基础性工作，是连接地质、地球物理的桥梁。充分运用精细合成地震记录标定技术，对费多罗夫斯克工区多口井进行井震标定。根据钻井精细合成地震记录标定成果，区块主力油气产层下石炭统杜内阶碳酸盐岩主要为一套中—强振

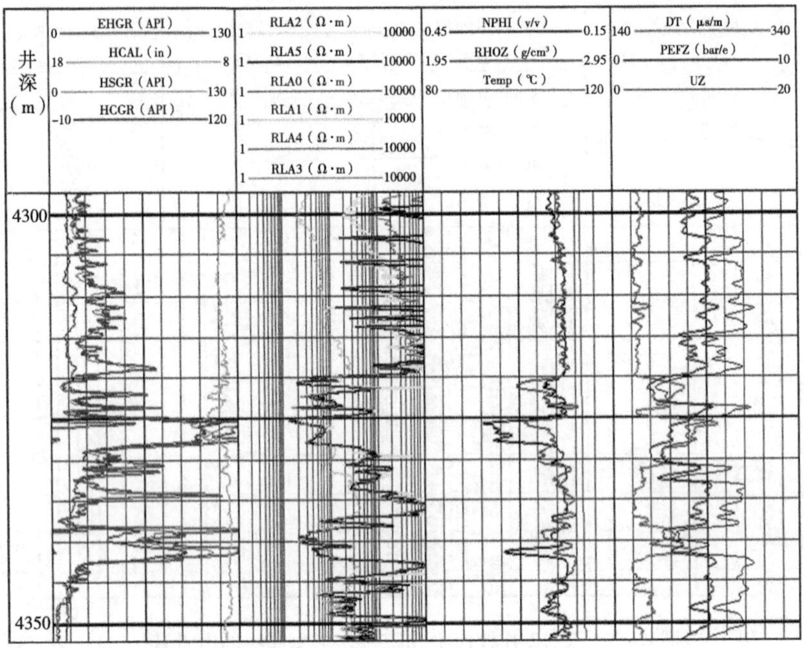

图 6-60　F-12 井杜内阶孔—洞—缝复合型储层的电性特征

幅、连续平行—不连续杂乱反射，频率中等，视频率为 30Hz。顶面为强波谷反射，反射轴横向较稳定，相当于下石炭统杜内阶碳酸盐岩与上覆韦宪阶底部泥质岩的反射界面；底界面反射较弱，地震波同相轴横向稳定性较差，属于杜内阶底界和上泥盆统法门阶碳酸盐岩的界面。

（二）地震响应特征

在充分结合测井、岩心等资料分析研究的基础上，通过对盆地北部费多罗夫斯克区块三维地震资料研究发现，三维地震波形分类、振幅类属性和分频解释等，对该地区油气产层的地层岩性识别、沉积相研究、储层及其含油气预测等有重要意义。地震波振幅、频率、相位的综合反应集中体现在地震波波形的变化上。波形分类技术充分利用了地震资料信息丰富的这一特点，应用神经网络技术估算地震波形的变化，把地震道形状定量刻画出来，可进一步研究地震信号的横向变化及其与储层或沉积微相之间的对应关系。

根据盆地北部费多罗夫斯克区块多口井下石炭统杜内阶碳酸盐岩储层地震同相轴的反射特征分析后发现，工区内存在着不同的地震反射特征，大致可分为 3 类地震反射模式（图 6-61），这 3 种地震反射模式分别对应于 3 个沉积相带和 3 种不同类型的储层。

第一类反射模式的地震响应特征为多反射轴、同相轴连续性差、杂乱分布、低波组抗、相干性差、强反射（图 6-61a）。这些地震响应特征都反映了该套碳酸盐岩表层遭受过不同程度的淋滤或岩溶作用。钻井地层岩性以浅灰色泥粒灰岩、球粒灰岩及生物碎屑灰岩为主。测井曲线上呈三段式分布，上部为箱形，中部为钟形，下部为漏斗形的特征。处于水动力条件较强的高能量沉积环境，属于台地边缘滩相。发育—孔—洞—缝复合型碳酸盐岩储层，储集性能佳。

第二类反射模式的地震响应特征为同相轴呈串珠状、平行式分布、相干性中等、断续强反射模式（图 6-61b）。钻井地层岩性为灰色泥晶灰岩、云质灰岩，局部夹泥晶颗粒灰岩，水动力条件相对较弱，属于滩间洼地相；发育孔隙—孔洞型储层，储集性能较好。

第三类反射模式的地震响应特征为平行式、多轴、相干性较好、连续强反射模式（图 6-61c）。钻取的地层岩性由浅灰色中厚层状生物碎屑灰岩组成，夹白云岩，测井曲线上表现为低伽马、高电阻、微齿状特征，剖面上呈上部漏斗形、下部钟形的两段式分布。沉积时水动力条件相对较强，属于开阔台地相；发育孔隙型碳酸盐岩储层，属于储集性能较差的碳酸盐岩。

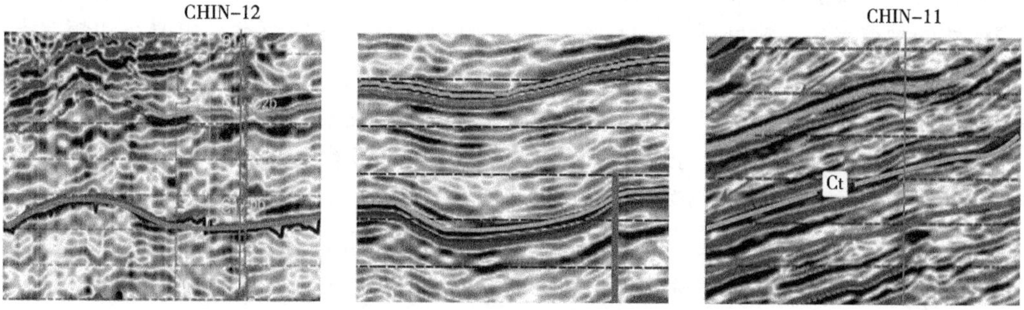

a. 裂缝—孔洞型储层　　b. 孔隙—孔洞型储层　　c. 孔隙型储层

图 6-61　费多罗夫斯克区块杜内阶储层类型与地震响应特征

通过对工区地震波相位的连续追踪，沿下石炭统杜内阶碳酸盐岩储层之上 30m 至储层之下 70m 提取了波形分类属性平面图（图 6-62）。从波形分类图来看，井—震对应关系较好，上述地震反射特征（波形特征）可将工区内分为 3 个沉积区带，这些区带与钻井岩性、电性等资料识别的沉积相带结论基本一致，分别属于台地边缘滩相、滩间洼地相及开阔台地相。

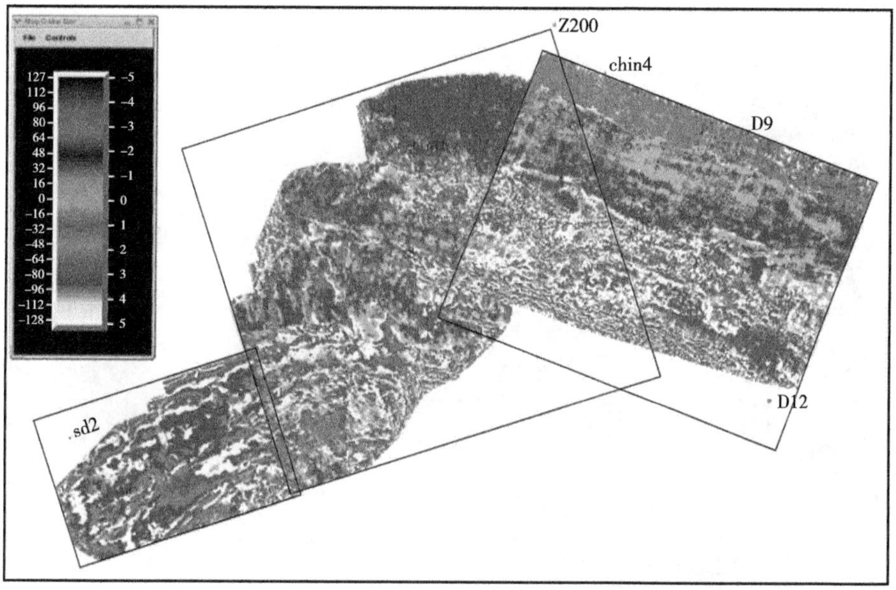

图 6-62　费多罗夫斯克区块下石炭统杜内阶波形分类

三、费多罗夫斯克区块属性分析及储层预测

利用地震属性分析技术进行储层预测，主要是基于储层中岩石性质、流体性质的空间变化，引起地震反射波形、振幅、频率等一系列基于几何学、运动学、动力学的地震属性变化。将地震资料中提取多种地震信息，通过储存、可视化、评估、优化等分析，以及寻找出与其他地质资料的关联性，从而将地震属性转换为储层特征的系列研究过程。最终能更好地利用地震反射信息描述储层及其岩性特征，是当前储层预测的重要手段之一。然而地震属性的种类繁多，数目可达几百种，基本的物理属性包括振幅类、相位类和频率类三大类。从为数众多的地震属性中筛选出最敏感、最能客观反映储层特征及其含油气性的地震属性是储层预测的一个重要环节，也是地震属性分析预测技术的关键。

为了进一步研究费多罗夫斯克区块主力油气产层下石炭统杜内阶碳酸盐岩储层的发育特征及其分布规律，开展了地震工区的均方根振幅、最大绝对振幅、平均能量、平均振幅变化率、相干体属性等多个地震信息分析研究。在区域地质概念模型指导下，结合沉积相等研究成果，预测有利储集相带分布及其特点，进而落实有利勘探区带，取得较好效果。

（一）均方根振幅属性分析

地震振幅的强弱直接受地质界面上下地层速度及密度的影响，地层密度和地震波在地层中传播的速度又与地层岩性及其所含流体的性质密切相关。地震剖面纵向上的振幅发生明显变化常常是地层岩性特征及其组合特征发生变化的标志，横向上变化则是由地层沉积特征及特殊地质体或储层中流体性质（如烃类）等所引起的。因此，振幅类属性可以反映地层岩性、岩相及含油气性。

在北部区块两块三维地震工区提取的均方根振幅属性分布图上看（图 6-63），其平面上的变化特征与沉积相分区基本一致，由西南部向东北方向发育 3 个均方根振幅变化带，这些振幅变化带与沉积相带的划分相吻合，揭示了储层发育程度及其与构造、沉积相密切关系。

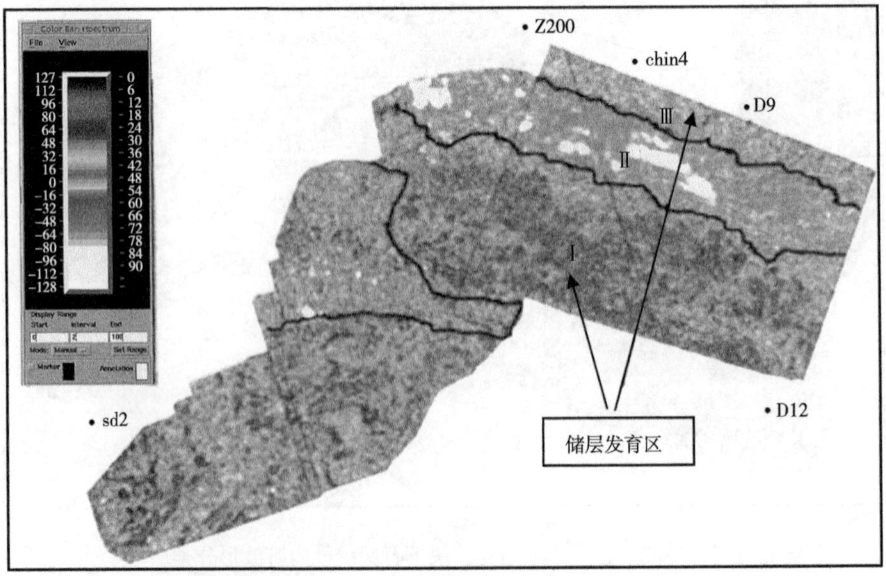

图 6-63　费多罗夫斯克区块均方根振幅（沿杜内阶之上 30m 至之下 70m 提取）

通常振幅变化率小的为储层较为发育，变化率大的是储层欠发育或不发育。为此，在结合钻井、测井及化验分析等资料的基础上，将区块内划分出两个一类储层发育区，一个二类储层发育区。

（二）分频解释技术

分频解释技术的优势在于可对地震数据进行分频分析，直接对地震波的频率和振幅进行观察和计算，尊重原始地震数据，充分运用地震数据中的相对低频和相对高频成分，具有较高的分辨率（徐胜峰等，2011）。该方法排除了时间域内不同频率成分的相互干扰，得到高于传统分辨率的解释结果，为了有效刻画储层展布，进行储层及其含油气性预测提供了很好的帮助（图 6-64）。

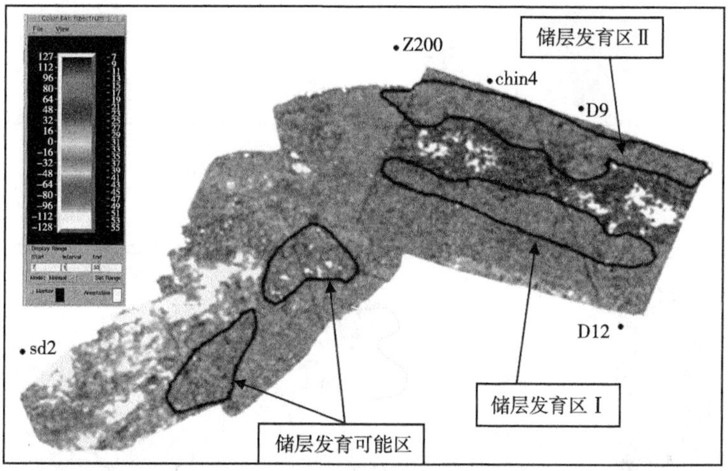

图 6-64　费多罗夫斯克区块分频振幅（沿杜内阶之上 30m 至之下 70m 提取）

（三）相干体分析

相干体技术是一项重要的地震属性技术，通过计算相邻地震道波形的相似性将三维地震数据体转换为相干数据体，突出了波形不连续性的这一特征，用非相似线性体来识别地层岩性及不同地质体的边界，刻画断裂、裂缝构造形态。因此，相干体技术能够度量由于构造、地层、岩性、异常地质体及烃类等因素的变化而造成的地震响应特征的变化，进而有效揭示裂缝、岩性体边界等地质现象，对储层预测有积极的指导作用（图 6-65）。

（四）能量吸收衰减分析及含油气性预测

能量吸收衰减分析，即时窗内能量（振幅值）分别达到一定的时间值，可潜在反映地震波反射振幅、频率及相位的变化。对地震道进行小波变换后，在频率域对每个样点进行振幅能量衰减分析。将检测到的最大能量频率作为初始衰减频率，分别计算 65% 和 85% 的地震波能量对应的频率，在该频率范围内根据频率对应的能量值，拟合出能量与频率的衰减梯度，得到振幅衰减梯度因子。根据钻井井点位置的吸收特性，利用在高频域的吸收衰减异常，建立预测模式，预测储层孔隙、裂隙分布及油气储集体范围。通过工区地震能量吸收衰减分析，并结合其他储层预测方法，可比较好地研究储层的含油气性（图 6-66）。

（五）应用效果分析

通过地震资料处理，叠后提高地震分辨率，结合勘探层的区域沉积模式、沉积相分析基础，应用分频反演和地震属性等手段，预测储层的分布规律，综合评价储层及其含油气

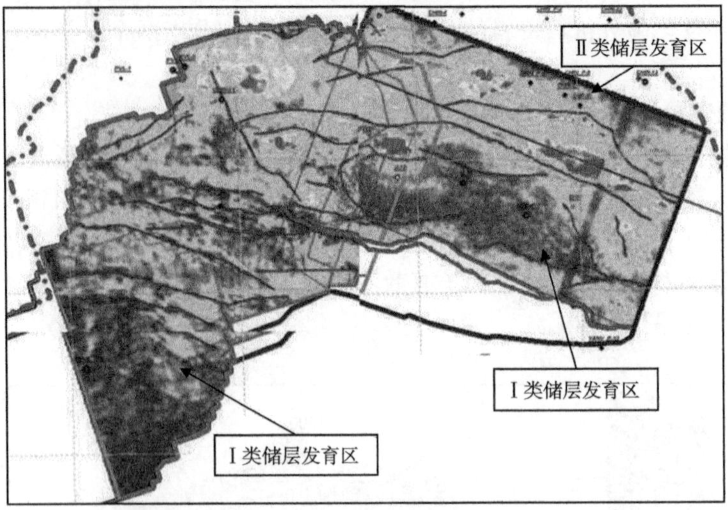

图 6-65　费多罗夫斯克区块相干体分析图

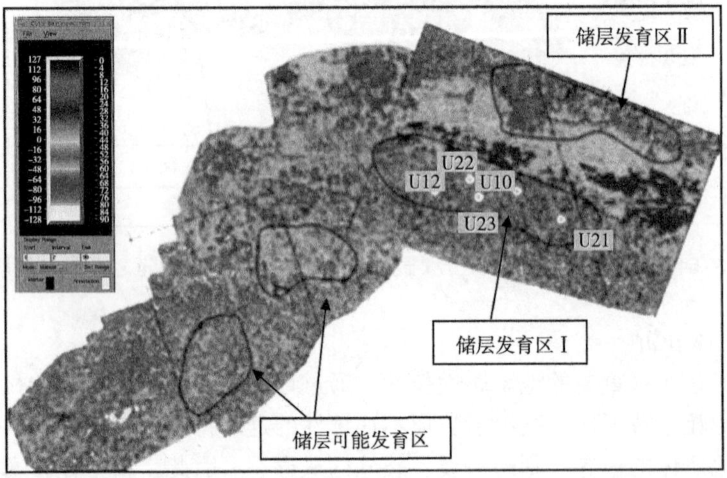

图 6-66　费多罗夫斯克区块吸收衰减分析图（沿杜内阶之上 30m 至之下 70m 提取）

性，从而有效指导工区油气勘探开发生产。

通过研究，明确了下石炭统杜内阶碳酸盐岩储层的展布规律和发育特征，结合储层预测研究成果，在Ⅰ类储层发育区内先后钻探井、评价井 5 口，均钻遇杜内阶上部生物碎屑滩灰岩储层段及相应油气层段，储层岩性为生物碎屑—泥粒灰岩，储层类型以孔洞型为主，缝洞型少见，储层孔隙度为 2.25%～13.54%，平均为 6.13%；渗透率为 0.002～14.538mD，平均为 1.06mD。储层发育及展布特征与储层预测结果基本一致，区块油气勘探取得了实质性进展，目前已钻的 5 口钻井在盐下层系中均钻遇良好的碳酸盐岩储层及大套含油气显示层段，并获得商业油气流。如 CNR-12 井在对杜内阶上部生物碎屑滩层段酸化后，8mm 油嘴求产获日产凝析油 $205\times10^4m^3$，日产气 $15.3\times10^4m^3$。

四、伏尔加—乌拉尔区块无井约束反演

伏尔加—乌拉尔区块处于滨里海盆地南部的北里海隆起（门托别隆起）中部，西侧与阿斯特拉罕隆起相邻，东侧为毕克扎尔隆起，向北沿着北阿特劳单斜带向盆地的中央凹陷过渡。根据区域沉积研究成果推断，区块上泥盆统—中石炭统具备发育中小型障壁礁、滩坝相颗粒台地碳酸盐岩的地质条件，这些岩相类型都是潜在的有利储层。然而区块内勘探程度极低，缺乏盐下钻井资料，唯一的研究手段就是充分利用地震资料进行特殊处理，估计地层的岩性和速度（密度）特征，并预测深部盐下储层发育情况，为区块勘探部署提供依据。

（一）地震资料特殊处理

伏尔加—乌拉尔区块的二维地震剖面采集于不同年份，波组连续性差，振幅差异很大。加上复杂的盐上构造和盐丘构造的影响，盐下地层的地震反射要真实地反映地质信息，就需要对地震资料进行认真分析。在复杂地震波场的研究中，原始地震记录的分辨率和信噪比的高低直接影响地震资料解释、储层预测等地球物理方法的研究与应用结果。针对工区实际地质条件和地震资料的特点，选择合适的有针对性的地球物理方法适当的对地震记录进行处理将会大大改善地震资料的品质。小波分频处理在提高地震记录分辨率的同时，可以压制噪声，突出有效波，有利于构造研究和储层特征的研究，因此，对南部区块的二维地震资料进行了小波分频处理尝试。

小波分频是指利用小波变换这一新的数学分析方法的高分辨功能和“数学放大镜”特性，将地震记录分解为一系列具有中心频率的窄带地震剖面（即小波分频剖面），然后利用“沿层分频处理”“高分辨率剖面重建”等技术方法，使地震剖面的纵、横向分辨率均有一定程度的提高，并可以压制噪声。

（二）无井约束反演

在有探井钻穿目的层的情况下，通常利用目的层的测井数据作为约束条件，对地震剖面进行物理属性反演，从而预测有利储层在地震剖面中的分布和变化情况。在没有钻井钻遇目的层的情况下，可以尝试利用地震剖面的叠加速度谱资料进行速度反演分析。分析结果能在一定程度上反映地震层序内的低速和高速带。在有相邻地区资料作为对比的情况下，可以预测研究区内储层的基本岩性和分布。

考虑到区块内地震 980104af-zzm、980104f-zzm 等剖面的特殊构造位置，并能兼顾所识别出的两类主要地震相带，因而选择重点地震剖面进行了无井约束的速度反演。在反演之前，对地震剖面进行了保幅和保真处理。经过反演给出了地震剖面的绝对速度和相对速度剖面。所谓绝对速度是整个剖面一致的速度模型，反映了实际速度的绝对大小；而相对速度是根据整个剖面的速度谱特征扣除了深度因素的速度模型，可以用于不同深度类似岩性的速度特征对比。典型反演剖面描述如下。

1. 980104af-zzm 剖面

图 6-67 给出了区块内 980104af-zzm 剖面的地震相、绝对速度和相对速度反演剖面的对比。从 980104af-zzm 剖面的绝对速度反演剖面（图 6-67b）中可以看出，该剖面的下部地震层序的绝对速度普遍高于上部地震层序，这一点可能与下部层序中碳酸盐岩比例较高有关。根据区域沉积相分析，下二叠统亚丁斯克阶以陆源细粒碎屑岩，特别是泥质岩为主，影响了上部地震层序的速度。

结合地震相分析结果（图 6-67a），绝对速度高的部分多为具有乱岗状反射结构的丘状地震相，可能与晚泥盆世—中石炭世生物礁或碳酸盐浅滩有关。在侧向上，相对连续的平行—亚平行地震相的绝对速度相对于丘状地震相较低，其沉积相可能是生物礁之间的泥岩和泥灰岩沉积。因此与沉积相的认识与速度特征相吻合。

在相对速度剖面（图 6-67c）中，丘状地震相对应的相对速度仍高于平行地震相的相对速度。另外，在左侧下部地震层序的丘状地震相内，存在一些呈斑块状的低速区，这些地区可能代表了生物礁或碳酸盐浅滩内的高孔隙带。由于区块所在的门托别隆起处于继承性隆起之上，在晚泥盆世—中石炭世沉降缓慢，其碳酸盐岩建隆或浅滩可能常处于暴露状态，受到大气水淋滤或海水冲洗，形成高孔隙性发育带。

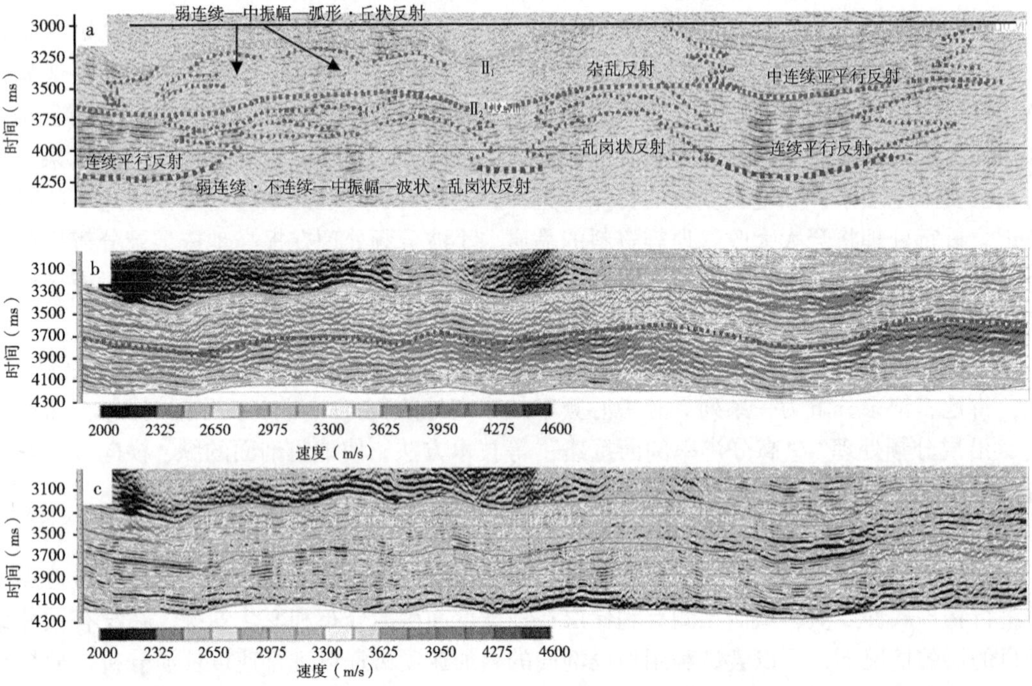

图 6-67　980104af-zzm 剖面地震相（a）与绝对速度（b）和相对速度（c）反演对比

另外在剖面右侧的平行地震相所对应的相对速度反演剖面中，高速和低速交互层状分布，可能表明这些相带内存在垂向岩性变化，既有安静水体下沉积的泥岩和泥灰岩，也有来自侧面的生物建隆的碎屑碳酸盐岩或滩坝相沉积，这类沉积也是潜在的有利储层。

2. 980104f-zzm 剖面反演

980104f-zzm 剖面的绝对速度反演剖面（图 6-68b）出现了与 980104af-zzm 剖面大致相反的趋势，该剖面的下部地震层序的绝对速度普遍低于上部地震层序，这可能与下部层序中泥质岩比例较高有关。根据区域沉积相分析，该剖面的中北段的下部地震层序以潟湖相沉积为主，推测其中的以泥质岩为主，而上部地震层序（主要是中—下石炭统）可能含有较多的碳酸盐岩，速度相对较高。

在侧向上，剖面左侧的丘状地震相相对于平行地震相的高速特征不很明显，预计该地震相内夹有向潟湖相过渡的泥质岩或泥灰岩层。

在相对速度的反演剖面中，下部地震层序的相对速度明显低于 980104af-zzm 剖面，在

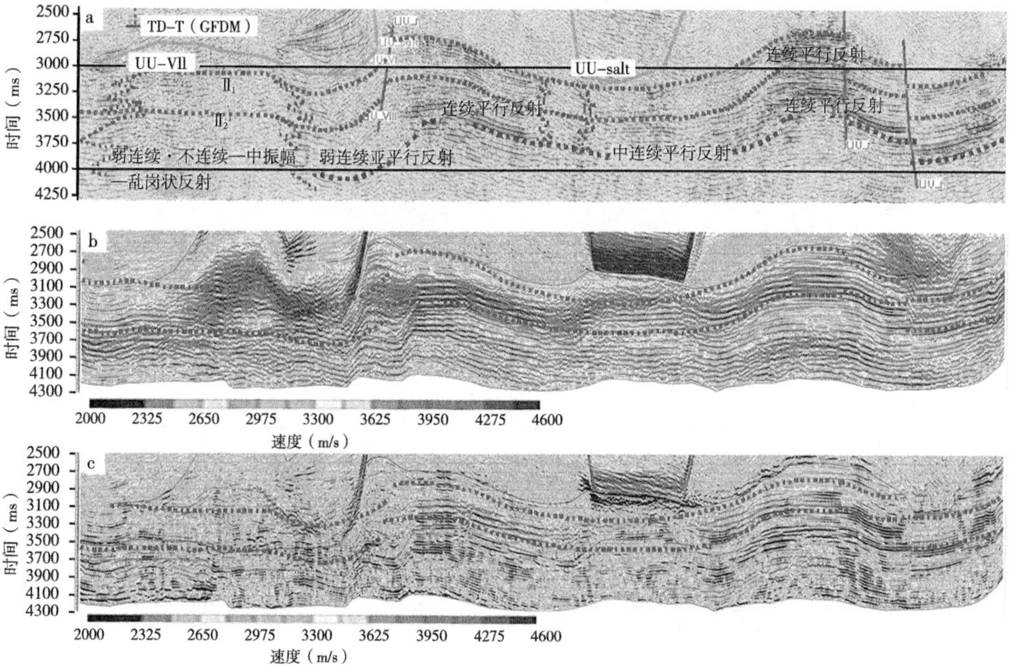

图 6-68　980104f-zzm 剖面地震相（a）与绝对速度（b）和相对速度（c）反演对比

左侧的丘状地震相内，存在较多的斑状低速区，可能与储层分布有关。在其余的平行地震相发育区，上部地震层序具有较高速度，而下部地震层序速度较低，中间也有一套连续延伸的较高速层；从其大范围连续的特征来看，应该是碳酸盐岩，是潜在的储层。

另外，在断层发育的部位，存在明显的低速带，这些低速带与断层破碎带有关，其中有可能形成与构造作用相关的裂缝性储层。

综上所述，伏尔加—乌拉尔区块盐下层系有可能发育两类储层：一类是与台地边缘障壁礁相关的碳酸盐岩储层，这类储层的分布局限于区块南部，面积较小，但垂向厚度较大；另一类是与台地浅滩相关的层状碳酸盐岩储层，这类储层分布面积大，但垂向厚度可能较小，为多层分布，从在地震层序中的分布来看，可能主要分布于下中石炭统内。

（三）地质分析

据区域地质资料分析，晚泥盆世到早石炭世韦宪期，盆地南部与阿斯特拉罕地区应同属于浅水沉积环境，也发育孤立碳酸盐台地。

从区块纵向的古构造复原剖面可以看出（图 6-69），该时期伏尔加—乌拉尔地区位于一大型基底隆起之上，向南北两侧沉积厚度增大，其顶部可能遭到剥蚀，环绕隆起边缘可能发育障壁礁，但其规模不会很大；在隆起顶部，由于水体较浅，水动力条件较强，是滩坝相沉积的有利环境，可能沉积生物碎屑灰岩、鲕粒灰岩等，并形成良好储层，也可能受障壁礁的遮挡，形成水体较安静的潟湖环境，以沉积泥岩和泥灰岩为主；另外，处于隆起顶部的碳酸盐岩沉积层也可能出露地表遭受风化、剥蚀，使储层物性得到改善。时代更晚一些的谢尔普霍夫期—巴什基尔期，隆起顶部相对于下部向盆地外侧迁移，在区块内则成为一个宽缓斜坡，碳酸盐岩沉积层的厚度增大，礁的发育规模也可能增大。同时，隆起顶点的迁移也可能造成生物礁体的向南迁移。早石炭世谢尔普霍夫期到巴什基尔期，滨里海盆地深水范围增大，推测伏尔加—乌拉尔地区相当于开阔陆棚沉积环境，沉积颗粒质泥岩、泥质颗粒岩和颗粒岩。

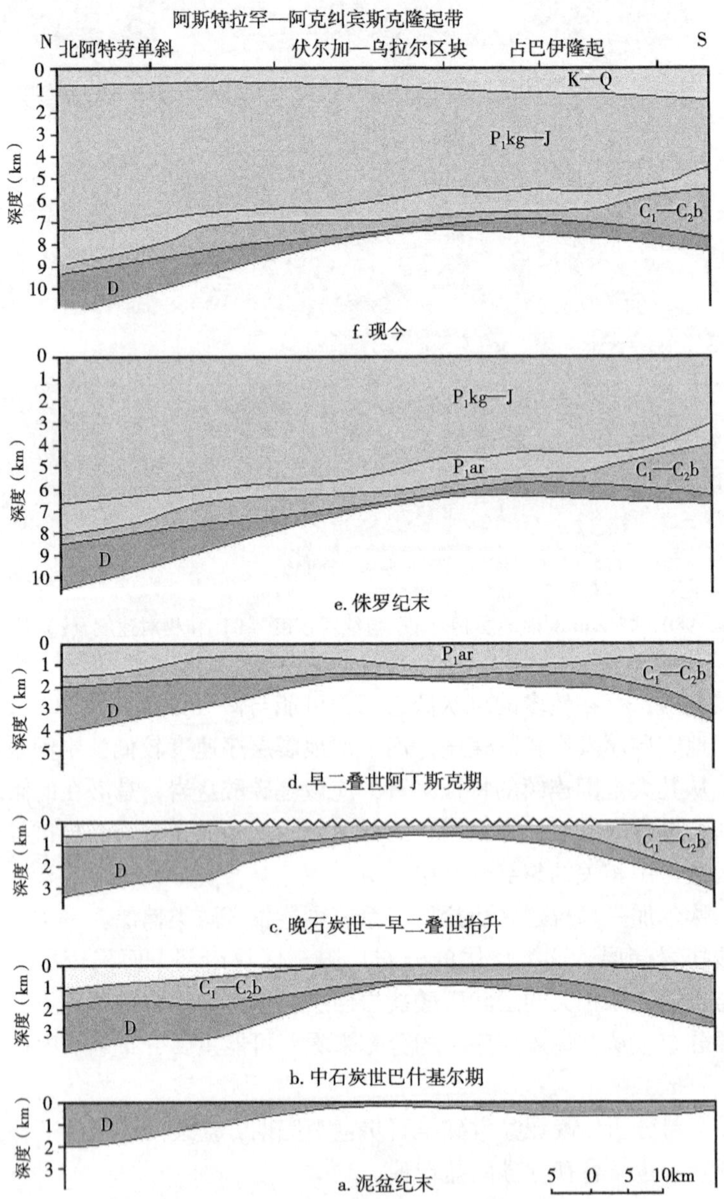

图 6-69 过区块南北向古构造复原剖面

到巴什基尔期末，阿斯特拉罕隆起强烈抬升并遭受剥蚀，缺失莫斯科阶—上石炭统地层。推测伏尔加—乌拉尔地区相当于局限碳酸盐台地沉积环境，以颗粒质泥岩和泥质颗粒岩沉积为主。到早二叠世，受到乌斯秋尔特和北高加索微板块碰撞的影响，陆源碎屑沉积代替了碳酸盐沉积，岩性主要为泥岩、粉砂岩、砂岩。

第七章　滨里海盆地油气分布规律与勘探潜力

第一节　盆地油气分布特征

一、勘探简况

滨里海盆地石油勘探始于19世纪末，勘探历程大致分为早期盐上（P_2—E）勘探和后期盐下（D—P_1）勘探两个阶段。20世纪70年代之前，由于地球物理勘探技术方法的局限，盐下深部层系仅限于理论上的研究与思考，实质性的勘探工作主要集中在盐上，50年代之前每年投入的探井工作量为30~40口，期间发现了一批盐上浅层油气田，油气田发现数量较多，但油藏规模大多较小，单个油气田储量规模一般为（1000~5000）$\times10^4$bbl。70年代之后，共深度点多次覆盖地震勘探等技术在深部勘探中发挥了重要作用，深部地震资料的分辨率得到了显著改善，同时大幅提高了深部构造及地层岩性识别的精度。至此，滨里海盆地的油气勘探具备了由盐上浅层向深部盐下巨层序转移的技术条件，盐下碳酸盐岩及生物礁块型圈闭成为主要勘探目标。1973年发现Kamensko-Teplovsko-Tokarevckoye（KTT）下二叠统障壁礁油气藏，揭开了盐下油气藏勘探发现的序幕。在此基础上，相继落实了一批大型深部构造或生物礁建造，通过钻探，1976年发现了阿斯特拉罕盐下石炭系碳酸盐岩凝析气田，由此滨里海盆地迎来了第一个油气发现的高峰期。至1979年相继发现了卡拉恰干纳克、田吉兹、扎纳诺尔等一批世界级巨型油气田（表7-1），国际社会对该地区的油气资源前景普遍看好。至90年代，随着西方石油公司加盟哈萨克斯坦国家石油集团，盆地内2D和3D地震勘探及深部钻井勘探工作量迅速增加，盐下油气勘探工作投资多、力度大，令世人瞩目。新的地震勘探技术（深部构造和岩性识别）、钻井技术（海上钻井和深层钻井）得到有效应用，进一步拓宽了找油领域。滨里海盆地出现了又一个油气勘探发现的高峰期，这个时期以盆地内最大的油气田——里海北部海域卡什干巨型油气田的发现最具代表性。

总体来看，滨里海盆地的油气勘探过程体现了3个方面的转变：一是勘探层的转变，由盐上转变为盐下，由浅层向深部延伸。二是圈闭类型和储层类型的转变，由浅层简单的构造型圈闭勘探，转变为以深部构造—非构造型圈闭勘探为主；以常规砂岩储层的勘探，转变为以非均质强的碳酸盐岩或生物礁型储层的勘探为主。三是资源结构的转变，由以产油为主，转变为以油气兼顾。盆地的勘探史和油气发现史，充分体现出了不同阶段的勘探思路与技术进步对油气勘探成果带来的重大影响。正确的勘探思路与技术进步的共同作用，必将迎来油气勘探开发的繁荣。勘探技术进步主要体现在两个方面：一是地震勘探技术的进步，能够识别盐下深部构造和岩性，为深化地质研究、有效把握勘探对象、提高勘探成功率奠定了坚实的基础；二是盐下深层钻井工程、海上钻井工程技术的进步，深层钻井技术的应用使盐下油气勘探成为现实，海上钻井工程技术的进步则进一步拓宽了盆地的找油气领域，促使勘探领域从陆上向海域延伸，为海上油气勘探提供了工程技术保障。

经过百余年的勘探开发，滨里海盆地已发现200多个油气田、近600个油气藏，总油气可采储量达694.7281×10^8bbl油当量，其中石油可采储量为263.5507×10^8bbl，凝析油（气）可采储量为93.8894×10^8bbl，天然气可采储量为202.37280×10^{12}ft³。油气储量在不同层位、不同勘探区带上的分布差别很大，各油气区带上单个油气田规模相差也很大，油气田各具特色。大型—特大型油田有田吉兹、扎纳诺尔等，大型—特大型凝析油气田有阿斯特拉罕、卡拉恰干纳克等。据统计，可采储量大于10×10^8bbl的巨型油气田有5个，有4个发现于20世纪70年代后期（表7-1），分布于盆地不同的油气区带。

表7-1　滨里海盆地大型油气田基础数据表

油田	产层	埋深（m）	发现时间/发现井	资源类型	可采储量（10^8bbl油当量）
阿斯特拉罕	C_2	3790	1976年/Shiryaevskaya-5井	气、凝析油	191.7221
卡什干	C_1—C_2	4200~5500	2000年/卡什干东1井	油、气	180.525
卡拉恰干纳克	D_3—C_2/P_1	3544	1979年/P-10井	气、凝析油（气）、油	142.1543
田吉兹	D_3—C_2	3900~5400	1979年/Tengiz-1井	油	69.6417
扎纳诺尔	C_2/C_1—C_2	3014	1978年/Zhanazhol-4井	油、气、凝析油（气）	18.1463
艾玛舍夫斯克	C_2	3790	1988年/I-1井	气、凝析油（气）	9.9933
阿克图特	C	3650	2003年/Aktote 1ST	油	8.0933

1976年，在盆地南部阿斯特拉罕隆起上发现了盆地内最大的气田——阿斯特拉罕凝析气田。该凝析气田由3个含油气组合构成，即下石炭统统韦宪阶—中石炭巴什基尔阶碳酸盐岩含油气组合、上泥盆统—下石炭统杜内阶碳酸盐岩含油气组合及中—上泥盆统陆源碎屑岩含油气组合。中石炭统巴什基尔阶是气田主要产层，以产凝析气为主。属于背斜型凝析气藏，天然气可采储量为2.69×10^{12}m³，凝析油可采储量为4.76×10^8t。产油气面积达2758km²。

1979年，在位于北里海东北岸的田吉兹—卡拉通隆起上发现了盆地内最大的油田——田吉兹特大型油田。该油田以可采储量大、原油产量高、油藏埋藏深度大、地层压力高闻名于世。含油气层主要是泥盆系与中—下石炭统台地碳酸盐岩和生物礁构成的大型沉积体，属于沉积型构造。田吉兹油田最终石油可采储量为8.42×10^8t，天然气可采储量为850×10^8m³。产油气面积为580km²。

2000年，在位于北里海海域发现了盆地内最大的油气田——卡什干巨型油气田。该油气田属于田吉兹—卡拉通碳酸盐岩台地向西南里海海域延伸的一部分，产层主要由一些上泥盆统—中下石炭统大型生物礁体构成。油气田总可采储量达28.7×10^8m³（180.525×10^8bbl）油当量，其中石油可采储量为20.7×10^8m³（130.00×10^8bbl），天然气可采为8584.2×10^8m³（30.315×10^{12}ft³）。产油气面积达990km²。

扎纳诺尔油田是至今在盆地东缘褶皱带上发现的规模最大的带气顶油气田。油气藏由上、下两个产层构成，即上部中上石炭统碳酸盐岩产层（KT-Ⅰ）和下部中下石炭统产层（KT-Ⅱ），其中下部油气藏（KT-Ⅱ）的范围大大超过上部（KT-Ⅰ）。石油可采储量为1.26×10^8t，天然气可采储量为1300×10^8m³，凝析油可采储量为0.3×10^8t。产油气面积为145.9km²。

卡拉恰干纳克油气田为盆地北部断阶卡拉恰干纳克—特罗伊茨克耶隆起带发现的规模最大的带油环凝析油气田。含油气层为上泥盆统法门阶到石炭系及下二叠统亚丁斯克阶，由环状生物礁（D_3—C_2）—点礁（P_1ar）组成的个统一的巨型碳酸盐岩储集体。可采储量为 22.6×10^8m^3 油当量。产油气面积达 280km^2。

二、油气分布特征

（一）纵向分布特征

（1）滨里海盆地含油气层非常丰富，从中—上泥盆统到古近系—新近系几乎每一套地层中都含油气。总体上，以下二叠统孔谷阶含盐建造为界，形成了盐上和盐下两套相对独立的油气成藏系统。盐上油气系统包括上二叠统和中生界—新生界，以发育碎屑砂岩油气藏为主。盐下油气系统包括新元古界与古生界，以发育巨厚的海相碳酸盐岩油气藏为主，局部发育海相砂岩油气藏。孔谷阶含盐建造对盆地油气成藏及油气分布起到重要作用，是盐下油气组合最重要的区域性盖层。对盐上层系而言，盐底劈作用造成上覆沉积层发生构造变形，形成了背斜、穹隆及岩体刺穿型等多种类型的局部构造。为盐上油气聚集成藏创造了有利条件。纵观世界著名油气区，波斯湾油区、阿尔伯达油区、萨斯喀彻温和北达科塔油区都分布于含盐盆地中。

（2）据统计，滨里海盆地盐下组合中油、气、凝析油气的最终可采储量远大于盐上（表 7-2）。其中，盐下组合石油的最终可采储量占整个盆地的 84.3%，天然气最终可采储量占 98.8%，凝析气储量占 99.8%。而盐下层系中，生物礁建造、碳酸盐岩台地礁及相关的构造圈闭石油储量又占到整个盆地的 80%，天然气占 93%，凝析气占 96%。石炭系—下二叠统碎屑岩储层中的储量仅占盆地总储量的 0.19%。因此，盆地内大部分油气都分布在盐下生物礁建造、碳酸盐岩台地礁及相关构造圈闭中。

表 7-2　滨里海盆地已发现油气储量分布统计表

目标层	已发现油气储量				占总储量的比例（%）
	石油（10^4t 油当量）	凝析油（10^4t 油当量）	天然气（10^8m^3）	合计（10^8t 油当量）	
新近系—第四系	0	0	1.43	0.143	0.01
古近系	86	0	0.51	0.0091	0.01
白垩系	12867	0	5.14	1.2918	1.20
侏罗系	15700	224	44.18	1.638	1.83
上二叠统—三叠系	5907	0	8.97	0.60	0.61
盐上小计				3.54	3.68
二叠系盐间	207	704	16.97	0.108	0.23
石炭系—下二叠统碎屑岩	1705	0	4.28	0.17	0.19
盐下碳酸盐台地礁	361010	129845	5206.63	54.28	91.13
盐下障壁礁	22851	3826	236.04	2.903	4.53
中—上泥盆统	828	91	18.03	0.13	0.24
盐下小计				57.57	96.09
其他区带	128	0	0.01	0.012	0.01
合计	421290	134690	5542.19	61.14	100

注：据 IHS 数据库资料统计，并折合成公制单位；1bbl = 0.159m^3，液态烃按石油密度为 0.85kg/m^3、凝析油密度为 0.85kg/m^3 折算；天然气按每 1000m^3 相当于 1t 石油折算。

（3）盐上层系含油气层位多，在上二叠统—古近系中几乎每套地层中都有油气发现，油田数量多。但单个油田的储量规模较小，总油气储量仅占全盆地已发现储量的3.68%，其中大部分储量集中分布在盐丘顶上侏罗系和白垩系河流相—滨浅海相砂岩储层中，侏罗系和白垩系分别占盆地总储量的1.83%、1.20%。上二叠统—三叠系已发现储量仅占盆地总储量的0.61%，这可能和目前上二叠统—三叠系勘探程度低有关，特别是盐缘坳陷内油气资源量很大，由于盐丘与围岩横向地震速度剧烈变化的影响，常规叠后时间偏移还不能清楚地刻画盐丘形状及盐丘边界，盐缘坳陷内上二叠统—三叠系沉积层与盐丘的接触关系模糊不清，圈闭落实难度大。这些都制约着该领域的油气勘探开发进程。

（二）平面分布特征

滨里海盆地已发现的油气田（藏）绝大多数沿盆地边缘分布。根据油气田所在构造单元和流体相态等特征，总体上可将盆地内划分出两大含气油区和两大含油气区。两大含气油区分别为东南部南恩巴含气油区和东部边缘延别克—扎尔卡梅斯含气油区；两大含油气区分别为盆地西北部伏尔加格勒—卡拉恰干纳克含油气区和西南部阿斯特拉罕—卡梅尔茨含油气区。各油气区烃类相态上的差异受控于烃源岩原始有机质特征、有机质转化条件及古构造发育特征和水文地质条件。

（1）东南部南恩巴含气油区（Ⅰ）。东南部南恩巴油区是滨里海盆地油气勘探最早的地区。构造上包括卡拉通—田吉兹隆起带、卡什干隆起带、毕克扎尔穹隆和南恩巴高地等正向单元。经过多年勘探，该区带已成为盆地的主力产油气区，是盆地内油气田数量最多（区带内共有油气田80多个）、产油气层位最丰富（既有盐上又有盐下）、油气储量规模大的油气区带。整个东南部、南部（含南部阿斯特拉罕油气区）盐下层系油气储量占整个盆地盐下总储量的72.1%，油气储量主要分布在上泥盆统法门阶—中石炭统巴什基尔阶碳酸盐岩及生物礁建造的储层中。该区带为成熟油分布区，以产油为主，少数产凝析气。代表性油田有田吉兹、卡什干、科罗廖夫、塔日加里等。

另外，东南部南恩巴含气油区也是盐上油气田分布最多的区带，其盐上油田的可采储量占全盆地盐上油气可采储量的89.2%。丰富多彩的盐构造为油气富集成藏提供了有利场所，已发现的油气储量主要富集在中侏罗统、下白垩统和中三叠统碎屑砂岩中。

（2）阿斯特拉罕—卡梅尔茨含油气区（Ⅱ）。该含油气区位于盆地西南部阿斯特拉罕地块，为高成熟凝析油区，以产凝析气为主。代表性油气田有阿斯特拉罕、扎依金等凝析气田，发育下石炭统韦宪阶—中石炭统巴什基尔阶碳酸盐岩、上泥盆统—下石炭统杜内阶碳酸盐岩及中—上泥盆统陆源碎屑岩3个含油气层系。

（3）东部边缘延别克—扎尔卡梅斯油区（Ⅲ）。该含油气区为盆地内油气聚集最丰富的构造带之一。已发现有扎纳诺尔、肯基亚克、科扎赛、阿利别克莫拉和乌里赫套等32个油气田。以产油为主，主力产油气层为石炭系KT-Ⅰ、KT-Ⅱ两个具有区域含油气性的碳酸盐岩层。已发现石油储量$3.3183\times10^8m^3$，主要分布在盐下层系（盐下占总储量的80%以上），累计产出量为$9770\times10^4m^3$，剩余石油可采储量为$2.3408\times10^8m^3$，占盆地石油总剩余可采储量的6%。探明凝析油储量为$40.89\times10^4m^3$；探明天然气储量为$1867.37\times10^8m^3$，占盆地天然气总剩余可采储量的4%。

区带内主力油田成藏各具特色，例如，肯基亚克油田的特征是盐上、盐下多层系含油（其他油田均只发现盐下油藏），油气藏类型多样。盐下发育石炭系碳酸盐岩及生物礁型油藏（KT-Ⅱ）和下二叠统为单斜型陆源碎屑砂岩油藏，缺失KT-Ⅰ层。盐上油气大量富集在环绕大型盐丘周边及顶部的上二叠统、三叠系、侏罗系和白垩系砂岩储层中。在不同的勘探层系分别发育有盐拱形成的背斜油藏、断层遮挡型油藏及盐丘遮挡型油藏等。肯基亚克油田盐上层系的储量所占比例较高，占油田总储量的42%，这在滨里海盆地是绝无仅有的。扎纳诺尔油田为扎尔卡梅斯隆起上的一个北东走向的短轴背斜型构造油藏。石炭系KT-Ⅰ、KT-Ⅱ两个碳酸盐岩层均含油气，但上下两个油气藏中所含油气性质不同，其中KT-Ⅰ油藏是东部油气区唯一一个带气顶油藏。乌里赫套油气藏是东部油气区带内发现的唯一一个带小油环凝析气藏，属于中—上石炭统（莫斯科阶—格泽里阶，KT-Ⅰ层）地层构造型油气圈闭，不发育KT-Ⅱ油藏。

（4）伏尔加格勒—卡拉恰干纳克含油气区（Ⅳ）。该油气区勘探历史较短，目前共发现油气田39个。其中有3个为盐上油气田，其余均为盐下油气田。从资源结构来看，区带内盐下为中等—高成熟凝析油区，以产凝析气为主。从油气田规模来看，除卡拉恰干纳克属于特大型油气田外，基本都是中小型油气田，绝大部分油气田发现于20世纪80年代。已发现油气田原始可采储量为14.78×10^{8}bbl、天然气原始可采储量$53.297\times10^{12}ft^{3}$凝析油原始可采储量$52.58\times10^{8}$bbl。区带内盐下层系的油气储量占盆地盐下油气总储量的22.8%。代表性油气田有卡拉恰干纳克油气田和捷普洛夫含油气带等，大多属于下二叠统生物礁块型及中—下石炭统生物礁块型凝析气藏，并带有油环。同样位于该油气区内的卡尔平含油气带、洛博金—西罗文含气油带上的油气聚集也都属于下二叠统亚丁斯克阶生物礁型为主的凝析气藏。

盆地中央坳陷区因覆盖巨厚的盐岩层及盐上层系，盐下地层埋深巨大，地球物理勘探效果较差，目前勘探程度还很低，油气发现也极少，仅在库里洛夫—新乌津隆起带开展了一些勘探工作，已取得一定进展，共发现5个油气田，产层均为盐上层系的上侏罗统和三叠系。

综上所述，滨里海盆地油气资源分布较为复杂，具有如下基本特点：

（1）绝大部分石油和天然气储量分布在盐下层系中（表7-2）。盆地周边盐下古生界隆起带、斜坡带是油气最富集的地区。泥盆系—下二叠统碳酸盐岩、碎屑岩均为区域性的含油层位。在盐下的各类勘探目标中，发现油气储量最多的储层是晚古生代台地碳酸盐岩及生物礁，特别是大型塔礁。这类储层中已发现的油气储量占到盆地总储量的91.13%，油气富集条件与各类碳酸盐岩储集性能及生物礁块体的发育程度密切相关。盐下层系仍是今后油气勘探中最具潜力的目标。

（2）从盆地内主力油气产层分布来看，各油气区带之间存在一定差异。

盆地南部和东南部地区产油气层主要为上泥盆统—中石炭统巴什基尔阶。发育两类油气圈闭：一类是浅水台地相生物灰岩形成穹隆状或背斜型油气圈闭（如阿斯特拉罕凝析气田，产层为巴什基尔阶下部—韦宪阶浅海台地相生物灰岩）；另一类是较深水台地上形成孤立的生物礁型圈闭（如田吉兹、卡什干油田，产层为上泥盆统及中—下石炭统生物礁灰岩）。

东部以石炭系为主，主力产层为石炭系的KT-Ⅱ层和KT-Ⅰ层两套较稳定的碳酸盐岩产层，局部发育下二叠统碎屑岩产层（如肯基亚克油田），其中，油气储量又以KT-Ⅱ层占绝对优势。

盆地西北及北部边缘带含油气层位最多，储层包括中—上泥盆统、石炭系及下二叠统碳酸盐台地和塔礁、环礁。其中，下二叠统亚丁斯克阶—阿赛尔阶发育生物礁相藻灰岩为区带重要的产油气层。在较深水区的台地上下二叠统发育大型塔礁，不整合叠加在上泥盆统—中石炭统环礁之上（如卡拉恰干纳克油气田）。除了碳酸盐台地及相关的塔礁、环礁型油气田之外，在边缘带的碳酸盐边缘凸起上还发现成带状分布的障壁礁，如卡缅—捷普洛夫—托卡列夫下二叠统油气聚集带，已发现障壁礁为储层油藏的储量占盆地总储量的4.53%。

（3）从资源结构来看，盆地油气资源以气和凝析气为主。其中，天然气、凝析气和石油分别占总储量的62.6%、17.4%和20.0%。盐下层系油藏主要分布在盆地东南部和东部边缘带。凝析气主要分布在盆地西北缘和西南部地区，而且多为生物礁块型凝析油气藏为主。资源结构差异受控于烃源岩有机质转化条件，盆地西南为高成熟凝析油区，北部为中等—高成熟凝析油区，东部和东南部则为成熟油分布区。而盐上层系油气田主要集中分布在盆地东南部油气区，大多为油藏，以产油为主，含少量天然气和凝析气。

（4）沟通盐下油源和盐上圈闭的通道（输导条件）是盐上成藏的关键因素。东南部隆起区盐窗发育，同时在前石炭纪至侏罗纪后的多次构造运动中断裂活动频繁，为盐下油气向盐上运移提供了重要的通道。有效的油气疏导系统以及后期稳定的构造环境和油气保存条件，是盆地东南部盐上油气大量富集的基础。

第二节　油气勘探潜力分析

一、勘探程度

滨里海盆地油气勘探历史悠久，最早可以追溯到19世纪末至20世纪初。但受到当时全球经济、政治、技术条件等多种因素的制约，勘探进展迟缓。直到20世纪70年代末至80年代初，随着勘探方法与技术水平的日益提高，盆地内多个世界级的深层大型油气田才相继被发现，至此北里海地区的油气勘探引起国际社会的高度关注。尤其是近10多年来里海海域又获得了重大油气发现，令世人瞩目。毫无疑问，滨里海盆地是世界上最重要且最具潜力的大型含油气盆地之一。

据IHS数据库（2013）资料显示，滨里海盆地的勘探程度还较低。盆地的地震勘探密度为10.9km^2/km测线，地震测线相当稀疏，三维地震勘探很少。盆地内勘探井的密度平均为445km^2/井，其中海域部分的探井密度为992km^2/井，陆上部分的探井密度平均为428km^2/井，总体上，钻井、地震等勘探工作量大多分布在盆地边缘带。除去中央坳陷次盆低钻探密度区之外，陆上盆地边缘部分的勘探井密度约为280~300km^2/井。从勘探井的平均井深来看，盆地内探井平均井深为2436.3m（海域与陆地差别不大）。其中，1970年以前，勘探目标是盐上浅层含油气层，该阶段大量勘探井井深在1000m之内。1970年以后，随着勘探层向深部盐下层系转移，钻井深度大多为3500m以上，少部分井井深超过5000m。所发现的盐下油气田主要分布于石炭系和下二叠统内，少数钻探至泥盆系。

二、勘探潜力分析

勘探实践表明，盐下层系是滨里海盆地主力产油气层系，盆地内已发现油气储量中盐下占90%以上。从勘探前景来看，盐下仍是盆地最具有勘探潜力的领域，独立的大规模碳酸盐岩或生物礁体将成为最重要的勘探目标。随着勘探技术的不断进步，尤其是深层地震成像技术水平的提高，将有利于盐下上古生界探明油气储量实现大幅增长。因此，对盆地勘探潜力分析以盐下层系为主。

（一）南部、东南部区带勘探潜力分析

南部、东南部油气区带包括北里海东侧的陆上南恩巴含气油区以及向西侧延伸至阿斯特拉罕—卡梅尔茨含油气区。包含南恩巴隆起、卡拉通—田吉兹隆起带、毕克扎尔隆起带、北里海隆起带、穆恩托比隆起带、阿斯特拉罕穹隆及卡拉库尔—斯穆什科夫隆起带等正向构造单元。区带内盐下沉积组合的油气富集与古隆起带上发育的生物礁密切相关，生储盖组合配置极佳。已发现油田数量不多，但规模较大。其中，西南部地区为气藏、凝析气藏分布区，以产气为主。东南部地区为油藏分布区，以产油为主。研究表明，区带仍具有较大的勘探开发潜力，发育两类勘探目标：一类是浅水台地相生物灰岩形成穹隆状或背斜型勘探目标；另一类是较深水台地上形成孤立的生物礁型勘探目标。

1. 卡拉通—田吉兹古隆起潜力区

卡拉通—田吉兹古隆起区位于北里海海域东侧，属于南恩巴含气油区的一部分。晚泥盆世、早中石炭世在较深水台地上沉积了巨厚的碳酸盐岩（包括生物礁体），早二叠世发育深水相暗色页岩，形成了盐下丰富的油源和优质碳酸盐岩储层，油气成藏条件十分优越。推测该区仍具有寻找与田吉兹相类似油气藏的潜力，近年来通过地震勘探已发现多个有利目标，被认为是形成中石炭统或上泥盆统环礁型油藏的有利地区（图 7-1）。油气成藏的关键是孔谷阶盐岩盖层的保存情况，膏盐岩盖层发育得好，勘探风险则会大大降低。这可以从田吉兹石炭系环礁及其周围类似圈闭的勘探结果可以得到佐证，如紧邻田吉兹大型环礁东南的科罗廖夫塔礁构造，其上覆孔谷阶膏盐岩层发育保存较好，圈闭具备良好的封盖条件，是科罗廖夫塔礁内油气得以聚集成藏的重要前提；而位于田吉兹油田以北的普里莫尔台地上的卡拉通和塔日加里礁块构造，由于地台上覆孔谷阶膏盐岩保存较差，甚至部分缺失，油气保存条件及礁块型圈闭的成藏条件变差，最终仅形成了一些经后期改造的由残余重油组成的小型油气聚集。

2. 里海北部海域有利勘探区

里海北部海域勘探区位于滨里海盆地南缘，属于从北里海西岸一直延伸到东岸的晚古生代台地，包括卡什干大型较深水碳酸盐岩台地上发育起来的巨型生物礁块群。西边为北里海西岸的阿斯特拉罕碳酸盐台地，东边与里海东岸的卡拉通—田吉兹碳酸盐生物礁带相连（图 7-1）。由于地表海域条件限制，目前勘探程度仍较低。区带内生油岩发育，沉积相带有利，已发现一些高幅度的碳酸盐岩生物礁型圈闭，如卡什干东、卡什干西等碳酸盐岩生物礁油气圈闭。通过地震勘探，在北里海隆起带还发现了多个中下石炭统或上泥盆统目标，如海上热木拜、里海北、卡什干南等礁块构造，在地震剖面上，上泥盆统至中石炭统巴什基尔阶具明显的生物礁相特征。其中海上热木拜隆起构造长约为 20km，宽约 15km，幅度为 500m，具有与卡什干油田类似的成藏条件。预测该目标区油气资源量约为 80×10^8t 油当量。可能发现资源为轻质含气含硫的原油，也有可能为凝析油含量比较高的天然气。其主要勘探风险仍然是孔谷阶蒸发岩盖层发育的完整性。

北里海海域是寻找田吉兹类型的较深水台地上发育的大型碳酸盐生物礁建隆的远景地区，卡什干油气田的发现已充分证明了这一认识。推测该区带是滨里海盆地待发现资源最多的单元，也是盆地最具潜力的勘探区。随着北里海海域勘探开发力度的不断加大，深层地震成像技术水平的进一步提高，该探区必将获得更多的油气发现。

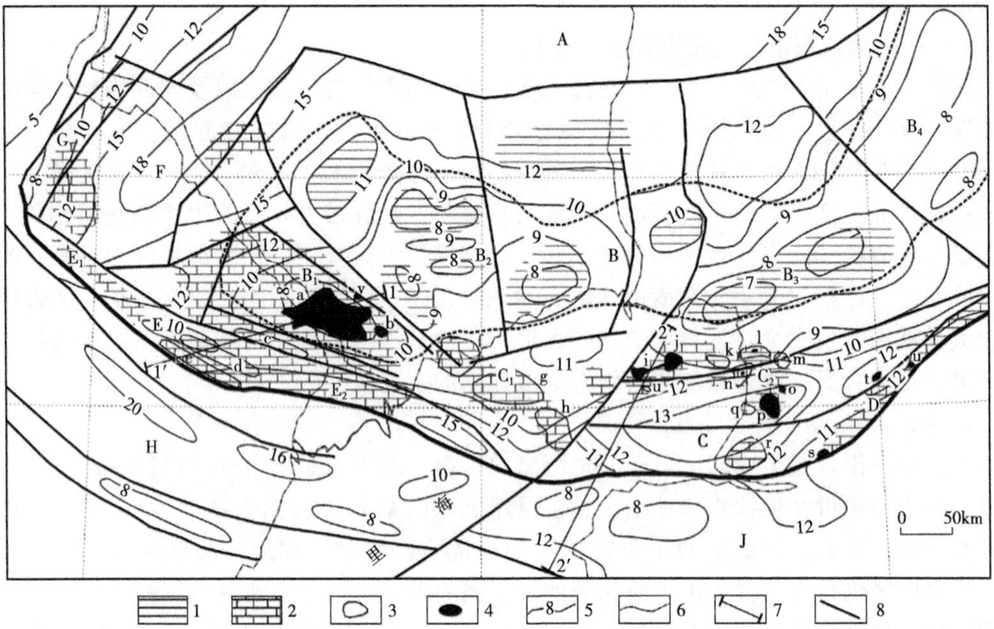

图 7-1 滨里海盆地南部基底构造及碳酸盐岩分布

1—基底凸起及中上泥盆统预测碳酸盐岩发育区；2—碳酸盐岩台地及地块；3—碳酸盐岩构造带及局部构造：（a—阿斯特拉汗凸起；b—依玛筛夫凸起；c—阿斯特拉罕南部隆起；d—斯穆什科夫构造带；e—克拉斯纳乎杜克构造带；f—热木拜隆起；g—海上热木拜隆起；h—北里海隆起；i—卡什干西构造带；j—卡什干构造带；k—凯兰构造带；l—塔日佳里构造带；m—卡拉通构造带；n—布斯得构造带；o—卡拉列夫构造带；p—田吉兹构造带；q—田吉兹西构造带；r—南部构造带；s—萨斯纠别构造带；u—卡什干南构造带；v—伊利诺夫构造带）；4—油气田；5—基底顶面等值线（km）；6—阿斯特拉罕—阿克纠宾斯克隆起带；7—剖面位置；8—断层
构造带划分：A—滨里海中央坳陷；B—阿斯特拉罕—阿克纠宾斯克隆起带；B_1—阿斯特拉罕隆起；B_2—里海北隆起带；B_3—毕克扎尔隆起带；B_4—热尔卡梅—延别克隆起带；C—南恩巴凹陷带；C_1—热木拜—北里海隆起带；C_2—卡什干—田基兹隆起带；D—南恩巴隆起带；E—卡拉库尔—斯穆什科夫推覆带；E_1—卡拉库尔构造带；E_2—斯穆什科夫构造带；F—萨尔平凹陷；G—卡拉萨里单斜；H—卡尔平脊；J—北乌斯秋尔特地块

3. 阿斯特拉罕—卡梅尔茨勘探区带

阿斯特拉罕—卡梅尔茨区带属于北里海西部的碳酸盐岩台地，包含了阿斯特拉罕大型碳酸盐岩穹隆。区带内主要远景目标是台地上的构造型圈闭和台地边缘的生物礁，属于浅水台地相生物灰岩形成穹隆状或背斜型有利勘探目标区。如早期发现的位于门托别隆起带的南缘、里海陆架西北部的占巴伊碳酸盐地台，具有与阿斯特拉罕气田十分相似构造样式，估算潜在资源量为 30×10^8t 油当量。然而，通过地震资料发现该构造上膏盐岩层缺失（Murzagaliev，1995），圈闭条件较差，给勘探带来了极大风险，导致至今未进行钻探。如果存在薄层的盐岩盖层，该构造的勘探风险将会大大降低（Ulmishek，2001）。近几年通过新采集的 2D 地震资料研究，在门托别隆起南侧还发现一些盐下幅度不大的背斜构造，是可能的勘探潜力区，如扎布热耶（Zaburunye）、萨扎库拉克（Sazankurak）、奥克亚耶（Octyabrskoye）等盐下圈闭。在门托别隆起周围的地震剖面上还发现了同相轴不连续的丘状地震相，具有生物礁相特征。预测该区域石炭系发育生物礁碳酸盐岩储层和颗粒碳酸盐岩储层。从区域沉积环境来看，礁体并非在整个门托别隆起上广泛发育，很可能像在阿斯特拉罕隆起上一样分布于古隆起构造周围。在这些生物建隆之上尽管正向构造的幅度较小，但上覆有亚丁斯克阶泥岩作为直接盖层，侧向上有生物礁间的泥岩和泥灰岩为遮挡，也可能形成一定规模的地层不整合型圈闭。根据地震资料编图成果，圈定石炭系目标层的圈闭总面积为 165.0km^2，预测圈闭资源量为 45538×10^{4}t 油当量。可能的油气藏类型是凝析气含量中等到较高的酸性气藏，也可能出现轻质油藏和带油环的气藏。

阿斯特拉罕隆起西南，属于盆地向西南缘延伸的卡拉库尔（Karashkov）—斯穆什科夫（Smuskov）逆冲背斜断裂带，该带的西南部已不发育膏盐岩盖层（Ulmishek，2001），断裂带东北部，盐层之下中石炭统—下二叠统以碎屑岩为主，碎屑岩岩性致密，碳酸盐岩储层不发育。总体上看，阿斯特拉罕—卡梅尔茨勘探区带油气勘探潜力较小。

4. 毕克扎尔隆起及南恩巴坳陷区

钻井已证实，毕克扎尔隆起及南恩巴坳陷区中石炭统—下二叠统主要以碎屑岩为主，中石炭统广泛发育薄层灰岩及泥灰岩，并在石灰岩内已获工业性油气流（如拉夫宁纳油田）。中—下石炭统冲积扇砂岩厚度变化较大，分布不稳定，在异常高压的作用下，部分砂体保留了较高的孔隙度，并形成了构造—岩性油气藏（如托尔塔伊油田）。总体上，整个毕克扎尔隆起及南恩巴坳陷区石炭系碳酸盐岩厚度较薄；碎屑岩储层埋藏深度较大，压实作用和胶结作用较强，储集性能较差。从已发现油田来看，油藏地质条件复杂，储量规模较小，最终石油可采储量为 250×10^4～350×10^{4}t；开发效益不理想。

毕克扎尔隆起位于北里海隆起以东，卡拉通—田吉兹古隆起以北。根据近期的 2D、3D 地震资料解释成果以及构造—沉积演化演化史研究，晚泥盆世弗拉斯期—下石炭统杜内期陆棚碳酸盐岩最为发育，毕克扎尔隆起、卡拉通—田吉兹古隆起及北里海隆起均具备发育碳酸盐岩的条件，勘探潜力较大。通过 3D 地震资料编图落实一些有利的勘探目标，如塔克布拉克（Takyrbulak）、凯日克梅（Kyrykmergen）背斜型圈闭，目的层中上泥盆统勘探层的埋藏深度为 5.5～7km。在地震剖面上，围绕背斜构造周缘还发现了丘状（内部具有乱岗状结构）的生物礁相地震响应特征。区域上，该构造带与盆地南部生油凹陷相邻，为古生代继承性隆起，长期位于油气运移的指向部位，具备发育大型油气田的地质条件。根据构造编图确定下石炭统总圈闭面积为 186.0km^2，上泥盆统总圈闭面积为 159.4km^2。预测总圈闭资源量为 4.49×10^{8}t 油当量。

盆地东南缘的南恩巴隆起带上发育石炭系狭窄条状碳酸盐岩台地，部分古生代地层及其上覆孔谷阶盐盖层在前侏罗纪抬升暴露，剥蚀较为严重，缺乏区域性盖层，盐下油气系统遭受不同程度的破坏，油气保存条件较差，勘探潜力较小。

（二）北部—西北部断阶勘探潜力分析

滨里海盆地北部—西北部断阶带处于盐下优质烃源岩分布区，高质量碳酸盐岩及生物礁型储层发育的有利相带，且具有厚层的盐岩层作为区域性盖层，是滨里海盆地盐下层系勘探的重点区域之一。资源类型为凝析油含量中等或较高的天然气藏为主。勘探实践表明，该区带盐下层系主要有以下两类勘探目标。

1. 障壁礁和孤立的碳酸盐台地/塔礁勘探目标

与孤立的较深水碳酸盐台地/塔礁有关的圈闭是区带内最有利的勘探目标。这类目标主要发育在北部断阶内缘带，如卡拉恰干纳克—特罗伊茨克隆起附近地区，特别是卡拉恰干纳克巨型油气田的发现，揭示了上覆在上泥盆统—中石炭统环礁不整合之上的下二叠统环礁和斑礁及其勘探开发潜力。通过 3D 地震勘探，沿卡拉恰干纳克—特罗伊茨克隆起附近地区发现了一批有利的勘探目标，如位于费多罗夫斯克区块内的扎依克构造、扎日苏特、多林斯克构造等，这些构造为沿卡拉恰干纳克凝析油气田向西延伸的陆架台地，具有良好的古构造及沉积背景，预测发育下二叠统环礁及上泥盆统—石炭系环礁，油气成藏条件有利（图 5-44）。

根据地震资料预测，生物成因的碳酸盐岩块体最大厚度达 1000 余米，虽勘探潜力较大，但内缘带一般勘探目标层埋藏深度较大，存在勘探风险。充分利用 3D 地震资料进一步研究落实好盐下储集体将是盐下油气田（藏）发现的关键所在。

下二叠统障壁礁主要沿盆地西部边缘带发育，障壁礁型目标在区带中勘探和发现程度较高，由于单个圈闭规模较小，以小型油气田为主。

2. 中上泥盆统、石炭系构造型圈闭勘探目标

构造型圈闭勘探有利目标主要发育在边缘带和外缘带，如乌拉尔斯克—费德拉沃斯克隆起区、奇纳列夫隆起等。这些古隆起上常常发育与浅水生物成因碳酸盐岩建造有关的背斜构造圈闭，如罗兹科夫斯克石炭系凝析油气藏、奇纳列夫中上泥盆统—下石炭统油气藏等，属于典型的背斜或断背斜构造圈闭。3D 地震资料在费多罗夫斯克区块西部发现了南奇纳列夫等泥盆系短轴背斜型勘探目标；在该区块的东部发现了布日宁斯克等杜内阶—法门阶背斜型勘探目标。

（三）东部隆起带勘探潜力分析

滨里海盆地东部隆起带（又名延别克—扎尔卡梅斯隆起带）紧邻乌拉尔褶皱造山带，是盆地主要的油气聚集带之一。区带内发育中泥盆统和中下石炭统为主的油气源岩，烃源岩条件优越。有效的储层主要为石炭系 KT-Ⅱ和 KT-Ⅰ两套较稳定的碳酸盐岩层，下二叠统碎屑岩储层局部发育，储集性能较好。下二叠统孔谷阶盐岩层和下石炭统泥岩两套区域盖层发育。不整合面、断层及孔—洞—裂缝等组成良好的油气输导系统。著名的扎纳诺尔大型油气田及肯基亚克、西涅尼尔夫、科扎赛、乌里赫陶、卡腊久别、扎纳坦、洛克蒂巴伊和阿里别克莫拉等 10 个盐下大中型油气田均诞生在这一南北延伸的构造带上，勘探开发亦已取得良好效益。

在盆地东部发育乌拉尔前渊和前乌拉尔冲断带，形成大量与挤压褶皱作用有关的圈闭，如扎纳诺尔和阿里别克莫拉等油气圈闭。结合区域地质资料分析研究表明，区带盐下层系仍有较大的资源潜力，存在以下两类潜力目标区。

1. 特米尔地台碳酸盐岩勘探潜力

在盆地东部隆起带上石炭系台地碳酸盐岩的分布与区域南北向的构造线方向一致。大致以肯基亚克为界发育南、北两支碳酸盐岩体（图 7-2），南支为扎纳诺尔地台，北支称为特米尔地台。南支更靠近盆地边缘，盐下石炭系勘探层埋藏深度较浅，勘探开发程度较高，目前已发现的以扎纳诺尔大型油气田为代表的东部主要油气田都分布在该成藏带。石炭系 KT-Ⅱ和 KT-Ⅰ两套碳酸盐岩是主要产层，各油田之间距离较近，油藏内部关系密切，甚至彼此形成了裙带依附关系。

北支（特米尔地台）勘探程度较低，从区域上看，与扎纳诺尔地台具有相似的油气成藏条件，是盆地东部最具潜力的区带。南北两支碳酸盐岩台地进行对比分析，可能存在如下差别：第一，由于整个东部区带的古地形为北高南低、西高东低，所以北部特米尔地台上的石炭纪地层剥蚀较严重，在该带上盐下石炭系 KT-Ⅰ碳酸盐岩含油气层或遭受剥蚀。下二叠统碎屑岩、KT-Ⅱ碳酸盐岩以及下韦宪阶砂岩是主要储层。第二，相对北支，特米

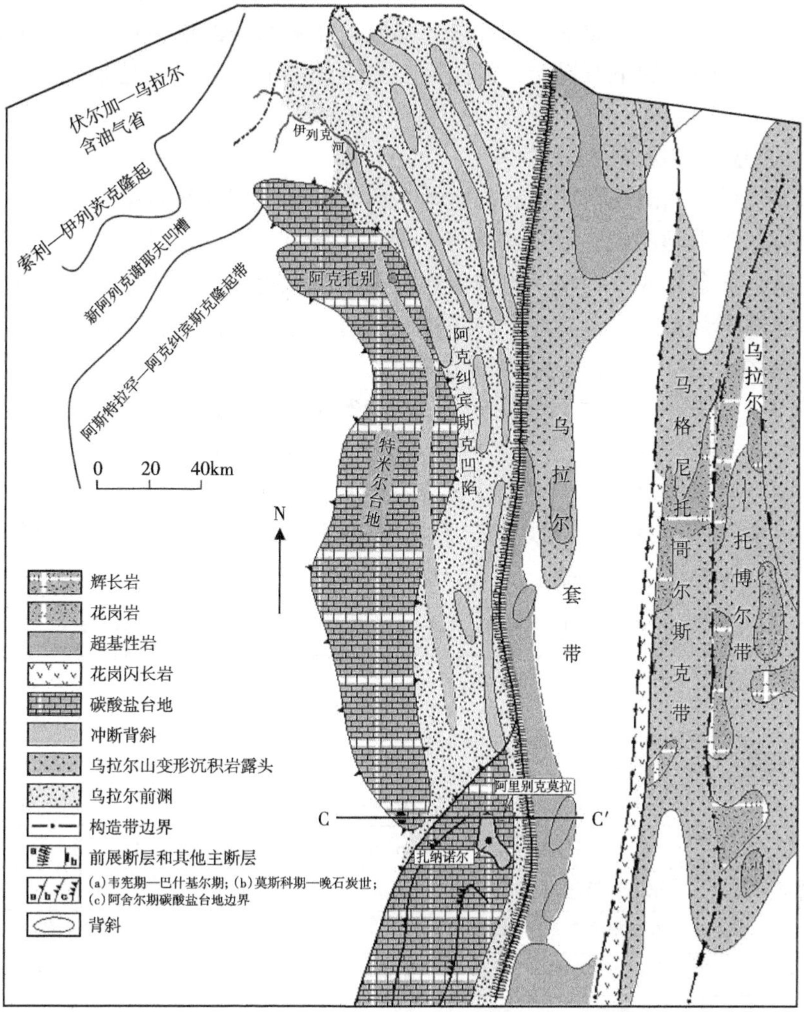

图 7-2　滨里海盆地东缘冲断褶皱构造带

尔地台靠近西部盆地中央坳陷区一侧，后期沉降幅度大，勘探层埋藏深度较深，特别是由南向北、由东向西逐渐加深，在南部大约为 4. 5km，向北部加深至 7km。

从特米尔地台南部的二维和三维地震勘探成果显示，自南向北一次发育阿库姆（Ak-kum）、阿库杜克（Akkuduk）和阿科米尔（Akkemir）3 个盐下局部背斜构造，预测潜力区内台地石炭系碳酸盐岩面积约为 2500km^2，KT-Ⅱ碳酸盐岩层埋深为 4700~5500m，预测盐下层系总地质储量为（3. 5~4）×10^{8}t。研究和落实盐下储集体将是构造带取得盐下油气新发现的关键所在，因此，加强对盐下储集体分布的预测十分重要。

2. 深大断裂带附近的勘探目标

晚古生代早期，东欧板块东南缘在区域张扭性构造作用下，乌拉尔等深大断裂发生强烈的平移剪切和斜向运动，引发了强烈的走滑拉分和走滑挤压构造作用。深大断裂的持续作用通常对油气聚集或油气田分布有显著的控制作用。从滨里海盆地东缘构造格局来看，阿里别克莫拉、扎纳诺尔、拉克蒂巴伊、肯基亚克、科兹迪赛和舒巴尔库杜克等构造单元及局部构造的形成与乌拉尔深大断裂活动密切相关，多为沿断裂带发生了基岩块的错动而形成的张扭型构造样式。因此，沿深大断裂边缘的构造单元或局部隆起是寻找盐下亚丁斯克阶和下石炭统碎屑岩油气藏的有利地区，是盆地东缘又一勘探目标；而基岩断块隆起和微隆起斜坡、斜坡边缘的下石炭统、泥盆系及更老地层的构造，应是寻找深部地层型油气藏的有利地区。

（四）盐上层系勘探潜力分析

尽管盐上层系油气田规模偏小，但盆地内已发现油气田的数量多，占整个盆地油田数量的76%。由于油藏埋深浅，储层物性好，原油中酸性成分含量低，因而无论是勘探开发技术要求还是在资金投入及勘探风险都要比盐下层系低得多。近年来，众多国际石油公司对盐上层系的勘探开发始终保持着较高热情，随着工作量不断投入，发现油气田的数量也有所增加。据统计，21 世纪盆地内新发现盐上油田 29 个（表 7-3），总油气当量为 6.4203×10^8bbl，平均单个油气田探明储量为 2213×10^4bbl。其中，南部、东南部隆起区发现 21 个油气田，为发现数量最多的地区，累计油气探明储量为 5.10×10^8bbl，占整个盆地盐上油气总探期储量的79%，储量主要分布在与盐丘有关的构造圈闭。迄今为止，盐上层系发现的最大油气田为 1987 年发现的肯拜油田，探明储量达 3.10×10^8t，也位于盆地东南部隆起区，充分体现了该区带盐上层系的勘探开发潜力。

表 7-3　滨里海盆地 21 世纪新发现盐上油田基础数据表

序号	油田	油气区	发现年份	发现井	层位	埋深（m）	资源类型	总油气当量（10^4bbl）
1	占吉列克北	东南部隆起	2011	ZH-1	$T_2/J/K_1$	350~900	油	11200
2	塔斯库杜克·西	东南部隆起	2008	TasW-1	T_2/J	1100	油、气	7721
3	叶吉卡拉	中央坳陷	2006	Yegizkara 26A	K_1	362	油、气	7117
4	阿舍库勒南	东南部隆起	2008	Ash-4	T_2	720	油、气	5032
5	萨里库马克东	东南部隆起	2006	Sry-6	J_{1+2}	430	油	4230
6	毕肖克	东南部隆起	2009	Ash-501	T_2	870	油	3880
7	乌耶塔斯	南部隆起	2011	Uytas-1	K_1	120	油、气	3567
8	特戈·东	南部隆起	2002	Tegen East-1	K_1	369	油、气	2150
9	明泰克	南部隆起	2003	Myn-1	K_1/T	700	油、气	2033
10	巴什喀	东部隆起	2006	Bashenkol-1	T_1	532	油	2033
11	卡得什北	东部隆起	2003	Kard-1	J_2	320	油	183.0
12	萨卡特	东南部隆起	2009	SH-1	T_2/J_2	560	油、气	168.0
13	伯克亚达克	南部隆起	2010	Bor-1	T	1388	油	155.0
14	毕克扎尔	东南部隆起	2002	Biikzhal-1A	K_1	510	油	1118
15	多拉特	东南部隆起	2009	Ash-7	T_2	860	油	105.0
16	喀什布拉克南	南部隆起	2005	Kaskyrbulak S1	K_1	900	油、气	1017
17	占阿玛	东部隆起	2010	Zhaman 1	J_2	650	油	1017
18	乌兹恩斯克耶	北部断阶	2008	Uzenskoye003	K_1	850	油	986.0
19	萨里西	东南部隆起	2011	SarW-7	T_2	550	油	84.0
20	扎纳·马卡特	东南部隆起	2006	ZMak A1-X	J—K_1	703.5	油、气	833
21	卡干纳耶	东部隆起	2003	Kaganay S1	J2	790	油、气	712

续表

序号	油田	油气区	发现年份	发现井	层位	埋深（m）	资源类型	总油气当量（10^4bbl）
22	阿拉	东南部隆起	2007	Ala 2	K	720	油、气	692
23	新乌津	中央坳陷	2000	Uaz 4	K_1	469	油	648
24	塔斯克杜克	东南部隆起	2001	Taskuduk1	T	1100	油	508
25	莎巴	东部隆起	2011	Shoba 1	T	747.5	油	407
26	阿司泰肯	南部隆起	2011	Asanketken 1	J	1230	油	177
27	莫克廷斯克耶	南部隆起	2005	Yus-1	K_1	1404	气、油	80
28	肯巴耶	中央坳陷	2000	Kondybay 4	K_1	530	油	55
29	乌扎斯克耶	北部断阶	2007	Uzenskoye001	T_2	970	油	40
	累计							64203

1. 盐缘坳陷内勘探潜力较大

南部、东南部及东部油气区盐上油气藏数目及含油层系多，圈闭类型多样，成藏条件复杂。近几年的盐檐型圈闭获得了较大进展，同时也揭示了该区带盐上隐蔽性油气藏依然有较大的勘探潜力。尽管在20世纪初就已经开始在该区带内开展了滨里海盆地最早的油气勘探，但总体上盐上的勘探程度仍然较低。

盐上圈闭发育的一个重要特征即受到盐运动的影响。目前为止已发现的油气田大多分布在盐丘顶面的浅层，埋藏深度大多在1km之内。主要的圈闭类型为盐运动引发的盐体上拱和刺穿构造活动下，产生的大量背斜（穹隆）、断块及盐体刺穿等构造。盐缘坳陷内还保存有厚度约为6km的盐上层系沉积实体，由于构造对沉积作用的控制作用，单斜型、相变地层尖灭型、砂岩尖灭型等地层圈闭也相当发育。圈闭类型主要包括地层、构造和不整合三大类。通过地震和少量钻井资料，已基本查明盐缘坳陷上二叠统—三叠系及其组合特征，以及丰富的圈闭类型。总体上，盐缘坳陷的勘探程度还很低，该领域的勘探潜力不可忽视，勘探前景广阔，可能很多的中型油气田有待勘探发现。目前勘探难点在于，地震勘探的分辨率仍然不能满足盐缘坳陷内靠近盐丘陡壁一侧远景目标的确定，勘探技术方法仍有待攻关。近年来，三维地震应用超级计算机进行数据叠前深度偏移处理的技术不断进步，对盐体的刻画已取得较好效果。叠前深度偏移是认识解决复杂盐丘问题的重要方法。

在盆地其他地区（如中央坳陷区及北部部分地区），发育巨厚的盐上沉积层序，以及大量的盐丘构造，具有较大的潜在资源量。但这些地区的勘探很不成熟，仍处于较低水平的勘探阶段，还需要经过漫长且曲折的勘探道路。

2. 北里海海上部分的盐上层系勘探前景广阔

从油气构造分区来看，北里海海上部分属于滨里海盆地南部油气区的一部分，为盆地内油气最富集区带，勘探证实区带发育盐下和盐上两套层系油气藏。因此，无论是盐下或盐上都是油气成藏的有利区带。从地域分布看，南部—东南部区带陆上部分油气勘探程度相对较高，但北里海海域部分勘探程度较低，有待进一步发现。

该地区内发育大量盐窗，是盐下烃源岩生成的油气向盐上层系提供丰富油源的重要基础，与盐构造相关的丰富的圈闭类型形成了单个规模不一、数量较多的盐上油气藏。据区域地质、地球物理资料分析，北里海海域东部盐上成藏条件更有利，远景油气资源量更大。该地区发育 25~30 个与盐底辟构造相关的盐上远景目标，其油气资源估计为（6.5~7.8）$\times10^8m^3$。

三、待发现资源潜力评价

将盆地按照南部—东南部、北部—西北部及东部 3 个油气构造单元进行盐下层系油气资源分析与评价。

评价结果表明（表 7-4），盐下层系 3 个油气构造单元的待发现可采资源量合计为 $3105\times10^6m^3$ 油气当量（P50）。待发现油气资源量大部分分布于盆地南部—东南部及其海域隆起区的盐下古生界碳酸盐岩储层中，该构造带油气待发现资源量占总待发现资源量的 91.3%。而东部隆起带评价单元和北部—西北部断阶带评价单元的待发现资源量分别仅占总待发现资源量的 3.8%和 4.9%。根据已发现的油气比例，测算得到待发现石油可采资源量为 $1275\times10^6m^3$，待发现天然气可采资源量为 $14867.2\times10^8m^3$，待发现凝析油可采储量为 $749\times10^6m^3$。

表 7-4　滨里海盆地资源评价一览表

构造带	待发现油田规模（10^6m^3）/数量（个）			待发现可采资源量（10^8m^3 油当量）		
	低	中	高	P95	P50	P5
东部隆起带	1.7/10	4.8/16	320.10/26	0.79	1.66	3.59
西—北部隆起带	1.7/19	3.2/26	365.70/45	1.15	2.26	4.74
南部、东南部隆起带	3.2/9	80.5/16	4000.60/40	11.70	28.51	60.20
合计				12.89	31.05	66.45

参考文献

安作相，胡征钦 . 1993. 中亚含油气地区［M］. 北京：石油工业出版社 .

白国平 . 2006. 世界碳酸盐岩大型油气田分布特征［J］. 古地理学报，8（2）.

陈波，何文华，吴林钢，等 . 2007. 盐下地震勘探实践和认识［J］. 石油地球物理勘探，42（S1）：90-92.

陈洪涛，李建英，范哲清，等 . 2008. 滨里海盆地 B 区块盐丘形成机制和构造演化分析［J］. 石油地球物理勘探，43（S1）：103-107.

陈焕疆 . 1990. 论板块大地构造与油气盆地分析［M］. 上海：同济大学出版社 .

陈景达 . 1989. 板块构造大陆边缘与含油气盆地［M］. 东营：石油大学出版社 .

陈荣林，叶德燎，徐文明 . 2006. 滨里海盆地与塔里木盆地油气地质特征的类比［J］. 中国西部油气地质，2（3）：261-266.

陈书平，等 . 2004. 克拉苏构造带盐上层构造与盐下层构造高点关系及石油地质意义［J］. 石油地球物理勘探，8（4）：484-487.

陈书平，汤良杰，贾承造，2004. 库车坳陷西段盐构造及其与油气的关系［J］. 石油学报，25（1）：30-34.

代双河，高军，臧殿光，等 . 2006. 滨里海盆地东缘巨厚盐岩区盐下构造的解释方法研究［J］. 石油地球物理勘探，41（6）：303-322.

单中强，王蕴，王海运 . 2012. 地震相结合分析技术在滨里海盆地 AS 油田沉积相分析中的应用［J］. 地质学刊，37（2）：333-337.

单中强 . 2014. 滨里海盆地东南部 D 区块盐下成藏条件及勘探潜力［J］. 地质学刊，38（1）：30-33.

邓西里，汪红，鲍志东，等 . 2012. 滨里海盆地油气分布规律及勘探潜力分析［J］. 中国石油勘探，17（5）：36-47.

窦茂泽，李群堂 . 1985，盐构造的地震地质特征及含油气性［J］. 石油物探，24（3）：19-32.

俄罗斯国立古勃金石油天然大学 . 1997. 滨里海巨型台向斜东南部油气聚集的古构造条件［M］. 任俞，译 . 北京：石油工业出版社 .

范嘉松 . 2005. 世界碳酸盐岩油气田的储层特征及其成藏的主要控制因素［J］. 地学前缘，12（3）：23-30.

范嘉松 . 1996. 中国生物礁与油气［M］. 北京：海洋出版社 .

方甲中，吴林刚，高岗，等 . 2008. 滨里海盆地碳酸盐岩储层沉积相与类型——以让纳若尔油田石炭系 KT-II 油层系为例［J］. 石油勘探与开发，35（4）：49-50.

冯秀芳 . 1994. 滨里海盆地不同类型石油的形成条件和分布特点［J］. 石油地质信息，15（2）.

冯秀芳 . 1994. 前苏联复杂遮挡油气圈闭勘探方法进展［J］. 江汉石油译丛，（4）.

冯秀芳 . 1995. 滨里海盆地盐上层的圈闭类型及其含油气性［J］. 国外油气地质信息，（3）：47-53.

冯有奎 . 1999. 哈萨克斯坦的含油气远景［J］. 新疆石油地质，20（4）：351-356.

冯增昭 . 1989. 碳酸盐岩岩石学及岩相古地理［M］. 北京：石油工业出版社 .

高军，刘雅琴，于京波，等 . 2008. 滨里海盆地东缘中区块盐下构造识别与储层预测［J］. 石油地球物理勘探，43（1）：99-101.

戈红星，Jackson M P A. 1996. 盐构造与油气圈闭及其综合利用［J］. 南京大学学报，32（4）：640-649.

格鲁莫夫，等 . 2007. 里海区域地质与含油气性［M］. 王志欣，等，译 . 北京：石油工业出版社 .

古俊林，朱桂生，李永林 . 2012. 滨里海盆地 Sagizski 区块盐上层系成藏条件及分布规律研究［J］. 中国石油勘探，17（2）：57-61.

胡杨，夏斌，王燕琨，等 . 2014. 滨里海盆地东缘构造演化及油气成藏模式分析［J］. 沉积与特提斯地质，34（3）：78-81.
胡杨 . 2014. 滨里海盆地东部盐构造及其对油气成藏的控制作用［J］. 内蒙古化工，（12）：1-3.
胡征钦 . 1998. 滨里海盆地的盐下地层勘探［J］. 世界石油工业，5（2）：8-10.
贾承造，赵文智，魏国齐，等 . 2003. 盐构造与油气勘探［J］. 石油勘探与开发，30（2）：17-19.
贾承造，杨树锋，陈汉林，等 . 2001. 特提斯北缘盆地群构造地质与天然气［M］. 北京：石油工业出版社 .
贾振远 . 1987. 深水碳酸盐岩与油气［J］. 地质科技情报，6（2）：86-91.
江茂生，朱井泉，李学杰 . 2001. 深水碳酸盐岩沉积研究进展［J］. 古地理学报，3（4）：61-68.
蒋晓光，彭大钧，陈季高，等 . 2005. 滨里海盆地东缘生物礁预测研究［J］. 成都理工大学学报（自然科学版），32（10）：492-496.
金之钧，王骏，张生根，等 . 2007. 滨里海盆地盐下油气成藏主控因素及勘探方向［J］. 石油实验地质，29（2）：111-115.
雷怀彦 . 1996. 蒸发岩沉积与油气的关系［J］. 天然气地球科学，7（2）：24.
李国玉 . 1989. 世界油区考察报告集［M］. 北京：石油工业出版社 .
李国玉 . 200. 世界油田图集［M］. 北京：石油工业出版社 .
李耀明 . 1986. 滨里海盆地东部近边缘带盐下二叠系前孔谷组油气藏分布的主要规律［J］. 江汉石油译丛，（2）：40-45.
李永宏，Burlin Y K. 2005. 滨里海盆地南部盐下大型油气田石油地质特征及形成条件［J］. 石油与天然气地质，25（6）：840-846.
梁爽，王燕琨，金树堂，等 . 2013. 滨里海盆地构造演化对油气的控制作用［J］. 石油实验地质，35（2）：174-194.
刘东周，窦立荣，郝银全，等 . 2004. 滨里海盆地东部盐下成藏主控因素及勘探思路［J］. 海相油气地质，9（1-2）：53-58.
刘洛夫，郭永强，朱毅秀，等 . 2007. 滨里海盆地盐下层系的碳酸盐岩储层与油气特征［J］. 西安石油大学学报（自然科学版），22（1）：53-61.
刘洛夫，朱毅秀，胡爱梅，等 . 2002. 滨里海盆地盐下层系的油气地质特征［J］. 西南石油学院学报，24（3）：11-15.
刘洛夫，朱毅秀，张占峰，等 . 2002. 滨里海盆地盐上层系的油气地质特征［J］. 新疆石油地质，23（5）：442-447.
刘洛夫，朱毅秀，熊正祥，等 . 2003. 滨里海盆地的岩相古地理特征及其演化［J］. 古地理学报，5（3）：279-290.
刘洛夫，朱毅秀 . 2007. 滨里海盆地及中亚地区油气地质特征［M］//金之钧，关德范 . 国外含油气盆地研究系列丛书（亚洲卷）. 北京：中国石化出版社 .
刘淑萱 . 1992. 深层油气藏储层与相态预测［M］. 北京：石油工业出版社 .
刘晓峰，解习农 . 2001. 与盐构造相关的流体流动和油气运聚［J］. 地学前缘，8（4）：343-348.
娄晓东，孙夕平，赵改善 . 2001. 通过射线追踪模拟理解盐下成像［J］. 石油物探译丛，（5）.
吕修祥，金之钧 . 2000. 碳酸盐岩油气田分布规律［J］. 石油学报，21（3）：8-12.
马启富，陈斯忠，张启明，等 . 2000. 超压盆地与油气分布［M］. 北京：地质出版社 .
马新华，华爱刚，李景明 . 2000. 含盐油气盆地［M］. 北京：石油工业出版社 .
米中荣，周亚彤，李青，等 . 2011. 滨里海盆地东南部盐构造与盐上油气成藏［J］. 内蒙古石油化工，（4）：139-141.
彭文绪，王应斌，吴奎，等 . 2008. 盐构造的识别、分类及与油气的关系［J］. 石油地球物理勘探，43（6）：690-698.
钱桂华 . 2005. 哈萨克斯坦滨里海盆地油气地质特征及勘探方向［J］. 中国石油勘探，10（5）：60-66.

强子同 . 1998. 碳酸盐岩储层地质学［M］. 东营：石油大学出版社：17-35.
任俞 . 2002. 滨里海巨型台向斜东南部油气聚集的古构造条件［J］. 新疆石油地质，23（4）：351-354.
史丹妮，杨双 . 2007. 滨里海盆地盐岩运动及相关圈闭类型［J］. 岩性油气藏，19（3）：73-79.
汤良杰，余一欣，陈书平，等 . 2005. 含油气盆地盐构造研究进展［J］. 地学前缘，12（4）：375-383.
唐祥华 . 1998. 含盐盆地油气资源远景分析［J］. 中国地质，（10）.
唐祥华 . 1990. 世界含盐盆地中的油气资源［J］. 中国地质，（7）.
童晓光 . 2004. 世界石油勘探开发图集（亚洲太平洋地区分册）［M］. 北京：石油工业出版社 .
王波，王雪梅 . 2008. 滨里海盆地盐下构造假象识别及真实形态恢复［J］. 中国石油勘探，（1）：63-67.
王连岱，沈仁福，吕凤军，等 . 2004. 滨里海盆地石油地质特征及勘探方向分析［J］. 大庆石油地质与开发，23（2）：17-18.
王萍，刘洛夫，宁松华，等 . 2010. 滨里海盆地 Sagizski 区块盐上层系油气藏特征［J］. 科技导报，28（6）：69-77.
王世艳 . 2008. 哈萨克斯坦滨里海盆地盐下成像技术应用研究［J］. 石油物探，47（1）：35-39.
王晓伏，宋大玮 . 2014. 滨里海盆地 S 区块盐间地层构造演化及其对油气成藏的意义［J］. 中国矿业，23（7）：74-78.
王学军，王志欣，李兆刚 . 等 . 2009. 滨里海盆地 M 探区盐下层系有利储集相带［J］. 新疆石油地质，30（1）：142-146.
王勋第，关福喜 . 1993. 滨里海含油气盆地油气藏形成条件及分析［J］. 国外地质，（3）：67-83.
王屿涛，杨新峰，王晓钦，等 . 2010. 哈萨克斯坦东南部含油气盆地石油地质条件及投资环境分析［J］. 中国石油勘探，15（1）：67-73.
卫孝锋 . 2002. 含盐盆地地震勘探技术浅析［J］. 海相油气地质，（5）.
吴婧，田纳新，石磊 . 2015. 滨里海盆地北部—西北部盐下油气成藏主控因素［J］. 武汉理工大学学报，37（1）：109-115.
肖守清 . 1992. 田吉兹油田五千米以下的烃类相态预测［J］. 石油地质情报，13（1）：26-33.
谢方克，殷进垠 . 2004. 哈萨克斯坦共和国油气地质资源分析［J］. 地质与资源，13（1）.
熊翥 . 2005. 我国西部与盐岩有关构造油气勘探地震技术的几点思考［J］. 勘探地球物理进展，（2）：77-89.
徐传会，钱桂华，张建球，等 . 2009. 滨里海盆地油气地质特征与成藏组合［M］. 北京：石油工业出版社 .
徐可强 . 2011. 滨里海盆地东缘中区块油气成藏特征和勘探实践［M］. 北京：石油工业出版社 .
中俄土合作研究项目组 . 1995. 中俄土天然气地质研究新进展［M］. 北京：石油工业出版社 .
徐文世，于兴河，刘妮娜，等 . 2005. 蒸发岩与沉积盆地的含油气性［J］. 新疆石油地质，26（6）：715-718.
杨泰，汤良杰，余一欣，等 . 2015. 滨里海盆地南缘盐构造相关油气成藏特征及其物理模拟［J］. 石油实验地质，37（2）：246-251.
杨孝群，汤良杰，朱勇 . 2011. 滨里海盆地东缘盐构造特征及其与乌拉尔造山运动关系［J］. 高校地质学报，17（2）：318-326.
余海洋，柳忠泉，王大华，等 . 2008. 滨里海盆地科尔占地区石炭系沉积相［J］. 海洋石油，28（3）：24-30.
余一欣，汤良杰，杨文静，等 . 2007. 库车前陆褶皱—冲断带前缘盐构造分段差异变形特征［J］. 地质学报，81（2）：166-172.
余一欣，郑俊章，汤良杰，等 . 2011. 滨里海盆地东缘中段盐构造变形特征［J］. 世界地质，30（3）：368-374.
余一欣，周心怀，彭文绪，等 . 2011. 盐构造研究进展述评［J］. 大地构造与成矿学，35（2）：169-182.

翟光明，宋建国，靳久强，等. 2002. 板块构造演化与含油气盆地形成和评价［M］. 北京：石油工业出版社.
张家青. 2011. 哈萨克斯坦滨里海盆地东南部油气地质特征及勘探方向［J］. 海洋地质前沿，27（7）：50-56.
张建球，米中荣，周亚彤，等. 2010. 滨里海盆地东南部盐上层系油气运聚规律与成藏［J］. 中国石油勘探，15（5）：58-62，80.
张建球，钱桂华，郭念发. 2008. 澳大利亚大型沉积盆地与油气成藏［M］. 北京：石油工业出版社.
张景廉，王新民，李相博，等. 2002. 从滨里海盆地上古生界油气探讨中国海相碳酸盐岩油气勘探的科学思路［J］. 海相油气地质，（3）：50-57.
张立东. 2011. 滨里海盆地盐上“盐檐”构造油气成藏特征认识［J］. 内蒙古石油化工，（13）：51-52.
张明山，姚宗惠，陈发景. 2002. 塑性岩体与逆冲构造变形关系讨论——库车坳陷西部实例分析［J］. 地学前缘，9（4）：371-375.
张树林，叶加仁，杨香华，等. 1997. 裂陷盆地的断裂构造与成藏动力系统［M］. 北京：地震出版社.
赵凤英，顾俊，郭念发. 2007. 滨里海盆地 Adaiski 区块盐下沉积环境与成藏组合分析［J］. 中国石油勘探，12（5）：71-75.
赵振宇，周瑶琪，马晓鸣，等. 2007. 含油气盆地中膏盐岩层对油气成藏的重要影响［J］. 石油与天然气地质，28（2）：299-308.
赵政璋，赵贤正，王英民，等. 2005. 储层地震预测理论与实践［M］. 北京：科学出版社：1-24.
赵中平，牟小清，陈丽. 2009. 滨里海盆地东缘石炭系碳酸盐岩储层主要成岩作用及控制因素分析［J］. 现代地质，23（5）.
郑俊章，周海燕，黄先雄. 2009. 哈萨克斯坦地区石油地质基本特征及勘探潜力分析［J］. 中国石油勘探，14（2）：80-86.
周生友，马艳，唐永坤，等. 2010. 滨里海盆地北部—西北部断阶带盐下油气成藏条件［J］. 新疆石油地质，31（2）：216-219.
周生友，许杰，马艳，等. 2013. 滨里海盆地 F 区块盐下深层碳酸盐岩相控储层预测［J］. 中山大学学报（自然科学版），52（4）：138-142.
周生友，杨秀梅，马艳，等. 2010. 滨里海盆地北部盐下油气成藏条件与模式研究［J］. 西北大学学报（自然科学版），40（2）：304-308.
周维芬. 1995. 滨里海陆向斜古裂谷及其地质—地球物理模型［J］. Геюгия Нефги и Гаэα，（11）：40-44.
周亚彤. 2013. 滨里海盆地 Bikzhal 西北块油田石油地质特征和成藏主控因素［J］. 中国石油勘探，18（2）：54-58.
周亚彤. 2011. 滨里海盆地 TKW 油田油气成藏模式［J］. 油气藏评价与开发，1（3）：8-11.
朱毅秀，杨程宇，单俊峰，等. 2014. 阿斯特拉罕穹隆油气地质特征及勘探潜力分析［J］. 特种油气藏，21（4）：26-30.
Anderson N L，等. 1994. Westhazel General 油藏：加拿大中西部 Saskatchewan 地区盐丘溶蚀圈闭勘探史［J］. 石油物探译丛，（4）：76.
Cook，Enos. 1987. 深水碳酸盐环境［M］. 冯增昭，等，译. 北京：地质出版社.
C. П. 马克西莫夫. 1992. 苏联油气田手册［M］. 吴永甫译. 北京：石油工业出版社，384-439.
Ohearm T，等. 2006. 哈萨克斯坦西北部滨里海盆地北部卡拉恰甘纳克［J］. 石油地质科技，8（5）.
Ratcliff D W，Weber D J. 1993. 盐下地质的地球物理成像法［J］. 郝顺员，译. 国外油气勘探，（1）：85-95.
Stewart S A. 1965. 盐构造的成因解释和填图［J］. 陈生昌，译. 石油物探译丛，（5）：48-53.
V. B. 斯娃若娃. 1995. 沉积盆地演化的沉积学模式和模拟：前里海凹陷实例研究［J］. 岩相古地理，15（2）.

Б. А. 索洛维叶夫 . 1982. 滨里海盐丘盆地盐下层系中油气田差异形成的问题 [J]. 油气地质学，(1)：6-11.

В. Г. 库兹涅佐夫 . 1999. 礁地质学及礁的含油气性 [M]. 李建温，译 . 北京：地质出版社 .

И. Ф. 格鲁莫夫 , Я. П. 马洛维茨基，А. А. 诺维科夫，等 . 2007. 里海区域地质与含油气性 [M]. 王志欣，明海会，李兆影，等，译 . 北京：石油工业出版社 .

С. П. 马克西莫夫，等 . 1988. 深层油气藏的形成与分布 [M]. 胡征钦，译 . 北京：石油工业出版社 .

л. г. 基留欣，等 . 1982. 滨里海盆地盐下沉积中油气聚集带形成的条件 [J]. 石油地质学，(3)：1-5.

C&C Reservoirs The Analog Company. 2003. Reservoir Evaluation Report: Astrakhan Field [R]. C&C Reservoirs.

C&C Reservoirs The Analog Company. 2003. Reservoir Evaluation Report: Astrakhan Field, North Caspian Basin, Russia & Kazakhstan [R]. C&C Reservoirs.

Gürgey K. 2002. An attempt to recognise oil populations and potential source rock types in Paleozoic sub- and Mesozoic-Cenozoic supra-salt strata in the southern margin of the Pre-Caspian Basin, Kazakhstan Republic [J]. Organic Geochemistry, (33): 723-741.

Hunt J M. 1990. Generation and migration of petroleum from abnormally pressured fluid compartments [J]. AAPG Bulletin, 74 (1): 1-12.

Ismail-Zadeh A, Tsepelev I, Talbot C, et al. 2004. Three-dimensional forward and backward modelling of diapirism: numerical approach and its applicability to the evolution of salt structures in the Pricaspian basin [J]. Tectonophysics, (387): 81-103.

Leonid A. 2001. Overpressure phenomena in Precaspian basin [J]. Petroleum Geoscience, (7): 389-394.

Marie-Francoise B, Volozh Y A, Antipov M P, et al. 1999. The geodynamic evolution of the Precaspian Basin (Kazakhstan) along a north-south section [J]. Tectonophysics , (313): 85-106.

Tari G C, Ashton P R, Coterill K, et al. 2002. Examples of deep-water salt tectonics from Africa [C]. AAPG 2002 Annual Convention & Exhibition, March 10-13, Houston, Texas, Offical Program , Vol. 11.

Tengiz Field, C&C Reservoir Evaluation Report [R]. C&C Reservoir the Analog Company, 2003.

Ulmishek G F. 2001. Petroleum geology and resource of the North Caspian Basin, Kazakhstan and Russia [R]. USGS Bulletin, 29-40.

Volozh Y, Sineli Nikov A V, et al. 1996. Stratigraphy of Mesozoic-Cenozoic deposits in the salt dome basin of the PreCaspian depression [J]. Stratigraphy and Geological Correlation, (4): 409-415.

Volozh Y, Talbot C, Ismail-Zadeh A T. 2003. Salt structures and hydrocarbons in the Pricaspian basin [J]. AAPG Bulletin, 87 (3): 313-334.

Volozh Y, et al. 2003. Pre-Mesozoic geodynamics of the Precaspian Basin (Kazakhstan) [J]. Sedimentary Geology, (156): 35-58.

Warner M J C , Elders C, Davis T, et al. 2002. Salt tectonics above complex basement extensional fault systems: results from 3-D seismic analysis of central graben salt structures [C]. AAPG 2002 Annual Convention & Exhibition, March 10-13, Houston, Texas Offical Program, Vol. 11.

Айтиева Н Т. 1985. Условия формирования залежей углеводородов в подсолевом комплексе юга Прикаспийской впадины [J]. Геология нефти и газа, (2): 38-43.

Бембеев А В, Пальткаев К Э, Бембеев В Э, и др. 1997. Состав углеводородных флюидов подсолевых отложений юго-западной части Прикаспия [J]. Геология Нефти и Газа, (6): 33-35.

Бочкарев А В, Карпов П А, Самойленко Г Н, и др. 2000. Катагенез и нефтегазоносность каменноугольных отложений Каракульско-Смушковской зоны поднятий [J]. Поиски и Разведка, (3): 23-27.

Веренинова О Г. 1997. Особенности распространения и накопления сероводородсодержащих газов на юго-

востоке Восточно-Европейской платформы [J]. Геология Нефти и Газа, (5): 13-18.
Даукеев С Ж, Воцалевский Э С, и др. 2002. Глубинное строение и минералые ресурсы Казахстана, Том 3, Нефть и Газ [C]. часть 1, "Западный Казахстан", Алматы.
Косачук Г П. 2003. Перспективы нефтегазоносности отложений девона Астраханского свода [J]. Геология Нефти и Газа, (5): 16-19.
Кузнецов В Г. 2000. Палеогеографические типы карбонатных отложений Прикаспийской впадины [J]. Доклады АН, (2): 208-211.
Мурзагалиев Д М, и др. 1994. Поиски залежей бессернистых УВ на юго-западе Прикаспийской синеклизы [J]. Геология нефти и газа, (2): 34-36.